강의특징

철저한 개념완성을 통해
수학적 **사고력을 극대화** 시킬 수 있는 강의
고난도 문항에 대한 **다양한 접근방법**을 제시
수능 출제원리 학습은 물론 서술형 시험까지
대비할 수 있는 강의

올바른
방법으로
집중력
있게
공부하라

철저하게 개념을 완성하라
수학을 잘하기 위해서는 개념의 완성이 가장 중요합니다.
정확하고 깊이 있게 수학적 개념을 정리하면
어떠한 유형의 문제들을 만나더라도 흔들림 없이
해결할 수 있게 됩니다.

이해'와 '암기'는 별개가 아니다.
수학에서 '암기'라는 단어는 피해야하는 대상이 아닙니다.
수학의 원리 및 공식을 이해하고 받아들이는 과정이
수학 공부의 출발이라고 하면 다음 과정은 이를 반복해서
익히고 자연스럽게 사용할 수 있게 암기하는 것입니다.
'암기'와 '이해'는 상호 배타적인 것이 아니며, '이해'는 '암기'에서
오고 '암기'는 이해에서 온다는 것을 명심해야 합니다.

올바른 방법으로 집중력 있게 공부하라
수학은 한 번 공부하더라도 제대로 깊이 있게 공부하는 것이
중요한 과목입니다. 출발이 늦었더라도 집중력을 가지고
올바른 방법으로 공부하면 누구나 수학을 잘 할 수 있습니다.

수학의 정석®

수학의 정석 동영상 교육 사이트 www.sungji.com

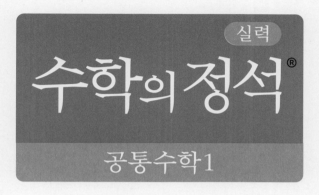

실력

수학의 정석®

공통수학 1

홍성대 지음

성지출판(주)

머 리 말

중학교와 고등학교에서 수학을 가르치고 배우는 목적은 크게 두 가지로 나누어 말할 수 있다.

첫째, 수학은 논리적 사고력을 길러 준다. "사람은 생각하는 동물"이라고 할 때 그 '생각한다'는 것은 논리적 사고를 이르는 말일 것이다. 우리는 학문의 연구나 문화적 행위에서, 그리고 개인적 또는 사회적인 여러 문제를 해결하는 데 있어서 논리적 사고 없이는 어느 하나도 이루어 낼 수가 없는데, 그 논리적 사고력을 기르는 데는 수학이 으뜸가는 학문인 것이다. 초등학교와 중·고등학교 12년간 수학을 배웠지만 실생활에 쓸모가 없다고 믿는 사람들은, 비록 공식이나 해법은 잊어버렸을 망정 수학 학습에서 얻어진 논리적 사고력은 그대로 남아서, 부지불식 중에 추리와 판단의 발판이 되어 일생을 좌우하고 있다는 사실을 미처 깨닫지 못하는 사람들이다.

둘째, 수학은 모든 학문의 기초가 된다는 것이다. 수학이 물리학·화학·공학·천문학 등 이공계 과학의 기초가 된다는 것은 상식에 속하지만, 현대에 와서는 경제학·사회학·정치학·심리학 등은 물론, 심지어는 예술의 각 분야에까지 깊숙이 파고들어 지대한 영향을 끼치고 있고, 최근에는 행정·관리·기획·경영 등에 종사하는 사람들에게도 상당한 수준의 수학이 필요하게 됨으로써 수학의 바탕 없이는 어느 학문이나 사무도 이루어지지 않는다는 사실을 실감케 하고 있다.

나는 이 책을 지음에 있어 이러한 점들에 바탕을 두고서 제도가 무시험이든 유시험이든, 출제 형태가 주관식이든 객관식이든, 문제 수준이 높든 낮든 크게 구애됨이 없이 적어도 고등학교에서 연마해 두어야 할 필요충분한 내용을 담는 데 내가 할 수 있는 최대한의 정성을 모두 기울였다.

따라서, 이 책으로 공부하는 제군들은 장차 변모할지도 모르는 어떤 입시에도 소기의 목적을 달성할 수 있음은 물론이거니와 앞으로 대학에 진학해서도 대학 교육을 받을 수 있는 충분한 기본 바탕을 이루리라는 것이 나에게는 절대적인 신념으로 되어 있다.

이제 나는 담담한 마음으로 이 책이 제군들의 장래를 위한 좋은 벗이 되기를 빌 뿐이다.

끝으로 이 책을 내는 데 있어서 아낌없는 조언을 해주신 서울대학교 윤옥경 교수님을 비롯한 수학계의 여러분들께 감사드린다.

1966. 8. 31.

지은이 홍 성 대

개정판을 내면서

2022 개정 교육과정에 따른 고등학교 수학 과정(2025학년도 고등학교 입학생부터 적용)은

공통 과목 : 공통수학 1, 공통수학 2, 기본수학 1, 기본수학 2,

일반 선택 과목 : 대수, 미적분 I, 확률과 통계,

진로 선택 과목 : 미적분 II, 기하, 경제 수학, 인공지능 수학, 직무 수학,

융합 선택 과목 : 수학과 문화, 실용 통계, 수학과제 탐구

로 나뉘게 된다. 이 책은 그러한 새 교육과정에 맞추어 꾸며진 것이다.

특히, 이번 개정판이 마련되기까지는 우선 남진영 선생님, 박재희 선생님, 박지영 선생님의 도움이 무척 컸음을 여기에 밝혀 둔다. 믿음직스럽고 훌륭한 세 분 선생님이 개편 작업에 적극 참여하여 꼼꼼하게 도와준 덕분에 더욱 좋은 책이 되었다고 믿어져 무엇보다도 뿌듯하다. 아울러 편집부 김소희, 오명희 님께도 그동안의 노고에 대하여 감사한 마음을 전한다.

「수학의 정석」은 1966년에 처음으로 세상에 나왔으니 올해로 발행 58주년을 맞이하는 셈이다. 거기다가 이 책은 이제 세대를 뛰어넘은 책이 되었다. 할아버지와 할머니가 고교 시절에 펼쳐 보던 이 책이 아버지와 어머니에게 이어졌다가 지금은 손자와 손녀의 책상 위에 놓여 있다.

이처럼 지난 반세기를 거치는 동안 이 책은 한결같이 학생들의 뜨거운 사랑과 성원을 받아 왔고, 이러한 관심과 격려는 이 책을 더욱 좋은 책으로 다듬는 데 큰 힘이 되었다.

이 책이 학생들에게 두고두고 사랑받는 좋은 벗이요 길잡이가 되기를 간절히 바라마지 않는다.

2024. 1. 15.

지은이 홍 성 대

차 례

6. 복소수

7. 일차·이차방정식

8. 이차방정식의 판별식

9. 이차방정식의 근과 계수의 관계

10. 이차방정식과 이차함수

1. 다항식의 연산

§1. 다항식의 연산

1 **연산의 기본 법칙**

A, B, C, M이 다항식일 때, 다음 법칙이 성립한다.

(1) 교환법칙 $A+B=B+A,$ $\qquad\qquad AB=BA$

(2) 결합법칙 $(A+B)+C=A+(B+C),$ $(AB)C=A(BC)$

(3) 분배법칙 $M(A+B)=MA+MB,$ $(A+B)M=AM+BM$

2 **연산의 여러 가지 법칙**

(1) 괄호의 규칙 : A, B, C가 다항식일 때,
$$A+(B-C)=A+B-C, \quad A-(B-C)=A-B+C$$
다항식의 덧셈, 뺄셈에서 주로 이용한다.

(2) 지수법칙 : m, n이 양의 정수일 때,

① $a^m \times a^n = a^{m+n}$

③ $(a^m)^n = a^{mn}$

④ $(ab)^n = a^n b^n$

⑤ $\left(\dfrac{b}{a}\right)^n = \dfrac{b^n}{a^n}$

② $a^m \div a^n = \dfrac{a^m}{a^n} = \begin{cases} a^{m-n} & (m>n) \\ 1 & (m=n) \\ \dfrac{1}{a^{n-m}} & (m<n) \end{cases}$

단, ②, ⑤에서는 $a \neq 0$이다.

다항식의 곱셈, 나눗셈에서 주로 이용한다.

Advice 1° 연산의 기본 법칙

이를테면 $(2b+3a)+8b$를 간단히 할 때 이용되는 연산법칙을 정리하면 다음과 같다.

$$(2b+3a)+8b=(3a+2b)+8b=3a+(2b+8b)=3a+(2+8)b=3a+10b$$

교환   결합   분배

이와 같이 우리가 무심히 하는 계산에도

교환법칙, 결합법칙, 분배법칙

과 같은 연산의 기본 법칙이 이용된다. 계산을 할 때 일일이 연산법칙을 따질 필요는 없지만 필요한 경우 정확하게 답할 수는 있어야 한다.

다항식의 연산의 기본 법칙은 실수의 연산의 기본 법칙과 같다. 따라서 실수를 계산할 때와 같은 원리로 다항식을 계산하면 된다. 이를테면

$$A-B\neq B-A, \qquad\qquad A\div B\neq B\div A,$$
$$(A-B)-C\neq A-(B-C), \quad (A\div B)\div C\neq A\div(B\div C)$$

임에 주의하기를 바란다.

Note 덧셈만의 연산이나 곱셈만의 연산에서는 결합법칙이 성립하므로 세 식의 덧셈이나 곱셈은 $A+B+C$, ABC와 같이 괄호 없이 나타내도 된다.

보기 1 $(3a+3b)+2b=3a+(3b+2b)=3a+5b$ 에서 이용된 연산법칙은?

① 결합법칙, 결합법칙   ② 교환법칙, 결합법칙

③ 교환법칙, 분배법칙   ④ 결합법칙, 분배법칙

연구 $(3a+3b)+2b=3a+(3b+2b)$ ⇐ 결합법칙

              $=3a+5b$ ⇐ 분배법칙   답 ④

Advice 2° 다항식의 덧셈, 뺄셈

다항식끼리 더하거나 빼는 것은 동류항을 정리하는 것과 같다. 식이 복잡한 경우 한 문자에 관하여 정리하면 동류항을 쉽게 찾을 수 있다.

정석 다항식의 덧셈과 뺄셈 ⟹ (i) 한 문자에 관하여 정리한다.

                             (ii) 동류항끼리 계산한다.

또, 괄호를 없앨 때에는 괄호의 규칙을 생각하며 부호에 주의한다.

보기 2 P, Q, R이 다음과 같을 때, $P-Q-5R$을 계산하시오.

$$P=4x^2y+7y^3+x^3, \quad Q=2x^3-y^3+5xy^2, \quad R=-xy^2-2x^2y-x^3+y^3$$

연구 $P-Q-5R=(4x^2y+7y^3+x^3)-(2x^3-y^3+5xy^2)$

$$-5(-xy^2-2x^2y-x^3+y^3)$$
$$=4x^2y+7y^3+x^3-2x^3+y^3-5xy^2+5xy^2+10x^2y+5x^3-5y^3$$
$$=\mathbf{4x^3+14x^2y+3y^3}$$

또는 각 식을 x에 관하여 정리한 다음, 아래와 같이 세로로 계산해도 된다.

$$-Q\;=-2x^3+\boxed{}-5xy^2+y^3$$
$$-5R=-5(-xy^2-2x^2y-x^3+y^3)=5xy^2+10x^2y+5x^3-5y^3$$
$$=5x^3+10x^2y+5xy^2-5y^3$$

$$
\begin{array}{rl}
P= & x^3+\;4x^2y+\boxed{}+7y^3 \\
-Q= & -2x^3+\boxed{}\;-5xy^2+\;y^3 \\
+)\quad -5R= & 5x^3+10x^2y+5xy^2-5y^3 \\
\hline
P-Q-5R= & \mathbf{4x^3+14x^2y}\qquad\quad\mathbf{+3y^3}
\end{array}
$$

$\mathscr{Advice}$ 3° 지수법칙

　지수법칙은 다항식의 곱셈과 나눗셈의 기본이다. 중학교에서 공부한 내용이지만, 여기에서 다시 정리하기를 바란다. 그리고

$$a^6 \times a^2 = a^{6 \times 2}, \quad a^6 \div a^2 = a^{6 \div 2}, \quad (a^6)^2 = a^{6^2}, \quad (6a)^2 = 6a^2$$

과 같은 잘못은 하지 않도록 주의하기를 바란다.

　또, 여기에서는 지수가 양의 정수일 때만 생각하지만 지수가 실수일 때에도 지수법칙을 생각할 수 있다. 이것은 대수에서 공부한다.

보기 3 $\dfrac{1}{4} xy^2 \times \left(\dfrac{2}{3} x^2 y^2\right)^2 \div \left(-\dfrac{1}{3} xy\right)^3$ 을 간단히 하시오.

연구 단항식과 단항식을 곱하거나 나눌 때에는 수끼리 모으고 문자끼리 모은 다음, 문자는 지수법칙을 써서 정리한다.

$$\begin{aligned}
(준 식) &= \frac{1}{4} xy^2 \times \frac{4}{9} x^4 y^4 \div \left(-\frac{1}{27} x^3 y^3\right) \\
&= \left\{ \frac{1}{4} \times \frac{4}{9} \times (-27) \right\} \times xy^2 \times x^4 y^4 \times \frac{1}{x^3 y^3} \\
&= -3 \times x^{1+4-3} \times y^{2+4-3} = \boldsymbol{-3 x^2 y^3}
\end{aligned}$$

$\mathscr{Advice}$ 4° 다항식의 곱셈

　(단항식)×(단항식) 꼴은 위의 **보기**와 같이 지수법칙을 써서 계산한다. 또,

$$(다항식) \times (단항식), \quad (다항식) \times (다항식)$$

꼴은 분배법칙

정석 $M(A+B) = MA + MB, \quad (A+B)M = AM + BM$

을 써서 단항식의 곱으로 고친 다음, 지수법칙을 써서 정리한다.

　다항식의 곱셈 꼴을 하나의 다항식으로 나타내는 것을 전개한다고 한다.

보기 4 분배법칙을 이용하여 다음 식을 전개하시오.

(1) $3x^2(2x^2 + 4x + 5)$　　　　　(2) $(2x^2 + 3x + 4x^3 - 2)(2x - 3)$

연구 (1) $3x^2(2x^2 + 4x + 5) = 3x^2 \times 2x^2 + 3x^2 \times 4x + 3x^2 \times 5$
$$= \boldsymbol{6x^4 + 12x^3 + 15x^2}$$

(2) $(2x^2 + 3x + 4x^3 - 2)(2x - 3)$
$$\begin{aligned}
&= 2x^2(2x-3) + 3x(2x-3) + 4x^3(2x-3) - 2(2x-3) \\
&= 4x^3 - 6x^2 + 6x^2 - 9x + 8x^4 - 12x^3 - 4x + 6 \\
&= \boldsymbol{8x^4 - 8x^3 - 13x + 6}
\end{aligned}$$

Note 실제는 오른쪽과 같이 각 항을
곱하는 것이 능률적이다.

$$(2x^2 + 3x + 4x^3 - 2)(2x - 3)$$

Advice 5° 다항식의 나눗셈

실수의 계산에서 0이 아닌 실수로 나누는 것은 나누는 수의 역수를 곱하는 것과 같다. 이는 식에서도 성립한다. 따라서

(다항식)÷(단항식) 꼴은

$$(A+B)\div M=(A+B)\times\frac{1}{M}=\frac{A}{M}+\frac{B}{M}$$

와 같이 곱의 꼴로 고친 다음 분배법칙을 이용하여 전개하면 된다.

(다항식)÷(다항식) 꼴은 주어진 두 식을 한 문자에 관하여 내림차순으로 정리한 다음 아래 **보기 6**과 같이 자연수의 나눗셈과 같은 방법으로 계산하면 된다. 이때, 나머지의 차수는 나누는 다항식의 차수보다 항상 작아야 한다.

보기 5 $(3x^3-4x^2-5x)\div 2x$를 계산하시오.

연구 (준 식)$=(3x^3-4x^2-5x)\times\dfrac{1}{2x}=\dfrac{3x^3}{2x}-\dfrac{4x^2}{2x}-\dfrac{5x}{2x}=\dfrac{3}{2}x^2-2x-\dfrac{5}{2}$

보기 6 다항식 $30+3x^5-x^3$을 다항식 $3-2x^2+x^3$으로 나눈 몫과 나머지를 구하시오.

연구 내림차순으로 정리할 때 계수가 0인 항은 비워 두어야 자리를 맞출 수 있다.

> **정석** 내림차순으로 정리하고, 계수가 0인 항은 비워 둔다.

$$30+3x^5-x^3=3x^5+\boxed{}-x^3+\boxed{}+\boxed{}+30,$$
$$3-2x^2+x^3=x^3-2x^2+\boxed{}+3$$

이므로

$$
\begin{array}{r}
3x^2+6x\quad+11 \\
x^3-2x^2+\boxed{}+3\,\overline{)3x^5+\boxed{}-\quad x^3+\boxed{}+\boxed{}+30} \\
\underline{3x^5-6x^4\qquad\quad+\ 9x^2} \\
6x^4-\quad x^3-\ 9x^2 \\
\underline{6x^4-12x^3\qquad+18x} \\
11x^3-\ 9x^2-18x+30 \\
\underline{11x^3-22x^2\qquad+33} \\
13x^2-18x-\ 3
\end{array}
$$

$\therefore$ 몫 : $\mathbf{3x^2+6x+11}$, 나머지 : $\mathbf{13x^2-18x-3}$

*Note 1° $13x^2-18x-3$의 차수가 x^3-2x^2+3의 차수보다 작다. 따라서 더 이상 나눌 수 없다.

2° 두 다항식 A, B의 나눗셈 $A\div B$에서 나머지가 0일 때에는 A는 B로 나누어 떨어진다고 한다.

보기 7 x에 관한 다항식 A를 x^2-4x+1로 나누었을 때, 몫은 $x-2$이고 나머지는 $2x+1$이다. 다항식 A를 구하시오.

연구 자연수의 나눗셈과 같이 다항식의 나눗셈도 곱으로 표현할 수 있다.

이를테면 다항식 A를 0이 아닌 다항식 B로 나눈 몫을 Q, 나머지를 R이라고 하면

$$A=BQ+R$$

이 성립한다.

이때, B와 Q의 차수의 합은 A의 차수와 같고, R의 차수는 B의 차수보다 작다. 이 표현은 다항식의 나눗셈에서 자주 나오므로 꼭 알고 있어야 한다.

이 표현을 이용하여 다항식 A를 구하면

$$A=(x^2-4x+1)(x-2)+2x+1$$
$$=x^3-2x^2-4x^2+8x+x-2+2x+1=\boldsymbol{x^3-6x^2+11x-1}$$

Advice 6° 조립제법

x에 관한 다항식을 x에 관한 일차식으로 나누었을 때의 몫과 나머지를 구하는 간편한 방법이 있다. 우선 그 원리를 생각해 보자.

이를테면 x에 관한 삼차식 $F(x)=ax^3+bx^2+cx+d$를 일차식 $x-\alpha$로 나누면 몫이 이차식이고 나머지가 상수이다.

따라서 몫을 lx^2+mx+n, 나머지를 R이라고 하면

$$ax^3+bx^2+cx+d=(x-\alpha)(lx^2+mx+n)+R$$

이다.

우변을 전개하여 정리하면

$$ax^3+bx^2+cx+d=lx^3+(m-l\alpha)x^2+(n-m\alpha)x+(R-n\alpha)$$

이다.

이 등식은 x에 관한 항등식이므로 양변의 동류항의 계수는 같다. 곧,

$$\begin{cases} a=l \\ b=m-l\alpha \\ c=n-m\alpha \\ d=R-n\alpha \end{cases} \quad \therefore \quad \begin{cases} l=a \\ m=b+l\alpha=b+a\alpha \\ n=c+m\alpha=c+b\alpha+a\alpha^2 \\ R=d+n\alpha=d+c\alpha+b\alpha^2+a\alpha^3 \end{cases}$$

그러므로 몫과 나머지는 다음과 같다.

몫 : $\boldsymbol{ax^2+(b+a\alpha)x+(c+b\alpha+a\alpha^2)}$

나머지 : $\boldsymbol{d+c\alpha+b\alpha^2+a\alpha^3}$

*Note 항등식의 성질에 관해서는 3단원(p. 39)에서 자세히 공부한다.

여기에서 몫의 계수와 나머지는 다음과 같이 정리할 수 있다.

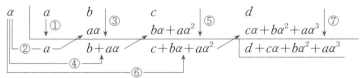

이를 활용하면 계수만 이용하여 다항식을 일차식으로 나눈 몫과 나머지를 구할 수 있다. 이 방법을 조립제법이라고 한다. 조립제법은 다항식을 일차식으로 나눌 때 주로 이용한다.

보기 8 다음 나눗셈을 하시오.

(1) $(2x^3+x^2-4)\div(x-3)$ (2) $(2x^3+x^2-4)\div 2(x-3)$

[연구] 조립제법은 계수만으로 계산하기 때문에 계수가 0인 항을 반드시 나타내어야 한다.

> **정석** 조립제법에서 계수가 **0**인 항에 주의한다.

(1) 오른쪽 조립제법에 의해서

     몫   : $\mathbf{2x^2+7x+21}$

     나머지 : **59**

     실제로 나눗셈을 해 보고, 그

     결과와 비교해 보자.

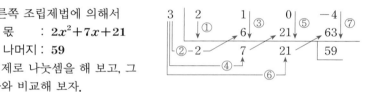

(2) 위의 결과에 따라 $2x^3+x^2-4$를 $x-3$으로 나눈 몫은 $2x^2+7x+21$이고 나머지는 59이므로

$$2x^3+x^2-4=(x-3)(2x^2+7x+21)+59$$

$$=2(x-3)\times\frac{1}{2}(2x^2+7x+21)+59$$

$$\therefore\ 몫:\ \frac{1}{2}(2x^2+7x+21),\ \ 나머지:\ \mathbf{59}$$

*Note 1° 다항식 $F(x)$를 일차식 $x-\alpha$로 나눈 몫을 $Q(x)$, 나머지를 R이라 하면

$$F(x)=(x-\alpha)\times Q(x)+R \qquad \Leftarrow 몫:\ Q(x),\ 나머지:\ R$$

$$=m(x-\alpha)\times\frac{1}{m}Q(x)+R(m\neq0) \quad \Leftarrow 몫:\ \frac{1}{m}Q(x),\ 나머지:\ R$$

따라서 $F(x)$를 $m(x-\alpha)$로 나눈 몫은 $F(x)$를 $x-\alpha$로 나눈 몫의 $\dfrac{1}{m}$이고, 나머지는 두 경우 모두 R이다.

2° 이를테면 다항식을 $2x-1$로 나눌 때에는 $2x-1=2\left(x-\dfrac{1}{2}\right)$이므로 먼저 $x-\dfrac{1}{2}$로 나눈 몫과 나머지를 구한 다음, 위와 같은 방법을 쓰면 $2x-1$로 나눌 때의 몫과 나머지를 구할 수 있다.

필수 예제 **1**-1　다음 식을 간단히 하시오.

(1) $\dfrac{1}{2}a^2bx \times \left(-\dfrac{2}{3}aby\right)^2 \div \left(\dfrac{4}{3bxy}\right)^2$

(2) $\left(\dfrac{1}{2}xy^2\right)^2 \div (xy^3)^2 \times \left(\dfrac{3}{4}x^2y\right)^3$

[정석연구]　1° 실수에서 0이 아닌 수로 나눈다는 것은 그 수의 역수를 곱하는 것과 같다. 이는 다항식에서도 성립한다.

$$\boxed{정석}\ A \div B = A \times \dfrac{1}{B}$$

2°　$A \div B \times C$와 같이 나눗셈에 이어 곱셈이 있는 경우는

$$(A \div B) \times C = A \times \dfrac{1}{B} \times C = \dfrac{AC}{B}, \quad A \div (B \times C) = A \times \dfrac{1}{B \times C} = \dfrac{A}{BC}$$

에서 알 수 있듯이 어느 것을 먼저 계산하느냐에 따라 그 결과가 달라진다.

그래서

곱셈과 나눗셈만 있는 식에서는 앞에서부터 차례로 계산

하기로 약속한다. 곧,

$$\boxed{정석}\ A \div B \times C = (A \div B) \times C \neq A \div (B \times C)$$

3°　단항식끼리 곱하거나 나눌 때에는 수끼리 모으고 문자끼리 모아 계산하면 편하다.

$$\boxed{정석}\ \text{단항식의 곱셈, 나눗셈} \implies \text{수끼리, 문자끼리 모은다.}$$

[모범답안]　(1) (준 식) $= \dfrac{1}{2}a^2bx \times \dfrac{4}{9}a^2b^2y^2 \times \dfrac{9}{16}b^2x^2y^2$

$= \left(\dfrac{1}{2} \times \dfrac{4}{9} \times \dfrac{9}{16}\right) \times a^{2+2}b^{1+2+2}x^{1+2}y^{2+2}$

$= \dfrac{1}{8}\boldsymbol{a^4b^5x^3y^4}$ ← 답

(2) (준 식) $= \dfrac{1}{4}x^2y^4 \times \dfrac{1}{x^2y^6} \times \dfrac{27}{64}x^6y^3$

$= \left(\dfrac{1}{4} \times 1 \times \dfrac{27}{64}\right) \times x^{2-2+6}y^{4-6+3} = \dfrac{27}{256}\boldsymbol{x^6y}$ ← 답

[유제]　**1**-1.　다음 식을 간단히 하시오.

(1) $\left(-\dfrac{x^3}{y}\right)^5 \times \left(\dfrac{y^2}{x^4}\right)^3 \div \left(\dfrac{x^2}{2y}\right)^2$

(2) $(x^2y^3)^2 \div \left(-\dfrac{2}{3}y^2\right)^3 \times \left(\dfrac{4}{3}xy\right)^2$

답 (1) $-\dfrac{4y^3}{x}$　(2) $-6x^6y^2$

필수 예제 **1**-2   다항식 $f(x)=4x^3-5x^2-7x+3$이 있다.

  (1) $f(x)$를 $f(x)=a(x-2)^3+b(x-2)^2+c(x-2)+d$의 꼴로 변형했을 때, 상수 a, b, c, d의 값을 구하시오.

  (2) $f(1.99)$의 값을 구하시오.

[정석연구] $f(x)=a(x-2)^3+b(x-2)^2+c(x-2)+d$
$$=(x-2)\{a(x-2)^2+b(x-2)+c\}+d$$
이므로 d는 $f(x)$를 $x-2$로 나눈 나머지이다.

  이때의 몫을 $g(x)$라고 하면
$$g(x)=a(x-2)^2+b(x-2)+c=(x-2)\{a(x-2)+b\}+c$$
이므로 c는 $g(x)$를 $x-2$로 나눈 나머지이다.

  또, 이때의 몫을 $h(x)$라고 하면 $h(x)=a(x-2)+b$이므로 b는 $h(x)$를 $x-2$로 나눈 나머지이고, a는 그 몫이다.

  따라서 조립제법을 반복 이용하면 a, b, c, d의 값을 얻을 수 있다.

[모범답안] (1) 오른쪽 조립제법에서
$$f(x)=(x-2)(4x^2+3x-1)+1$$
$$=(x-2)\{(x-2)(4x+11)+21\}+1$$
$$=(x-2)[(x-2)\{4(x-2)+19\}+21]+1$$
$$=4(x-2)^3+19(x-2)^2+21(x-2)+1$$
$$\therefore \boldsymbol{a=4,\ b=19,\ c=21,\ d=1} \longleftarrow \boxed{답}$$

(2) $f(x)=4(x-2)^3+19(x-2)^2+21(x-2)+1$
  이므로
$$f(1.99)=4(1.99-2)^3+19(1.99-2)^2+21(1.99-2)+1$$
$$=4(-0.01)^3+19(-0.01)^2+21(-0.01)+1=\boldsymbol{0.791896} \longleftarrow \boxed{답}$$

*__*Note*__ $4x^3-5x^2-7x+3=a(x-2)^3+b(x-2)^2+c(x-2)+d$의 양변의 동류항의 계수를 비교하여 a, b, c, d의 값을 구하는 방법을 생각할 수도 있다. ⇦ p. 39

[유제] **1**-2. 다음 나눗셈의 몫과 나머지를 구하시오.

 (1) $(x^4-3x^2+2x+4)\div(x+1)$ (2) $(6x^3-11x^2+6x+2)\div(2x-1)$

                      $\boxed{답}$ (1) $\boldsymbol{x^3-x^2-2x+4,\ 0}$ (2) $\boldsymbol{3x^2-4x+1,\ 3}$

[유제] **1**-3. 다항식 $f(x)=x^4-x^3-3x^2-2x-4$를
$$f(x)=a(x+1)^4+b(x+1)^3+c(x+1)^2+d(x+1)+e$$
의 꼴로 나타낼 때, 상수 a, b, c, d, e의 값을 구하시오.

                      $\boxed{답}$ $\boldsymbol{a=1,\ b=-5,\ c=6,\ d=-3,\ e=-3}$

(조립제법)

2	4	-5	-7	3
		8	6	-2
2	4	3	-1	**1** (d)
		8	22	
2	4	11	**21** (c)	
		8		
	4	**19** (b)		

(a)

§2. 곱셈 공식

1 곱셈 공식

(1) $(a+b)^2 = a^2 + 2ab + b^2$,　　$(a-b)^2 = a^2 - 2ab + b^2$

(2) $(a+b)(a-b) = a^2 - b^2$

(3) $(x+a)(x+b) = x^2 + (a+b)x + ab$

(4) $(ax+b)(cx+d) = acx^2 + (ad+bc)x + bd$

(5) $(x+a)(x+b)(x+c) = x^3 + (a+b+c)x^2 + (ab+bc+ca)x + abc$

(6) $(a+b+c)^2 = a^2 + b^2 + c^2 + 2ab + 2bc + 2ca$

(7) $(a+b)^3 = a^3 + 3a^2 b + 3ab^2 + b^3$,　　$(a-b)^3 = a^3 - 3a^2 b + 3ab^2 - b^3$

(8) $(a+b)(a^2 - ab + b^2) = a^3 + b^3$,　　$(a-b)(a^2 + ab + b^2) = a^3 - b^3$

(9) $(a+b+c)(a^2 + b^2 + c^2 - ab - bc - ca) = a^3 + b^3 + c^3 - 3abc$

(10) $(a^2 + ab + b^2)(a^2 - ab + b^2) = a^4 + a^2 b^2 + b^4$

2 곱셈 공식의 변형

(1) $a^2 + b^2 = (a+b)^2 - 2ab$,　　$a^2 + b^2 = (a-b)^2 + 2ab$

(2) $a^3 + b^3 = (a+b)^3 - 3ab(a+b)$,　　$a^3 - b^3 = (a-b)^3 + 3ab(a-b)$

(3) $a^2 + b^2 + c^2 = (a+b+c)^2 - 2(ab+bc+ca)$

Advice 1° 곱셈 공식

　　지금까지 (단항식)×(다항식)이나 (다항식)×(다항식)을 계산함에 있어 주로 분배법칙을 이용하여 전개하고, 그 결과를 교환법칙, 결합법칙, 분배법칙 등을 이용하여 정리해 보았다. 이를테면

$$(a+b)^2 = (a+b)(a+b) = a^2 + ab + ab + b^2 = a^2 + 2ab + b^2$$

과 같이 계산하였다.

　　그런데 이 계산 결과인

$$(a+b)^2 = a^2 + 2ab + b^2 \text{을 공식으로서 기억}$$

해 두고서 이와 같은 꼴의 곱셈에 대해서 활용한다면 계산을 정확하고 빠르게 할 수 있을 것이다. 위의 곱셈 공식들 역시

교환법칙,　결합법칙,　분배법칙

을 이용하여 얻은 것이다.

　　(5)~(10)에 대하여 유도 과정을 알아보자.

(5) $(x+a)(x+b)(x+c)=\{x^2+(a+b)x+ab\}(x+c)$
$\qquad\qquad\qquad\quad =x^3+cx^2+(a+b)x^2+(a+b)cx+abx+abc$
$\qquad\qquad\qquad\quad =x^3+(a+b+c)x^2+(ab+bc+ca)x+abc$

(6) $(a+b+c)^2=\{(a+b)+c\}^2=(a+b)^2+2(a+b)c+c^2$
$\qquad\qquad\quad =a^2+2ab+b^2+2ac+2bc+c^2$
$\qquad\qquad\quad =a^2+b^2+c^2+2ab+2bc+2ca$

(7) $(a+b)^3=(a+b)^2(a+b)=(a^2+2ab+b^2)(a+b)$
$\qquad\qquad =a^3+a^2b+2a^2b+2ab^2+ab^2+b^3=a^3+3a^2b+3ab^2+b^3$

(8) $(a+b)(a^2-ab+b^2)=a^3-a^2b+ab^2+a^2b-ab^2+b^3=a^3+b^3$

(9) $(a+b+c)(a^2+b^2+c^2-ab-bc-ca)$
$\qquad =a^3+ab^2+ac^2-a^2b-abc-a^2c+a^2b+b^3+bc^2-ab^2-b^2c-abc$
$\qquad\qquad\qquad +a^2c+b^2c+c^3-abc-bc^2-ac^2$
$\qquad =a^3+b^3+c^3-3abc$

(10) $(a^2+ab+b^2)(a^2-ab+b^2)=\{(a^2+b^2)+ab\}\{(a^2+b^2)-ab\}$
$\qquad\qquad\qquad\qquad\qquad =(a^2+b^2)^2-(ab)^2=a^4+2a^2b^2+b^4-a^2b^2$
$\qquad\qquad\qquad\qquad\qquad =a^4+a^2b^2+b^4$

보기 1 곱셈 공식을 이용하여 다음 식을 전개하시오.

(1) $(2x-5y)^2$ 　　　　　　　(2) $(-x+2y)(x+2y)$

(3) $(x^2+2x+2)(x^2+2x+3)$ 　　(4) $(3x+5)(2x-3)$

(5) $(x-1)(x-2)(x-3)$ 　　　　(6) $(2x+3y-z)^2$

(7) $(x-2y)^3$ 　　　　　　　　(8) $(3y-1)(9y^2+3y+1)$

연구 곱셈 공식을 이용하여 전개할 때에는

어느 공식을 이용하는 꼴

인가를 아는 것이 가장 중요하다. 이를 위해서는 공식 자체를 정확히 기억해야
하고, 많은 연습을 통해 공식을 적용하는 방법을 익혀야 한다.

(1) (준 식)$=(2x)^2-2\times 2x\times 5y+(5y)^2=\mathbf{4x^2-20xy+25y^2}$ 　⇦ 공식 (1)

(2) (준 식)$=(2y-x)(2y+x)=(2y)^2-x^2=\mathbf{4y^2-x^2}$ 　　⇦ 공식 (2)

(3) 공통부분 x^2+2x를 한 문자로 생각한다.

(준 식)$=\{(x^2+2x)+2\}\{(x^2+2x)+3\}$ 　　⇦ 공식 (3)

$\qquad =(x^2+2x)^2+(2+3)(x^2+2x)+2\times 3$

$\qquad =x^4+4x^3+4x^2+5x^2+10x+6=\mathbf{x^4+4x^3+9x^2+10x+6}$

공통부분이 복잡할 때에는 공통부분을 $x^2+2x=X$와 같이 한 문자로 치
환하여 계산하면 간편해지는 경우가 흔히 있다.

(4) (준 식)$=(3\times2)x^2+\{3\times(-3)+5\times2\}x+5\times(-3)$　⇦ 공식 (4)
　　　$=6x^2+x-15$

(5) 다음 두 공식을 비교하면서 기억해 두는 것이 좋다.
$$(x+a)(x+b)(x+c)=x^3+(a+b+c)x^2+(ab+bc+ca)x+abc$$
$$(x-a)(x-b)(x-c)=x^3-(a+b+c)x^2+(ab+bc+ca)x-abc$$
　(준 식)$=x^3-(1+2+3)x^2+(1\times2+2\times3+3\times1)x-1\times2\times3$
　　　$=x^3-6x^2+11x-6$　⇦ 공식 (5)

(6) (준 식)$=(2x)^2+(3y)^2+(-z)^2+2\times2x\times3y+2\times3y\times(-z)+2\times(-z)\times2x$
　　　$=4x^2+9y^2+z^2+12xy-6yz-4zx$　⇦ 공식 (6)

(7) (준 식)$=x^3-3x^2\times2y+3x\times(2y)^2-(2y)^3$
　　　$=x^3-6x^2y+12xy^2-8y^3$　⇦ 공식 (7)

(8) (준 식)$=(3y-1)\{(3y)^2+3y\times1+1^2\}=(3y)^3-1^3$
　　　$=27y^3-1$　⇦ 공식 (8)

Advice 2° 곱셈 공식의 변형

곱셈 공식 $(a+b)^2=a^2+2ab+b^2$에서 $2ab$를 이항하면

　정석 $a^2+b^2=(a+b)^2-2ab$

곱셈 공식 $(a-b)^2=a^2-2ab+b^2$에서 $-2ab$를 이항하면

　정석 $a^2+b^2=(a-b)^2+2ab$

같은 방법으로 생각하면 $(a+b)^3$, $(a-b)^3$, $(a+b+c)^2$의 곱셈 공식에서

　정석 $a^3+b^3=(a+b)^3-3ab(a+b),$
　　　$a^3-b^3=(a-b)^3+3ab(a-b),$
　　　$a^2+b^2+c^2=(a+b+c)^2-2(ab+bc+ca)$

를 얻을 수 있다. 이 변형식은 수학 전반에 걸쳐 자주 이용되므로 꼭 기억해 두고서 활용하기를 바란다.

보기 2　$x+y=6$, $xy=4$일 때, x^2+y^2의 값을 구하시오.

연구 $x^2+y^2=(x+y)^2-2xy=6^2-2\times4=$**28**

보기 3　$x-y=5$, $xy=7$일 때, $x^2-3xy+y^2$의 값을 구하시오.

연구 $x^2-3xy+y^2=(x^2+y^2)-3xy=(x-y)^2+2xy-3xy=5^2-7=$**18**

보기 4　$a+b=4$, $ab=1$일 때, a^3+b^3의 값을 구하시오.

연구 $a^3+b^3=(a+b)^3-3ab(a+b)=4^3-3\times1\times4=$**52**

필수 예제 **1**-3 다음 물음에 답하시오.

(1) $x+y=2$, $x^3+y^3=14$일 때, 다음 식의 값을 구하시오.

① xy ② x^2+y^2 ③ x^4+y^4 ④ x^5+y^5

(2) $a+b=4$, $ab=3$, $x+y=-3$, $xy=1$이다.

$m=ax+by$, $n=bx+ay$일 때, 다음 식의 값을 구하시오.

① m^2+n^2 ② m^3+n^3

정석연구 곱셈 공식의 변형식

정 석 $a^2+b^2=(a+b)^2-2ab$,

$a^3+b^3=(a+b)^3-3ab(a+b)$

를 활용하는 문제이다.

(1) x^5+y^5은 $(x^2+y^2)(x^3+y^3)$을 전개하면 나타나는 식인 것에 착안한다.

(2) 주어진 조건을 이용하여 $m+n$, mn의 값을 먼저 구한다.

모범답안 (1) $x^3+y^3=14$에서 $(x+y)^3-3xy(x+y)=14$

여기에 $x+y=2$를 대입하면 $2^3-3xy\times2=14$ $\therefore xy=-1$

$\therefore x^2+y^2=(x+y)^2-2xy=2^2-2\times(-1)=6$,

$x^4+y^4=(x^2)^2+(y^2)^2=(x^2+y^2)^2-2x^2y^2=6^2-2\times(-1)^2=34$

또, $(x^2+y^2)(x^3+y^3)=x^5+x^2y^3+x^3y^2+y^5$이므로

$x^5+y^5=(x^2+y^2)(x^3+y^3)-x^2y^2(x+y)=6\times14-(-1)^2\times2=82$

(2) $m+n=ax+by+bx+ay=(a+b)x+(a+b)y$

$=(a+b)(x+y)=4\times(-3)=-12$

$mn=(ax+by)(bx+ay)=abx^2+a^2xy+b^2xy+aby^2$

$=ab(x^2+y^2)+(a^2+b^2)xy$

$=ab\{(x+y)^2-2xy\}+\{(a+b)^2-2ab\}xy$

$=3\{(-3)^2-2\times1\}+(4^2-2\times3)\times1=31$

$\therefore m^2+n^2=(m+n)^2-2mn=(-12)^2-2\times31=82$,

$m^3+n^3=(m+n)^3-3mn(m+n)=(-12)^3-3\times31\times(-12)=-612$

답 (1) ① **-1** ② **6** ③ **34** ④ **82** (2) ① **82** ② **-612**

유제 **1**-4. $x-y=3$, $x^3-y^3=9$일 때, xy와 x^2+y^2의 값을 구하시오.

답 $xy=-2$, $x^2+y^2=5$

유제 **1**-5. $a+b=5$, $ab=2$, $c+d=6$, $cd=4$, $A=ac+bd$, $B=ad+bc$일 때,

$A+B$와 AB의 값을 구하시오. 답 $A+B=30$, $AB=140$

필수 예제 **1**-4 $a+b+c=0$, $a^2+b^2+c^2=1$일 때, 다음 식의 값을 구하시오.

   (1) $ab+bc+ca$ (2) $a^2b^2+b^2c^2+c^2a^2$ (3) $a^4+b^4+c^4$

[정석연구] (1) 세 식 $a+b+c$, $a^2+b^2+c^2$, $ab+bc+ca$ 사이에는

   정석 $(a+b+c)^2=a^2+b^2+c^2+2(ab+bc+ca)$

인 관계가 있다. 이 식은 삼항식의 제곱을 전개할 때 흔히 이용하지만, 다른 한편으로는 세 식

$$a+b+c, \quad a^2+b^2+c^2, \quad ab+bc+ca$$

의 값 중에서 어느 두 값을 알고 나머지 하나의 값을 구하고자 할 때에도 이용한다.

(2) $(ab+bc+ca)^2$을 전개할 때 나타나는 식이다.

   위의 곱셈 공식에서 a, b, c 대신 ab, bc, ca를 대입해 보자.

(3) $(a^2+b^2+c^2)^2$을 전개할 때 나타나는 식이다.

   위의 곱셈 공식에서 a, b, c 대신 a^2, b^2, c^2을 대입해 보자.

[모범답안] (1) $(a+b+c)^2=a^2+b^2+c^2+2(ab+bc+ca)$

   문제의 조건에서 $a+b+c=0$, $a^2+b^2+c^2=1$이므로

$$0^2=1+2(ab+bc+ca) \quad \therefore \ ab+bc+ca=-\frac{1}{2} \longleftarrow \boxed{답}$$

(2) $(ab+bc+ca)^2=a^2b^2+b^2c^2+c^2a^2+2ab^2c+2abc^2+2a^2bc$

$$\therefore \ (ab+bc+ca)^2=a^2b^2+b^2c^2+c^2a^2+2abc(a+b+c)$$

   여기에서 $ab+bc+ca=-\frac{1}{2}$, $a+b+c=0$이므로

$$a^2b^2+b^2c^2+c^2a^2=\frac{1}{4} \longleftarrow \boxed{답}$$

(3) $(a^2+b^2+c^2)^2=a^4+b^4+c^4+2(a^2b^2+b^2c^2+c^2a^2)$

   에 문제의 조건 $a^2+b^2+c^2=1$과 (2)의 결과를 대입하면

$$1^2=a^4+b^4+c^4+2\times\frac{1}{4} \quad \therefore \ a^4+b^4+c^4=\frac{1}{2} \longleftarrow \boxed{답}$$

[유제] **1**-6. $x+y+z=6$, $xy+yz+zx=11$, $xyz=6$일 때, 다음 식의 값을 구하시오.

   (1) $x^2+y^2+z^2$ (2) $x^2y^2+y^2z^2+z^2x^2$

   (3) $\dfrac{1}{x^2}+\dfrac{1}{y^2}+\dfrac{1}{z^2}$ (4) $x^4+y^4+z^4$

$\boxed{답}$ (1) **14**   (2) **49**   (3) $\dfrac{49}{36}$ (4) **98**

연습문제 1

기본 **1**-1 다항식 $f(x)$를 일차식 $ax+b(a, b$는 상수)로 나눈 몫을 $g(x)$, 나머지를 R이라고 할 때, $f(x)$를 $x+\dfrac{b}{a}$로 나눈 몫과 나머지를 구하시오.

1-2 다음 식을 전개하시오.
 (1) $(a-b-c-d)(a-b+c+d)$ (2) $(1-x)(2-x)(3-x)(4-x)$
 (3) $(a+2b)^3(a-2b)^3$ (4) $(a-b-1)(a^2+b^2+ab+a-b+1)$

1-3 다음 식을 전개하시오.
   $P=(1+x+x^2)(1-x+x^2)(1-x^2+x^4)(1-x^4+x^8)(1-x^8+x^{16})$

1-4 다음 물음에 답하시오.
 (1) $ab=-2$, $(2a-3)(2b-3)=5$일 때, a^2+ab+b^2의 값을 구하시오.
 (2) $2x+3y=7$, $xy=1$일 때, $2x-3y$의 값을 구하시오.

1-5 겉넓이가 $22\,\text{cm}^2$이고 모든 모서리의 길이의 합이 $24\,\text{cm}$인 직육면체의 대각선의 길이를 구하시오.

실력 **1**-6 다항식 $3x^4+2x^3+37x^2+94x+m$이 x^2-x+n으로 나누어떨어지도록 상수 m, n의 값을 정하시오.

1-7 $(1+x+x^2+\cdots+x^5)^2(1+x+x^2+\cdots+x^9)$의 전개식에서 x^{10}의 계수를 구하시오.

1-8 두 수 x, y의 합과 곱이 모두 양수이고 $x^2+y^2=6$, $x^4+y^4=34$일 때, 다음 식의 값을 구하시오.
 (1) $x+y$ (2) xy (3) x^3+y^3 (4) x^5+y^5

1-9 $x+y+z=a$, $xy+yz+zx=b$, $xyz=c$일 때, 다음 식을 a, b, c로 나타내시오.
 (1) $x^2+y^2+z^2$ (2) $x^2y^2+y^2z^2+z^2x^2$
 (3) $(x+y)(y+z)(z+x)$ (4) $(x^2+y^2)(y^2+z^2)(z^2+x^2)$

1-10 x, y가 0이 아닌 실수이고 x^2+y^2, x^3+y^3, x^4+y^4이 모두 유리수일 때, 다음 중 옳은 것만을 있는 대로 고르시오.

> ㄱ. x^2y^2은 유리수이다.   ㄴ. x^6+y^6은 유리수이다.
> ㄷ. $(x+y)^2$이 무리수가 되는 실수 x, y가 존재한다.

1-11 세 변의 길이가 a, b, c인 삼각형에서 $a^2+b^2+c^2=6$, $a^4+b^4+c^4=14$일 때, 이 삼각형의 넓이를 구하시오.

②. 인수분해

§1. 인수분해의 기본 공식

기 본 정 석

인수분해의 기본 공식

(1) $ma - mb + mc = m(a - b + c)$

(2) $a^2 + 2ab + b^2 = (a+b)^2, \qquad a^2 - 2ab + b^2 = (a-b)^2$

(3) $a^2 - b^2 = (a+b)(a-b)$

(4) $x^2 + (a+b)x + ab = (x+a)(x+b)$

(5) $acx^2 + (ad+bc)x + bd = (ax+b)(cx+d)$

(6) $a^3 + b^3 = (a+b)(a^2 - ab + b^2), \qquad a^3 - b^3 = (a-b)(a^2 + ab + b^2)$

(7) $a^3 + 3a^2b + 3ab^2 + b^3 = (a+b)^3, \qquad a^3 - 3a^2b + 3ab^2 - b^3 = (a-b)^3$

(8) $a^2 + b^2 + c^2 + 2ab + 2bc + 2ca = (a+b+c)^2$

(9) $a^4 + a^2b^2 + b^4 = (a^2 + ab + b^2)(a^2 - ab + b^2)$

(10) $a^3 + b^3 + c^3 - 3abc = (a+b+c)(a^2 + b^2 + c^2 - ab - bc - ca)$
$$= \frac{1}{2}(a+b+c)\{(a-b)^2 + (b-c)^2 + (c-a)^2\}$$

Advice 1° 인수분해, 인수

이를테면 $(x+2)(x+3)$을 전개하면
$$(x+2)(x+3) = x^2 + 5x + 6$$
이고, 이 식의 좌변과 우변을 서로 바꾸어 나타내면
$$x^2 + 5x + 6 = (x+2)(x+3)$$
이다.

이와 같이 하나의 다항식을 두 개 이상의 다항식의 곱의 꼴로 나타내는 것을 이 식을 인수분해한다고 하며, $x+2$, $x+3$을 $x^2 + 5x + 6$의 인수라고 한다.

$$\boldsymbol{(x+2)(x+3)} \quad \xrightarrow{\text{전 개}} \quad \boldsymbol{x^2 + 5x + 6}$$
$$\xleftarrow{\text{인수분해}}$$

위의 인수분해의 공식들은 앞에서 공부한 곱셈 공식의 좌변과 우변을 서로 바꾸어 나타낸 것에 불과하다. 우변을 전개했을 때 좌변이 되는가를 다시 한번 확인해 보길 바란다.

여기서 (1)은 분배법칙으로, 전개할 때에도 기본이지만 인수분해할 때에도 기본이 된다는 것을 기억해야 한다.   ⇐ 보기 1

또, (9)와 ⑩은 단순히 곱셈 공식의 역으로 받아들이지 말고 유도 과정까지 같이 이해하고 기억하는 것이 좋다.   ⇐ 보기 9, 10, 11

Advice 2° 인수분해의 세 가지 기본

일반적으로 인수분해를 할 때에는

기본 공식,   인수 정리,   근의 공식

의 세 가지 방법을 이용한다.

기본 공식이 적용되지 않는 삼차 이상의 다항식에서는 주로 인수 정리를 이용한다. 이차 다항식에서는 근의 공식을 이용하기도 한다. ⇐ p. 57, 116 참조

보기 1 다음 식을 인수분해하시오.

(1) $a(x-y)+b(y-x)$ (2) $ab+b^2-ac-bc$

(3) $27a^3b^3+18a^2b^4-81ab^5$

연구 공식 $ma-mb+mc=m(a-b+c)$를 이용!

(1) $a(x-y)+b(y-x)=a(x-y)-b(x-y)=\boldsymbol{(a-b)(x-y)}$

(2) $ab+b^2-ac-bc=b(a+b)-c(a+b)=\boldsymbol{(a+b)(b-c)}$

(3) $27a^3b^3+18a^2b^4-81ab^5=\boldsymbol{9ab^3(3a^2+2ab-9b^2)}$

보기 2 다음 식을 인수분해하시오.

(1) $4x^2+20xy+25y^2$ (2) $-x^2-4y^2+4xy$ (3) $\dfrac{4}{9}x^2+2xy+\dfrac{9}{4}y^2$

연구 공식 $a^2\pm2ab+b^2=(a\pm b)^2$(복부호동순)을 이용!

(1) $4x^2+20xy+25y^2=\boldsymbol{(2x+5y)^2}$ $a^2 \quad \pm \quad 2ab \quad + \quad b^2=(a\pm b)^2$

(2) $-x^2-4y^2+4xy$

$\quad =-(x^2-4xy+4y^2)$ $a^2 \quad 2\times a \times b \quad b^2$

$\quad =\boldsymbol{-(x-2y)^2}$

(3) $\dfrac{4}{9}x^2+2xy+\dfrac{9}{4}y^2=\left(\dfrac{2}{3}x\right)^2+2\times\dfrac{2}{3}x\times\dfrac{3}{2}y+\left(\dfrac{3}{2}y\right)^2=\boldsymbol{\left(\dfrac{2}{3}x+\dfrac{3}{2}y\right)^2}$

보기 3 다음 식을 인수분해하시오.

(1) x^4-y^4 (2) $1-x^2-y^2+2xy$

연구 공식 $a^2-b^2=(a+b)(a-b)$를 이용!

(1) $x^4-y^4=(x^2)^2-(y^2)^2=(x^2+y^2)(x^2-y^2)=\boldsymbol{(x^2+y^2)(x+y)(x-y)}$

(2) $1-x^2-y^2+2xy=1-(x^2-2xy+y^2)=1^2-(x-y)^2$

$\qquad\qquad\qquad =\{1+(x-y)\}\{1-(x-y)\}=\boldsymbol{(1+x-y)(1-x+y)}$

보기 4 다음 식을 인수분해하시오.

(1) $x^2+6x-16$ 　　　　　(2) $x^2+2xy+y^2-4x-4y+3$

연구 공식 $x^2+(a+b)x+ab=(x+a)(x+b)$를 이용!

(1) 합이 6, 곱이 -16인 두 수는 8과 -2이므로
$$x^2+6x-16=\boldsymbol{(x+8)(x-2)}$$

(2) $x^2+2xy+y^2-4x-4y+3=(x+y)^2-4(x+y)+3$
$$=\boldsymbol{(x+y-1)(x+y-3)}$$

보기 5 다음 식을 인수분해하시오.

(1) $6x^2+5x-6$ 　　　　　(2) $6x^4+x^2y^2-2y^4$

연구 공식 $acx^2+(ad+bc)x+bd=(ax+b)(cx+d)$를 이용!

(1)
$$
\begin{array}{c}
2x \quad\diagdown\quad +3 \;\rightarrow\; 9x \\
3x \;\diagup\; -2 \;\rightarrow\; -4x\,(+\\
\hline
6x^2 \quad -6 \quad\quad 5x
\end{array}
$$
$6x^2+5x-6$
$$=\boldsymbol{(2x+3)(3x-2)}$$

(2)
$$
\begin{array}{c}
3x^2 \quad\diagdown\quad +2y^2 \;\rightarrow\; 4x^2y^2 \\
2x^2 \;\diagup\; -y^2 \;\rightarrow\; -3x^2y^2\,(+\\
\hline
6x^4 \quad -2y^4 \quad\quad x^2y^2
\end{array}
$$
$6x^4+x^2y^2-2y^4$
$$=\boldsymbol{(3x^2+2y^2)(2x^2-y^2)}$$

보기 6 다음 식을 인수분해하시오.

(1) x^3+8y^3 　　　(2) x^6+y^6 　　　(3) $x^3-y^3+x^2+y^2-2xy$

연구 공식 $\begin{cases} a^3+b^3=(a+b)(a^2-ab+b^2) \\ a^3-b^3=(a-b)(a^2+ab+b^2) \end{cases}$ 을 이용!

(1) $x^3+8y^3=x^3+(2y)^3=(x+2y)\{x^2-x\times 2y+(2y)^2\}$
$$=\boldsymbol{(x+2y)(x^2-2xy+4y^2)}$$

(2) $x^6+y^6=(x^2)^3+(y^2)^3$
$$=\boldsymbol{(x^2+y^2)(x^4-x^2y^2+y^4)}$$

(3) $x^3-y^3+x^2+y^2-2xy=(x-y)(x^2+xy+y^2)+(x-y)^2$
$$=\boldsymbol{(x-y)(x^2+xy+y^2+x-y)}$$

보기 7 다음 식을 인수분해하시오.

(1) $x^3+9x^2y+27xy^2+27y^3$ 　　　(2) $8-12y+6y^2-y^3$

연구 공식 $\begin{cases} a^3+3a^2b+3ab^2+b^3=(a+b)^3 \\ a^3-3a^2b+3ab^2-b^3=(a-b)^3 \end{cases}$ 을 이용!

(1) (준 식)$=x^3+3\times x^2\times 3y+3\times x\times(3y)^2+(3y)^3=\boldsymbol{(x+3y)^3}$

(2) (준 식)$=2^3-3\times 2^2\times y+3\times 2\times y^2-y^3=\boldsymbol{(2-y)^3}$

보기 8 $a^4+b^4+c^4+2(a^2b^2+b^2c^2+c^2a^2)$을 인수분해하시오.

연구 공식 $a^2+b^2+c^2+2ab+2bc+2ca=(a+b+c)^2$을 이용!

(준 식)$=(a^2)^2+(b^2)^2+(c^2)^2+2a^2b^2+2b^2c^2+2c^2a^2=\boldsymbol{(a^2+b^2+c^2)^2}$

보기 9 $a^4+a^2b^2+b^4$의 인수분해 공식을 유도하시오.

연구 $a^4+a^2b^2+b^4=a^4+2a^2b^2+b^4-a^2b^2=(a^2+b^2)^2-(ab)^2$

$\qquad\qquad\quad =(a^2+b^2+ab)(a^2+b^2-ab)$

$\qquad\qquad\quad =\boldsymbol{(a^2+ab+b^2)(a^2-ab+b^2)}$

보기 10 $a^3+b^3+c^3-3abc$ 의 인수분해 공식을 유도하고, 이 공식을 이용하여 다음 식을 인수분해하시오.

(1) $x^3+y^3+3xy-1$ (2) $8x^3-27y^3-18xy-1$

연구 $a^3+b^3+c^3-3abc$

$\qquad =(a^3+b^3)+c^3-3abc \qquad\qquad\qquad \Leftrightarrow a^3+b^3=(a+b)^3-3ab(a+b)$

$\qquad =(a+b)^3-3ab(a+b)+c^3-3abc=(a+b)^3+c^3-3ab(a+b+c)$

$\qquad =\{(a+b)+c\}^3-3(a+b)c\{(a+b)+c\}-3ab(a+b+c)$

$\qquad =(a+b+c)\{(a+b+c)^2-3(a+b)c-3ab\}$

$\qquad =\boldsymbol{(a+b+c)(a^2+b^2+c^2-ab-bc-ca)}$

(1) (준 식)$=x^3+y^3+(-1)^3-3\times x\times y\times(-1)$

$\qquad\qquad =\boldsymbol{(x+y-1)(x^2+y^2+1-xy+y+x)}$

(2) (준 식)$=(2x)^3+(-3y)^3+(-1)^3-3\times 2x\times(-3y)\times(-1)$

$\qquad\qquad =\boldsymbol{(2x-3y-1)(4x^2+9y^2+1+6xy-3y+2x)}$

보기 11 $a^2+b^2+c^2-ab-bc-ca=\dfrac{1}{2}\{(a-b)^2+(b-c)^2+(c-a)^2\}$임을 보이시오.

연구 $a^2+b^2+c^2-ab-bc-ca$

$\qquad =\dfrac{1}{2}(2a^2+2b^2+2c^2-2ab-2bc-2ca)$

$\qquad =\dfrac{1}{2}\{(a^2-2ab+b^2)+(b^2-2bc+c^2)+(c^2-2ca+a^2)\}$

$\qquad =\dfrac{1}{2}\{(a-b)^2+(b-c)^2+(c-a)^2\}$

*$\boldsymbol{Note}$ 모든 실수 x에 대하여 $x^2\geq 0$이다. 따라서

$\qquad\qquad a^2+b^2+c^2-ab-bc-ca=\dfrac{1}{2}\{(a-b)^2+(b-c)^2+(c-a)^2\}\geq 0$

$\qquad$ 또, $a+b+c>0$이면

$\qquad\qquad a^3+b^3+c^3-3abc=(a+b+c)(a^2+b^2+c^2-ab-bc-ca)\geq 0$

필수 예제 **2**-1 다음 식을 인수분해하시오.

(1) $x^4 - 4x^2 + 3$　　　　(2) $x^4 - 7x^2y^2 + y^4$　　　(3) $a^4 - 11a^2b^2 + b^4$

[정석연구] $x^4 - 4x^2 + 3$은 x에 관한 사차식이지만 $x^2 = X$로 치환하면

$$x^4 - 4x^2 + 3 = X^2 - 4X + 3$$

과 같이 X에 관한 이차식이다. 이와 같은 사차식을 복이차식이라고 한다.
이때의 인수분해 방법은 다음과 같다.

정석 복이차식의 인수분해

　(i) $x^2 = X$로 치환하여 기본 공식을 적용할 수 있는가를 검토한다.

　(ii) 더하고 빼거나 쪼개서 $A^2 - B^2$의 꼴로 변형한다.

이 문제의 경우

(1)은 (i)의 방법으로, (2), (3)은 (ii)의 방법으로 인수분해하면 된다.

[모범답안] (1) $x^2 = X$로 놓으면

$$x^4 - 4x^2 + 3 = X^2 - 4X + 3 = (X-1)(X-3) \qquad \Leftarrow X 에 x^2 을 대입!$$
$$= (x^2 - 1)(x^2 - 3) = \boldsymbol{(x+1)(x-1)(x^2-3)} \longleftarrow \boxed{답}$$

(2) $x^4 - 7x^2y^2 + y^4 = x^4 + 2x^2y^2 + y^4 - 9x^2y^2$
$$= (x^2 + y^2)^2 - (3xy)^2 = (x^2 + y^2 + 3xy)(x^2 + y^2 - 3xy)$$
$$= \boldsymbol{(x^2 + 3xy + y^2)(x^2 - 3xy + y^2)} \longleftarrow \boxed{답}$$

Note $x^4 - 7x^2y^2 + y^4 = x^4 - 2x^2y^2 + y^4 - 5x^2y^2 = (x^2 - y^2)^2 - (\sqrt{5}xy)^2$
$$= (x^2 - y^2 + \sqrt{5}xy)(x^2 - y^2 - \sqrt{5}xy)$$

와 같이 인수분해할 수도 있겠으나 「인수분해하시오」라고 하면 특별한 말이 없는 한 계수를 유리수의 범위로 하는 것이 보통이다. 위의 (1)과 아래 (3)도 마찬가지이다.

(3) $a^4 - 11a^2b^2 + b^4 = a^4 - 2a^2b^2 + b^4 - 9a^2b^2 = (a^2 - b^2)^2 - (3ab)^2$
$$= (a^2 - b^2 + 3ab)(a^2 - b^2 - 3ab)$$
$$= \boldsymbol{(a^2 + 3ab - b^2)(a^2 - 3ab - b^2)} \longleftarrow \boxed{답}$$

[유제] **2**-1. 다음 식을 인수분해하시오.

(1) $x^4 - 14x^2 + 45$　　　　　　　　(2) $x^4 + 4$

(3) $x^4 - 23x^2y^2 + y^4$　　　　　　　(4) $a^4 + 2a^2b^2 + 9b^4$

　　　　　　　　$\boxed{답}$ (1) $\boldsymbol{(x+3)(x-3)(x^2-5)}$　(2) $\boldsymbol{(x^2+2x+2)(x^2-2x+2)}$

　　　　　　　　(3) $\boldsymbol{(x^2+5xy+y^2)(x^2-5xy+y^2)}$

　　　　　　　　(4) $\boldsymbol{(a^2+2ab+3b^2)(a^2-2ab+3b^2)}$

필수 예제 **2**-2 다음 식을 인수분해하시오.

(1) $(x^2+5x+4)(x^2+5x+6)-24$ (2) $x(x+1)(x+2)(x+3)-15$

[정석연구] (1) 주어진 식을 $AB-24$의 꼴로 보면 AB 부분이 비록 다항식의 곱이기는 하지만 식 전체는 인수분해된 꼴이 아니다. 따라서 AB 부분을 전개한 다음 인수분해해야 한다.

그런데 AB 부분 $(x^2+5x+4)(x^2+5x+6)$에서

$$x^2+5x가 공통$$

이므로 이 부분을 치환하거나 하나로 생각하고 전개하면 편하다.

[정석] 식의 계산에서 공통인 부분은 치환한다.

(2) 이 문제 역시 네 식의 곱 $x(x+1)(x+2)(x+3)$을 전개한 다음 인수분해해야 한다.

네 식의 곱을 전개할 때에는 두 개씩 묶어 전개하는 것이 보통이다. 또한두 식을 묶을 때에는 식의 형태를 고려하여 계산하기 편한 방법이 무엇인지를 생각한다. 이를테면 이 문제에서는

$$\{x(x+3)\}\{(x+1)(x+2)\}=(x^2+3x)(x^2+3x+2)$$

와 같이 묶으면 공통인 부분이 나와 보다 편하게 계산할 수 있다.

[정석] 식의 계산에서 공통인 부분이 생기는지 살펴본다.

[모범답안] (1) $x^2+5x=X$로 놓으면

(준 식)$=(X+4)(X+6)-24=X^2+10X=X(X+10)$

X에 x^2+5x를 대입하면

(준 식)$=(x^2+5x)(x^2+5x+10)=\boldsymbol{x(x+5)(x^2+5x+10)}$ ← [답]

(2) $x(x+1)(x+2)(x+3)-15=\{x(x+3)\}\{(x+1)(x+2)\}-15$
$\qquad\qquad\qquad\qquad\qquad =(x^2+3x)(x^2+3x+2)-15$

여기에서 $x^2+3x=X$로 놓으면

(준 식)$=X(X+2)-15=X^2+2X-15=(X+5)(X-3)$

X에 x^2+3x를 대입하면

(준 식)$=\boldsymbol{(x^2+3x+5)(x^2+3x-3)}$ ← [답]

[유제] **2**-2. 다음 식을 인수분해하시오.

(1) $(x^2+5x+6)(x^2+7x+6)-3x^2$

(2) $(x-1)(x+2)(x-3)(x+4)+24$

[답] (1) $\boldsymbol{(x^2+8x+6)(x^2+4x+6)}$ (2) $\boldsymbol{(x+3)(x-2)(x^2+x-8)}$

필수 예제 **2**-3 다음 식을 인수분해하시오.

(1) $abx^3-(b-a^2)x^2-2ax+1$ (2) $x^2-5xy+4y^2+x+2y-2$

(3) $ab(a-b)+bc(b-c)+ca(c-a)$

[정석연구] 두 개 이상의 문자를 포함하고, 항이 4개 이상인 다항식은 다음과 같은 방법으로 인수분해하는 것을 먼저 생각한다.

$\boxed{\text{정 석}}$ 여러 문자를 포함한 식의 인수분해

(ⅰ) 차수가 작은 문자에 관하여 내림차순으로 정리해 본다.

(ⅱ) 차수가 같을 때에는 어느 한 문자에 관하여 정리해 본다.

따라서 이 문제는 다음과 같이 생각할 수 있어야 한다.

(1) 문자는 a, b, x이고, 이 중에서 b의 차수가 가장 작으므로 b에 관하여 정리한다.

(2) x, y에 관하여 각각 이차식이므로 x에 관하여 정리해도 되고, y에 관하여 정리해도 된다.

x에 관하여 정리하면 $x^2-(5y-1)x+4y^2+2y-2$

y에 관하여 정리하면 $4y^2-(5x-2)y+x^2+x-2$

(3) a, b, c에 관하여 차수가 같으므로 어느 문자에 관하여 정리해도 된다.

[모범답안] (1) 주어진 식을 b에 관하여 정리하면

(준 식)$=(ax^3-x^2)b+a^2x^2-2ax+1=(ax-1)x^2b+(ax-1)^2$

$=(ax-1)(bx^2+ax-1)$ ← $\boxed{답}$

(2) 주어진 식을 x에 관하여 정리하면

(준 식)$=x^2-(5y-1)x+4y^2+2y-2=x^2-(5y-1)x+2(2y-1)(y+1)$

$=\{x-2(2y-1)\}\{x-(y+1)\}=(x-4y+2)(x-y-1)$ ← $\boxed{답}$

(3) 주어진 식을 a에 관하여 정리하면

(준 식)$=(b-c)a^2-(b^2-c^2)a+bc(b-c)$

$=(b-c)\{a^2-(b+c)a+bc\}=(b-c)(a-b)(a-c)$

$=-(a-b)(b-c)(c-a)$ ← $\boxed{답}$

[유제] **2**-3. 다음 식을 인수분해하시오.

(1) $x^3+3px^2+(3p^2-q^2)x+p(p^2-q^2)$

(2) $2x^2-xy-y^2-7x+y+6$ (3) $a^2(b-c)+b^2(c-a)+c^2(a-b)$

$\boxed{답}$ (1) $(x+p)(x+p+q)(x+p-q)$ (2) $(x-y-2)(2x+y-3)$

(3) $-(a-b)(b-c)(c-a)$

§2. 인수분해의 활용

필수 예제 2-4   삼각형의 세 변의 길이 a, b, c 사이에
$$a^4 - ca^3 + (b-c)ca^2 - (b^2-c^2)ca - b^4 + b^3c + b^2c^2 - bc^3 = 0$$
인 관계가 성립할 때, 이 삼각형은 어떤 삼각형인가?

[정석연구] 삼각형의 세 변의 길이 a, b, c에 대하여
$$a = b \text{이면} \implies \text{이등변삼각형}$$
$$a^2 + b^2 = c^2 \text{이면} \implies \text{직각삼각형}$$
이다.

따라서 주어진 식을 변형하여 a, b, c 사이에 성립하는 관계식을 간단히 할 필요가 있다. 이를 위해 좌변을 인수분해해 본다.

차수가 가장 작은 문자가 c이므로 c에 관하여 정리해 보자.

정석 여러 문자를 포함한 식의 인수분해
$$\implies \text{차수가 작은 문자에 관하여 정리한다.}$$

[모범답안] 좌변을 c에 관하여 정리한 다음 인수분해하면
$$(a-b)c^3 - (a+b)(a-b)c^2 - \{a^2(a-b) + b^2(a-b)\}c + (a^2+b^2)(a^2-b^2) = 0$$
$$\therefore (a-b)\{c^3 - (a+b)c^2 - (a^2+b^2)c + (a^2+b^2)(a+b)\} = 0$$
$$\therefore (a-b)\{c^2(c-a-b) - (a^2+b^2)(c-a-b)\} = 0$$
$$\therefore (a-b)(c-a-b)(c^2-a^2-b^2) = 0$$

a, b, c는 삼각형의 세 변의 길이이므로 $c - a - b \neq 0$
$$\therefore a - b = 0 \text{ 또는 } c^2 - a^2 - b^2 = 0 \quad \text{곧, } a = b \text{ 또는 } c^2 = a^2 + b^2$$
따라서 이 삼각형은

   $\boldsymbol{a = b}$인 이등변삼각형 또는 빗변의 길이가 $\boldsymbol{c}$인 직각삼각형 ⟵ [답]

*$Note$ 답을 「이등변삼각형 또는 직각삼각형 또는 직각이등변삼각형」이라고 할 필요는 없다. 위의 답의 표현만으로도 직각이등변삼각형은 포함되기 때문이다. 수학에서 'p 또는 q'라고 할 때는 'p이고 q'의 뜻이 포함되어 있다.

[유제] **2**-4. 삼각형의 세 변의 길이 a, b, c 사이에
$$(a-b)c^4 - 2(a^3-b^3)c^2 + (a^4-b^4)(a+b) = 0$$
인 관계가 성립할 때, 이 삼각형은 어떤 삼각형인가?

[답] $\boldsymbol{a=b}$인 이등변삼각형 또는 빗변의 길이가 $\boldsymbol{c}$인 직각삼각형

필수 예제 **2**-5 다음 물음에 답하시오.

(1) 삼각형의 세 변의 길이 a, b, c가 $a^3+b^3+c^3=3abc$를 만족시킬 때, 이 삼각형은 어떤 삼각형인가?

(2) $P=a^3+b^3+c^3-3abc$에서 a, b, c를 각각 $b+c-a, c+a-b,$ $a+b-c$로 바꾸면 새로운 식은 P의 몇 배가 되는가?

[정석연구] $a^3+b^3+c^3-3abc$의 인수분해 공식과 그 변형식

정석 $a^3+b^3+c^3-3abc=(a+b+c)(a^2+b^2+c^2-ab-bc-ca)$
$$=\frac{1}{2}(a+b+c)\{(a-b)^2+(b-c)^2+(c-a)^2\}$$

을 활용하는 문제이다.

[모범답안] (1) $a^3+b^3+c^3-3abc=0$에서 좌변을 인수분해하면
$$(a+b+c)(a^2+b^2+c^2-ab-bc-ca)=0$$
a, b, c는 삼각형의 세 변의 길이이므로 $a+b+c\neq0$
$$\therefore\ a^2+b^2+c^2-ab-bc-ca=0$$
양변을 2배하여 변형하면 $(a-b)^2+(b-c)^2+(c-a)^2=0$
a, b, c는 실수이므로 $a-b=0,\ b-c=0,\ c-a=0$ $\therefore\ a=b=c$
따라서 이 삼각형은 정삼각형이다. [답] 정삼각형

(2) $P=a^3+b^3+c^3-3abc$
$$=(a+b+c)(a^2+b^2+c^2-ab-bc-ca)$$
$$=\frac{1}{2}(a+b+c)\{(a-b)^2+(b-c)^2+(c-a)^2\}$$
a, b, c에 $b+c-a, c+a-b, a+b-c$를 각각 대입한 식을 Q라고 하면
$$Q=\frac{1}{2}(a+b+c)\{4(b-a)^2+4(c-b)^2+4(a-c)^2\}$$
$$=4\times\frac{1}{2}(a+b+c)\{(a-b)^2+(b-c)^2+(c-a)^2\}$$
$$\therefore\ Q=4P$$ [답] **4배**

Advice | (1) x, y, z가 실수일 때, $x^2\geq0, y^2\geq0, z^2\geq0$이므로
$$x^2+y^2+z^2=0$$이면 $x^2=0,\ y^2=0,\ z^2=0$
이어야 한다. 따라서 다음이 성립한다.

정석 x, y, z가 실수일 때,
$$x^2+y^2+z^2=0$$이면 $x=0,\ y=0,\ z=0$

[유제] **2**-5. $x=a+b-c, y=a-b+c, z=-a+b+c$일 때, $x^2+y^2+z^2+xy+yz+zx$를 a, b, c로 나타내시오. [답] $2(a^2+b^2+c^2)$

필수 예제 **2**-6 $x+y+z=a$, $xy+yz+zx=b$, $xyz=c$일 때, 다음 식을 a, b, c로 나타내시오.

  (1) $x^3+y^3+z^3$ (2) $y^2z+yz^2+z^2x+zx^2+x^2y+xy^2$

[정석연구] (1) 인수분해 공식

> **정석** $x^3+y^3+z^3-3xyz$
> $=(x+y+z)(x^2+y^2+z^2-xy-yz-zx)$

를 이용하면 xyz, $x+y+z$, $xy+yz+zx$의 값이 주어질 때 $x^3+y^3+z^3$의 값을 구할 수 있다.

    여기에서 $x^2+y^2+z^2$의 값은 다음 **정석**을 이용하면 구할 수 있다.

> **정석** $(x+y+z)^2=x^2+y^2+z^2+2(xy+yz+zx)$

(2) 문제의 식을 주어진 조건식을 이용할 수 있도록 변형한다.

문제에서 주어진 조건은 반드시 문제 해결에 필요한 것

이기 때문에 주어진 것이라는 점을 언제나 염두에 두어야 한다.

    이 문제에서 주어진 식은 인수분해되지 않지만 두 항씩 묶어 보면

      (준 식)$=yz(y+z)+zx(z+x)+xy(x+y)$ ……①

    또는 (준 식)$=x^2(y+z)+y^2(z+x)+z^2(x+y)$ ……②

이므로 ① 또는 ②와 주어진 조건을 이용하여 식을 a, b, c로 나타낼 수 있다.

[모범답안] (1) $x^3+y^3+z^3-3xyz=(x+y+z)(x^2+y^2+z^2-xy-yz-zx)$에서

    $x^3+y^3+z^3=(x+y+z)(x^2+y^2+z^2-xy-yz-zx)+3xyz$ ···③

    그런데 $x+y+z=a$, $xy+yz+zx=b$, $xyz=c$이고,

  $(x+y+z)^2=x^2+y^2+z^2+2(xy+yz+zx)$로부터

    $x^2+y^2+z^2=(x+y+z)^2-2(xy+yz+zx)=a^2-2b$

  이므로 ③에 대입하면

    $x^3+y^3+z^3=a(a^2-2b-b)+3c=\boldsymbol{a^3-3ab+3c}$ ←── [답]

(2) (준 식)$=yz(y+z)+zx(z+x)+xy(x+y)$

          $=yz(y+z)+xyz+zx(z+x)+xyz+xy(x+y)+xyz-3xyz$

          $=yz(x+y+z)+zx(x+y+z)+xy(x+y+z)-3xyz$

          $=(x+y+z)(yz+zx+xy)-3xyz=\boldsymbol{ab-3c}$ ←── [답]

[유제] **2**-6. 0이 아닌 세 수에 대하여 이들의 합은 0, 역수의 합은 $\dfrac{3}{2}$, 제곱의 합은 1이다. 이 세 수의 세제곱의 합을 구하시오.   [답] -1

§3. 다항식의 최대공약수와 최소공배수

Advice | (고등학교 교육과정 밖의 내용) 여기서는 다항식의 약수와 배수, 최대공약수와 최소공배수, 서로소의 의미를 알아보자. 이 내용들은 고등학교 교육과정에서 제외되었지만, 앞으로 공부할 유리식의 계산 등에 도움이 되므로 간단히 소개한다.

기본정석

1 다항식의 약수와 배수

다항식 A가 다항식 $B(B \neq 0)$로 나누어떨어질 때 B를 A의 약수 또는 인수라 하고, A를 B의 배수라고 한다. 이때, 다음과 같이 나타낼 수 있다.
$$A = BQ \ (Q는 다항식)$$

2 최대공약수와 최소공배수

두 개 이상의 다항식이 있을 때, 이들 모두에 공통인 약수를 이들 다항식의 공약수라 하고, 공약수 중에서 차수가 가장 큰 것을 최대공약수(**GCD**, Greatest Common Divisor)라고 한다. 또, 일차 이상의 공약수가 없을 때에는 서로소라고 한다.

두 개 이상의 다항식이 있을 때, 이들 모두에 공통인 배수를 이들 다항식의 공배수라 하고, 공배수 중에서 차수가 가장 작은 것을 최소공배수(**LCM**, Least Common Multiple)라고 한다.

3 최대공약수와 최소공배수의 관계

두 다항식 A, B의 최대공약수를 G, 최소공배수를 L이라고 하면
① $A = Ga$, $B = Gb$ (a, b는 서로소인 다항식)
② $L = Gab$ ③ $LG = AB$
단, 최고차항의 계수는 모두 1이다.

Advice 1° 약수 · 배수, 최대공약수 · 최소공배수
이를테면 xy^2은
$$xy^2 = x \times y^2 = y \times xy$$
이므로 x, y^2, y, xy는 모두 xy^2의 약수이고, xy^2은 x, y^2, y, xy의 배수이다.
또, $x^2 + 4x + 3$은
$$x^2 + 4x + 3 = (x+1)(x+3)$$

이므로 $x+1$, $x+3$은 모두 x^2+4x+3의 약수이고, x^2+4x+3은 $x+1$, $x+3$의 배수이다.

한편 두 다항식 x^2y, xy^2의 최대공약수는 xy이고 최소공배수는 x^2y^2이다.

*__Note__ 자연수의 약수와 배수에 대해서는 이미 초등학교와 중학교에서 공부하였다. 이 책에서는 수의 범위를 정수까지 넓혀 다음과 같이 정의한다.

> 「 정수 a가 정수 $b(b \neq 0)$로 나누어떨어질 때
> b를 a의 약수 또는 인수라 하고, a를 b의 배수라고 한다.
> 이때, $a=bq$ (q는 정수)라고 쓸 수 있다.   」

보기 1 두 다항식 $9x^2y^3$, $12xy^2$의 최대공약수와 최소공배수를 구하시오.

연구 두 다항식의 최대공약수와 최소공배수는 다음 방법으로 구한다.

정석 최대공약수와 최소공배수를 구하는 방법

최대공약수 ── 각 다항식의 공통인 인수를 모두 찾아서 곱한다.
최소공배수 ── 각 다항식 중에서 어느 한 곳에라도 있는 인수를 모두 곱한다.

위의 방법에 따르면
최대공약수 : $3xy^2$,   최소공배수 : $36x^2y^3$

Advice 2° 최대공약수와 최소공배수에서의 수 인수

다항식의 최대공약수와 최소공배수에서 최대, 최소라는 용어는 다항식의 차수에 관하여 말하는 것이므로 수 인수는 무시해도 된다.

이를테면 위의 **보기**에서 다음과 같이 답해도 된다.

최대공약수 : xy^2,   최소공배수 : x^2y^3

그러나 수 인수까지 포함하는 것이 자연스럽고, 식을 정리하는 데에도 편리하기 때문에 수 인수까지 포함하여 생각하는 경우가 많다.

보기 2 다음 세 다항식의 최대공약수 G와 최소공배수 L을 구하시오.
(1) $x^3-x^2y-2xy^2$, $x^4+4x^3y+3x^2y^2$, $2x^3y+x^2y^2-xy^3$
(2) x^3+1, x^3-2x^2+2x-1, x^4+x^2+1

연구 (1) $x^3-x^2y-2xy^2=x(x^2-xy-2y^2)=x(x+y)(x-2y)$
$x^4+4x^3y+3x^2y^2=x^2(x^2+4xy+3y^2)=x^2(x+y)(x+3y)$
$2x^3y+x^2y^2-xy^3=xy(2x^2+xy-y^2)=xy(x+y)(2x-y)$
$$\therefore\ G=x(x+y),\quad L=x^2y(x+y)(x-2y)(x+3y)(2x-y)$$
(2) $x^3+1=(x+1)(x^2-x+1)$, $x^3-2x^2+2x-1=(x-1)(x^2-x+1)$
$x^4+x^2+1=(x^2+x+1)(x^2-x+1)$
$$\therefore\ G=x^2-x+1,\quad L=(x+1)(x-1)(x^2-x+1)(x^2+x+1)$$

Advice 3° 최대공약수와 최소공배수의 관계

두 다항식 A, B의 최대공약수를 G라고 하면 G는 A와 B의 약수이므로

$$A=Ga, \quad B=Gb$$

의 꼴로 나타낼 수 있다. 그런데 G가 최대공약수이므로 a와 b는 서로소인 다항식이다.

또, A와 B의 최소공배수를 L이라고 하면

$$L=Gab$$

이다. 그리고 다음도 성립한다.

$$AB=GaGb=G^2ab=GL$$

다만 여기서 주의할 것은 다항식의 최대공약수와 최소공배수에서는 보통 수 인수를 무시하고 생각하기 때문에 위의 성질 중 $L=Gab$, $LG=AB$는 수 인수의 차이로 성립하지 않을 수도 있다는 점이다.

위의 성질은 최고차항의 계수가 모두 1인 경우를 생각한 것이다.

$$\boxed{\text{최대공약수}} \\ A=Ga, \quad B=Gb \\ \boxed{\text{서로소}}$$

보기 3 최고차항의 계수가 1인 두 다항식의 최대공약수가 $x+1$, 최소공배수가 x^3+x^2-4x-4일 때, 두 다항식의 곱을 구하시오.

연구 두 다항식 A, B의 최대공약수를 G, 최소공배수를 L이라고 하면 $AB=GL$이므로

$$(x+1)(x^3+x^2-4x-4)=x^4+2x^3-3x^2-8x-4$$

보기 4 최고차항의 계수가 1인 두 다항식 A, B가 있다.

$A=x^3-6x^2+11x-6$이고 A, B의 최대공약수가 $x-1$, 최소공배수가 $x^4-4x^3-x^2+16x-12$일 때, 다항식 B를 구하시오.

연구 $AB=GL$이므로

$$(x^3-6x^2+11x-6)\times B=(x-1)(x^4-4x^3-x^2+16x-12) \quad\cdots\cdots①$$

$x^4-4x^3-x^2+16x-12$를 $x^3-6x^2+11x-6$으로 나누면 나누어떨어지고 몫이 $x+2$이므로

$$x^4-4x^3-x^2+16x-12=(x^3-6x^2+11x-6)(x+2) \quad\cdots\cdots②$$

①, ②에서 $B=(x-1)(x+2)$

보기 5 이차항의 계수가 1인 두 이차 다항식이 있다. 최대공약수가 $x-1$이고, 최소공배수가 x^3+2x^2-x-2일 때, 두 이차 다항식을 구하시오.

연구 $G=x-1$, $L=x^3+2x^2-x-2=(x-1)(x+1)(x+2)$이므로

$$AB=GL=(x-1)^2(x+1)(x+2)$$

따라서 구하는 두 이차 다항식은 $(x-1)(x+1)$, $(x-1)(x+2)$

필수 예제 **2**-7   최고차항의 계수가 1인 두 다항식의 최대공약수가
x^2+3x+2이고, 최소공배수가 $x^4+5x^3-7x^2-41x-30$일 때, 두 다항식
을 구하시오.

[정석연구] 최대공약수와 최소공배수에 관한 다음 성질을 이용해 보자.

정석 다항식 A, B의 최대공약수를 G, 최소공배수를 L이라고 하면
① $A=Ga$, $B=Gb$ (a, b는 서로소인 다항식)
② $L=Gab$
③ $LG=AB$

[모범답안] 구하는 두 다항식을
$$a(x^2+3x+2), \quad b(x^2+3x+2) \quad (a, b는 서로소인 다항식)$$
로 놓으면 최소공배수가 $x^4+5x^3-7x^2-41x-30$이므로
$$ab(x^2+3x+2)=x^4+5x^3-7x^2-41x-30$$
$x^4+5x^3-7x^2-41x-30$은 x^2+3x+2로 나누어떨어지고 몫이
$x^2+2x-15$이므로
$$ab=x^2+2x-15=(x+5)(x-3) \qquad \cdots\cdots①$$
여기에서 a, b는 서로소인 다항식이므로
$$a=x+5, \ b=x-3 \quad 또는 \quad a=(x+5)(x-3), \ b=1$$
따라서 구하는 두 다항식은
$$(\boldsymbol{x^2+3x+2})(\boldsymbol{x+5}), \ (\boldsymbol{x^2+3x+2})(\boldsymbol{x-3})$$
또는 $(\boldsymbol{x^2+3x+2})(\boldsymbol{x+5})(\boldsymbol{x-3}), \ \boldsymbol{x^2+3x+2}$ ⟩ ← [답]

*Note 1° ①은 직접 나누어 몫을 구하면 된다.
또는 $x^2+3x+2=(x+1)(x+2)$이므로 $x^4+5x^3-7x^2-41x-30$을 조립제법
을 써서 $x+1$로 나눈 몫을 구한 다음, 이 몫을 $x+2$로 나눈 몫을 구할 수도 있다.
2° 뒤에서 공부할 인수 정리(p. 57)를 이용하여 $x^4+5x^3-7x^2-41x-30$을 인수
분해하면 직접 나누지 않아도 ①을 구할 수 있다.

[유제] **2**-7. 이차항의 계수가 1인 두 이차 다항식의 최대공약수가 $x-7$이고, 최
소공배수가 $x^3-10x^2+11x+70$일 때, 두 이차 다항식을 구하시오.
[답] $(x-7)(x+2), \ (x-7)(x-5)$

[유제] **2**-8. 최고차항의 계수가 1인 x에 관한 두 다항식의 최대공약수가 $x+p$
이고, 곱이 $x^3-3p^2x-2p^3$일 때, 두 다항식을 구하시오. 단, p는 상수이다.
[답] $x+p, \ (x+p)(x-2p)$

필수 예제 **2**-8 x에 관한 두 다항식 x^3+kx^2+2x+1, x^3+2x^2+kx+1의 최대공약수가 일차식일 때, 두 다항식의 최소공배수를 구하시오.
단, k는 상수이다.

정석연구 두 다항식 모두 인수분해를 할 수 없으므로 바로 최대공약수나 최소공배수를 찾을 수 없다. 그러나 두 다항식의 차는 인수분해가 되는 간단한 식이므로 다음을 이용해 보자.

> 정석 두 다항식 A, B의 최대공약수를 G라고 하면
> G는 $A-B$의 약수이다.

이 성질은 다음과 같이 설명할 수 있다.
두 다항식 A, B의 최대공약수를 G라고 하면
$$A=Ga, \quad B=Gb \quad (a, b는 서로소인 다항식)$$
로 나타낼 수 있다.
이때, $A-B=Ga-Gb=G(a-b)$이므로 G는 $A-B$의 약수이다.

모범답안 $A=x^3+kx^2+2x+1$, $B=x^3+2x^2+kx+1$이라고 하면
$$A-B=(k-2)x^2-(k-2)x=(k-2)x(x-1)$$
따라서 A, B의 최대공약수를 G라고 하면 G는 일차식이고 $A-B$의 약수이므로 $G=x$ 또는 $G=x-1$이다.
그런데 A는 x로 나누어떨어지지 않으므로 $G=x-1$이어야 한다.
A를 $x-1$로 나누면
  몫 : $x^2+(k+1)x+k+3$,
  나머지 : $k+4$

$$\begin{array}{r|rrrr} 1 & 1 & k & 2 & 1 \\ & & 1 & k+1 & k+3 \\ \hline & 1 & k+1 & k+3 & \boxed{k+4} \end{array}$$

이고, 나머지는 0이어야 하므로
$$k=-4$$
$$\therefore A=(x-1)(x^2-3x-1)$$
이때, $B=x^3+2x^2-4x+1$이고 이 식을 $x-1$로 나누면 나누어떨어지고 몫이 x^2+3x-1이므로 $B=(x-1)(x^2+3x-1)$
따라서 두 다항식 A, B의 최소공배수는
$$\boldsymbol{(x-1)(x^2-3x-1)(x^2+3x-1)} \longleftarrow \boxed{답}$$

유제 **2**-9. x에 관한 두 다항식 x^2-x-2k, $2x^2+3x+k$의 최대공약수가 일차식일 때, 두 다항식의 최소공배수를 구하시오. 단, k는 0이 아닌 상수이다.
$$\boxed{답} \ (x+1)(x-2)(2x+1)$$

연습문제 2

기본 **2**-**1** 다음 식을 인수분해하시오.

(1) $4ab+1-4a^2-b^2$　　　　　(2) $(1-a^2)(1-b^2)-4ab$

(3) $x^4+x^2-2ax+1-a^2$　　　　(4) $(x+y)^2+16z^2-8z(x+y)$

(5) $(a+b)^2-2(x^2+y^2)(a+b)+(x^2-y^2)^2$

(6) $a^3+8b^3-c^3+6abc$

2-**2** 삼각형의 세 변의 길이 a, b, c 사이에 다음 관계가 성립할 때, 이 삼각형은 어떤 삼각형인가?

(1) $a^2-ac-b^2+bc=0$　　　　　(2) $c^2(a^2+b^2-c^2)=b^2(c^2+a^2-b^2)$

2-**3** n^4-80n^2+100이 소수일 때, 자연수 n의 값을 구하시오.

실력 **2**-**4** 다음 식을 인수분해하시오.

(1) $(xy+1)(x+1)(y+1)+xy$　　(2) $(a-x)^3+(b-x)^3-(a+b-2x)^3$

(3) $(x+y+z)^3-x^3-y^3-z^3$　　(4) $(a+b)^4+(a^2-b^2)^2+(a-b)^4$

(5) $a^4+b^4+c^4-2a^2b^2-2b^2c^2-2c^2a^2$

(6) $a^2b^2(b-a)+b^2c^2(c-b)+c^2a^2(a-c)$

2-**5** 자연수 $\sqrt{2029\times2030\times2031\times2032+1}$ 을 5로 나눈 나머지를 구하시오.

2-**6** $(x+y+z)(xy+yz+zx)=xyz$ 일 때, $x^5+y^5+z^5=(x+y+z)^5$임을 보이시오.

2-**7** 세 실수 a, b, c가 다음을 만족시킬 때, a, b, c의 값을 구하시오.
$$a^2+b^2+c^2=1, \quad a+b+c=\sqrt{3}$$

2-**8** 자연수 n에 대하여 $\dfrac{n^3+10}{n+10}$이 자연수가 되도록 하는 n의 개수를 구하시오.

2-**9** $x+y+z=1$, $x^2+y^2+z^2=3$, $x^3+y^3+z^3=1$일 때, 다음 값을 구하시오.

(1) xyz　　　　　　　　　　　(2) $\dfrac{1}{x^4}+\dfrac{1}{y^4}+\dfrac{1}{z^4}$

2-**10** x에 관한 다항식 A를 x에 관한 다항식 B로 나눈 나머지를 R이라고 하자. $B=x^4-ax^3+4x^2-ax-1$, $R=x^3+ax^2+bx+1$이고, A와 B의 최대공약수가 $x-1$일 때, 상수 a, b의 값을 구하시오.

③. 항등식과 미정계수법

§1. 항등식의 성질과 미정계수법

1 항등식과 방정식

　　문자를 포함한 등식에서 식 중의 문자가 어떤 값을 가지더라도 항상 성립하는 등식을 그 문자에 관한 항등식이라 하고, 식 중의 문자가 특정한 값일 때에만 성립하는 등식을 그 문자에 관한 방정식이라고 한다.

2 항등식의 성질

　(1) $a_0x^n+a_1x^{n-1}+a_2x^{n-2}+\cdots+a_{n-1}x+a_n=0$이 x에 관한 항등식

　　　　$\Longleftrightarrow a_0=0,\ a_1=0,\ a_2=0,\ \cdots,\ a_{n-1}=0,\ a_n=0$

　(2) $a_0x^n+a_1x^{n-1}+\cdots+a_{n-1}x+a_n=b_0x^n+b_1x^{n-1}+\cdots+b_{n-1}x+b_n$이 x에
　　관한 항등식

　　　　$\Longleftrightarrow a_0=b_0,\ a_1=b_1,\ \cdots,\ a_{n-1}=b_{n-1},\ a_n=b_n$

3 미정계수법

　　항등식의 성질이나 정의를 이용하여 다항식의 미지의 계수를 정하는 방법을 미정계수법이라고 한다. 미정계수법에는 다음 두 가지가 있다.

　(1) 계수비교법 : 다음 성질을 이용하여 주어진 등식의 양변의 동류항의 계수를 비교하여 미정계수를 정하는 방법을 계수비교법이라고 한다.

　　　　항등식에서 양변의 동류항의 계수는 같다.

　(2) 수치대입법 : 다음 정의를 이용하여 주어진 등식의 양변에 문자 대신 적당한 값을 대입하여 미정계수를 정하는 방법을 수치대입법이라고 한다.

　　　　항등식은 식 중의 문자에 어떤 값을 대입해도 항상 성립한다.

Advice 1° 항등식과 방정식

　　이를테면 다음 두 등식을 생각해 보자.

　　　　$(x+1)^2=x^2+2x+1$　　　……①　　　　　$x+2x=6$　　　　　……②

　　등식 ①에 $x=1,\ 2,\ 3$ 등 몇 개의 수를 대입해 보면 좌변과 우변의 값이 서로 같음을 알 수 있다. 이것만으로는 모든 x의 값에 대하여 (좌변)=(우변)이 된다고 단정할 수는 없다. 그러나 좌변을 전개하면 우변과 똑같은 식이 되므

로 모든 x의 값에 대하여 항상 성립하는 등식이다.

　이와 같이 식 중의 문자에 어떤 값을 대입해도 항상 성립하는 등식을 그 문자에 관한 **항등식**이라고 한다. 앞에서 공부한 곱셈 공식, 인수분해 공식은 모두 항등식이다.

　한편 등식 ②는 $x=2$라는 특정한 값에 대해서만 성립한다. 이와 같이 특정한 값에 대해서만 성립하는 등식을 그 문자에 관한 **방정식**이라고 한다.

Advice 2° 항등식의 성질

　이를테면 등식

$$ax+b=0$$

은 x에 관한 항등식일 수도 있고 방정식일 수도 있다.

　왜냐하면 $a=0$이고 $b=0$이면 위의 식은 $0\times x+0=0$이 되어 x의 값에 관계없이 항상 성립하는 항등식이지만, $a\neq0$이면 이 등식은 $x=-\dfrac{b}{a}$일 때만 성립하는 방정식이기 때문이다.

[보기] 1　$ax^2+bx+c=0$이 x에 관한 항등식이 되기 위한 조건을 구하시오.

[연구] (i) $ax^2+bx+c=0$이 x에 관한 항등식이면 x에 어떤 값을 대입해도 이 등식은 성립한다.

　　　특히 $x=1, 0, -1$을 대입해도 이 등식은 성립하므로

$$a+b+c=0, \quad c=0, \quad a-b+c=0$$

　　이것을 연립하여 풀면 　$a=0, b=0, c=0$

　(ii) 역으로 $a=b=c=0$이면 등식 $ax^2+bx+c=0$은 $0\times x^2+0\times x+0=0$이므로 이 등식은 x의 어떤 값에 대해서도 항상 성립한다.

　(i), (ii)로부터 구하는 조건은 　$\boldsymbol{a=0, b=0, c=0}$

*$Note$　1°　위의 **보기**와 같이 「조건을 구하시오」라고 하면 위와 같이 (i), (ii)를 모두 보여야 한다.

　2°　위의 (i), (ii)를 정리하면

　　　「　$ax^2+bx+c=0$이 x에 관한 항등식이면 $a=0, b=0, c=0$이고,

　　　　역으로 $a=0, b=0, c=0$이면 $ax^2+bx+c=0$이 x에 관한 항등식이다 」

　　가 성립함을 알 수 있다.

　　　이러한 경우, 앞으로 이 책에서는 기호 $\Longleftrightarrow$를 써서

$$ax^2+bx+c=0\text{이 }x\text{에 관한 항등식} \Longleftrightarrow a=0, b=0, c=0$$

　　과 같이 간단히 나타내기로 한다.

　3°　일반적으로 'x에 관한 항등식' 또는 'x에 관한 방정식'이라고 하면 별도의 언급이 없어도 x 이외의 문자는 모두 상수로 본다.

등식 $ax^2+bx+c=a'x^2+b'x+c'$이 x에 관한 항등식이라고 하자.

우변을 이항하여 정리하면 $(a-a')x^2+(b-b')x+(c-c')=0$

이 식 역시 x에 관한 항등식이므로, 앞면의 **보기**의 결과로부터

$$a-a'=0,\ b-b'=0,\ c-c'=0 \quad \therefore\ a=a',\ b=b',\ c=c'$$

역으로 $a=a',\ b=b',\ c=c'$이면 $ax^2+bx+c=a'x^2+b'x+c'$은 좌변과 우변이 같으므로 x에 관한 항등식이다.

따라서

　　　　　항등식에서 양변의 동류항의 계수는 같다

는 사실을 알 수 있다.

> **정석** $ax^2+bx+c=0$이 x에 관한 항등식
>
> $$\Longleftrightarrow a=0,\ b=0,\ c=0$$
>
> $ax^2+bx+c=a'x^2+b'x+c'$이 x에 관한 항등식
>
> $$\Longleftrightarrow a=a',\ b=b',\ c=c'$$

이상의 성질은 이차의 등식뿐만 아니라 일차, 삼차, 사차, $\cdots$의 등식에 대해서도 성립한다.

Advice 3° 미정계수법(계수비교법, 수치대입법)

　　이를테면 등식　$2x-4=a(x+1)-b(x-1)$　　　　　　　　$\cdots\cdots$①

이 x에 관한 항등식이 되도록 상수 a, b의 값을 정해 보자.

(방법 1) 계수비교법을 이용한다.

　　　①의 우변을 x에 관하여 정리하면　$2x-4=(a-b)x+(a+b)$

　　　양변의 동류항의 계수를 비교하면

　x의 계수가 같아야 하므로　$2=a-b$

　상수항이 같아야 하므로　$-4=a+b$

　　　이 두 식을 연립하여 풀면　**$a=-1,\ b=-3$**

(방법 2) 수치대입법을 이용한다.

　　　①은 x의 값에 관계없이 항상 성립해야 하므로

　양변에 $x=1$을 대입하면　$2-4=a(1+1)-b(1-1)$　　$\therefore\ \boldsymbol{a=-1}$

　양변에 $x=-1$을 대입하면

　　　　　$-2-4=a(-1+1)-b(-1-1)$　　$\therefore\ \boldsymbol{b=-3}$

Note 1° 계수비교법에서는 주어진 등식의 양변을 x에 관하여 내림차순으로 정리한 다음 동류항의 계수를 비교하면 된다.

2° 수치대입법에서는 x에 어떤 값을 대입해도 관계없지만 되도록 간단한 식이 되는 값을 대입하는 것이 바람직하다.

필수 예제 **3**-1 다음 물음에 답하시오.

(1) 다음 등식이 x에 관한 항등식일 때, 상수 $a,\ b,\ c,\ d$의 값을 구하시오.
$$6x^3 + ax^2 - 8x + b = (x-1)(cx+1)(3x+d)$$

(2) 다음 등식이 어떤 다항식 $p(x)$에 대하여 x에 관한 항등식이 되도록 상수 $a,\ b$의 값을 정하시오.
$$(x-1)(x^2-2)p(x) = x^8 + ax^2 + b$$

───────────────────────────

[정석연구] 항등식에서 미정계수를 결정하는 문제를 다룰 때에는

정석 미정계수의 결정 ⟨ 계수비교법이 간편한가?
　　　　　　　　　　　　　 수치대입법이 간편한가?

를 먼저 검토하여 간단한 쪽을 택한다.

(1)은 어느 방법이든 별 차이가 없다. 그러나 (2)에서 계수비교법을 쓰기 위해
$$p(x) = x^5 + a_1 x^4 + a_2 x^3 + a_3 x^2 + a_4 x + a_5 \qquad \Leftarrow 우변이\ 8차이므로$$
로 놓고 좌변을 전개하는 것은 너무나 복잡하다. 　　　　　　　 좌변도 8차이다.

따라서 (2)는 수치대입법이 훨씬 간편하다.

이때, 대입하는 x의 값은 $(x-1)(x^2-2)=0$으로 하는 값이면 좋다. 그래야만 $p(x)$가 없는 식을 얻을 수 있기 때문이다.

[모범답안] (1) $6x^3 + ax^2 - 8x + b = (x-1)(cx+1)(3x+d)$

양변의 x^3의 계수를 비교하면　$6=3c$　∴ $c=2$

이 값을 대입하고 우변을 전개하여 정리하면
$$6x^3 + ax^2 - 8x + b = 6x^3 + (2d-3)x^2 - (d+3)x - d$$
양변의 동류항의 계수를 비교하면　$a=2d-3,\ -8=-(d+3),\ b=-d$

연립하여 풀면　**$a=7,\ b=-5,\ c=2,\ d=5$** ⟵ [답]

(2) $(x-1)(x^2-2)p(x) = x^8 + ax^2 + b$

이 등식이 모든 x에 대하여 성립해야 하므로

$x=1$을 대입하면　$0=1+a+b$,　$x^2=2$를 대입하면　$0=2^4+a\times2+b$

이 두 식을 연립하여 풀면　**$a=-15,\ b=14$** ⟵ [답]

[유제] **3**-1. 다음 등식이 x에 관한 항등식일 때, 상수 $a,\ b,\ c,\ d,\ e$의 값을 구하시오.

(1) $x^2 - ax + 4 = bx(x-2) + c(x+2)(x-1)$

(2) $x^4 = ax(x-1)(x-2)(x-3) + bx(x-1)(x-2) + cx(x-1) + dx + e$

[답] (1) $a=8,\ b=3,\ c=-2$ (2) $a=1,\ b=6,\ c=7,\ d=1,\ e=0$

필수 예제 **3**-2　다음 등식이 임의의 실수 x에 대하여 성립할 때, 실수 a, b, c, p의 값을 구하시오.
$$x^3+8=a(x-p)^3+b(x-p)^2+c(x-p)$$

[정석연구] 다음은 모두 같은 표현이다.

　　　x에 관한 항등식이다.

　　　x의 값에 관계없이 성립한다.　　임의의 x에 대하여 성립한다.

　　　모든 x에 대하여 성립한다.　　어떤 x에 대해서도 성립한다.

　따라서 a, b, c, p의 값은 항등식의 미정계수법을 이용하여 구한다.

　우변을 전개하여 계수비교법을 이용해도 되고, $x=p$를 대입하면 우변이 0
이 되므로 이에 착안하여 수치대입법을 이용해도 된다. 두 가지 방법 중에서
간단한 방법이 무엇인지를 생각해 본다.

　　　정석 미정계수법 $\Longrightarrow$ 계수비교법, 수치대입법 중 선택!

[모범답안]　$x^3+8=a(x-p)^3+b(x-p)^2+c(x-p)$ 　　　　　　 ……①

은 x에 관한 항등식이므로 양변에 $x=p$를 대입해도 등식이 성립한다.

　곧, $p^3+8=0$　　$\therefore$　$(p+2)(p^2-2p+4)=0$

　그런데 p는 실수이므로　$p^2-2p+4=(p-1)^2+3\neq0$　　$\therefore$　$p=-2$

이 값을 ①에 대입하면

　　　　$x^3+8=a(x+2)^3+b(x+2)^2+c(x+2)$ 　　　　　　 ……②

　양변의 x^3의 계수를 비교하면　$a=1$

　또, 양변에 $x=0$, -1을 대입하면　$8=8a+4b+2c$, $7=a+b+c$

$a=1$이므로　$2b+c=0$, $b+c=6$

　두 식을 연립하여 풀면　$b=-6$, $c=12$

　　　[답] $a=1$, $b=-6$, $c=12$, $p=-2$

Advice | ②에서 a, b, c의 값을 구하는 것은
x^3+8을 $x+2$의 내림차순으로 정리할 때 그 계
수를 구하는 것과 같다.

　따라서 오른쪽과 같이 p. 16에서 공부한 방법
으로 구할 수도 있다.

```
-2 | 1    0    0    8
   |     -2    4   -8
-2 | 1   -2    4    0
   |     -2    8
-2 | 1   -4   12
   |     -2
     1   -6
```

[유제] **3**-2. 등식 $x^3-x^2+x-1=a(x-p)^3+b(x-p)^2+c(x-p)$가 모든 실
수 x에 대하여 성립할 때, 실수 a, b, c, p의 값을 구하시오.

　　　　　　　　　　　　　[답] $a=1$, $b=2$, $c=2$, $p=1$

필수 예제 **3**-3   다음 물음에 답하시오.

(1) 등식 $ax+by+c=0$이 모든 실수 x, y에 대하여 성립할 때, 상수 $a, b,$ c의 값을 구하시오.

(2) 등식 $2x^2-axy-y^2+3x+b=(x-cy+1)(2x+y+d)$가 모든 실수 x, y에 대하여 성립할 때, 상수 a, b, c, d의 값을 구하시오.

[정석연구] 주어진 등식은 미지수가 x, y인 항등식이다.

(1) x와 y에 각각 적당한 값을 대입해 보자.

(2) 우변을 전개하여 양변의 동류항의 계수를 비교해 보자.

> **정석** 미지수가 2개 이상인 항등식에서도 미정계수는
> 수치대입법, 계수비교법을 이용하여 구한다.

[모범답안] (1) $ax+by+c=0$은 x, y에 관한 항등식이므로, 특히
$$x=0, \ y=0, \quad x=0, \ y=1, \quad x=1, \ y=0$$
일 때도 이 등식은 성립한다. 이 값을 각각 대입하면
$$c=0, \quad b+c=0, \quad a+c=0$$
연립하여 풀면 $\boldsymbol{a=0, \ b=0, \ c=0}$ ⟵ [답]

(2) 우변을 전개하여 정리하면
$$2x^2-axy-y^2+3x+b=2x^2+(1-2c)xy-cy^2+(d+2)x+(1-cd)y+d$$
이 등식이 모든 실수 x, y에 대하여 성립하므로
$$-a=1-2c, \quad -1=-c, \quad 3=d+2, \quad 0=1-cd, \quad b=d$$
연립하여 풀면 $\boldsymbol{a=1, \ b=1, \ c=1, \ d=1}$ ⟵ [답]

Advice ┃ (1) 역으로 $a=0, b=0, c=0$이면 모든 실수 x, y에 대하여 $ax+by+c=0$이다. 따라서 미지수가 2개 이상인 항등식에 대해서 다음과 같이 정리해 두자.

> **정석** $ax+by+c=0$이 x, y에 관한 항등식
> $$\iff a=0, \ b=0, \ c=0$$
> $ax+by+cz+d=0$이 x, y, z에 관한 항등식
> $$\iff a=0, \ b=0, \ c=0, \ d=0$$
> $ax^2+bxy+cy^2+d=0$이 x, y에 관한 항등식
> $$\iff a=0, \ b=0, \ c=0, \ d=0$$

[유제] **3**-3. 다음 등식이 x, y에 관한 항등식일 때, 상수 a, b, c의 값을 구하시오.
$$(a+b)x+(b-2c)y=(c-2)(x-1)$$
[답] $a=-4, \ b=4, \ c=2$

필수 예제 **3**-4　$x-y+z=0$, $2x-y-z+1=0$을 만족시키는 모든 실수 x, y, z에 대하여 $ax^2+by^2+cz^2=1$이 성립하도록 상수 a, b, c의 값을 정하시오.

[정석연구]　$x-y+z=0$　　　……①　　　$2x-y-z+1=0$　　　……②

에서 x, y를 미지수로, z를 상수로 생각하고 연립하여 풀면

②-①로부터　$x-2z+1=0$　　$\therefore\ x=2z-1$

②-①×2로부터　$y-3z+1=0$　　$\therefore\ y=3z-1$

이 x, y를 $ax^2+by^2+cz^2=1$에 대입하여 정리하면 이 식은 z에 관한 항등식이 되므로 z에 관하여 정리한 다음 미정계수법을 이용하여 a, b, c의 값을 구할 수 있다.

[모범답안]　$x-y+z=0$, $2x-y-z+1=0$을 연립하여 x, y를 z에 관한 식으로 나타내면

$$x=2z-1,\quad y=3z-1$$

이것을 $ax^2+by^2+cz^2=1$에 대입하면　$a(2z-1)^2+b(3z-1)^2+cz^2=1$

z에 관하여 정리하면　$(4a+9b+c)z^2-2(2a+3b)z+(a+b-1)=0$

이 식은 z에 관한 항등식이므로

$$4a+9b+c=0,\quad 2a+3b=0,\quad a+b-1=0$$

연립하여 풀면　$\boldsymbol{a=3,\ b=-2,\ c=6}$ ←── [답]

Advice 1°　①, ②에서 x와 y는 z에 관한 식으로 나타내어지므로 x, y의 값은 z의 값에 따라 정해진다. 따라서 이 경우 「①, ②를 만족시키는 모든 실수 x, y, z에 대하여」라는 표현이 x, y, z에 관한 항등식을 의미하는 것이 아님에 주의해야 한다.

2°　①, ②에서 x를 상수로 생각하고 연립하여 풀면 y와 z를 x에 관한 식으로 나타낼 수 있다. 이 식을 $ax^2+by^2+cz^2=1$에 대입하면 x에 관한 항등식이 된다. 이 항등식에서 미정계수를 정해도 된다.

[유제] **3**-4.　$x-y-z=1$, $x-2y-3z=0$을 만족시키는 모든 실수 x, y, z에 대하여 $axy+byz+czx=12$가 성립하도록 상수 a, b, c의 값을 정하시오.
　　　　　　　　　　　　　　　　　　　　　[답] $\boldsymbol{a=6,\ b=-2,\ c=16}$

[유제] **3**-5.　$x+y=1$을 만족시키는 모든 실수 x, y에 대하여
$ax^2+xy+by^2+x+cy-8=0$이 성립하도록 상수 a, b, c의 값을 정하시오.
　　　　　　　　　　　　　　　　　　　　　[답] $\boldsymbol{a=7,\ b=-6,\ c=14}$

§2. 다항식의 나눗셈과 항등식

기 본 정 석

다항식의 나눗셈과 항등식

  x에 관한 다항식 A를 x에 관한 다항식 $B(B \neq 0)$로
나눈 몫을 Q, 나머지를 R이라고 하면

$$A = BQ + R \;(R\text{의 차수} < B\text{의 차수})$$

인 관계가 성립한다. 이때,

  ① $R = 0$일 때 A는 B로 나누어떨어진다.

  ② $A = BQ + R$은 x에 관한 항등식이다.

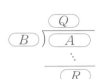

Advice │ 이를테면 $6x^3 - 5x^2 + 3x + 4$를 $2x^2 - 3x + 1$로 나누면 몫은 $3x + 2$,
나머지는 $6x + 2$이고, 이 관계를 식으로 나타내면

$$6x^3 - 5x^2 + 3x + 4 = (2x^2 - 3x + 1)(3x + 2) + 6x + 2$$

이다. 이 식의 우변을 전개하여 정리하면 좌변과 같으므로 이 등식은 x에 관한
항등식이다.

보기 1 x에 관한 다항식 $x^3 + px^2 + q$를 $(x-1)(x+2)$로 나눌 때,

  (1) 나머지가 $2x + 1$이 되도록 상수 p, q의 값을 정하시오.

  (2) 나누어떨어지도록 상수 p, q의 값을 정하시오.

연구 1° $x^3 + px^2 + q$를 $(x-1)(x+2)$로 직접 나누면 나머지가
$(3-p)x + 2p + q - 2$이므로

  (1) $(3-p)x + 2p + q - 2 = 2x + 1$ ⇐ 이 등식은 x에 관한 항등식

      ∴ $3 - p = 2$, $2p + q - 2 = 1$ ∴ $p = 1$, $q = 1$

  (2) $(3-p)x + 2p + q - 2 = 0$ ⇐ 이 등식은 x에 관한 항등식

      ∴ $3 - p = 0$, $2p + q - 2 = 0$ ∴ $p = 3$, $q = -4$

연구 2° $x^3 + px^2 + q$를 $(x-1)(x+2)$로 나눈 몫을 $Q(x)$라고 하면

  (1) $x^3 + px^2 + q = (x-1)(x+2)Q(x) + 2x + 1$

    이 등식은 x에 관한 항등식이므로 $x = 1$, -2를 대입하면

      $1 + p + q = 3$, $-8 + 4p + q = -3$ ∴ $p = 1$, $q = 1$

  (2) $x^3 + px^2 + q = (x-1)(x+2)Q(x)$

    이 등식은 x에 관한 항등식이므로 $x = 1$, -2를 대입하면

      $1 + p + q = 0$, $-8 + 4p + q = 0$ ∴ $p = 3$, $q = -4$

필수 예제 **3**-5   다음 물음에 답하시오.

(1) x에 관한 다항식 x^3+px^2+qx+2가 x^2+x+1로 나누어떨어지도록 상수 p, q의 값을 정하시오.

(2) x에 관한 다항식 x^4+px^2+qx+r을 $(x+1)(x+2)(x-3)$으로 나눈 나머지가 x^2-x-8이 되도록 상수 p, q, r의 값을 정하시오.

[정석연구] 다항식의 나눗셈에 관한 문제는 직접 나누거나 항등식을 이용한다.

정석 A를 B로 나눈 몫을 Q, 나머지를 R이라고 하면
$$\implies A=BQ+R \;(R\text{의 차수}<B\text{의 차수})$$

(1) 삼차식을 이차식으로 나눈 몫은 일차식이므로 몫을 $ax+b$라고 하면
$$x^3+px^2+qx+2=(x^2+x+1)(ax+b) \qquad\qquad \cdots\cdots①$$

(2) 사차식을 삼차식으로 나눈 몫은 일차식이므로 몫을 $ax+b$라고 하면
$$x^4+px^2+qx+r=(x+1)(x+2)(x-3)(ax+b)+x^2-x-8 \cdots\cdots②$$

①, ②에서 최고차항의 계수를 비교하면 $a=1$이므로 처음부터 몫을 $x+b$로 놓아도 좋다.

이때, ①은 계수비교법이 간편하고, ②는 수치대입법이 간편하다.

[모범답안] (1) 몫을 $x+b$라고 하면 $x^3+px^2+qx+2=(x^2+x+1)(x+b)$
$$\therefore\; x^3+px^2+qx+2=x^3+(b+1)x^2+(b+1)x+b$$

이 등식이 x에 관한 항등식이므로 양변의 동류항의 계수를 비교하면
$$p=b+1,\; q=b+1,\; 2=b \quad\therefore\; \boldsymbol{p=3,\; q=3} \longleftarrow \boxed{\text{답}}$$

(2) 몫을 $x+b$라고 하면   ⇦ 수치대입법을 쓸 때는 몫을 $Q(x)$라고 해도 된다.
$$x^4+px^2+qx+r=(x+1)(x+2)(x-3)(x+b)+x^2-x-8$$

$x=-1$일 때 $1+p-q+r=1+1-8$ $\therefore\; p-q+r=-7$

$x=-2$일 때 $16+4p-2q+r=4+2-8$ $\therefore\; 4p-2q+r=-18$

$x=3$일 때 $81+9p+3q+r=9-3-8$ $\therefore\; 9p+3q+r=-83$

이 세 식을 연립하여 풀면 $\boldsymbol{p=-6,\; q=-7,\; r=-8}$ $\longleftarrow$ $\boxed{\text{답}}$

*___Note___ 미지수가 3개인 연립방정식의 해법은 p. 173에서 자세히 공부한다.

[유제] **3**-6. x에 관한 다항식 x^3+ax^2-3x+b가 x^2+x-1로 나누어떨어질 때, 상수 a, b의 값을 구하시오. $\boxed{\text{답}}$ $\boldsymbol{a=-1,\; b=2}$

[유제] **3**-7. x에 관한 다항식 x^3+px^2+qx-2를 x^2+2x-3으로 나눈 나머지가 $x+7$일 때, 상수 p, q의 값을 구하시오. $\boxed{\text{답}}$ $\boldsymbol{p=5,\; q=4}$

필수 예제 3-6 x에 관한 다항식 $x^n(x^2+ax+b)$를 $(x-2)^2$으로 나눈 나머지가 $2^n(x-2)$일 때, 상수 a, b의 값을 구하시오. 단, n은 자연수이다.

[정석연구] 직접 나눌 수 없으므로 몫을 $Q(x)$로 놓고, 항등식
$$x^n(x^2+ax+b)=(x-2)^2Q(x)+2^n(x-2)$$
를 세운다. 이 식에서 a, b의 값을 구하기 위하여 $(x-2)^2=0$을 만족시키는 x의 값을 생각하면 $x=2$뿐이고, 이 값을 대입하면
$$2^n(4+2a+b)=0$$
을 얻는다. 이 식만으로는 a, b의 값을 구할 수 없으므로, 이 식에서 나오는 a, b의 관계를 이용하여 새로운 조건을 찾을 수 있는지 알아보자.

정석 직접 나눌 수 없으면 항등식 $A=BQ+R$을 이용한다.

[모범답안] $x^n(x^2+ax+b)$를 $(x-2)^2$으로 나눈 몫을 $Q(x)$라고 하면
$$x^n(x^2+ax+b)=(x-2)^2Q(x)+2^n(x-2) \qquad \cdots\cdots①$$
이 등식은 x에 관한 항등식이므로 $x=2$를 대입하면
$$2^n(4+2a+b)=0$$
여기에서 $2^n \neq 0$이므로 $4+2a+b=0$ $\quad \therefore b=-2a-4 \qquad \cdots\cdots②$
이때, $x^2+ax+b=x^2+ax-2a-4 \qquad \cdots\cdots③$
$$=x^2+ax-2(a+2)=(x-2)(x+a+2)$$
이므로 ①은
$$x^n(x-2)(x+a+2)=(x-2)^2Q(x)+2^n(x-2)$$
$$\therefore (x-2)\{x^n(x+a+2)\}=(x-2)\{(x-2)Q(x)+2^n\}$$
이 등식은 x에 관한 항등식이므로
$$x^n(x+a+2)=(x-2)Q(x)+2^n$$
도 x에 관한 항등식이다.
따라서 이 식에 $x=2$를 대입하면 $2^n(a+4)=2^n$
여기에서 $2^n \neq 0$이므로 $a+4=1$ $\quad \therefore a=-3$
이 값을 ②에 대입하면 $b=2$ $\qquad$ [답] $a=-3$, $b=2$

Advice | ③을 인수분해할 때, 먼저 차수가 작은 문자인 a에 관하여 정리하는 방법을 써도 좋다. 곧,
$$x^2+ax-2a-4=(x-2)a+x^2-4=(x-2)(a+x+2)$$

[유제] **3**-8. 다항식 x^6+3을 $(x+1)^2$으로 나눈 나머지를 구하시오.
$\qquad$ [답] $-6x-2$

연습문제 3

[기본] **3**-1 등식 $k^2x+2(k-1)y+(2-k-k^2)z=1$이 k의 값에 관계없이 성립할 때, 상수 x, y, z의 값을 구하시오.

3-2 모든 실수 x에 대하여 $\{P(x)-1\}^2=P(x^2)-1$을 만족시키고, $P(0)=1$인 이차 이하의 다항식 $P(x)$를 구하시오.

3-3 모든 실수 x에 대하여
$(1-x)^5=a_0+a_1x+a_2x^2+a_3x^3+a_4x^4+a_5x^5$ ($a_0, a_1, a_2, \cdots, a_5$는 상수)
이 성립할 때, $|a_1|+|a_2|+|a_3|+|a_4|$의 값을 구하시오.

3-4 다항식 $P(x)=(1-x+x^2)^{10}$에 대하여 다음 물음에 답하시오.
단, $a_k, b_k(k=0, 1, 2, \cdots, 20)$는 상수이다.
(1) 모든 실수 x에 대하여 $P(x)=a_0+a_1x+a_2x^2+\cdots+a_{20}x^{20}$일 때,
$a_0+a_2+a_4+\cdots+a_{20}$의 값을 구하시오.
(2) 모든 실수 x에 대하여 $P(x)=b_0+b_1(x-1)+b_2(x-1)^2+\cdots+b_{20}(x-1)^{20}$
일 때, $b_1+b_3+b_5+\cdots+b_{19}$의 값을 구하시오.

3-5 다음 물음에 답하시오.
(1) 다항식 $x^{49}+x^{25}+x^9+x$를 x^3-x로 나눈 나머지를 구하시오.
(2) 다항식 $x^{100}-1$을 x^3-1로 나눈 나머지를 구하시오.

[실력] **3**-6 x에 관한 다항식 $4x^4-ax^3+bx^2-40x+16$이 완전제곱식이 되도록 상수 a, b의 값을 정하시오.

3-7 $f(x)=2^x(ax^2+bx+c)$가 모든 실수 x에 대하여 $f(x+1)-f(x)=2^xx^2$을 만족시킬 때, 상수 a, b, c의 값을 구하시오.

3-8 x, y, z는 등식 $x+y=k+1, y+z=3k, z+x=3$을 만족시키는 실수이다.
이때, k의 값에 관계없이 $ax^2+by^2+cz^2=1$이 성립하도록 상수 a, b, c의 값을 정하시오.

3-9 삼차식 $f(x)$에 대하여 $f(x)-1$은 $(x-1)^2$으로 나누어떨어지고, $f(x)+1$은 $(x+1)^2$으로 나누어떨어질 때, $f(x)$를 구하시오.

3-10 x에 관한 다항식 $x^3-ax^2-(b+1)x+b^2-2$를 $(x-a)^2$으로 나눈 나머지가 $-x-2$일 때, 상수 a, b의 값과 이때의 몫을 구하시오.

3-11 다항식 x^2+1이 다항식 $\{f(x)\}^2$의 인수일 때, x^2+1은 다항식 $f(x)$의 인수임을 보이시오.

④. 나머지 정리

§1. 나머지 정리

나머지 정리

(1) 다항식 $f(x)$를 x에 관한 일차식 $x-\alpha$로 나눈 나머지는 $f(\alpha)$이다.

(2) 일반적으로 다항식 $f(x)$를 x에 관한 일차식 $ax+b$로 나눈 나머지는 $f\left(-\dfrac{b}{a}\right)$이다.

Advice 1° 나머지 정리

다항식 $f(x)$를 일차식 $x-\alpha$로 나눈 몫을 $Q(x)$, 나머지를 R이라고 하면 R은 상수이고, 다음 등식이 성립한다.

$$f(x)=(x-\alpha)Q(x)+R$$

이것은 x에 관한 항등식이므로 $x=\alpha$를 대입하면

$$f(\alpha)=(\alpha-\alpha)Q(\alpha)+R \quad \therefore \ R=f(\alpha)$$

일반적으로 다항식 $f(x)$를 $ax+b(a\neq0)$로 나눈 몫을 $Q(x)$, 나머지를 R이라고 하면 R은 상수이고, $f(x)=(ax+b)Q(x)+R$이다.

이 식에 $x=-\dfrac{b}{a}$를 대입하면

$$f\left(-\frac{b}{a}\right)=\left\{a\times\left(-\frac{b}{a}\right)+b\right\}Q\left(-\frac{b}{a}\right)+R \quad \therefore \ R=f\left(-\frac{b}{a}\right)$$

따라서 $ax+b=0$인 x의 값 $-\dfrac{b}{a}$를 $f(x)$의 x에 대입한 값이 $f(x)$를 $ax+b$로 나눈 나머지임을 알 수 있다.

보기 1 다항식 $f(x)=2x^3+4x^2-3x+9$를 다음 일차식으로 나눈 나머지를 구하시오.

(1) $x-1$ (2) $x+3$ (3) $2x-1$

[연구] (1) $f(1)=2\times1^3+4\times1^2-3\times1+9=\mathbf{12}$ $\Leftarrow x-1=0$

(2) $f(-3)=2\times(-3)^3+4\times(-3)^2-3\times(-3)+9=\mathbf{0}$ $\Leftarrow x+3=0$

(3) $f\left(\dfrac{1}{2}\right)=2\times\left(\dfrac{1}{2}\right)^3+4\times\left(\dfrac{1}{2}\right)^2-3\times\dfrac{1}{2}+9=\dfrac{\mathbf{35}}{\mathbf{4}}$ $\Leftarrow 2x-1=0$

Advice 2° 나머지를 구하는 방법

지금까지 다항식의 나눗셈에서 나머지를 구하는 방법으로서

나눗셈,   조립제법,   항등식의 성질,   나머지 정리

를 공부하였다. 특히 일차식으로 나눈 나머지를 구할 때에는 나머지 정리를 이용하거나 조립제법을 이용하는 것이 간편하다.

그러나 나머지 정리는 나머지만을 구할 때 이용하는 것이므로 몫도 구해야할 때에는 조립제법을 이용하거나 직접 나눗셈을 해야 한다.

또한 일차식을 인수로 가지지 않는 이차식이나 삼차식 등으로 다항식을 나눌 때에는 나머지 정리나 조립제법을 이용하기 어렵다. 이때에는 직접 나누거나 항등식의 성질을 이용하여 나머지를 구해야 한다.

정석 일차식으로 나눈 나머지 $\Longrightarrow$ 나머지 정리

　　일차식으로 나눈 몫과 나머지 $\Longrightarrow$ 조립제법, 나눗셈

　　이차 이상의 식으로 나눈 몫과 나머지 $\Longrightarrow$ 나눗셈, 항등식의 성질

보기 2 다항식 $f(x)$를 $x+1$로 나눈 몫이 x^2+2이고 나머지가 3일 때, $f(x)$를 $x-1$로 나눈 나머지를 구하시오.

연구 먼저 $f(x)$를 x에 관한 다항식으로 나타낸 다음,

정석 다항식 $f(x)$를 $x-a$로 나눈 나머지는 $\Longrightarrow f(a)$

를 이용한다.

곧, $f(x)=(x+1)(x^2+2)+3$이므로 $f(x)$를 $x-1$로 나눈 나머지는

$$f(1)=(1+1)(1^2+2)+3=\mathbf{9}$$

보기 3 x에 관한 다항식 x^3+2x^2-ax+2에 대하여 다음 물음에 답하시오.

(1) 이 다항식이 $x+2$로 나누어떨어질 때, 상수 a의 값을 구하시오.

(2) 이 다항식을 $x-2$로 나눈 나머지가 5일 때, 상수 a의 값을 구하시오.

(3) 이 다항식을 $x+1$로 나눈 나머지가 $2a+3$일 때, 상수 a의 값을 구하시오.

연구 $f(x)=x^3+2x^2-ax+2$로 놓자.

(1) $f(x)$가 $x+2$로 나누어떨어지므로 $f(-2)=0$

　　$\therefore\ -8+8+2a+2=0$ $\therefore\ \boldsymbol{a=-1}$

(2) $f(x)$를 $x-2$로 나눈 나머지가 5이므로 $f(2)=5$

　　$\therefore\ 8+8-2a+2=5$ $\therefore\ \boldsymbol{a=\dfrac{13}{2}}$

(3) $f(x)$를 $x+1$로 나눈 나머지가 $2a+3$이므로 $f(-1)=2a+3$

　　$\therefore\ -1+2+a+2=2a+3$ $\therefore\ \boldsymbol{a=0}$

필수 예제 **4**-1 x에 관한 다항식 x^3+ax^2+bx+c는 $x-2$로 나누어떨어지고, $x+1$, $x-1$로 나누면 나머지가 각각 -3, 3이다.

⑴ 상수 a, b, c의 값을 구하시오.

⑵ 이 다항식을 $x+2$로 나눈 나머지를 구하시오.

⑶ 이 다항식을 $x-p$로 나눈 나머지가 p^3-2p^2일 때, 상수 p의 값을 구하시오.

[정석연구] 일차식으로 나눈 나머지만을 생각하는 문제이므로 나머지 정리, 곧

 정석 다항식 $f(x)$를 $x-a$로 나눈 나머지는 $\Longrightarrow f(a)$

를 이용한다.

[모범답안] $f(x)=x^3+ax^2+bx+c$로 놓자.

⑴ 문제의 조건으로부터

   $f(2)=0$이므로 $8+4a+2b+c=0$ 곧, $4a+2b+c=-8$ ······①

   $f(-1)=-3$이므로 $-1+a-b+c=-3$ 곧, $a-b+c=-2$ ······②

   $f(1)=3$이므로 $1+a+b+c=3$ 곧, $a+b+c=2$ ······③

   ①, ②, ③을 연립하여 풀면 $\boldsymbol{a=-4,\ b=2,\ c=4}$ ←— 답

⑵ $f(x)=x^3-4x^2+2x+4$이므로 $f(x)$를 $x+2$로 나눈 나머지는

   $$f(-2)=-8-16-4+4=\boldsymbol{-24}$$ ←— 답

⑶ $f(p)=p^3-4p^2+2p+4=p^3-2p^2$에서 $-2p^2+2p+4=0$

   $\therefore\ p^2-p-2=0$ $\therefore\ (p+1)(p-2)=0$ $\therefore\ \boldsymbol{p=-1,\ 2}$ ←— 답

[유제] **4**-1. x에 관한 다항식 $ax^3+bx^2-2ax+8$은 $x-2$로 나누어떨어지고, $x-3$으로 나누면 나머지가 26이다.

⑴ 상수 a, b의 값을 구하시오.

⑵ 이 다항식을 $x+1$로 나눈 나머지를 구하시오.

　　　　　　　　　　　　　　　답 ⑴ $a=3$, $b=-5$ ⑵ 6

[유제] **4**-2. x에 관한 다항식 x^3+px^2+5x-6을 $x-2$로 나눈 나머지와 $x-1$로 나눈 나머지가 같다. 상수 p의 값과 나머지를 구하시오.

　　　　　　　　　　　　　　　답 $p=-4$, 나머지 : -4

[유제] **4**-3. x에 관한 다항식 $2x^3-m^2x^2+nx-3$은 $x-1$로 나누어떨어지고, x에 관한 다항식 $2mx^2-3nx-36$은 $x+3$으로 나누어떨어진다.

　상수 m, n의 값을 구하시오.　　답 $m=1$, $n=2$ 또는 $m=-3$, $n=10$

필수 예제 **4**-2 x에 관한 다항식 $4x^3+ax^2+bx+c$는 x^2-1로 나누어떨어지고, $x+2$로 나누면 나머지가 3일 때, 상수 $a,\ b,\ c$의 값을 구하시오.

[정석연구] 일반적으로 다항식 $f(x)$가 $(x-\alpha)(x-\beta)$로 나누어떨어지면
$$f(x)=(x-\alpha)(x-\beta)Q(x)\ (Q(x)는 몫)$$
이므로 $f(x)$는 $x-\alpha$로도, $x-\beta$로도 나누어떨어진다. 곧, $\alpha\neq\beta$일 때,

정 석 다항식 $f(x)$가 $(x-\alpha)(x-\beta)$로 나누어떨어진다
$$\Longleftrightarrow f(x)는 x-\alpha와 x-\beta로 나누어떨어진다$$
임을 알 수 있다.   ⇐ 연습문제 **4**-6 참조

이 문제의 경우 $f(x)=4x^3+ax^2+bx+c$로 놓을 때
'$f(x)=4x^3+ax^2+bx+c$가 $(x+1)(x-1)$로 나누어떨어진다'
는 조건으로부터
'$f(x)=4x^3+ax^2+bx+c$가 $x+1$과 $x-1$로 나누어떨어진다'
가 성립한다.

따라서 나머지 정리에 의하여 $f(-1)=0,\ f(1)=0$임을 알 수 있다.

[모범답안] $f(x)=4x^3+ax^2+bx+c$로 놓자.

$f(x)$가 x^2-1, 곧 $(x+1)(x-1)$로 나누어떨어지면 $f(x)$는 $x+1$과 $x-1$로 나누어떨어진다.

$\therefore f(-1)=-4+a-b+c=0$ 곧, $a-b+c=4$ ……①
$f(1)=4+a+b+c=0$ 곧, $a+b+c=-4$ ……②

또, $f(x)$를 $x+2$로 나눈 나머지가 3이므로
$f(-2)=-32+4a-2b+c=3$ 곧, $4a-2b+c=35$ ……③

①, ②, ③을 연립하여 풀면 **$a=9,\ b=-4,\ c=-9$** ← 답

Advice | 다음과 같이 풀 수도 있다.

$f(x)$가 x^2-1로 나누어떨어지고 삼차항의 계수가 4이므로
$$f(x)=(x^2-1)(4x+p)$$
로 놓을 수 있다.

그런데 조건에서 $f(-2)=3$이므로 $(4-1)(-8+p)=3$ $\therefore p=9$
이때, $f(x)=(x^2-1)(4x+9)=4x^3+9x^2-4x-9$
주어진 식과 비교하면 **$a=9,\ b=-4,\ c=-9$**

[유제] **4**-4. x에 관한 다항식 $3x^3+mx^2-x+n$이 x^2-2x-3으로 나누어떨어질 때, 상수 $m,\ n$의 값을 구하시오.   답 $m=-10,\ n=12$

필수 예제 **4**-3 다항식 $P(x)$를 $x-1$로 나눈 나머지가 4이고, $x+1$로 나
눈 나머지가 6이며, $x-2$로 나눈 나머지가 12이다.
  이때, 다항식 $P(x)$를 x^3-2x^2-x+2로 나눈 나머지를 구하시오.

──

[정석연구] $x^3-2x^2-x+2=x^2(x-2)-(x-2)=(x-2)(x^2-1)$
$$=(x-1)(x+1)(x-2)$$

와 같이 x^3-2x^2-x+2는 문제의 조건에 나타난 일차식인 $x-1$, $x+1$, $x-2$
의 곱으로 되어 있다. 따라서

「 다항식 $P(x)$를 $x-\alpha$로 나눈 나머지가 a, $x-\beta$로 나눈 나머지가 b,
  $x-\gamma$로 나눈 나머지가 c일 때, 다항식 $P(x)$를 $(x-\alpha)(x-\beta)(x-\gamma)$
  로 나눈 나머지를 구하시오.   」

라는 형태의 문제이다.

  다항식 $P(x)$를 삼차식 $(x-1)(x+1)(x-2)$로 나눈 나머지는 이차 이하
의 식이므로 이를 ax^2+bx+c라 하고, 몫을 $Q(x)$라고 하면
$$P(x)=(x-1)(x+1)(x-2)Q(x)+ax^2+bx+c$$

이다. (나머지가 일차식이 되는 경우는 $a=0$, $b\neq0$일 때이고, 나머지가 상수
가 되는 경우는 $a=0$, $b=0$일 때이다.)

  문제에서 주어진 조건은 나머지 정리에 의하여 $P(1)=4$, $P(-1)=6$,
$P(2)=12$이므로 이를 이용하여 a, b, c의 값을 구한다.

  정석 다항식 $P(x)$를 $x-\alpha$로 나눈 나머지는 $\implies P(\alpha)$

[모범답안] $P(x)$를 $x^3-2x^2-x+2=(x-1)(x+1)(x-2)$로 나눈 몫을 $Q(x)$,
나머지를 ax^2+bx+c라고 하면
$$P(x)=(x-1)(x+1)(x-2)Q(x)+ax^2+bx+c$$
그런데 문제의 조건으로부터 $P(1)=4$, $P(-1)=6$, $P(2)=12$이므로
$$a+b+c=4, \quad a-b+c=6, \quad 4a+2b+c=12$$
연립하여 풀면 $a=3$, $b=-1$, $c=2$ [답] $3x^2-x+2$

[유제] **4**-5. 다항식 $f(x)$를 $x+1$로 나눈 나머지는 6이고, $2x-1$로 나눈 나머
지는 3이다. 이때, $f(x)$를 $2x^2+x-1$로 나눈 나머지를 구하시오.
                                            [답] $-2x+4$

[유제] **4**-6. 다항식 $P(x)$를 x, $x-1$, $x-2$로 나눈 나머지가 각각 $3, 7, 13$일
때, 다항식 $P(x)$를 $x(x-1)(x-2)$로 나눈 나머지를 구하시오.
                                            [답] x^2+3x+3

필수 예제 **4**-4   다항식 $f(x)$를 x^3+1로 나눈 몫은 $x+2$이다.
  또, $f(x)$를 $x-1$로 나눈 나머지는 -2이고, x^2-x+1로 나눈 나머지는 $x-6$이다. $f(x)$를 구하시오.

[정석연구] $f(x)$를 삼차식 x^3+1로 나눈 나머지는 이차 이하의 다항식이므로 이를 ax^2+bx+c라고 하면
$$f(x)=(x^3+1)(x+2)+ax^2+bx+c \qquad \cdots\cdots ①$$
로 놓을 수 있다. 여기에 나머지 조건들을 이용하면 a, b, c의 값을 구할 수 있다. 자연히 나머지와 $f(x)$도 구할 수 있다.

그런데 문제의 마지막 조건인
  'x^2-x+1로 나눈 나머지는 $x-6$이다'
를 이용할 때, ①의 우변을 내림차순으로 정리하여 x^2-x+1로 직접 나누는 것보다는 $f(x)$를
$$f(x)=(x+1)(x^2-x+1)(x+2)+ax^2+bx+c$$
와 같이 변형한 다음 앞부분 $(x+1)(x^2-x+1)(x+2)$가 x^2-x+1로 나누어떨어진다는 것에 착안하면 더 쉽게 계산할 수 있다.

[모범답안] $f(x)$를 x^3+1로 나눈 나머지를 ax^2+bx+c라고 하면
$$\begin{aligned}f(x)&=(x^3+1)(x+2)+ax^2+bx+c\\&=(x+1)(x^2-x+1)(x+2)+ax^2+bx+c\end{aligned}$$
따라서 $f(x)$를 x^2-x+1로 나눈 나머지는 ax^2+bx+c를 x^2-x+1로 나눈 나머지와 같다.
$$\therefore\ ax^2+bx+c=a(x^2-x+1)+x-6$$
이때, $f(x)=(x+1)(x^2-x+1)(x+2)+a(x^2-x+1)+x-6$
$f(1)=-2$이므로 $2\times1\times3+a\times1-5=-2$ $\therefore\ a=-3$
$$\therefore\ f(x)=(x+1)(x^2-x+1)(x+2)-3(x^2-x+1)+x-6$$
$$=x^4+2x^3-3x^2+5x-7 \ \longleftarrow \boxed{\text{답}}$$

Advice | 일반적으로 다음과 같이 정리해 두자.

정석 $f(x)=A(x)B(x)+C(x)$에서
  $f(x)$를 $A(x)$로 나눈 나머지는 $C(x)$를 $A(x)$로 나눈 나머지와 같다.

[유제] **4**-7. 다항식 $f(x)$를 x^2+1로 나눈 나머지는 $x+1$이고, $x-1$로 나눈 나머지는 4이다. 이때, $f(x)$를 $(x^2+1)(x-1)$로 나눈 나머지를 구하시오.
  [답] x^2+x+2

필수 예제 **4**-5 다항식 $f(x)$를 x^2+x+1로 나눈 나머지는 $3x+2$이고, 그 몫 $g(x)$를 $x-1$로 나눈 나머지는 2이다.

(1) $f(x)$를 x^3-1로 나눈 나머지를 구하시오.

(2) $f(x)$를 $x+1$로 나눈 나머지가 -5일 때, $f(x)$를 $(x^2+x+1)(x^2-1)$ 로 나눈 나머지를 구하시오.

[정석연구] (1) $x^3-1=(x^2+x+1)(x-1)$이고, $f(x)$를 x^2+x+1로 나눈 나머지를 알고 있으므로 $f(x)$를 x^3-1로 나눈 나머지를 알기 위해서는 $f(x)$를 $x-1$로 나눈 나머지에 관한 조건이 필요하다.

$g(x)$를 $x-1$로 나눈 나머지가 2이므로 $g(1)=2$를 이용하거나, 몫을 $h(x)$로 놓고 $g(x)=(x-1)h(x)+2$로 나타내어 활용해 보자.

(2) $(x^2+x+1)(x^2-1)=(x^2+x+1)(x-1)(x+1)=(x^3-1)(x+1)$이므로 (1)의 결과와 $f(x)$를 $x+1$로 나눈 나머지가 -5임을 이용할 수 있다.

정석 주어진 식들의 관계를 잘 살펴보자.

[모범답안] (1) 문제의 조건으로부터 $f(x)=(x^2+x+1)g(x)+3x+2$ ……①

또, $g(x)$를 $x-1$로 나눈 몫을 $h(x)$라고 하면 $g(x)=(x-1)h(x)+2$ 이므로 ①에 대입하면
$$f(x)=(x^2+x+1)\{(x-1)h(x)+2\}+3x+2$$
$$=(x^3-1)h(x)+2x^2+5x+4 \qquad\qquad ……②$$
따라서 구하는 나머지는 $\boldsymbol{2x^2+5x+4}$ ← 답

(2) 문제의 조건에서 $f(-1)=-5$이므로 ②에 $x=-1$을 대입하면
$$-5=(-1-1)h(-1)+2-5+4 \quad \therefore\ h(-1)=3$$
곧, $h(x)$를 $x+1$로 나눈 나머지는 3이므로 $h(x)$를 $x+1$로 나눈 몫을 $k(x)$라고 하면 $h(x)=(x+1)k(x)+3$이다. 이 식을 ②에 대입하면
$$f(x)=(x^3-1)\{(x+1)k(x)+3\}+2x^2+5x+4$$
$$=(x^3-1)(x+1)k(x)+3x^3+2x^2+5x+1$$
$(x^3-1)(x+1)=(x^2+x+1)(x^2-1)$이므로 구하는 나머지는
$$\boldsymbol{3x^3+2x^2+5x+1} \ ←\ 답$$

[유제] **4**-8. 다항식 $f(x)$를 $x-5$로 나눈 몫은 $g(x)$, 나머지는 3이다.

또, $g(x)$를 $x-3$으로 나눈 나머지는 2이다.

(1) $f(x)$를 $x-3$으로 나눈 나머지를 구하시오.

(2) $f(x)$를 $x^2-8x+15$로 나눈 나머지를 구하시오.

답 (1) -1

(2) $2x-7$

§2. 인수 정리와 고차식의 인수분해

1 인수 정리

다항식 $f(x)$가 x에 관한 일차식 $x-\alpha$로 나누어떨어지면 $f(\alpha)=0$이다.
역으로 $f(\alpha)=0$이면 다항식 $f(x)$는 일차식 $x-\alpha$로 나누어떨어진다.

$$f(\alpha)=0 \iff f(x)=(x-\alpha)Q(x) \qquad \Leftarrow f(x),\ Q(x)\text{는 다항식}$$

2 고차식의 인수분해

첫째 — $f(\alpha)=0$인 α의 값이 있으면 이를 구한다.
둘째 — $f(\alpha)=0$이면 $f(x)=(x-\alpha)Q(x)$로 나타낼 수 있음을 이용한다.

Advice 1° 이를테면 x^3-7x+6은
$$x^3-7x+6=(x^3-x)+(-6x+6)=x(x+1)(x-1)-6(x-1)$$
$$=(x-1)(x^2+x-6)=(x-1)(x-2)(x+3)$$
과 같이 공통인수가 나타나도록 변형하여 인수분해하면 된다.

그러나 이와 같은 변형은 문제에 따라 힘들 때가 많다. 따라서 인수 정리

정석 $f(\alpha)=0 \iff f(x)=(x-\alpha)Q(x)$

를 이용하여 x^3-7x+6을 인수분해하는 방법을 알아보자.

$f(x)=x^3-7x+6$을 인수분해하는 방법

첫째 — $f(\alpha)=0$인 α의 값이 있으면 이를 구한다.

이때의 α의 값은 상수항 6의 약수이다. 왜냐하면 $f(x)$가
$$f(x)=x^3-7x+6=(x-\alpha)(x^2+px+q)\ (\alpha,\ p,\ q\text{는 정수})$$
의 꼴로 인수분해되었다고 가정할 때, 양변의 상수항을 비교해 보면
$$6=-\alpha q$$
이므로

α는 6의 약수인 **±1, ±2, ±3, ±6** 중 어느 것

이기 때문이다.

이제 $f(x)$의 x에 $1,\ -1,\ 2,\ -2,\ 3,\ -3,\ 6,\ -6$을 차례로 대입해 보면
$$f(1)=0,\quad f(2)=0,\quad f(-3)=0$$

*__Note__ 위의 여덟 개의 수 중에서 $f(x)=0$이 되는 것이 하나도 없으면 $f(x)$는
계수가 유리수인 일차식을 인수로 가지지 않는다.

둘째 ── $f(\alpha)=0$이면 $f(x)=(x-\alpha)Q(x)$임을 이용한다.

　곧, $f(1)=0, f(2)=0, f(-3)=0$이므로 $f(x)$는 $x-1, x-2, x+3$을 인수로 가지는 삼차식이다. 따라서

$$f(x)=x^3-7x+6=(x-1)(x-2)(x+3)$$

과 같이 인수분해된다.

　그런데 모든 다항식이 일차식만의 곱으로 인수분해되는 것은 아니다. 그래서 $f(\alpha)=0$으로 하는 $\alpha=1$을 처음 발견하면 $f(x)$를 $x-1$로 나눈 몫을 조립제법 또는 실제 나눗셈으로 구한 다음, 그 몫을 다시 인수분해할 수 있는가를 조사한다. 곧,

$$f(x)=x^3-7x+6=(x-1)(x^2+x-6)=(x-1)(x-2)(x+3)$$

$\mathcal{A}dvice$ 2° 앞에서 든 예는 최고차항의 계수가 1인 경우이다. 이제 최고차항의 계수가 1이 아닌 경우인

$$f(x)=2x^3+x^2+x-1$$을 인수분해하는 방법

을 생각해 보자.

　여기에서는 상수항이 -1이므로 -1의 약수인 $1, -1$을 대입하면 $f(1)\neq0, f(-1)\neq0$이다. 따라서 $f(\alpha)=0$인 정수 α는 없다.

　그런데 만일 $f(x)$가

$$2x^3+x^2+x-1=(ax+b)(px^2+qx+r)\ (a,\,b,\,p,\,q,\,r\text{은 정수})$$

의 꼴로 인수분해되었다고 할 때, 삼차항의 계수와 상수항을 각각 비교하면

$$2=ap, \quad -1=br$$

이다. 따라서

　　　　a의 값은 최고차항의 계수인 2의 약수,
　　　　b의 값은 상수항인 -1의 약수

임을 알 수 있다. 이것을 이용하여 일차식 인수 $ax+b$를 찾을 수 있다.

　곧, 2와 -1의 약수를 생각하여 x 대신 $-\dfrac{1}{2}, \dfrac{1}{2}, -\dfrac{1}{1}, \dfrac{1}{1}$을 차례로 대입해 보면 $f\left(\dfrac{1}{2}\right)=0$이므로 $f(x)$는

$$f(x)=(2x-1)(\qquad) \qquad\qquad \Leftarrow (\quad)\text{ 안은 몫}$$

의 꼴로 나타낼 수 있다. $\qquad\qquad\qquad \Leftarrow f(x)=(2x-1)(x^2+x+1)$

　일반적으로 다음과 같은 방법으로 $f(\alpha)=0$인 α의 값을 찾으면 된다.

　정석 계수가 정수인 다항식 $f(x)=ax^n+\cdots+b\,(a\neq0)$의 인수는

$$\Longrightarrow f(x)\text{에 }x=\pm\frac{(b\text{의 양의 약수})}{(a\text{의 양의 약수})}\text{를 대입하여 찾는다.}$$

필수 예제 **4**-6　다음 식을 인수분해하시오.

(1) $x^4+x^3-3x^2-x+2$　　　　　　(2) $2x^3-x^2-5x+3$

──────────────────────────────

정석연구 $f(\alpha)=0$인 α를 찾아 다음 인수 정리를 이용한다.

$$\boxed{\text{정석}}\ f(\alpha)=0 \iff f(x)=(x-\alpha)Q(x)$$

(1) 최고차항의 계수가 1, 상수항이 2이므로 2의 약수를 대입한다.

(2) 최고차항의 계수가 2, 상수항이 3이므로 $\pm\dfrac{(3의\ 양의\ 약수)}{(2의\ 양의\ 약수)}$ 를 대입한다.

모범답안 (1) $f(x)=x^4+x^3-3x^2-x+2$로 놓으면

　　$f(1)=1+1-3-1+2=0, f(-1)=1-1-3+1+2=0$이므로

　　　　$f(x)=(x-1)(x+1)Q(x)$

　　그런데 $f(x)$를 $(x-1)(x+1)$로 나눈

　　몫은 x^2+x-2이므로

　　　　$f(x)=(x-1)(x+1)(x^2+x-2)$

　　　　　　$=(x-1)(x+1)(x-1)(x+2)$

　　　　　　$=(x-1)^2(x+1)(x+2)$ ← 답

```
 1 | 1   1  -3  -1   2
   |     1   2  -1  -2
-1 | 1   2  -1  -2  | 0
   |    -1  -1   2
     1   1  -2  | 0
```

(2) $f(x)=2x^3-x^2-5x+3$으로 놓으면 $f\left(\dfrac{3}{2}\right)=0$이므로

　　　　$f(x)=\left(x-\dfrac{3}{2}\right)Q(x)$

　　그런데 $f(x)$를 $x-\dfrac{3}{2}$으로 나눈 몫은

　　$2x^2+2x-2$이므로

```
 3/2 | 2  -1  -5   3
     |     3   3  -3
       2   2  -2  | 0
```

　　　$f(x)=\left(x-\dfrac{3}{2}\right)(2x^2+2x-2)=(2x-3)(x^2+x-1)$ ← 답

* *Note* (1) $f(1)=0$이므로　$f(x)=(x-1)(x^3+2x^2-x-2)$

　　$g(x)=x^3+2x^2-x-2$라고 하면 $g(1)=0$이므로　$g(x)=(x-1)(x^2+3x+2)$

　　$\therefore\ f(x)=(x-1)\{(x-1)(x^2+3x+2)\}=(x-1)^2(x+1)(x+2)$

유제 **4**-9. 다음 식을 인수분해하시오.

(1) x^3+x^2-5x+3　　　　　　(2) $x^4+2x^3-31x^2-32x+60$

(3) $4x^3+x-1$　　　　　　　　(4) $2x^4-5x^3-2x^2+7x+2$

(5) $3x^3+5x^2+7x-3$　　　　　(6) $4x^4-2x^3-x-1$

　　　답 (1) $(x-1)^2(x+3)$　　　(2) $(x-1)(x+2)(x-5)(x+6)$

　　　　(3) $(2x-1)(2x^2+x+1)$　(4) $(x+1)(x-2)(2x^2-3x-1)$

　　　　(5) $(3x-1)(x^2+2x+3)$　(6) $(x-1)(2x+1)(2x^2+1)$

필수 예제 **4**-7 x에 관한 두 다항식

$$x^3-2x^2-5x+6, \quad x^3+a^2x^2+2ax-16 \ (a\text{는 실수})$$

에 대하여 다음 물음에 답하시오.

(1) 두 다항식의 최대공약수가 일차 이상의 식일 때, a의 값을 구하시오.

(2) 두 다항식의 최대공약수가 이차식일 때, a의 값과 이때의 최대공약수를 구하시오.

─────────────────────────────────────

[정석연구] $f(x)=x^3-2x^2-5x+6$으로 놓으면

$f(1)=0, f(-2)=0, f(3)=0$이므로 $f(x)=(x-1)(x+2)(x-3)$

과 같이 인수분해된다. 따라서 두 다항식에 공약수가 있다면 공약수는

$$x-1, \quad x+2, \quad x-3$$

또는 이들의 곱의 꼴이므로 이들 각각에 대하여 조사해 보면 된다.

[정석] 다항식의 최대공약수, 최소공배수는 $\Longrightarrow$ 먼저 인수분해한다.

[모범답안] $f(x)=x^3-2x^2-5x+6, g(x)=x^3+a^2x^2+2ax-16$으로 놓자.

(1) $f(1)=0, f(-2)=0, f(3)=0$이므로 $f(x)=(x-1)(x+2)(x-3)$

(i) $x-1$이 공약수가 될 조건은

$g(1)=1+a^2+2a-16=(a-3)(a+5)=0$ $\therefore \ a=3, -5$

(ii) $x+2$가 공약수가 될 조건은

$g(-2)=-8+4a^2-4a-16=4(a-3)(a+2)=0$ $\therefore \ a=3, -2$

(iii) $x-3$이 공약수가 될 조건은

$g(3)=27+9a^2+6a-16=9a^2+6a+11=(3a+1)^2+10=0$

그런데 이 식을 만족시키는 실수 a는 없다.

따라서 $f(x), g(x)$의 최대공약수의 차수가 1 이상이면 a의 값은

$$a=3, \ -5, \ -2 \longleftarrow \boxed{답}$$

(2) (1)에서 $a=3$일 때 $x-1$과 $x+2$가 공약수이므로

$$a=3, \quad 최대공약수 : (x-1)(x+2) \longleftarrow \boxed{답}$$

[유제] **4**-10. x에 관한 두 다항식 x^3+4x^2+x-6과 $2x^3+(a-2)x^2+ax-2a$의 최대공약수가 이차식일 때, 실수 a의 값을 구하시오. $\boxed{답} \ a=18$

[유제] **4**-11. x에 관한 두 다항식 x^3+3x^2-4와 $x^3+x^2-4ax-6a$에 대하여

(1) 최대공약수가 일차식이 되도록 상수 a의 값을 정하시오.

(2) 최대공약수가 이차식이 되도록 상수 a의 값을 정하시오.

$\boxed{답}$ (1) $a=\dfrac{1}{5}$ (2) $a=2$

연습문제 4

[기본] **4**-1 x에 관한 다항식 $3x^5+2x^3+x^2+p$를 x^3+2x로 나눈 나머지가 $x-3$으로 나누어떨어지도록 상수 p의 값을 정하시오.

4-2   다항식 $f(x)$를 $x-1$로 나눈 나머지는 4이고, 그 몫을 $x+2$로 나눈 나머지는 -1이다. $f(x)$를 $(x-1)(x+2)$로 나눈 나머지를 구하시오.

4-3   다항식 $f(x)$를 $x-1$, $x+1$로 나눈 나머지가 각각 1, -1일 때, 다항식 $(x^2-2x+3)f(x)$를 x^2-1로 나눈 나머지를 구하시오.

4-4   다항식 $f(x)$를 x^2-4로 나눈 나머지는 $2x+1$이고, 다항식 $g(x)$를 x^2-5x+6으로 나눈 나머지는 $x-4$이다.
   이때, 다음 다항식을 $x-2$로 나눈 나머지를 구하시오.
   (1) $2f(x)+3g(x)$ (2) $f(x-4)g(x+1)$

4-5   다항식 $f(x)$는 모든 실수 x에 대하여 $f(1+x)=f(1-x)$를 만족시킨다.
   $f(x)$를 $x+2$로 나눈 나머지가 3일 때, 다항식 $(x^2+1)f(2x)$를 $x-2$로 나눈 나머지를 구하시오.

4-6   다항식 $f(x)$가 $x-\alpha$와 $x-\beta$로 나누어떨어지면 $f(x)$는 $(x-\alpha)(x-\beta)$로 나누어떨어짐을 보이시오. 단, α, β는 상수이고, $\alpha\neq\beta$이다.

4-7   다항식 $f(x)=ax^4+bx^3+1$이 $(x-1)^2$으로 나누어떨어지도록 상수 a, b의 값을 정하고, $f(x)$를 인수분해하시오.

4-8   다음 식을 인수분해하시오.
   (1) x^3+x^2-4x+6 (2) $x^4+x^3-3x^2-4x-4$
   (3) $8x^3+14x^2+5x+3$ (4) $2x^4+3x^3+7x^2-7x-5$

4-9   각 모서리의 길이가 그림과 같은 직육면체 모양의 A, B, C, D 네 종류의 블록이 있다. A 블록 1개, B 블록 4개, C 블록 5개, D 블록 2개를 모두 사용하여 하나의 직육면체를 만들려고 한다. 이 직육면체의 모든 모서리의 길이의 합을 구하시오.

[실력] **4**-10 다항식 $f(x)$를 $(x-1)(x-2)$, $(x-2)(x-3)$으로 나눈 나머지가 각각 $8x-4$, $14x-16$일 때, $f(x)$를 $(x-1)(x-2)(x-3)$으로 나머지를 구하시오.

4-11 x에 관한 다항식 $x^3-3b^2x+2c^3$이 $(x-a)(x-b)$로 나누어떨어진다. a, b, c가 삼각형의 세 변의 길이일 때, 이 삼각형은 어떤 삼각형인가?

4-12 $x+3$으로 나누어떨어지고, $x+2$, $x-3$으로 나눈 나머지가 각각 -4, 6인 x에 관한 다항식 중 차수가 가장 작은 것을 구하시오.

4-13 다항식 $f(x)$를 $(x-1)^3$으로 나눈 나머지는 x^2+x+1, $(x-2)^2$으로 나눈 나머지는 $3x+2$이다. $f(x)$를 $(x-1)^2(x-2)$로 나눈 나머지를 구하시오.

4-14 다항식 $f(x)$를 $x-1$, x^2-4x+5, $(x-1)(x^2-4x+5)$로 나눈 나머지가 각각 4, $ax+b$, $(x-c)^2$일 때, 상수 a, b, $c(c>0)$의 값을 구하시오.

4-15 삼차 다항식 $P(x)$가 다음 두 조건을 만족시킨다.
  (개) $(x+7)P(x)=(x-2)P(x+3)$
  (내) $P(x-1)$을 x^2+3x+1로 나눈 나머지는 $-x+3$이다.
  이때, $P(x)$를 $x+2$로 나눈 나머지를 구하시오.

4-16 다음 물음에 답하시오.
  (1) x, y에 관한 다항식 $x^3-3x^2y+axy^2-3y^3$이 $x-y$로 나누어떨어질 때, 상수 a의 값과 이때의 몫을 구하시오.
  (2) $2x^4-3x^3y+x^2y^2-8xy^3+4y^4$을 인수분해하시오.

4-17 삼차 다항식 $f(x)$가 $f(0)=0$, $f(1)=\dfrac{1}{2}$, $f(2)=\dfrac{2}{3}$, $f(3)=\dfrac{3}{4}$을 만족시킬 때, $f(x)$를 $x-5$로 나눈 나머지를 구하시오.

4-18 다항식 $f(x)=2x^3-3x^2+1$을 $x-n$으로 나눈 나머지가 자연수의 제곱이 되도록 하는 1000 이하의 자연수 n의 개수를 구하시오.

4-19 다음을 구하시오. 단, a는 상수이다.
  (1) n이 2 이상인 자연수일 때, x^n-a^n을 $x-a$로 나눈 몫과 나머지
  (2) n이 2보다 큰 홀수일 때, x^n+a^n을 $x+a$로 나눈 몫과 나머지

4-20 x^7을 $x-\dfrac{1}{2}$로 나눈 몫을 $Q(x)$라고 할 때, $Q(x)$를 $x-\dfrac{1}{2}$로 나눈 나머지를 구하시오.

4-21 다항식 $P(x)=x^5+x^4+x^3+x^2+x+1$에 대하여 $P(x^6)$을 $P(x)$로 나눈 나머지를 구하시오.

4-22 n이 3 이상인 홀수일 때, $P=5^n-3^n-2^n$은 30의 배수임을 보이시오.

5. 실 수

§1. 실 수

1 실수의 분류

$$
실수
\begin{cases}
유리수
\begin{cases}
정수
\begin{cases}
양의 정수(자연수)(1, 2, 3, \cdots) \\
영(0) \\
음의 정수(-1, -2, -3, \cdots)
\end{cases} \\
정수가 아닌 유리수
\begin{cases}
유한소수\left(\pm\dfrac{1}{2}, \pm0.75, \cdots\right) \\
순환소수(\pm0.\dot{3}, \pm0.6\dot{2}\dot{5}, \cdots)
\end{cases}
\end{cases} \\
무리수 \cdots 순환하지 않는 무한소수(\pm\sqrt{2}, \pm\pi, \pm\sin 10°, \cdots)
\end{cases}
$$

2 실수의 절댓값

  (1) 실수 a의 절댓값

$$|a| = \begin{cases} a & (a \geq 0) \\ -a & (a < 0) \end{cases}$$
  $\Leftarrow a<0$이므로 $-a>0$

  (2) 절댓값의 성질

  a, b가 실수일 때

① $|a| \geq 0$　　　② $|-a| = |a|$　　　③ $|a|^2 = a^2$

④ $|ab| = |a||b|$　　　⑤ $\left|\dfrac{a}{b}\right| = \dfrac{|a|}{|b|}$

3 자신보다 크지 않은 최대 정수

  x보다 크지 않은 최대 정수를 $[x]$로 나타낼 때, 정수 n에 대하여

$$n \leq x < n+1 이면 \quad [x] = n$$

  이다. 이와 같은 기호를 가우스 기호라고 한다.

───────────────────

Advice 1° 실수에 대해서는 이미 중학교에서 공부하였다. 고등학교 교육과정에서는 이를 별도로 다루지 않지만, 실수의 절댓값, 제곱근의 계산 등은 앞으로 공부할 방정식과 부등식 등을 이해하는 데 기본이 되므로 중학교에서 공부한 내용을 토대로 한 단계 높여 정리·복습해 보자.

Advice 2° 실수의 분류

    모든 자연수는 정수이고, 모든 정수는 유 리수이다. 또, 모든 유리수는 실수이고, 모 든 무리수도 실수이다.

*__Note__ 정수 a는
$$\frac{a}{1}, \ \frac{2a}{2}, \ \frac{3a}{3}, \ \cdots$$
와 같이 분수 꼴로 나타낼 수 있으므로 정수도 유리수이다.

Advice 3° 실수의 절댓값

    일반적으로 수직선 위에서 실수 a를 나타내는 점과 원점 사이의 거리를 a 의 절댓값이라 하고, 기호 $|a|$를 써서 나타낸다.

    이를테면 수직선 위에서 0과 2 사이의 거리는 양수 2이고, 0과 -2 사이의 거리도 양수 2이다. 따라서 $|2|=2$, $|-2|=2$이다.

$$|2| \quad = \quad 2 \qquad |0| \quad = \quad 0 \qquad |-2| \quad = \quad 2$$
    └── 그대로 ──┘   └── 그대로 ──┘   └─ 부호를 바꾸어 ─┘

    여기에서 -2의 부호를 바꾸려면 '$-$'를 떼어 버리면 되지만, -2의 앞에 '$-$'를 하나 더 붙여도 $-(-2)=2$와 같이 부호가 바뀐다.

    따라서 실수 a의 절댓값 $|a|$는 다음과 같다.

    정석 $a \geq 0$일 때 $|a|=a$, $a<0$일 때 $|a|=-a$

    여기에서 $a<0$일 때 $-a>0$인 것에 주의한다.

보기 1 $a=\sqrt{5}$일 때, 다음 식의 값을 구하시오.
$$|a-1|+|a-2|+|a-3|+|a-4|+|a-5|$$

연구 (준 식)$=|\sqrt{5}-1|+|\sqrt{5}-2|+|\sqrt{5}-3|+|\sqrt{5}-4|+|\sqrt{5}-5|$ $\Leftarrow 2<\sqrt{5}<3$
$$=(\sqrt{5}-1)+(\sqrt{5}-2)-(\sqrt{5}-3)-(\sqrt{5}-4)-(\sqrt{5}-5)$$
$$=\sqrt{5}-1+\sqrt{5}-2-\sqrt{5}+3-\sqrt{5}+4-\sqrt{5}+5=\boldsymbol{9-\sqrt{5}}$$

Advice 4° 절댓값의 성질

▶ $|-a|=|a|$의 증명

    $a \geq 0$일 때 $-a \leq 0$이므로 $|-a|=-(-a)=a=|a|$

    $a<0$일 때 $-a>0$이므로 $|-a|=-a=|a|$

    따라서 $|-a|=|a|$이다.

▶ $|ab|=|a||b|$의 증명

$a≥0, b≥0$일 때 $|a||b|=ab=|ab|$ ⇐ $ab≥0$

$a≥0, b<0$일 때 $|a||b|=a×(-b)=-ab=|ab|$ ⇐ $ab≤0$

$a<0, b≥0$일 때 $|a||b|=(-a)×b=-ab=|ab|$ ⇐ $ab≤0$

$a<0, b<0$일 때 $|a||b|=(-a)×(-b)=ab=|ab|$ ⇐ $ab>0$

따라서 $|ab|=|a||b|$이다.

Note 같은 방법으로 하면 $\left|\dfrac{a}{b}\right|=\dfrac{|a|}{|b|}$도 증명할 수 있다.

𝒜𝒹𝓋𝒾𝒸𝑒 5° 자신보다 크지 않은 최대 정수

x가 실수일 때, x보다 크지 않은 최대 정수를 흔히 기호 [ ]를 써서 $[x]$로 나타낸다. 이와 같은 기호를 가우스 기호라고 한다.

이를테면 실수 $\dfrac{1}{2}$보다 크지 않은 정수 중에서 가장 큰 수가 0이므로 $\left[\dfrac{1}{2}\right]=0$이다. 또, 0보다 크지 않은 정수 중에서 가장 큰 수는 자기 자신인 0이므로 $[0]=0$이다.

따라서 x가 실수일 때

$\quad\quad 0≤x<1$이면 $[x]=0$

이다.

같은 이유로

$\quad\quad 1≤x<2$이면 $[x]=1,$

$\quad\quad -1≤x<0$이면 $[x]=-1$

이다.

보기 2 x보다 크지 않은 최대 정수를 $[x]$로 나타낼 때, 다음 값을 구하시오.

(1) $[7]$ (2) $[-10.3]$ (3) $[\sqrt{2}+1]$

연구 (1) **7**   (2) **-11**

(3) $\sqrt{2}+1≒2.414$이므로   **2**   ⇐ ≒은「약」을 나타내는 기호이다.

보기 3 x보다 크지 않은 최대 정수를 $[x]$로 나타낼 때, 다음 식을 만족시키는 실수 x의 값의 범위를 구하시오.

(1) $[x]=4$ (2) $0<[x]≤1$ (3) $1≤[x]≤2$

연구 (1) x는 4 이상이고 5 미만의 실수이다. 따라서 $\mathbf{4≤x<5}$

(2) $[x]$는 정수이므로 $[x]=1$이다. 따라서 $\mathbf{1≤x<2}$

(3) $[x]$는 정수이므로 $[x]=1$ 또는 $[x]=2$이다.

$\quad\quad$따라서 $1≤x<2$ 또는 $2≤x<3$이다.   ∴ $\mathbf{1≤x<3}$

필수 예제 **5**-1 a의 값의 범위가 다음과 같을 때, $P=|a-1|-|a+2|$를 간단히 하시오.

(1) $a\geq 1$　　　　　　　(2) $-2\leq a<1$　　　　　(3) $a<-2$

[정석연구] 절댓값 기호를 없애고 간단히 하기 위해서는 절댓값 기호 안에 있는 식의 부호를 알아야 한다. 따라서 주어진 범위에서 $a-1$과 $a+2$의 부호가 어떻게 되는지부터 확인한 다음

　　　　　정석 $A\geq 0$일 때 $|A|=A$, $A<0$일 때 $|A|=-A$

를 이용한다.

[모범답안] $P=|a-1|-|a+2|$에서

(1) $a\geq 1$일 때 $a-1\geq 0$, $a+2>0$이므로　　　　　⟸ $|a-1|=a-1$

　　　　$P=(a-1)-(a+2)=\boldsymbol{-3}$　　　　　　　$|a+2|=a+2$

(2) $-2\leq a<1$일 때 $a-1<0$, $a+2\geq 0$이므로　　　⟸ $|a-1|=-(a-1)$

　　　　$P=-(a-1)-(a+2)=\boldsymbol{-2a-1}$　　　　　$|a+2|=a+2$

(3) $a<-2$일 때 $a-1<0$, $a+2<0$이므로　　　　　⟸ $|a-1|=-(a-1)$

　　　　$P=-(a-1)+(a+2)=\boldsymbol{3}$　　　　　　　$|a+2|=-(a+2)$

Advice | 절댓값 기호 안의 식의 값이 0이 되게 하는 a의 값은 $a-1=0$, $a+2=0$에서

　　　　　$a=1$, $a=-2$

이고, 이 값을 경계로 하여 절댓값 기호 안의 식의 부호가 바뀜을 알 수 있다.

따라서 $P=|a-1|-|a+2|$에서 절댓값 기호를 없애고 간단히 할 때에는 위와 같이 $a=1$, $a=-2$를 경계로 한 세 범위로 경우를 나누어 생각한다.

[유제] **5**-1. $P=|a-2|+3a$에 대하여 다음 물음에 답하시오.

(1) $a=1$일 때, P의 값을 구하시오.

(2) $a\geq 2$일 때와 $a<2$일 때로 나누어 P를 간단히 하시오.

　　　　　　　[답] (1) **4** (2) $a\geq 2$일 때 $P=4a-2$, $a<2$일 때 $P=2a+2$

[유제] **5**-2. a의 값의 범위가 다음과 같을 때, $P=|a-2|+|a+3|$을 간단히 하시오.

(1) $a\geq 2$　　　　　　　(2) $-3\leq a<2$　　　　　(3) $a<-3$

　　　　　　　[답] (1) $\boldsymbol{2a+1}$ (2) **5** (3) $\boldsymbol{-2a-1}$

필수 예제 **5**-2 x보다 크지 않은 최대 정수를 $[x]$로 나타낼 때,

(1) $\left[\dfrac{x}{3}\right]=\left[\dfrac{x}{4}\right]=1$을 만족시키는 자연수 x의 값을 구하시오.

(2) $0\leq x<2$일 때, $[8-x]-2x=3$을 만족시키는 x의 값을 구하시오.

[정석연구] (1) 가우스 기호 $[\ \ ]$의 정의에 따라

$$\left[\dfrac{x}{3}\right]=1 \iff 1\leq \dfrac{x}{3}<2, \qquad \left[\dfrac{x}{4}\right]=1 \iff 1\leq \dfrac{x}{4}<2$$

정석 $[x]=n\,(n$은 정수$) \iff n\leq x<n+1$

(2) $[8-x]$가 정수이므로 $[8-x]=2x+3$에서 $2x$가 정수이어야 한다.

정석 $[x]$는 정수이다.

[모범답안] (1) $\left[\dfrac{x}{3}\right]=1$에서 $1\leq \dfrac{x}{3}<2$이므로 $3\leq x<6$

이 부등식을 만족시키는 자연수 x는 $x=3,\,4,\,5$

$\left[\dfrac{x}{4}\right]=1$에서 $1\leq \dfrac{x}{4}<2$이므로 $4\leq x<8$

이 부등식을 만족시키는 자연수 x는 $x=4,\,5,\,6,\,7$

따라서 조건을 만족시키는 자연수 x는   **4, 5** ⟵ [답]

(2) $0\leq x<2$ ……① $[8-x]=2x+3$ ……②

②에서 좌변이 정수이므로 우변도 정수이다.

따라서 $2x$가 정수이고, ①에서 $0\leq 2x<4$이므로

$$2x=0,\,1,\,2,\,3 \quad \therefore\ x=0,\,\dfrac{1}{2},\,1,\,\dfrac{3}{2}$$

②의 양변에 대입하면 $[8]=3,\ [7.5]=4,\ [7]=5,\ [6.5]=6$

따라서 ②가 성립하는 경우는 $x=\dfrac{3}{2}$일 때이다.   [답] $\dfrac{3}{2}$

*$Note$ ②에서 $2x+3\leq 8-x<(2x+3)+1$

이므로 이 부등식을 풀어서 x의 값을 구할 수도 있다. 이와 같은 부등식의 풀이
에 대해서는 p. 190에서 자세히 공부한다.

[유제] **5**-3. x보다 크지 않은 최대 정수를 $[x]$로 나타낼 때, 다음에 답하시오.

(1) x가 100 이하의 자연수일 때, $\left[\dfrac{x}{8}\right]=\dfrac{x}{8},\ \left[\dfrac{x}{12}\right]=\dfrac{x}{12}$를 동시에 만족시키는
x의 값을 구하시오.

(2) $0\leq x<1$일 때, $[4+x]-3x=2$를 만족시키는 x의 값을 구하시오.

[답] (1) **24, 48, 72, 96**   (2) $\dfrac{2}{3}$

§2. 정수의 분류

[1] 몫과 나머지

　정수 a를 양의 정수 m으로 나눌 때,
$$a=mq+r \ (0 \le r < m)$$
인 정수 q, r은 각각 오직 하나로 정해진다.

[2] 정수의 분류

　모든 정수는 양의 정수 k로 나눈 나머지에 의하여
$$kn, \ kn+1, \ kn+2, \ \cdots, \ kn+(k-1) \ (n은 \ 정수)$$
로 분류할 수 있고, 임의의 정수는 이 중 어느 하나의 꼴로 나타낼 수 있다.

Advice | 모든 정수는 2로 나눌 때, 그 나머지가 0인 것과 1인 것으로 분류할 수 있으므로 임의의 정수는
$$2n, \ 2n+1 \ (n은 \ 정수)$$
중 하나로 나타낼 수 있다.

　또, 모든 정수는 3으로 나눌 때, 그 나머지가 0인 것과 1인 것과 2인 것으로 분류할 수 있으므로 임의의 정수는
$$3n, \ 3n+1, \ 3n+2 \ (n은 \ 정수)$$
중 하나로 나타낼 수 있다.

Note 정수를 2로 나눈 나머지에 따라 분류할 때, $2n$, $2n+1$ 대신
$2n$, $2n-1$(n은 정수)로 나타내어도 된다.

　또, 정수를 3으로 나눈 나머지에 따라 분류할 때, $3n$, $3n+1$, $3n+2$ 대신
$3n-1$, $3n$, $3n+1$(n은 정수)로 나타내어도 된다.

보기 1 a가 정수일 때, a^2을 3으로 나눈 나머지는 0 또는 1임을 보이시오.

연구 정수 a를 $3n$, $3n+1$, $3n+2$(n은 정수)로 분류한다.

$a=3n$일 때　　$a^2=(3n)^2=9n^2=3 \times 3n^2$

$a=3n+1$일 때　$a^2=(3n+1)^2=9n^2+6n+1=3(3n^2+2n)+1$

$a=3n+2$일 때　$a^2=(3n+2)^2=9n^2+12n+4=3(3n^2+4n+1)+1$

　따라서 a^2을 3으로 나눈 나머지는 0 또는 1이다.

Note 정수 a를 $3n$, $3n+1$, $3n-1$(n은 정수)로 분류하여 각각에 대하여 a^2을 3으로 나눈 나머지가 0 또는 1임을 보여도 된다.

필수 예제 **5**-3 다음 물음에 답하시오.
 (1) 3으로 나눈 나머지가 1이고 5로 나눈 나머지가 3인 정수를 정수 n을
   써서 간단한 식으로 나타내시오.
 (2) 3으로 나눈 나머지가 1이거나 5로 나눈 나머지가 3인 100 이하의 자
   연수의 개수를 구하시오.

[정석연구] 3으로 나눈 나머지가 1인 정수는 다음과 같이 나타내어진다.
$$3m+1 \ (m \text{은 정수})$$
 이 중에서 5로 나눈 나머지가 3인 정수의 꼴을 찾는 문제이다.
 여기에서 m을 5로 나눈 나머지에 의하여
$$5n, \ 5n+1, \ 5n+2, \ 5n+3, \ 5n+4 \ (n \text{은 정수})$$
와 같이 분류할 수 있으므로 $3m+1$에 대입하여 정리하면 $3m+1$은
$$15n+1, \ 15n+4, \ 15n+7, \ 15n+10, \ 15n+13$$
과 같이 5가지로 분류하여 나타낼 수 있다.
 이 중에서 5로 나눈 나머지가 3인 정수는 $15n+13$임을 알 수 있다.
 한편 5로 나눈 나머지가 3인 정수를 먼저 생각할 수도 있으며, 이것이 보다
간결하다. 아래 **모범답안**과 비교해 보자.

[모범답안] (1) 5로 나눈 나머지가 3인 정수는 $5m+3 \ (m \text{은 정수})$
   여기에서 m은
$$3n, \ 3n+1, \ 3n+2 \ (n \text{은 정수})$$
   중 어느 하나의 꼴로 나타내어지므로 $5m+3$에 대입하여 정리하면
$$15n+3, \ 15n+8, \ 15n+13$$
   이 중에서 3으로 나눈 나머지가 1인 것은 **$15n+13$** ← [답]
 (2) 100 이하의 자연수 중에서 3으로 나눈 나머지가 1인 수는
$$3k+1(k=0, 1, 2, \cdots, 33) \text{이므로} 34 \text{개} \quad\quad \cdots\cdots ①$$
   100 이하의 자연수 중에서 5로 나눈 나머지가 3인 수는
$$5l+3(l=0, 1, 2, \cdots, 19) \text{이므로} 20 \text{개} \quad\quad \cdots\cdots ②$$
   ①, ②에서 중복되는 수는
$$15n+13(n=0, 1, 2, \cdots, 5) \text{이므로} 6 \text{개}$$
   따라서 구하는 개수는 $34+20-6=48$ ← [답]

[유제] **5**-4. 100 이하의 자연수 중에서 2, 3, 5로 나눈 나머지가 각각 1, 2, 4인
 수를 구하시오.   [답] 29, 59, 89

필수 예제 5-4 양의 정수 k를 5로 나눈 나머지를 $R(k)$라고 하자.
$$R(a)R(b) = R(a) + R(b) + 1, \quad R(a) < R(b)$$
를 만족시키는 양의 정수 a, b에 대하여 다음 물음에 답하시오.

(1) $R(a^2 + 3b)$의 값을 구하시오.

(2) $R(ax + b) = 4$인 양의 정수 x에 대하여 $R(x)$의 값을 구하시오.

정석연구 $R(a)$는 a를 5로 나눈 나머지이므로 0, 1, 2, 3, 4의 값만 가진다.

그리고 이를테면 $R(a) = 1$이라고 하면 $a = 5n + 1$(n은 음이 아닌 정수)의 꼴로 나타낼 수 있다.

다음 **정석**을 이용하여 조건식을 변형하면 $R(a), R(b)$에 관한 관계를 구할 수 있다.

정석 $xy - k(x+y) = (x-k)(y-k) - k^2$

정수에 관한 문제를 풀 때 자주 이용되므로 기억해 두길 바란다.

모범답안 $R(a)R(b) = R(a) + R(b) + 1$에서 $R(a)R(b) - \{R(a) + R(b)\} = 1$
$$\therefore \{R(a) - 1\}\{R(b) - 1\} = 2$$
$R(a), R(b)$가 가질 수 있는 값은 0, 1, 2, 3, 4이고 $R(a) < R(b)$이므로
$$R(a) - 1 = 1, \ R(b) - 1 = 2 \quad \therefore \ R(a) = 2, \ R(b) = 3$$
$a = 5m + 2, \ b = 5n + 3$(m, n은 음이 아닌 정수)이라고 하자.

(1) $a^2 + 3b = (5m + 2)^2 + 3(5n + 3) = 25m^2 + 20m + 15n + 13$
$$= 5(5m^2 + 4m + 3n + 2) + 3$$
$$\therefore \ R(a^2 + 3b) = \mathbf{3} \longleftarrow \boxed{\text{답}}$$

(2) $x = 5q + p$(q는 음이 아닌 정수, $0 \le p < 5$)라고 하면
$$ax + b = (5m + 2)(5q + p) + 5n + 3 = 25mq + 5mp + 10q + 2p + 5n + 3$$
$$= 5(5mq + mp + n + 2q) + 2p + 3$$
문제의 뜻에 따라 $R(ax + b) = 4$이므로 $R(2p + 3) = 4$
그런데 $0 \le p < 5$이므로 $p = 3$ $\therefore \ R(x) = \mathbf{3} \longleftarrow \boxed{\text{답}}$

유제 **5**-5. 정수 n을 8로 나눈 나머지를 $R(n)$이라고 할 때, 다음 물음에 답하시오.

(1) $R(a) = 1, \ R(b) = 5$일 때, $R(2a + 3b)$의 값을 구하시오.

(2) $R(a) = 3, \ R(a + 5b) = 2$일 때, $R(b)$의 값을 구하시오.

(3) $R(a^4) = 0$일 때, $R(a)$의 값을 구하시오.

$\boxed{\text{답}}$ (1) **1** (2) **3** (3) **0, 2, 4, 6**

§3. 제곱근, 세제곱근과 그 연산

1 제곱근, 세제곱근

(1) 제곱해서 a가 되는 수를 a의 제곱근이라고 한다. 양수 a의 제곱근 중에서 양수를 $\sqrt{a}$로, 음수를 $-\sqrt{a}$로 나타낸다.

$$(\sqrt{a})^2=a, \quad (-\sqrt{a})^2=a$$

(2) 세제곱해서 a가 되는 수를 a의 세제곱근이라고 한다. a의 세제곱근 중에서 실수는 한 개 있으며, 이것을 $\sqrt[3]{a}$로 나타낸다.

$$(\sqrt[3]{a})^3=a$$

2 $\sqrt{a^2}$과 $\sqrt[3]{a^3}$의 계산

(1) $a \geq 0$일 때 $\sqrt{a^2}=a$, $a<0$일 때 $\sqrt{a^2}=-a$

(2) a의 양, 0, 음에 관계없이 $\sqrt[3]{a^3}=a$

3 제곱근, 세제곱근의 계산 법칙

(1) $a>0$, $b>0$일 때

$$\sqrt{a}\sqrt{b}=\sqrt{ab}, \quad \sqrt{a^2 b}=a\sqrt{b}, \quad \frac{\sqrt{a}}{\sqrt{b}}=\sqrt{\frac{a}{b}}, \quad \sqrt{\frac{a}{b^2}}=\frac{\sqrt{a}}{b}$$

(2) $(\sqrt[3]{a})^2=\sqrt[3]{a^2}$, $\sqrt[3]{a}\sqrt[3]{b}=\sqrt[3]{ab}$, $\dfrac{\sqrt[3]{a}}{\sqrt[3]{b}}=\sqrt[3]{\dfrac{a}{b}}$

4 분모의 유리화

(1) $\dfrac{b}{\sqrt{a}}=\dfrac{b\sqrt{a}}{\sqrt{a}\sqrt{a}}=\dfrac{b\sqrt{a}}{(\sqrt{a})^2}=\dfrac{b\sqrt{a}}{a}$

(2) $\dfrac{c}{\sqrt{a}+\sqrt{b}}=\dfrac{c(\sqrt{a}-\sqrt{b})}{(\sqrt{a}+\sqrt{b})(\sqrt{a}-\sqrt{b})}=\dfrac{c(\sqrt{a}-\sqrt{b})}{a-b}$ $(a \neq b)$

(3) $\dfrac{c}{\sqrt{a}-\sqrt{b}}=\dfrac{c(\sqrt{a}+\sqrt{b})}{(\sqrt{a}-\sqrt{b})(\sqrt{a}+\sqrt{b})}=\dfrac{c(\sqrt{a}+\sqrt{b})}{a-b}$

(4) $\dfrac{1}{\sqrt[3]{a}+\sqrt[3]{b}}=\dfrac{\sqrt[3]{a^2}-\sqrt[3]{ab}+\sqrt[3]{b^2}}{(\sqrt[3]{a}+\sqrt[3]{b})(\sqrt[3]{a^2}-\sqrt[3]{ab}+\sqrt[3]{b^2})}=\dfrac{\sqrt[3]{a^2}-\sqrt[3]{ab}+\sqrt[3]{b^2}}{a+b}$

(5) $\dfrac{1}{\sqrt[3]{a}-\sqrt[3]{b}}=\dfrac{\sqrt[3]{a^2}+\sqrt[3]{ab}+\sqrt[3]{b^2}}{(\sqrt[3]{a}-\sqrt[3]{b})(\sqrt[3]{a^2}+\sqrt[3]{ab}+\sqrt[3]{b^2})}=\dfrac{\sqrt[3]{a^2}+\sqrt[3]{ab}+\sqrt[3]{b^2}}{a-b}$

5 이중근호를 없애는 방법

(1) $a>0$, $b>0$일 때 $\sqrt{a+b+2\sqrt{ab}}=\sqrt{a}+\sqrt{b}$

(2) $a>b>0$일 때 $\sqrt{a+b-2\sqrt{ab}}=\sqrt{a}-\sqrt{b}$

$\mathscr{Advice}$ $1°$ 제곱근, 세제곱근

이를테면 $x^2=4$를 만족시키는 x의 값은 양수 2와 음수 -2의 두 개가 있다. 이와 같이 제곱해서 4가 되는 수 2와 -2를 4의 제곱근이라 하고, 4의 제곱근을 기호로 양수는 $\sqrt{4}$로, 음수는 $-\sqrt{4}$로 나타낸다.

제곱해서 a가 되는 수를 a의 제곱근이라고 한다. 양수 a의 제곱근 중에서 양수를 $\sqrt{a}$로, 음수를 $-\sqrt{a}$로 나타낸다.

$$\boxed{\text{정 석}} \quad (\sqrt{a})^2=a, \quad (-\sqrt{a})^2=a$$

한편 $x^3=8$을 만족시키는 실수 x의 값은

$$x^3=8 \text{에서} \quad x^3-2^3=0 \quad \therefore \ (x-2)(x^2+2x+4)=0$$

$x^2+2x+4=(x+1)^2+3>0$이므로 $x=2$

이때, 2를 8의 세제곱근이라 하고, $\sqrt[3]{8}$로 나타낸다. 곧,

$$\sqrt[3]{8}=2, \quad (\sqrt[3]{8})^3=8$$

*$Note$ 실수의 범위에서 방정식 $x^2+2x+4=0$의 해는 없지만, 복소수의 범위에서 해는 $x=-1+\sqrt{3}i,\ -1-\sqrt{3}i$이다. 따라서 복소수의 범위에서 8의 세제곱근은 모두 3개이고, $\sqrt[3]{8}$은 그중 실수만 나타내는 기호이다.   ⇐ p. 85, 158 참조

$\mathscr{Advice}$ $2°$ $\sqrt{a^2}$과 $\sqrt[3]{a^3}$의 계산

▶ $\sqrt{a^2}$: 이를테면 $\sqrt{2^2}=\sqrt{4}=2,\ \sqrt{0^2}=\sqrt{0}=0$에서와 같이

$$\boxed{\text{정 석}} \quad a \geq 0 \text{일 때} \quad \sqrt{a^2}=a$$

이다. 다시 말하면 a가 음수가 아닐 때, a를 그대로 근호 밖으로 꺼낸다.

그러나 a가 음수일 때에는 이를테면 $\sqrt{(-2)^2}=\sqrt{4}=2$에서와 같이 -2의 부호가 바뀌어서 2가 된다. -2의 부호를 바꾸려면 '$-$'를 떼어 버리면 되지만, 또 하나의 방법으로는 -2의 앞에 '$-$'를 붙여서 $-(-2)$라고 해도 되므로 $\sqrt{(-2)^2}=-(-2)$라고 할 수 있다.

일반적으로

$$\boxed{\text{정 석}} \quad a<0 \text{일 때} \quad \sqrt{a^2}=-a$$

이다. 다시 말하면 a가 음수일 때에는 a 앞에 '$-$'를 붙여서 근호 밖으로 꺼낸다. 이때, '$-a>0$'인 것에 주의해야 한다.

이상에서 $\sqrt{a^2}$은 a의 절댓값으로 나타낼 수 있다.

$$\boxed{\text{정 석}} \quad \sqrt{a^2}=|a|$$

$$\sqrt{a^2}=\begin{cases} a & (a \geq 0 \text{일 때}) \\ -a & (a < 0 \text{일 때}) \end{cases} \qquad |a|=\begin{cases} a & (a \geq 0 \text{일 때}) \\ -a & (a < 0 \text{일 때}) \end{cases}$$

*$Note$ a가 수가 아닌 식일 때에도 성립한다.

보기 1 다음을 간단히 하시오. 단, x, y는 실수이다.

(1) $\sqrt{(3-\sqrt{11}\,)^2}$ (2) $\sqrt{(x^2-2x+4)^2}$ (3) $\sqrt{x^2-2xy+y^2}$

(4) $x \geq 2$일 때 $\sqrt{(x-2)^2}+|2-x|$

연구 (1) $3-\sqrt{11}<0$이므로 $\sqrt{(3-\sqrt{11}\,)^2}=-(3-\sqrt{11}\,)=\boldsymbol{\sqrt{11}-3}$

(2) $x^2-2x+4=(x^2-2x+1)+3=(x-1)^2+3>0$이므로
$$\sqrt{(x^2-2x+4)^2}=\boldsymbol{x^2-2x+4}$$

(3) $\sqrt{x^2-2xy+y^2}=\sqrt{(x-y)^2}$

     $x-y\geq 0$, 곧 $\boldsymbol{x \geq y}$일 때 $\sqrt{x^2-2xy+y^2}=\boldsymbol{x-y}$

     $x-y<0$, 곧 $\boldsymbol{x<y}$일 때 $\sqrt{x^2-2xy+y^2}=-(x-y)=\boldsymbol{y-x}$

(4) $x \geq 2$일 때 $x-2 \geq 0$, $2-x \leq 0$이므로
$$\sqrt{(x-2)^2}+|2-x|=x-2-(2-x)=\boldsymbol{2x-4}$$

*$Note$ $a=0$일 때에는 $\sqrt{a^2}=a$라고 해도 좋고, $\sqrt{a^2}=-a$라고 해도 좋으므로 등호를 양쪽에 붙여 '$a\geq0$일 때 $\sqrt{a^2}=a$, $a\leq0$일 때 $\sqrt{a^2}=-a$'라고 해도 되지만, 등호의 중복은 피하는 것이 관례이다. $|a|$의 경우도 마찬가지이다.

▶ $\sqrt[3]{a^3}$: 이를테면 $\sqrt[3]{2^3}$, $\sqrt[3]{(-2)^3}$에 대하여 생각해 보자.

$\sqrt[3]{8}$은 세제곱하면 8이 되는 실수를 의미하므로 $\sqrt[3]{8}=2$이고,

$\sqrt[3]{-8}$은 세제곱하면 -8이 되는 실수를 의미하므로 $\sqrt[3]{-8}=-2$이다.

따라서 $\sqrt[3]{2^3}=\sqrt[3]{8}=2$, $\sqrt[3]{(-2)^3}=\sqrt[3]{-8}=-2$에서와 같이

정석 a의 양, 0, 음에 관계없이 $\sqrt[3]{a^3}=a$

이다.

*$Note$ a가 수가 아닌 식일 때에도 성립한다.

보기 2 다음을 간단히 하시오. 단, x, y, a는 실수이다.

(1) $\sqrt[3]{-4^3}$ (2) $\sqrt[3]{x^3-3x^2y+3xy^2-y^3}$ (3) $\sqrt[3]{-a^6}$

연구 (1) $\sqrt[3]{-4^3}=\sqrt[3]{(-4)^3}=\boldsymbol{-4}$

(2) $\sqrt[3]{x^3-3x^2y+3xy^2-y^3}=\sqrt[3]{(x-y)^3}=\boldsymbol{x-y}$

(3) $\sqrt[3]{-a^6}=\sqrt[3]{-(a^2)^3}=\sqrt[3]{(-a^2)^3}=\boldsymbol{-a^2}$

▶ $\sqrt[n]{a^n}$: n이 2 이상의 자연수일 때, 일반적으로 다음과 같이 계산한다.

정석 $\sqrt[n]{a^n}$의 계산

(i) $\boldsymbol{n}$이 짝수일 때
$$\sqrt[n]{a^n}=\begin{cases} a & (a \geq 0\text{일 때}) \\ -a & (a < 0\text{일 때}) \end{cases}$$

(ii) $\boldsymbol{n}$이 홀수일 때
$$\sqrt[n]{a^n}=a$$
($\boldsymbol{a}$의 부호에 관계없다.)

$\mathscr{Advice}$ 3° 제곱근, 세제곱근의 계산 법칙

특히 $\sqrt{a^2 b}=a\sqrt{b}$, $\sqrt{\dfrac{a}{b^2}}=\dfrac{\sqrt{a}}{b}$ 는 $a>0$, $b>0$일 때 성립한다는 것에 주의해야 한다. 다만 $a<0$이라고 할지라도 $a^2>0$이므로 $\sqrt{a^2 b}$ 는 $\sqrt{a^2 b}=\sqrt{a^2}\sqrt{b}$로 나타낼 수 있으며

> **정석** $a\geq 0$, $b>0$일 때 $\quad \sqrt{a^2 b}=a\sqrt{b}$
> $a<0$, $b>0$일 때 $\quad \sqrt{a^2 b}=-a\sqrt{b}$

와 같이 계산한다.

세제곱근의 계산 법칙에 대해서는 대수의 지수 단원에서 자세히 공부한다.

$\mathscr{Advice}$ 4° 분모의 유리화

분모가 근호를 포함하고 있는 수(또는 식)에서 분모가 근호를 포함하지 않도록 변형하는 것을 분모의 유리화라고 한다.

보기 3 다음 수의 분모를 유리화하시오.

(1) $\dfrac{3}{\sqrt{2}}$ (2) $\dfrac{2}{\sqrt{5}+\sqrt{3}}$ (3) $\dfrac{2+\sqrt{3}}{2-\sqrt{3}}$ (4) $\dfrac{2}{\sqrt[3]{7}-\sqrt[3]{3}}$

연구 (1) $\sqrt{a}\sqrt{a}=(\sqrt{a})^2=a$를 이용한다.

$$\frac{3}{\sqrt{2}}=\frac{3\sqrt{2}}{\sqrt{2}\sqrt{2}}=\frac{3\sqrt{2}}{(\sqrt{2})^2}=\boldsymbol{\frac{3\sqrt{2}}{2}}$$

(2) $(a+b)(a-b)=a^2-b^2$을 이용한다.

$$\frac{2}{\sqrt{5}+\sqrt{3}}=\frac{2(\sqrt{5}-\sqrt{3})}{(\sqrt{5}+\sqrt{3})(\sqrt{5}-\sqrt{3})}=\frac{2(\sqrt{5}-\sqrt{3})}{5-3}=\boldsymbol{\sqrt{5}-\sqrt{3}}$$

(3) $(a-b)(a+b)=a^2-b^2$을 이용한다.

$$\frac{2+\sqrt{3}}{2-\sqrt{3}}=\frac{(2+\sqrt{3})^2}{(2-\sqrt{3})(2+\sqrt{3})}=\frac{4+4\sqrt{3}+3}{4-3}=\boldsymbol{7+4\sqrt{3}}$$

(4) $(\sqrt[3]{7})^3=7$, $(\sqrt[3]{3})^3=3$이라는 것에 착안하여

> **정석** $(a-b)(a^2+ab+b^2)=a^3-b^3$

을 이용한다.

$$\frac{2}{\sqrt[3]{7}-\sqrt[3]{3}}=\frac{2\{(\sqrt[3]{7})^2+\sqrt[3]{7}\sqrt[3]{3}+(\sqrt[3]{3})^2\}}{(\sqrt[3]{7}-\sqrt[3]{3})\{(\sqrt[3]{7})^2+\sqrt[3]{7}\sqrt[3]{3}+(\sqrt[3]{3})^2\}}$$
$$=\frac{2(\sqrt[3]{49}+\sqrt[3]{21}+\sqrt[3]{9})}{7-3}=\boldsymbol{\frac{\sqrt[3]{49}+\sqrt[3]{21}+\sqrt[3]{9}}{2}}$$

*$Note$ 분모가 $\sqrt[3]{7}+\sqrt[3]{3}$일 때에는

> **정석** $(a+b)(a^2-ab+b^2)=a^3+b^3$

을 이용한다.

Advice 5° 이중근호를 없애는 방법 (고등학교 교육과정 밖의 내용)

이를테면 $\sqrt{10-2\sqrt{21}}$ 과 같이 근호 안에 또 근호를 포함한 식을 이중근호의 식이라고 한다.

이와 같은 이중근호의 식 중에는

$$\sqrt{10-2\sqrt{21}}=\sqrt{7-2\sqrt{21}+3}=\sqrt{(\sqrt{7})^2-2\sqrt{7}\sqrt{3}+(\sqrt{3})^2}$$
$$=\sqrt{(\sqrt{7}-\sqrt{3})^2}=\sqrt{7}-\sqrt{3}$$

과 같이 간단히 할 수 있는 것이 있다.

이것을 정리해 보면

$$\sqrt{10-2\sqrt{21}}=\sqrt{(7+3)-2\sqrt{7\times3}}=\sqrt{7}-\sqrt{3}$$

이므로 다음 방법으로 이중근호를 간단히 풀 수 있다.

$$\underbrace{\sqrt{10-2\sqrt{21}}}_{\substack{\text{곱해서 } 21 \\ \text{더해서 } 10}}\text{이 되는 두 수가} \quad = \quad \overset{\uparrow}{\underset{7\text{과}}{\sqrt{7}}}-\overset{\uparrow}{\underset{3}{\sqrt{3}}}$$

여기에서 $\sqrt{10-2\sqrt{21}}=\sqrt{(\sqrt{3}-\sqrt{7})^2}$ 으로 변형할 수도 있다.
이때에는 $\sqrt{3}-\sqrt{7}<0$ 이므로

$$\sqrt{10-2\sqrt{21}}=-(\sqrt{3}-\sqrt{7})=\sqrt{7}-\sqrt{3}$$

이라고 해야 하지, $\sqrt{3}-\sqrt{7}$ 이라고 해서는 안 된다.

이러한 혼동을 피하기 위해서는 언제나 큰 수를 앞에 쓰는 습관을 평소에 길러 두는 것이 좋다.

일반적으로 이중근호는 다음과 같이 변형한다.

정석 $a>b>0$ 일 때
$$\sqrt{a+b\pm2\sqrt{ab}}=\sqrt{(\sqrt{a}\pm\sqrt{b})^2}=\sqrt{a}\pm\sqrt{b}\;\;(\text{복부호동순})$$

보기 4 다음 식의 이중근호를 푸시오.

(1) $\sqrt{7+4\sqrt{3}}$ (2) $\sqrt{9-\sqrt{80}}$ (3) $\sqrt{2-\sqrt{3}}$ (4) $\sqrt{7-3\sqrt{5}}$

연구 먼저 안에 있는 근호 앞의 수가 2가 되도록 변형한다.

(1) $\sqrt{7+4\sqrt{3}}=\sqrt{7+2\sqrt{12}}=\sqrt{4}+\sqrt{3}=\mathbf{2+\sqrt{3}}$

(2) $\sqrt{9-\sqrt{80}}=\sqrt{9-2\sqrt{20}}=\sqrt{5}-\sqrt{4}=\mathbf{\sqrt{5}-2}$

(3) $\sqrt{2-\sqrt{3}}=\sqrt{\dfrac{2-\sqrt{3}}{1}}=\sqrt{\dfrac{4-2\sqrt{3}}{2}}=\dfrac{\sqrt{3}-\sqrt{1}}{\sqrt{2}}=\dfrac{\mathbf{\sqrt{6}-\sqrt{2}}}{\mathbf{2}}$

(4) $\sqrt{7-3\sqrt{5}}=\sqrt{7-\sqrt{45}}=\sqrt{\dfrac{14-2\sqrt{45}}{2}}=\dfrac{\sqrt{9}-\sqrt{5}}{\sqrt{2}}=\dfrac{\mathbf{3\sqrt{2}-\sqrt{10}}}{\mathbf{2}}$

필수 예제 **5**-5 $x^2+\sqrt{2}\,y=y^2+\sqrt{2}\,x=\sqrt{3}$ 일 때, 다음 값을 구하시오.
단, $x\neq y$ 이다.

(1) $\dfrac{y}{x}+\dfrac{x}{y}$

(2) $\dfrac{y}{x^2+1}+\dfrac{x}{y^2+1}$

[정석연구] (1), (2)와 같이 x와 y를 서로 바꾸어도 그 형태가 바뀌지 않는 식을 대칭식이라고 한다.

일반적으로

정석 x, y에 관한 대칭식은 $\Longrightarrow$ $x+y$와 xy를 이용

하면 의외로 간단하게 해결할 수 있다. 이때, $x+y$, xy의 값을 이용하기 위해서는 다음을 활용할 수 있어야 한다.

정석 $a^2+b^2=(a+b)^2-2ab$
$a^3+b^3=(a+b)^3-3ab(a+b)$

[모범답안] $x^2+\sqrt{2}\,y=\sqrt{3}$ $\cdots\cdots$① $\qquad y^2+\sqrt{2}\,x=\sqrt{3}$ $\cdots\cdots$②

①$-$②하면 $x^2-y^2-\sqrt{2}\,(x-y)=0$ $\therefore$ $(x-y)\{(x+y)-\sqrt{2}\}=0$

그런데 $x\neq y$이므로 $x+y-\sqrt{2}=0$ $\therefore$ $x+y=\sqrt{2}$ $\cdots\cdots$③

①$+$②하면 $x^2+y^2+\sqrt{2}\,(x+y)=2\sqrt{3}$

$\therefore$ $(x+y)^2-2xy+\sqrt{2}\,(x+y)=2\sqrt{3}$

③을 대입하면 $(\sqrt{2})^2-2xy+\sqrt{2}\sqrt{2}=2\sqrt{3}$ $\therefore$ $xy=2-\sqrt{3}$

(1) $\dfrac{y}{x}+\dfrac{x}{y}=\dfrac{x^2+y^2}{xy}=\dfrac{(x+y)^2-2xy}{xy}=\dfrac{(\sqrt{2})^2-2(2-\sqrt{3})}{2-\sqrt{3}}$

$\qquad=\dfrac{2\sqrt{3}-2}{2-\sqrt{3}}=\dfrac{(2\sqrt{3}-2)(2+\sqrt{3})}{(2-\sqrt{3})(2+\sqrt{3})}=\mathbf{2+2\sqrt{3}}$ $\longleftarrow$ 답

(2) $\dfrac{y}{x^2+1}+\dfrac{x}{y^2+1}=\dfrac{x^3+y^3+x+y}{x^2y^2+x^2+y^2+1}=\dfrac{(x+y)^3-3xy(x+y)+(x+y)}{(xy)^2+(x+y)^2-2xy+1}$

$\qquad=\dfrac{(\sqrt{2})^3-3(2-\sqrt{3})\sqrt{2}+\sqrt{2}}{(2-\sqrt{3})^2+(\sqrt{2})^2-2(2-\sqrt{3})+1}$

$\qquad=\dfrac{3\sqrt{2}(\sqrt{3}-1)}{2\sqrt{3}(\sqrt{3}-1)}=\dfrac{\boldsymbol{\sqrt{6}}}{\mathbf{2}}$ $\longleftarrow$ 답

[유제] **5**-6. $x=\dfrac{4}{\sqrt{10}+\sqrt{2}}$, $y=\dfrac{4}{\sqrt{10}-\sqrt{2}}$ 일 때, 다음 값을 구하시오.

(1) $\sqrt{x^2+xy+y^2+1}$

(2) $x^3+x^2y+xy^2+y^3$

(3) $\dfrac{x}{x^2+1}+\dfrac{y}{y^2+1}$

답 (1) **3**   (2) $6\sqrt{10}$ (3) $\dfrac{3\sqrt{10}}{11}$

필수 예제 **5**-6 다음 물음에 답하시오.

(1) $x^2-4x+1=0$일 때, $f(x)=x^4-3x^3-2x^2-5x+5$의 값을 구하시오.

(2) $x=2+\sqrt{3}$일 때, $\dfrac{x^4-x^3-9x^2-5x+5}{x^2-4x+3}$의 값을 구하시오.

(3) $x=1+\sqrt[3]{2}+\sqrt[3]{4}$일 때, x^3-3x^2-3x+1의 값을 구하시오.

─────────────────────────

[정석연구] (1)의 경우 $x^2-4x+1=0$에서 $x=2\pm\sqrt{3}$ ⇐ 근의 공식에 대입

이것을 $f(x)$에 대입하여 $f(x)$의 값을 구하려면 계산이 복잡하다.

$f(x)$를 x^2-4x+1로 나눌 때의 몫을 $g(x)$, 나머지를 $ax+b$라고 하면
$$f(x)=(x^2-4x+1)g(x)+ax+b$$

여기에서 $x^2-4x+1=0$일 때는 $f(x)=ax+b$가 된다는 것에 착안한다.

(2), (3)의 경우에 대해서도 조건식을 적절하게 변형해 본다.

정석 직접 대입이 복잡하면 ⟹ 식을 변형해 본다.

[모범답안] (1) $x^2-4x+1=0$ ······①

$f(x)$를 x^2-4x+1로 나누면 몫이 x^2+x+1, 나머지가 $-2x+4$이므로
$$f(x)=(x^2-4x+1)(x^2+x+1)-2x+4$$ ······②

①을 ②에 대입하면 $f(x)=0\times(x^2+x+1)-2x+4=-2x+4$

그런데 ①에서 $x=2\pm\sqrt{3}$이므로
$$f(2\pm\sqrt{3})=-2(2\pm\sqrt{3})+4=\mp2\sqrt{3}\ (복부호동순)$$

[답] $-2\sqrt{3},\ 2\sqrt{3}$

(2) $x=2+\sqrt{3}$에서 $x-2=\sqrt{3}$ ⇐ 한쪽 변에 무리수만 남긴다.

양변을 제곱하면 $x^2-4x+4=3$ ∴ $x^2-4x+1=0$ ······③

준 식의 분자를 x^2-4x+1로 나누면 몫이 x^2+3x+2, 나머지가 3이므로

(준 식)$=\dfrac{(x^2-4x+1)(x^2+3x+2)+3}{(x^2-4x+1)+2}=\dfrac{3}{2}$ ← [답]   ⇐ ③

(3) $x=1+\sqrt[3]{2}+\sqrt[3]{4}$에서 $x-1=\sqrt[3]{2}+\sqrt[3]{4}$ ⇐ 한쪽 변에 무리수만 남긴다.

양변을 세제곱하면
$$x^3-3x^2+3x-1=2+3\sqrt[3]{2}\sqrt[3]{4}(\sqrt[3]{2}+\sqrt[3]{4})+4$$ ⇐ $\sqrt[3]{2}\sqrt[3]{4}=\sqrt[3]{8}=2$
$$∴\ x^3-3x^2+3x-1=6+3\times2(x-1)$$
$$∴\ x^3-3x^2-3x-1=0\ \ ∴\ x^3-3x^2-3x+1=\mathbf{2}\ ←\ [답]$$

[유제] **5**-7. $x=\dfrac{\sqrt{2}-1}{\sqrt{2}+1}$일 때, $x^4-12x^3+36x^2+1$의 값을 구하시오. [답] 2

[유제] **5**-8. $x=\sqrt[3]{4}-\sqrt[3]{2}$일 때, x^3+6x의 값을 구하시오. [답] 2

필수 예제 5-7 $\sqrt{10+8\sqrt{3+\sqrt{8}}}$ 의 소수부분을 x라고 할 때, 다음 식의 값을 구하시오.

$$\sqrt{\dfrac{x+1+\sqrt{x^2+2x}}{x+1-\sqrt{x^2+2x}}}$$

[정석연구] $\sqrt{3+\sqrt{8}}=\sqrt{3+2\sqrt{2}}=\sqrt{2}+1$ 이므로

$$\sqrt{10+8\sqrt{3+\sqrt{8}}}=\sqrt{10+8(\sqrt{2}+1)}=\sqrt{18+8\sqrt{2}}=\sqrt{18+2\sqrt{32}}$$
$$=\sqrt{16}+\sqrt{2}=4+\sqrt{2}\fallingdotseq5.414$$

따라서 소수부분은 약 0.414이다.

그러나 이 값은 정확한 값이 아니므로 이 값을 식에 대입하여 계산한 결과는 정확한 값을 대입하여 계산한 결과와 차이가 날 수 있다.

특히 수학은 정확성을 추구하는 학문이므로 '어떤 식의 값을 구하시오'라고 할 때, 문제의 조건에서 특별한 언급이 없는 한 정확한 값을 구해야 한다.

여기에서

$$\sqrt{10+8\sqrt{3+\sqrt{8}}}=4+\sqrt{2}\fallingdotseq5.414=5+0.414$$

이므로 소수부분 x의 정확한 값은 $4+\sqrt{2}$ 에서 정수부분인 5를 뺀 값이다.

$$\therefore\ x=(4+\sqrt{2})-5=\sqrt{2}-1$$

정석 식의 값 $\Longrightarrow$ 정확한 값을 구해야 한다.

[모범답안] $\sqrt{10+8\sqrt{3+\sqrt{8}}}=\sqrt{10+8\sqrt{3+2\sqrt{2}}}=\sqrt{10+8(\sqrt{2}+1)}$
$$=\sqrt{18+2\sqrt{32}}=\sqrt{16}+\sqrt{2}=4+\sqrt{2}$$

그런데 $1<\sqrt{2}<2$ 이므로 $5<4+\sqrt{2}<6$

$$\therefore\ x=(4+\sqrt{2})-5=\sqrt{2}-1 \quad \therefore\ x+1=\sqrt{2} \qquad \cdots\cdots\text{①}$$

①의 양변을 제곱하면 $x^2+2x+1=2$ $\therefore\ x^2+2x=1$ $\qquad\cdots\cdots\text{②}$

①, ②를 주어진 식에 대입하면

$$(\text{준 식})=\sqrt{\dfrac{\sqrt{2}+\sqrt{1}}{\sqrt{2}-\sqrt{1}}}=\sqrt{\dfrac{(\sqrt{2}+1)^2}{2-1}}=\sqrt{2}+1 \longleftarrow \boxed{\text{답}}$$

[유제] **5**-9. $\sqrt{28-10\sqrt{3}}$ 의 정수부분을 a, 소수부분을 b라고 할 때, $2a^3-\left(b^3+\dfrac{1}{b^3}\right)$ 의 값을 구하시오. $\qquad\qquad\boxed{\text{답}}\ 2$

[유제] **5**-10. $2\sqrt{5}$ 의 소수부분을 a, $\dfrac{\sqrt{5}}{2}$ 의 소수부분을 b라고 할 때, $ab-\dfrac{1}{ab}$ 의 값을 구하시오. $\qquad\qquad\boxed{\text{답}}\ -8\sqrt{5}$

필수 예제 **5**-8 $x=\sqrt[3]{7+5\sqrt{2}}$, $y=\sqrt[3]{7-5\sqrt{2}}$ 일 때, 다음 물음에 답하시오.

(1) xy, x^3+y^3의 값을 구하시오.

(2) (1)의 결과를 이용하여 $x+y$, $x^4+x^2y^2+y^4$의 값을 구하시오.

[정석연구] 이 문제는

$$\sqrt[3]{7+5\sqrt{2}}+\sqrt[3]{7-5\sqrt{2}}$$

의 값을 간단히 하는 방법을 제시하고 있다.

문제에서 제시한 순서에 따라 차근차근 계산해 나가면 어렵지 않게 풀 수 있다.

그리고 xy와 x^3+y^3의 값을 알고 $x+y$, x^2+y^2의 값을 구할 때에는

정석 $a^2+b^2=(a+b)^2-2ab$
$a^3+b^3=(a+b)^3-3ab(a+b)$

를 기억해 두고서 이용하면 된다.

[모범답안] (1) $xy=\sqrt[3]{7+5\sqrt{2}}\times\sqrt[3]{7-5\sqrt{2}}=\sqrt[3]{(7+5\sqrt{2})(7-5\sqrt{2})}$
$=\sqrt[3]{49-50}=\sqrt[3]{-1}=\boldsymbol{-1}$ ← [답]

$x^3+y^3=(\sqrt[3]{7+5\sqrt{2}})^3+(\sqrt[3]{7-5\sqrt{2}})^3=7+5\sqrt{2}+7-5\sqrt{2}$
$=\boldsymbol{14}$ ← [답]

(2) $x^3+y^3=14$의 좌변을 변형하면

$$(x+y)^3-3xy(x+y)=14$$

여기에서 $xy=-1$이므로 $x+y=t$로 놓으면 $t^3+3t-14=0$

좌변을 인수분해하면 $(t-2)(t^2+2t+7)=0$

t는 실수이므로 $t^2+2t+7=(t+1)^2+6>0$ $\therefore$ $t=2$

곧, $x+y=\boldsymbol{2}$ ← [답]

$\therefore$ $x^4+x^2y^2+y^4=(x^2+y^2)^2-x^2y^2=\{(x+y)^2-2xy\}^2-(xy)^2$
$=\{2^2-2\times(-1)\}^2-(-1)^2=\boldsymbol{35}$ ← [답]

*Note x, y는 각각 다음과 같이 간단히 할 수 있다.

$$x=\sqrt[3]{1+3\sqrt{2}+6+2\sqrt{2}}=\sqrt[3]{(1+\sqrt{2})^3}=1+\sqrt{2}$$
$$y=\sqrt[3]{1-3\sqrt{2}+6-2\sqrt{2}}=\sqrt[3]{(1-\sqrt{2})^3}=1-\sqrt{2}$$

[유제] **5**-11. $\sqrt[3]{10+\sqrt{108}}+\sqrt[3]{10-\sqrt{108}}$ 을 간단히 하시오.　　　　　[답] 2

[유제] **5**-12. 두 수 x, y가 $x^3=2+\sqrt{5}$, $y^3=2-\sqrt{5}$를 만족시키는 실수일 때, xy와 $x+y$의 값을 구하시오.　　　　　[답] $\boldsymbol{xy=-1}$, $\boldsymbol{x+y=1}$

§4. 무리수가 서로 같을 조건

기 본 정 석

(1) a, b, c, d가 유리수이고 $\sqrt{m}$ 이 무리수일 때
  ① $a+b\sqrt{m}=0 \iff a=0,\ b=0$
  ② $a+b\sqrt{m}=c+d\sqrt{m} \iff a=c,\ b=d$

(2) a, b, m, n이 유리수이고 $\sqrt{m}$, $\sqrt{n}$ 이 무리수일 때
  $a+\sqrt{m}=b+\sqrt{n} \iff a=b,\ m=n$

(3) a, b가 유리수일 때
  $a\sqrt{2}+b\sqrt{3}=0 \iff a=0,\ b=0$

Advice ┃ (1) ① $a+b\sqrt{m}=0$에서 $b\neq0$이라고 하면 $\sqrt{m}=-\dfrac{a}{b}$이다.

여기에서 $\sqrt{m}$ 은 무리수, $-\dfrac{a}{b}$ 는 유리수이므로 무리수와 유리수가 같게
되어 모순이다. 따라서 $b=0$이어야 한다. 이때, $a+b\sqrt{m}=0$에서 $a=0$
이다.

역으로 $a=0$, $b=0$이면 분명히 $a+b\sqrt{m}=0$이다.

② $a+b\sqrt{m}=c+d\sqrt{m}$이면 $(a-c)+(b-d)\sqrt{m}=0$

여기에서 $a-c$, $b-d$는 유리수, $\sqrt{m}$ 은 무리수이므로 ①에 의하여
  $a-c=0,\ b-d=0$ $\therefore\ a=c,\ b=d$

역으로 $a=c$, $b=d$이면 분명히 $a+b\sqrt{m}=c+d\sqrt{m}$이다.

(2) $a+\sqrt{m}=b+\sqrt{n}$이면 $(a-b)+\sqrt{m}=\sqrt{n}$

양변을 제곱하면 $(a-b)^2+2(a-b)\sqrt{m}+m=n$
  $\therefore\ \{(a-b)^2+m-n\}+2(a-b)\sqrt{m}=0$

여기에서 $(a-b)^2+m-n$, $2(a-b)$는 유리수, $\sqrt{m}$ 은 무리수이므로 ①
에 의하여
  $(a-b)^2+m-n=0,\ 2(a-b)=0$ $\therefore\ a=b,\ m=n$

역으로 $a=b$, $m=n$이면 분명히 $a+\sqrt{m}=b+\sqrt{n}$이다.

(3) $a\sqrt{2}+b\sqrt{3}=0$이면 $\sqrt{2}(a\sqrt{2}+b\sqrt{3})=0$
  $\therefore\ 2a+b\sqrt{6}=0$

여기에서 $2a$, b는 유리수, $\sqrt{6}$ 은 무리수이므로 ①에 의하여
  $2a=0,\ b=0$ $\therefore\ a=0,\ b=0$

역으로 $a=0$, $b=0$이면 분명히 $a\sqrt{2}+b\sqrt{3}=0$이다.

필수 예제 5-9 다음 물음에 답하시오.

(1) $\dfrac{x}{3-2\sqrt{2}}-\dfrac{y}{3+2\sqrt{2}}=3+6\sqrt{2}$ 를 만족시키는 유리수 $x,\ y$의 값을 구하시오.

(2) $(\sqrt{2}x+\sqrt{3})x+(\sqrt{2}y+\sqrt{3})y+(\sqrt{2}z+\sqrt{3})z=5\sqrt{2}+3\sqrt{3}$ 을 만족시키는 유리수 $x,\ y,\ z$에 대하여 $xy+yz+zx$의 값을 구하시오.

[정석연구] (1)은 $a+b\sqrt{2}=0$의 꼴로, (2)는 $a\sqrt{2}+b\sqrt{3}=0$의 꼴로 정리한 다음, 무리수가 서로 같을 조건을 이용한다.

정석 $a,\ b$가 유리수일 때
$$a+b\sqrt{2}=0 \iff a=0,\ b=0$$
$$a\sqrt{2}+b\sqrt{3}=0 \iff a=0,\ b=0$$

[모범답안] (1) 주어진 식에서 $(3+2\sqrt{2})x-(3-2\sqrt{2})y=3+6\sqrt{2}$
$$\therefore\ (3x-3y-3)+(2x+2y-6)\sqrt{2}=0 \qquad\cdots\cdots①$$
$x,\ y$는 유리수이므로 $3x-3y-3,\ 2x+2y-6$도 유리수이다. $\cdots\cdots *$
$$\therefore\ 3x-3y-3=0,\ 2x+2y-6=0 \qquad\cdots\cdots②$$
연립하여 풀면 $\boldsymbol{x=2,\ y=1}$ ← [답]

(2) 주어진 식에서 $\sqrt{2}x^2+\sqrt{3}x+\sqrt{2}y^2+\sqrt{3}y+\sqrt{2}z^2+\sqrt{3}z=5\sqrt{2}+3\sqrt{3}$
$$\therefore\ (x^2+y^2+z^2-5)\sqrt{2}+(x+y+z-3)\sqrt{3}=0$$
$x,\ y,\ z$는 유리수이므로
$$x^2+y^2+z^2-5,\ x+y+z-3 도 유리수이다. \qquad\cdots\cdots *$$
$\therefore\ x^2+y^2+z^2-5=0,\ x+y+z-3=0$ $\therefore\ x^2+y^2+z^2=5,\ x+y+z=3$
이 값을 $(x+y+z)^2=x^2+y^2+z^2+2(xy+yz+zx)$에 대입하면
$$3^2=5+2(xy+yz+zx)\quad \therefore\ \boldsymbol{xy+yz+zx=2} ← [답]$$

Advice ①에서 $x,\ y$가 유리수라는 조건이 없으면 ②라고 할 수 없다.
「$a+b\sqrt{2}=0 \iff a=0,\ b=0$」인 것은 「$a,\ b$가 유리수일 때」에 성립하기 때문이다. 따라서 * 부분을 반드시 확인하는 습관을 들여야 하고, 특히 서술형 답안을 작성할 때에는 이를 반드시 밝혀야 한다.

[유제] **5**-13. $(3+2\sqrt{2})x-(2-\sqrt{2})y+1-4\sqrt{2}=0$을 만족시키는 유리수 $x,\ y$의 값을 구하시오. [답] $x=1,\ y=2$

[유제] **5**-14. $(\sqrt{2}x+\sqrt{3})x+(\sqrt{2}y+\sqrt{3})y=2(2\sqrt{2}+\sqrt{3})$을 만족시키는 유리수 $x,\ y$에 대하여 x^3+y^3의 값을 구하시오. [답] 8

필수 예제 5-10 x에 관한 다항식 x^3+ax^2+bx+c를 $x-1$로 나누면 나머지가 -8이고, $x-1+\sqrt{2}$로 나누면 나누어떨어진다.

　　이때, 이 다항식을 $x+1$로 나눈 나머지를 구하시오. 단, a, b, c는 유리수이다.

[정석연구] 일차식으로 나눈 나머지는 다음 나머지 정리를 이용하여 구한다.

　　정석 다항식 $f(x)$를 $x-\alpha$로 나눈 나머지는 $\Longrightarrow f(\alpha)$

[모범답안] $P(x)=x^3+ax^2+bx+c$로 놓으면

$P(x)$를 $x-1$로 나눈 나머지가 -8이므로

$$P(1)=1+a+b+c=-8 \quad 곧, \ a+b+c=-9 \qquad \cdots\cdots①$$

$P(x)$를 $x-1+\sqrt{2}$로 나누면 나누어떨어지므로

$$P(1-\sqrt{2})=(1-\sqrt{2})^3+a(1-\sqrt{2})^2+b(1-\sqrt{2})+c=0$$

전개하여 정리하면

$$(3a+b+c+7)+(-2a-b-5)\sqrt{2}=0$$

a, b, c는 유리수이므로 $3a+b+c+7$, $-2a-b-5$도 유리수이다.

$$\therefore \ 3a+b+c+7=0 \quad \cdots\cdots② \qquad -2a-b-5=0 \quad \cdots\cdots③$$

②$-$①하면 $2a=2$ $\therefore \ a=1$

이 값을 ③에 대입하면 $b=-7$

$a=1$, $b=-7$을 ①에 대입하면 $c=-3$

$$\therefore \ P(x)=x^3+x^2-7x-3$$

따라서 $P(x)$를 $x+1$로 나눈 나머지는 $P(-1)=\mathbf{4} \longleftarrow$ [답]

Advice | 위의 풀이에서 무리수가 서로 같을 조건을 이용하였다.

　　정석 p, q가 유리수일 때
$$p+q\sqrt{2}=0 \iff p=0, \ q=0$$

[유제] **5**-15. x에 관한 다항식 x^3+ax+b가 $x+1-\sqrt{3}$으로 나누어떨어질 때, 유리수 a, b의 값을 구하시오.　　[답] $a=-6$, $b=4$

[유제] **5**-16. a, b가 유리수이고, 다항식 $f(x)=x^2+ax+b$가 $x-\sqrt{6-4\sqrt{2}}$로 나누어떨어질 때, $f(x)$를 $x-1$로 나눈 나머지를 구하시오.　　[답] -1

[유제] **5**-17. 계수가 유리수인 다항식 $f(x)$를 $x+2$로 나눈 나머지는 4이고, $x+\sqrt{2}$로 나눈 나머지는 $\sqrt{2}$이다.
　　$f(x)$를 $(x^2-2)(x+2)$로 나눈 나머지를 구하시오.　　[답] x^2-x-2

연습문제 5

[기본] **5**-1 a가 실수일 때, 다음을 간단히 하시오.
$$P=|a+|a||-|a-|a||$$

5-2   100 이하의 자연수 n에 대하여 $\left[\dfrac{100}{n}\right]+\left[-\dfrac{100}{n}\right]=0$을 만족시키는 n의 개수를 a, $\left[\dfrac{100}{n}\right]+\left[-\dfrac{100}{n}\right]+1=0$을 만족시키는 n의 개수를 b라고 할 때, $b-a$의 값을 구하시오. 단, $[x]$는 x보다 크지 않은 최대 정수를 나타낸다.

5-3   자연수 n을 3으로 나눈 나머지가 p일 때, $n \equiv p$로 나타내기로 한다. 이를테면 $9 \equiv 0$, $14 \equiv 2$, $31 \equiv 1$이다. $n \equiv 2$일 때,
$$n^2 \equiv \boxed{}, \quad n^3 \equiv \boxed{}, \quad 1+n+n^2+\cdots+n^{10} \equiv \boxed{}$$
이다. $\boxed{}$ 안에 알맞은 정수를 써넣으시오.

5-4   다음을 간단히 하시오.
(1) $\dfrac{1-\sqrt{2}-\sqrt{3}}{1+\sqrt{2}+\sqrt{3}}$
(2) $\dfrac{1+\sqrt{2}+\sqrt{3}}{1+\sqrt{2}-\sqrt{3}}+\dfrac{1-\sqrt{2}-\sqrt{3}}{1-\sqrt{2}+\sqrt{3}}$

5-5   다음을 간단히 하시오.
(1) $\sqrt[3]{-8}+\sqrt[3]{(-8)^2}-\sqrt[3]{-8^2}-(\sqrt[3]{-8})^2$
(2) $\sqrt[3]{5}+\sqrt[3]{25}-\dfrac{2\sqrt[3]{40}}{\sqrt[3]{5}-1}$

5-6 $a+b=\sqrt{3\sqrt{3}-\sqrt{2}}$, $a-b=\sqrt{3\sqrt{2}-\sqrt{3}}$ 일 때, 다음 값을 구하시오.
(1) ab
(2) a^2+b^2
(3) $a^4+a^2b^2+b^4$

5-7 $x=\dfrac{1+\sqrt{5}}{2}$ 일 때, $\dfrac{x^3+x+1}{x^5}$ 의 값을 구하시오.

5-8   다음 물음에 답하시오.
(1) $x^2-5x+1=0$일 때, $\sqrt{x}+\dfrac{1}{\sqrt{x}}$ 의 값을 구하시오.
(2) $x^4-5x^2+1=0\,(x>0)$일 때, $\sqrt{x}+\dfrac{1}{\sqrt{x}}$ 의 값을 구하시오.

5-9   다음을 간단히 하시오.
(1) $\sqrt{\dfrac{7}{6}-\sqrt{\dfrac{4}{3}}}$
(2) $\dfrac{1}{\sqrt{9+4\sqrt{4+\sqrt{12}}}}$
(3) $\dfrac{\sqrt{\sqrt{5}+2}+\sqrt{\sqrt{5}-2}}{\sqrt{\sqrt{5}+1}}$

5-10 $(\sqrt{2}-1)x=\sqrt{3+2\sqrt{2}}$, $(\sqrt{2}+1)y=\sqrt{3-2\sqrt{2}}$ 일 때, 다음 식의 값을 구하시오.
(1) $\dfrac{x+y}{x-y}-\dfrac{x-y}{x+y}$
(2) $\dfrac{y^2}{x}+\dfrac{x^2}{y}$
(3) $\sqrt{\dfrac{x}{y}}$

5-11 $x=\sqrt{4+\sqrt{12}}$ 일 때, 다음 값을 구하시오.
 단, $[x]$는 x보다 크지 않은 최대 정수를 나타낸다.
 (1) $[x]$ (2) $\dfrac{[x]}{x-[x]}+\dfrac{x-[x]}{[x]}$

5-12   다음 물음에 답하시오.
 (1) x, y는 자연수이고 $\sqrt{a-2\sqrt{6}}=\sqrt{x}-\sqrt{y}$ 가 성립할 때, 유리수 a의 값을 구하시오.
 (2) $\sqrt{29-12\sqrt{5}}=a+b\sqrt{5}$를 만족시키는 유리수 a, b의 값을 구하시오.

[실력] **5**-13   정수 n에 대하여 n^9-n^3이 72로 나누어떨어짐을 보이시오.

5-14 a, b가 자연수일 때, 연산 $\circ$을 $a\circ b=a-b\left[\dfrac{a}{b}\right]$로 정의하자.
 단, $[x]$는 x보다 크지 않은 최대 정수를 나타낸다.
 (1) $a\circ 5=0$이면 a는 5의 배수임을 보이시오.
 (2) $a\circ b$는 a를 b로 나눈 나머지임을 보이시오.

5-15 $\sqrt{\dfrac{1}{\sqrt[3]{2}-1}+\sqrt[3]{2}}$ 에 가장 가까운 정수를 x라고 할 때, $\dfrac{\sqrt{3-2\sqrt{x}}}{\sqrt{3+2\sqrt{x}}}$ 의 값을 구하시오.

5-16   무리수 $\sqrt{n}$ 의 정수부분을 a, 소수부분을 b라고 할 때, a, b는 $a^3-9ab+b^3=0$을 만족시킨다. 이때, 자연수 n의 값을 구하시오.

5-17 a, b가 유리수일 때, 모든 자연수 n에 대하여
$$(a+b\sqrt{5})^{n+2}=(a+b\sqrt{5})^{n+1}+(a+b\sqrt{5})^n$$
이 성립하도록 a, b의 값을 정하시오. 단, $b\neq 0$이다.

5-18   오른쪽 그림과 같이 동점 P는 선분 AB를 지름으로 하는 원의 둘레를 시계 반대 방향으로 회전하며, 동점 Q는 지름 AB 위를 왕복한다. 두 점 P와 Q가 동시에 점 A를 출발하여 같은 속력으로 움직일 때, 두 점 P와 Q는 다시 만날 수 없음을 보이시오.

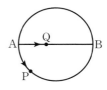

5-19   자연수 n에 대하여 다음을 보이시오.
 (1) $\sqrt{n+1}$과 $\sqrt{n}$은 동시에 유리수일 수 없다.
 (2) $\sqrt{n+1}-\sqrt{n}$은 무리수이다.

⑥. 복 소 수

§1. 허수와 복소수

1 허수단위 i

(1) 제곱해서 -1이 되는 새로운 수를 생각하여 이것을 i로 나타내고, i를 허수단위라고 한다.

$$i^2 = -1$$

(2) $a>0$일 때 $\sqrt{-a}$를 다음과 같이 정의한다.

정의 $a>0$일 때 $\sqrt{-a}=\sqrt{a}\,i$ 특히 $\sqrt{-1}=i$

2 복소수, 허수의 정의

a, b가 실수일 때 $a+bi$ 꼴의 수를 복소수라 하고, a를 실수부분, b를 허수부분이라고 한다.

특히 실수가 아닌 복소수 $a+bi(b\neq 0)$를 허수라 하고, $bi(b\neq 0)$ 꼴의 허수를 순허수라고 한다.

(실수)$^2 \geq 0$, (순허수)$^2 < 0$

Advice 1° 허수의 도입

$x^2=4$이면 $x=\pm 2$이고, $x^2=2$이면 $x=\pm\sqrt{2}$이다. 이와 같이

$$a \geq 0 일 때, 방정식\ x^2=a$$

는 실수의 범위에서 해를 가진다.

그러나 어떤 실수도 제곱하면 음수가 되지 않으므로 이를테면 방정식 $x^2=-1$은 실수의 범위에서는 해를 가지지 않는다. 그래서 제곱하여 -1이 되는 새로운 수를 생각하여 이것을 i로 나타내기로 약속한다. 곧,

$$i^2 = -1$$

로 약속한다. 이때, i를 허수단위라고 한다.

이와 같이 하면

$x^2=-1$에서 $x^2=i^2$ ∴ $x^2-i^2=0$ ∴ $(x-i)(x+i)=0$
∴ $x-i=0$ 또는 $x+i=0$ ∴ $x=\pm i$

일반적으로 $a>0$일 때 $x^2=-a$의 해는

$x^2=ai^2$에서 $x^2-ai^2=0$ $\therefore$ $(x-\sqrt{a}\,i)(x+\sqrt{a}\,i)=0$

$\qquad\qquad \therefore$ $x-\sqrt{a}\,i=0$ 또는 $x+\sqrt{a}\,i=0$ $\therefore$ $x=\pm\sqrt{a}\,i$

따라서 $x^2=-a$의 해, 곧 $-a$의 제곱근은 $\pm\sqrt{a}\,i$이다. 이제

$$a>0일 때 \quad \sqrt{-a}=\sqrt{a}\,i$$

로 정의하면

$$-a\,(a>0)의 제곱근은 \quad \pm\sqrt{-a}$$

로 나타낼 수 있다. 그래서

$$a의 양, 0, 음에 관계없이 a의 제곱근은 \quad \pm\sqrt{a}$$

로 나타낼 수 있다.

*__Note__ 위에서

$$\alpha\beta=0이면 \quad \alpha=0 또는 \beta=0$$

을 이용하였다. 이 성질은 α, β가 실수일 때는 물론 α, β가 복소수일 때에도 성립한다.   ⇦ p. 93 참조

보기 1 다음 수를 i를 써서 나타내시오.

(1) $\sqrt{-2}$ (2) $\sqrt{-16}$ (3) $\sqrt{-20}$

연구 (1) $\sqrt{-2}=\sqrt{2}\,i$ (2) $\sqrt{-16}=\sqrt{16}\,i=4i$

(3) $\sqrt{-20}=\sqrt{20}\,i=2\sqrt{5}\,i$

Advice 2° 복소수의 정의

실수와 i의 곱을 생각하면 이를테면 $2i$, $\sqrt{3}\,i$와 같은 수가 되고, 이것들과 실수의 합이나 차를 생각하면 $4+2i$, $5-\sqrt{3}\,i$와 같은 수가 된다.

이와 같이 하여

$$a+bi \ (a,\ b는 실수)$$

꼴의 수를 생각할 수 있다. 이와 같은 수를 복소수라고 한다.

실수 2는 $2+0i$ 꼴의 복소수이고, 순허수 $3i$는 $0+3i$ 꼴의 복소수로서 복소수는 실수와 허수를 모두 포함한다.

따라서 다음과 같이 정리할 수 있다.

$$\text{복소수} \begin{cases} \text{실수 } a \quad (b=0) \\ \text{허수 } a+bi \ (b\neq 0) \end{cases} \begin{cases} \text{순허수} \quad\quad\quad bi\,(a=0,\ b\neq 0) \\ \text{순허수가 아닌 허수 } a+bi\,(a\neq 0,\ b\neq 0) \end{cases}$$

또, 순허수 $bi\,(b\neq 0)$는 $-b^2$의 제곱근이므로 $(bi)^2<0$이다. 곧,

$$(\text{순허수})^2<0$$

§2. 복소수의 연산

1 복소수가 서로 같을 조건

a, b, c, d가 실수일 때 $a+bi, c+di$는 $a=c, b=d$일 때 서로 같다고 하며, 이것을 $a+bi=c+di$로 나타낸다. 곧,

정의 a, b, c, d가 실수일 때
$$a+bi=c+di \iff a=c, \ b=d$$

2 켤레복소수

a, b가 실수일 때, $a+bi$와 $a-bi$를 서로 켤레복소수라고 한다.

서로 켤레인 두 복소수는 더하거나 곱하면 실수가 된다.

복소수 z의 켤레복소수를 $\overline{z}$로 나타낸다.

3 복소수의 사칙연산

a, b, c, d가 실수일 때, 다음과 같이 사칙연산을 정의한다.

덧 셈 $(a+bi)+(c+di)=(a+c)+(b+d)i$
뺄 셈 $(a+bi)-(c+di)=(a-c)+(b-d)i$
곱 셈 $(a+bi)\times(c+di)=(ac-bd)+(ad+bc)i$
나눗셈 $\dfrac{a+bi}{c+di}=\dfrac{ac+bd}{c^2+d^2}+\dfrac{bc-ad}{c^2+d^2}i \ (c+di\neq0)$

4 복소수의 연산에 관한 성질

(1) 0으로 나누는 경우를 제외하면 복소수에 복소수를 더하거나 빼거나 곱하거나 나누어도 복소수이다.

(2) 연산의 기본 법칙 : α, β, γ가 복소수일 때

교환법칙 $\alpha+\beta=\beta+\alpha$ $\alpha\beta=\beta\alpha$
결합법칙 $(\alpha+\beta)+\gamma=\alpha+(\beta+\gamma)$ $(\alpha\beta)\gamma=\alpha(\beta\gamma)$
분배법칙 $\alpha(\beta+\gamma)=\alpha\beta+\alpha\gamma$ $(\alpha+\beta)\gamma=\alpha\gamma+\beta\gamma$

*Note $\alpha=a_1+b_1i, \ \beta=a_2+b_2i, \ \gamma=a_3+b_3i$로 놓고 이들을 증명해 보자.

Advice 1° 복소수가 서로 같을 조건

두 복소수 $a+bi, c+di(a, b, c, d$는 실수$)$에 대하여
$$a\neq c \ \text{또는} \ b\neq d$$일 때에는 $a+bi\neq c+di$
이다.

이와 같이 두 복소수가 서로 같지는 않지만, 그렇다고 해서 어느 한쪽이 크다고는 하지 않는다.

이를테면 $4+3i$와 $2+5i$는 서로 같지 않다고는 말할 수 있어도 $4+3i>2+5i$라든가, $4+3i<2+5i$는 생각하지 않기로 한다. 곧,

실수가 아닌 두 복소수의 대소와 양·음은 정의하지 않는다.

[보기] 1 다음 식을 만족시키는 실수 x, y의 값을 구하시오.

(1) $(x+yi)+(2y-xi)=4-i$ (2) $(x+2y+3)+(5x-y-7)i=0$

[연구] (1) 좌변을 $a+bi$의 꼴로 변형하면 $(x+2y)+(y-x)i=4-i$

$x+2y$, $y-x$는 실수이므로

$$x+2y=4, \ y-x=-1 \quad \therefore \ \boldsymbol{x=2}, \ \boldsymbol{y=1}$$

(2) $x+2y+3$, $5x-y-7$은 실수이므로

$$x+2y+3=0, \ 5x-y-7=0 \quad \therefore \ \boldsymbol{x=1}, \ \boldsymbol{y=-2}$$

*$Note$ 복소수가 서로 같을 조건에서

$$\boldsymbol{a}, \boldsymbol{b}가 \ 실수일 \ 때, \ \boldsymbol{a+bi=0} \iff \boldsymbol{a=0}, \ \boldsymbol{b=0}$$

이라는 것도 알 수 있다.

$\mathscr{Advice}$ 2° 복소수의 연산

복소수의 연산에서는

'$\boldsymbol{i}$를 포함하는 식의 계산에서는 $\boldsymbol{i}$를 문자와 같이 생각하여 계산하고, 그 식 중에 $\boldsymbol{i}^2$이 나타날 때에는 이것을 -1로 바꿔 놓기로 한다'

고 약속해 두면 사칙연산, 연산의 기본 법칙 등은 실수의 경우와 같다.

[보기] 2 다음을 $a+bi(a, b$는 실수)의 꼴로 나타내시오.

(1) $(3+4i)+(4-3i)-(1-i)$ (2) $(2+3i)(4-5i)$

(3) $(1+\sqrt{3}i)^3$ (4) $\dfrac{1+i}{1-i}$

[연구] (1) $(3+4i)+(4-3i)-(1-i)=(3+4-1)+(4-3+1)i=\boldsymbol{6+2i}$

(2) $(2+3i)(4-5i)=8-10i+12i-15i^2=8+2i-15\times(-1)$

$$=\boldsymbol{23+2i}$$

(3) $(1+\sqrt{3}i)^3=1+3\sqrt{3}i+3(\sqrt{3}i)^2+(\sqrt{3}i)^3$ $\Leftarrow i^3=i^2\times i=-i$

$$=1+3\sqrt{3}i-9-3\sqrt{3}i=\boldsymbol{-8}$$

(4) $\dfrac{1+i}{1-i}=\dfrac{(1+i)^2}{(1-i)(1+i)}=\dfrac{1+2i+i^2}{1-i^2}=\dfrac{1+2i+(-1)}{1-(-1)}=\dfrac{2i}{2}=\boldsymbol{i}$

*$Note$ (4)에서는 분모의 켤레복소수를 분모, 분자에 곱함으로써 분모가 실수가 된다. 이것은 분모의 유리화의 경우와 유사하다.

필수 예제 **6**-1 a, b가 실수일 때, 다음 중에서 $\sqrt{a}\sqrt{b}=\sqrt{ab}$인 관계가 성립하지 <u>않는</u> 경우는?

① $a>0, \ b>0$ ② $a>0, \ b<0$ ③ $a<0, \ b>0$ ④ $a<0, \ b<0$

[정석연구] 우리는 이미 제곱근의 계산에서

정석 $a>0, \ b>0$일 때 $\sqrt{a}\sqrt{b}=\sqrt{ab}$

인 관계가 성립한다는 것을 공부하였다.

이제 $a<0$ 또는 $b<0$인 경우에는 어떠한지 생각해 보자.

정의 $a>0$일 때 $\sqrt{-a}=\sqrt{a}\,i$

를 이용하면

$$\sqrt{-2}\times\sqrt{3}=\sqrt{2}\,i\times\sqrt{3}=\sqrt{6}\,i, \quad \sqrt{(-2)\times 3}=\sqrt{-6}=\sqrt{6}\,i$$
$$\therefore \ \sqrt{-2}\times\sqrt{3}=\sqrt{(-2)\times 3}$$

이다. 같은 방법으로 하면 $\sqrt{2}\times\sqrt{-3}=\sqrt{2\times(-3)}$ 이다. 따라서

a, b가 서로 다른 부호일 때에도 $\sqrt{a}\sqrt{b}=\sqrt{ab}$

임을 알 수 있다. 그러나

$$\sqrt{-2}\times\sqrt{-3}=\sqrt{2}\,i\times\sqrt{3}\,i=\sqrt{6}\,i^2=-\sqrt{6}, \quad \sqrt{(-2)\times(-3)}=\sqrt{6}$$
$$\therefore \ \sqrt{-2}\times\sqrt{-3}=-\sqrt{(-2)\times(-3)}$$

에서 다음을 알 수 있다.

정석 $a<0, \ b<0$일 때 $\sqrt{a}\sqrt{b}=-\sqrt{ab}$

이 성질은 일반적으로 다음과 같이 증명한다.

$a<0, \ b<0$일 때, $a=-a', \ b=-b'$으로 놓으면 $a'>0, \ b'>0$이므로

$$\sqrt{a}\sqrt{b}=\sqrt{-a'}\sqrt{-b'}=\sqrt{a'}\,i\sqrt{b'}\,i=\sqrt{a'b'}\,i^2=-\sqrt{a'b'},$$
$$\sqrt{ab}=\sqrt{(-a')(-b')}=\sqrt{a'b'} \quad \therefore \ \sqrt{a}\sqrt{b}=-\sqrt{ab} \qquad \boxed{\text{답}} \ ④$$

Advice | 곱셈의 경우와는 달리 나눗셈에서는

정석 $a>0, \ b<0$일 때 $\dfrac{\sqrt{a}}{\sqrt{b}}=-\sqrt{\dfrac{a}{b}}$

이다. 위와 같은 방법으로 증명해 보자.

[유제] **6**-1. 다음을 간단히 하시오.

(1) $\sqrt{-32}\sqrt{-8}$ (2) $\dfrac{\sqrt{-8}}{\sqrt{2}}$ (3) $\dfrac{\sqrt{8}}{\sqrt{-2}}$

$\boxed{\text{답}}$ (1) -16 (2) $2i$ (3) $-2i$

필수 예제 **6**-2   다음을 간단히 하시오. 단, n은 자연수이다.

(1) i^{4n}　　　　　　(2) i^{4n+3}　　　　　(3) $\left(\dfrac{1+i}{\sqrt{2}}\right)^{8n}+\left(\dfrac{1-i}{\sqrt{2}}\right)^{8n}$

(4) $\left(\dfrac{1-i}{1+i}\right)^{2030}$　　(5) $\left(\dfrac{-1+\sqrt{3}i}{2}\right)^{100}+\left(\dfrac{-1+\sqrt{3}i}{2}\right)^{98}$

[정석연구] (1), (2) 복소수를 간단히 하는 기본은 다음 정의이다.

정 의 $i^{2}=-1$

(3) $a^{8n}=(a^{2})^{4n}$으로 하여 먼저 a^{2}을 간단히 한다.

(4) 분모를 유리화할 때와 마찬가지로 ( ) 안의 분모, 분자에 $1-i$를 곱하여 우선 간단히 한다.

(5) ( ) 안의 복소수를 2회 또는 3회 정도 계속 곱해 본다.

[모범답안] (1) $i^{4n}=(i^{2})^{2n}=(-1)^{2n}=\boldsymbol{1}$ ← 답

(2) $i^{4n+3}=i^{4n+2}i=(i^{2})^{2n+1}i=(-1)^{2n+1}i=\boldsymbol{-i}$ ← 답

(3) (준 식) $=\left\{\left(\dfrac{1+i}{\sqrt{2}}\right)^{2}\right\}^{4n}+\left\{\left(\dfrac{1-i}{\sqrt{2}}\right)^{2}\right\}^{4n}=\left(\dfrac{1+2i+i^{2}}{2}\right)^{4n}+\left(\dfrac{1-2i+i^{2}}{2}\right)^{4n}$

$\qquad =i^{4n}+(-i)^{4n}=2i^{4n}=2\times(i^{2})^{2n}=2\times(-1)^{2n}=\boldsymbol{2}$ ← 답

(4) $\dfrac{1-i}{1+i}=\dfrac{(1-i)^{2}}{(1+i)(1-i)}=\dfrac{1-2i+i^{2}}{1-i^{2}}=\dfrac{-2i}{2}=-i$

$\quad\therefore$ (준 식) $=(-i)^{2030}=i^{2030}=(i^{2})^{1015}=(-1)^{1015}=\boldsymbol{-1}$ ← 답

(5) $\omega=\dfrac{-1+\sqrt{3}i}{2}$로 놓으면

$$\omega^{2}=\left(\dfrac{-1+\sqrt{3}i}{2}\right)^{2}=\dfrac{1-2\sqrt{3}i-3}{4}=\dfrac{-1-\sqrt{3}i}{2}$$

$$\therefore\ \omega^{3}=\omega\times\omega^{2}=\dfrac{-1+\sqrt{3}i}{2}\times\dfrac{-1-\sqrt{3}i}{2}=\dfrac{1-3i^{2}}{4}=\dfrac{4}{4}=1$$

$\therefore$ (준 식) $=\omega^{100}+\omega^{98}=(\omega^{3})^{33}\times\omega+(\omega^{3})^{32}\times\omega^{2}=\omega+\omega^{2}$

$$=\dfrac{-1+\sqrt{3}i}{2}+\dfrac{-1-\sqrt{3}i}{2}=\dfrac{-2}{2}=\boldsymbol{-1}$$ ← 답

*$Note$ 자연수 n에 대하여 $i^{4n}=1,\ i^{4n+1}=i,\ i^{4n+2}=-1,\ i^{4n+3}=-i$이다.

[유제] **6**-2. 다음을 간단히 하시오. 단, p는 홀수이다.

(1) $1+i+i^{2}+i^{3}+i^{4}$　　　　　　(2) $i^{999}\times i^{1001}$

(3) $\left(\dfrac{1+i}{\sqrt{2}}\right)^{2p}+\left(\dfrac{1-i}{\sqrt{2}}\right)^{2p}$　　　　(4) $(1+\sqrt{3}i)^{20}$

답 (1) **1**　(2) **1**　(3) **0**　(4) $\boldsymbol{-2^{19}+2^{19}\sqrt{3}i}$

필수 예제 **6**-3 다음 물음에 답하시오.

(1) $x=\dfrac{\sqrt{5}-\sqrt{3}i}{\sqrt{5}+\sqrt{3}i}$, $y=\dfrac{\sqrt{5}+\sqrt{3}i}{\sqrt{5}-\sqrt{3}i}$ 일 때, $\dfrac{y+1}{x^2}+\dfrac{x+1}{y^2}$ 의 값을 구하시오.

(2) $x=1-2i$ 일 때, x^3-3x^2+2x+5 의 값을 구하시오.

[정석연구] (1) $\dfrac{y+1}{x^2}+\dfrac{x+1}{y^2}$ 은 x 와 y 를 서로 바꾸어도 그 형태가 바뀌지 않는

대칭식이다. 이러한 대칭식의 값을 구할 때에는 다음을 이용한다.

> **정석** x, y 에 관한 대칭식은 먼저 $x+y$, xy 의 값을 구한다.

(2) $x=1-2i$ 에서 $x-1=-2i$ 이고, 양변을 제곱하여 정리하면

$x^2-2x+5=0$ 이다. 이 식을 이용하여 주어진 식을 변형해 본다.

[모범답안] (1) $x+y=\dfrac{\sqrt{5}-\sqrt{3}i}{\sqrt{5}+\sqrt{3}i}+\dfrac{\sqrt{5}+\sqrt{3}i}{\sqrt{5}-\sqrt{3}i}=\dfrac{(\sqrt{5}-\sqrt{3}i)^2+(\sqrt{5}+\sqrt{3}i)^2}{(\sqrt{5}+\sqrt{3}i)(\sqrt{5}-\sqrt{3}i)}$

$\qquad\qquad =\dfrac{5-2\sqrt{15}i+3i^2+5+2\sqrt{15}i+3i^2}{5-3i^2}=\dfrac{4}{8}=\dfrac{1}{2}$

$\qquad xy=\dfrac{\sqrt{5}-\sqrt{3}i}{\sqrt{5}+\sqrt{3}i}\times\dfrac{\sqrt{5}+\sqrt{3}i}{\sqrt{5}-\sqrt{3}i}=1$

$\therefore \dfrac{y+1}{x^2}+\dfrac{x+1}{y^2}=\dfrac{x^3+y^3+x^2+y^2}{x^2y^2}$

$\qquad\qquad\qquad\quad =\dfrac{(x+y)^3-3xy(x+y)+(x+y)^2-2xy}{(xy)^2}$

$\qquad\qquad\qquad\quad =\dfrac{\left(\dfrac{1}{2}\right)^3-3\times1\times\dfrac{1}{2}+\left(\dfrac{1}{2}\right)^2-2\times1}{1^2}=-\dfrac{25}{8}\ \longleftarrow \boxed{\text{답}}$

(2) $x-1=-2i$ 의 양변을 제곱하여 정리하면 $x^2-2x+5=0$

x^3-3x^2+2x+5 를 x^2-2x+5 로 나누면 몫이 $x-1$, 나머지가 $-5x+10$

이므로

$x^3-3x^2+2x+5=(x^2-2x+5)(x-1)-5x+10 \qquad \Leftarrow x^2-2x+5=0$

$\qquad\qquad\qquad\qquad =-5x+10=-5(1-2i)+10=\boldsymbol{5+10i}\ \longleftarrow \boxed{\text{답}}$

[유제] **6**-3. $a=3+\sqrt{3}i$, $b=3-\sqrt{3}i$ 일 때, 다음 값을 구하시오.

(1) $\dfrac{b}{a-1}+\dfrac{a}{b-1}$ (2) $a^3-a^2b-ab^2+b^3$

$\boxed{\text{답}}$ (1) $\dfrac{6}{7}$ (2) -72

[유제] **6**-4. $x=\dfrac{1+\sqrt{3}i}{2}$ 일 때, x^4-x^3+3x-2 의 값을 구하시오. $\boxed{\text{답}}$ $\sqrt{3}i$

필수 예제 **6**-4   다음 물음에 답하시오.

(1) 다음 등식을 만족시키는 실수 x, y의 값을 구하시오.
$$i(x+iy^2)+(2x+3y)i+3x+y-1=0$$

(2) 등식 $(1+i)x^2+(m^2+i)x-2i=0$을 만족시키는 실수 x가 존재할 때, 실수 m의 값을 구하시오.

[정석연구] (1) 주어진 식을 $a+bi=0$의 꼴로 변형하고 다음 **정석**을 이용한다.

정석 a, b가 실수일 때
$$a+bi=0 \iff a=0,\ b=0$$

(2) 주어진 식을 만족시키는 실수 x를 α라고 하면
$$(1+i)\alpha^2+(m^2+i)\alpha-2i=0$$

곧, 이 식을 만족시키는 α, m이 실수이므로 위의 **정석**을 이용하여 α, m의 값을 구한다.

[모범답안] (1) 주어진 식에서 $(-y^2+3x+y-1)+3(x+y)i=0$

여기에서 x, y는 실수이므로 $-y^2+3x+y-1$, $3(x+y)$도 실수이다.

$\therefore\ -y^2+3x+y-1=0$ ······① $\qquad x+y=0$ ······②

②에서의 $y=-x$를 ①에 대입하여 정리하면

$x^2-2x+1=0$ $\therefore\ (x-1)^2=0$ $\therefore$ $\boldsymbol{x=1,\ y=-1}$ ←── [답]

(2) 주어진 식을 만족시키는 실수 x를 α라고 하면

$(1+i)\alpha^2+(m^2+i)\alpha-2i=0$ $\therefore\ \alpha^2+m^2\alpha+(\alpha^2+\alpha-2)i=0$

여기에서 m, α는 실수이므로 $\alpha^2+m^2\alpha$, $\alpha^2+\alpha-2$도 실수이다.

$\therefore\ \alpha^2+m^2\alpha=0$ ······① $\qquad \alpha^2+\alpha-2=0$ ······②

②에서 $(\alpha-1)(\alpha+2)=0$ $\therefore\ \alpha=1$ 또는 $\alpha=-2$

$\alpha=1$일 때 ①에서 $m^2+1=0$이고, 이 식을 만족시키는 실수 m은 없다.

$\alpha=-2$일 때 ①에서 $4-2m^2=0$ $\therefore\ m^2=2$ $\therefore$ $\boldsymbol{m=\pm\sqrt{2}}$ ←── [답]

*$Note$ 서술형 답안을 작성할 때에는 위의 **모범답안**과 같이 문자가 실수임을 반드시 밝혀야 한다.

[유제] **6**-5. 다음 등식을 만족시키는 실수 x, y의 값을 구하시오.
$$|x-y|+(y-2)i=2y-7+(x+1)i$$
[답] $x=2,\ y=5$

[유제] **6**-6. 등식 $(2-pi)x^2-(3-p^2i)x-2=0$을 만족시키는 실수 x가 존재할 때, 양수 p의 값을 구하시오. 또, 이때의 x의 값을 구하시오.
[답] $p=2,\ x=2$

필수 예제 **6**-5　두 복소수 α, β에 대하여 다음을 증명하시오.

$$\alpha\beta=0\text{이면}\quad \alpha=0 \ \text{또는} \ \beta=0$$

[정석연구] 이 성질은 α, β가 실수일 때도 성립하지만, 복소수일 때도 성립한다. 이와 같은 복소수의 성질을 증명하기 위해서는 복소수의 정의를 이용한다. 곧,

정석 α, β가 복소수라고 하면

$$\implies \alpha=a+bi, \ \beta=x+yi \ (a, \ b, \ x, \ y \text{는 실수})$$

로 놓고 이것을 대입한 다음 복소수가 서로 같을 조건, 켤레복소수, 실수의 성질 등을 이용한다.

[모범답안] $\alpha=a+bi$, $\beta=x+yi(a, \ b, \ x, \ y$는 실수)로 놓으면

$$\alpha\beta=0\text{에서} \quad (a+bi)(x+yi)=0 \qquad\qquad \cdots\cdots ①$$

　　양변에 $(a-bi)(x-yi)$를 곱하면　　　　　　　$\Leftarrow \overline{\alpha}\,\overline{\beta}$를 곱한다.

$$(a+bi)(a-bi)(x+yi)(x-yi)=0$$
$$\therefore \ (a^2+b^2)(x^2+y^2)=0$$

a^2+b^2, x^2+y^2은 실수이므로　　　　　　$\Leftarrow A, \ B$가 실수일 때

$$a^2+b^2=0 \ \text{또는} \ x^2+y^2=0 \qquad AB=0\text{이면} \ A=0 \ \text{또는} \ B=0$$

　　그런데 $a, \ b, \ x, \ y$는 실수이므로　　$a=0, \ b=0$ 또는 $x=0, \ y=0$

$$\therefore \ a+bi=0 \ \text{또는} \ x+yi=0 \quad \therefore \ \alpha=0 \ \text{또는} \ \beta=0$$

Advice | 위에서는 켤레복소수를 써서 ①을 변형했으나, 일반적으로는 ①의 좌변을 전개한 다음 복소수가 서로 같을 조건을 써서 다음과 같이 증명한다.

　$\alpha=a+bi$, $\beta=x+yi(a, \ b, \ x, \ y$는 실수)로 놓을 때,

　$\alpha\beta=(a+bi)(x+yi)=0$이면 $\quad (ax-by)+(ay+bx)i=0$

　　여기에서 $a, \ b, \ x, \ y$는 실수이므로 $ax-by$, $ay+bx$도 실수이다.

$$\therefore \ ax-by=0 \quad \cdots\cdots② \qquad\qquad ay+bx=0 \qquad \cdots\cdots③$$

②$\times a+$③$\times b$에서 $\quad (a^2+b^2)x=0$

③$\times a-$②$\times b$에서 $\quad (a^2+b^2)y=0$

　　따라서 $\quad a^2+b^2=0 \ \text{또는} \ (x=0\text{이고} \ y=0)$ $\qquad\qquad\qquad \cdots\cdots④$

　　그런데 $a^2+b^2=0(a, \ b$는 실수)이면 $a=0, \ b=0$이므로

④는 $\quad a=0, \ b=0 \ \text{또는} \ x=0, \ y=0 \quad \therefore \ \alpha=0 \ \text{또는} \ \beta=0$

*Note ②, ③의 양변을 각각 제곱하여 더해도 $(a^2+b^2)(x^2+y^2)=0$을 얻는다.

[유제] **6**-7. 세 복소수 α, β, γ에 대하여 다음을 증명하시오.

$$\alpha\beta\gamma=0\text{이면}\quad \alpha=0 \ \text{또는} \ \beta=0 \ \text{또는} \ \gamma=0$$

연습문제 6

기본 **6**-1   다음을 간단히 하시오.

(1) $\sqrt{-8}+3\sqrt{-50}-\sqrt{-18}$

(2) $1+\dfrac{1}{i}+\dfrac{1}{i^2}+\dfrac{1}{i^3}$

(3) $\dfrac{\sqrt{-6}-\sqrt{3}}{\sqrt{-6}+\sqrt{3}}$

(4) $\dfrac{\sqrt{3}+3i}{1-\sqrt{3}i}$

(5) $\dfrac{2+3i}{3-2i}+\dfrac{2-3i}{3+2i}$

6-2 a, b가 실수이고 $\sqrt{a}\sqrt{b}\neq\sqrt{ab}$일 때, $\dfrac{\sqrt{-a}-\sqrt{b}}{\sqrt{-a}+\sqrt{b}}$의 실수부분을 구하시오.

6-3   자연수 n에 대하여 $f(n)=\left(\dfrac{1+i}{\sqrt{2}}\right)^{2n}+\left(\dfrac{1-i}{\sqrt{2}}\right)^{2n}$이라고 할 때, 다음 식의 값을 구하시오.

$$\{f(1)\}^2+\{f(2)\}^2+\{f(3)\}^2+\cdots+\{f(50)\}^2$$

6-4   두 복소수 α, β에 대하여 $\alpha^2=3i$, $\beta^2=-3i$일 때, 다음 값을 구하시오.

(1) $\alpha\beta$

(2) $\alpha+\beta$

(3) $\dfrac{\alpha-\beta}{\alpha+\beta}$

6-5   두 복소수 α, β에 대하여 다음을 증명하시오.

(1) $\overline{\alpha+\beta}=\overline{\alpha}+\overline{\beta}$

(2) $\overline{\alpha\beta}=\overline{\alpha}\,\overline{\beta}$

(3) $\overline{\left(\dfrac{\alpha}{\beta}\right)}=\dfrac{\overline{\alpha}}{\overline{\beta}}$

6-6   두 복소수 α, β에 대하여 $\alpha*\beta=\alpha\overline{\beta}+\overline{\alpha}\beta$라고 할 때, 복소수 z_1, z_2, z_3에 대하여 다음 중 옳은 것만을 있는 대로 고르시오.

> ㄱ. $z_1*z_2=z_2*z_1$ ㄴ. $z_1*\overline{z_2}=\overline{z_1}*z_2$
> ㄷ. $(z_1+z_2)*z_3=(z_1*z_3)+(z_2*z_3)$
> ㄹ. $(z_1*z_2)*z_3=z_1*(z_2*z_3)$

6-7   다음 물음에 답하시오.

(1) α가 복소수일 때, $\alpha\overline{\alpha}\geq0$임을 보이시오.

(2) $\alpha^2=5-12i$일 때, $\alpha\overline{\alpha}$의 값을 구하시오.

6-8   다음 등식이 성립하도록 실수 a, b의 값을 정하시오.

(1) $\dfrac{a}{2+3i}+\dfrac{b}{2-3i}=\dfrac{8}{13}$

(2) $\dfrac{25}{a+bi}+\dfrac{20}{3-i}=\dfrac{101}{10+i}$

6-9   다음 등식을 만족시키는 복소수 z를 구하시오.

(1) $(1+i)z+3i\overline{z}=2+i$

(2) $z\overline{z}+3(z-\overline{z})=5-6i$

6-10   복소수 z에 대하여 $z\neq\overline{z}$이고 z^2-z가 실수일 때, $z+\overline{z}$의 값을 구하시오.

실력 **6**-11 $x=-2+\sqrt{3},\ y=-2-\sqrt{3}$ 일 때, $x\sqrt{y}+y\sqrt{x}$ 의 값을 구하시오.

6-12 다음 등식을 만족시키는 100보다 작은 자연수 n 의 개수를 구하시오.

$$\frac{1}{i}-\frac{1}{i^2}+\frac{1}{i^3}-\frac{1}{i^4}+\cdots+\frac{(-1)^{n+1}}{i^n}=1-i$$

6-13 x 가 실수이고, $z=(2-i)x^2+2ix+3i-2$ 이다.

(1) z^2 이 양의 실수일 때, x 의 값을 구하시오.

(2) z^2 이 음의 실수일 때, x 의 값을 구하시오.

6-14 $a,\ b,\ c$ 가 복소수일 때, 다음이 참인지 거짓인지 말하고, 그 이유를 설명하시오.

(1) $ab,\ bc,\ ca$ 가 모두 0이면 $a,\ b,\ c$ 는 모두 0이다.

(2) $a+b,\ b+c,\ c+a$ 가 모두 실수이면 $a,\ b,\ c$ 는 모두 실수이다.

(3) $a^2+b^2+c^2=0$ 이면 $a,\ b,\ c$ 는 모두 0이다.

(4) $a+b+c=0,\ ab+bc+ca=0$ 이면 $a^3=b^3=c^3$ 이다.

6-15 복소수 $\alpha=a+3i,\ \beta=1-bi$ 가 $\alpha\bar{\alpha}+\alpha\bar{\beta}+\bar{\alpha}\beta+\beta\bar{\beta}=25$ 를 만족시킬 때, 자연수 $a,\ b$ 의 값을 구하시오.

6-16 두 복소수 $\alpha,\ \beta$ 에 대하여 $\alpha\bar{\alpha}=\beta\bar{\beta}=2,\ (\alpha+\beta)(\overline{\alpha+\beta})=1$ 일 때, 다음 값을 구하시오.

(1) $\dfrac{\alpha}{\beta}+\dfrac{\beta}{\alpha}$　　　　　　　　　　(2) $\dfrac{\alpha}{\beta}$

6-17 10보다 작은 자연수 $a,\ b$ 에 대하여 $\sqrt{5-b}-\sqrt{|a-b|}\,i$ 가 실수가 되도록 하는 $a,\ b$ 의 순서쌍 $(a,\ b)$ 의 개수를 구하시오.

6-18 실수가 아닌 복소수 z 에 대하여 다음 물음에 답하시오.

(1) $z+\alpha$ 와 $z\alpha$ 가 모두 실수가 되는 복소수 α 는 $\bar{z}$ 임을 보이시오.

(2) $z+\dfrac{1}{z}$ 이 실수일 때, $z\bar{z}$ 의 값을 구하시오.

6-19 다음 두 식을 만족시키는 실수 a 와 복소수 z 의 값을 구하시오.

$$\frac{z}{\bar{z}}+\frac{\bar{z}}{z}=-2,\quad z+i\bar{z}=a+4i$$

6-20 두 복소수 $z,\ \omega$ 에 대하여 $A=z\bar{\omega}+\bar{z}\omega,\ B=z\bar{z}+\omega\bar{\omega}$ 라고 할 때, 다음을 증명하시오.

(1) $A,\ B$ 는 실수이다.　　　　　　(2) $A-B\leq 0$

6-21 제곱해서 $8+6i$ 가 되는 복소수를 z 라고 할 때,

(1) z 를 구하시오.　　　　　　(2) $z^3-16z-\dfrac{100}{z}$ 의 값을 구하시오.

7. 일차·이차방정식

§1. 일차방정식의 해법

1 **등식의 성질**

$A = B$이면

① $A+M=B+M$ ② $A-M=B-M$

③ $A \times M = B \times M$ ④ $\dfrac{A}{M} = \dfrac{B}{M}\ (M \neq 0)$

특히 등식의 성질에서 양변을 0으로 나누어서는 안 된다는 것에 주의한다.

2 **$ax=b$의 해법**

x에 관한 방정식 $ax=b$에서

$a \neq 0$일 때 $x = \dfrac{b}{a}$ (오직 하나의 해)

$a = 0$일 때 $b \neq 0$이면 해가 없다. (불능)

         $b = 0$이면 해는 수 전체 (부정)

Advice 1° 방정식의 해(근)

이를테면

$$2x+1=0,\quad 3x^2-4x+1=0,\quad x^3-4x^2-2x+5=0,\quad \cdots$$

과 같이 특정한 x의 값에 대하여 성립하는 등식을 x에 관한 방정식이라 하고, x의 차수에 따라

일차방정식, 이차방정식, 삼차방정식, $\cdots$

이라고 한다.

또, 방정식을 만족시키는 x의 값을 방정식의 해 또는 근이라 하고, 방정식의 해를 구하는 것을 방정식을 푼다고 한다.

일차방정식의 해법에 대해서는 이미 중학교에서 공부하였다. 여기에서는 이에 대한 복습을 겸해서 특히 '문자 계수를 포함한 방정식', '절댓값 기호를 포함한 방정식'을 중심으로 공부해 보자.

*__Note__ 일반적으로 $a_0 x^n + a_1 x^{n-1} + a_2 x^{n-2} + \cdots + a_{n-1}x + a_n = 0\,(n$은 자연수) 꼴의 방정식을 x에 관한 다항방정식이라고 한다.

Advice 2° $ax=b$의 해법

방정식 $ax=b$는 보통 x를 미지수로 보는 'x에 관한 방정식'으로 생각하지만, 경우에 따라 a를 미지수로 보아야 할 때가 있기 때문에 미지수를 분명히 하기 위해서

x에 관한 방정식, a에 관한 방정식

등의 표현을 쓰기도 한다. 이때, 미지수 이외의 문자는 모두 상수로 본다.

일반적으로 x에 관한 방정식 $ax=b$의 해는

(ⅰ) $a \neq 0$일 때 : 양변을 a로 나누면 $x=\dfrac{b}{a}$

(ⅱ) $a=0$일 때 : 이때에는 $a(=0)$로 양변을 나눌 수 없으므로 다음과 같이 $b \neq 0$인 경우와 $b=0$인 경우로 나누어 생각한다.

$a=0,\ b \neq 0$인 경우 이를테면 $0 \times x=3$의 꼴이므로 어떤 x에 대해서도 이 등식은 성립하지 않는다. 따라서 해가 없고, 이를 간단히 불능(不能)이라고도 한다.

$a=0,\ b=0$인 경우 $0 \times x=0$의 꼴이므로 모든 x에 대하여 이 등식이 성립한다. 따라서 해는 수 전체이고, 이를 간단히 부정(不定)이라고도 한다.

*Note **$a \neq 0,\ b=0$인 경우**

이를테면 $2x=0$과 같은 경우에 이 등식을 만족시키는 x는 $x=\dfrac{0}{2}=0$으로 오직 하나이다. 그러므로 $a \neq 0$일 때에는 $b=0$이든 $b \neq 0$이든 관계없이 $x=\dfrac{b}{a}$이다.

Advice 3° 절댓값 기호를 포함한 방정식

이를테면 $|x-2|=3$과 같이 절댓값 기호 안에 미지수를 포함한 방정식을 풀 때에는

정석 $A \geq 0$일 때 $|A|=A$, $A<0$일 때 $|A|=-A$

를 이용하여 먼저 절댓값 기호를 없애고 푼다.

곧, $|x-2|=3$에서

$x-2 \geq 0$일 때 $x-2=3$ $\therefore\ x=5$ (이것은 $x-2 \geq 0$에 적합)

$x-2<0$일 때 $-(x-2)=3$ $\therefore\ x=-1$ (이것은 $x-2<0$에 적합)

따라서 해는 $\boldsymbol{x=5}$ 또는 $\boldsymbol{x=-1}$이다.

이와 같이 절댓값 기호를 없앤 식에서 얻은 해는 각각의 범위에 적합한가를 반드시 확인해야 한다.

*Note 위와 같이 x에 관한 방정식의 해가 5와 -1일 때, 이 방정식의 해를 흔히

「$x=5$ 또는 $x=-1$」, 「$x=5,\ -1$」

등으로 나타낸다.

필수 예제 **7**-1   다음 x에 관한 방정식을 푸시오. 단, a, b, p는 상수이다.

(1) $ax - bx = a^2 - b^2$ (2) $(p-1)(p+5)x = p - 8x + 3$

정석연구 위와 같은 방정식을 풀 때에는 주어진 식을 먼저

$$Ax = B 의 꼴로 정리한다.$$

특히 계수에 문자가 있는 방정식은 다음에 주의한다.

정석 $0 \times x = 0$의 꼴이면 $\Longrightarrow$ 해는 수 전체(부정)

$0 \times x = B(\neq 0)$의 꼴이면 $\Longrightarrow$ 해가 없다. (불능)

모범답안 (1) $ax - bx = a^2 - b^2$에서 $(a-b)x = (a+b)(a-b)$

∴ $\boldsymbol{a \neq b}$일 때 $\boldsymbol{x = a + b}$ $\left. \right\}$ $\longleftarrow$ 답

$\boldsymbol{a = b}$일 때 $0 \times x = 0$이 되어   해는 수 전체

(2) $(p-1)(p+5)x = p - 8x + 3$에서 $(p-1)(p+5)x + 8x = p + 3$

∴ $(p^2 + 4p + 3)x = p + 3$ ∴ $(p+3)(p+1)x = p + 3$ ······①

∴ $\boldsymbol{p \neq -3}$이고 $\boldsymbol{p \neq -1}$일 때   ①에서 $x = \dfrac{1}{p+1}$ $\left. \right\}$ $\longleftarrow$ 답

$\boldsymbol{p = -3}$일 때   ①은 $0 \times x = 0$이 되어   해는 수 전체

$\boldsymbol{p = -1}$일 때   ①은 $0 \times x = 2$가 되어   해가 없다.

Advice | x에 관한 방정식 $ax = b$에 대하여 다음과 같이 정리할 수 있다.

(i) 해가 한 개일 조건은 $a \neq 0$

(ii) 해가 수 전체일 조건은 $a = 0$, $b = 0$

(iii) 해가 없을 조건은 $a = 0$, $b \neq 0$

유제 **7**-1. 다음 x에 관한 방정식을 푸시오. 단, m, a는 상수이다.

(1) $m^2 x + 1 = m(x+1)$ (2) $(a-4)(a-1)x = a - 2(x+1)$

답 (1) $m \neq 0$, $m \neq 1$일 때 $x = \dfrac{1}{m}$, $m = 0$일 때 해가 없다, $m = 1$일 때 수 전체

(2) $a \neq 2$, $a \neq 3$일 때 $x = \dfrac{1}{a-3}$, $a = 2$일 때 수 전체, $a = 3$일 때 해가 없다.

유제 **7**-2. 다음 물음에 답하시오.

(1) x에 관한 방정식 $2a^2 x + 3 = 3a + 2x$의 해가 무수히 많을 때, 상수 a의 값을 구하시오.

(2) x에 관한 방정식 $a^2 x + a = x + 1$의 해가 없을 때, 상수 a의 값을 구하시오.

답 (1) $a = 1$ (2) $a = -1$

필수 예제 **7**-2 다음 방정식을 푸시오.

  (1) $3x+2+|x+1|=3$ (2) $|x+2|+|x-3|=2x+2$

[정석연구] (1) 절댓값 기호가 있는 방정식은

    정석 $A≥0$일 때 $|A|=A$, $A<0$일 때 $|A|=-A$

를 이용하여 절댓값 기호를 없애고 푼다.

(2) 다음 세 경우로 나누어 푼다.   ⇐ p. 66 참조

            $x<-2$일 때, $-2≤x<3$일 때, $x≥3$일 때

[모범답안] (1) $3x+2+|x+1|=3$에서

  (i) $x≥-1$일 때 $3x+2+x+1=3$ ∴ $x=0$

      이것은 $x≥-1$에 적합하므로 해이다.

  (ii) $x<-1$일 때 $3x+2-(x+1)=3$ ∴ $x=1$

      이것은 $x<-1$에 적합하지 않으므로 해가 아니다.   [답] $x=0$

(2) $|x+2|+|x-3|=2x+2$에서

  (i) $x<-2$일 때 $-(x+2)-(x-3)=2x+2$ ∴ $x=-\dfrac{1}{4}$

      이것은 $x<-2$에 적합하지 않으므로 해가 아니다.

  (ii) $-2≤x<3$일 때 $x+2-(x-3)=2x+2$ ∴ $x=\dfrac{3}{2}$

      이것은 $-2≤x<3$에 적합하므로 해이다.

  (iii) $x≥3$일 때 $x+2+x-3=2x+2$

      곧, $0×x=3$이 되어 해가 없다.   [답] $x=\dfrac{3}{2}$

Advice | 그래프에서의 의미

  $|x+2|+|x-3|=2x+2$의 해는 두 함수

      $y=|x+2|+|x-3|$ ……①

      $y=2x+2$ ……②

의 그래프의 교점의 x좌표와 같다.

  ①, ②의 그래프는 오른쪽과 같으므로 직선 ②와

직선 $y=5$의 교점의 x좌표를 구하면 된다.

  이에 대해서는 실력 공통수학2의 p. 193에서 자세히 공부한다.

[유제] **7**-3. 다음 방정식을 푸시오.

  (1) $|2x-4|=x$ (2) $|1-x|+|3-x|=x+3$

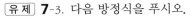

                                [답] (1) $x=\dfrac{4}{3},\ 4$ (2) $x=\dfrac{1}{3},\ 7$

§2. 이차방정식의 해법

1️⃣ 인수분해에 의한 해법

$(ax-b)(cx-d)=0\,(ac\neq0)$의 근은 $\implies x=\dfrac{b}{a}$ 또는 $x=\dfrac{d}{c}$

2️⃣ 완전제곱식에 의한 해법

x에 관한 이차방정식을 $(x+A)^2=B$의 꼴로 변형하여

$(x+A)^2=B$에서 $x+A=\pm\sqrt{B}$ $\therefore$ $x=-A\pm\sqrt{B}$

3️⃣ 근의 공식에 의한 해법

$ax^2+bx+c=0\,(a\neq0)$의 근은 $\implies x=\dfrac{-b\pm\sqrt{b^2-4ac}}{2a}$

$ax^2+2b'x+c=0\,(a\neq0)$의 근은 $\implies x=\dfrac{-b'\pm\sqrt{b'^2-ac}}{a}$

Advice 1° 이차방정식의 실근과 허근

이차방정식의 해법에 대해서는 이미 중학교에서 공부하였다. 중학교에서는 실수의 범위에서 이차방정식의 해를 구했으므로 이를테면 $x^2-2=0$의 해는 $x=\pm\sqrt{2}$로 구할 수 있었지만, $x^2+2=0$의 해는 구할 수 없었다.

그러나 해의 범위를 복소수로 확장하면 $x^2+2=0$의 해도 $x^2=-2$에서 $x=\pm\sqrt{2}i$로 구할 수 있다. 이와 같이 복소수의 범위에서는 실수의 범위에서 구할 수 없었던 이차방정식의 해를 구할 수 있다. 이때, $x=\pm\sqrt{2}$와 같이 실수인 해를 실근이라 하고, $x=\pm\sqrt{2}i$와 같이 허수인 해를 허근이라고 한다.

Advice 2° 인수분해, 완전제곱식에 의한 해법

이를테면 이차방정식

$$3x^2-8x+4=0$$

은 다음 두 가지 방법으로 풀 수 있다.

(ⅰ) 좌변을 인수분해하면 $(3x-2)(x-2)=0$이므로 여기에

정석 $AB=0 \iff A=0$ 또는 $B=0$

을 이용하면 $3x-2=0$ 또는 $x-2=0$ $\therefore$ $x=\dfrac{2}{3},\ 2$

(ⅱ) 양변을 $3(x^2$의 계수$)$으로 나누고 상수항을 우변으로 이항한 다음, 좌변을 완전제곱의 꼴로 바꾸면

$$x^2 - \frac{8}{3}x = -\frac{4}{3} \quad \therefore \ x^2 - \frac{8}{3}x + \left(-\frac{4}{3}\right)^2 = -\frac{4}{3} + \left(-\frac{4}{3}\right)^2$$

$$\therefore \ \left(x - \frac{4}{3}\right)^2 = \frac{4}{9} \quad \therefore \ x - \frac{4}{3} = \pm\frac{2}{3} \quad \therefore \ \boldsymbol{x = 2, \frac{2}{3}}$$

Advice 3° 이차방정식의 근의 공식

일반적으로 x에 관한 이차방정식 $ax^2 + bx + c = 0$의 양변을 a로 나누고 상수항을 우변으로 이항하면

$$x^2 + \frac{b}{a}x = -\frac{c}{a} \quad \therefore \ x^2 + \frac{b}{a}x + \left(\frac{b}{2a}\right)^2 = -\frac{c}{a} + \left(\frac{b}{2a}\right)^2$$

$$\therefore \ \left(x + \frac{b}{2a}\right)^2 = \frac{b^2 - 4ac}{4a^2} \quad \therefore \ x + \frac{b}{2a} = \pm\frac{\sqrt{b^2 - 4ac}}{2a}$$

$$\therefore \ x = \frac{-b \pm \sqrt{b^2 - 4ac}}{2a}$$

를 얻는다. 이것을 이차방정식의 근의 공식이라고 한다.

앞면의 이차방정식 $3x^2 - 8x + 4 = 0$은 $a = 3,\ b = -8,\ c = 4$인 경우이므로 이 공식에 대입하면

$$x = \frac{-(-8) \pm \sqrt{(-8)^2 - 4 \times 3 \times 4}}{2 \times 3} = \frac{8 \pm \sqrt{16}}{6} = \frac{8 \pm 4}{6} = \boldsymbol{2, \frac{2}{3}}$$

특히 $ax^2 + 2b'x + c = 0 (a \neq 0)$과 같이 x의 계수가 $2b'$ 꼴일 때에는

$$x = \frac{-2b' \pm \sqrt{(2b')^2 - 4ac}}{2a} = \boldsymbol{\frac{-b' \pm \sqrt{b'^2 - ac}}{a}}$$

이고, 이 결과를 이용하면 간편할 때가 많다.

* *Note* 이차방정식의 근의 공식은 계수 중에 허수가 있을 때에도 성립한다.

보기 1 다음 이차방정식을 풀고, 그 해가 실근인지 허근인지 말하시오.

(1) $15x^2 - 44x + 32 = 0$ \qquad (2) $2x^2 - 5x + 4 = 0$

연구 이차방정식의 해법으로 다음 두 방법을 흔히 쓴다.

인수분해 이용, \quad 근의 공식 이용

쉽게 인수분해가 되는 경우에는 근의 공식보다는 인수분해를 이용하는 것이 간편하다. 그러나 인수분해가 힘들거나 인수분해가 되지 않는 경우에는 근의 공식을 이용한다.

(1) 좌변을 인수분해하면 $(5x - 8)(3x - 4) = 0 \quad \therefore \ \boldsymbol{x = \frac{8}{5}, \frac{4}{3}}$ (실근)

(2) 근의 공식에 대입하면

$$x = \frac{-(-5) \pm \sqrt{(-5)^2 - 4 \times 2 \times 4}}{2 \times 2} = \frac{5 \pm \sqrt{-7}}{4} = \boldsymbol{\frac{5 \pm \sqrt{7}i}{4}}$$ (허근)

필수 예제 **7**-3 다음 이차방정식을 푸시오.
  (1) $(\sqrt{2}+1)x^2-(\sqrt{2}+3)x+\sqrt{2}=0$
  (2) $ix^2+(2-i)x-1-i=0$

[정석연구] 근의 공식을 바로 이용해도 되지만, 먼저 x^2의 계수를 간단히 한 다음

인수분해 이용,   근의 공식 이용

중의 어느 한 방법을 택하여 푸는 것이 간편하다.

특히 주의할 것은 (1), (2)를 각각 $a+b\sqrt{2}=0$, $a+bi=0$의 꼴로 고친 다음 $a=0$, $b=0$으로 놓고 풀어서는 안 된다는 것이다.

왜냐하면 $a+b\sqrt{2}=0$에서는 'a, b가 유리수일 때', $a+bi=0$에서는 'a, b가 실수일 때'에 한해서 $a=0$, $b=0$인데, 여기에서는 x가 유리수라든가, x가 실수라는 조건이 없기 때문이다.

[모범답안] (1) 양변에 $\sqrt{2}-1$을 곱하고 간단히 하면
$$x^2-(\sqrt{2}+3)(\sqrt{2}-1)x+\sqrt{2}(\sqrt{2}-1)=0$$
$$\therefore \ x^2-(2\sqrt{2}-1)x+2-\sqrt{2}=0$$
$$\therefore \ x=\frac{(2\sqrt{2}-1)\pm\sqrt{(2\sqrt{2}-1)^2-4(2-\sqrt{2})}}{2}=\frac{(2\sqrt{2}-1)\pm1}{2}$$
$$=\boldsymbol{\sqrt{2}, \ \sqrt{2}-1} \longleftarrow \boxed{답}$$

(2) 양변에 i를 곱하고 간단히 하면 $-x^2+(2i-i^2)x-i-i^2=0$
$$\therefore \ x^2-(1+2i)x+i-1=0$$
$$\therefore \ x=\frac{(1+2i)\pm\sqrt{(1+2i)^2-4(i-1)}}{2}=\frac{(1+2i)\pm1}{2}$$
$$=\boldsymbol{1+i, \ i} \longleftarrow \boxed{답}$$

Advice 1° 인수분해를 이용하여 다음과 같이 풀 수도 있다.
이를테면 (1)에서 $x^2-(2\sqrt{2}-1)x+\sqrt{2}(\sqrt{2}-1)=0$
$$\therefore \ (x-\sqrt{2})\{x-(\sqrt{2}-1)\}=0 \quad \therefore \ \boldsymbol{x=\sqrt{2}, \ \sqrt{2}-1}$$

2° (2)와 같이 계수 중에 허수가 있는 이차방정식은 고등학교 교육과정에서 다루지 않는다. 그러나 이차방정식의 근의 공식은 계수 중에 허수가 있을 때에도 성립하므로 간단한 복소수 계수 이차방정식을 풀어 보도록 하자.

[유제] **7**-4. 다음 이차방정식을 푸시오.
  (1) $2\sqrt{2}x^2-(4-\sqrt{2})x-2=0$ (2) $x^2-(1-2i)x-1-i=0$

[답] (1) $x=\sqrt{2}, \ -\dfrac{1}{2}$ (2) $x=1-i, \ -i$

필수 예제 **7**-4 다음 방정식을 푸시오.

  (1) $x^2 + |2x-1| = 3$ (2) $x^2 - [x^2] = x - [x]$

  단, (2)에서 $0 < x < 2$이고 $[x]$는 x보다 크지 않은 최대 정수이다.

[정석연구] (2) 기호 [ ]는 다음과 같이 x의 범위를 정하면 정수로 나타낼 수 있다.

  정석 $n \leq x < n+1$(n은 정수)이면 $[x] = n$

  따라서 $0 < x < 2$에서 기호 [ ]를 풀면

    $0 < x < 1$일 때 $[x] = 0$, $1 \leq x < 2$일 때 $[x] = 1$

  또, $0 < x < 2$에서 $0 < x^2 < 4$이므로 $[x^2]$에서는

    $0 < x^2 < 1$, $1 \leq x^2 < 2$, $2 \leq x^2 < 3$, $3 \leq x^2 < 4$

  의 경우로 나누어 기호 [ ]를 풀어야 한다. 따라서 $0 < x < 2$를

    $0 < x < 1$, $1 \leq x < \sqrt{2}$, $\sqrt{2} \leq x < \sqrt{3}$, $\sqrt{3} \leq x < 2$

  의 네 경우로 나누어 생각해야 한다.

[모범답안] (1) (i) $2x-1 \geq 0$, 곧 $x \geq \dfrac{1}{2}$일 때 $x^2 + 2x - 1 = 3$ $\therefore$ $x^2 + 2x - 4 = 0$

    근의 공식에 의하여 $x = -1 \pm \sqrt{5}$ $\therefore$ $x = -1 + \sqrt{5}$ $\left(\because x \geq \dfrac{1}{2} \right)$

  (ii) $2x-1 < 0$, 곧 $x < \dfrac{1}{2}$일 때 $x^2 - 2x + 1 = 3$ $\therefore$ $x^2 - 2x - 2 = 0$

    근의 공식에 의하여 $x = 1 \pm \sqrt{3}$ $\therefore$ $x = 1 - \sqrt{3}$ $\left(\because x < \dfrac{1}{2} \right)$

   (i), (ii)에서 $\boldsymbol{x = -1 + \sqrt{5},\ 1 - \sqrt{3}}$ ⟵ [답]

 (2) (i) $0 < x < 1$일 때, $[x] = 0$, $[x^2] = 0$이므로

      $x^2 - 0 = x - 0$ $\therefore$ $x = 0,\ 1$ (모두 적합하지 않음)

  (ii) $1 \leq x < \sqrt{2}$일 때, $[x] = 1$, $[x^2] = 1$이므로

      $x^2 - 1 = x - 1$ $\therefore$ $x = 0,\ 1$ ($x = 1$만 적합)

 (iii) $\sqrt{2} \leq x < \sqrt{3}$일 때, $[x] = 1$, $[x^2] = 2$이므로

      $x^2 - 2 = x - 1$ $\therefore$ $x = \dfrac{1 \pm \sqrt{5}}{2}$ $\left(x = \dfrac{1 + \sqrt{5}}{2} \text{만 적합} \right)$

 (iv) $\sqrt{3} \leq x < 2$일 때, $[x] = 1$, $[x^2] = 3$이므로

      $x^2 - 3 = x - 1$ $\therefore$ $x = 2,\ -1$ (모두 적합하지 않음)

   (i)~(iv)에서 $\boldsymbol{x = 1,\ \dfrac{1 + \sqrt{5}}{2}}$ ⟵ [답]

[유제] **7**-5. 다음 방정식을 푸시오. 단, $[x]$는 x보다 크지 않은 최대 정수이다.

  (1) $x^2 - 3|x| + 2 = 0$ (2) $x^2 - [x] = 2$ $(1 < x \leq 2)$

                    [답] (1) $x = \pm 1,\ \pm 2$ (2) $x = \sqrt{3},\ 2$

필수 예제 7-5 $a+bi(b\neq0)$가 x에 관한 이차방정식 $px^2+qx+r=0$의 해이면 $a-bi$도 이 방정식의 해임을 보이시오.
단, a, b, p, q, r은 실수이다.

[정석연구] 해를 대입하면 등식이 성립한다.

　　　　정석 α가 방정식 $f(x)=0$의 해이다 $\Longleftrightarrow f(\alpha)=0$

따라서 $a+bi$를 이차방정식 $px^2+qx+r=0$의 x에 대입한 다음 a, b와 방정식의 계수가 모두 실수라는 조건에 착안하여 다음 **정석**을 이용해 보자.

　　　　정석 $A+Bi=0(A,\ B$는 실수$)\Longleftrightarrow A=0,\ B=0$

[모범답안] $a+bi$가 해이므로 $p(a+bi)^2+q(a+bi)+r=0$
　전개하여 정리하면 $(pa^2-pb^2+aq+r)+(2abp+bq)i=0$
a, b, p, q, r은 실수이므로
　　　　$pa^2-pb^2+aq+r=0,\ 2abp+bq=0$　　　　　　　　$\cdots\cdots$①
　한편 px^2+qx+r의 x에 $a-bi$를 대입하면
　　　$p(a-bi)^2+q(a-bi)+r=(pa^2-pb^2+aq+r)-(2abp+bq)i$
이므로 ①에 의하여 이 식의 값은 0이다.
　곧, $px^2+qx+r=0$의 x에 $a-bi$를 대입하면 등식이 성립하므로 $a-bi$도 방정식 $px^2+qx+r=0$의 해이다.

Advice 1° $\overline{\alpha+\beta}=\overline{\alpha}+\overline{\beta},\ \overline{\alpha\beta}=\overline{\alpha}\,\overline{\beta}$를 이용하여 보일 수도 있다.
　곧, 복소수 α가 방정식 $px^2+qx+r=0$의 해이면 $p\alpha^2+q\alpha+r=0$
　　$\therefore\ \overline{p\alpha^2+q\alpha+r}=\overline{0}$　$\therefore\ \overline{p\alpha^2}+\overline{q\alpha}+\overline{r}=\overline{0}$　$\therefore\ \overline{p}\,\overline{\alpha}^2+\overline{q}\,\overline{\alpha}+\overline{r}=0$
　p, q, r이 실수이면 $\overline{p}=p,\ \overline{q}=q,\ \overline{r}=r$이므로 $p\overline{\alpha}^2+q\overline{\alpha}+r=0$
　따라서 $\overline{\alpha}$도 방정식 $px^2+qx+r=0$의 해이다.
　이 성질은 계수가 실수인 삼차 이상의 다항방정식에서도 성립한다.

　　　　정석 α가 계수가 실수인 다항방정식 $f(x)=0$의 해이면 $\overline{\alpha}$도 해이다.

　2° 계수가 유리수인 다항방정식에서도 다음이 성립한다.

　　　　정석 $a+b\sqrt{m}$ $(a,\ b,\ m$은 유리수, $\sqrt{m}$은 무리수$)$이 계수가 유리수인
　　　　　다항방정식 $f(x)=0$의 해이면 $a-b\sqrt{m}$도 해이다.

　아래 **유제 7**-6에서 직접 확인해 보자.

[유제] **7**-6. $\sqrt{2}+1$이 x에 관한 이차방정식 $px^2+qx+r=0$의 해이면 $-\sqrt{2}+1$도 이 방정식의 해임을 보이시오. 단, p, q, r은 유리수이다.

필수 예제 **7**-6　이차방정식 $x^2+x+1=0$의 한 근을 ω라고 할 때,

(1) $\omega^{10}+\omega^5+1$, $(2+\sqrt{3})(2+\sqrt{3}\,\omega)(2+\sqrt{3}\,\omega^2)$의 값을 구하시오.

(2) $P=(1+\omega)^{2n}+(1+\omega^2)^{2n}+(\omega+\omega^2)^{2n}$의 값을 구하시오.

　　단, n은 양의 정수이다.

[정석연구] ω가 방정식 $x^2+x+1=0$의 근이므로　$\omega^2+\omega+1=0$

양변에 $\omega-1$을 곱하면　$(\omega-1)(\omega^2+\omega+1)=0$　∴　$\omega^3=1$

정석 $x^2+x+1=0$의 한 근을 ω라고 하면

$$\omega^2+\omega+1=0, \quad \omega^3=1$$

[모범답안] (1) ω가 방정식 $x^2+x+1=0$의 근이므로　$\omega^2+\omega+1=0$, $\omega^3=1$

　∴ $\omega^{10}+\omega^5+1=(\omega^3)^3\omega+\omega^3\omega^2+1=\omega+\omega^2+1=\mathbf{0}$ ← [답]

　$(2+\sqrt{3})(2+\sqrt{3}\,\omega)(2+\sqrt{3}\,\omega^2)$

　　　$=(2+\sqrt{3})\{4+2\sqrt{3}(\omega+\omega^2)+3\omega^3\}$　⇦ $\omega+\omega^2=-1$, $\omega^3=1$

　　　$=(2+\sqrt{3})(4-2\sqrt{3}+3)=\mathbf{8+3\sqrt{3}}$ ← [답]

(2) $\omega^2+\omega+1=0$에서　$1+\omega=-\omega^2$, $1+\omega^2=-\omega$, $\omega+\omega^2=-1$

　∴ $P=(-\omega^2)^{2n}+(-\omega)^{2n}+(-1)^{2n}=\omega^{4n}+\omega^{2n}+1$

　　　$=\omega^n+\omega^{2n}+1=\omega^{2n}+\omega^n+1$　⇦ $\omega^{4n}=(\omega^4)^n=(\omega^3\omega)^n=\omega^n$

　$n=3m$(m은 양의 정수)일 때

　　　$P=\omega^{6m}+\omega^{3m}+1=(\omega^3)^{2m}+(\omega^3)^m+1=1+1+1=3$

　$n=3m+1$(m은 음이 아닌 정수)일 때

　　　$P=\omega^{6m+2}+\omega^{3m+1}+1=(\omega^3)^{2m}\omega^2+(\omega^3)^m\omega+1=\omega^2+\omega+1=0$

　$n=3m+2$(m은 음이 아닌 정수)일 때

　　　$P=\omega^{6m+4}+\omega^{3m+2}+1=(\omega^3)^{2m}\omega^4+(\omega^3)^m\omega^2+1$

　　　$=\omega^4+\omega^2+1=\omega+\omega^2+1=0$　⇦ $\omega^4=\omega^3\omega=\omega$

　　　[답] n이 3의 배수일 때 $P=3$, n이 3의 배수가 아닐 때 $P=0$

Note 0이 아닌 실수 a에 대하여 $a^0=1$이다.　⇦ 대수

[유제] **7**-7. 이차방정식 $x^2-x+1=0$의 한 근을 ω라고 할 때, $\omega^{100}-\omega^{11}+1$,

$\dfrac{\omega^2}{1-\omega}-\dfrac{\omega}{1+\omega^2}$의 값을 구하시오.　[답] $0, -2$

[유제] **7**-8. 이차방정식 $x^2+x+1=0$의 한 근을 ω라고 할 때,

$$\omega^{4k}+(\omega+1)^{4k}+1=0$$

을 만족시키는 50 이하의 자연수 k의 개수를 구하시오.　[답] 34

연습문제 7

기본 **7**-1 다음 x에 관한 방정식을 푸시오.
단, $[x]$는 x보다 크지 않은 최대 정수이고, a, b, c는 상수이다.
(1) $|x+1|+2|1-2x|=5-3x$ (2) $x[x]=5\ (-1<x<3)$
(3) $a(b-c)x^2+b(c-a)x+c(a-b)=0\ (a(b-c)\neq 0)$

7-2 x에 관한 이차방정식 $x^2+px+q=0$의 두 근을 α, β라고 하자. 자연수 n에 대하여 $f(n)=\alpha^n+\beta^n$이라고 할 때, $f(n+2)+pf(n+1)+qf(n)$의 값을 구하시오. 단, p, q는 상수이다.

7-3 이차방정식 $x^2+x+1=0$의 한 근을 ω라고 할 때, 다음 등식을 만족시키는 실수 a, b의 값을 구하시오.
(1) $\dfrac{1}{2\omega^3+3\omega^2+4\omega}=a\omega+b$ (2) $a\omega+2\omega^2+\dfrac{a\omega}{\omega+1}+\dfrac{b\omega^2}{\omega^2+1}=2$

7-4 다항식 $f(x)=x^{20}+ax^{10}+b$를 다항식 x^2-x+1로 나눈 나머지가 $x+1$일 때, 실수 a, b의 값을 구하시오.

7-5 오른쪽 그림과 같이 한 변의 길이가 2인 정삼각형 ABC에서 $\overline{AB}$, $\overline{AC}$의 중점을 각각 M, N이라 하고, 반직선 MN이 $\triangle ABC$의 외접원과 만나는 점을 P라고 할 때, 선분 NP의 길이를 구하시오.

실력 **7**-6 다음 방정식을 푸시오.
단, $[x]$는 x보다 크지 않은 최대 정수이다.
(1) $|x^2-3|x|+1|=1$ (2) $2x^2-[x^2]=2$

7-7 10 이하의 자연수 a, b에 대하여 x에 관한 이차방정식 $x^2+ax+b=0$이 허근을 가지고, 허근의 실수부분과 허수부분이 모두 정수이다. 이를 만족시키는 a, b의 순서쌍 (a, b)의 개수를 구하시오.

7-8 이차방정식 $x^2+x+1=0$의 한 근을 ω라고 하자. 자연수 n에 대하여 $f(n)=\dfrac{\omega^{2n}}{\omega^n+1}$이라고 할 때, $f(1)+f(2)+f(3)+\cdots+f(20)$의 값을 구하시오.

7-9 0이 아닌 세 복소수 α, β, γ가 $\alpha+\beta+\gamma=0$, $\alpha^2+\beta^2+\gamma^2=0$을 만족시킬 때, $\dfrac{\beta}{\alpha}+\left(\dfrac{\gamma}{\beta}\right)$의 값을 구하시오.

7-10 이차방정식 $x^2-(4+i)x+5+5i=0$을 푸시오.

⑧. 이차방정식의 판별식

§1. 이차방정식의 판별식

이차방정식의 근의 판별

x에 관한 이차방정식 $ax^2+bx+c=0(a, b, c$는 실수$)$에서
$$D=b^2-4ac$$
로 놓으면 다음이 성립한다.

정석 $D>0 \iff$ 서로 다른 두 실근 $\left.\phantom{\begin{matrix}a\\a\end{matrix}}\right\}$ 실근
 $D=0 \iff$ 서로 같은 두 실근(중근)
 $D<0 \iff$ 서로 다른 두 허근

*$Note$ $ax^2+2b'x+c=0(a\neq0)$과 같이 x의 계수가 $2b'$ 꼴일 때 근의 판별은
$D/4=b'^2-ac$의 부호를 조사하는 것이 간편하다.

Advice | 이차방정식의 근의 공식에 의하면

① $x^2-5x+3=0$의 근은 $\implies x=\dfrac{-(-5)\pm\sqrt{(-5)^2-4\times1\times3}}{2\times1}=\dfrac{5\pm\sqrt{13}}{2}$

② $9x^2-6x+1=0$의 근은 $\implies x=\dfrac{-(-6)\pm\sqrt{(-6)^2-4\times9\times1}}{2\times9}=\dfrac{6\pm\sqrt{0}}{18}$

③ $x^2+x+2=0$의 근은 $\implies x=\dfrac{-1\pm\sqrt{1^2-4\times1\times2}}{2\times1}=\dfrac{-1\pm\sqrt{7}i}{2}$

이므로 ①은 서로 다른 두 실근, ②는 서로 같은 두 실근(이것을 중근이라고 한다), ③은 서로 다른 두 허근을 가짐을 알 수 있다.

이와 같이 근호 안의 값이 양수, 0, 음수 중의 어느 값을 가지느냐에 따라 실근, 허근이 결정된다.

따라서 근을 구하지 않고서도 근이 실수인지, 허수인지를 그 계수만으로도 판별할 수 있음을 알 수 있다.

이제 x에 관한 이차방정식 $ax^2+bx+c=0(a, b, c$는 실수$)$의 두 근을
$$\alpha=\frac{-b+\sqrt{b^2-4ac}}{2a}, \quad \beta=\frac{-b-\sqrt{b^2-4ac}}{2a}$$
로 놓고, b^2-4ac의 부호와 α, β의 실수, 허수 관계를 조사해 보자.

① $D=b^2-4ac>0$일 때

　$\sqrt{b^2-4ac}$는 실수이고, a, b도 실수이므로 α, β는 서로 다른 실수이다.

　　따라서 서로 다른 두 실근을 가진다.

② $D=b^2-4ac=0$일 때

　$\alpha=\dfrac{-b}{2a}$, $\beta=\dfrac{-b}{2a}$이므로 α와 β는 서로 같고, 실수이다.

　　따라서 서로 같은 두 실근(중근)을 가진다.

③ $D=b^2-4ac<0$일 때

　$\sqrt{b^2-4ac}$는 허수이고, a, b는 실수이므로 α, β는 서로 다른 허수이다.

　　따라서 서로 다른 두 허근을 가진다.

위의 ①, ②, ③의 역도 성립한다.

이때, $D=b^2-4ac$를 이차방정식 $ax^2+bx+c=0$의 판별식이라고 한다.

이차방정식 $ax^2+bx+c=0$의 판별식에서 특히 주의할 것은

$$a,\ b,\ c가\ 실수$$

일 때에 한해서 판별식은 의미가 있다는 것이다.

이를테면 $3x^2-5ix-3=0$에서 $D=(-5i)^2-4\times3\times(-3)=11>0$이지만 x의 계수가 허수이기 때문에 실제의 근은 다음과 같이 허근이다.

$$x=\frac{-(-5i)\pm\sqrt{(-5i)^2-4\times3\times(-3)}}{2\times3}=\frac{5i\pm\sqrt{11}}{6}$$

또, $ax^2+2b'x+c=0\,(a\neq0)$과 같이 x의 계수가 $2b'$ 꼴일 때는

$$D=(2b')^2-4ac=4(b'^2-ac)$$

이므로 D의 부호는 b'^2-ac의 부호와 일치한다. 따라서 $D/4=b'^2-ac$의 부호를 조사해도 된다.

*$Note$　$D=0$일 때에는 계수 중에 허수가 있어도 서로 같은 두 근을 가지게 된다. 이때, 서로 같은 두 근은 허수일 수도 있다.

보기 1 다음 x에 관한 이차방정식의 근을 판별하시오. 단, a, b, c는 실수이다.

(1) $25x^2-22x+4=0$　　　　　　(2) $4x^2-5x+3=0$

(3) $ax^2+bx+c=0\ (ac<0)$　　　(4) $x^2-2(a+b)x+2(a^2+b^2)=0$

연구 (1) $D/4=(-11)^2-25\times4=21>0$　　　따라서 서로 다른 두 실근

(2) $D=(-5)^2-4\times4\times3=-23<0$　　　따라서 서로 다른 두 허근

(3) $D=b^2-4ac$에서 $ac<0$이므로　$D>0$　　　따라서 서로 다른 두 실근

(4) $D/4=(a+b)^2-2(a^2+b^2)=-a^2+2ab-b^2=-(a-b)^2\leq0$

　　따라서 $a=b$이면 중근, $a\neq b$이면 서로 다른 두 허근

필수 예제 **8**-1　다음 물음에 답하시오.

(1) x에 관한 이차방정식 $mx^2+2(3-m)x+4=0$이 서로 다른 두 실근을 가지도록 실수 m의 값의 범위를 정하시오.

(2) x에 관한 이차방정식 $x^2-2(m-a+1)x+m^2+a^2-b=0$이 실수 m의 값에 관계없이 중근을 가지도록 실수 a, b의 값을 정하시오.

[정석연구] 계수가 실수인 이차방정식 $ax^2+bx+c=0$에서 $D=b^2-4ac$라 하면

정석 $D>0 \iff$ 서로 다른 두 실근 $\Big\}$실근
 $D=0 \iff$ 서로 같은 두 실근(중근)
 $D<0 \iff$ 서로 다른 두 허근

이다. 따라서 D의 부호를 조사한다.

(1)에서는 이차방정식이므로 이차항의 계수 m이 0이 아님에 주의한다.

(2)에서는 m의 값에 관계없이 $D=0$이어야 하므로 D를 m에 관한 식으로 정리하고, 다음 항등식의 성질을 이용해 보자.

정석 m의 값에 관계없이 $Am+B=0 \iff A=0, \ B=0$

[모범답안] (1) 주어진 방정식은 이차방정식이므로　$m\neq0$　　　　　$\cdots\cdots$①

$\qquad D/4=(3-m)^2-4m>0$으로부터　$m^2-10m+9>0$

$\qquad\qquad \therefore \ (m-1)(m-9)>0 \quad \therefore \ m<1, \ m>9$　　　$\cdots\cdots$②

$\qquad$①, ②로부터　$\boldsymbol{m<0, \ 0<m<1, \ m>9}$ ← 답

(2) 중근을 가지므로　$D/4=(m-a+1)^2-(m^2+a^2-b)=0$

$\qquad m$에 관하여 정리하면　$2(-a+1)m-2a+b+1=0$

$\qquad$이 등식이 m의 값에 관계없이 성립하려면

$\qquad\qquad 2(-a+1)=0, \ -2a+b+1=0 \quad \therefore \ \boldsymbol{a=1, \ b=1}$ ← 답

Note (1)은 이차부등식의 해를 구할 줄 알아야 풀 수 있다. 이에 관하여 기초가 되어 있지 않은 학생은 이차부등식의 해법(p. 200)을 먼저 공부하도록 하자.

[유제] **8**-1. x에 관한 이차방정식 $mx^2-2(m-2)x+2m-1=0$이 다음의 근을 가지도록 실수 m의 값 또는 값의 범위를 정하시오.

(1) 서로 다른 두 실근　　　(2) 중근　　　(3) 서로 다른 두 허근

$\qquad\qquad$ 답 (1) $\boldsymbol{-4<m<0, \ 0<m<1}$ (2) $\boldsymbol{m=-4, \ 1}$ (3) $\boldsymbol{m<-4, \ m>1}$

[유제] **8**-2. x에 관한 이차방정식 $kx^2-2(k-a+b)x+k-a+2=0$이 실수 k의 값에 관계없이 중근을 가지도록 실수 a, b의 값을 정하시오.

$\qquad\qquad\qquad\qquad\qquad\qquad\qquad\qquad$ 답 $\boldsymbol{a=2, \ b=2}$

필수 예제 **8**-2 x에 관한 두 이차방정식
$$ax^2+2bx+c=0, \quad bx^2+2cx+a=0$$
이 각각 서로 다른 두 허근을 가질 때, 다음 x에 관한 이차방정식의 근을 판별하시오. 단, a, b, c는 실수이다.

(1) $cx^2+2ax+b=0$ (2) $(a+b)x^2+2(b+c)x+c+a=0$

[정석연구] (1) 세 이차방정식의 판별식이 각각 $4(b^2-ac)$, $4(c^2-ab)$, $4(a^2-bc)$인 것에 착안하여

> **정석** a, b, c가 실수일 때,
> $$a^2+b^2+c^2-ab-bc-ca$$
> $$=\frac{1}{2}\{(a-b)^2+(b-c)^2+(c-a)^2\}\geq 0 \qquad \Leftarrow \text{p. 26의 보기 11}$$

임을 활용한다.

(2) 주어진 조건과 (1)의 결과를 이용한다.

[모범답안] 문제의 조건으로부터
$$b^2-ac<0 \quad \cdots\cdots① \qquad\qquad c^2-ab<0 \quad \cdots\cdots②$$

(1) a, b, c가 실수일 때, $a^2+b^2+c^2-ab-bc-ca\geq 0$이므로
$$(b^2-ca)+(c^2-ab)+(a^2-bc)\geq 0$$
①, ②에서 $(b^2-ca)+(c^2-ab)<0$이므로 $a^2-bc>0$ $\cdots\cdots③$
따라서 $cx^2+2ax+b=0$의 근은   서로 다른 두 실근 ⟵ [답]

(2) $D/4=(b+c)^2-(a+b)(c+a)$
$$=(b^2-ca)+(c^2-ab)-(a^2-bc)$$
①, ②, ③에서 $b^2-ca<0$, $c^2-ab<0$, $-(a^2-bc)<0$이므로 $D/4<0$
따라서 주어진 방정식의 근은   서로 다른 두 허근 ⟵ [답]

Advice | 만일 (1), (2)가 이차방정식이라는 조건이 없다면 판별식을 사용하기 전에 먼저 이차항의 계수가 0이 아닌지를 확인해야 한다.

이 경우는 다음과 같이 이차항의 계수가 0이 아님을 보일 수 있다.

(1) ①에서 $b^2<ac$, 그런데 $b\neq 0$이므로 $0<b^2<ac$ $\therefore$ $c\neq 0$

(2) $c\neq 0$이므로 ②에서 $0<c^2<ab$
곧, a, b가 같은 부호이므로 $a+b\neq 0$이다.

[유제] **8**-3. a, b, c가 실수일 때, x에 관한 세 이차방정식
$$ax^2+2bx+c=0, \quad bx^2+2cx+a=0, \quad cx^2+2ax+b=0$$
중 적어도 하나는 실근을 가진다. 이를 증명하시오.

§2. 판별식의 활용

1 실수 조건에의 활용

　　방정식 $f(x, y)=0$을 만족시키는 실수 x, y가 존재하고, 주어진 방정식을 x에 관하여 정리했을 때 이것이 x에 관한 이차방정식이면

$$D\geq 0 \text{으로부터} \quad (y-\beta)^2\leq 0$$

꼴이 유도되어 y의 값을 구할 수 있는 경우가 있다.

2 완전제곱식에의 활용

　　이차식 $f(x)=ax^2+bx+c$에서 $D=b^2-4ac$라고 할 때

$$D=0 \iff f(x)\text{가 완전제곱식}$$

𝒜dvice 1° 실수 조건에의 활용

보기 1　$x^2+y^2-4x+8y+20=0$을 만족시키는 실수 x, y의 값을 구하시오.

연구　x가 실수라는 말은 주어진 방정식을 x에 관한 방정식으로 볼 때 실근을 가진다는 말과 같다.

$$x\text{가 실수} \implies \text{근이 실수} \implies \text{실근}$$

　　주어진 식을 x에 관하여 정리하면　$x^2-4x+y^2+8y+20=0$　　……①

①은 x에 관한 이차방정식으로 볼 수 있고, x는 실수이므로

$$D/4=(-2)^2-(y^2+8y+20)\geq 0 \quad \therefore (y+4)^2\leq 0 \quad \therefore \boldsymbol{y=-4}$$

이 값을 ①에 대입하고 풀면　$\boldsymbol{x=2}$

*Note 주어진 식을 y에 관하여 정리한 다음 $D/4\geq 0$을 이용해도 된다.

𝒜dvice 2° 완전제곱식에의 활용

　　이차식 $f(x)=ax^2+bx+c$를 변형하면

$$f(x)=a\left\{x^2+\frac{b}{a}x+\left(\frac{b}{2a}\right)^2-\left(\frac{b}{2a}\right)^2\right\}+c=a\left(x+\frac{b}{2a}\right)^2-\frac{b^2-4ac}{4a}$$

이다. 따라서 $D=b^2-4ac$라고 하면 다음이 성립함을 알 수 있다.

$$\boldsymbol{D=0} \iff f(x)\text{가 완전제곱식}$$

보기 2　x에 관한 이차식 kx^2+4x+k가 완전제곱식일 때, k의 값을 구하시오.

연구　$D/4=2^2-k\times k=0$으로부터　$k^2-4=0 \quad \therefore \boldsymbol{k=\pm 2}$

*Note 판별식은 그래프와 최대·최소에 관한 문제 해결에도 이용한다.

필수 예제 **8**-3 다음 방정식을 만족시키는 실수 x, y의 값을 구하시오.
$$5x^2 - 12xy + 10y^2 - 6x - 4y + 13 = 0$$

정석연구 x, y에 실수 조건이 있으므로 판별식을 이용해 본다.

정석 x가 실수 $\Longrightarrow$ 실근 $\Longrightarrow$ $D \geq 0$

모범답안 주어진 식을 x에 관하여 정리하면
$$5x^2 - 6(2y+1)x + 10y^2 - 4y + 13 = 0 \qquad \cdots\cdots ①$$
①은 계수가 실수인 x에 관한 이차방정식이고, x는 실수이므로
$$D/4 = 9(2y+1)^2 - 5(10y^2 - 4y + 13) \geq 0$$
$$\therefore \ y^2 - 4y + 4 \leq 0 \quad \therefore \ (y-2)^2 \leq 0$$
그런데 y는 실수이므로 $y - 2 = 0$ $\therefore \ y = 2$
이 값을 ①에 대입하고 정리하면 $x^2 - 6x + 9 = 0$
$$\therefore \ (x-3)^2 = 0 \quad \therefore \ x = 3 \qquad \boxed{\text{답}} \ \boldsymbol{x=3, \ y=2}$$

Advice | $A^2 + B^2 = 0(A, B$는 실수$) \Longleftrightarrow A = 0, \ B = 0$

을 이용하여 다음과 같이 구할 수도 있다.
(i) 주어진 식을 변형하면
$$(4x^2 - 12xy + 9y^2) + (x^2 - 6x + 9) + (y^2 - 4y + 4) = 0$$
$$\therefore \ (2x - 3y)^2 + (x-3)^2 + (y-2)^2 = 0$$
x, y는 실수이므로 $2x - 3y = 0$, $x - 3 = 0$, $y - 2 = 0$ $\therefore \ \boldsymbol{x = 3, \ y = 2}$
(ii) ①의 좌변을 $f(x, y)$로 놓으면
$$f(x, y) = 5\left\{x^2 - \frac{6(2y+1)}{5}x\right\} + 10y^2 - 4y + 13$$
$$= 5\left\{x^2 - \frac{6(2y+1)}{5}x + \left(\frac{6y+3}{5}\right)^2 - \left(\frac{6y+3}{5}\right)^2\right\} + 10y^2 - 4y + 13$$
$$= 5\left(x - \frac{6y+3}{5}\right)^2 + \frac{14}{5}(y-2)^2 = 0$$
x, y는 실수이므로 $x - \dfrac{6y+3}{5} = 0$, $y - 2 = 0$ $\therefore \ \boldsymbol{x = 3, \ y = 2}$

유제 **8**-4. 다음 x에 관한 이차방정식이 실근을 가지도록 실수 a의 값을 정하시오.
$$3x^2 - 4ax + 2a^2 + 6x + 9 = 0 \qquad \boxed{\text{답}} \ a = -3$$

유제 **8**-5. 다음 식을 만족시키는 실수 a, b의 값을 구하시오.
$$3a + 2b + 6ab = 9a^2 + 4b^2 + 1 \qquad \boxed{\text{답}} \ a = \frac{1}{3}, \ b = \frac{1}{2}$$

필수 예제 8-4 다음 x에 관한 이차식이 완전제곱식이 되기 위한 조건을 구하시오. 단, a, b, c는 실수이다.

(1) $(b-c)x^2+(c-a)x+a-b$

(2) $(x-a)(x-b)+(x-b)(x-c)+(x-c)(x-a)$

[정석연구] 이차식이 완전제곱식이 될 조건도 판별식을 이용하여 구할 수 있다.

정석 이차식 ax^2+bx+c 가 완전제곱식
$$\iff D=b^2-4ac=0$$

(1) 이차항의 계수에 문자가 있을 때에는 이차항의 계수가 0이 아니라는 조건을 반드시 확인한다.

(2) 일차항의 계수가 $2b'$ 꼴일 때에는 $D/4$를 이용하면 편리하다.

[모범답안] (1) $(b-c)x^2+(c-a)x+a-b$가 이차식이므로 $b-c\neq0$ ······①

이 식이 완전제곱식일 조건은 $D=(c-a)^2-4(b-c)(a-b)=0$

$$\therefore a^2-2(2b-c)a+4b^2-4bc+c^2=0$$
$$\therefore a^2-2(2b-c)a+(2b-c)^2=0$$
$$\therefore (a-2b+c)^2=0 \quad \therefore a-2b+c=0 \qquad\qquad ······②$$

①, ②에서 $\boldsymbol{b\neq c,\ a-2b+c=0}$ ← [답]

(2) (준 식)$=3x^2-2(a+b+c)x+ab+bc+ca$

이고, 이 식이 완전제곱식일 조건은

$$D/4=(a+b+c)^2-3(ab+bc+ca)=0$$
$$\therefore a^2+b^2+c^2-ab-bc-ca=0$$
$$\therefore (a-b)^2+(b-c)^2+(c-a)^2=0$$

a, b, c는 실수이므로 $a-b=0,\ b-c=0,\ c-a=0$

$$\therefore \boldsymbol{a=b=c} \leftarrow \boxed{답}$$

[유제] **8**-6. 다음 x에 관한 이차식이 완전제곱식이 되도록 실수 k의 값을 정하시오.

(1) $(k+3)x^2-4x+k$　　　　　　(2) $2x^2-3x-3+k(x^2+x+1)$

$\boxed{답}$ (1) $\boldsymbol{k=-4,\ 1}$ (2) $\boldsymbol{k=3,\ -\dfrac{11}{3}}$

[유제] **8**-7. a, b, c가 삼각형의 세 변의 길이를 나타낼 때, x에 관한 이차식

$$a(1+x^2)+2bx+c(1-x^2)$$

이 완전제곱식이면 이 삼각형은 어떤 삼각형인가?

$\boxed{답}$ 빗변의 길이가 $\boldsymbol{a}$인 직각삼각형

연습문제 8

[기본] **8**-1 x에 관한 이차방정식 $(x-k)^2+k(2x+1)^2=k^2$이 실근을 가질 때, 실수 k의 값의 범위를 구하시오.

8-2 x에 관한 이차방정식 $x^2+2ax+2a^2+ab-3=0$이 서로 다른 두 실근을 가지도록 자연수 a, b의 값을 정하시오.

8-3 a, b, c가 삼각형의 세 변의 길이를 나타낼 때, x에 관한 이차방정식 $a^2x-b^2(x^2+x)-c^2(x+1)=0$의 근을 판별하시오.

8-4   다항식 $f(x)=x^2+ax+b$와 $g(x)=x+c$가 다음 두 조건을 만족시킬 때, 실수 a, b, c의 값을 구하시오. 단, $abc\neq0$이다.
> ㈎ 이차식 $f(x-1)+g(x-1)$을 $x-1$로 나눈 몫이 $g(x)$이고 나머지가 0이다.
> ㈏ 이차식 $f(x+2)-cg(x)$는 완전제곱식이다.

[실력] **8**-5 x에 관한 두 이차방정식 $x^2+ax+b=0$, $x^2+px+q=0$이 각각 서로 다른 두 허근을 가질 때, x에 관한 이차방정식 $2x^2+(a+p)x+b+q=0$의 근을 판별하시오. 단, a, b, p, q는 실수이다.

8-6   다음 x, y에 관한 방정식이 오직 한 쌍의 실근을 가지도록 하는 실수 p, q의 값과 그 실근을 구하시오.
$$x^2+y^2-5=2(x-1)p+2(y-2)q$$

8-7 x에 관한 이차방정식 $x^2-2(p+1)x+4=0$이 허근을 가지고, 이 허근의 세제곱이 실수일 때, 실수 p의 값을 구하시오.

8-8 x에 관한 이차방정식 $\{1+(a+b)^2\}x^2-2(1-a-b)x+2=0$의 해가 실수일 때, a^3+b^3-3ab의 값을 구하시오. 단, a, b는 실수이다.

8-9   이차식 $f(x)=ax^2+bx+c$에 대하여 $D=b^2-4ac$라고 할 때, 다음이 참인지 거짓인지 말하고, 그 이유를 설명하시오.
(1) a, b, c가 실수가 아니면 $f(x)=0$은 실근을 가지지 않는다.
(2) a, b, c가 실수일 때, $f(x)=0$이 실근을 가지면 $f(x)=1$도 실근을 가진다.
(3) $D\geq0$이고 $f(x)=0$이 실근을 가지면 a, b, c는 실수이다.
(4) $D=0$이면 모든 실수 k에 대하여 $f(x+k)=0$은 중근을 가진다.

8-10 a, b, c는 정수이고, $|abc|$는 홀수이다. 이때, x에 관한 이차방정식 $ax^2+bx+c=0$이 유리수근을 가지지 않음을 보이시오.

⑨. 이차방정식의 근과 계수의 관계

§1. 이차방정식의 근과 계수의 관계

① 이차방정식의 근과 계수의 관계

x에 관한 이차방정식 $ax^2+bx+c=0$의 두 근을 α, β라고 하면
$$\alpha+\beta=-\frac{b}{a}, \qquad \alpha\beta=\frac{c}{a}$$

② 이차식의 인수분해

x에 관한 이차방정식 $ax^2+bx+c=0$의 두 근을 α, β라고 하면
$$ax^2+bx+c=a(x-\alpha)(x-\beta)$$

③ 두 근이 주어진 이차방정식

(1) α, β를 두 근으로 가지고 이차항의 계수가 1인 x에 관한 이차방정식은
$$(x-\alpha)(x-\beta)=0 \quad 곧, \quad x^2-(\alpha+\beta)x+\alpha\beta=0$$

(2) $\alpha+\beta=p$, $\alpha\beta=q$인 α, β는 이차방정식 $x^2-px+q=0$의 두 근이다.

Advice 1° 이차방정식의 근과 계수의 관계

일반적으로 x에 관한 이차방정식 $ax^2+bx+c=0$의 두 근 α, β를
$$\alpha=\frac{-b+\sqrt{b^2-4ac}}{2a}, \qquad \beta=\frac{-b-\sqrt{b^2-4ac}}{2a}$$
로 놓으면(α, β를 바꾸어 놓아도 결과는 같다)
$$\alpha+\beta=\frac{-b+\sqrt{b^2-4ac}}{2a}+\frac{-b-\sqrt{b^2-4ac}}{2a}=\frac{-2b}{2a}=-\frac{b}{a},$$
$$\alpha\beta=\frac{-b+\sqrt{b^2-4ac}}{2a}\times\frac{-b-\sqrt{b^2-4ac}}{2a}=\frac{b^2-(b^2-4ac)}{4a^2}=\frac{c}{a}$$

이와 같은 이차방정식 $ax^2+bx+c=0$의 두 근 α, β와 계수 a, b, c 사이의 관계를 근과 계수의 관계라고 한다.

Note a, b, c와 α, β가 모두 실수이면 $|\alpha-\beta|$는 다음과 같이 구할 수 있다.
$$|\alpha-\beta|^2=(\alpha-\beta)^2=(\alpha+\beta)^2-4\alpha\beta=\left(-\frac{b}{a}\right)^2-4\times\frac{c}{a}=\frac{b^2-4ac}{a^2}$$
$$\therefore \ |\alpha-\beta|=\sqrt{\frac{b^2-4ac}{a^2}}=\frac{\sqrt{b^2-4ac}}{\sqrt{a^2}}=\frac{\sqrt{b^2-4ac}}{|a|}$$

보기 1 이차방정식 $x^2-4x+1=0$의 두 근을 α, β라고 할 때, 다음 식의 값을 구하시오.

(1) $\alpha^2+\beta^2$ (2) $\dfrac{\alpha^2}{\beta}+\dfrac{\beta^2}{\alpha}$ (3) $|\alpha-\beta|$

연구 $x^2-4x+1=0$에서 근과 계수의 관계로부터

$$\alpha+\beta=4, \quad \alpha\beta=1$$

(1) $\alpha^2+\beta^2=(\alpha+\beta)^2-2\alpha\beta=4^2-2\times1=\mathbf{14}$

(2) $\dfrac{\alpha^2}{\beta}+\dfrac{\beta^2}{\alpha}=\dfrac{\alpha^3+\beta^3}{\alpha\beta}=\dfrac{(\alpha+\beta)^3-3\alpha\beta(\alpha+\beta)}{\alpha\beta}=4^3-3\times1\times4=\mathbf{52}$

(3) $|\alpha-\beta|^2=(\alpha-\beta)^2=(\alpha+\beta)^2-4\alpha\beta=4^2-4\times1=12$

$$\therefore \ |\alpha-\beta|=\sqrt{12}=\mathbf{2\sqrt{3}}$$

*$\textbf{\textit{Note}}$ (3) 계수와 두 근이 모두 실수이므로 다음과 같이 구해도 된다.

$$|\alpha-\beta|=\dfrac{\sqrt{b^2-4ac}}{|a|}=\dfrac{\sqrt{(-4)^2-4\times1\times1}}{|1|}=\sqrt{12}=\mathbf{2\sqrt{3}}$$

$\mathscr{Advice}$ 2° 이차식의 인수분해

x에 관한 이차방정식 $ax^2+bx+c=0$의 두 근을 α, β라고 하면

$$ax^2+bx+c=a\Big(x^2+\dfrac{b}{a}x+\dfrac{c}{a}\Big) \qquad \Leftarrow \alpha+\beta=-\dfrac{b}{a}, \ \alpha\beta=\dfrac{c}{a}$$
$$=a\{x^2-(\alpha+\beta)x+\alpha\beta\}=a(x-\alpha)(x-\beta)$$

이다. 이로부터 이차식 ax^2+bx+c를 다음과 같이 인수분해할 수 있다.

정석 x에 관한 이차식 $\boldsymbol{ax^2+bx+c}$의 인수분해

(ⅰ) 이차방정식 $\boldsymbol{ax^2+bx+c=0}$의 두 근 $\boldsymbol{\alpha}$, $\boldsymbol{\beta}$를 구한다.

(ⅱ) $\boldsymbol{x-\alpha}$와 $\boldsymbol{x-\beta}$를 곱한 다음 $\boldsymbol{a}$배 한다. 곧,

$$\boldsymbol{ax^2+bx+c=a(x-\alpha)(x-\beta)}$$

보기 2 근의 공식을 이용하여 다음 이차식을 인수분해하시오.

(1) $2x^2-11x+12$ (2) $x^2-6x+10$

연구 (1) $2x^2-11x+12=0$으로 놓고 두 근을 구하면

$$x=\dfrac{-(-11)\pm\sqrt{(-11)^2-4\times2\times12}}{2\times2}=\dfrac{11\pm5}{4} \qquad \text{곧, } x=4, \ \dfrac{3}{2}$$

$$\therefore \ 2x^2-11x+12=2(x-4)\Big(x-\dfrac{3}{2}\Big)=\boldsymbol{(x-4)(2x-3)}$$

(2) $x^2-6x+10=0$으로 놓고 두 근을 구하면

$$x=-(-3)\pm\sqrt{(-3)^2-10}=3\pm i \qquad \text{곧, } x=3+i, \ 3-i$$

$$\therefore \ x^2-6x+10=\{x-(3+i)\}\{x-(3-i)\}$$
$$=\boldsymbol{(x-3-i)(x-3+i)}$$

Advice 3° 두 근이 주어진 이차방정식

일반적으로 α, β를 두 근으로 가지는 x에 관한 이차방정식은

$$x=\alpha \ \text{또는} \ x=\beta \iff x-\alpha=0 \ \text{또는} \ x-\beta=0$$
$$\iff a(x-\alpha)(x-\beta)=0 \ (a\neq 0)$$
$$\iff a\{x^2-(\alpha+\beta)x+\alpha\beta\}=0 \ (a\neq 0)$$

특히 α, β를 두 근으로 가지고 이차항의 계수가 1인 x에 관한 이차방정식은

$$x^2-(\alpha+\beta)x+\alpha\beta=0$$

보기 3 다음 두 수를 근으로 가지고 x^2의 계수가 1인 이차방정식을 구하시오.

(1) 3, 5　　　　　　　　　　　　(2) $a+2$, $b+2$

연구 (1) $x^2-(3+5)x+3\times 5=0$ ∴ $x^2-8x+15=0$

(2) $x^2-\{(a+2)+(b+2)\}x+(a+2)(b+2)=0$
$$∴ \ x^2-(a+b+4)x+ab+2(a+b)+4=0$$

보기 4 다음을 만족시키는 x^2의 계수가 1인 이차방정식을 구하시오.

(1) $2+\sqrt{3}$을 한 근으로 가지고 계수가 유리수이다.

(2) $2+i$를 한 근으로 가지고 계수가 실수이다.

연구 앞서 공부한 다음 성질을 이용한다. ⇦ p. 104 참조

(ⅰ) a, b, c가 유리수일 때

　$2+\sqrt{3}$이 $ax^2+bx+c=0(a\neq 0)$의 한 근이면 $2-\sqrt{3}$도 근이다.

(ⅱ) a, b, c가 실수일 때

　$2+i$가 $ax^2+bx+c=0(a\neq 0)$의 한 근이면 $2-i$도 근이다.

(1) 다른 한 근은 $2-\sqrt{3}$이므로 구하는 이차방정식은

$$x^2-\{(2+\sqrt{3})+(2-\sqrt{3})\}x+(2+\sqrt{3})(2-\sqrt{3})=0$$
$$∴ \ x^2-4x+1=0$$

(2) 다른 한 근은 $2-i$이므로 구하는 이차방정식은

$$x^2-\{(2+i)+(2-i)\}x+(2+i)(2-i)=0$$
$$∴ \ x^2-4x+5=0$$

Note (1)과 같이 계수가 유리수라는 조건, (2)와 같이 계수가 실수라는 조건이 있을 때만 위와 같이 풀 수 있다.

보기 5 합이 3, 곱이 -3인 두 수를 구하시오.

연구 두 근의 합이 3, 곱이 -3인 이차방정식은 $x^2-3x-3=0$

근의 공식으로부터 $x=\dfrac{3\pm\sqrt{21}}{2}$이므로 구하는 두 수는 $\dfrac{3+\sqrt{21}}{2}$, $\dfrac{3-\sqrt{21}}{2}$

필수 예제 **9**-1 x에 관한 이차방정식 $x^2+2px+3p^2-9p+9=0$이 서로 다른 두 실근 α, β를 가지고 p가 정수일 때, 다음 값을 구하시오.

(1) $\dfrac{\beta}{\alpha^2+1}+\dfrac{\alpha}{\beta^2+1}$ (2) $\left(\alpha+\dfrac{3}{\alpha}\right)\left(\beta+\dfrac{3}{\beta}\right)$

[정석연구] 먼저 주어진 방정식이 서로 다른 두 실근을 가지고 p가 정수라는 조건을 써서 p의 값을 구한 다음, 근과 계수의 관계를 써서 $\alpha+\beta$, $\alpha\beta$를 구한다.

정석 $ax^2+bx+c=0\,(a\neq0)$의 두 근을 α, β라고 하면

$$\alpha+\beta=-\dfrac{b}{a}, \quad \alpha\beta=\dfrac{c}{a}$$

[모범답안] $x^2+2px+3p^2-9p+9=0$ ……①

서로 다른 두 실근을 가지므로 $D/4=p^2-(3p^2-9p+9)>0$

$$\therefore (2p-3)(p-3)<0 \quad \therefore \dfrac{3}{2}<p<3 \quad \therefore p=2\,(\because p는 정수)$$

따라서 ①에서 $\alpha+\beta=-2p=-4$, $\alpha\beta=3p^2-9p+9=3$

(1) $\dfrac{\beta}{\alpha^2+1}+\dfrac{\alpha}{\beta^2+1}=\dfrac{\alpha^3+\beta^3+\alpha+\beta}{\alpha^2\beta^2+\alpha^2+\beta^2+1}=\dfrac{(\alpha+\beta)^3-3\alpha\beta(\alpha+\beta)+(\alpha+\beta)}{(\alpha\beta)^2+(\alpha+\beta)^2-2\alpha\beta+1}$

$$=\dfrac{(-4)^3-3\times3\times(-4)+(-4)}{3^2+(-4)^2-2\times3+1}=-\dfrac{8}{5} \longleftarrow \boxed{답}$$

(2) $\alpha\beta=3$이므로 $\dfrac{3}{\alpha}=\beta$, $\dfrac{3}{\beta}=\alpha$

$$\therefore \left(\alpha+\dfrac{3}{\alpha}\right)\left(\beta+\dfrac{3}{\beta}\right)=(\alpha+\beta)(\beta+\alpha)=(-4)^2=\mathbf{16} \longleftarrow \boxed{답}$$

*$Note$ $p=2$일 때, ①은 $x^2+4x+3=0$이다. 따라서 두 근 -1, -3을 대입하여 (1), (2)의 값을 쉽게 구할 수도 있지만 위에서는 일반적인 방법을 썼다.

[유제] **9**-1. 이차방정식 $2x^2-4x-3=0$의 두 근을 α, β라고 할 때, 다음 식의 값을 구하시오.

(1) $\dfrac{\beta}{\alpha+1}+\dfrac{\alpha}{\beta+1}$ (2) $\left(\alpha-\dfrac{3}{\alpha}\right)\left(\beta-\dfrac{3}{\beta}\right)$ (3) $\dfrac{\alpha^2}{\beta}-\dfrac{\beta^2}{\alpha}$

(4) $(\alpha-3\beta+1)(\beta-3\alpha+1)$ (5) $\alpha^3+\beta^3$ (6) $\alpha^5+\beta^5$

$\boxed{답}$ (1) 6 (2) $\dfrac{13}{2}$ (3) $\pm\dfrac{11\sqrt{10}}{3}$ (4) -39 (5) 17 (6) $\dfrac{229}{2}$

[유제] **9**-2. 이차방정식 $x^2-3x+1=0$의 두 근을 α, β라고 할 때, 다음 식의 값을 구하시오.

(1) $\sqrt{\alpha}+\sqrt{\beta}$ (2) $\left|\dfrac{1}{\sqrt{\alpha}}-\dfrac{1}{\sqrt{\beta}}\right|$ $\boxed{답}$ (1) $\sqrt{5}$ (2) 1

필수 예제 **9**-2   다음 물음에 답하시오.

  (1) x에 관한 이차방정식 $2x^2-2mx+1=0$의 한 근이 $\sin 30°+\cos 30°$
일 때, 상수 m의 값을 구하시오.

  (2) x에 관한 이차방정식 $x^2-5(m-1)x-16m=0$의 두 근의 비가 $1:4$
일 때, 상수 m의 값과 두 근을 구하시오.

  (3) x에 관한 이차방정식 $x^2-(2m-1)x-2m=0$의 두 근의 차가 5일
때, 상수 m의 값을 구하시오.

[모범답안] (1) 한 근이 $\sin 30°+\cos 30°=\dfrac{1}{2}+\dfrac{\sqrt{3}}{2}=\dfrac{1+\sqrt{3}}{2}$이므로 다른 한 근을
α라고 하면 근과 계수의 관계로부터

$$\frac{1+\sqrt{3}}{2}+\alpha=m \quad \cdots\cdots① \qquad\qquad \frac{1+\sqrt{3}}{2}\times\alpha=\frac{1}{2} \quad \cdots\cdots②$$

  ②에서의 $\alpha=\dfrac{1}{1+\sqrt{3}}=\dfrac{-1+\sqrt{3}}{2}$을 ①에 대입하면 $\boldsymbol{m=\sqrt{3}} \leftarrow \boxed{답}$

(2) 한 근을 α라고 하면 다른 한 근은 4α이므로 근과 계수의 관계로부터

$$\alpha+4\alpha=5(m-1) \quad \therefore\ \alpha=m-1 \qquad\qquad \cdots\cdots①$$
$$\alpha\times4\alpha=-16m \quad \therefore\ \alpha^2=-4m \qquad\qquad\quad \cdots\cdots②$$

  ①을 ②에 대입하여 정리하면 $m^2+2m+1=0 \quad \therefore\ m=-1$

이 값을 ①에 대입하면 $\alpha=-2 \quad \therefore\ 4\alpha=-8$

$$\boxed{답}\ \boldsymbol{m=-1,\ x=-2,\ -8}$$

(3) 작은 근을 α라고 하면 큰 근은 $\alpha+5$이므로 근과 계수의 관계로부터

$$\alpha+(\alpha+5)=2m-1 \quad \cdots\cdots① \qquad \alpha(\alpha+5)=-2m \quad \cdots\cdots②$$

  ①에서의 $\alpha=m-3$을 ②에 대입하면 $(m-3)(m-3+5)=-2m$

$$\therefore\ m^2+m-6=0 \quad \therefore\ \boldsymbol{m=-3,\ 2} \leftarrow \boxed{답}$$

* ***Note*** (1)에서 m이 유리수라는 조건이 없으므로 다른 한 근을 $\dfrac{1-\sqrt{3}}{2}$으로 놓고
문제를 풀어서는 안 된다.

[유제] **9**-3. x에 관한 이차방정식 $x^2-3mx+m+3=0$의 한 근이 $1+\sqrt{2}$일 때,
상수 m의 값과 다른 한 근을 구하시오. $\boxed{답}\ \boldsymbol{m=\sqrt{2}}$, 다른 한 근 : $2\sqrt{2}-1$

[유제] **9**-4. x에 관한 이차방정식 $x^2-(m-1)x+m=0$의 두 근의 비가 $2:3$
일 때, 상수 m의 값을 구하시오. $\boxed{답}\ \boldsymbol{m=6,\ \dfrac{1}{6}}$

[유제] **9**-5. x에 관한 이차방정식 $x^2-(m-1)x+m=0$의 두 근의 차가 1일
때, 상수 m의 값을 구하시오. $\boxed{답}\ \boldsymbol{m=0,\ 6}$

필수 예제 **9**-3 x에 관한 이차방정식 $x^2-ax+b=0$의 두 근을 α, β라고
할 때, x에 관한 이차방정식 $x^2+bx+a=0$의 두 근은 $\alpha-1$, $\beta-1$이다.
(1) 상수 a, b의 값을 구하시오.   (2) α^3, β^3의 값을 구하시오.
(3) n이 자연수일 때, $\alpha^n+\beta^n$의 값을 구하시오.

[모범답안] (1) $x^2-ax+b=0$의 두 근이 α, β이므로 $\alpha+\beta=a$, $\alpha\beta=b$ $\cdots$①
또, $x^2+bx+a=0$의 두 근이 $\alpha-1$, $\beta-1$이므로
$$(\alpha-1)+(\beta-1)=-b, \quad (\alpha-1)(\beta-1)=a$$
곧, $\alpha+\beta-2=-b$, $\alpha\beta-(\alpha+\beta)+1=a$ $\cdots\cdots$②
①을 ②에 대입하면 $a-2=-b$, $b-a+1=a$
$$\therefore \ \boldsymbol{a=1,\ b=1} \longleftarrow \boxed{답}$$
(2) $x^2-x+1=0$의 두 근이 α, β이다. $\Leftarrow \alpha+\beta=1$, $\alpha\beta=1$
그런데 $x^2-x+1=0$의 양변에 $x+1$을 곱하면 $x^3+1=0$, 곧 $x^3=-1$이
고, α, β는 이 방정식의 근이므로 $\boldsymbol{\alpha^3=-1}$, $\boldsymbol{\beta^3=-1}$ $\longleftarrow$ $\boxed{답}$
(3) (i) $n=3m$(m은 자연수)일 때
$$\alpha^n+\beta^n=\alpha^{3m}+\beta^{3m}=(\alpha^3)^m+(\beta^3)^m=(-1)^m+(-1)^m=2 \text{ 또는 } -2$$
(ii) $n=3m-1$(m은 자연수)일 때
$$\alpha^n+\beta^n=\alpha^{3m-1}+\beta^{3m-1}=(\alpha^3)^{m-1}\alpha^2+(\beta^3)^{m-1}\beta^2=(-1)^{m-1}(\alpha^2+\beta^2)$$
$$=(-1)^{m-1}\{(\alpha+\beta)^2-2\alpha\beta\}=(-1)^{m-1}(-1)=(-1)^m=1 \text{ 또는 } -1$$
(iii) $n=3m-2$(m은 자연수)일 때
$$\alpha^n+\beta^n=\alpha^{3m-2}+\beta^{3m-2}=(\alpha^3)^{m-1}\alpha+(\beta^3)^{m-1}\beta=(-1)^{m-1}(\alpha+\beta)$$
$$=(-1)^{m-1}=1 \text{ 또는 } -1$$
(i), (ii), (iii)에서 $\alpha^n+\beta^n$의 값은 $\boldsymbol{-2,\ -1,\ 1,\ 2}$ $\longleftarrow$ $\boxed{답}$

Advice | $\alpha^3=-1$, $\beta^3=-1$에 착안하여 n을 3으로 나눈 나머지가 0인 경
우, 1인 경우, 2인 경우로 나누어 생각하였다.

[정석] 정수의 분류 $\Longrightarrow$ 조건을 이용할 수 있도록 분류한다.

[유제] **9**-6. x에 관한 이차방정식 $x^2-ax+b=0$의 두 근을 α, β라고 할 때, x
에 관한 이차방정식 $x^2-3ax+4(b-1)=0$의 두 근은 α^2, β^2이다. 이때, 상수
a, b의 값을 구하시오.   [답] $a=-1$, $b=2$ 또는 $a=4$, $b=2$

[유제] **9**-7. x에 관한 이차방정식 $x^2+ax+b=0$($a\neq1$)의 두 근에 각각 1을 더
한 것을 두 근으로 가지는 x에 관한 이차방정식이 $x^2-a^2x+ab=0$일 때, 상
수 a, b의 값을 구하시오.   [답] $a=-2$, $b=-1$

필수 예제 **9**-4 다음 물음에 답하시오.

(1) 다항식 $2x^2+3xy-2y^2+x+7y-3$을 인수분해하시오.

(2) 다항식 $x^2+xy-ky^2+2x+7y-3$이 x, y에 관한 두 일차식의 곱으로 나타내어질 때, 상수 k의 값을 구하시오.

─────────────────────────────────────

[정석연구] 이와 같은 유형의 인수분해는 이미 공부하였다. 여기에서는

정 석 $ax^2+bx+c=0(a\neq0)$의 두 근이 α, β이면
$$ax^2+bx+c=a(x-\alpha)(x-\beta)$$

를 이용하여 인수분해해 보자.

[모범답안] (1) 주어진 식을 x에 관하여 정리하면 $2x^2+(3y+1)x-2y^2+7y-3$

이것을 0으로 놓고 x에 관한 이차방정식의 근을 구하면

$$x=\frac{-(3y+1)\pm\sqrt{(3y+1)^2-4\times2\times(-2y^2+7y-3)}}{2\times2}$$

$$=\frac{-(3y+1)\pm\sqrt{25(y-1)^2}}{4}=\frac{-(3y+1)\pm5(y-1)}{4}=\frac{y-3}{2},\ -2y+1$$

$$\therefore\ (준\ 식)=2\Big(x-\frac{y-3}{2}\Big)\{x-(-2y+1)\}$$

$$=(2x-y+3)(x+2y-1)\ \longleftarrow\ \boxed{답}$$

(2) 주어진 식을 x에 관하여 정리하면 $x^2+(y+2)x-(ky^2-7y+3)$

이것을 0으로 놓고 x에 관한 이차방정식의 근을 구하면

$$x=\frac{-(y+2)\pm\sqrt{(y+2)^2+4(ky^2-7y+3)}}{2}$$

$D_1=(y+2)^2+4(ky^2-7y+3)=(4k+1)y^2-24y+16$이라고 하면

$$x=\frac{-(y+2)+\sqrt{D_1}}{2},\ \frac{-(y+2)-\sqrt{D_1}}{2}$$

$$\therefore\ (준\ 식)=\Big\{x-\frac{-(y+2)+\sqrt{D_1}}{2}\Big\}\Big\{x-\frac{-(y+2)-\sqrt{D_1}}{2}\Big\}$$

이것이 두 일차식의 곱이 되려면 D_1이 완전제곱식이어야 하므로 $D_1=0$의 판별식을 D라고 하면

$$D/4=(-12)^2-16(4k+1)=0\quad\therefore\ \boldsymbol{k=2}\ \longleftarrow\ \boxed{답}$$

[유제] **9**-8. 다항식 $2x^2-3xy-2y^2-2x-11y-12$를 인수분해하시오.
$$\boxed{답}\ (x-2y-3)(2x+y+4)$$

[유제] **9**-9. 다항식 $2x^2+3xy+my^2-7x+11y-15$가 x, y에 관한 두 일차식의 곱으로 나타내어질 때, 상수 m의 값을 구하시오. $\boxed{답}\ \boldsymbol{m=-2}$

필수 예제 **9**-5 x에 관한 이차방정식 $x^2-ax+b=0$의 두 근 α, β가

$$\alpha^3+\beta^3=-14, \quad \alpha\beta^2+\alpha^2\beta=2$$

를 만족시킬 때, 다음 물음에 답하시오. 단, a, b는 실수이다.

(1) a, b의 값을 구하시오.

(2) $2\alpha^3+1$, $2\beta^3+1$을 두 근으로 가지고 x^2의 계수가 1인 이차방정식을 구하시오.

[정석연구] (1) 근과 계수의 관계로부터 $\alpha+\beta=a$, $\alpha\beta=b$이다.

 (2) 두 근을 알 때 이차방정식은 다음 **정석**을 이용하여 구한다.

> **정석** p, q를 두 근으로 가지고 이차항의 계수가 1인
> x에 관한 이차방정식은 $\Longrightarrow x^2-(p+q)x+pq=0$

[모범답안] (1) 근과 계수의 관계로부터 $\alpha+\beta=a$, $\alpha\beta=b$이므로

$$\alpha^3+\beta^3=(\alpha+\beta)^3-3\alpha\beta(\alpha+\beta)=a^3-3ab, \quad \alpha\beta^2+\alpha^2\beta=\alpha\beta(\alpha+\beta)=ab$$

문제의 조건으로부터 $a^3-3ab=-14$, $ab=2$

$$\therefore \ a^3-3\times2=-14 \quad \therefore \ a^3=-8$$

a는 실수이므로 $a=-2$ $\therefore \ b=-1$ [답] $a=-2$, $b=-1$

(2) $2\alpha^3+1$, $2\beta^3+1$을 두 근으로 가지고 x^2의 계수가 1인 이차방정식은

$$x^2-\{(2\alpha^3+1)+(2\beta^3+1)\}x+(2\alpha^3+1)(2\beta^3+1)=0 \quad \cdots\cdots①$$

그런데 (1)에서 $\alpha+\beta=-2$, $\alpha\beta=-1$이고 $\alpha^3+\beta^3=-14$이므로

$$(2\alpha^3+1)+(2\beta^3+1)=2(\alpha^3+\beta^3)+2=2\times(-14)+2=-26,$$
$$(2\alpha^3+1)(2\beta^3+1)=4(\alpha\beta)^3+2(\alpha^3+\beta^3)+1$$
$$=4\times(-1)^3+2\times(-14)+1=-31$$

이 값을 ①에 대입하면 $\boldsymbol{x^2+26x-31=0}$ ← [답]

[유제] **9**-10. x에 관한 이차방정식 $x^2-(m-2)x-(m+3)=0$의 두 근을 α, β라고 할 때, 다음을 만족시키는 실수 m의 값을 구하시오.

(1) $\alpha+\beta=\alpha\beta$ (2) $\alpha^2+\beta^2=25$ [답] (1) $-\dfrac{1}{2}$ (2) -3, 5

[유제] **9**-11. 이차방정식 $x^2+3x+1=0$의 두 근을 α, β라고 할 때, 다음 두 수를 근으로 가지고 x^2의 계수가 1인 이차방정식을 구하시오.

(1) $2\alpha+1$, $2\beta+1$ (2) α^2, β^2 (3) α^2+1, β^2+1

(4) $\dfrac{1}{\alpha}$, $\dfrac{1}{\beta}$ (5) $\dfrac{\beta}{\alpha}$, $\dfrac{\alpha}{\beta}$ (6) $\alpha^2+\dfrac{1}{\beta}$, $\beta^2+\dfrac{1}{\alpha}$

[답] (1) $x^2+4x-1=0$ (2) $x^2-7x+1=0$ (3) $x^2-9x+9=0$

(4) $x^2+3x+1=0$ (5) $x^2-7x+1=0$ (6) $x^2-4x-1=0$

§2. 이차방정식의 정수근

기 본 정 석

근에 정수 조건이 있을 때

(1) $b^2-4ac \geq 0$을 만족시키는 범위를 먼저 구해 본다.

(2) $b^2-4ac=k^2$으로 놓고 근이 정수임을 이용해 본다.

(3) 근과 계수의 관계를 이용해 본다.

Advice | (1)의 방법은 다음 **필수 예제 9**-6에, (2), (3)의 방법은 **필수 예제 9**-7 에 적용해 보자.

필수 예제 9-6 x에 관한 이차방정식 $x^2-2(m+2)x+2m^2+6=0$의 두 근이 모두 정수일 때, 정수 m의 값과 두 근을 구하시오.

[정석연구] 근의 공식에 대입하면

$$x=(m+2)\pm\sqrt{(m+2)^2-(2m^2+6)}=m+2\pm\sqrt{-m^2+4m-2}$$

여기에서 $D/4=-m^2+4m-2<0$이면 x는 허수가 되어 x는 정수일 수 없다. 그래서 일단 $D/4=-m^2+4m-2\geq 0$이어야 한다.

이것만으로 충분하지 않으므로 이와 같이 되는 m의 값 중에서 x를 정수가 되게 하는 것을 조사해 본다.

정 석 정수근에 관한 문제에서는

$\Longrightarrow$ 일단 $D\geq 0$일 조건부터 확인한다.

[모범답안] 근의 공식에 대입하면 $x=m+2\pm\sqrt{-m^2+4m-2}$ ……①

x가 정수이려면 $-m^2+4m-2\geq 0$이어야 한다.

$\therefore\ m^2-4m+2\leq 0$ $\therefore\ 2-\sqrt{2}\leq m\leq 2+\sqrt{2}$

m은 정수이므로 $m=1, 2, 3$

이 값을 ①에 대입하여 x의 값을 구하면

$m=1$일 때 $x=2, 4$ (적합), $m=2$일 때 $x=4\pm\sqrt{2}$ (부적합),

$m=3$일 때 $x=4, 6$ (적합)

답 $m=1$일 때 $x=2, 4$, $m=3$일 때 $x=4, 6$

[유제] **9**-12. x에 관한 이차방정식 $x^2-mx+m^2-1=0$이 정수근을 가지도록 정수 m의 값을 정하시오.   답 $m=-1, 0, 1$

필수 예제 9-7 x에 관한 이차방정식 $x^2+(m-1)x+m+1=0$의 두 근이 모두 정수가 되도록 정수 m의 값을 정하시오.

[정석연구] $D=(m-1)^2-4(m+1)\geq0$이라고 하면 $m\leq3-2\sqrt{3}$, $m\geq3+2\sqrt{3}$이 되어 이와 같은 정수 m은 무수히 많다. 그래서 이와 같은 m의 값에 대하여 **필수 예제 9**-**6**과 같은 방법으로 정수 x를 찾는 것은 불가능하다.

이런 경우에는

$$\text{근과 계수의 관계를 이용하든가,} \quad D=k^2 \text{으로 놓든가}$$

의 어느 한 방법을 이용하면 해결되는 경우가 있다.

[모범답안] (방법 1) 두 정수근을 α, $\beta(\alpha\geq\beta)$라고 하면 근과 계수의 관계로부터
$$\alpha+\beta=-m+1 \quad \cdots\cdots① \qquad\qquad \alpha\beta=m+1 \quad \cdots\cdots②$$
①+②하면 $\alpha\beta+\alpha+\beta=2$ $\quad\therefore\ (\alpha+1)(\beta+1)=3$ ⇐ m을 소거
$\alpha+1$, $\beta+1$은 정수이고, $\alpha+1\geq\beta+1$이므로
$$\alpha+1=3,\ \beta+1=1 \quad \text{또는} \quad \alpha+1=-1,\ \beta+1=-3$$
$$\therefore\ \alpha=2,\ \beta=0 \quad \text{또는} \quad \alpha=-2,\ \beta=-4$$
①에 대입하면 $\boldsymbol{m=-1,\ 7}$ ← [답]

(방법 2) $x=\dfrac{1-m\pm\sqrt{m^2-6m-3}}{2}$ $\qquad\qquad\qquad\cdots\cdots③$

x는 정수이므로 근호 안은 0 또는 자연수의 제곱이어야 한다. 따라서 $m^2-6m-3=k^2(k$는 음이 아닌 정수)이라고 하면
$$(m-3)^2-12=k^2 \quad\therefore\ (m-3)^2-k^2=12$$
$$\therefore\ (m-3+k)(m-3-k)=12 \qquad\qquad\cdots\cdots④$$
④에서 $m-3+k$, $m-3-k$는 모두 정수이고, $m-3+k\geq m-3-k$이므로 ④를 만족시키는 $m-3+k$, $m-3-k$의 값은 다음과 같다.

$m-3+k$	12	6	4	-3	-2	-1
$m-3-k$	1	2	3	-4	-6	-12

$\qquad\therefore\ (m-3+k)+(m-3-k)=2(m-3)=13,\ 8,\ 7,\ -7,\ -8,\ -13$

m이 정수이므로 $m=7$, -1이고, 이 값을 ③에 대입하면 x는 정수이므로 문제의 뜻에 적합하다.   [답] $\boldsymbol{m=-1,\ 7}$

*$Note$ **필수 예제 9**-**6**도 $D=k^2(k$는 음이 아닌 정수)으로 놓고 풀 수 있다.

[유제] **9**-13. x에 관한 이차방정식 $x^2-2ax+2a+4=0$의 두 근이 모두 정수가 되도록 정수 a의 값을 정하시오.   [답] $a=-2,\ 4$

§3. 이차방정식의 실근의 부호

기 본 정 석

계수가 실수인 이차방정식의 두 실근을 α, β라고 할 때,

(1) 두 근이 모두 양수 ⟺ $D \geq 0$, $\alpha+\beta>0$, $\alpha\beta>0$

(2) 두 근이 모두 음수 ⟺ $D \geq 0$, $\alpha+\beta<0$, $\alpha\beta>0$

(3) 두 근이 서로 다른 부호 ⟺ $\alpha\beta<0$

Advice | 두 실수 α, β의 부호를 오른쪽과 같이 나누어 생각하면 다음이 성립함을 알 수 있다.

α	β
+	+
+	−
−	+
−	−

두 실수 α, β에 대하여

(1) $\alpha>0$, $\beta>0$ ⟺ $\alpha+\beta>0$, $\alpha\beta>0$

(2) $\alpha<0$, $\beta<0$ ⟺ $\alpha+\beta<0$, $\alpha\beta>0$

(3) α, β가 서로 다른 부호 ⟺ $\alpha\beta<0$

여기에서 특히 주의할 것은 $\alpha+\beta>0$, $\alpha\beta>0$이라고 해도 α, β가 실수라는 조건이 없으면 반드시 $\alpha>0$, $\beta>0$인 것은 아니라는 것이다. 이를테면 $\alpha+\beta>0$, $\alpha\beta>0$인 α, β는 $\alpha=2+i$, $\beta=2-i$인 경우도 있기 때문이다.

마찬가지로 $\alpha+\beta<0$, $\alpha\beta>0$이라 해서 반드시 $\alpha<0$, $\beta<0$인 것은 아니다.

따라서 위의 (1), (2)에서 특히 주의해야 할 것은 α, β가 실수라는 조건이 반드시 필요하다는 것이다. 그래서 위의 **기본정석**에서 $D \geq 0$이라는 조건이 포함된 것이다.

다만 (3)의 경우 계수가 실수인 이차방정식 $ax^2+bx+c=0$의 두 근을 α, β라고 하면

$$\alpha\beta=\frac{c}{a}<0 \text{에서 } ac<0 \text{이므로} \quad D=b^2-4ac>0$$

이다. 따라서 이때에는 굳이 실근을 가질 조건을 생각할 필요가 없다.

보기 1 다음 x에 관한 이차방정식이 서로 다른 두 실근을 가진다.

$a<0$, $b>0$일 때, 두 근의 부호를 조사하시오.

(1) $x^2+ax+b=0$ (2) $x^2-ax+b=0$ (3) $x^2+ax-b=0$

연구 각 방정식의 두 근을 α, β라고 하자.

(1) $\alpha+\beta=-a>0$, $\alpha\beta=b>0$이므로 두 근은 모두 양수

(2) $\alpha+\beta=a<0$, $\alpha\beta=b>0$이므로 두 근은 모두 음수

(3) $\alpha+\beta=-a>0$, $\alpha\beta=-b<0$이므로 두 근은 서로 다른 부호

필수 예제 **9**-8 x에 관한 이차방정식 $x^2+(m+2)x+m+5=0$의 두 근
이 다음을 만족시키도록 실수 m의 값의 범위를 정하시오.
(1) 두 근이 모두 양수   (2) 두 근이 모두 음수
(3) 두 근이 서로 다른 부호

[정석연구] 판별식을 D라 하고, 두 근을 α, β라고 할 때,

정석 (i) $\alpha>0,\ \beta>0 \iff D\geq0,\ \alpha+\beta>0,\ \alpha\beta>0$
　　　 (ii) $\alpha<0,\ \beta<0 \iff D\geq0,\ \alpha+\beta<0,\ \alpha\beta>0$
　　　 (iii) 두 근의 부호가 서로 다르다 $\iff \alpha\beta<0$

여기에서는 이차부등식과 연립부등식의 해법이 이용되므로 이에 관하여 기
초가 되어 있지 않은 경우에는 p. 190, 200을 먼저 공부하도록 하자.

[모범답안] $x^2+(m+2)x+m+5=0$의 두 근을 α, β라고 하자.
(1) $D\geq0,\ \alpha+\beta>0,\ \alpha\beta>0$으로부터
　　　$(m+2)^2-4(m+5)\geq0$　$\therefore\ m\leq-4,\ m\geq4$　　　……①
　　　$-(m+2)>0$　$\therefore\ m<-2$ …②
　　　$m+5>0$　$\therefore\ m>-5$　　…③
　　　①, ②, ③의 공통 범위는
　　　　　$\boldsymbol{-5<m\leq-4}$ ← [답]
(2) $D\geq0,\ \alpha+\beta<0,\ \alpha\beta>0$으로부터
　　　$(m+2)^2-4(m+5)\geq0$　$\therefore\ m\leq-4,\ m\geq4$　　　……④
　　　$-(m+2)<0$　$\therefore\ m>-2$ …⑤
　　　$m+5>0$　$\therefore\ m>-5$　　…⑥
　　　④, ⑤, ⑥의 공통 범위는
　　　　　$\boldsymbol{m\geq4}$ ← [답]
(3) $\alpha\beta<0$으로부터　$m+5<0$　$\therefore\ \boldsymbol{m<-5}$ ← [답]

[유제] **9**-14. $c>a>b$일 때, x에 관한 이차방정식
$$(a-b)x^2+2(b-c)x+c-a=0$$
이 서로 다른 두 양의 실근을 가짐을 보이시오.

[유제] **9**-15. x에 관한 이차방정식 $x^2-2kx+k^2-2k-3=0$의 두 근이 다음을
만족시키도록 실수 k의 값의 범위를 정하시오.
(1) 두 근이 모두 양수   (2) 두 근이 모두 음수
(3) 두 근이 서로 다른 부호　[답] (1) $\boldsymbol{k>3}$ (2) $\boldsymbol{-\dfrac{3}{2}\leq k<-1}$ (3) $\boldsymbol{-1<k<3}$

필수 예제 **9**-9 x에 관한 이차방정식

$$x^2+(m^2-3m-10)x+m^2+3m-18=0$$

이 다음을 만족시키도록 실수 m의 값 또는 값의 범위를 정하시오.

(1) 서로 다른 부호의 실근을 가지고, 음의 실근의 절댓값이 양의 실근보다 크다.

(2) 서로 다른 부호의 실근을 가지고, 두 근의 절댓값이 같다.

─────────────────────────────

정석연구   두 근 α, β가 서로 다른 부호이면 $\alpha\beta<0$이다. 이때, α, β의 절댓값 중 어느 쪽이 더 큰가를 알려면 $\alpha+\beta$의 부호를 조사하면 된다.

정석 두 실근 α, β에 대하여

음의 실근의 절댓값이 양의 실근보다 크다 $\Longleftrightarrow$ $\alpha+\beta<0$, $\alpha\beta<0$

음의 실근의 절댓값이 양의 실근보다 작다 $\Longleftrightarrow$ $\alpha+\beta>0$, $\alpha\beta<0$

절댓값이 같고, 부호가 서로 다르다 $\Longleftrightarrow$ $\alpha+\beta=0$, $\alpha\beta<0$

여기에서 「$\alpha\beta<0$이면 $D>0$」이므로 굳이 실근을 가질 조건은 확인하지 않아도 된다.

모범답안 $x^2+(m^2-3m-10)x+m^2+3m-18=0$의 두 근을 α, β라고 하자.

(1) 음의 실근의 절댓값이 양의 실근보다 크므로

$$\alpha+\beta=-(m^2-3m-10)<0 \text{에서} \quad m<-2,\ m>5 \qquad \cdots\cdots①$$

서로 다른 부호의 실근을 가지므로

$$\alpha\beta=m^2+3m-18<0 \text{에서} \quad -6<m<3 \qquad\qquad \cdots\cdots②$$

①, ②의 공통 범위는 $\boldsymbol{-6<m<-2}$ ← 답

(2) 두 근의 절댓값이 같고 부호가 서로 다르므로

$$\alpha+\beta=-(m^2-3m-10)=0 \text{에서} \quad m=-2,\ 5 \qquad \cdots\cdots③$$

서로 다른 부호의 실근을 가지므로

$$\alpha\beta=m^2+3m-18<0 \text{에서} \quad -6<m<3 \qquad\qquad \cdots\cdots④$$

③, ④를 동시에 만족시키는 m의 값은 $\boldsymbol{m=-2}$ ← 답

유제 **9**-16. x에 관한 이차방정식

$$x^2+2(k-11)x-k+3=0$$

이 다음을 만족시키도록 실수 k의 값 또는 값의 범위를 정하시오.

(1) 서로 다른 부호의 실근을 가지고, 음의 실근의 절댓값이 양의 실근보다 작다.

(2) 서로 다른 부호의 실근을 가지고, 두 근의 절댓값이 같다.

답 (1) $3<k<11$ (2) $k=11$

연습문제 9

기본 **9**-1 x에 관한 이차방정식 $x^2+(m-5)x-18=0$의 두 근의 절댓값의 비가 $2:1$이 되도록 실수 m의 값을 정하시오.

9-2 x에 관한 이차방정식 $x^2+ax+b=0$의 한 근이 $2-\sqrt{3}$일 때, x에 관한 이차방정식 $x^2+bx+a=0$의 두 근의 제곱의 합을 구하시오.
단, a, b는 유리수이다.

9-3 x에 관한 이차방정식 $x^2-ax+b=0$의 한 근이 $1+2i$이다.
x에 관한 이차방정식 $x^2+bx+a=0$의 두 근을 α, β라고 할 때, 다음 식의 값을 구하시오. 단, a, b는 실수이다.

(1) $(\alpha^2+7\alpha+2)(\beta^2-2\beta+2)$ (2) $\dfrac{\beta^2-3\beta+2}{\alpha}+\dfrac{\alpha^2-3\alpha+2}{\beta}$

9-4 x에 관한 이차방정식 $x^2-abx+a-b=0$의 두 근 α, β가 $\alpha+\beta+\alpha\beta=0$을 만족시킬 때, 정수 a, b의 값을 구하시오.

9-5   두 자연수 a, b가 $4a^2b+4ab+8a^2+8a+b+2=539$를 만족시킨다.
이차식 $f(x)=x^2+ax+b$에 대하여 방정식 $f(x)=0$의 두 근이 α, β일 때, $af(\beta+1)+\beta f(\alpha+1)$의 값을 구하시오.

9-6   허수 α가 x에 관한 이차방정식 $x^2+ax+b=0$의 근이고, $\alpha+1$이 x에 관한 이차방정식 $x^2-bx+a=0$의 근일 때, 실수 a, b의 값을 구하시오.

9-7   이차방정식 $f(x)=0$의 두 근의 합이 5일 때, 이차방정식 $f(3x-2)=0$의 두 근의 합을 구하시오.

9-8   한 변의 길이가 6인 정삼각형 ABC에 대하여 오른쪽 그림과 같이 변 AB, AC, BC 위에 각각 점 P, Q, R을 $\overline{AP}=\overline{AQ}$이고 $\overline{CQ}=\overline{CR}$이 되도록 잡는다.
□PBRQ의 넓이가 △ABC의 넓이의 $\dfrac{1}{3}$일 때, 선분 PQ, QR의 길이를 두 근으로 가지고 이차항의 계수가 1인 x에 관한 이차방정식을 구하시오.

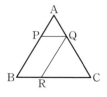

9-9 x에 관한 이차방정식 $x^2-36x+5p=0$의 두 근 α, $\beta(\alpha>\beta)$와 상수 p는 모두 양의 정수이다. α, β의 최대공약수가 3일 때, α, β, p의 값을 구하시오.

9-10 x에 관한 이차방정식 $x^2+(2m-1)x+m^2-m-2=0$의 두 근이 모두 양수이고, 한 근이 다른 근의 2배일 때, 실수 m의 값을 구하시오.

실력 **9**-11 x에 관한 이차방정식 $x^2-ax-2a=0$이 서로 다른 두 실근을 가진다. 두 실근의 절댓값의 합이 4일 때, 실수 a의 값을 구하시오.

9-12   두 다항식 $f(x)=x^2+x+1$, $g(x)=ax^2+bx+2(a\neq0)$가 있다.
방정식 $f(x)=0$의 두 근 α, β가 $g(\alpha^2)=3\alpha$, $g(\beta^2)=3\beta$를 만족시킬 때, 상수 a, b의 값을 구하시오.

9-13   두 실수 a, b에 대하여 x에 관한 이차방정식 $x^2+ax-a-1=0$의 두 실근이 α_1, β_1이고, x에 관한 이차방정식 $x^2-3ax+b=0$의 두 실근이 α_2, β_2일 때, x에 관한 이차방정식 $x^2+px+q=0$의 두 근은 $\alpha_1+\beta_1 i$, $\alpha_2+\beta_2 i$이다. $\beta_1\beta_2\neq0$일 때, 양수 p, q의 값을 구하시오.

9-14   다항식 $f(x)=x^2-ax+b$가 다음 세 조건을 만족시킬 때, $a+b+c+d$의 값을 구하시오.
　　(가) $f(c)=f(d)=0$
　　(나) a, b, c, d는 100 이하의 서로 다른 자연수이다.
　　(다) c, d는 각각 3개의 양의 약수를 가진다.

9-15 m이 양의 정수일 때, x에 관한 이차방정식
$x^2-(3+\sqrt{2})x+m\sqrt{2}-4=0$은 적어도 하나의 정수근을 가진다.
이때, m의 값과 두 근을 구하시오.

9-16   이차방정식 $x^2+x+1=0$의 한 근을 ω라고 할 때, 이차방정식
$x^2-3x+3=0$의 두 근은 $a+b\omega$, $a+b\omega^2$이다. 상수 a, b의 값을 구하시오.

9-17 x에 관한 이차방정식 $x^2+2px+q=0$의 서로 다른 두 실근 α, β가 $\alpha^2+\beta^2<8$을 만족시킬 때, 정수 p, q의 순서쌍 (p, q)를 구하시오.

9-18 $(\alpha-1)(\beta-1)=2$, $2(\alpha^3+\beta^3)=5(\alpha^2+\beta^2+1)$을 만족시키는 양수 α, β를 두 근으로 가지고 이차항의 계수가 1인 x에 관한 이차방정식을 구하시오.

9-19   소수 a, b에 대하여 x에 관한 이차방정식 $3x^2-12ax+ab=0$이 정수근 두 개를 가진다. a, b의 값과 두 정수근을 구하시오.

9-20   이차방정식 $x^2+x+1=0$의 한 근을 ω라고 할 때, $(a\omega+b)(a\omega^2+b)=1$을 만족시키는 정수 a, b의 순서쌍 (a, b)를 구하시오.

9-21 $f(x)=ax^2+bx+c$에 대하여 a, b, c가 정수이고 $f(0)$, $f(1)$이 홀수이면 $f(x)=0$은 정수근을 가지지 않음을 보이시오.

9-22 x에 관한 이차방정식 $x^2+2(k-1)x+2(k^2-1)=0$의 두 근 중 적어도 하나는 양수가 되기 위한 실수 k의 값의 범위를 구하시오.

1◎. 이차방정식과 이차함수

§1. 이차방정식과 이차함수의 관계

1 **이차함수의 그래프와 판별식**

이차함수 $y=ax^2+bx+c$의 그래프는 $D=b^2-4ac$라고 할 때,

x축과 서로 다른 두 점에서 만난다	$\Longleftrightarrow D>0$
x축에 접한다	$\Longleftrightarrow D=0$
x축과 만나지 않는다	$\Longleftrightarrow D<0$

2 **이차방정식과 이차함수의 그래프**

$f(x)=ax^2+bx+c\,(a\neq0)$에서 $D=b^2-4ac$라고 하면

$a>0$일 때	$D>0$	$D=0$	$D<0$
$y=f(x)$의 그래프			
$f(x)=0$의 해	$x=\alpha,\ x=\beta$	$x=\alpha$(중근)	허근

Advice 1° 이차함수의 그래프와 판별식

이차함수 $y=ax^2+bx+c$의 그래프는 x축과 서로 다른 두 점에서 만나는 경우, 접하는 경우, 만나지 않는 경우로 나눌 수 있다.

그런데 그래프와 x축이 만나는 점의 y좌표는 0이므로 x좌표는 이차함수의 식에 $y=0$을 대입하여 얻은 이차방정식 $ax^2+bx+c=0$의 실근이다. 곧,

> **정석** 이차함수 $y=ax^2+bx+c$의 그래프의 x절편
> $\Longleftrightarrow$ 이차방정식 $ax^2+bx+c=0$의 실근

이므로 판별식을 이용하여 정리하면 다음과 같다.

> **정석** 이차함수 $y=ax^2+bx+c$의 그래프는 $D=b^2-4ac$라고 할 때,
> x축과 서로 다른 두 점에서 만난다 $\Longleftrightarrow D>0$
> x축에 접한다 $\qquad\qquad\qquad \Longleftrightarrow D=0$
> x축과 만나지 않는다 $\qquad\quad \Longleftrightarrow D<0$

보기 1 이차함수 $y = x^2 + 2kx + 8k - 15$의 그래프가 다음을 만족시키도록 실수 k의 값 또는 값의 범위를 정하시오.

(1) x축과 서로 다른 두 점에서 만난다.

(2) x축에 접한다.   (3) x축과 만나지 않는다.

[연구] (1) $D/4 = k^2 - (8k - 15) > 0$ ∴ $(k-3)(k-5) > 0$ ∴ **$k < 3,\ k > 5$**

(2) $D/4 = k^2 - (8k - 15) = 0$ ∴ $(k-3)(k-5) = 0$ ∴ **$k = 3,\ 5$**

(3) $D/4 = k^2 - (8k - 15) < 0$ ∴ $(k-3)(k-5) < 0$ ∴ **$3 < k < 5$**

*Note 이 단원의 문제를 해결하는 과정에서 이차부등식과 연립부등식의 해법이 이용된다. 이에 관하여 기초가 되어 있지 않은 학생은 p. 190, 200을 먼저 공부하도록 하자.

보기 2 이차함수 $y = x^2 - 2(a+k)x + k^2 + 2k + a^2$의 그래프가 실수 k의 값에 관계없이 x축에 접하도록 상수 a의 값을 정하시오.

[연구] $D/4 = (a+k)^2 - (k^2 + 2k + a^2) = 2(a-1)k = 0$

k의 값에 관계없이 성립해야 하므로 $a - 1 = 0$ ∴ **$a = 1$**

Advice 2° 이차방정식과 이차함수의 그래프 사이의 관계

이차방정식과 이차함수의 그래프 사이의 관계는 판별식 $D = b^2 - 4ac$와 관련이 있다. 이에 대하여 알아보자.

▶ $D > 0$인 경우 : 이차방정식 $ax^2 + bx + c = 0$은 서로 다른 두 실근을 가지고, 이차함수 $y = ax^2 + bx + c$의 그래프는 x축과 서로 다른 두 점에서 만난다. 이때, x절편을 $\alpha,\ \beta\,(\alpha < \beta)$라고 하면 $\alpha,\ \beta$는 이차방정식 $ax^2 + bx + c = 0$의 두 실근이다.

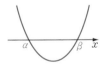

▶ $D = 0$인 경우 : 이차방정식 $ax^2 + bx + c = 0$은 중근을 가지고, 이차함수 $y = ax^2 + bx + c$의 그래프는 x축에 접한다. 이때, x절편을 α라고 하면 α는 이차방정식 $ax^2 + bx + c = 0$의 중근이다.

▶ $D < 0$인 경우 : 이차방정식 $ax^2 + bx + c = 0$은 실근을 가지지 않고, 이차함수 $y = ax^2 + bx + c$의 그래프는 x축과 만나지 않는다.

*Note 위의 그래프는 $a > 0$일 때 이차함수 $y = ax^2 + bx + c$의 그래프를 그린 것이다.

$a < 0$일 때에도 위와 같이 나누어 생각할 수 있다.

필수 예제 **10**-1   세 포물선

$$y=x^2-2ax+4, \quad y=x^2-2ax-3a,$$
$$y=x^2-2(a-1)x+2a^2-6a+4$$

가 다음을 만족시킬 때, 실수 a의 값의 범위를 구하시오.

(1) 세 포물선 중 하나만 x축과 만난다.

(2) 세 포물선 중 적어도 하나는 x축과 만난다.

─────────────────────────────

[정석연구] 포물선이 x축과 서로 다른 두 점에서 만나거나 접할 때 x축과 만난다고 할 수 있다.

일반적으로 이차함수 $y=ax^2+bx+c$에서 $D=b^2-4ac$로 놓으면

> **정석** 이차함수 $y=ax^2+bx+c$의 그래프가
> x축과 만난다 $\iff D\geq0$
> x축과 만나지 않는다 $\iff D<0$

임을 이용한다.

[모범답안] 각 포물선이 x축과 만나기 위한 조건을 구하면

$y=x^2-2ax+4$에서 $D_1/4=(-a)^2-4\geq0$
$\quad\quad\quad\quad \therefore (a+2)(a-2)\geq0 \quad \therefore a\leq-2, \ a\geq2$ ......①

$y=x^2-2ax-3a$에서 $D_2/4=(-a)^2-(-3a)\geq0$
$\quad\quad\quad\quad \therefore a(a+3)\geq0 \quad \therefore a\leq-3, \ a\geq0$ ......②

$y=x^2-2(a-1)x+2a^2-6a+4$에서
$\quad\quad D_3/4=(a-1)^2-(2a^2-6a+4)\geq0$
$\quad\quad\quad\quad \therefore (a-1)(a-3)\leq0 \quad \therefore 1\leq a\leq3$ ......③

(1) ①, ②, ③ 중 하나만 만족시켜야
하므로
$$-3<a\leq-2, \ 0\leq a<1 \longleftarrow \boxed{답}$$

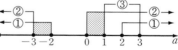

(2) ①, ②, ③ 중 적어도 하나는 만족
시켜야 하므로 $a\leq-2, \ a\geq0 \longleftarrow \boxed{답}$

─────────────────────────────

[유제] **10**-1. 두 포물선 $y=x^2+(k-3)x+k$, $y=-x^2+2kx-3k$가 다음을 만족시킬 때, 실수 k의 값 또는 값의 범위를 구하시오.

(1) 두 포물선 중 하나만 x축과 만난다.

(2) 한 포물선은 x축에 접하고, 다른 한 포물선은 x축과 만나지 않는다.

$\boxed{답}$ (1) $0<k\leq1, \ 3\leq k<9$ (2) $k=1, 3$

필수 예제 **10**-2   이차함수 $y=f(x)$의 그래프가 오
른쪽과 같을 때, 다음 물음에 답하시오.

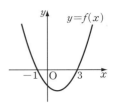

(1) 방정식 $f(x)=k$의 두 근의 합을 구하시오.
    단, k는 양수이다.

(2) 방정식 $f(2x+1)=0$의 두 근의 합과 곱을 구
    하시오.

[정석연구] (1) 이차함수의 그래프가 x축과 두 점 A, B에서 만날 때, 이 그래프의
축과 x축의 교점은 선분 AB의 중점이다.

> **정석** 이차함수 $y=a(x-p)^2+q$의 그래프가 x축과 만나는
>
> 두 점의 x좌표를 α, β라고 하면 $\implies \dfrac{\alpha+\beta}{2}=p$

(2) $2x+1=t$로 놓고, 방정식 $f(t)=0$의 두 근이 $t=-1$, 3임을 이용한다.

[모범답안] (1) 방정식 $f(x)=k$의 두 근을 α, β라고 하면 α, β는 포물선 $y=f(x)$
와 직선 $y=k$의 교점의 x좌표이다.

포물선 $y=f(x)$의 축의 방정식을 $x=p$로 놓으면

$$p=\frac{-1+3}{2}=1$$

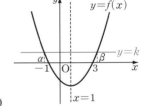

포물선 $y=f(x)$는 직선 $x=1$에 대하여 대
칭이므로 점 $(1, k)$는 두 점 (α, k)와 (β, k)
를 연결하는 선분의 중점이다.

따라서 $1=\dfrac{\alpha+\beta}{2}$에서 $\alpha+\beta=2$ ← [답]

(2) $2x+1=t$로 놓으면 주어진 방정식은 $f(t)=0$
이고, $f(t)=0$의 두 근이 $t=-1$, 3이므로

$$2x+1=-1, 3 \quad \therefore \ x=-1, 1$$

[답] 두 근의 합 : **0**, 두 근의 곱 : -1

*Note $f(x)$는 이차함수이므로 $f(x)=a(x+1)(x-3)(a>0)$으로 놓고 풀어도 된다.

[유제] **10**-2. 이차함수 $y=f(x)$의 그래프가 두 점 $(-3, 0)$, $(2, 0)$을 지나고
위로 볼록할 때, 다음 물음에 답하시오.

(1) 방정식 $f(x)=-2$의 두 근의 합을 구하시오.

(2) 방정식 $f(3x-1)=0$의 두 근의 절댓값의 합을 구하시오.

[답] (1) -1 (2) $\dfrac{5}{3}$

§2. 포물선과 직선의 위치 관계

1 포물선과 직선의 교점

포물선 $y=ax^2+bx+c$ 와 직선 $y=mx+n$ 의 교점의 좌표는

연립방정식 $\begin{cases} y=ax^2+bx+c \\ y=mx+n \end{cases}$ 의 해이다.

2 포물선과 직선의 위치 관계

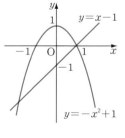

포물선 $\quad y=ax^2+bx+c$ $\qquad \cdots\cdots$①

직선 $\qquad y=mx+n$ $\qquad\qquad \cdots\cdots$②

①, ②에서 y 를 소거하면

$\quad ax^2+bx+c=mx+n$ $\qquad \cdots\cdots$③

이 이차방정식의 판별식을 D 라고 하면

$\qquad\qquad\qquad$ 이차방정식 ③의 근 $\qquad$ 포물선 ①과 직선 ②

(1) $D>0 \iff$ 서로 다른 두 실근 $\iff$ 서로 다른 두 점에서 만난다

(2) $D=0 \iff$ 중근 $\qquad\qquad\qquad\quad \iff$ 접한다

(3) $D<0 \iff$ 서로 다른 두 허근 $\iff$ 만나지 않는다

$\mathcal{Advice}$ 1° 포물선과 직선의 교점

이를테면 두 함수

$\quad y=-x^2+1$ $\qquad\qquad \cdots\cdots$①

$\quad y=x-1$ $\qquad\qquad\qquad \cdots\cdots$②

의 그래프를 그려 보면 오른쪽 그림과 같이 서로
다른 두 점에서 만남을 알 수 있다.

이때, 두 그래프의 교점의 좌표를 (x, y) 라고 하
면 x, y 는 두 식 ①, ②를 동시에 만족시키므로 연
립방정식 ①, ②의 해이다.

①, ②에서 y 를 소거하면 $\quad -x^2+1=x-1$ $\quad \therefore \ x=-2, 1$

②에 대입하면 $y=-3, 0$ 이므로 교점의 좌표는 $(-2, -3), (1, 0)$ 이다.

*$\boldsymbol{Note}$ 일반적으로 두 곡선 $y=f(x)$ 와 $y=g(x)$ 의 교점의 좌표는

연립방정식 $\begin{cases} y=f(x) \\ y=g(x) \end{cases}$ 의 해이다.

보기 1 포물선 $y=x^2+4x+5$와 직선 $y=-2x$의 교점의 좌표를 구하시오.

연구 두 식에서 y를 소거하면 $x^2+4x+5=-2x$ ∴ $x=-1,\ -5$

$y=-2x$에 대입하면 $y=2,\ 10$ ∴ $(-1,\ 2),\ (-5,\ 10)$

Advice 2° 포물선과 직선의 위치 관계

포물선과 직선의 위치 관계는

서로 다른 두 점에서 만나는 경우, 접하는 경우, 만나지 않는 경우

로 나누어 생각할 수 있다.

포물선 $y=ax^2+bx+c$와 직선 $y=mx+n$의 교점의 x좌표는 두 식에서 y를 소거한 방정식

$$ax^2+bx+c=mx+n \qquad\qquad \cdots\cdots ①$$

의 실근이므로 방정식 ①의 실근의 개수가 포물선과 직선의 교점의 개수이다.

따라서 포물선과 직선의 위치 관계를 조사할 때에는 이차방정식 ①의 판별식의 부호를 조사하면 된다.

보기 2 직선 $y=mx-2$와 포물선 $y=2x^2-3x$가 있다.

(1) 직선이 포물선에 접하도록 실수 m의 값을 정하시오.

(2) 직선이 포물선과 서로 다른 두 점에서 만나도록 실수 m의 값의 범위를 정하시오.

(3) 직선이 포물선과 만나지 않도록 실수 m의 값의 범위를 정하시오.

연구 $y=mx-2$ $\cdots\cdots ①$

$\quad\ y=2x^2-3x$ $\cdots\cdots ②$

①, ②의 교점의 x좌표는 방정식

$\qquad mx-2=2x^2-3x$

곧, $2x^2-(m+3)x+2=0$ $\cdots\cdots ③$

의 실근이다. 이때,

$\quad D=(m+3)^2-4\times2\times2=(m+7)(m-1)$

(1) 직선이 포물선에 접하려면 방정식 ③이 중근을 가져야 하므로

$\qquad D=(m+7)(m-1)=0$ ∴ $\boldsymbol{m=-7,\ 1}$

(2) 직선이 포물선과 서로 다른 두 점에서 만나려면 방정식 ③이 서로 다른 두 실근을 가져야 하므로

$\qquad D=(m+7)(m-1)>0$ ∴ $\boldsymbol{m<-7,\ m>1}$

(3) 직선이 포물선과 만나지 않으려면 방정식 ③이 허근을 가져야 하므로

$\qquad D=(m+7)(m-1)<0$ ∴ $\boldsymbol{-7<m<1}$

필수 예제 **10**-3   두 포물선

$$y=ax^2+bx+8 \quad \cdots\cdots① \qquad y=2x^2-3x+2 \quad \cdots\cdots②$$

의 두 교점을 지나는 직선의 방정식이 $y=-x+6$ $\cdots\cdots③$

일 때, 다음 물음에 답하시오.

(1) ①, ②의 교점의 좌표를 구하시오.   (2) 상수 a, b의 값을 구하시오.

[정석연구] ①은 계수에 문자가 포함되어 있으므로,
그 개형을 그리기가 곤란하다. 이런 경우에는 먼
저 ②, ③의 그래프를 그려서 이로부터 ①의 개형
을 추측해 보는 것이 좋다.

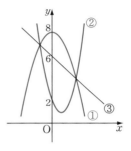

그리고 ①, ②의 교점을 구할 때, ①, ②의 식을
연립하여 풀어도 되고,

　　①, ②의 교점과 ②, ③의 교점은 같다

는 것에 착안하여 ②, ③을 연립하여 풀어도 된다.
아래 그림에서 그 의미를 이해해 보자.

①, ②의 교점을 ③이 지난다.　　②, ③의 교점을 ①이 지난다.

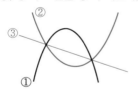 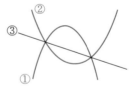

정석 $y=f(x)$와 $y=g(x)$의 그래프의 교점의 좌표는

$$\implies \text{연립방정식} \begin{cases} y=f(x) \\ y=g(x) \end{cases} \text{의 해이다.}$$

[모범답안] (1) ①, ②의 교점은 ②, ③의 교점과 같다.

따라서 교점의 x좌표는 ②와 ③에서

$$2x^2-3x+2=-x+6 \quad \therefore \ x^2-x-2=0 \quad \therefore \ x=-1, 2$$

이 값을 ③에 대입하면 $y=7, 4$ 　　　　　[답] $(-1, 7), \ (2, 4)$

(2) 포물선 ①이 두 점 $(-1, 7), (2, 4)$를 지나므로

$$7=a-b+8, \ 4=4a+2b+8 \quad \therefore \ a=-1, \ b=0 \longleftarrow \boxed{\text{답}}$$

[유제] **10**-3. 포물선 $y=-x^2+ax+b$가 x축과 만나는 두 점을 포물선
$y=x^2-4x+3$이 지나도록 상수 a, b의 값을 정하시오. [답] $a=4, \ b=-3$

필수 예제 **10**-4　직선 $y=mx+n\,(m>0)$이 포물선 $y=x^2-4x+8$과
$y=-x^2+4x-4$에 동시에 접할 때, 상수 $m,\,n$의 값을 구하시오.

[정석연구] 직선과 포물선의 식에서 y를 소거한 다음, 판별식을 이용한다.

정석　접한다 $\iff D=0$

[모범답안] $y=mx+n$ …① 　$y=x^2-4x+8$ …② 　$y=-x^2+4x-4$ …③
①이 ②에 접할 조건은
$$x^2-4x+8=mx+n \quad 곧, \quad x^2-(m+4)x+8-n=0 \quad \cdots\cdots Ⓐ$$
에서 $D_1=(m+4)^2-4(8-n)=0$ $\therefore m^2+8m+4n-16=0$ $\cdots\cdots$④
①이 ③에 접할 조건은
$$-x^2+4x-4=mx+n \quad 곧, \quad x^2+(m-4)x+4+n=0 \quad \cdots\cdots Ⓑ$$
에서 $D_2=(m-4)^2-4(4+n)=0$ $\therefore m^2-8m-4n=0$ $\cdots\cdots$⑤
④+⑤하면 $2m^2-16=0$ $\therefore m^2=8$ $\therefore m=2\sqrt{2}\ (\because m>0)$
이 값을 ⑤에 대입하면 $n=2-4\sqrt{2}$

답 $\boldsymbol{m=2\sqrt{2},\ n=2-4\sqrt{2}}$

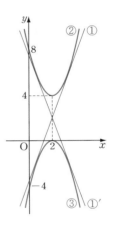

✎*Advice* | $m=2\sqrt{2},\ n=2-4\sqrt{2}$를 Ⓐ, Ⓑ에 각각
대입하면 접점의 x좌표는
　　Ⓐ에서 $x=2+\sqrt{2}$, Ⓑ에서 $x=2-\sqrt{2}$
이고, 이것을 $y=2\sqrt{2}\,x+2-4\sqrt{2}$에 대입하면 접점의
y좌표는 각각 $6,\ -2$이다.
　　한편 오른쪽 그림에서 직선 ①, ①′을 포물선 ②,
③의 공통접선이라고 한다.
　　이 중 ①은 기울기가 양수인 직선이고, ①′은 기울
기가 음수인 직선이다. 위와 같은 방법으로 ①′의 방
정식을 구하면 $y=-2\sqrt{2}\,x+2+4\sqrt{2}$이다.

유제 **10**-4. 직선 $y=x+4$에 평행하고, 포물선 $y=-x^2+1$에 접하는 직선의
방정식을 구하시오. 　　　　　　　　　　　답 $y=x+\dfrac{5}{4}$

유제 **10**-5. 포물선 $y=x^2$ 위의 점 $(-1,\,1)$에서 접하는 직선의 방정식을 구
하시오. 　　　　　　　　　　　　　　　　　답 $y=-2x-1$

유제 **10**-6. 두 포물선 $y=x^2+2x+3,\ y=-3x^2-2x-1$의 공통접선의 방정
식을 구하시오. 　　　　　　　　　　　답 $y=-2x-1,\ y=4x+2$

필수 예제 **10**-5 　직선 $y=ax+b$와 세 포물선
$$y=x^2+3, \quad y=x^2+6x+7, \quad y=x^2+4x+5$$
의 교점의 개수가 각각 2, 1, 0일 때, 정수 a, b의 값을 구하시오.

[정석연구] 문제의 조건에 의하면 오른쪽
　그림과 같이 직선 $y=ax+b$는 포물선
　$y=x^2+3$과 두 점에서 만나고,
　$y=x^2+6x+7$과 접하며,
　$y=x^2+4x+5$와 만나지 않는다.
　일반적으로

　[정석] 직선과 포물선의 교점의 개수에 관한 문제는
　　　　$\Longrightarrow$ y를 소거한 이차방정식에서 판별식 D를 생각한다.

[모범답안] 　$y=ax+b$　　　　……①　　　　　　　　$y=x^2+3$　　　　……②
　　　　　$y=x^2+6x+7$　　……③　　　　　　　　$y=x^2+4x+5$　　……④
　①, ②에서 y를 소거하면 $x^2-ax+3-b=0$
　①, ③에서 y를 소거하면 $x^2-(a-6)x+7-b=0$
　①, ④에서 y를 소거하면 $x^2-(a-4)x+5-b=0$
　　①과 ②, ③, ④의 교점의 개수가 각각 2, 1, 0일 조건은
　　$a^2-4(3-b)>0$, 　$(a-6)^2-4(7-b)=0$, 　$(a-4)^2-4(5-b)<0$
　둘째 식에서의 $4b=-(a^2-12a+8)$을 첫째 식, 셋째 식에 각각 대입하면
　　$a^2-12-(a^2-12a+8)>0$, 　$(a-4)^2-20-(a^2-12a+8)<0$
　　　　$\therefore a>\dfrac{5}{3}$, $a<3$　　곧, $\dfrac{5}{3}<a<3$
　a는 정수이므로　$a=2$, 　이때　$4b=12$　$\therefore b=3$　　[답] $a=2$, $b=3$

[유제] **10**-7. 포물선 $y=-x^2+kx$와 직선 $y=x+1$이 서로 다른 두 점에서 만
　날 때, 실수 k의 값의 범위를 구하시오.　　　　　　　　[답] $k<-1$, $k>3$

[유제] **10**-8. 직선 $y=mx-1$이 포물선 $y=x^2+2x+3$에는 접하고, 포물선
　$y=x^2-2x$와는 서로 다른 두 점에서 만난다.
　　이때, 실수 m의 값을 구하시오.　　　　　　　　　　　　[답] $m=6$

[유제] **10**-9. 직선 $y=mx$는 포물선 $y=x^2-x+1$과는 서로 다른 두 점에서 만
　나고, 포물선 $y=x^2+x+1$과는 만나지 않는다.
　　이때, 실수 m의 값의 범위를 구하시오.　　　　　　　　[답] $1<m<3$

필수 예제 **10**-6　다음 x에 관한 방정식의 서로 다른 실근의 개수는 실수
m의 값이 변함에 따라 어떻게 변하는가?
$$|x(x-3)|-m(x-4)=0$$

정석연구　$|x(x-3)|-m(x-4)=0 \iff |x(x-3)|=m(x-4)$
이므로 $y=|x(x-3)|$, $y=m(x-4)$로 놓고, 두 함수의 그래프의 교점의 개
수를 조사한다.

정석　실근의 개수에 관한 문제 $\implies$ 그래프를 활용한다.

모범답안　$|x(x-3)|=m(x-4)$ ……①

①의 양변을 y로 놓으면

$y=|x(x-3)|$ ……②

$y=m(x-4)$ ……③

①의 실근은 ②, ③의 교점의 x좌표와 같다.

②는 $x\leq0$, $x\geq3$일 때　$y=x^2-3x$,

$0<x<3$일 때　$y=-x^2+3x$

이므로 ②는 오른쪽 그림의 초록 곡선이다.

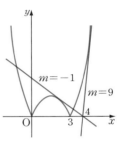

또, ③은 m의 값에 관계없이 점 $(4, 0)$을 지나는 직선이다.

(ⅰ) ②와 ③이 $0<x<3$에서 접하려면　$-x^2+3x=m(x-4)$
곧, $x^2+(m-3)x-4m=0$이 중근을 가져야 한다.
$$\therefore D=(m-3)^2-4\times(-4m)=0 \quad \therefore m=-9, -1$$
그런데 그래프가 $0<x<3$에서 접해야 하므로　$m=-1$

(ⅱ) ②와 ③이 $x\geq3$에서 접하려면　$x^2-3x=m(x-4)$
곧, $x^2-(m+3)x+4m=0$이 중근을 가져야 한다.
$$\therefore D=(m+3)^2-4\times4m=0 \quad \therefore m=1, 9$$
그런데 그래프가 $x\geq3$에서 접해야 하므로　$m=9$

(ⅲ) $m=0$일 때 ③은 x축과 일치한다.

따라서 ②, ③의 교점의 개수로부터 ①의 실근의 개수는 다음과 같다.

m의 값	$m<-1$	$m=-1$	$-1<m<0$	$m=0$	$0<m<9$	$m=9$	$m>9$
실근의 개수	2	3	4	2	0	1	2

유제 **10**-10. x에 관한 방정식 $|x^2-4|=2x+k$가 서로 다른 두 실근을 가질
때, 실수 k의 값의 범위를 구하시오.　답 $-4<k<4$, $k>5$

§3. 이차방정식의 근의 분리

기본정석

이차방정식의 근의 분리 문제

x에 관한 이차방정식 $ax^2+bx+c=0$의 근의 분리 문제를 해결하려고 할 때에는

첫째 ─ $y=ax^2+bx+c$의 그래프를 조건에 알맞게 그리고,

둘째 ─ 다음 세 경우를 따져 본다.

경계에서의 y값의 부호,   축의 위치,   판별식(꼭짓점의 y좌표의 부호)

Advice | a, b, c가 실수일 때, x에 관한 이차방정식 $ax^2+bx+c=0$의 두 실근을 α, β라고 하면

① 두 근이 모두 양수 $\Longleftrightarrow b^2-4ac \geq 0,\ \alpha+\beta>0,\ \alpha\beta>0$

② 두 근이 모두 음수 $\Longleftrightarrow b^2-4ac \geq 0,\ \alpha+\beta<0,\ \alpha\beta>0$

③ 두 근이 서로 다른 부호 $\Longleftrightarrow \alpha\beta<0$

이고, 근과 계수의 관계를 이용하면 $\alpha+\beta$, $\alpha\beta$를 a, b, c로 나타낼 수 있다.

이것은 0을 기준으로 하여 근을 분리한 것으로 ①, ②, ③은

①′ 두 근이 모두 0보다 크다

②′ 두 근이 모두 0보다 작다

③′ 0이 두 근 사이에 있다

와 같이 바꾸어 말할 수 있다.

위에서 0 대신 실수 p로 바꾸어 쓰면

①″ 두 근이 모두 p보다 크다

②″ 두 근이 모두 p보다 작다

③″ p가 두 근 사이에 있다

와 같이 된다.

그런데 0을 기준으로 한 근의 분리 문제와는 달리 일반적으로 실수 p를 기준으로 한 근의 분리 문제를 해결할 때에는 그래프를 활용하는 것이 알기 쉽고 간단하다. 이때, 이용되는 기본 원리는

정석 이차방정식 $ax^2+bx+c=0$의 실근

$\Longleftrightarrow$ 포물선 $y=ax^2+bx+c$의 x절편

이다.

필수 예제 **10**-7 x에 관한 이차방정식 $x^2-2(m-4)x+2m=0$의 근이 다음을 만족시키도록 실수 m의 값의 범위를 정하시오.

(1) 두 근이 모두 2보다 크다.   (2) 두 근이 모두 2보다 작다.

(3) 2가 두 근 사이에 있다.

[정석연구] 이차방정식의 근의 분리에 관한 문제를 해결할 때에는 다음 세 경우를 확인하도록 한다.

경계에서의 y값의 부호,   축의 위치,   판별식(꼭짓점의 y좌표의 부호)

[모범답안] $f(x)=x^2-2(m-4)x+2m$

으로 놓고 문제의 뜻에 맞게 $y=f(x)$의 그래프를 그리면 다음과 같다.

(1) 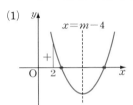 (2) 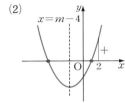 (3)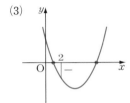

(1) $y=f(x)$의 그래프가 위의 그림과 같은 위치에 있으면 되므로

$$\left.\begin{array}{l} f(2)=4-2(m-4)\times2+2m>0 \\ \text{축의 위치}:\ x=m-4>2 \\ D/4=(m-4)^2-2m\geq0 \end{array}\right\} \quad \therefore\ \mathbf{8\leq m<10} \longleftarrow \boxed{\text{답}}$$

(2) $y=f(x)$의 그래프가 위의 그림과 같은 위치에 있으면 되므로

$$\left.\begin{array}{l} f(2)=4-2(m-4)\times2+2m>0 \\ \text{축의 위치}:\ x=m-4<2 \\ D/4=(m-4)^2-2m\geq0 \end{array}\right\} \quad \therefore\ \mathbf{m\leq2} \longleftarrow \boxed{\text{답}}$$

(3) $y=f(x)$의 그래프가 위의 그림과 같은 위치에 있으면 되므로

$$f(2)=4-2(m-4)\times2+2m<0 \quad \therefore\ \mathbf{m>10} \longleftarrow \boxed{\text{답}}$$

*_Note_ (3)의 경우는 축의 위치에 제한이 필요 없다. 또, $f(2)<0$이면 $D>0$이므로 판별식에 관한 조건을 확인하지 않아도 된다.

[유제] **10**-11. x에 관한 이차방정식 $x^2-2ax+a+6=0$의 근이 다음을 만족시키도록 실수 a의 값의 범위를 정하시오.

(1) 두 근이 모두 1보다 크다.   (2) 두 근이 모두 1보다 작다.

(3) 1이 두 근 사이에 있다. $\boxed{\text{답}}$ (1) $\mathbf{3\leq a<7}$ (2) $\mathbf{a\leq-2}$ (3) $\mathbf{a>7}$

필수 예제 **10**-8   다음 물음에 답하시오.

  (1) x에 관한 이차방정식 $x^2+(m^2-1)x+m-2=0$의 한 근은 -1보다
  작고, 다른 한 근은 1보다 크도록 실수 m의 값의 범위를 정하시오.

  (2) x에 관한 이차방정식 $3x^2+6mx-3m-1=0$의 두 근이 모두 -1과
  1 사이에 존재하도록 실수 m의 값의 범위를 정하시오.

[모범답안] (1) $f(x)=x^2+(m^2-1)x+m-2$

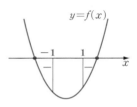

로 놓을 때, $y=f(x)$의 그래프가 오른쪽과 같
은 위치에 있어야 하므로

$$f(-1)=1-(m^2-1)+m-2<0,$$
$$f(1)=1+(m^2-1)+m-2<0$$

공통 범위를 구하면 $-2<m<0$ ← [답]

(2) $f(x)=3x^2+6mx-3m-1$

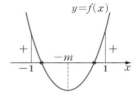

로 놓을 때, $y=f(x)$의 그래프가 오른쪽과 같
은 위치에 있어야 하므로

$$f(-1)=3-6m-3m-1>0,$$
$$f(1)=3+6m-3m-1>0,$$
$$축의 위치 : -1<-m<1,$$
$$D/4=(3m)^2-3(-3m-1)\geq0$$

공통 범위를 구하면 $-\dfrac{2}{3}<m<\dfrac{2}{9}$ ← [답]

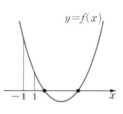

Advice | (2)의 경우 $f(-1)>0, f(1)>0, D\geq0$
을 만족시키는 $y=f(x)$의 그래프는 오른쪽 그림
과 같은 경우도 있으므로 반드시 축에 대한 조건
을 빠뜨리지 않도록 해야 한다.

[정석] 근의 분리 문제는 우선

   경계에서의 y값의 부호, 축의 위치, 판별식을 빠짐없이 따져 본다.

[유제] **10**-12. x에 관한 이차방정식 $x^2-mx+3=0$의 한 근은 1보다 작고, 다
른 한 근은 2보다 클 때, 실수 m의 값의 범위를 구하시오.   [답] $m>4$

[유제] **10**-13. x에 관한 이차방정식 $x^2+2px+p=0$이 서로 다른 두 실근을
가지고, 각각의 절댓값이 1보다 크지 않도록 실수 p의 값의 범위를 정하시오.
[답] $-\dfrac{1}{3}\leq p<0$

연습문제 10

기본 **10**-1 실수 m에 대하여 포물선 $y=x^2-mx+m$과 x축이 만나는 점의 개수를 $f(m)$이라고 할 때, 함수 $y=f(m)$의 그래프를 그리시오.

10-2 이차함수 $y=\dfrac{3}{4}x^2-(2a-1)x+a^2+2$의 그래프와 x축이 만나는 점의 개수와 이차함수 $y=ax^2+2(a-3)x+2(a-3)$의 그래프와 x축이 만나는 점의 개수가 서로 같도록 하는 실수 a의 값의 범위를 구하시오.

10-3 두 이차함수 $y=x^2+ax-1$, $y=ax^2-x+1$의 그래프가 오직 한 점에서 만날 때, 상수 a의 값을 구하시오.

10-4 포물선 $y=x^2-(a^2-4a+3)x+a^2-9$와 직선 $y=x$의 두 교점의 x좌표가 절댓값이 같고 부호가 서로 다를 때, 상수 a의 값을 구하시오.

10-5 포물선 $y=-x^2+2x$ 위의 점 중에서 직선 $y=-2x+5$에 이르는 거리가 최소인 점의 좌표를 구하시오.

10-6 점 $(0, 1)$을 지나는 직선 $y=f(x)$가 이차함수 $y=g(x)$의 그래프와 두 점 A, B에서 만난다. 이차함수 $y=g(x)$의 그래프의 꼭짓점이 점 $(1, -1)$이고 선분 AB의 중점이 점 $\left(\dfrac{1}{2}, 0\right)$일 때, $f(x)$, $g(x)$를 구하시오.

10-7 포물선 $y=x^2+x-3$과 직선 $y=-x$가 만나는 두 점을 각각 A, B라고 하자. 포물선 $y=x^2+x-3$과 직선 $y=-x+k$가 점 C에서 접할 때, $\triangle$ACB의 넓이를 구하시오. 단, k는 상수이다.

10-8 오른쪽 그림과 같이 포물선 $y=-x^2+3$과 직선 $y=2x+k$가 두 점 A, B에서 만난다. 두 점 A, B에서 x축에 내린 수선의 발을 각각 P, Q라 하고, 직선 $y=2x+k$와 x축의 교점을 R이라고 하자.

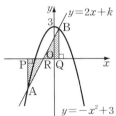

두 삼각형 APR, BQR의 넓이의 합이 4일 때, 상수 k의 값을 구하시오.

10-9 이차함수 $f(x)$가 $|f(-1)|=|f(1)|=|f(3)|=|f(5)|=1$을 만족시킬 때, $y=f(x)$의 그래프와 x축이 만나는 점의 x좌표를 구하시오.

10-10 x에 관한 방정식 $|x^2+2x+a|=2$가 서로 다른 네 실근을 가지기 위한 실수 a의 값의 범위를 구하시오.

10-11 x에 관한 방정식 $|x^2+2(a-2)x-2|=1$의 모든 근의 합이 0일 때, 실수 a의 값을 구하시오.

10-12   포물선 $y=x^2+2ax+2a$가 $-2 \le x \le 2$인 범위에서 직선 $y=x+2$와 서로 다른 두 점에서 만나도록 실수 a의 값의 범위를 정하시오.

10-13 x에 관한 이차방정식 $x^2-ax+b=0$의 한 근은 1과 2 사이에, 다른 한 근은 2와 4 사이에 있을 때, 자연수 a, b의 값을 구하시오.

[실력] **10**-14   포물선 $y=ax^2+bx+c$가 직선 l과 만나는 두 점의 x좌표는 -2, 2이고, 직선 m과 만나는 두 점의 x좌표는 1, 5이다. 이때, 직선 l과 m의 교점의 x좌표를 구하시오. 단, a, b, c는 상수이다.

10-15   서로 다른 이차식 $f(x)$, $g(x)$가 다음 두 조건을 만족시킨다.
　(가) $f(x)$를 $(x+1)(x-2)$로 나눈 나머지와 $g(x)$를 $(x+1)(x-2)$로 나눈 나머지가 서로 같다.
　(나) 두 함수 $y=f(x)$, $y=g(x)$의 그래프의 두 교점을 지나는 직선의 방정식은 $y=3x-2$이다.
　함수 $y=f(x)$의 그래프와 직선 $y=k$가 접하도록 하는 실수 k의 값의 범위를 구하시오.

10-16 $x \ge 0$에서 직선 $y=2ax+a^2$과 포물선 $y=x^2+2x+2$가 만나지 않을 때, 실수 a의 값의 범위를 구하시오.

10-17   두 함수 $f(x)=2x^2-2x+2$, $g(x)=2x^3-x+3$에 대하여 x에 관한 방정식 $(x+1)f(x)-g(x)=ax^2+1$이 1보다 큰 근 한 개와 1보다 작은 근 한 개를 가지게 하는 실수 a의 값의 범위를 구하시오.

10-18 x에 관한 이차방정식 $x^2-2ax+2-a^2=0$이 1보다 작은 실근을 적어도 하나 가지기 위한 실수 a의 값의 범위를 구하시오.

10-19 x에 관한 이차방정식 $x^2+ax+a+12=0$이 서로 다른 두 실근을 가질 때, 다음 물음에 답하시오. 단, a는 상수이다.
(1) 적어도 한 근의 정수부분은 4가 되지 않음을 보이시오.
(2) a가 정수이고, 한 근의 정수부분이 4일 때, a의 값을 구하시오.

10-20 x에 관한 이차방정식 $x^2+ax-1=0$의 근 중 한 근만 x에 관한 이차방정식 $x^2-x-a=0$의 두 근 사이에 있음을 보이시오. 단, $a>0$이다.

10-21 $f(x)=x^2+2ax+1$, $g(x)=x^2+2x+a$일 때, 두 포물선 $y=f(x)$, $y=g(x)$가 각각 x축과 서로 다른 두 점에서 만난다. 방정식 $f(x)=0$의 두 근이 모두 방정식 $g(x)=0$의 두 근보다 크기 위한 실수 a의 값의 범위를 구하시오.

11. 최대와 최소

§1. 이차함수의 최대와 최소

이차함수 $y=a(x-m)^2+n$ 의 최대와 최소

① $a>0$ 이면 y 는 $x=m$ 일 때 최솟값 n 을 가지고, 최댓값은 없다.

② $a<0$ 이면 y 는 $x=m$ 일 때 최댓값 n 을 가지고, 최솟값은 없다.

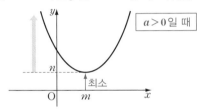
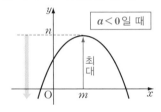

Advice | 어떤 함수의 함숫값 중에서 가장 큰 값을 그 함수의 최댓값, 가장 작은 값을 그 함수의 최솟값이라고 한다.

이차함수의 최대와 최소의 기본은 완전제곱 꼴로의 변형이다.

정석 $y=ax^2+bx+c$ 의 꼴을 $\Longrightarrow$ $y=a(x-m)^2+n$ 의 꼴로 변형!

보기 1 함수 $y=x^2+2x+3$ 의 최댓값 또는 최솟값을 구하시오.

연구 $y=x^2+2x+3=(x+1)^2+2$ 에서 $(x+1)^2\geq0$ 이므로 $(x+1)^2$ 의 최솟값은 0, 최댓값은 없다.

따라서 y 의 최솟값 2, 최댓값 없다.

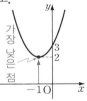

*Note 함수의 그래프가 아래로 볼록한 포물선일 때 최솟값을 가지며, 최솟값은 꼭짓점의 y 좌표와 같다.

보기 2 함수 $y=-x^2+4x$ 의 최댓값 또는 최솟값을 구하시오.

연구 $y=-x^2+4x=-(x-2)^2+4$ 에서 $-(x-2)^2\leq0$ 이므로 $-(x-2)^2$ 의 최댓값은 0, 최솟값은 없다.

따라서 y 의 최댓값 4, 최솟값 없다.

*Note 함수의 그래프가 위로 볼록한 포물선일 때 최댓값을 가지며, 최댓값은 꼭짓점의 y 좌표와 같다.

필수 예제 **11**-1   다음 세 식을 만족시키는 실수 x, y, z에 대하여
$x^2+y^2+z^2$을 최소로 하는 정수 a의 값과 이때 최솟값을 구하시오.
$$x+y-z=1, \quad x-y=6, \quad 3y+z=5a$$

[정석연구] 주어진 세 조건식을 연립하여 풀면 x, y, z를 a에 관하여 나타낼 수 있다. 이것을 $x^2+y^2+z^2$에 대입하면 a에 관한 최대, 최소 문제가 된다.

　　[정석] 주어진 조건식을 이용하여 한 문자로 나타낸다.

　　그리고 a가 정수라는 사실을 잊지 않도록 주의한다.

[모범답안] 세 식을 x, y, z에 관하여 연립하여 풀면
$$x=a+5, \quad y=a-1, \quad z=2a+3$$
$$\therefore \ x^2+y^2+z^2=(a+5)^2+(a-1)^2+(2a+3)^2=6a^2+20a+35$$
$$=6\left(a+\frac{5}{3}\right)^2+\frac{55}{3}$$

여기에서 $\left|a+\dfrac{5}{3}\right|$가 최소가 되는 정수 a의 값은 -2이고, 이때 최솟값은
$$6\times(-2)^2+20\times(-2)+35=19 \qquad \boxed{\text{답}} \ \boldsymbol{a=-2}, \text{최솟값 } \mathbf{19}$$

Advice | a가 정수일 때
$$f(a)=6\left(a+\frac{5}{3}\right)^2+\frac{55}{3}$$

의 그래프는 오른쪽 그림에서와 같이 점들로 나타내어진다.

여기에서 $f(a)$는 $-\dfrac{5}{3}$에 가장 가까운 정수인 $a=-2$일 때 최소임을 알 수 있다.

만일 $f(a)$가

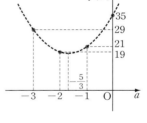

$$f(a)=6\left(a+\frac{4}{3}\right)^2+n \text{의 꼴이면 } f(a)\text{는 } a=-1\text{일 때 최소,}$$
$$f(a)=6\left(a+\frac{3}{2}\right)^2+n \text{의 꼴이면 } f(a)\text{는 } a=-2, -1\text{일 때 최소}$$

이다. 직접 그래프를 그려서 확인해 보자.

[유제] **11**-1. 실수 x, y가 두 방정식 $x+2y=a$, $2x+3y=3a-1$을 만족시킬 때, x^2+y^2이 최소가 되는 정수 a의 값을 구하시오. 　　　　　　　$\boxed{\text{답}} \ \boldsymbol{a=1}$

[유제] **11**-2. $x-1=\dfrac{y+1}{2}=\dfrac{z+2}{3}$일 때, $x^2+y^2+z^2$의 최솟값을 구하시오.
단, x, y, z는 정수이다. 　　　　　　　　　　　　　　　　$\boxed{\text{답}} \ \mathbf{6}$

필수 예제 **11**-2 x, y, z가 실수일 때, 다음 식의 최솟값과 이때 x, y, z의 값을 구하시오.
(1) $f(x, y) = x^2 - 2xy + 2y^2 + 2x - 4y + 3$
(2) $f(x, y, z) = x^2 + y^2 + 2z^2 - 4x + 2y - 4z + 10$

정석연구 $f(x, y) = A^2 + B^2 + k$, $f(x, y, z) = A^2 + B^2 + C^2 + k$의 꼴로 변형한 다음, 아래 **정석**을 이용한다.

정석 A, B, C가 실수일 때,
$A^2 + B^2 + k$는 $\Longrightarrow A = 0, B = 0$일 때 최솟값 k
$A^2 + B^2 + C^2 + k$는 $\Longrightarrow A = 0, B = 0, C = 0$일 때 최솟값 k

모범답안 (1) $f(x, y) = x^2 - 2(y-1)x + 2y^2 - 4y + 3$
$= \{x - (y-1)\}^2 - (y-1)^2 + 2y^2 - 4y + 3$
$= (x - y + 1)^2 + y^2 - 2y + 2 = (x - y + 1)^2 + (y-1)^2 + 1$
x, y는 실수이므로 $(x - y + 1)^2 \geq 0$, $(y-1)^2 \geq 0$이다.
따라서 $f(x, y)$는 $x - y + 1 = 0$, $y - 1 = 0$일 때 최소이다.
답 $x = 0, y = 1$일 때 최솟값 1

(2) $f(x, y, z) = (x^2 - 4x) + (y^2 + 2y) + 2(z^2 - 2z) + 10$
$= \{(x-2)^2 - 4\} + \{(y+1)^2 - 1\} + \{2(z-1)^2 - 2\} + 10$
$= (x-2)^2 + (y+1)^2 + 2(z-1)^2 + 3$
x, y, z는 실수이므로 $(x-2)^2 \geq 0$, $(y+1)^2 \geq 0$, $2(z-1)^2 \geq 0$이다.
따라서 $f(x, y, z)$는 $x - 2 = 0$, $y + 1 = 0$, $z - 1 = 0$일 때 최소이다.
답 $x = 2, y = -1, z = 1$일 때 최솟값 3

Advice 1° 이를테면 '$(x-1)^2 + (x-2)^2 + 4$의 최솟값은 4이다'라는 말은 옳지 않다. 왜냐하면 $x - 1 = 0$이고 동시에 $x - 2 = 0$일 수는 없기 때문이다. 이런 때에는 전개하여 $A^2 + k$의 꼴로 정리한 다음, 최솟값을 구해야 한다.
2° (1)의 경우 주어진 식을 이를테면 p로 놓고 판별식을 이용해도 된다.
곧, x에 관하여 정리하면 $x^2 - 2(y-1)x + 2y^2 - 4y + 3 - p = 0$
$D/4 = (y-1)^2 - (2y^2 - 4y + 3 - p) \geq 0$이므로 $p \geq y^2 - 2y + 2 = (y-1)^2 + 1 \geq 1$
따라서 p의 최솟값은 1이다. ⇦ p. 152 참조

유제 **11**-3. x, y, z가 실수일 때, 다음 식의 최댓값 또는 최솟값을 구하시오.
(1) $2x - 4y - x^2 - 2y^2 + 2xy + 1$ (2) $x^2 + y^2 + z^2 + 2x - 6y - 8z + 10$
답 (1) 최댓값 3 (2) 최솟값 -16

§2. 제한된 범위에서의 최대와 최소

기 본 정 석

이차함수 $y=a(x-m)^2+n\,(\alpha\leq x\leq\beta)$의 최대와 최소

① $\alpha<m<\beta$일 때(꼭짓점의 x좌표가 α, β 사이에 있을 때)

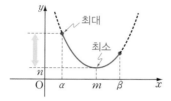 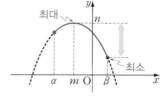

② $m<\alpha$ 또는 $m>\beta$일 때(꼭짓점의 x좌표가 α, β 사이에 없을 때)

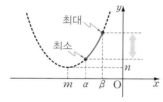 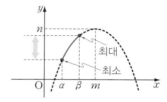

보기 1 $1\leq x\leq5$일 때, $y=x^2-4x+3$의 최댓값과 최솟값을 구하시오.

연구 $y=x^2-4x+3=(x-2)^2-1$

꼭짓점 : $(2,\,-1)$

양 끝 점 : $(1,\,0)$, $(5,\,8)$

오른쪽 그래프를 보면(초록 곡선)

$x=5$일 때 최댓값 **8**, $x=2$일 때 최솟값 **−1**

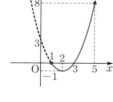

보기 2 $-1\leq x\leq1$일 때, $y=-2x^2+8x+3$의 최댓값과 최솟값을 구하시오.

연구 $y=-2x^2+8x+3=-2(x-2)^2+11$

꼭짓점 : $(2,\,11)$

양 끝 점 : $(-1,\,-7)$, $(1,\,9)$

오른쪽 그래프를 보면(초록 곡선)

$x=1$일 때 최댓값 **9**, $x=-1$일 때 최솟값 **−7**

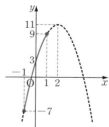

필수 예제 **11**-3 함수 $y=-x^2+ax(-1\le x\le 1)$에 대하여

(1) y의 최댓값을 구하시오. 단, a는 상수이다.

(2) y의 최댓값이 4일 때, 상수 a의 값을 구하시오.

[정석연구] 꼭짓점의 x좌표가 $-1\le x\le 1$의 밖에 있을 때와 안에 있을 때로 구분하여 생각하면 된다.

[모범답안] (1) $y=-x^2+ax=-\left(x-\dfrac{a}{2}\right)^2+\dfrac{a^2}{4}$ 에서

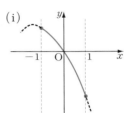

꼭짓점의 좌표는 $\left(\dfrac{a}{2},\ \dfrac{a^2}{4}\right)$ 이다.

(ⅰ) $\dfrac{a}{2}\le -1$, 곧 $\boldsymbol{a\le -2}$일 때

꼭짓점은 직선 $x=-1$의 왼쪽에 있으므로
최댓값은 $x=-1$일 때

$$y=-(-1)^2+a\times(-1)=\boldsymbol{-a-1}$$

(ⅱ) $-1<\dfrac{a}{2}<1$, 곧 $\boldsymbol{-2<a<2}$일 때

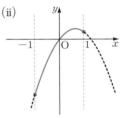

꼭짓점은 두 직선 $x=-1$, $x=1$ 사이에 있으므로 최댓값은 $x=\dfrac{a}{2}$일 때 $\dfrac{\boldsymbol{a^2}}{\boldsymbol{4}}$

(ⅲ) $\dfrac{a}{2}\ge 1$, 곧 $\boldsymbol{a\ge 2}$일 때

꼭짓점은 직선 $x=1$의 오른쪽에 있으므로
최댓값은 $x=1$일 때

$$y=-1^2+a\times 1=\boldsymbol{a-1}$$

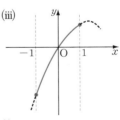

*$Note$ 최솟값도 함께 구하려면 (ⅱ)의 경우를

$$-1<\dfrac{a}{2}\le 0, \quad 0<\dfrac{a}{2}<1$$

로 다시 나누어 생각해야 한다.

(2) $a\le -2$일 때, $-(a+1)=4$로부터 $a=-5$ (적합)

$-2<a<2$일 때, $\dfrac{a^2}{4}=4$로부터 $a=\pm 4$ (부적합)

$a\ge 2$일 때, $a-1=4$로부터 $a=5$ (적합) ∴ $\boldsymbol{a=\pm 5}$

[유제] **11**-4. $0\le x\le 1$일 때, $y=x^2-ax+a^2$의 최솟값이 7이 되는 상수 a의 값을 구하시오. [답] $a=-\sqrt{7},\ 3$

[유제] **11**-5. $y=x^2-2ax+a(-1\le x\le 1)$의 최솟값이 -2일 때, 상수 a의 값을 구하시오. [답] $a=-1,\ 3$

필수 예제 **11**-4   실수 x, y에 대하여 다음 물음에 답하시오.

(1) $x^2+2y^2=1$일 때, $4x+2y^2$의 최댓값과 최솟값을 구하시오.

(2) $x^2+y^2=3x-2$일 때, x^2+y^2의 최댓값과 최솟값을 구하시오.

───────────────────────────────────────

[정석연구] (1) $x^2+2y^2=1$에서 $2y^2=1-x^2$ ……①

　　$4x+2y^2=t$로 놓으면 $t=4x+(1-x^2)=-(x-2)^2+5$ ……②

와 같이 t는 x의 이차함수가 된다.

　　그런데 ②로부터 '$t=4x+2y^2$의 최댓값은 5이고, 최솟값은 없다'고 답해서는 안 된다. 왜냐하면 x에 제한 범위가 있기 때문이다.

　　곧, ①에서 y는 실수이므로

$$2y^2=1-x^2\geq0   \therefore   -1\leq x\leq1$$

임을 잊어서는 안 된다.

　　　호랑이는 죽어서 가죽을 남기고,

　　　　　　　문자는 소거되면 제한 범위를 남긴다.

(2) (1)과 같은 방법으로 풀되, 특히 제한 범위에 주의한다.

[모범답안] (1) $x^2+2y^2=1$에서 $2y^2=1-x^2$ ……①

　　$4x+2y^2=t$로 놓으면

　　　$t=4x+(1-x^2)=-(x-2)^2+5$ ……②

　　그런데 ①에서 y는 실수이므로 $2y^2\geq0$

　　　　$\therefore$ $1-x^2\geq0$ $\therefore$ $-1\leq x\leq1$

　　이 범위에서 ②의 최댓값, 최솟값을 구하면

　　　$x=1$일 때   최댓값 **4**

　　　$x=-1$일 때   최솟값 **-4**   ← [답]

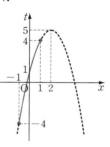

(2) $x^2+y^2=3x-2$에서 $y^2=-x^2+3x-2$ ……①

　　$x^2+y^2=t$로 놓으면 $t=3x-2$ ……②

　　그런데 ①에서 y는 실수이므로 $y^2\geq0$

　　　　$\therefore$ $-x^2+3x-2\geq0$ $\therefore$ $1\leq x\leq2$

　　이 범위에서 ②의 최댓값, 최솟값을 구하면

　　　$x=2$일 때   최댓값 **4**

　　　$x=1$일 때   최솟값 **1**   ← [답]

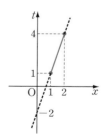

[유제] **11**-6. $2x+y=3$, $x\geq0$, $y\geq0$일 때, x^2+2y^2의 최댓값과 최솟값을 구하시오.

　　　　　　　　　　　　　　　　[답] 최댓값 18, 최솟값 2

필수 예제 **11**-5 △ABC의 넓이는 16이고, 변 BC의 길이는 4이다.

변 BC에 평행한 직선이 두 변 AB, AC와 만나는 점을 각각 P, Q라 하고, 점 P를 지나고 변 AC에 평행한 직선과 점 Q를 지나고 변 AB에 평행한 직선의 교점을 R이라고 하자. 다음 물음에 답하시오.

(1) △ABC와 △PQR의 내부의 공통부분의 넓이를 y, 선분 PQ의 길이를 x라고 할 때, y를 x에 관한 식으로 나타내고, 그 그래프를 그리시오.

(2) y의 최댓값을 구하시오.

[모범답안] (1) (ⅰ) 점 R이 △ABC의 내부 또는 변 BC 위에 있을 때, 오른쪽 그림에서

$$y = \triangle PQR, \quad 0 < x \le 2, \quad \triangle ABC \backsim \triangle RQP$$

$$\therefore \ \frac{\triangle PQR}{\triangle ABC} = \frac{\overline{PQ}^2}{\overline{BC}^2} = \frac{x^2}{4^2} \quad \therefore \ y = x^2$$

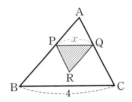

(ⅱ) 점 R이 △ABC의 외부에 있을 때, 오른쪽 그림에서

$$y = \triangle PQR - \triangle RTS, \quad 2 < x < 4,$$

$$\overline{TS} = \overline{BT} + \overline{SC} - \overline{BC} = 2x - 4,$$

$$\triangle RTS \backsim \triangle RQP \backsim \triangle ABC$$

$$\therefore \ \frac{\triangle RTS}{\triangle ABC} = \frac{\overline{TS}^2}{\overline{BC}^2} = \frac{(2x-4)^2}{4^2}$$

$$\therefore \ \triangle RTS = (2x-4)^2$$

$$\therefore \ y = x^2 - (2x-4)^2 = -3x^2 + 16x - 16$$

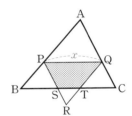

[답] $y = \begin{cases} x^2 & (0 < x \le 2) \\ -3x^2 + 16x - 16 & (2 < x < 4) \end{cases}$

또, $y = -3x^2 + 16x - 16 = -3\left(x - \dfrac{8}{3}\right)^2 + \dfrac{16}{3}$

이므로 그래프는 오른쪽(초록 곡선)과 같다.

(2) 오른쪽 그림에서

$x = \dfrac{8}{3}$ 일 때 y의 최댓값은 $\dfrac{16}{3}$ ← [답]

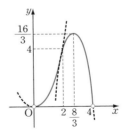

[유제] **11**-7. 직각삼각형 ABC에서 $\overline{AB} = 5$, $\overline{BC} = 4$, $\overline{CA} = 3$이다.

빗변 AB 위의 점 P에서 변 BC, AC에 내린 수선의 발을 각각 D, E라고 할 때, 직사각형 PDCE의 넓이가 최대가 되는 점 P의 위치를 구하시오.

[답] 변 **AB**의 중점

§3. 판별식을 이용하는 최대와 최소

최대와 최소 문제에서 판별식을 이용하는 경우

(1) 이차함수 $y=ax^2+bx+c$의 최대와 최소
　① y를 이항하여 $ax^2+bx+c-y=0$의 꼴로 변형한 다음,
　② $D=b^2-4a(c-y)\geq0$을 풀어 y의 값의 범위를 구한다.

(2) $y=\dfrac{g(x)}{f(x)}$의 최대와 최소
　① 양변에 $f(x)$를 곱하여 x에 관한 다항방정식으로 변형한 다음,
　② x에 관한 이차방정식일 때는 $D\geq0$을 풀어 y의 값의 범위를 구한다.

Advice | 이를테면 이차함수 $y=x^2-4x+3$의 최솟값을 구해 보자.
(ⅰ) 완전제곱의 꼴로 변형하는 방법 : 이미 공부한 방법이다.　⇦ p.145 참조
　$y=x^2-4x+3=(x-2)^2-1$이므로 $x=2$일 때　최솟값 **−1**
(ⅱ) 판별식을 이용하는 방법 : $y=x^2-4x+3$에서　$x^2-4x+3-y=0$
　∴ $D/4=(-2)^2-(3-y)\geq0$　∴ $y\geq-1$　따라서 y의 최솟값 **−1**

필수 예제 **11**-6　함수 $y=\dfrac{x^2-x+1}{x^2+x+1}$의 최댓값과 최솟값을 구하시오.
　단, x는 실수이다.

[모범답안] 양변에 x^2+x+1을 곱하면　$yx^2+yx+y=x^2-x+1$
　x에 관하여 정리하면　$(y-1)x^2+(y+1)x+y-1=0$　　　······①
(ⅰ) $y-1\neq0$일 때, ①은 x에 관한 이차방정식이고, x는 실수이므로
　　$D=(y+1)^2-4(y-1)^2\geq0$　∴ $\dfrac{1}{3}\leq y\leq3$ $(y\neq1)$
(ⅱ) $y-1=0$, 곧 $y=1$일 때, ①은　$2x=0$　∴ $x=0$ (실수)
　(ⅰ), (ⅱ)에서　$\dfrac{1}{3}\leq y\leq3$　　　　[답] 최댓값 **3**, 최솟값 $\dfrac{1}{3}$

[유제] **11**-8. x가 실수일 때, 다음 식의 최댓값과 최솟값을 구하시오.
(1) $\dfrac{2-6x}{1+3x^2}$　　　　　　　　　　　(2) $\dfrac{3x}{x^2+x+1}$
　　　　　　[답] (1) 최댓값 **3**, 최솟값 **−1**　(2) 최댓값 **1**, 최솟값 **−3**

필수 예제 **11**-7　실수 x, y가 방정식 $x^2-2xy+y^2-\sqrt{2}\,x-\sqrt{2}\,y+6=0$을 만족시킬 때, 다음을 구하시오.

(1) $\dfrac{y}{x}$ 의 최댓값, 최솟값　　　　　　　(2) $x+y$ 의 최솟값

[정석연구] (1) $\dfrac{y}{x}=k$로 놓으면 $y=kx$이고, 이것을 주어진 식에 대입하면 k를 포함한 x에 관한 이차방정식을 얻으므로 다음 **정석**을 이용한다.

　　　정석 x의 실수 조건 $\Longrightarrow$ 실근 $\Longrightarrow$ $D\geq0$

(2) 역시 $x+y=l$로 놓고 위와 같은 방법으로 한다.

[모범답안] 주어진 식을 변형하면 　$(x-y)^2-\sqrt{2}\,(x+y)+6=0$　　　　$\cdots\cdots$①

(1) $\dfrac{y}{x}=k$로 놓으면 $y=kx$이고, 이것을 ①에 대입하면

$$(x-kx)^2-\sqrt{2}\,(x+kx)+6=0$$

x에 관하여 정리하면　$(1-k)^2x^2-\sqrt{2}\,(1+k)x+6=0$　　　　$\cdots\cdots$②

(i) $1-k\neq0$일 때, ②는 x에 관한 이차방정식이고, x는 실수이므로

$$D=2(1+k)^2-24(1-k)^2\geq0$$

$$\therefore\ 11k^2-26k+11\leq0\quad\therefore\ \frac{13-4\sqrt{3}}{11}\leq k\leq\frac{13+4\sqrt{3}}{11}\ (k\neq1)$$

(ii) $1-k=0$, 곧 $k=1$일 때, ②는 $-2\sqrt{2}\,x+6=0$ $\therefore\ x=\dfrac{3\sqrt{2}}{2}$ (실수)

(i), (ii)에서　$\dfrac{13-4\sqrt{3}}{11}\leq k\leq\dfrac{13+4\sqrt{3}}{11}$

따라서 $\dfrac{y}{x}$ 의 최댓값 $\dfrac{\mathbf{13+4\sqrt{3}}}{\mathbf{11}}$, 최솟값 $\dfrac{\mathbf{13-4\sqrt{3}}}{\mathbf{11}}$ ← [답]

(2) $x+y=l$로 놓으면 $y=l-x$이고, 이것을 ①에 대입하면

$$(x-l+x)^2-\sqrt{2}\,(x+l-x)+6=0$$

x에 관하여 정리하면　$4x^2-4lx+l^2-\sqrt{2}\,l+6=0$

이 식은 x에 관한 이차방정식이고, x는 실수이므로

$$D/4=(-2l)^2-4(l^2-\sqrt{2}\,l+6)\geq0\quad\therefore\ l\geq3\sqrt{2}$$

따라서 $x+y$ 의 최솟값은 $\mathbf{3\sqrt{2}}$ ← [답]

[유제] **11**-9. x, y가 실수이고 $x^2+y^2=1$일 때, $x+2y$ 의 최댓값과 최솟값을 구하시오.　　　　　　　　　　　　　　[답] 최댓값 $\sqrt{5}$, 최솟값 $-\sqrt{5}$

[유제] **11**-10. x, y가 실수이고 $x^3-3xy-y^3=0$일 때, $x-y$ 의 값의 범위를 구하시오.　　　　　　　　　　　　　　　　　　[답] $-3\leq x-y<1$

필수 예제 **11**-8 x에 관한 이차방정식 $(x-1)^2+ax+1+a+a^2=0$의 두
실근을 α, β라고 할 때, 다음 물음에 답하시오. 단, a는 실수이다.
(1) $(1-\alpha)(1-\beta)$의 최댓값과 최솟값을 구하시오.
(2) α의 최댓값과 β의 최솟값을 구하시오. 단, $\alpha \geq \beta$이다.

[정석연구] (1) 주어진 방정식이 실근을 가진다는 조건으로부터
　　　　　　a의 범위가 제한되어 있다는 것에 주의한다.
(2) 주어진 방정식을 a에 관한 이차방정식으로 볼 때,

　　　정석 a가 실수 $\Longrightarrow$ 실근 $\Longrightarrow$ $D \geq 0$

[모범답안] (1) 주어진 식을 x에 관하여 정리하면
$$x^2+(a-2)x+a^2+a+2=0 \qquad \cdots\cdots ①$$
α, β는 ①의 두 근이므로 $\alpha+\beta=-(a-2)$, $\alpha\beta=a^2+a+2$
$y=(1-\alpha)(1-\beta)$로 놓으면

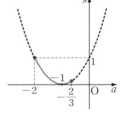

$$\begin{aligned} y&=1-(\alpha+\beta)+\alpha\beta \\ &=1+(a-2)+a^2+a+2 \\ &=a^2+2a+1=(a+1)^2 \qquad \cdots\cdots ② \end{aligned}$$
한편 ①은 실근을 가지므로
$$D=(a-2)^2-4(a^2+a+2) \geq 0$$
$$\therefore\ 3a^2+8a+4 \leq 0$$
$$\therefore\ -2 \leq a \leq -\frac{2}{3} \qquad \cdots\cdots ③$$
③의 범위에서 ②의 최댓값과 최솟값을 구하면
$a=-2$일 때 최댓값 **1**, $a=-1$일 때 최솟값 **0** $\longleftarrow$ [답]
(2) 주어진 식을 a에 관하여 정리하면 $a^2+(x+1)a+x^2-2x+2=0$
이것은 a에 관한 이차방정식이고, a는 실수이므로
$$D=(x+1)^2-4(x^2-2x+2) \geq 0 \quad \therefore\ 3x^2-10x+7 \leq 0 \quad \therefore\ 1 \leq x \leq \frac{7}{3}$$
따라서 α의 최댓값 $\dfrac{7}{3}$, β의 최솟값 **1** $\longleftarrow$ [답]

[유제] **11**-11. x에 관한 이차방정식 $x^2-2mx+10x+2m^2-4m-2=0$이 실
근을 가지도록 실수 m의 값의 범위를 정하고, 이때 두 실근의 곱의 최댓값과
최솟값을 구하시오. 　　　　　　[답] $-9 \leq m \leq 3$, 최댓값 **196**, 최솟값 **-4**

[유제] **11**-12. x가 실수일 때, $x^2+4y^2-8x+16y-4=0$을 만족시키는 실수 y
의 최댓값과 최솟값을 구하시오. 　　　　　　[답] 최댓값 **1**, 최솟값 **-5**

연습문제 11

기본 **11**-1 x, y에 관한 다항식 $x^2+y^2-2ax-4by+2a-4b+1$의 최솟값을 P라고 할 때, 다음 물음에 답하시오. 단, x, y, a, b는 실수이다.
(1) P를 a, b로 나타내시오.   (2) P의 최댓값을 구하시오.

11-2 $3 \le x \le 5$일 때, 함수 $y=|x^2-4x|-2x+1$의 최댓값과 최솟값을 구하시오.

11-3 x에 관한 이차방정식 $x^2-2(m-1)x+2m^2-4m-7=0$이 두 실근 α, β를 가질 때, $\alpha^2+\alpha\beta+\beta^2$의 최댓값과 최솟값을 구하시오. 단, m은 실수이다.

11-4   이차방정식 $x^2+x-1=0$의 서로 다른 두 실근 α, β에 대하여 이차함수 $f(x)=x^2+px+q$가 $f(\alpha^2)=3\alpha-2$와 $f(\beta^2)=3\beta-2$를 만족시킨다.
   $-5 \le x \le 5$일 때, $f(x)$의 최댓값과 최솟값을 구하시오. 단, p, q는 상수이다.

11-5   다음 함수 $f(x)$의 최솟값은 37이고, $f(-2)=57$이다.
$$f(x)=a(x^2+2x+4)^2+3a(x^2+2x+4)+b$$
   이때, 상수 a, b의 값을 구하시오.

11-6   두 함수 $f(x)=x^2+ax+b$, $g(x)=bx+a$의 그래프가 두 점 A, B에서 만나고, 두 점 A, B의 x좌표를 각각 α, β라고 하면 $|\alpha-\beta|=\sqrt{5}$이다.
   함수 $f(x)$가 $-1 \le x \le 1$에서 최솟값 -9를 가질 때, 상수 a, b의 값을 구하시오. 단, $a > b$이다.

11-7   이차함수 $f(x)=ax^2+bx+c$(a, b, c는 상수)가 두 조건
   (개) $f(1-x)=f(1+x)$ (내) $a < b < c$
를 만족시킬 때, 다음 중 옳은 것만을 있는 대로 고르시오.

> ㄱ. $f(3)=0$이면 $f(-1)=0$이다.
> ㄴ. 모든 실수 x에 대하여 $f(x) < 2f(0)$이다.
> ㄷ. $-3 \le x \le 3$일 때 $f(x)$의 최솟값은 $15a+c$이다.

11-8 $\overline{AB}=1$, $\overline{BC}=2$, $\angle B=90°$인 직각삼각형 ABC가 있다. 변 AC 위의 점 P에 대하여 $\overline{PB}^2+\overline{PC}^2$이 최소일 때, $\triangle PBC$의 넓이를 구하시오.

실력 **11**-9   실수 a, b, c 중에서 최소인 것을 $\min\{a, b, c\}$로 나타낸다.
   함수 $y=\min\{x, x^2-4x+4, -2x+12\}$의 그래프를 그리고, $0 \le x \le 5$일 때 y의 최댓값과 최솟값을 구하시오.

11-10   이차함수 $f(x)$가 $f(-3)=f(1)$, $f(-2)+|f(2)|=0$을 만족시키고, $-4 \leq x \leq 4$에서 최솟값 -15를 가진다. 함수 $y=f(x)$의 그래프가 직선 $y=2x+k$와 한 점에서 만날 때, 상수 k의 값을 구하시오.

11-11 $a \leq x \leq a+2$일 때, $y=x^2$의 최댓값과 최솟값의 차가 3이다. 상수 a의 값을 구하시오.

11-12   실수 x, y가 $x^2+y^2+xy=3$을 만족시킬 때, $x+y-xy$의 최댓값과 최솟값을 구하시오.

11-13   오른쪽 그림과 같이 $\overline{AB}=4$, $\overline{BC}=3$, $\angle B=90°$인 직각삼각형 ABC에 대하여 꼭짓점 B, C를 각각 중심으로 하는 두 원이 서로 외접해 있다.

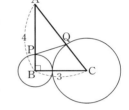

중심이 점 B인 원과 변 AB의 교점을 P, 중심이 점 C인 원과 변 AC의 교점을 Q라고 하자.
(1) △APQ의 넓이가 최대일 때, 선분 BP의 길이를 구하시오.
(2) 선분 PQ의 길이가 최소일 때, 선분 BP의 길이를 구하시오.

11-14   △ABC의 변 AB 위를 움직이는 점 P에 대하여 선분 BP의 중점을 Q라고 하자. 또, 두 점 P, Q에서 각각 변 BC에 평행한 선을 그어 변 AC와 만나는 점을 S, R이라고 하자. △ABC의 넓이가 24일 때, 사각형 PQRS의 넓이의 최댓값을 구하시오.

11-15   실수 a, b, c에 대하여 $a+b+c=3$, $a^2+b^2+c^2=9$이다. c의 값이 최소일 때, a, b의 값을 구하시오.

11-16 x가 실수일 때, $\dfrac{ax^2+8x+b}{x^2+1}$의 최댓값이 9, 최솟값이 1이 되도록 실수 a, b의 값을 정하시오.

11-17 x에 관한 이차방정식
$$(k^2+k+1)x^2-2(a+k)^2x+k^2+3ak+b=0$$
이 실수 k의 값에 관계없이 $x=1$을 근으로 가진다. 이때, 상수 a, b의 값을 구하고, 다른 한 근 $x=\beta$가 가지는 값의 범위를 구하시오.

11-18 $f(x, y)=4x^2-4xy+2y^2+12x-2y+7$에 대하여 다음에 답하시오.
(1) x, y가 실수일 때, $f(x, y)$의 최솟값을 구하시오.
(2) $x \geq 0$, $y \geq 0$일 때, $f(x, y)$의 최솟값을 구하시오.
(3) x, y가 정수일 때, $f(x, y)$의 최솟값을 구하시오.

12. 삼차방정식과 사차방정식

§1. 삼차방정식과 사차방정식의 해법

1 고차방정식의 해법

삼차 이상의 다항방정식을 고차방정식이라고 한다.

고차방정식의 해법의 기본은 고차식의 인수분해이다. 주어진 고차방정식을 $f(x)=0$의 꼴로 정리하고 $f(x)$를 인수분해한 다음,

정석 $ABC=0$이면 $\implies A=0$ 또는 $B=0$ 또는 $C=0$
$ABCD=0$이면 $\implies A=0$ 또는 $B=0$ 또는 $C=0$ 또는 $D=0$

을 이용한다.

고차식 $f(x)$를 인수분해하는 기본 방법은 다음과 같다.

(1) 인수분해 공식 이용 ⇦ p. 23 참조
$$a^3+b^3=(a+b)(a^2-ab+b^2), \quad a^3-b^3=(a-b)(a^2+ab+b^2)$$

(2) 복이차식의 인수분해 ⇦ p. 27 참조

① $x^2=X$로 치환하여 기본 공식을 적용할 수 있는가를 검토한다.

② 더하고 빼거나 쪼개어서 A^2-B^2의 꼴로 변형해 본다.

(3) 일반 고차식의 인수분해 ⇦ p. 57 참조

인수 정리 「$f(\alpha)=0 \iff f(x)=(x-\alpha)Q(x)$」를 이용한다.

2 상반방정식(역수방정식)의 해법

상반방정식 $ax^4+bx^3+cx^2+bx+a=0(a\neq0)$은 ⇦ 필수 예제 **12**-3 참조

(i) 양변을 x^2으로 나눈 다음 $x+\dfrac{1}{x}=t$로 놓고 먼저 t의 값을 구한다.

(ii) 이 식을 다항방정식으로 고친 $x^2-tx+1=0$을 푼다.

Advice | 고차방정식의 일반해에 관하여

이차방정식의 근의 공식과 마찬가지로 삼차방정식과 사차방정식에도 일반적인 해법이 존재한다. 그러나 매우 복잡하여 고등학교 과정에서 이를 적용하여 방정식의 해를 구하기는 어렵다. 또, 오차 이상의 방정식의 일반적인 해법은 존재하지 않음이 증명되어 있다.

필수 예제 **12**-1 다음 방정식을 푸시오.

(1) $x^3 = -8$　　　　　　　　　(2) $x^4 = 9$

(3) $x^4 + x^2 - 6 = 0$　　　　　(4) $x^4 + 3x^2 + 4 = 0$

[정석연구] (1)은 -8의 세제곱근을, (2)는 9의 네제곱근을 구하는 것과 같다.

먼저 우변을 이항한 다음, 인수분해 공식

정석 $a^3 \pm b^3 = (a \pm b)(a^2 \mp ab + b^2)$ (복부호동순)

　　　$a^2 - b^2 = (a+b)(a-b)$

를 이용하여 좌변을 인수분해한다.

(3), (4)는 좌변이 모두 x^2에 관한 이차식이다. 따라서 다음 복이차식을 인수분해하는 방법을 이용할 수 있는지 확인한다.

정석 복이차식의 인수분해

　　$\implies x^2$을 치환하거나 $A^2 - B^2$의 꼴로 변형한다.

[모범답안] (1) $x^3 = -8$에서 $x^3 + 2^3 = 0$　∴ $(x+2)(x^2 - 2x + 4) = 0$

　　∴ $x + 2 = 0$ 또는 $x^2 - 2x + 4 = 0$　∴ $\boldsymbol{x = -2,\ 1 \pm \sqrt{3}\,i}$ ⟵ 답

(2) $x^4 = 9$에서 $x^4 - 9 = 0$　∴ $(x^2 + 3)(x^2 - 3) = 0$

　　∴ $x^2 = -3$ 또는 $x^2 = 3$　∴ $\boldsymbol{x = \pm\sqrt{3}\,i,\ \pm\sqrt{3}}$ ⟵ 답

(3) $x^4 + x^2 - 6 = 0$에서 $x^2 = X$로 놓으면 $X^2 + X - 6 = 0$

　　∴ $(X+3)(X-2) = 0$　∴ $X = -3$ 또는 $X = 2$

　　곧, $x^2 = -3$ 또는 $x^2 = 2$　∴ $\boldsymbol{x = \pm\sqrt{3}\,i,\ \pm\sqrt{2}}$ ⟵ 답

(4) $x^4 + 3x^2 + 4 = 0$에서 $x^4 + 4x^2 + 4 - x^2 = 0$

　　∴ $(x^2 + 2)^2 - x^2 = 0$　∴ $(x^2 + 2 + x)(x^2 + 2 - x) = 0$

　　∴ $x^2 + x + 2 = 0$ 또는 $x^2 - x + 2 = 0$

　　따라서 $x^2 + x + 2 = 0,\ x^2 - x + 2 = 0$으로부터

$$x = \frac{-1 \pm \sqrt{7}\,i}{2},\ \frac{1 \pm \sqrt{7}\,i}{2} \ \text{⟵ 답}$$

[유제] **12**-1. 다음 방정식을 푸시오.

(1) $x^3 = 1$　　　　　　(2) $x^4 = 81$　　　　　　(3) $x^4 + 1 = 0$

(4) $x^4 - x^2 - 72 = 0$　　(5) $4x^4 - 8x^2 + 1 = 0$

답 (1) $x = 1,\ \dfrac{-1 \pm \sqrt{3}\,i}{2}$ (2) $x = \pm 3,\ \pm 3i$ (3) $x = \dfrac{\sqrt{2}(-1 \pm i)}{2},\ \dfrac{\sqrt{2}(1 \pm i)}{2}$

　　(4) $x = \pm 3,\ \pm 2\sqrt{2}\,i$ (5) $x = \dfrac{-1 \pm \sqrt{3}}{2},\ \dfrac{1 \pm \sqrt{3}}{2}$

필수 예제 **12**-2　다음 방정식을 푸시오.

　(1) $(x+1)(x+2)(x+3)(x+4)=3$　　(2) $x^4+3x^3+x^2+x-6=0$

[정석연구] (1) 우변을 이항한 다음 좌변을 인수분해하여 푼다.

　　$(x+1)(x+2)(x+3)(x+4)$를 전개할 때에는 공통부분이 생기도록 한 다음 치환하여 계산하면 편하다.

　정석 고차식의 인수분해 $\Longrightarrow$ 공통부분을 치환할 수 있는지 확인한다.

(2) 다음 인수 정리를 이용하여 좌변을 인수분해할 수 있는지 확인한다.

　　정석 $f(a)=0 \iff f(x)=(x-a)Q(x)$

[모범답안] (1) 주어진 방정식에서　$(x+1)(x+4)(x+2)(x+3)-3=0$

　　　　　$\therefore\ (x^2+5x+4)(x^2+5x+6)-3=0$

　$x^2+5x=X$로 놓으면　$(X+4)(X+6)-3=0$

　　　$\therefore\ X^2+10X+21=0$　$\therefore\ (X+3)(X+7)=0$

　$\therefore\ X=-3$ 또는 $X=-7$　$\therefore\ x^2+5x=-3$ 또는 $x^2+5x=-7$

　따라서 $x^2+5x+3=0,\ x^2+5x+7=0$으로부터

$$x=\frac{-5\pm\sqrt{13}}{2},\ \frac{-5\pm\sqrt{3}\,i}{2}\ \longleftarrow \boxed{답}$$

(2) $f(x)=x^4+3x^3+x^2+x-6$으로 놓으면

　　　$f(1)=1+3+1+1-6=0,\ \ f(-3)=81-81+9-3-6=0$

　이므로 $f(x)$는 $x-1,\ x+3$을 인수로 가진다.

　　조립제법을 이용하여 $f(x)$를 $x-1$로
　나누고, 그 몫을 다시 $x+3$으로 나누면
　　　$f(x)=(x-1)(x+3)(x^2+x+2)$
　따라서 주어진 방정식은
　　　$(x-1)(x+3)(x^2+x+2)=0$

$$\therefore\ x=1,\ -3,\ \frac{-1\pm\sqrt{7}\,i}{2}\ \longleftarrow \boxed{답}$$

```
 1 | 1   3   1   1  -6
   |     1   4   5   6
-3 | 1   4   5   6 | 0
   |    -3  -3  -6
   | 1   1   2 | 0
```

[유제] **12**-2. 다음 방정식을 푸시오.

　(1) $(x-1)(x-3)(x-4)(x-6)=72$　(2) $x^3-5x^2+3x+9=0$

　(3) $x^3-4x^2+3x+2=0$　　　　　(4) $x^4+x^3-6x^2-2x+4=0$

　　　　　　　　　　　　[답] (1) $x=0,\ 7,\ \dfrac{7\pm\sqrt{23}\,i}{2}$　(2) $x=-1,\ 3$(중근)

　　　　　　　　　　　　　　　 (3) $x=2,\ 1\pm\sqrt{2}$　(4) $x=-1,\ 2,\ -1\pm\sqrt{3}$

필수 예제 **12**-3   다음 사차방정식을 푸시오.
$$x^4+7x^3+14x^2+7x+1=0$$

[정석연구] 상수항 1의 약수인 1, -1을 좌변의 x에 대입해 보아도 좌변이 0이 되지 않으므로 좌변은 계수가 유리수인 일차식 인수를 가지지 않는다.

따라서 이 문제는 인수 정리를 이용하기가 어렵다. 그런데 계수를 보면

$$\overbrace{1\times x^4 \;+\; \overbrace{7x^3 \;+\; 14x^2 \;+\; 7x}} \;+\; 1 \;=\; 0$$

과 같이 x^2항을 중심으로 좌우 대칭형으로 나열되어 있다.

이와 같은 방정식을 상반방정식이라고 한다. 일반적으로

    정석   사차의 상반방정식은 양변을 x^2으로 나눈다.

그러면 $x+\dfrac{1}{x}$에 관한 이차방정식을 얻는다.

[모범답안] $x=0$은 주어진 방정식을 만족시키지 않으므로 $x\ne0$이다.

양변을 x^2으로 나누면

$$x^2+7x+14+\frac{7}{x}+\frac{1}{x^2}=0 \quad \therefore \; x^2+\frac{1}{x^2}+7\left(x+\frac{1}{x}\right)+14=0$$

$$\therefore \; \left(x+\frac{1}{x}\right)^2-2+7\left(x+\frac{1}{x}\right)+14=0$$

여기에서 $x+\dfrac{1}{x}=t$로 놓으면

$$t^2+7t+12=0 \quad \therefore \; (t+3)(t+4)=0 \quad \therefore \; t=-3,\,-4$$

(i) $t=-3$일 때 $x+\dfrac{1}{x}=-3$ $\therefore \; x^2+3x+1=0$ $\therefore \; x=\dfrac{-3\pm\sqrt{5}}{2}$

(ii) $t=-4$일 때 $x+\dfrac{1}{x}=-4$ $\therefore \; x^2+4x+1=0$ $\therefore \; x=-2\pm\sqrt{3}$

         [답] $x=\dfrac{-3\pm\sqrt{5}}{2},\; -2\pm\sqrt{3}$

*Note   삼차방정식 $x^3-3x^2-3x+1=0$과 $2x^3+x^2+x+2=0$도 상반방정식이다. 이와 같은 홀수차 상반방정식은 계수가 좌우 대칭이므로 $x=-1$을 대입하면 좌변이 0이 된다. 곧, 좌변의 삼차식이 $x+1$을 인수로 가지므로 이 두 방정식은 각각 $(x+1)(x^2-4x+1)=0$, $(x+1)(2x^2-x+2)=0$이 된다.

[유제] **12**-3. 다음 방정식을 푸시오.
(1) $4x^4-8x^3+3x^2-8x+4=0$ (2) $2x^4-5x^3+x^2-5x+2=0$
     [답] (1) $x=2,\,\dfrac{1}{2},\,\dfrac{-1\pm\sqrt{15}i}{4}$ (2) $x=\dfrac{3\pm\sqrt{5}}{2},\,\dfrac{-1\pm\sqrt{15}i}{4}$

필수 예제 **12**-4 다항식 $P(x)=x^3+px^2+qx+r$이 있다.

다항식 $P(x)$가 $x+1$로 나누어떨어지고, 방정식 $P(x)=0$의 한 근이 $1+2i$일 때, 실수 p, q, r의 값과 나머지 두 근을 구하시오.

[정석연구] $P(-1)=0$으로부터 p, q, r에 관한 관계식을 하나 얻는다.

또, $1+2i$를 주어진 방정식에 대입하고 i에 관하여 정리한 다음,

정석 a, b가 실수일 때 $a+bi=0 \iff a=0,\ b=0$

을 이용하면 p, q, r에 관한 또 다른 관계식 두 개를 얻는다.

[모범답안] $P(x)=x^3+px^2+qx+r$이 $x+1$로 나누어떨어지므로

$$P(-1)=-1+p-q+r=0 \quad 곧,\ p-q+r=1 \quad\quad \cdots\cdots ①$$

$1+2i$가 방정식 $P(x)=0$의 근이므로

$$(1+2i)^3+p(1+2i)^2+q(1+2i)+r=0$$

i에 관하여 정리하면 $(-3p+q+r-11)+(4p+2q-2)i=0$

p, q, r은 실수이므로

$$-3p+q+r-11=0 \quad\cdots\cdots② \qquad 4p+2q-2=0 \quad\cdots\cdots③$$

①, ②, ③을 연립하여 풀면 $\boldsymbol{p=-1,\ q=3,\ r=5}$ ← [답]

이때, $P(x)=x^3-x^2+3x+5=(x+1)(x^2-2x+5)=0$에서

$x=-1,\ 1\pm2i$이므로 나머지 두 근은 $\boldsymbol{x=-1,\ 1-2i}$ ← [답]

Advice | $P(-1)=0$이므로 $x=-1$은 $P(x)=0$의 근이다. 또, $1+2i$가 계수가 실수인 삼차방정식 $P(x)=0$의 한 근이므로 $1-2i$도 근이다.

따라서 $P(x)=x^3+px^2+qx+r=0$의 세 근은 $-1,\ 1+2i,\ 1-2i$이므로

$$P(x)=(x+1)\{x-(1+2i)\}\{x-(1-2i)\}$$

임을 이용하거나, 삼차방정식의 근과 계수의 관계(p. 164)를 이용하여 p, q, r의 값을 구할 수도 있다. ⇦ 연습문제 **12**-9 참조

[유제] **12**-4. x에 관한 삼차방정식 $x^3+px+q=0$의 한 근이 $\sqrt{3}-1$일 때, 유리수 p, q의 값과 나머지 두 근을 구하시오.

[답] $p=-6,\ q=4,\ x=2,\ -1-\sqrt{3}$

[유제] **12**-5. x에 관한 삼차방정식 $2x^3+px^2+qx-6=0$의 한 근이 $1+i$일 때, 실수 p, q의 값을 구하시오. [답] $p=-7,\ q=10$

[유제] **12**-6. 다항식 $P(x)=x^3+ax^2+bx+c$(a, b, c는 유리수)가 있다.

다항식 $P(x)$를 $x-1$로 나눈 나머지가 -8이고, 방정식 $P(x)=0$의 한 근이 $1-\sqrt{2}$일 때, $P(x)$를 $x+1$로 나눈 나머지를 구하시오. [답] 4

필수 예제 **12**-5 x에 관한 삼차방정식 $x^3-(a+1)x^2+3ax+b=0$이
$x=1$을 근으로 가진다. a, b가 실수일 때, 다음 물음에 답하시오.
(1) b를 a로 나타내고, 좌변을 인수분해하시오.
(2) 이 방정식의 실근이 1뿐일 때, a의 값의 범위를 구하시오.
(3) 이 방정식이 중근을 가질 때, a의 값을 구하시오.

[정석연구] 계수가 실수인 삼차방정식 $(x-1)(x^2+px+q)=0$에서 생각해 보자.
 (i) 이 방정식이 $x=1$만을 실근으로 가지는 경우는 $x^2+px+q=0$이 허근을
 가지거나 $x=1$을 중근으로 가질 때이다.
 (ii) 이 방정식이 중근을 가지는 경우는 $x^2+px+q=0$이 중근을 가지거나
 $x=1$을 근으로 가질 때이다.

> **정석** 삼차방정식의 근의 판별 $\implies (x-a)(x^2+px+q)=0$ 꼴로 변형

[모범답안] (1) $x=1$이 주어진 방정식을 만족시키므로
$$1-(a+1)+3a+b=0 \quad \therefore \ \boldsymbol{b=-2a} \longleftarrow \boxed{\text{답}}$$
이때, 주어진 방정식은 $x^3-(a+1)x^2+3ax-2a=0$
좌변을 인수분해하면 $\boldsymbol{(x-1)(x^2-ax+2a)=0} \longleftarrow \boxed{\text{답}}$ ……①
(2) $x^2-ax+2a=0$ ……②
    ①의 실근이 1뿐이려면 ②가 허근을 가지거나 $x=1$을 중근으로 가져야
한다.
  (i) 허근일 때 : $D=a^2-8a<0$에서 $0<a<8$
  (ii) $x=1$이 중근일 때 : $1-a+2a=0$이고 $D=a^2-8a=0$이어야 하지만,
    이 두 식을 동시에 만족시키는 a의 값은 없다. $\boxed{\text{답}}\ \boldsymbol{0<a<8}$
(3) ①이 중근을 가지려면 ②가 중근을 가지거나 $x=1$을 근으로 가져야 한다.
  (i) 중근일 때 : $D=a^2-8a=0$에서 $a=0,\ 8$
  (ii) $x=1$이 근일 때 : $1-a+2a=0$에서 $a=-1$ $\boxed{\text{답}}\ \boldsymbol{a=-1,\ 0,\ 8}$
***Note** 이차방정식 $(x-a)^2=0$의 근 a를 중근 또는 이중근이라 하고, 삼차방정식
    $(x-a)^3=0$의 근 a를 중근 또는 삼중근이라고 한다.

[유제] **12**-7. x에 관한 삼차방정식 $x^3-x^2-(a+2)x=a$에 대하여 다음 물음
에 답하시오. 단, a는 실수이다.
(1) 이 방정식은 a의 값에 관계없이 하나의 실근을 가진다. 그 근을 구하시오.
(2) 이 방정식이 중근을 가질 때, a의 값을 구하시오.
                              $\boxed{\text{답}}$ (1) $\boldsymbol{x=-1}$ (2) $\boldsymbol{a=-1,\ 3}$

필수 예제 **12**-6　삼차방정식 $x^3-1=0$의 한 허근을 ω라고 할 때, 다음을 $a\omega+b\,(a,\ b$는 실수)의 꼴로 나타내시오.

(1) $\omega-2\omega^2+3\omega^3-4\omega^4+\cdots-10\omega^{10}$

(2) $\dfrac{\overline{\omega}}{\omega}+\dfrac{\omega^2}{\overline{\omega}^2}+\dfrac{\overline{\omega}^3}{\omega^3}+\dfrac{\omega^4}{\overline{\omega}^4}+\dfrac{\overline{\omega}^5}{\omega^5}+\cdots+\dfrac{\overline{\omega}^{99}}{\omega^{99}}$

[정석연구] (1) $x^3-1=0$의 좌변을 인수분해하면 $(x-1)(x^2+x+1)=0$이므로 허근 ω는 $x^2+x+1=0$의 근이다. 따라서 $\omega^3=1$이고 $\omega^2+\omega+1=0$이다.

(2) $x^2+x+1=0$의 계수가 실수이므로 ω가 이 방정식의 근이면 $\overline{\omega}$도 근이다. 이때, 이차방정식의 근과 계수의 관계로부터 $\omega+\overline{\omega}=-1,\ \omega\overline{\omega}=1$이다.

> **정석** $x^3-1=0$의 한 허근을 ω라고 하면
> $$\omega^3=1,\quad \omega^2+\omega+1=0,\quad \omega+\overline{\omega}=-1,\quad \omega\overline{\omega}=1$$

[모범답안] (1) ω는 $x^3-1=0$의 허근이므로 $\omega^3=1$

또, $(x-1)(x^2+x+1)=0$에서 ω는 $x^2+x+1=0$의 근이므로
$$\omega^2+\omega+1=0$$
$\therefore$ (준 식)$=(\omega+3\omega^3+5\omega^5+7\omega^7+9\omega^9)-2(\omega^2+2\omega^4+3\omega^6+4\omega^8+5\omega^{10})$
$$=(\omega+3+5\omega^2+7\omega+9)-2(\omega^2+2\omega+3+4\omega^2+5\omega)$$
$$=-5\omega^2-6\omega+6=-5(-\omega-1)-6\omega+6$$
$$=\boldsymbol{-\omega+11} \longleftarrow \boxed{답}$$

(2) ω는 $x^2+x+1=0$의 근이고, 이 방정식의 계수가 실수이므로 $\overline{\omega}$도 근이다.
$$\therefore\ \omega^3=\overline{\omega}^3=1,\quad \omega^2+\omega+1=\overline{\omega}^2+\overline{\omega}+1=0$$

또, 이차방정식의 근과 계수의 관계로부터 $\omega+\overline{\omega}=-1,\ \omega\overline{\omega}=1$
$$\therefore\ \frac{\overline{\omega}}{\omega}=\overline{\omega}\times\frac{1}{\omega}=\frac{1}{\omega^2}=\frac{\omega^3}{\omega^2}=\omega \qquad \Leftarrow \omega\overline{\omega}=1\text{에서 } \overline{\omega}=\frac{1}{\omega}$$

$\therefore$ (준 식)$=\omega+\dfrac{1}{\omega^2}+\omega^3+\dfrac{1}{\omega^4}+\omega^5+\dfrac{1}{\omega^6}+\cdots+\omega^{99}$
$$=(\omega+\omega^3+\omega^5+\cdots+\omega^{99})+\left(\frac{1}{\omega^2}+\frac{1}{\omega^4}+\frac{1}{\omega^6}+\cdots+\frac{1}{\omega^{98}}\right)$$
$$=(\omega+1+\omega^2+\cdots+1)+(\omega+\omega^2+1+\cdots+\omega) \Leftarrow \omega^2+\omega+1=0$$
$$=(\omega+1)+\omega=\boldsymbol{2\omega+1} \longleftarrow \boxed{답}$$

[유제] **12**-8. 삼차방정식 $x^3+1=0$의 한 허근을 ω라고 할 때, 다음을 만족시키는 실수 $a,\ b$의 값을 구하시오.
$$\omega-2\overline{\omega}^2+3\omega^3-4\overline{\omega}^4+\cdots-10\overline{\omega}^{10}=a\omega+b \qquad \boxed{답}\ \boldsymbol{a=-1,\ b=1}$$

§2. 삼차방정식의 근과 계수의 관계

삼차방정식의 근과 계수의 관계

x에 관한 삼차방정식 $ax^3+bx^2+cx+d=0$의 세 근을 α, β, γ라고 하면

$$\alpha+\beta+\gamma=-\frac{b}{a}, \quad \alpha\beta+\beta\gamma+\gamma\alpha=\frac{c}{a}, \quad \alpha\beta\gamma=-\frac{d}{a}$$

가 성립한다.

Advice | 이차방정식의 경우와 마찬가지로 삼차방정식에 있어서도 직접 근을 구하지 않고서도 세 근의 합, 세 근의 곱 등을 구할 수 있다.

x에 관한 삼차방정식 $ax^3+bx^2+cx+d=0$은 세 개의 근을 가진다. 이것을 α, β, γ라고 하면

$$ax^3+bx^2+cx+d=a(x-\alpha)(x-\beta)(x-\gamma)$$

우변을 전개하여 정리하면

$$ax^3+bx^2+cx+d=ax^3-a(\alpha+\beta+\gamma)x^2+a(\alpha\beta+\beta\gamma+\gamma\alpha)x-a\alpha\beta\gamma$$

이 등식은 x에 관한 항등식이므로 양변의 동류항의 계수를 비교하면

$$b=-a(\alpha+\beta+\gamma), \quad c=a(\alpha\beta+\beta\gamma+\gamma\alpha), \quad d=-a\alpha\beta\gamma$$

이 세 식의 양변을 각각 $a(\neq 0)$로 나누면

$$\alpha+\beta+\gamma=-\frac{b}{a}, \quad \alpha\beta+\beta\gamma+\gamma\alpha=\frac{c}{a}, \quad \alpha\beta\gamma=-\frac{d}{a}$$

이다.

보기 1 삼차방정식 $x^3-6x^2+11x-6=0$의 세 근을 α, β, γ라고 할 때, 다음 식의 값을 구하시오.

(1) $\alpha+\beta+\gamma$　　(2) $\alpha\beta+\beta\gamma+\gamma\alpha$　　(3) $\alpha\beta\gamma$

(4) $\frac{1}{\alpha}+\frac{1}{\beta}+\frac{1}{\gamma}$　　(5) $(1+\alpha)(1+\beta)(1+\gamma)$

연구 $a=1$, $b=-6$, $c=11$, $d=-6$인 경우이므로 삼차방정식의 근과 계수의 관계로부터

(1) $\alpha+\beta+\gamma=\mathbf{6}$　　(2) $\alpha\beta+\beta\gamma+\gamma\alpha=\mathbf{11}$　　(3) $\alpha\beta\gamma=\mathbf{6}$

(4) $\frac{1}{\alpha}+\frac{1}{\beta}+\frac{1}{\gamma}=\frac{\beta\gamma+\gamma\alpha+\alpha\beta}{\alpha\beta\gamma}=\mathbf{\frac{11}{6}}$

(5) $(1+\alpha)(1+\beta)(1+\gamma)=1+(\alpha+\beta+\gamma)+(\alpha\beta+\beta\gamma+\gamma\alpha)+\alpha\beta\gamma$
$$=1+6+11+6=\mathbf{24}$$

필수 예제 **12**-7   삼차방정식 $x^3-2x^2-7x+6=0$의 세 근을 α, β, γ라고 할 때, 다음 식의 값을 구하시오.

(1) $(\alpha+\beta)(\beta+\gamma)(\gamma+\alpha)$ (2) $\alpha^2+\beta^2+\gamma^2$

(3) $\alpha^2\beta^2+\beta^2\gamma^2+\gamma^2\alpha^2$ (4) $\alpha^3+\beta^3+\gamma^3$

[정석연구] 삼차방정식의 근과 계수의 관계를 이용하면
$$\alpha+\beta+\gamma=2, \quad \alpha\beta+\beta\gamma+\gamma\alpha=-7, \quad \alpha\beta\gamma=-6$$
따라서 곱셈 공식, 인수분해 공식 등을 이용하여 위의 관계식을 포함한 식으로 변형해 본다.

정석 $ax^3+bx^2+cx+d=0(a\neq0)$의 세 근을 α, β, γ라고 하면
$$\alpha+\beta+\gamma=-\frac{b}{a}, \quad \alpha\beta+\beta\gamma+\gamma\alpha=\frac{c}{a}, \quad \alpha\beta\gamma=-\frac{d}{a}$$

[모범답안] 삼차방정식의 근과 계수의 관계로부터
$$\alpha+\beta+\gamma=2, \quad \alpha\beta+\beta\gamma+\gamma\alpha=-7, \quad \alpha\beta\gamma=-6$$

(1) $\alpha+\beta+\gamma=2$에서 $\alpha+\beta=2-\gamma$, $\beta+\gamma=2-\alpha$, $\gamma+\alpha=2-\beta$이므로
$$\begin{aligned}(\alpha+\beta)(\beta+\gamma)(\gamma+\alpha)&=(2-\gamma)(2-\alpha)(2-\beta)\\&=2^3-(\alpha+\beta+\gamma)\times2^2+(\alpha\beta+\beta\gamma+\gamma\alpha)\times2-\alpha\beta\gamma\\&=8-2\times4+(-7)\times2-(-6)=\boldsymbol{-8} \longleftarrow \boxed{답}\end{aligned}$$

(2) $(\alpha+\beta+\gamma)^2=\alpha^2+\beta^2+\gamma^2+2(\alpha\beta+\beta\gamma+\gamma\alpha)$이므로
$$\alpha^2+\beta^2+\gamma^2=(\alpha+\beta+\gamma)^2-2(\alpha\beta+\beta\gamma+\gamma\alpha)=2^2-2\times(-7)=\boldsymbol{18} \longleftarrow \boxed{답}$$

(3) $(\alpha\beta+\beta\gamma+\gamma\alpha)^2=\alpha^2\beta^2+\beta^2\gamma^2+\gamma^2\alpha^2+2(\alpha\beta^2\gamma+\beta\gamma^2\alpha+\gamma\alpha^2\beta)$이므로
$$\begin{aligned}\alpha^2\beta^2+\beta^2\gamma^2+\gamma^2\alpha^2&=(\alpha\beta+\beta\gamma+\gamma\alpha)^2-2\alpha\beta\gamma(\alpha+\beta+\gamma)\\&=(-7)^2-2\times(-6)\times2=\boldsymbol{73} \longleftarrow \boxed{답}\end{aligned}$$

(4) $\alpha^3+\beta^3+\gamma^3-3\alpha\beta\gamma=(\alpha+\beta+\gamma)(\alpha^2+\beta^2+\gamma^2-\alpha\beta-\beta\gamma-\gamma\alpha)$이므로
$$\begin{aligned}\alpha^3+\beta^3+\gamma^3&=(\alpha+\beta+\gamma)\{(\alpha^2+\beta^2+\gamma^2)-(\alpha\beta+\beta\gamma+\gamma\alpha)\}+3\alpha\beta\gamma\\&=2\times(18+7)+3\times(-6)=\boldsymbol{32} \longleftarrow \boxed{답}\end{aligned}$$

*__Note__ (1) $f(x)=x^3-2x^2-7x+6$으로 놓으면 α, β, γ는 삼차방정식 $f(x)=0$의 세 근이다. 곧, $f(x)=(x-\alpha)(x-\beta)(x-\gamma)$이므로
$$(2-\alpha)(2-\beta)(2-\gamma)=f(2)=2^3-2\times2^2-7\times2+6=-8$$

[유제] **12**-9. 삼차방정식 $x^3-3x^2+1=0$의 세 근을 α, β, γ라고 할 때, 다음 식의 값을 구하시오.

(1) $\alpha^4+\beta^4+\gamma^4$ (2) $\dfrac{1}{1+\alpha}+\dfrac{1}{1+\beta}+\dfrac{1}{1+\gamma}$ (3) $\dfrac{\alpha^2}{\beta\gamma}+\dfrac{\beta^2}{\gamma\alpha}+\dfrac{\gamma^2}{\alpha\beta}$

$\boxed{답}$ (1) **69**   (2) **3**   (3) **−24**

필수 예제 **12**-8 x에 관한 삼차방정식 $x^3-9x^2+14x+k=0$의 세 근 중에서 두 근의 비가 $2:3$일 때, 양수 k의 값과 이때의 세 근을 구하시오.

[정석연구] 문제의 조건에서 두 근의 비가 $2:3$이므로

$$세 근을 \implies 2\alpha,\ 3\alpha,\ \beta$$

로 놓고 삼차방정식의 근과 계수의 관계를 이용한다.

[모범답안] $x^3-9x^2+14x+k=0$에서 세 근을 $2\alpha,\ 3\alpha,\ \beta$로 놓으면 근과 계수의 관계로부터

$$2\alpha+3\alpha+\beta=9 \quad \therefore\ 5\alpha+\beta=9 \qquad \cdots\cdots①$$
$$2\alpha\times3\alpha+3\alpha\times\beta+\beta\times2\alpha=14 \quad \therefore\ 6\alpha^2+5\alpha\beta=14 \qquad \cdots\cdots②$$
$$2\alpha\times3\alpha\times\beta=-k \quad \therefore\ 6\alpha^2\beta=-k \qquad \cdots\cdots③$$

①에서 $\beta=9-5\alpha$ $\qquad\qquad\qquad\qquad\qquad\qquad\qquad\qquad\qquad\cdots\cdots④$

이것을 ②에 대입하면

$$6\alpha^2+5\alpha(9-5\alpha)=14 \quad \therefore\ (\alpha-2)(19\alpha-7)=0 \quad \therefore\ \alpha=2,\ \frac{7}{19}$$

이 값을 ④에 대입하면

$$\alpha=2일 때 \quad \beta=-1, \quad \alpha=\frac{7}{19}일 때 \quad \beta=\frac{136}{19}$$

이 값을 ③에 대입하면

$\alpha=2,\ \beta=-1$일 때, $k=-6\alpha^2\beta=-6\times2^2\times(-1)=24>0$이므로 적합하다.

$\alpha=\dfrac{7}{19},\ \beta=\dfrac{136}{19}$일 때, $k=-6\times\left(\dfrac{7}{19}\right)^2\times\dfrac{136}{19}<0$이므로 부적합하다.

따라서 구하는 세 근은 $(2\alpha,\ 3\alpha,\ \beta)=(4,\ 6,\ -1)$

답 $k=24,\ x=4,\ 6,\ -1$

[유제] **12**-10. x에 관한 삼차방정식 $x^3+ax^2+bx+c=0$의 세 근이 $-3,\ a,\ 4$일 때, 상수 $a,\ b,\ c$의 값을 구하시오. 답 $a=-\dfrac{1}{2},\ b=-\dfrac{25}{2},\ c=-6$

[유제] **12**-11. x에 관한 삼차방정식 $x^3-3x+a=0$이 서로 같은 두 실근과 다른 하나의 실근을 가질 때, 상수 a의 값을 구하시오. 답 $a=\pm2$

[유제] **12**-12. x에 관한 삼차방정식 $x^3-5x^2+2x-a=0$의 세 근 중에서 두 근의 차가 3일 때, 정수 a의 값과 이때의 세 근을 구하시오. 답 $a=-8,\ x=-1,\ 2,\ 4$

[유제] **12**-13. x에 관한 삼차방정식 $18x^3-45x^2+mx-10=0$의 세 근 $\alpha,\ \beta,\ \gamma$ 사이에 $\alpha+\beta=2\gamma$가 성립할 때, 상수 m의 값을 구하시오. 답 $m=37$

필수 예제 **12**-9   세 실수 a, b, c가
$$a+b+c=3, \quad a^2+b^2+c^2=9, \quad a^3+b^3+c^3=24$$
를 만족시킬 때, $a^4+b^4+c^4$의 값을 구하시오.

─────────────────────────────────────

[정석연구] 주어진 조건과 관련이 있는 공식을 모아 보면 다음과 같다.
$$(a+b+c)^2=a^2+b^2+c^2+2(ab+bc+ca) \qquad \cdots\cdots①$$
$$(ab+bc+ca)^2=a^2b^2+b^2c^2+c^2a^2+2abc(a+b+c) \qquad \cdots\cdots②$$
$$a^3+b^3+c^3-3abc=(a+b+c)(a^2+b^2+c^2-ab-bc-ca) \qquad \cdots\cdots③$$
$$(a^2+b^2+c^2)^2=a^4+b^4+c^4+2(a^2b^2+b^2c^2+c^2a^2) \qquad \cdots\cdots④$$

주어진 조건을 이용하면 ①에서 $ab+bc+ca$의 값을 얻고, 이 값을 ③에 대입하면 abc의 값을 얻는다.

또, 이 두 값을 ②에 대입하면 $a^2b^2+b^2c^2+c^2a^2$의 값을 얻고, 이 값을 ④에 대입하면 $a^4+b^4+c^4$의 값을 얻는다.

여기에서는 다음 **정석**을 이용하는 방법을 공부해 보자.

정석 α, β, γ를 세 근으로 가지고 x^3의 계수가 1인 삼차방정식은
$$x^3-(\alpha+\beta+\gamma)x^2+(\alpha\beta+\beta\gamma+\gamma\alpha)x-\alpha\beta\gamma=0$$

[모범답안] $(a+b+c)^2=a^2+b^2+c^2+2(ab+bc+ca)$에 주어진 조건을 대입하면
$$3^2=9+2(ab+bc+ca) \quad \therefore ab+bc+ca=0$$
또, $a^3+b^3+c^3-3abc=(a+b+c)(a^2+b^2+c^2-ab-bc-ca)$에 위의 값과 주어진 조건을 대입하면
$$24-3abc=3\times(9-0) \quad \therefore abc=-1$$
곧, $a+b+c=3$, $ab+bc+ca=0$, $abc=-1$이므로 a, b, c는 삼차방정식
$$t^3-3t^2+1=0$$
의 근이다. $\therefore t^3=3t^2-1, \ t^4=3t^3-t$
$$\therefore a^4+b^4+c^4=(3a^3-a)+(3b^3-b)+(3c^3-c)$$
$$=3(a^3+b^3+c^3)-(a+b+c)=3\times24-3=\mathbf{69} \longleftarrow \boxed{\text{답}}$$

[유제] **12**-14. 삼차방정식 $x^3+3x^2-2x-1=0$의 세 근을 α, β, γ라고 할 때, $\alpha\beta, \beta\gamma, \gamma\alpha$를 세 근으로 가지고 x^3의 계수가 1인 삼차방정식을 구하시오.
$$\boxed{\text{답}} \ \pmb{x^3+2x^2-3x-1=0}$$

[유제] **12**-15. 다음 세 식을 만족시키는 실수 x, y, z에 대하여 $x^5+y^5+z^5$의 값을 구하시오.
$$x+y+z=0, \quad x^2+y^2+z^2=6, \quad x^3+y^3+z^3=6 \qquad \boxed{\text{답}} \ \pmb{30}$$

연습문제 12

기본 **12**-1 다음 방정식을 푸시오.
  (1) $(x^2+x+4)(x^2-3x+4)=12x^2$ (2) $(x^2+2x)^2-(x+1)^2=55$

12-2 $P=3x^3+x^2-8x+4,\ Q=x^4+2x^3-7x^2-8x+12$일 때, 다음을 만족시키는 실수 x의 값을 구하시오.
  (1) $PQ=0$ (2) $P^2+Q^2=0$ (3) $PQ=0$이고 $P+Q\neq0$

12-3 삼차방정식 $x^3-3x+1=0$의 한 근을 α라 하고, x에 관한 이차방정식 $x^2-ax+1=0$의 한 근을 β라고 할 때, $\beta^3+\dfrac{1}{\beta^3}$의 값을 구하시오.

12-4 x에 관한 사차방정식 $2x^4-mx^3-x^2+mx-1=0$의 네 근이 모두 실수가 되도록 실수 m의 값의 범위를 정하시오.

12-5 x에 관한 삼차방정식 $x^3-(2a+1)x^2+(3a+2)x-a-2=0$이 서로 다른 세 양의 실근을 가질 때, 실수 a의 값의 범위를 구하시오.

12-6 x에 관한 사차방정식 $x^4-(3a-1)x^2+2a^2+3a-20=0$이 정수근과 허근을 가질 때, 실수 a의 값을 구하시오.

12-7 x에 관한 삼차방정식 $x^3+ax^2+bx+c=0$의 세 근을 $\alpha,\ \beta,\ \gamma$라고 할 때, 삼차방정식 $x^3-4x^2+3x+1=0$의 세 근은 $\alpha+1,\ \beta+1,\ \gamma+1$이다. 상수 $a,\ b,\ c$의 값을 구하시오.

12-8 삼차방정식 $x^3+1=0$의 한 허근을 α라고 할 때, 다음 중 옳은 것만을 있는 대로 고르시오.

> ㄱ. $a\bar{a}+\alpha+\bar{\alpha}+1=0$ ㄴ. $(\alpha-1)^3+(\bar{\alpha}-1)^3=2$
>
> ㄷ. $\dfrac{1-\alpha}{1-\bar{\alpha}}+\alpha=0$ ㄹ. $\dfrac{1}{1-\alpha}+\dfrac{1}{1-\alpha^3}+\dfrac{1}{1-\alpha^5}+\cdots+\dfrac{1}{1-\alpha^{101}}=51$

12-9 x에 관한 삼차방정식 $x^3+ax^2+bx+c=0$의 세 근 중에서 두 근이 3, $2+i$일 때, 실수 $a,\ b,\ c$의 값을 구하시오.

12-10 x에 관한 삼차방정식 $x^3+ax^2+bx+c=0$에 대하여 $a^2<3b$이면 이 방정식의 세 근 중에서 적어도 하나는 실근이 아님을 증명하시오.
  단, $a,\ b,\ c$는 실수이다.

12-11 오른쪽 그림에서 □ABCD는 $\overline{AB}=x$, $\overline{BC}=4$인 직사각형이고, △BCD와 △BED는 서로 합동이다. △ABF와 △EDF의 넓이의 합이 3일 때, 자연수 x의 값을 구하시오.

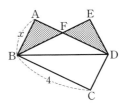

실력 **12**-12 삼차식 $f(x)$에 대하여 방정식 $f(x)-6x+5=0$은 중근 1을 가지고, 방정식 $f(x)+3x^2+4x=0$은 중근 -1을 가질 때, 방정식 $f(x)=0$의 세 근을 구하시오.

12-13 x에 관한 사차방정식 $x^4+ax^3+bx^2+cx+1=0$의 실근이 $-1, 1$뿐일 때, 실수 a, b, c의 값을 구하시오.

12-14 x에 관한 사차방정식 $x^4-2x^3+ax^2-2x+1=0$이 서로 다른 세 실근을 가질 때, 실수 a의 값을 구하시오.

12-15 삼차방정식 $x^3+3x-1=0$의 한 허근을 ω라고 할 때, $(\omega^2+\omega+1)(\omega^2+a\omega+b)=3$을 만족시키는 실수 a, b의 값을 구하시오.

12-16 x에 관한 삼차방정식 $x^3+ax^2+bx+1=0$이 하나의 실근과 서로 다른 두 허근 α, α^2을 가질 때, 실수 a, b의 값을 구하시오.

12-17 x에 관한 삼차방정식 $x^3-mx-2=0$의 근이 모두 정수일 때, 상수 m의 값을 구하시오.

12-18 x에 관한 삼차방정식 $x^3+ax^2+bx+c=0$의 서로 다른 세 근 α, β, γ에 대하여 $\alpha^2, \beta^2, \gamma^2$이 x에 관한 삼차방정식 $x^3+bx^2+ax+c=0$의 근일 때, 실수 a, b, c의 값을 구하시오.

12-19 x에 관한 삼차방정식 $x^3-4x^2+(k+3)x-k=0$의 세 실근을 변의 길이로 하는 직각삼각형을 만들 수 있을 때, 실수 k의 값을 구하시오.

12-20 어느 수족관의 빈 수조에 물을 급수하여 가득 채우는 데 $t(0<t<1)$시간이 걸리고, 물이 가득 찬 수조에서 물을 다 빼내는 데 t^2시간이 걸린다고 한다. 어느 날 수조 청소를 위하여 오후 3시부터 빈 수조에 물을 급수하기 시작하여 수조의 물의 양이 수조 전체 용량의 t^2배가 되었을 때, 급수하면서 물을 빼내었더니 같은 날 오후 3시 $\dfrac{160}{3}$분에 수조의 물이 다 빠졌다. 그리고 바로 빈 수조에 물을 급수하면 같은 날 오후 a시 b분에 수조에 물이 가득 찬다고 할 때, a, b의 값을 구하시오. 단, 단위 시간당 급수하는 물의 양은 일정하고, 빼내는 물의 양도 일정하다.

13. 연립방정식

§1. 연립일차방정식의 해법

1 **연립방정식의 해법의 기본**

　미지수를 소거하여 미지수가 하나인 방정식으로 유도한다.

　미지수를 소거하는 방법은 다음과 같다.

$$\text{가감법,} \quad \text{대입법,} \quad \text{등치법}$$

2 **연립일차방정식의 해의 개수**

　x, y에 관한 연립방정식 $\begin{cases} ax+by+c=0 \\ a'x+b'y+c'=0 \end{cases}$ 에서

$\dfrac{a}{a'} \neq \dfrac{b}{b'}$ 이면 한 쌍의 해를 가진다.

$\dfrac{a}{a'} = \dfrac{b}{b'} = \dfrac{c}{c'}$ 이면 해가 무수히 많다. (부정)

$\dfrac{a}{a'} = \dfrac{b}{b'} \neq \dfrac{c}{c'}$ 이면 해가 없다. (불능)

Advice 1° 연립일차방정식의 해법

　미지수가 두 개인 연립일차방정식의 풀이의 기본은 가감법, 대입법 등을 이용하여 미지수를 소거하는 것이다. 미지수가 세 개 이상인 경우에도 미지수를 하나씩 줄여 가며 푼다.

보기 1 연립방정식 $\begin{cases} 2x+y=3 \\ x-y=9 \end{cases}$ 를 푸시오.

[연구] $2x+y=3$ 　　……① 　　　　　　　$x-y=9$ 　　……②

　(가감법) ①+②하면 　$3x=12$ 　∴ $x=4$

　　　　이 값을 ①에 대입하면 　$y=-5$ 　　　　[답] $x=4,\ y=-5$

　(대입법) ②에서 $x=9+y$이고, 이것을 ①에 대입하면

　　　　　$2(9+y)+y=3$ 　∴ $y=-5$ 　∴ $x=4$

　(등치법) ①에서 $y=3-2x$, 　②에서 $y=x-9$

　　　　　∴ $3-2x=x-9$ 　∴ $x=4$ 　∴ $y=-5$

$\mathscr{Advice}$ 2° 연립일차방정식의 해의 개수

일반적으로 x, y에 관한 연립일차방정식 $\begin{cases} ax+by+c=0 & \cdots\cdots① \\ a'x+b'y+c'=0 & \cdots\cdots② \end{cases}$

는 다음과 같이 푼다.

①$\times b'$—②$\times b$하면

$(ab'-a'b)x+b'c-bc'=0$ 곧, $(ab'-a'b)x=bc'-b'c$ $\cdots\cdots③$

②$\times a$—①$\times a'$하면

$(ab'-a'b)y+ac'-a'c=0$ 곧, $(ab'-a'b)y=a'c-ac'$ $\cdots\cdots④$

(i) $ab'-a'b \neq 0$일 때, 곧 $\dfrac{a}{a'} \neq \dfrac{b}{b'}$일 때, 단 한 쌍의 해를 가지고,

③에서 $x=\dfrac{bc'-b'c}{ab'-a'b}$,   ④에서 $y=\dfrac{a'c-ac'}{ab'-a'b}$

(ii) $ab'-a'b=0$, $bc'-b'c=0$일 때, 곧 $\dfrac{a}{a'}=\dfrac{b}{b'}=\dfrac{c}{c'}$일 때

③은 $0 \times x=0$이고, ④는 $0 \times y=0$이다.

그런데 두 식 $ax+by+c=0$과 $a'x+b'y+c'=0$은 같은 식이므로

$ax+by+c=0$을 만족시키는 x, y는 모두 연립방정식의 해이다.

따라서 해가 무수히 많다. (부정)

(iii) $ab'-a'b=0$, $bc'-b'c \neq 0$일 때, 곧 $\dfrac{a}{a'}=\dfrac{b}{b'} \neq \dfrac{c}{c'}$일 때

③의 좌변은 0이고 우변은 0이 아닌 상수이다.

따라서 해가 없다. (불능)

*$Note$ 1° 방정식 ①, ②의 그래프를 그리면 (i)의 경우는 두 직선이 한 점에서 만
나고, (ii)의 경우는 일치하며, (iii)의 경우는 평행하다.   ⇦ 실력 공통수학2 p. 24

2° (i), (ii), (iii)에서 분모는 모두 0이 아니다.

보기 2 다음 연립방정식을 푸시오.

(1) $\begin{cases} x+2y=2 & \cdots\cdots① \\ 2x+4y=4 & \cdots\cdots② \end{cases}$ (2) $\begin{cases} x+2y=2 & \cdots\cdots① \\ 2x+4y=3 & \cdots\cdots② \end{cases}$

연구 (1) ①$\times 2$—②하면 $0 \times x+0 \times y=0$

이 식을 만족시키는 x, y는 무수히 많으므로   해가 무수히 많다. (부정)

(2) ①$\times 2$—②하면 $0 \times x+0 \times y=1$

이 식을 만족시키는 x, y는 존재하지 않으므로   해가 없다. (불능)

*$Note$ (1) ①, ②는 같은 방정식이고, ①(또는 ②)에서 $x=k$일 때 $y=-\dfrac{1}{2}k+1$이
므로 엄밀하게는 '해는 $x=k$, $y=-\dfrac{1}{2}k+1$(k는 실수) 꼴의 모든 수'라고 해야
한다.

필수 예제 13-1   다음 x, y에 관한 연립방정식을 푸시오.
단, a는 상수이다.

(1) $\begin{cases} ax+y=a^2 & \cdots\cdots① \\ x+ay=1 & \cdots\cdots② \end{cases}$ (2) $\begin{cases} |x|+2y=-1 & \cdots\cdots① \\ 2x+3|y|=12 & \cdots\cdots② \end{cases}$

[정석연구] (1) 문자 계수를 포함한 방정식은 나누는 문자가 0인 경우에 주의한다.

정석 문자로 나눌 때에는 $\Longrightarrow$ 문자가 0인 경우에 주의한다.

(2) 다음 네 경우로 나누어 절댓값 기호를 없애고 계산한다.

$(x \geq 0, y \geq 0)$, $(x \geq 0, y < 0)$, $(x < 0, y \geq 0)$, $(x < 0, y < 0)$

[모범답안] (1) ①×a−②하면 $(a^2-1)x=a^3-1$

$\therefore (a+1)(a-1)x=(a-1)(a^2+a+1)$

$\therefore$ **$a \neq \pm 1$일 때** $x=\dfrac{a^2+a+1}{a+1}$, $y=-\dfrac{a}{a+1}$ $\Leftarrow x$의 값을 ①에 대입

$a=1$일 때 해가 무수히 많다.(부정) $\Leftarrow 0 \times x = 0$

$a=-1$일 때 해가 없다.(불능) $\Leftarrow 0 \times x = -2$

(2) $x \geq 0, y \geq 0$일 때, ①, ②는 $x+2y=-1$, $2x+3y=12$

$\therefore x=27, y=-14$ (부적합)

$x \geq 0, y < 0$일 때, ①, ②는 $x+2y=-1$, $2x-3y=12$

$\therefore x=3, y=-2$ (적합)

$x < 0, y \geq 0$일 때, ①, ②는 $-x+2y=-1$, $2x+3y=12$

$\therefore x=\dfrac{27}{7}, y=\dfrac{10}{7}$ (부적합)

$x < 0, y < 0$일 때, ①, ②는 $-x+2y=-1$, $2x-3y=12$

$\therefore x=21, y=10$ (부적합) [답] $x=3, y=-2$

Note (1) $a=1$일 때 ①, ②는 같은 방정식 $x+y=1$이고, $x=k$일 때 $y=1-k$이므로 '해는 $x=k, y=1-k(k$는 실수) 꼴의 모든 수'이다.

[유제] **13**-1. x, y에 관한 연립방정식 $\begin{cases} 3mx+4y+m=0 \\ (2m-1)x+my+1=0 \end{cases}$ 의 해가 무수히 많을 때와 해가 없을 때의 상수 m의 값을 각각 구하시오.

[답] 해가 무수히 많을 때 $m=2$, 해가 없을 때 $m=\dfrac{2}{3}$

[유제] **13**-2. 연립방정식 $\begin{cases} 2|x|-|y|=5 \\ x+y=2 \end{cases}$ 를 푸시오.

[답] $x=3, y=-1$ 또는 $x=-7, y=9$

필수 예제 **13**-2 다음 연립방정식을 푸시오.

$$(1) \begin{cases} 2x+2y-3z=1 & \cdots① \\ 3x-3y+z=8 & \cdots② \\ 3x+y+2z=-1 & \cdots③ \end{cases} \qquad (2) \begin{cases} x+y+z=3 & \cdots① \\ 3x-4y-2z=5 & \cdots② \\ 2x+5y+3z=10 & \cdots③ \end{cases}$$

[정석연구] (1), (2)와 같이 미지수가 3개 이상인 연립일차방정식은 소거법을 이용하여 미지수의 개수를 줄여 본다.

정석 연립방정식의 해법의 기본은
   미지수의 소거 $\Longrightarrow$ 미지수가 하나인 방정식으로 유도한다.

[모범답안] (1) ①+②×3하면 $11x-7y=25$ ······④

②×2−③하면 $3x-7y=17$ ······⑤

④−⑤하면 $8x=8$ ∴ $x=1$

이 값을 ⑤에 대입하면 $y=-2$

$x=1, y=-2$를 ①에 대입하면 $z=-1$

답 $x=1, y=-2, z=-1$

(2) ①×2+②하면 $5x-2y=11$ ······④

①×3−③하면 $x-2y=-1$ ······⑤

④−⑤하면 $4x=12$ ∴ $x=3$

이 값을 ⑤에 대입하면 $y=2$

$x=3, y=2$를 ①에 대입하면 $z=-2$ 답 $x=3, y=2, z=-2$

Advice │ 미지수가 3개 이상인 연립방정식을 풀 때, 주어진 식 전체를 한꺼번에 조작하면 쉽게 풀리는 경우가 있다.

이를테면 (1)에서 ①+②+③을 하면 $8x=8$이므로 $x=1$을 쉽게 얻을 수 있다. 마찬가지로 (2)에서 ②+③−①을 하면 $4x=12$이므로 $x=3$을 쉽게 얻을 수 있다.

[유제] **13**-3. 다음 연립방정식을 푸시오.

$$(1) \begin{cases} 2x-y+z=4 \\ 5x+y+2z=1 \\ 3x-2y+4z=17 \end{cases} \qquad (2) \begin{cases} 4x-3y=15 \\ 5y-4z=3 \\ 5z-3x=-19 \end{cases}$$

(3) $x+2y-2=2y+3z-5=x+3z-3=0$

답 (1) $x=-1, y=-2, z=4$ (2) $x=3, y=-1, z=-2$
   (3) $x=0, y=1, z=1$

§2. 연립이차방정식의 해법

기본정석

연립이차방정식의 해법의 기본

두 식에서 하나의 미지수를 소거하여 미지수가 하나인 방정식으로 유도한다.

(1) 일차식과 이차식의 연립

먼저 일차식에서 한 문자를 다른 문자로 나타내고, 이것을 이차식에 대입하여 미지수가 하나인 방정식으로 유도한다.

(2) 이차식과 이차식의 연립

일차식과 이차식의 연립방정식의 꼴로 유도하여 위의 (1)의 방법을 적용한다. 이 경우 일차식을 유도하는 방법은 다음과 같다.

① 어느 한 식이 인수분해될 때에는 이로부터 일차식 두 개를 유도해 본다.
⇦ 필수 예제 **13**-4

② 이차항을 소거하여 일차식을 유도해 본다.   ⇦ 필수 예제 **13**-5

③ 상수항을 소거하여 이때 얻은 식이 두 일차식의 곱으로 인수분해되는가를 검토해 본다.   ⇦ 필수 예제 **13**-5

(3) x, y에 관한 대칭형의 경우

$x+y=u$, $xy=v$로 놓고, 주어진 방정식을 u, v에 관한 방정식으로 고친 다음 u, v의 값을 먼저 구한다.   ⇦ 필수 예제 **13**-6

정석 $x+y=u$, $xy=v$인 x, y는 $t^2-ut+v=0$의 두 근이다.

필수 예제 13-3 연립방정식 $\begin{cases} 2x+y-3=0 \\ x^2-2xy-y^2+2=0 \end{cases}$ 을 푸시오.

[모범답안] $2x+y-3=0$에서 $y=-2x+3$ ⋯⋯①

이것을 두 번째 식에 대입하면 $x^2-2x(-2x+3)-(-2x+3)^2+2=0$

정리하면 $x^2+6x-7=0$ ∴ $(x+7)(x-1)=0$ ∴ $x=-7, 1$

①에 대입하면 $y=17, 1$ [답] $x=-7, y=17$ 또는 $x=1, y=1$

[유제] **13**-4. 연립방정식 $\begin{cases} x-2y=1 \\ x^2-3xy+5y^2=5 \end{cases}$ 를 푸시오.

[답] $x=3, y=1$ 또는 $x=-\dfrac{5}{3}, y=-\dfrac{4}{3}$

필수 예제 **13**-4 다음 연립방정식을 푸시오.

$$\begin{cases} 3x^2 + 2xy - y^2 = 0 \\ x^2 + y^2 = 12 - 2x \end{cases}$$

정석연구 이차식과 이차식을 연립하는 경우는, 먼저

어느 한 식이 인수분해되는가를 검토한다.

모범답안 $3x^2 + 2xy - y^2 = 0$ 에서 $(x+y)(3x-y) = 0$

$\therefore\ y = -x$ 또는 $y = 3x$

$y = -x$ 일 때, 두 번째 식에 대입하면 $x^2 + x^2 = 12 - 2x$

$\therefore\ x^2 + x - 6 = 0$ $\therefore\ (x-2)(x+3) = 0$ $\therefore\ x = 2, -3$

이것을 $y = -x$ 에 대입하면 $y = -2, 3$

$y = 3x$ 일 때, 두 번째 식에 대입하면 $x^2 + 9x^2 = 12 - 2x$

$\therefore\ 5x^2 + x - 6 = 0$ $\therefore\ (x-1)(5x+6) = 0$ $\therefore\ x = 1, -\dfrac{6}{5}$

이것을 $y = 3x$ 에 대입하면 $y = 3, -\dfrac{18}{5}$

답 $\begin{cases} x=2 \\ y=-2 \end{cases}$, $\begin{cases} x=-3 \\ y=3 \end{cases}$, $\begin{cases} x=1 \\ y=3 \end{cases}$, $\begin{cases} x=-\dfrac{6}{5} \\ y=-\dfrac{18}{5} \end{cases}$

Advice | 앞면의 **필수 예제 13**-3의 해는 엄밀하게는

'($x=-7$ 이고 $y=17$) 또는 ($x=1$ 이고 $y=1$)'

로 나타내어야 하지만, 이것을 간단히

'$x=-7,\ y=17$ 또는 $x=1,\ y=1$'

로 나타내거나

'$\begin{cases} x=-7 \\ y=17 \end{cases}$, $\begin{cases} x=1 \\ y=1 \end{cases}$'   '$(x, y) = (-7, 17),\ (1, 1)$'

로 나타내기도 한다. 경우에 따라 적절한 방법으로 나타내면 된다.

유제 **13**-5. 다음 연립방정식을 푸시오.

(1) $\begin{cases} 3x^2 - 2xy - y^2 = 0 \\ x^2 + y^2 = 10 \end{cases}$ (2) $\begin{cases} 2xy - y^2 = 0 \\ x^2 - 3xy + 2y^2 - 3 = 0 \end{cases}$

답 (1) $\begin{cases} x=\sqrt{5} \\ y=\sqrt{5} \end{cases}$, $\begin{cases} x=-\sqrt{5} \\ y=-\sqrt{5} \end{cases}$, $\begin{cases} x=1 \\ y=-3 \end{cases}$, $\begin{cases} x=-1 \\ y=3 \end{cases}$

(2) $\begin{cases} x=\sqrt{3} \\ y=0 \end{cases}$, $\begin{cases} x=-\sqrt{3} \\ y=0 \end{cases}$, $\begin{cases} x=1 \\ y=2 \end{cases}$, $\begin{cases} x=-1 \\ y=-2 \end{cases}$

필수 예제 **13**-5 다음 연립방정식을 푸시오.

(1) $\begin{cases} 5xy+4x-6y=5 \\ 12xy+9x-14y=11 \end{cases}$ 　　(2) $\begin{cases} x^2-3xy-2y^2=8 \\ xy+3y^2=1 \end{cases}$

[정석연구] 이차식과 이차식의 연립방정식에서 어느 한 식도 인수분해가 되지 않을 때에는

이차항을 소거하거나 상수항을 소거해 본다.

(1)은 이차항을, (2)는 상수항을 소거해 본다.

　이와 같이 하면 결국에는 일차식과 이차식을 연립하는 꼴이 되는 것이 보통이다.

[모범답안] (1) $5xy+4x-6y=5$ ······① 　$12xy+9x-14y=11$ ······②

①×12−②×5하면 $3x-2y=5$ ∴ $y=\dfrac{3x-5}{2}$ ······③

③을 ①에 대입하면 $\dfrac{5x(3x-5)}{2}+4x-6\times\dfrac{3x-5}{2}=5$

정리하면 $3x^2-7x+4=0$ ∴ $(x-1)(3x-4)=0$ ∴ $x=1,\ \dfrac{4}{3}$

이것을 ③에 대입하면 $y=-1,\ -\dfrac{1}{2}$

[답] $x=1,\ y=-1$ 또는 $x=\dfrac{4}{3},\ y=-\dfrac{1}{2}$

(2) $x^2-3xy-2y^2=8$ ······① 　　$xy+3y^2=1$ ······②

①−②×8하면 $x^2-11xy-26y^2=0$ ∴ $(x+2y)(x-13y)=0$

∴ $x=-2y$ 또는 $x=13y$

$x=-2y$일 때, ②에서 $-2y^2+3y^2=1$ ∴ $y^2=1$ ∴ $y=\pm1$

이때, $x=-2\times(\pm1)=\mp2$

$x=13y$일 때, ②에서 $13y^2+3y^2=1$ ∴ $y^2=\dfrac{1}{16}$ ∴ $y=\pm\dfrac{1}{4}$

이때, $x=13\times\left(\pm\dfrac{1}{4}\right)=\pm\dfrac{13}{4}$

[답] $x=\pm2,\ y=\mp1$ 또는 $x=\pm\dfrac{13}{4},\ y=\pm\dfrac{1}{4}$ (복부호동순)

[유제] **13**-6. 다음 연립방정식을 푸시오.

(1) $\begin{cases} 2y^2-5x+3y=9 \\ 3y^2+2x-5y=4 \end{cases}$ 　　(2) $\begin{cases} x^2-xy+y^2=7 \\ x^2+3xy-y^2=1 \end{cases}$

[답] (1) $x=-2,\ y=-1$ 또는 $x=1,\ y=2$
(2) $x=\pm1,\ y=\pm3$ 또는 $x=\pm\dfrac{4\sqrt{3}}{3},\ y=\mp\dfrac{\sqrt{3}}{3}$ (복부호동순)

필수 예제 13-6 다음 x, y에 관한 연립방정식을 푸시오.

(1) $x+y=a$, $xy=b$ (a, b는 상수)

(2) $x^2+y^2=10xy-5(x+y)=5(xy-1)$

[정석연구] (1) 이를테면 $x+y=4$, $xy=3$일 때 더해서 4, 곱해서 3인 두 수는 1과 3이므로 $x=1$, $y=3$ 또는 $x=3$, $y=1$이라고 할 수 있다.

그러나 이를테면 $x+y=5$, $xy=2$일 때는 위와 같이 쉽게 찾을 수 없다. 그래서 일반적으로는 일차식에서 y를 x로 나타낸 다음 이것을 이차식에 대입하거나

정석 $x+y=u$, $xy=v$인 x, y는 $t^2-ut+v=0$의 두 근

이라는 성질을 이용한다. ⇦ p. 115 참조

[모범답안] (1) $x+y=a$, $xy=b$이므로 x, y는 $t^2-at+b=0$의 두 근이다.

그런데 $t^2-at+b=0$에서 $t=\dfrac{a+\sqrt{a^2-4b}}{2}$, $\dfrac{a-\sqrt{a^2-4b}}{2}$

$\therefore$ $x=\dfrac{a\pm\sqrt{a^2-4b}}{2}$, $y=\dfrac{a\mp\sqrt{a^2-4b}}{2}$ (복부호동순) ← [답]

*$Note$ $x+y=a$에서 $y=a-x$이므로 이것을 $xy=b$에 대입해도 된다.

(2) $x^2+y^2=5(xy-1)$ ……① $\qquad$ $10xy-5(x+y)=5(xy-1)$ ……②

$x+y=u$, $xy=v$로 놓으면

①은 $(x+y)^2-2xy=5(xy-1)$이므로 $u^2=7v-5$ ……③

②는 $10v-5u=5v-5$ 곧, $v=u-1$ ……④

④를 ③에 대입하면 $u^2=7(u-1)-5$ 곧, $u^2-7u+12=0$

$\therefore$ $(u-3)(u-4)=0$ $\therefore$ $u=3, 4$ 이때, ④에서 $v=2, 3$

$\therefore$ $\begin{cases}x+y=3\\xy=2\end{cases}$ ……⑤ $\qquad$ $\begin{cases}x+y=4\\xy=3\end{cases}$ ……⑥

⑤의 x, y는 $t^2-3t+2=0$의 두 근이고, 이때 $t=1, 2$이다.

⑥의 x, y는 $t^2-4t+3=0$의 두 근이고, 이때 $t=1, 3$이다.

$\therefore$ $\begin{cases}x=1\\y=2\end{cases}$, $\begin{cases}x=2\\y=1\end{cases}$, $\begin{cases}x=1\\y=3\end{cases}$, $\begin{cases}x=3\\y=1\end{cases}$ ← [답]

[유제] **13**-7. 방정식 $x^2+y^2=x+y-xy+22=20$을 푸시오.

[답] $\begin{cases}x=2\\y=4\end{cases}$, $\begin{cases}x=4\\y=2\end{cases}$, $\begin{cases}x=-2\pm\sqrt{6}\\y=-2\mp\sqrt{6}\end{cases}$ (복부호동순)

§3. 공 통 근

기 본 정 석

공통근을 구하는 방법

두 방정식 $f(x)=0$, $g(x)=0$의 공통근은

(1) 방정식 $f(x)=0$의 해와 $g(x)=0$의 해 중에서 공통인 값을 찾는다.

(2) 방정식의 해를 바로 구할 수 없는 경우 공통근을 α로 놓고 $f(\alpha)=0$, $g(\alpha)=0$에서 두 식을 적당히 변형하여 α의 값을 찾는다.

　세 개 이상의 방정식에 대해서도 이와 같은 방법으로 공통근을 구한다.

Advice | 이를테면 두 방정식

$$(x-2)(x-3)=0 \quad \cdots\cdots① \qquad (x-2)(x-5)=0 \quad \cdots\cdots②$$

에서 ①의 해는 $x=2, 3$이고, ②의 해는 $x=2, 5$이다.

　이때, $x=2$를 방정식 ①, ②의 공통근이라고 한다.

보기 1 다음 두 방정식의 공통근을 구하시오.

$$x^2-4x+3=0 \quad \cdots\cdots① \qquad 3x^2-2x-1=0 \quad \cdots\cdots②$$

연구 ①에서　$(x-1)(x-3)=0 \quad \therefore \; x=1, 3$

　②에서　$(3x+1)(x-1)=0 \quad \therefore \; x=-\dfrac{1}{3}, 1$

　　따라서 ①, ②의 공통근은　$\boldsymbol{x=1}$

보기 2　다음 x에 관한 두 이차방정식이 공통근을 가지도록 상수 k의 값을 정하고, 이때의 공통근을 구하시오.

$$x^2-(k-3)x+5k=0, \quad x^2+(k+2)x-5k=0$$

연구 공통근을 알 수 없을 때에는

정석 공통근을 α로 놓는다.

두 이차방정식의 공통근을 α라고 하면

$$\alpha^2-(k-3)\alpha+5k=0 \quad \cdots\cdots① \qquad \alpha^2+(k+2)\alpha-5k=0 \quad \cdots\cdots②$$

①+②하면　$2\alpha^2+5\alpha=0 \quad \therefore \; \alpha(2\alpha+5)=0 \quad \therefore \; \alpha=0, \, -\dfrac{5}{2}$

$\alpha=0$일 때, ①에서　$5k=0 \quad \therefore \; k=0$

$\alpha=-\dfrac{5}{2}$일 때, ①에서　$\dfrac{25}{4}+\dfrac{5}{2}(k-3)+5k=0 \quad \therefore \; k=\dfrac{1}{6}$

　　따라서 $\boldsymbol{k=0}$일 때 공통근은 $\boldsymbol{x=0}$, $\boldsymbol{k=\dfrac{1}{6}}$일 때 공통근은 $\boldsymbol{x=-\dfrac{5}{2}}$

필수 예제 **13**-7 다음 x에 관한 서로 다른 두 이차방정식이 공통근을 가
지도록 실수 p, q의 값을 정하고, 이때의 공통근을 구하시오.
$$x^2 + p^2 x + q^2 - 2p = 0, \quad x^2 - 2px + p^2 + q^2 = 0$$

[정석연구] 근의 공식을 이용하여 각 방정식의 해를 구해도 계수에 p, q가 있어
공통근을 찾기가 어렵다. 이런 경우 공통근을 α라 하고 각 방정식에 대입한
다음, α와 p, q에 관한 연립방정식을 풀면 된다.

    정석 해를 구할 수 없는 방정식에서는
        $\Longrightarrow$ 공통근을 α로 놓고 연립방정식을 푼다.

    그리고 공통근에 관하여 연립방정식을 풀 때에는 α에 관하여
        상수항을 소거하는 방법, 최고차항을 소거하는 방법
을 흔히 이용한다. 상수항을 소거하는 방법은 앞면의 **보기 2**에서 공부하였다.

[모범답안] 두 방정식의 공통근을 α라고 하면
    $\alpha^2 + p^2\alpha + q^2 - 2p = 0$ ······① $\alpha^2 - 2p\alpha + p^2 + q^2 = 0$ ······②
    ①$-$②하면 $(p^2 + 2p)\alpha - (p^2 + 2p) = 0$ $\therefore$ $(p^2 + 2p)(\alpha - 1) = 0$
        $\therefore$ $p^2 + 2p = 0$ 또는 $\alpha - 1 = 0$
    그런데 $p^2 + 2p = 0$일 때는 $p^2 = -2p$이므로, 두 방정식이 일치하여 서로 다
른 두 이차방정식이라는 문제의 조건에 어긋난다. $\therefore$ $\alpha = 1$
    $\alpha = 1$을 ①에 대입하면
        $1 + p^2 + q^2 - 2p = 0$ $\therefore$ $(p-1)^2 + q^2 = 0$
    p, q는 실수이므로 $p - 1 = 0$, $q = 0$
        따라서 $p = 1$, $q = 0$, 공통근: $x = 1$ ←─ [답]
    *Note 공통근을 α로 놓지 않고, x를 공통근이라고 생각하여 풀어도 된다.

[유제] **13**-8. 다음 x에 관한 두 방정식이 공통근을 가지도록 상수 k의 값을 정
하고, 이때의 공통근을 구하시오.
    (1) $x^3 - 2x^2 + k = 0$, $x^2 - 3x + k + 1 = 0$
    (2) $x^3 - x - k = 0$, $x^2 - 5x + k = 0$
                [답] (1) $k = 1$, $x = 1$
                     (2) $k = -24$, $x = -3$ 또는 $k = 0$, $x = 0$ 또는 $k = 6$, $x = 2$

[유제] **13**-9. 다음 x에 관한 두 이차방정식이 오직 하나의 공통근을 가지도록
상수 p의 값을 정하고, 이때의 공통근을 구하시오.
    $$x^2 + 4px - (2p-1) = 0, \quad x^2 + px + p + 1 = 0$$ [답] $p = -1$, $x = 1$

필수 예제 **13**-8   다음 x에 관한 두 이차방정식이 공통근 α를 가진다.
$$x^2+px+q=0, \quad px^2+qx+1=0$$
(1) α가 실수일 때, 상수 p, q 사이의 관계식을 구하시오.
(2) α가 허수일 때, 실수 p, q의 값을 구하시오.

[정석연구] 앞면의 **필수 예제 13**-7에서와 같이 이차항을 소거하거나 상수항을 소거하는 방법을 생각할 수 있으나, 이 문제의 경우 어느 쪽이든 간단하게 해결되지 않는다.

우선 공통근 α를 대입하면
$$\alpha^2+p\alpha+q=0, \quad p\alpha^2+q\alpha+1=0$$
이고, 이 두 식을 살펴보면
$$(p\alpha+q)\times\alpha \Longrightarrow p\alpha^2+q\alpha$$
라는 특징이 있음을 알 수 있다. 이를 이용하여 p, q를 소거해 본다.

정석 미지수의 소거 $\Longrightarrow$ 식의 특징을 찾는다.

[모범답안] $x^2+px+q=0$ ······① $\qquad px^2+qx+1=0$ ······②
α가 ①, ②의 근이므로
$\qquad \alpha^2+p\alpha+q=0$ ······③ $\qquad p\alpha^2+q\alpha+1=0$ ······④
$\qquad$③$\times\alpha$－④하면 $\alpha^3-1=0$ $\therefore$ $(\alpha-1)(\alpha^2+\alpha+1)=0$ ······⑤
(1) α가 실수일 때, ⑤에서 $\alpha=1$
$\qquad$이 값을 ③에 대입하면 $1+p+q=0$ ← [답]
(2) α가 허수일 때, ⑤에서
$\qquad \alpha^2+\alpha+1=0$ $\therefore$ $\alpha^2=-(\alpha+1)$
$\qquad$이것을 ③에 대입하면
$\qquad -(\alpha+1)+p\alpha+q=0$ $\therefore$ $(p-1)\alpha+q-1=0$
$\qquad$여기에서 p, q는 실수이고, α는 허수이므로
$\qquad p-1=0, q-1=0$ $\therefore$ $p=1, q=1$ ← [답]

*Note 공통근 α가 허수이면 p, q가 실수이므로 $\bar{\alpha}$도 두 방정식의 공통근이다.

[유제] **13**-10. 다음 x에 관한 두 이차방정식이 공통근을 가진다.
$$ax^2+bx+c=0, \quad bx^2+cx+a=0$$
(1) 공통근이 실수일 때, 상수 a, b, c 사이의 관계식을 구하시오.
(2) 공통근이 허수일 때, 실수 a, b, c 사이의 관계식을 구하시오.
$\qquad\qquad\qquad\qquad\qquad$ [답] (1) $a+b+c=0$ (2) $a=b=c$

§4. 부정방정식의 해법

기 본 정 석

부정방정식의 해법의 기본

　주어진 방정식 이외의 조건, 곧 근에 대한

정수 조건,　유리수 조건,　실수 조건

등이 있으면 이 조건을 이용하여 주어진 방정식의 근을 정한다.

Advice | 미지수의 개수보다 방정식의 개수가 적거나 외형상으로는 미지수의 개수와 방정식의 개수가 같아도 실제로는 같은 방정식이어서 방정식의 해가 무수히 많은 경우가 있다. 이와 같은 방정식을 부정방정식이라고 한다.

보기 1 방정식 $xy=3$을 푸시오. 단, x, y는 양의 정수이다.

연구 $xy=3$을 만족시키는 x, y는

① $\begin{cases} x=1 \\ y=3 \end{cases}$,　② $\begin{cases} x=3 \\ y=1 \end{cases}$,　③ $\begin{cases} x=\dfrac{1}{2} \\ y=6 \end{cases}$,　④ $\begin{cases} x=\dfrac{1}{3} \\ y=9 \end{cases}$,　…

와 같이 무수히 많다. 그런데 이 중에서 x, y가 양의 정수인 것은 ①, ②의 경우뿐이므로 구하는 해는　$x=1, \ y=3$ 또는 $x=3, \ y=1$

보기 2　다음 방정식을 푸시오.

(1) $(3x+2y-3)^2+(x-y-1)^2=0$　　단, x, y는 실수이다.

(2) $|3x+2y-3|+|x-y-1|=0$　　단, x, y는 실수이다.

(3) $(3x+2y-3)+(x-y-1)\sqrt{3}=0$　　단, x, y는 유리수이다.

(4) $(3x+2y-3)+(x-y-1)i=0$　　단, x, y는 실수이다.

연구 지금까지 공부한 내용을 정리해 보면

정석 A, B가 실수일 때, $A^2+B^2=0$ ⟺ $A=0, \ B=0$

　　　A, B가 실수일 때, $|A|+|B|=0$ ⟺ $A=0, \ B=0$

　　　A, B가 유리수일 때, $A+B\sqrt{3}=0$ ⟺ $A=0, \ B=0$

　　　A, B가 실수일 때, $A+Bi=0$ ⟺ $A=0, \ B=0$

　따라서 위의 문제는 모두

연립방정식 $\begin{cases} 3x+2y-3=0 \\ x-y-1=0 \end{cases}$

을 푸는 것과 같다.　　　　　　　　　　　　　　답 $x=1, \ y=0$

필수 예제 13-9 다음 등식을 만족시키는 x, y의 값을 구하시오.

(1) $xy - 3x - 3y + 2 = 0$ 단, x, y는 정수이다.

(2) $6xy + 4x - 3y - 7 = 0$ 단, x, y는 정수이다.

(3) $(x^2 + 1)(y^2 + 4a^2) - 8axy = 0$ 단, x, y, a는 실수이고, $a \neq 0$이다.

[정석연구] (1), (2) 자연수 또는 정수에 관한 부정방정식이다.

> **정석** 자연수, 정수의 부정방정식
> $$\Longrightarrow (\quad) \times (\quad) = (정수) \; 꼴로 \; 고친다.$$

(3) 실수에 관한 부정방정식이다.

> **정석** 실수의 부정방정식 $\Longrightarrow A^2 + B^2 = 0$ 꼴로 고친다.

[모범답안] (1) 준 식에서 $(x-3)(y-3) - 9 + 2 = 0$ $\therefore$ $(x-3)(y-3) = 7$

x, y는 정수이므로 $x-3, y-3$도 정수이다.

$\therefore (x-3, y-3) = (1, 7), (7, 1), (-1, -7), (-7, -1)$

$\therefore \boldsymbol{(x, y) = (4, 10), (10, 4), (2, -4), (-4, 2)}$ ← 답

(2) 준 식에서 $(2x-1)(3y+2) + 2 - 7 = 0$ $\therefore$ $(2x-1)(3y+2) = 5$

x, y는 정수이므로 $2x-1, 3y+2$도 정수이다.

$\therefore (2x-1, 3y+2) = (1, 5), (5, 1), (-1, -5), (-5, -1)$

이 중에서 x, y가 정수인 것은 $\boldsymbol{(x, y) = (1, 1), (-2, -1)}$ ← 답

(3) 준 식에서 $x^2 y^2 + 4a^2 x^2 + y^2 + 4a^2 - 8axy = 0$

$\therefore (x^2 y^2 - 4axy + 4a^2) + (4a^2 x^2 - 4axy + y^2) = 0$

$\therefore (xy - 2a)^2 + (2ax - y)^2 = 0$

x, y, a는 실수이므로 $xy - 2a, 2ax - y$도 실수이다.

$\therefore xy - 2a = 0$ ······① $2ax - y = 0$ ······②

②에서의 $y = 2ax$를 ①에 대입하면 $a(x^2 - 1) = 0$

$a \neq 0$이므로 $x^2 - 1 = 0$ $\therefore$ $\boldsymbol{x = \pm 1}$ $\therefore$ $\boldsymbol{y = \pm 2a}$ (복부호동순) ← 답

[유제] **13**-11. 등식 $xy - 2x - 2y - 13 = 0$을 만족시키는 양의 정수 x, y의 값을 구하시오.   답 $(x, y) = (3, 19), (19, 3)$

[유제] **13**-12. 등식 $2x^2 - 5xy + 2y^2 = 5$를 만족시키는 양의 정수 x, y의 값을 구하시오.   답 $(x, y) = (1, 3), (3, 1)$

[유제] **13**-13. 등식 $x^2 - 4xy + 5y^2 + 2x - 8y + 5 = 0$을 만족시키는 실수 x, y의 값을 구하시오.   답 $x = 3, y = 2$

연습문제 13

기본 **13**-1　다음 연립방정식을 푸시오.

(1) $\begin{cases} \dfrac{x+y}{5} = \dfrac{y+z}{7} = \dfrac{z+x}{8} \\ x+y+z = 10 \end{cases}$　　　　(2) $\begin{cases} x^2 + y = 1 \\ y^2 + x = 1 \end{cases}$

13-2　A, B 두 사람이 x, y에 관한 연립방정식 $\begin{cases} ax - y = 7 \\ 2x + by = 9 \end{cases}$ 를 푸는데 A는 a를 잘못 보고 풀어 $x = -30$, $y = 23$을 얻었고, B는 b를 잘못 보고 풀어 $x = 12$, $y = 5$를 얻었다. 옳은 해를 구하시오. 단, a, b는 상수이다.

13-3　x, y에 관한 연립방정식 $\begin{cases} 2x + 5y = kx \\ 3x + 4y = ky \end{cases}$ 가 $x = 0$, $y = 0$ 이외의 해를 가지도록 하는 상수 k의 값을 구하시오.

13-4　a보다 크지 않은 최대 정수를 $[a]$로 나타낼 때,
$$y = [x]^2 - 2[x] - 4, \quad [x+y] + [x-y] = 6$$
을 동시에 만족시키는 실수 x, y에 대하여 $[xy]$의 값을 구하시오.

13-5　A 용기에는 $14\,\%$ 소금물이 $3\,\mathrm{L}$, B 용기에는 $12\,\%$ 소금물이 $2\,\mathrm{L}$, C 용기에는 $p\,\%$ 소금물이 $1\,\mathrm{L}$ 들어 있다. C 용기에 있는 소금물을 A 용기와 B 용기에 남김없이 나누어 부었더니 A 용기와 B 용기에 있는 소금물의 농도가 모두 $15\,\%$가 되었다. 이때, p의 값과 A 용기에 부은 소금물의 양을 구하시오.

13-6　다음 두 쌍의 x, y에 관한 연립방정식이 공통인 해를 가질 때, 정수 a, b의 값을 구하시오.
$$\begin{cases} ax + 2y = 1 \\ x + y = 3 \end{cases}, \quad \begin{cases} x + by = a \\ x^2 + y^2 = 5 \end{cases}$$

13-7　x, y에 관한 연립방정식 $\begin{cases} xy - 2x - 2y = -4 \\ 2xy + x + y = k \end{cases}$ 를 만족시키는 1보다 큰 서로 다른 실수 x, y가 존재하도록 하는 50 이하의 자연수 k의 개수를 구하시오.

13-8　$\triangle ABC$의 꼭짓점 A에서 그은 중선과 꼭짓점 B에서 그은 중선이 수직으로 만난다. $\overline{AC} = 8$, $\overline{BC} = 6$일 때, $\overline{AB}$의 길이를 구하시오.

13-9　x에 관한 이차방정식 $(i-3)x^2 + 2(i-p)x + p^2 - 8i = 0$이 실근을 가질 때, 양수 p의 값과 그때의 실근을 구하시오.

13-10 x에 관한 이차방정식 $x^2+ax+bc=0$의 두 근을 p, q라 하고, x에 관한 이차방정식 $x^2+bx+ac=0$의 두 근을 q, r이라고 할 때, 다음 중 옳은 것만을 있는 대로 고르시오. 단, a, b, c는 상수이고, $ac \neq bc$이다.

> ㄱ. $q=c$ ㄴ. $a+b+c=0$
> ㄷ. x에 관한 이차방정식 $x^2+cx+ab=0$의 두 근은 p, r이다.

13-11   다음 방정식의 양의 정수해를 구하시오.

(1) $\dfrac{1}{x}+\dfrac{1}{y}=\dfrac{1}{21}$ $(x<y)$ 　　　　(2) $3x+5y=90$

13-12   다음 두 식을 만족시키는 양의 정수 x, y, z의 값을 구하시오.
$$x+y+z=10, \quad x-y+2z=8$$

13-13   다음 등식을 만족시키는 실수 x, y의 값을 구하시오.
$$x^2y^2+x^2+y^2+12xy-4x-4y+29=0$$

13-14 0이 아닌 실수 a, b, c, x, y, z가
$$a^2+b^2+c^2=1, \quad x^2+4y^2+9z^2=1, \quad ax+2by+3cz=1$$
을 만족시킬 때, $\dfrac{a}{x}+\dfrac{b}{y}+\dfrac{c}{z}$의 값을 구하시오.

[실력] **13**-15 x, y에 관한 연립방정식
$$\begin{cases} kx+(k-1)y=k+1 \\ akx+(k-2)y=b+3k \end{cases}$$
가 k의 값에 관계없이 일정한 해를 가지도록 상수 a, b의 값을 정하시오.

13-16 x, y, z에 관한 연립방정식
$$x-2y+3z=-4, \quad -2x+3y-4z=a, \quad 3x-4y+bz=0$$
의 해가 무수히 많도록 상수 a, b의 값을 정하시오.

13-17   갑은 A에서 B까지, 을은 B에서 A까지 동시에 출발하여 각각 일정한 속력으로 걸어간다. 둘이 만났을 때, 갑은 을보다 6 km 더 걸었다. 또, 갑과 을이 만나고 난 후 갑은 4시간 30분 후 B에 도착하였고, 을은 8시간 후 A에 도착하였다. 이때, 갑의 속력과 A에서 B까지의 거리를 구하시오.

13-18   다음 연립방정식을 푸시오. 단, a는 상수이다.

(1) $\begin{cases} ax+y+z=1 \\ x+ay+z=1 \\ x+y+az=1 \end{cases}$ 　　(2) $\begin{cases} x+4|y|=4 \\ |x|+y^2=9 \end{cases}$ 　　(3) $\begin{cases} x+yz=2 \\ y+zx=2 \\ z+xy=2 \end{cases}$

13-19　연립방정식 $\begin{cases} x+2y+4z=12 \\ xy+4yz+2xz=22 \\ xyz=6 \end{cases}$ 을 푸시오.

13-20　$x^2+y^2=7$, $x^3+y^3=10$ 일 때, 실수 x, y의 값을 구하시오.

13-21　연립방정식 $\begin{cases} x+y+z=3 \\ xy+yz+zx=-9 \end{cases}$ 에 대하여 다음 물음에 답하시오.

(1) $x=3$일 때, y, z의 값을 구하시오.

(2) y, z가 실수가 되는 실수 x의 값의 범위를 구하시오.

13-22　x, y에 관한 두 방정식 $x^2+y^2=10$, $x^2+xy+y^2=a$를 만족시키는 실수 x, y가 존재할 때, 실수 a의 값의 범위를 구하시오.

13-23　x에 관한 사차방정식 $(x^2-2x-a)(x^2+ax+2)=0$이 서로 다른 네 실근을 가질 때, 실수 a의 값의 범위를 구하시오.

13-24　다음 x에 관한 두 삼차방정식이 모두 한 개의 실근과 두 개의 허근을 가진다. 실근이 두 방정식의 공통근일 때, 정수 p, q의 값을 구하시오.
$$5x^3+px+q=0, \quad 5x^3+qx+p=0 \quad (p>q)$$

13-25　방정식 $y^2=x(x+1)(x+2)(x+3)$을 만족시키는 정수 x, y의 순서쌍 (x, y)를 구하시오.

13-26　다음 방정식의 양의 정수해를 구하시오.

(1) $x^2-xy+2x+y-9=0$　　　　(2) $x^2+6y^2=360$

13-27　두 수 x, y에 대하여 $x \circ y=x+y-xy$로 정의하자. 세 정수 a, b, c가 $(a \circ b) \circ c=0$을 만족시킬 때, $a+b+c$의 최댓값을 구하시오.

13-28　다음 두 조건을 만족시키는 정수 a, b의 값을 구하시오.
　　　(가) $a<0<b$　　　　　(나) $a^3+b^3=91$

13-29　n은 양의 정수, p는 소수이고, x에 관한 삼차방정식
$$x^3+nx^2-(5-n)x+p=0$$
의 한 근이 양의 정수일 때, 이 방정식을 푸시오.

13-30　오른쪽 그림과 같이 직사각형 ABCD의 내부에 선분 PQ가 변 AD에 평행하게 놓여 있다. $\overline{QC}=4$, $\overline{QD}=4\sqrt{2}$ 일 때, $\overline{PA}$와 $\overline{PB}$의 길이를 구하시오.
　단, $\overline{PA}$, $\overline{PB}$의 길이는 자연수이다.

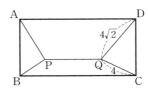

14. 일차부등식과 연립일차부등식

§1. 부등식의 성질과 일차부등식의 해법

1 실수의 대소에 관한 기본 성질

(1) a가 실수이면 다음 중 어느 하나만 성립한다.
$$a > 0, \quad a = 0, \quad a < 0$$

(2) $a > 0$, $b > 0$이면 $a + b > 0$, $ab > 0$이다.

2 실수의 대소에 관한 정의

a, b가 실수일 때, a, b의 대소를 다음과 같이 정의한다.
$$a - b > 0 \iff a > b$$
$$a - b = 0 \iff a = b$$
$$a - b < 0 \iff a < b$$

3 부등식의 성질

(1) $a > b$, $b > c$이면 $a > c$

(2) $a > b$이면 $a + m > b + m$, $a - m > b - m$

(3) $a > b$, $m > 0$이면 $am > bm$, $\dfrac{a}{m} > \dfrac{b}{m}$ ⇦ 부등호 방향은 그대로

(4) $a > b$, $m < 0$이면 $am < bm$, $\dfrac{a}{m} < \dfrac{b}{m}$ ⇦ 부등호 방향은 반대로

(5) a와 b가 서로 같은 부호이면 $ab > 0$, $\dfrac{b}{a} > 0$, $\dfrac{a}{b} > 0$

a와 b가 서로 다른 부호이면 $ab < 0$, $\dfrac{b}{a} < 0$, $\dfrac{a}{b} < 0$

4 부등식 $ax > b$의 해

$a > 0$일 때 $x > \dfrac{b}{a}$ ⇦ 부등호 방향은 그대로

$a < 0$일 때 $x < \dfrac{b}{a}$ ⇦ 부등호 방향은 반대로

$a = 0$일 때 $\begin{cases} b \geq 0 \text{이면 해가 없다.} \\ b < 0 \text{이면 } x \text{는 모든 실수} \end{cases}$

Advice | 부등식의 해

이를테면

$$-2<1, \quad x^2+2>0, \quad 3x-4\geq x+2$$

와 같이 수 또는 식의 대소 관계를 나타낸 식을 부등식이라고 한다.

등식에 항등식과 방정식이 있듯이 부등식에도

절대부등식과 조건부등식

이 있다.

▶ 절대부등식 : 이를테면 $x^2+2>0$과 같은 부등식은 x에 어떤 실수를 대입해도 항상 성립한다. 이와 같이 부등식의 문자에 어떤 실수를 대입해도 항상 성립하는 부등식을 절대부등식이라고 한다.

절대부등식에서 그것이 항상 성립함을 보이는 것을 부등식을 증명한다고 말한다. 이에 관해서는 실력 공통수학2의 p. 143에서 공부한다.

▶ 조건부등식 : 이를테면 $3x-4\geq x+2$와 같은 부등식은 x에 아무 실수나 대입해서는 성립하지 않고, 3보다 크거나 같은 실수를 대입할 때만 성립한다. 이와 같이 부등식의 문자에 특정한 값 또는 특정한 범위의 값을 대입할 때만 성립하는 부등식을 조건부등식이라고 한다.

일반적으로 부등식을 만족시키는 문자의 값의 범위를 부등식의 해라 하고, 부등식의 해를 구하는 것을 부등식을 푼다고 한다.

Note 이를테면 '$a>0$, $b>0$일 때 $a+b\geq 2\sqrt{ab}$'와 같이 문자의 값의 범위가 정해진 부등식이 있다. 이 부등식은 주어진 범위에서는 항상 성립하므로 절대부등식으로 본다.

보기 1 다음 x에 관한 부등식을 푸시오. 단, a는 실수이다.

(1) $\dfrac{x+3}{2}>2x-3$　　　　　　　　(2) $(a-2)x>a$

(3) $ax-5<a(x+1)-3$

연구 부등식의 해법의 기본은 부등식의 성질이다.

(1) 양변에 2를 곱하면 $x+3>4x-6$ ∴ $-3x>-9$

양변을 -3으로 나누면 $x<3$

(2) $a>2$일 때 $x>\dfrac{a}{a-2}$, $a<2$일 때 $x<\dfrac{a}{a-2}$,

$a=2$일 때 $0\times x>2$이므로 해가 없다.

(3) $ax-5<ax+a-3$에서 $0\times x<a+2$

∴ $a>-2$일 때 x는 모든 실수,　　　⇐ (예) $0\times x<1$

$a\leq -2$일 때 해가 없다.　　　　　⇐ (예) $0\times x<0$, $0\times x<-1$

필수 예제 **14**-1 다음 물음에 답하시오. 단, a, b, c, d는 실수이다.

(1) x에 관한 부등식 $ax+b>cx+d$를 푸시오.

(2) 부등식 $(a+b)x+2a-3b<0$의 해가 $x<-1$일 때, x에 관한 부등식 $(a-3b)x+b-2a>0$을 푸시오.

[정석연구] 계수에 문자가 있는 부등식을 풀 때에는 다음에 주의한다.

[정석] 부등식에서 문자로 양변을 나눌 때에는

$\Longrightarrow$ 문자가 음수 또는 0이 되는 경우에 주의한다.

[모범답안] (1) $ax+b>cx+d$에서 $(a-c)x>d-b$

$a>c$일 때 $x>\dfrac{d-b}{a-c}$, $a<c$일 때 $x<\dfrac{d-b}{a-c}$

$a=c$일 때 $d\geq b$이면 해가 없다.   ⇦ (예) $0\times x>0,\ 0\times x>2$

$d<b$이면 x는 모든 실수   ⇦ (예) $0\times x>-2$

(2) $(a+b)x+2a-3b<0$ ……① $\qquad$ $(a-3b)x+b-2a>0$ ……②

①에서 $(a+b)x<3b-2a$ ……③

문제의 조건에서 ③의 해가 $x<-1$이므로 $a+b>0$ ……④

또, 이때 ③은

$$x<\dfrac{3b-2a}{a+b} \qquad \therefore\ \dfrac{3b-2a}{a+b}=-1 \qquad \therefore\ a=4b \qquad ……⑤$$

⑤를 ②에 대입하면

$$(4b-3b)x+b-8b>0 \qquad \therefore\ bx>7b \qquad ……⑥$$

그런데 ⑤를 ④에 대입하면 $4b+b>0$ $\therefore\ b>0$

따라서 ⑥에서 $x>7$ ← [답]

[유제] **14**-1. 다음 x에 관한 부등식을 푸시오. 단, a는 실수이다.

(1) $ax+2>3x+2a$ $\qquad\qquad\qquad$ (2) $ax+6>2x+a$

[답] (1) $a>3$일 때 $x>\dfrac{2a-2}{a-3}$, $a<3$일 때 $x<\dfrac{2a-2}{a-3}$,

$a=3$일 때 해가 없다.

(2) $a>2$일 때 $x>\dfrac{a-6}{a-2}$, $a<2$일 때 $x<\dfrac{a-6}{a-2}$,

$a=2$일 때 x는 모든 실수

[유제] **14**-2. 부등식 $(a+b)x+2a-3b<0$의 해가 $x>-\dfrac{3}{4}$일 때, x에 관한 부등식 $(a-2b)x+3a-b>0$을 푸시오. 단, a, b는 상수이다.   [답] $x<-8$

필수 예제 **14**-2 $2 \leq x \leq 10$, $1 \leq y \leq 4$일 때, 다음 식의 값의 범위를 구하시오.

(1) $x+y$ (2) $x-y$ (3) xy (4) $\dfrac{x}{y}$

[모범답안] $x>0$, $y>0$이므로 식의 값의 범위는 다음과 같다.

(1) $x+y \Longrightarrow$ $\begin{cases} x가 \ 최대, \ y도 \ 최대일 \ 때, \ x+y는 \ 최대이다. \\ x가 \ 최소, \ y도 \ 최소일 \ 때, \ x+y는 \ 최소이다. \end{cases}$

$\therefore\ 2+1 \leq x+y \leq 10+4$ $\therefore\ \boldsymbol{3 \leq x+y \leq 14}$ ← [답]

(2) $x-y \Longrightarrow$ $\begin{cases} x가 \ 최대, \ y가 \ 최소일 \ 때, \ x-y는 \ 최대이다. \\ x가 \ 최소, \ y가 \ 최대일 \ 때, \ x-y는 \ 최소이다. \end{cases}$

$\therefore\ 2-4 \leq x-y \leq 10-1$ $\therefore\ \boldsymbol{-2 \leq x-y \leq 9}$ ← [답]

(3) $xy \Longrightarrow$ $\begin{cases} x가 \ 최대, \ y도 \ 최대일 \ 때, \ xy는 \ 최대이다. \\ x가 \ 최소, \ y도 \ 최소일 \ 때, \ xy는 \ 최소이다. \end{cases}$

$\therefore\ 2 \times 1 \leq xy \leq 10 \times 4$ $\therefore\ \boldsymbol{2 \leq xy \leq 40}$ ← [답]

(4) $\dfrac{x}{y} \Longrightarrow$ $\begin{cases} x가 \ 최대, \ y가 \ 최소일 \ 때, \ x \div y는 \ 최대이다. \\ x가 \ 최소, \ y가 \ 최대일 \ 때, \ x \div y는 \ 최소이다. \end{cases}$

$\therefore\ \dfrac{2}{4} \leq \dfrac{x}{y} \leq \dfrac{10}{1}$ $\therefore\ \boldsymbol{\dfrac{1}{2} \leq \dfrac{x}{y} \leq 10}$ ← [답]

Advice | 이상을 다음과 같은 방법으로 계산할 수 있다.

(1)	(2)	(3)	(4)
$2 \leq x \leq 10$	$2 \leq x \leq 10$	$2 \leq x \leq 10$	$2 \leq x \leq 10$
$+)\ \underline{\quad 1 \leq y \leq 4}$	$-)\ \underline{\quad 1 \leq y \leq 4}$	$\times)\ \underline{\quad 1 \leq y \leq 4}$	$\div)\ \underline{\quad 1 \leq y \leq 4}$
$3 \leq x+y \leq 14$	$-2 \leq x-y \leq 9$	$2 \leq xy \leq 40$	$\dfrac{1}{2} \leq \dfrac{x}{y} \leq 10$

일반적으로 부등식끼리의 사칙연산은 다음과 같이 한다. 여기에서 곱셈과 나눗셈은 a, b, c, d가 모두 양수일 때만 성립한다는 것에 주의해야 한다.

① 덧셈   ② 뺄셈   ③ 곱셈   ④ 나눗셈

$+)\ \begin{array}{c} a > b \\ c > d \end{array}$ $-)\ \begin{array}{c} a > b \\ c > d \end{array}$ $\times)\ \begin{array}{c} a > b \\ c > d \end{array}$ $\div)\ \begin{array}{c} a > b \\ c > d \end{array}$

$a+c>b+d$ $a-d>b-c$ $ac>bd$ $a \div d > b \div c$

*Note ② 뺄셈과 ④ 나눗셈은 $a-c>b-d$, $a \div c > b \div d$라고 하기 쉬우나 그렇지 않다는 것에 주의한다.

[유제] **14**-3. $-1 < a+1 < 1$, $-3 < b-1 < 3$일 때, $2a+3b$, $2a-3b$의 값의 범위를 각각 구하시오.   [답] $-10 < 2a+3b < 12$, $-16 < 2a-3b < 6$

§2. 연립일차부등식의 해법

1 **연립일차부등식의 해**

두 개 이상의 부등식을 한 쌍으로 묶어 놓은 것을 연립부등식이라 하고, 각 부등식이 일차부등식일 때 이를 연립일차부등식이라고 한다.

연립부등식의 해는 각 부등식의 해의 공통 범위이다.

정석 연립부등식의 해 ⟹ 각 부등식의 해의 공통 범위

2 **$A < B < C$ 꼴의 연립부등식**

$A < B < C$ 꼴의 연립부등식은 연립부등식 $\begin{cases} A < B \\ B < C \end{cases}$ 로 바꾸어 푼다.

3 **절댓값 기호가 있는 부등식**

$a > 0$일 때

$$|x| < a \iff -a < x < a$$
$$|x| > a \iff x < -a \text{ 또는 } x > a$$

Note '$x < -a$ 또는 $x > a$'를 간단히 '$x < -a,\ x > a$'로 나타내기도 한다.

Advice 1° **연립부등식의 해**

연립부등식 $\begin{cases} 3x+5 \geq 2 & \cdots\cdots① \\ 2x < 1+x & \cdots\cdots② \end{cases}$ 에서 ①의 해는 $x \geq -1$이고, ②의 해는

$x < 1$이다. 따라서 ①과 ②를 동시에 만족시키는 x의 값의 범위는 $-1 \leq x < 1$ 이다.

이와 같이 연립부등식에서 각 부등식을 동시에 만족시키는 미지수의 값의 범위를 연립부등식의 해라 하고, 연립부등식의 해를 구하는 것을 연립부등식을 푼다고 한다.

연립부등식을 풀 때에는 수직선을 이용하면 공통 범위를 구하는 것이 쉽다. 이때, 경계의 점이 포함되는가, 포함되지 않는가를 항상 주의 깊게 따져 보고, 답에도 이를 명확하게 나타내어야 한다.

보기 1 다음 연립부등식을 푸시오.

(1) $\begin{cases} \dfrac{x}{3}+2 \geq \dfrac{x-1}{2}-x & \cdots\cdots① \\ 7x-6 < 5x+2 & \cdots\cdots② \end{cases}$
(2) $\begin{cases} 0.3x < x-2.1 & \cdots\cdots① \\ 1.5-0.02x > 1.01-x & \cdots\cdots② \end{cases}$

[연구] (1) ①의 양변에 6을 곱하면 $2x+12\geq 3x-3-6x$

$\therefore 5x\geq -15$ $\therefore x\geq -3$

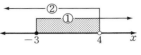

②에서 $2x<8$ $\therefore x<4$

①, ②의 해의 공통 범위는 $-3\leq x<4$

(2) ①에서 $-0.7x<-2.1$ $\therefore x>3$

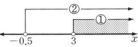

②에서 $0.98x>-0.49$ $\therefore x>-0.5$

①, ②의 해의 공통 범위는 $x>3$

*Note (2) 계수에 소수가 있는 부등식은 계수에 분수가 있는 경우와 같이 양변에 적당한 수를 곱하여 계수를 정수로 바꾸어 풀어도 된다.

Advice 2° **$A<B<C$ 꼴의 연립부등식**

$A<B<C$ 꼴의 연립부등식은 두 부등식 $A<B$와 $B<C$를 함께 나타낸 것이므로 연립부등식 $\begin{cases} A<B \\ B<C \end{cases}$ 로 바꾸어 푼다.

이때, 아래 **보기 2**에서 확인할 수 있듯이 $A<B<C$ 꼴의 연립부등식을 연립부등식 $\begin{cases} A<B \\ A<C \end{cases}$, $\begin{cases} A<C \\ B<C \end{cases}$ 로 바꾸어 풀어서는 안 된다.

[보기] 2 다음 연립부등식을 푸시오.

(1) $x-2\leq 2x+1\leq 10-7x$

(2) $\begin{cases} x-2\leq 2x+1 \\ x-2\leq 10-7x \end{cases}$ (3) $\begin{cases} x-2\leq 10-7x \\ 2x+1\leq 10-7x \end{cases}$

[연구] (1) $\begin{cases} x-2\leq 2x+1 & \cdots\cdots ① \\ 2x+1\leq 10-7x & \cdots\cdots ② \end{cases}$

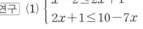

①에서 $-x\leq 3$ $\therefore x\geq -3$

②에서 $9x\leq 9$ $\therefore x\leq 1$

①, ②의 해의 공통 범위는 $-3\leq x\leq 1$

(2) $x-2\leq 2x+1$에서 $-x\leq 3$ $\therefore x\geq -3$ $\cdots\cdots ①$

$x-2\leq 10-7x$에서 $8x\leq 12$ $\therefore x\leq \dfrac{3}{2}$ $\cdots\cdots ②$

①, ②의 공통 범위는 $-3\leq x\leq \dfrac{3}{2}$

(3) $x-2\leq 10-7x$에서 $8x\leq 12$ $\therefore x\leq \dfrac{3}{2}$ $\cdots\cdots ①$

$2x+1\leq 10-7x$에서 $9x\leq 9$ $\therefore x\leq 1$ $\cdots\cdots ②$

①, ②의 공통 범위는 $x\leq 1$

보기 3 다음 연립부등식을 푸시오.

(1) $\begin{cases} 5x-2 \leq 3x+2 \\ 1-x \geq 5-3x \end{cases}$ 　　　　(2) $\begin{cases} 2-0.1(3-x) > 3.1x+7.7 \\ 3x < 10(x+0.5)-7x \end{cases}$

(3) $\dfrac{3}{2}x+5 < 7 \leq 2x-\dfrac{1}{2}$ 　　　(4) $4-(3-x) < 2x-1 \leq 2(x-1)$

연구 (1) $5x-2 \leq 3x+2$에서 　$x \leq 2$ ……①

　　　$1-x \geq 5-3x$에서 　$x \geq 2$ ……②

　　　　①, ②의 공통 범위는 　$x=2$

(2) $2-0.1(3-x) > 3.1x+7.7$에서 　$2-0.3+0.1x > 3.1x+7.7$

　　　　　　$\therefore -3x > 6$ 　$\therefore x < -2$ ……①

　　　$3x < 10(x+0.5)-7x$에서 　$3x < 10x+5-7x$

　　　　　　$\therefore 0 \times x < 5$ 　$\therefore x$는 모든 실수 ……②

　　　　①, ②의 공통 범위는 　$x < -2$

(3) $\begin{cases} \dfrac{3}{2}x+5 < 7 \qquad\qquad ……① \\ 7 \leq 2x-\dfrac{1}{2} \qquad\qquad ……② \end{cases}$

　　①에서 　$\dfrac{3}{2}x < 2$ 　$\therefore x < \dfrac{4}{3}$

　　②에서 　$-2x \leq -\dfrac{15}{2}$ 　$\therefore x \geq \dfrac{15}{4}$

　　　①, ②의 해의 공통 범위는 없다. 　$\therefore$ 해가 없다.

(4) $\begin{cases} 4-(3-x) < 2x-1 \qquad ……① \\ 2x-1 \leq 2(x-1) \qquad ……② \end{cases}$

　　①에서 　$1+x < 2x-1$ 　$\therefore -x < -2$ 　$\therefore x > 2$

　　②에서 　$0 \times x \leq -1$ 　$\therefore$ 해가 없다.

　　　①, ②의 해의 공통 범위는 없다. 　$\therefore$ 해가 없다.

✿*Advice* 3° 절댓값 기호가 있는 부등식

　절댓값 기호가 있는 부등식은 방정식의 경우와 같이 절댓값 기호 안이 0 또는 양수일 때와 음수일 때로 나누어 푼다.

　$a>0$일 때, 부등식 $|x|<a$의 해를 구해 보자.

$x \geq 0$이면 $x<a$이므로 　$0 \leq x < a$ ……①

$x < 0$이면 $-x < a$이므로 　$-a < x < 0$ ……②

　따라서 $|x|<a$의 해는 ① 또는 ②이므로 $-a < x < a$이다.

　같은 방법으로 하면 $|x|>a$의 해는 $x<-a$ 또는 $x>a$이다.

필수 예제 **14**-3　다음 x에 관한 연립부등식을 푸시오. 단, a는 실수이다.

(1) $\begin{cases} 1-x \le 6+2(x-1) \\ 1-2x > a-x \end{cases}$　　　(2) $4x+3 \le 2x-1 < a(x+1)-3$

[정석연구] (1) $1-x \le 6+2(x-1)$에서 $x \ge -1$이고, $1-2x > a-x$에서 $x < 1-a$
이다. 따라서 두 부등식의 해의 공통 범위를 구하려면 -1과 $1-a$의 대소
를 비교해야 한다. 이때, 다음 **정석**에 유의한다.

　　　　정석 연립부등식을 풀 때에는
　　　　　　　$\Longrightarrow$ 경계의 값이 포함되는지 여부를 항상 따져 본다.

(2) $2x-1 < a(x+1)-3$에서 $(2-a)x < a-2$이다. 이 부등식의 해는
$2-a > 0$, $2-a < 0$, $2-a = 0$일 때로 나누어 구한다.

　　　　정석 x에 관한 부등식 $ax > b$의 해는
　　　　　　　$\Longrightarrow$ $a > 0$, $a < 0$, $a = 0$일 때로 나누어 구한다.

[모범답안] (1) $1-x \le 6+2(x-1)$에서　$-3x \le 3$　$\therefore$　$x \ge -1$　　……①
　　$1-2x > a-x$에서　$-x > a-1$　$\therefore$　$x < 1-a$　　……②

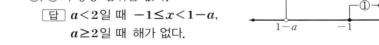

　(i) $1-a > -1$, 곧 $a < 2$일 때
　　　①, ②의 공통 범위는　$-1 \le x < 1-a$
　(ii) $1-a \le -1$, 곧 $a \ge 2$일 때
　　　①, ②의 공통 범위는 없다.
　　　　[답] $a < 2$일 때 $-1 \le x < 1-a$,
　　　　　　$a \ge 2$일 때 해가 없다.

(2) $\begin{cases} 4x+3 \le 2x-1 & \cdots\cdots① \\ 2x-1 < a(x+1)-3 & \cdots\cdots② \end{cases}$

　①에서　$2x \le -4$　$\therefore$　$x \le -2$
　②에서　$(2-a)x < a-2$　곧, $(2-a)x < -(2-a)$
　　　$\therefore$　$2-a > 0$, 곧 $a < 2$일 때　$x < -1$,
　　　　　$2-a < 0$, 곧 $a > 2$일 때　$x > -1$,
　　　　　$2-a = 0$, 곧 $a = 2$일 때　해가 없다.
　따라서 ①, ②의 해의 공통 범위는
　　$a < 2$일 때 $x \le -2$, $a \ge 2$일 때 해가 없다.　$\longleftarrow$ [답]

[유제] **14**-4. x에 관한 부등식 $3x+a \ge (a+3)x > ax-3$(a는 실수)을 푸시오.
　　　　[답] $a > 0$일 때 $-1 < x \le 1$, $a < 0$일 때 $x \ge 1$, $a = 0$일 때 $x > -1$

필수 예제 **14**-4 다음 물음에 답하시오.

(1) 연립부등식 $\begin{cases} 3x+7>2a-5(1-x) \\ 4+3(x-2)>6a+1 \end{cases}$ 의 해가 $1<x<b$일 때, 상수 a, b

 의 값을 구하시오.

(2) 연립부등식 $3a-2(x+3)<a<7(x+a)-6(2x+a)$를 만족시키는 정수 x가 한 개일 때, 실수 a의 값의 범위를 구하시오.

[정석연구] (1) 각 부등식을 푼 다음, 해를 수직선 위에 나타내어 공통 범위가

$1<x<b$가 되는 a, b의 값을 구한다.

(2) 두 부등식 $3a-2(x+3)<a$, $a<7(x+a)-6(2x+a)$를 동시에 만족시키는 정수 x가 한 개이기 위한 실수 a의 값의 범위를 찾아야 한다. 이때, 수직선을 이용하여 경계의 점이 포함되는지 여부를 주의 깊게 따져 본다.

정석 연립부등식의 해 $\Longrightarrow$ 수직선에서 생각한다.

[모범답안] (1) $3x+7>2a-5(1-x)$에서 $-2x>2a-12$

$\therefore x<-a+6$ ......①

$4+3(x-2)>6a+1$에서 $3x>6a+3$

$\therefore x>2a+1$ ......②

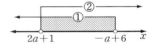

①, ②의 공통 범위가 $1<x<b$이므로

$2a+1=1$, $-a+6=b$ $\therefore \boldsymbol{a=0}$, $\boldsymbol{b=6}$ $\leftarrow$ 답

* *Note* ①, ②의 공통 범위가 존재하므로 위의 수직선에서

$$2a+1<-a+6$$

이다. 따라서 $a<\dfrac{5}{3}$이고, $a=0$은 이를 만족시킨다.

(2) $\begin{cases} 3a-2(x+3)<a & \cdots\cdots① \\ a<7(x+a)-6(2x+a) & \cdots\cdots② \end{cases}$

①에서 $-2x<-2a+6$ $\therefore x>a-3$

②에서 $5x<0$ $\therefore x<0$

①, ②를 동시에 만족시키는 정수 x가 한

개이므로

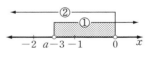

$-2\leq a-3<-1$ $\therefore \boldsymbol{1\leq a<2}$ $\leftarrow$ 답

[유제] **14**-5. 연립부등식 $\begin{cases} 4x+3(a-2x)\geq a-x \\ 2a(1-x)>a-(2a+1)x \end{cases}$ 를 만족시키는 정수 x가

한 개일 때, 실수 a의 값의 범위를 구하시오. 답 $0<a<\dfrac{1}{2}$

필수 예제 **14**-5   다음 부등식을 푸시오.

(1) $1 \leq |x-2| \leq 5$ (2) $2|x-1| + 3|x+1| < 6$

[정석연구] 절댓값 기호가 있는 부등식을 풀 때에는 방정식의 경우와 같이

정석 $A \geq 0$일 때 $|A| = A$, $A < 0$일 때 $|A| = -A$

를 이용하여 먼저 절댓값 기호를 없앤다.

[모범답안] (1) $1 \leq |x-2| \leq 5$에서

$\left. \begin{array}{l} x-2 \geq 0, \ \text{곧} \ x \geq 2 \text{일 때} \\ 1 \leq x-2 \leq 5 \quad \therefore \ 3 \leq x \leq 7 \end{array} \right\}$ $\therefore \ 3 \leq x \leq 7$ ······①

$\left. \begin{array}{l} x-2 < 0, \ \text{곧} \ x < 2 \text{일 때} \\ 1 \leq -(x-2) \leq 5 \quad \therefore \ -3 \leq x \leq 1 \end{array} \right\}$ $\therefore \ -3 \leq x \leq 1$ ······②

준 부등식의 해는 ① 또는 ②이므로 $\boldsymbol{-3 \leq x \leq 1, \ 3 \leq x \leq 7}$ ← 답

(2) $2|x-1| + 3|x+1| < 6$에서

$\left. \begin{array}{l} x < -1 \text{일 때} \\ -2(x-1) - 3(x+1) < 6 \quad \therefore \ x > -\dfrac{7}{5} \end{array} \right\}$ $\therefore \ -\dfrac{7}{5} < x < -1$ ···①

$\left. \begin{array}{l} -1 \leq x < 1 \text{일 때} \\ -2(x-1) + 3(x+1) < 6 \quad \therefore \ x < 1 \end{array} \right\}$ $\therefore \ -1 \leq x < 1$ ······②

$\left. \begin{array}{l} x \geq 1 \text{일 때} \\ 2(x-1) + 3(x+1) < 6 \quad \therefore \ x < 1 \end{array} \right\}$ 이때에는 공통 범위가 없다.···③

준 부등식의 해는 ① 또는 ② 또는 ③이므로 $\boldsymbol{-\dfrac{7}{5} < x < 1}$ ← 답

Advice | (1)은 $|x-2| \geq 1$, $|x-2| \leq 5$를 동시에 만족시키는 x의 값의 범위를 구하는 것으로, 다음 성질을 활용하여 풀어도 된다.

정석 $a > 0$일 때

$$|x| < a \iff -a < x < a \qquad\qquad |x| > a \iff x < -a \ \text{또는} \ x > a$$

[유제] **14**-6. 다음 부등식을 푸시오.

(1) $|3-x| > 1$ (2) $3 < |2x+1| < 7$ (3) $|x+2| < 5-2x$

(4) $|x-1| + |x+2| < 5$ (5) $3|x+2| - 2|x-3| > 5$

답 (1) $\boldsymbol{x < 2, \ x > 4}$ (2) $\boldsymbol{-4 < x < -2, \ 1 < x < 3}$ (3) $\boldsymbol{x < 1}$

(4) $\boldsymbol{-3 < x < 2}$ (5) $\boldsymbol{x < -17, \ x > 1}$

필수 예제 **14**-6   어떤 선거에 A, B, C 세 사람이 입후보하였다. 후보 B의 예상 득표수는 후보 C의 예상 득표수의 20 %보다 적지 않고, 후보 A의 예상 득표수의 25 %를 넘지 않는다고 한다. 또, 후보 B와 C의 예상 득표수의 합은 603보다 크거나 같다고 한다. 후보 A의 최소 예상 득표수를 구하시오.

[정석연구] 후보 A, B, C의 예상 득표수를 각각 a, b, c 라고 하면

$$\frac{20}{100}c \leq b \leq \frac{25}{100}a, \quad b+c \geq 603$$

이다. 이 두 부등식으로부터 a의 값의 범위를 구하면 된다. 특히

적지 않다,   넘지 않는다,   크거나 같다

와 같은 표현들을 부등식으로 나타낼 때는 등호를 포함하는가, 포함하지 않는가에 주의해야 한다.

정석 활용 문제 $\Longrightarrow$ 적절한 미지수 선정 $\Longrightarrow$ 조건을 수식화!

[모범답안] 후보 A, B, C의 예상 득표수를 각각 a, b, c 라고 하면

$$\frac{20}{100}c \leq b \leq \frac{25}{100}a \quad \cdots\cdots① \qquad 603 \leq b+c \quad \cdots\cdots②$$

①에서 $c \leq 5b$ $\cdots\cdots③$ $a \geq 4b$ $\cdots\cdots④$

②와 ③에서 $603 \leq b+c \leq b+5b$ $\therefore$ $603 \leq 6b$ $\therefore$ $b \geq 100.5$

b는 자연수이므로 $b \geq 101$ $\cdots\cdots⑤$

④와 ⑤에서 $a \geq 4b \geq 4 \times 101 = 404$ [답] **404**

* *Note* $b \geq 100.5$에서 b는 자연수이므로 등호가 성립하지 않는다. 따라서
「$a \geq 4b$, $b \geq 100.5$이므로 $a \geq 4 \times 100.5$ 곧, $a \geq 402$」
라고 해서는 안 된다.

[유제] **14**-7. 땅콩, 대추, 밤이 들어 있는 상자가 있다. 대추의 개수는 밤의 개수의 3배를 넘지 않고, 땅콩의 개수는 밤의 개수의 5배보다 적지 않다. 또, 대추의 개수와 밤의 개수의 합은 101보다 크거나 같다. 이때, 땅콩의 개수가 가장 적은 경우 몇 개인지 구하시오.   [답] **130개**

[유제] **14**-8. 용량이 64 GB(기가바이트)인 휴대용 저장 장치에 동영상 20개를 저장하려고 한다. 동영상의 용량은 한 개당 고화질이 4 GB, 일반 화질이 1.5 GB이다. 고화질 동영상을 일반 화질 동영상보다 많이 저장하려고 할 때, 저장할 수 있는 고화질 동영상의 최대 개수와 최소 개수를 구하시오.

[답] 최대 : **13**, 최소 : **11**

§3. 여러 가지 부등식

필수 예제 **14**-7   두 실수 x, y에 대하여 x, y 중에서 작지 않은 것을 $\max\{x, y\}$로, 크지 않은 것을 $\min\{x, y\}$로 나타내기로 하자.
   두 실수 x, y가
$$\max\{x, y\}=2x^2+y^2, \quad \min\{x, y\}=x+y-1$$
을 만족시킬 때, x, y의 값을 구하시오.

[정석연구] 이를테면
$$\max\{3, 1\}=3, \quad \max\{-3, 0\}=0, \quad \max\{3, 3\}=3,$$
$$\min\{3, 1\}=1, \quad \min\{-3, 0\}=-3, \quad \min\{3, 3\}=3$$
이다.
   이와 같은 유형의 문제는 $x \geq y$일 때와 $x < y$일 때로 나누어 생각한다.

   정석 기호에 관한 문제
   $\Longrightarrow$ 기호의 정의를 충실히 따른다.

[모범답안] (i) $x \geq y$일 때, $\max\{x, y\}=x$, $\min\{x, y\}=y$이므로 조건식은
$$x=2x^2+y^2 \quad \cdots\cdots① \qquad\qquad y=x+y-1 \quad \cdots\cdots②$$
   ②에서 $x=1$이므로 이 값을 ①에 대입하면 $1=2+y^2$ $\therefore$ $y^2=-1$
이것은 y가 실수라는 조건에 어긋나므로 만족시키는 x, y는 없다.
(ii) $x < y$일 때, $\max\{x, y\}=y$, $\min\{x, y\}=x$이므로 조건식은
$$y=2x^2+y^2 \quad \cdots\cdots③ \qquad\qquad x=x+y-1 \quad \cdots\cdots④$$
   ④에서 $y=1$이므로 이 값을 ③에 대입하면 $2x^2=0$ $\therefore$ $x=0$
$x=0$, $y=1$은 $x<y$를 만족시키므로 문제의 조건에 적합하다.
   (i), (ii)에서 $\boldsymbol{x=0, \ y=1}$ $\longleftarrow$ 답

[유제] **14**-9. 두 실수 x, y에 대하여 $\max\{x, y\}$는 x, y 중에서 작지 않은 것을, $\min\{x, y\}$는 x, y 중에서 크지 않은 것을 나타내기로 하자.
   a, b가 실수일 때, $\min\{\max\{a, b\}, b\}$를 구하시오.   답 b

[유제] **14**-10. 두 실수 x, y에 대하여 x, y 중에서 작지 않은 것을 $x \vee y$로, 크지 않은 것을 $x \wedge y$로 나타내기로 하자. 두 실수 x, y가
$$x \vee y=2x+2y-1, \quad x \wedge y=-2x-y-6$$
을 만족시킬 때, x, y의 값을 구하시오.   답 $x=-7$, $y=15$

필수 예제 **14**-8   다음 두 식을 만족시키는 자연수 a, b, c의 순서쌍 (a, b, c)를 구하시오.

$$\frac{1}{a} + \frac{1}{b} + \frac{1}{c} = 1, \quad a \leq b \leq c$$

[정석연구] $0 < a \leq b \leq c$ 라는 조건이 주어지면 이로부터

$$a - b \leq 0, \ b - c \leq 0, \ a - c \leq 0, \ \frac{a}{b} \leq 1, \ \frac{b}{c} \leq 1, \ \frac{a}{c} \leq 1, \ \frac{1}{a} \geq \frac{1}{b} \geq \frac{1}{c}$$

과 같은 조건을 얻을 수 있다. 이 문제의 경우 다음 성질을 이용해 보자.

> **정석** $0 < a \leq b \leq c$ 일 때
> $$\frac{1}{a} \geq \frac{1}{b} \geq \frac{1}{c}, \quad \frac{1}{a} < \frac{1}{a} + \frac{1}{b} + \frac{1}{c} \leq \frac{1}{a} + \frac{1}{a} + \frac{1}{a}$$

[모범답안] $\dfrac{1}{a} + \dfrac{1}{b} + \dfrac{1}{c} = 1$ ······①

a, b, c가 자연수일 때, $a \leq b \leq c \iff \dfrac{1}{a} \geq \dfrac{1}{b} \geq \dfrac{1}{c}$

$\therefore \ \dfrac{1}{a} < 1 = \dfrac{1}{a} + \dfrac{1}{b} + \dfrac{1}{c} \leq \dfrac{1}{a} + \dfrac{1}{a} + \dfrac{1}{a} = \dfrac{3}{a}$ $\therefore \ 1 < a \leq 3$

a는 자연수이므로 $a = 2, 3$이다.

(i) $a = 2$일 때, ①에서 $\dfrac{1}{b} + \dfrac{1}{c} = \dfrac{1}{2}$ ······②

    이때, $\dfrac{1}{b} < \dfrac{1}{2} = \dfrac{1}{b} + \dfrac{1}{c} \leq \dfrac{1}{b} + \dfrac{1}{b} = \dfrac{2}{b}$ $\therefore \ 2 < b \leq 4$

    b는 자연수이므로 $b = 3, 4$이고, 이 값을 ②에 대입하면

            $b = 3$일 때 $c = 6$, $b = 4$일 때 $c = 4$

(ii) $a = 3$일 때, ①에서 $\dfrac{1}{b} + \dfrac{1}{c} = \dfrac{2}{3}$ ······③

    이때, $\dfrac{1}{b} < \dfrac{2}{3} = \dfrac{1}{b} + \dfrac{1}{c} \leq \dfrac{1}{b} + \dfrac{1}{b} = \dfrac{2}{b}$ $\therefore \ \dfrac{3}{2} < b \leq 3$

    b는 자연수이고 $a \leq b \leq c$이므로 $b = 3$이고, ③에 대입하면 $c = 3$

                             [답] $(2, 3, 6)$, $(2, 4, 4)$, $(3, 3, 3)$

Advice | 주어진 문제는 역수의 합이 1인 세 자연수를 찾는 문제와 같다.

    문제에서 $a \leq b \leq c$라는 조건이 주어지지 않으면 먼저 $a \leq b \leq c$인 경우의 가능한 a, b, c의 값을 구한 다음, 나머지 경우를 생각하면 된다.

[유제] **14**-11. 부등식 $\dfrac{1}{p} + \dfrac{1}{q} + \dfrac{1}{r} > 1$을 만족시키는 p, q, r의 순서쌍 (p, q, r)의 개수를 구하시오. 단, p, q, r은 2 이상인 서로 다른 자연수이다.   [답] 12

연습문제 14

기본 **14**-1 $[a]$는 a보다 크지 않은 최대 정수를 나타낸다. 세 실수 x, y, z 가 $[x]=2$, $[2y]=-3$, $[-3z]=4$를 만족시킬 때, $[x-y+z]$의 값을 구하시오.

14-2 다음 부등식을 푸시오.
(1) $|x-2|<|2x+3|$ (2) $||1+2x|-5|\leq 4$

14-3 부등식 $|x-2|<a$를 만족시키는 모든 x가 부등식 $|2x-1|<9$를 만족시킬 때, 양수 a의 값의 범위를 구하시오.

14-4 x에 관한 연립부등식 $\begin{cases} -2a\leq a-3x\leq 4a \\ |x-1|\leq b \end{cases}$ 의 해가 없을 때, 두 양수 a, b 사이의 관계를 구하시오.

14-5 세 실수 a, b, c의 최댓값을 $\max\{a, b, c\}$로, 최솟값을 $\min\{a, b, c\}$로 나타낼 때, 다음을 구하시오.
(1) $\max\{a, b, c\}+\min\{a+b, b+c, c+a\}$
(2) $\min\{a, b, c\}+\max\{a+b, b+c, c+a\}$

실력 **14**-6 세 실수 a, b, c가 $a<b<c$일 때, 다음 x에 관한 부등식을 푸시오.
$$|x-a|<|x-b|<|x-c|$$

14-7 x에 관한 연립부등식 $\begin{cases} |ax+1|<4 \\ (a+2)x+3>2x+a \end{cases}$ 를 푸시오.
단, a는 실수이다.

14-8 오른쪽 그림과 같이 점 A에서 나간 빛이 $\overline{AD}$와 $\overline{CD}$ 사이에서 n번 반사되어 $\overline{AD}$ 또는 $\overline{CD}$ 위의 점 B에 수직으로 입사하면 점 A로 되돌아온다. 예를 들어 오

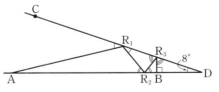

른쪽 그림은 $n=3$일 때이고, 점 B는 $\overline{AD}$ 위에 있는 경우이다. $\angle ADC=8°$일 때, 점 A에서 나간 빛이 점 A로 되돌아올 수 있는 n의 최댓값을 구하시오.

14-9 다음 두 조건을 만족시키는 두 자리 자연수 n의 개수를 구하시오.
    ㈎ n은 10의 배수가 아니다.
    ㈏ n의 십의 자리 숫자와 일의 자리 숫자를 바꾼 수를 m이라고 할 때, $0<n^2-m^2\leq 1000$이다.

15. 이차부등식과 연립이차부등식

§1. 이차부등식의 해법

[1] 이차부등식 $ax^2+bx+c>0,\ ax^2+bx+c<0$의 해법

(1) $b^2-4ac>0$일 때, 인수분해를 한 다음 아래 **정석**에 따라 푼다.

> **정석** $\alpha<\beta$일 때
>
> $(x-\alpha)(x-\beta)>0 \iff x<\alpha$ 또는 $x>\beta$
>
> $(x-\alpha)(x-\beta)<0 \iff \alpha<x<\beta$

(2) $b^2-4ac=0,\ b^2-4ac<0$일 때, 완전제곱의 꼴로 변형하여 푼다.

[2] 이차함수의 그래프와 이차방정식·부등식

$f(x)=ax^2+bx+c\,(a\neq0)$에서 $D=b^2-4ac$라고 하면

$a>0$일 때	$D>0$	$D=0$	$D<0$
$y=f(x)$의 그래프			
$f(x)=0$의 해	$x=\alpha,\ x=\beta$	$x=\alpha$ (중근)	허근
$f(x)>0$의 해	$x<\alpha,\ x>\beta$	$x\neq\alpha$인 실수	모든 실수
$f(x)\geq0$의 해	$x\leq\alpha,\ x\geq\beta$	모든 실수	모든 실수
$f(x)<0$의 해	$\alpha<x<\beta$	해가 없다.	해가 없다.
$f(x)\leq0$의 해	$\alpha\leq x\leq\beta$	$x=\alpha$	해가 없다.

* *Note* $a<0$인 경우에 대해서도 위와 같이 정리해 보자.

[3] 이차식 ax^2+bx+c의 부호와 판별식

이차식 $f(x)=ax^2+bx+c$에서 $D=b^2-4ac$라고 하면

(1) 모든 실수 x에 대하여 $f(x)>0 \iff a>0$이고 $D<0$

  모든 실수 x에 대하여 $f(x)\geq0 \iff a>0$이고 $D\leq0$

(2) 모든 실수 x에 대하여 $f(x)<0 \iff a<0$이고 $D<0$

  모든 실수 x에 대하여 $f(x)\leq0 \iff a<0$이고 $D\leq0$

Advice 1° 이차부등식의 해법의 기본은 다음 부등식의 성질이다.

정석 $AB>0 \iff (A>0$이고 $B>0)$ 또는 $(A<0$이고 $B<0)$
$AB<0 \iff (A>0$이고 $B<0)$ 또는 $(A<0$이고 $B>0)$

Advice 2° 이차부등식에 대해서는 지금까지 아무 설명 없이 여러 곳에서 다루어 왔는데, 이제 다음 **보기**로써 이를 정리해 두자.

보기 1 다음 이차부등식을 푸시오. ($D>0$인 경우)

(1) $x^2+4x-5>0$ (2) $x^2+x-12<0$

[연구] (1) $x^2+4x-5>0$에서 $(x+5)(x-1)>0$ ∴ **$x<-5$ 또는 $x>1$**

(2) $x^2+x-12<0$에서 $(x+4)(x-3)<0$ ∴ **$-4<x<3$**

Note (1)의 해 '$x<-5$ 또는 $x>1$'을 간단히 '$x<-5,\ x>1$'로도 나타낸다.

보기 2 다음 이차부등식을 푸시오. ($D=0$인 경우)

(1) $x^2-4x+4>0$ (2) $x^2-4x+4 \geq 0$
(3) $x^2-4x+4<0$ (4) $x^2-4x+4 \leq 0$

[연구] (1) $x^2-4x+4>0$에서 $(x-2)^2>0$ ∴ **x는 $x \neq 2$인 모든 실수**

(2) $x^2-4x+4 \geq 0$에서 $(x-2)^2 \geq 0$ ∴ **x는 모든 실수**

(3) $x^2-4x+4<0$에서 $(x-2)^2<0$ ∴ **해가 없다.**

(4) $x^2-4x+4 \leq 0$에서 $(x-2)^2 \leq 0$ ∴ **$x=2$**

보기 3 다음 이차부등식을 푸시오. ($D<0$인 경우)

(1) $x^2-2x+3>0$ (2) $x^2-2x+3<0$

[연구] (1) $x^2-2x+3>0$에서 $(x-1)^2+2>0$ ∴ **x는 모든 실수**

(2) $x^2-2x+3<0$에서 $(x-1)^2+2<0$ ∴ **해가 없다.**

Advice 3° 이차부등식과 이차함수의 그래프

이차부등식과 이차함수의 그래프 사이의 관계는 이차방정식 $ax^2+bx+c=0$의 판별식 $D=b^2-4ac$의 부호에 따라 다음과 같이 정리할 수 있다.

▶ $D>0$인 경우 : 이차방정식 $ax^2+bx+c=0$은 서로 다른 두 실근을 가지고, 이차함수 $y=ax^2+bx+c$의 그래프는 x축과 서로 다른 두 점에서 만난다. 이때, x 절편을 $\alpha,\ \beta\,(\alpha<\beta)$라고 하면 $a>0$인 경우 그래프는 오른쪽과 같다.

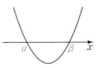

이차부등식 $ax^2+bx+c>0$의 해는 $y=ax^2+bx+c$의 그래프가 x축의 위쪽에 있는 x의 값의 범위이고, $ax^2+bx+c<0$의 해는 $y=ax^2+bx+c$의 그래프가 x축의 아래쪽에 있는 x의 값의 범위이다.

따라서 $a>0$인 경우 이차부등식

$ax^2+bx+c>0$의 해는 $x<\alpha$ 또는 $x>\beta$,

$ax^2+bx+c<0$의 해는 $\alpha<x<\beta$

▶ $D=0$인 경우 : 이차방정식 $ax^2+bx+c=0$은 중근을 가지고, 이차함수 $y=ax^2+bx+c$의 그래프는 x축에 접한다. 이때, x절편을 α라고 하면 $a>0$인 경우 그래프는 오른쪽과 같다.

이차부등식 $ax^2+bx+c>0$의 해는 $y=ax^2+bx+c$의 그래프가 x축의 위쪽에 있는 x의 값의 범위이고, $ax^2+bx+c<0$의 해는 $y=ax^2+bx+c$의 그래프가 x축의 아래쪽에 있는 x의 값의 범위이다.

따라서 $a>0$인 경우 이차부등식

$ax^2+bx+c>0$의 해는 $x \neq \alpha$인 모든 실수,

$ax^2+bx+c<0$의 해는   없다.

▶ $D<0$인 경우 : 이차방정식 $ax^2+bx+c=0$은 실근을 가지지 않고, 이차함수 $y=ax^2+bx+c$의 그래프는 x축과 만나지 않는다. 곧, $a>0$인 경우 그래프는 오른쪽 그림과 같이 x축의 위쪽에 있다.

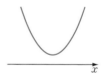

따라서 $a>0$인 경우 이차부등식

$ax^2+bx+c>0$의 해는   모든 실수,

$ax^2+bx+c<0$의 해는   없다.

보기 4 $y=x^2-4x-5$의 그래프를 그려서 다음 이차부등식을 푸시오.

(1) $x^2-4x-5>0$ (2) $x^2-4x-5<0$

(3) $x^2-4x-5>-5$ (4) $x^2-4x-5>-9$

연구 $y=x^2-4x-5=(x-2)^2-9$

이므로 꼭짓점의 좌표는 $(2,\ -9)$이다.

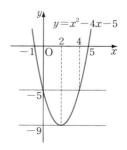

또, y절편은 $x=0$으로 놓으면

$$y=-5$$

x절편은 $y=0$으로 놓으면

$$0=x^2-4x-5에서 \quad x=-1,\ 5$$

따라서 $y=x^2-4x-5$의 그래프는 오른쪽 그림과 같다.

(1) 그래프가 직선 $y=0$(곧, x축)의 위쪽에 있는 x의 값의 범위이므로

$$x<-1,\ x>5$$

(2) 그래프가 직선 $y=0$(곧, x축)의 아래쪽에 있는 x의 값의 범위이므로
$$-1<x<5$$
(3) 그래프가 직선 $y=-5$의 위쪽에 있는 x의 값의 범위이므로
$$x<0, \ x>4$$
(4) 그래프가 직선 $y=-9$의 위쪽에 있는 x의 값의 범위이므로
$$x는 \ x\neq2인 \ 모든 \ 실수$$

Advice 4° 이차식 ax^2+bx+c의 부호와 판별식

이차식 ax^2+bx+c에서

(1) 모든 실수 x에 대하여 양이려면
이차함수 $y=ax^2+bx+c$
의 그래프가 오른쪽 그림 (i)과 같
은 모양이어야 하므로
$$a>0, \ D=b^2-4ac<0$$
(2) 모든 실수 x에 대하여 음이려면
이차함수 $y=ax^2+bx+c$
의 그래프가 오른쪽 그림 (ii)와 같은 모양이어야 하므로
$$a<0, \ D=b^2-4ac<0$$

그림 (i)   그림 (ii)

보기 5 이차함수 $y=ax^2+bx+c$가 다음과 같은 성질을 가지기 위한 조건을 구하시오. 단, a, b, c는 상수이다.
(1) x의 값에 관계없이 y의 값은 양수이다.
(2) x의 값에 관계없이 y의 값은 어떤 일정한 값보다 크지 않다.
(3) x의 값에 관계없이 y의 값은 양수가 아니다.
(4) x의 값에 따라 y의 값은 양수도 되고 음수도 된다.

연구 (1) $a>0, \ b^2-4ac<0$ (2) $a<0$
(3) $a<0, \ b^2-4ac\leq0$ (4) $b^2-4ac>0$

보기 6 다음 이차부등식이 모든 실수 x에 대하여 성립하도록 실수 a의 값의 범위를 정하시오.
(1) $x^2-6x+a^2>0$ (2) $-x^2+ax-2<0$

연구 (1) 모든 실수 x에 대하여 x^2-6x+a^2의 값이 양수이려면 x^2의 계수가 양수이므로 $D/4=(-3)^2-a^2<0$ ∴ $a<-3, \ a>3$
(2) 모든 실수 x에 대하여 $-x^2+ax-2$의 값이 음수이려면 x^2의 계수가 음수이므로 $D=a^2-4\times(-1)\times(-2)<0$ ∴ $-2\sqrt{2}<a<2\sqrt{2}$

━━━━━━━━━━━━━━━━━━━━━━━━━━━━━━━━

필수 예제 15-1 다음 x에 관한 부등식을 푸시오. 단, a는 실수이다.

(1) $x^2-(2+a)x+2a>0$　　　　(2) $6a+4ax+ax^2<0$

(3) $x^2-2x+4>a$

━━━━━━━━━━━━━━━━━━━━━━━━━━━━━━━━

[정석연구] (1) 좌변을 인수분해하면 $(x-2)(x-a)>0$이다. 따라서 $a>2$, $a<2$, $a=2$일 때로 나누어 생각한다.

(2) $a>0$, $a<0$, $a=0$일 때로 나누어 생각한다. 특히 $a<0$일 때 양변을 a로 나누면 부등호의 방향이 바뀐다는 것에 주의한다.

(3) 다음 **정석**을 이용하여 a의 값의 범위를 나누어 부등식의 해를 구한다.

> **정석** 이차부등식 $ax^2+bx+c>0$, $ax^2+bx+c<0$의 해는
> $\implies D>0$, $D=0$, $D<0$일 때로 나누어 구한다.

[모범답안] (1) $x^2-(2+a)x+2a>0$에서 $(x-2)(x-a)>0$

　　　[답] $\boldsymbol{a>2}$일 때 $\boldsymbol{x<2}$ 또는 $\boldsymbol{x>a}$, $\boldsymbol{a<2}$일 때 $\boldsymbol{x<a}$ 또는 $\boldsymbol{x>2}$,

　　　　$\boldsymbol{a=2}$일 때 $\boldsymbol{x}$는 $\boldsymbol{x\neq2}$인 모든 실수　$\Leftarrow a=2$일 때 $(x-2)^2>0$

(2) $ax^2+4ax+6a<0$에서 $a(x^2+4x+6)<0$

　$a>0$일 때 $x^2+4x+6<0$에서 $(x+2)^2+2<0$ ∴ 해가 없다.

　$a<0$일 때 $x^2+4x+6>0$에서 $(x+2)^2+2>0$ ∴ x는 모든 실수

　$a=0$일 때 $0\times(x^2+4x+6)<0$ ∴ 해가 없다.

　　　　　　[답] $\boldsymbol{a\geq0}$일 때 해가 없다, $\boldsymbol{a<0}$일 때 $\boldsymbol{x}$는 모든 실수

(3) $x^2-2x+4-a>0$에서 $D/4=(-1)^2-(4-a)=a-3$

　(i) $D/4>0$, 곧 $a>3$일 때, $x^2-2x+4-a=0$에서 $x=1\pm\sqrt{a-3}$

　　　따라서 주어진 부등식의 해는 $x<1-\sqrt{a-3}$ 또는 $x>1+\sqrt{a-3}$

　(ii) $D/4=0$, 곧 $a=3$일 때, $x^2-2x+4-a=x^2-2x+1=(x-1)^2$

　　　그런데 $(x-1)^2\geq0$이므로 주어진 부등식의 해는 $x\neq1$인 모든 실수

　(iii) $D/4<0$, 곧 $a<3$일 때, $x^2-2x+4-a=(x-1)^2+3-a$

　　　그런데 $(x-1)^2\geq0$, $3-a>0$이므로 주어진 부등식의 해는 모든 실수

　　　[답] $\boldsymbol{a>3}$일 때 $\boldsymbol{x<1-\sqrt{a-3}}$ 또는 $\boldsymbol{x>1+\sqrt{a-3}}$,

　　　　$\boldsymbol{a=3}$일 때 $\boldsymbol{x}$는 $\boldsymbol{x\neq1}$인 모든 실수, $\boldsymbol{a<3}$일 때 $\boldsymbol{x}$는 모든 실수

[유제] **15**-1. 다음 x에 관한 부등식을 푸시오. 단, a는 실수이다.

(1) $x^2-(a+1)x+a<0$　　　　(2) $x^2-4x+a<0$

　　[답] (1) $\boldsymbol{a>1}$일 때 $\boldsymbol{1<x<a}$, $\boldsymbol{a<1}$일 때 $\boldsymbol{a<x<1}$, $\boldsymbol{a=1}$일 때 해가 없다.

　　(2) $\boldsymbol{a<4}$일 때 $\boldsymbol{2-\sqrt{4-a}<x<2+\sqrt{4-a}}$, $\boldsymbol{a\geq4}$일 때 해가 없다.

필수 예제 **15**-2 다음 물음에 답하시오. 단, a, b, c는 상수이다.
 (1) 이차부등식 $ax^2+bx+a^2>3$의 해가 $1-\sqrt{3}<x<1+\sqrt{3}$일 때, a, b
   의 값을 구하시오.
 (2) 이차부등식 $x^2+bx+3+4\sqrt{2}>0$의 해가 $x<1+\sqrt{2}$ 또는 $x>a$일 때,
   b, a의 값을 구하시오.
 (3) 이차부등식 $ax^2+bx+c>0$의 해가 $x<-1$ 또는 $x>2$일 때, 이차부
   등식 $ax^2+3(b+c)x-10(b-c)<0$의 해를 구하시오.

──────────────

[모범답안] (1) $ax^2+bx+a^2-3>0 \iff 1-\sqrt{3}<x<1+\sqrt{3}$
$\iff \{x-(1-\sqrt{3})\}\{x-(1+\sqrt{3})\}<0$
$\iff x^2-2x-2<0$
$\iff ax^2-2ax-2a>0 \ (a<0)$
$\therefore b=-2a, \ a^2-3=-2a$
$a^2-3=-2a$에서 $a=-3 \ (\because a<0) \quad \therefore b=6$

[답] $\boldsymbol{a=-3, \ b=6}$

(2) $x^2+bx+3+4\sqrt{2}>0 \iff x<1+\sqrt{2}$ 또는 $x>a$
$\iff (x-a)\{x-(1+\sqrt{2})\}>0$
$\iff x^2-(1+\sqrt{2}+a)x+(1+\sqrt{2})a>0$
$\therefore b=-(1+\sqrt{2}+a), \ 3+4\sqrt{2}=(1+\sqrt{2})a$
$\therefore \boldsymbol{a=5-\sqrt{2}, \ b=-6}$ ← [답]

(3) $ax^2+bx+c>0 \iff x<-1$ 또는 $x>2 \iff (x+1)(x-2)>0$
$\iff x^2-x-2>0 \iff ax^2-ax-2a>0 \ (a>0)$
$\therefore b=-a, \ c=-2a$
따라서 $ax^2+3(b+c)x-10(b-c)<0$은 $ax^2-9ax-10a<0$
$a>0$이므로 $x^2-9x-10<0 \quad \therefore \boldsymbol{-1<x<10}$ ← [답]

[유제] **15**-2. 이차부등식 $ax^2+5x+b>0$의 해가 $\dfrac{1}{3}<x<\dfrac{1}{2}$일 때, 상수 a, b
 의 값을 구하시오. [답] $a=-6, \ b=-1$

[유제] **15**-3. 이차부등식 $ax^2-bx+c\geq0$의 해가 $-1\leq x\leq2$일 때, 이차부등식
$ax^2+bx+c\geq0$의 해를 구하시오. 단, a, b, c는 상수이다. [답] $-2\leq x\leq1$

[유제] **15**-4. 이차부등식 $ax^2+bx+c<0$의 해가 $x<-1$ 또는 $x>5$일 때, 이
 차부등식 $a(x-2)^2-b(x-2)+c>0$의 해를 구하시오.
 단, a, b, c는 상수이다. [답] $-3<x<3$

필수 예제 15-3 실수 x에 대하여 $n \leq x < n+1$을 만족시키는 정수 n을 $[x]$로 나타낼 때, 다음 부등식을 푸시오.

(1) $2[x] - 3 > 0$ (2) $4[x]^2 - 36[x] + 45 < 0$

정석연구 x가 실수일 때 x보다 크지 않은 최대 정수를 $[x]$로 나타내고, 이를 가우스 기호라고 한다는 것은 이미 공부하였다.

또, 가우스 기호에 관한 문제를 해결하는 기본은

> 정석 (ⅰ) $[x]$는 정수이다.
>   (ⅱ) $[x] = n\,(n\text{은 정수}) \iff n \leq x < n+1$

이라는 것도 공부하였다.   ⇦ p. 65, 67 참조

따라서 $[x]$를 한 문자로 생각하고 계산하여 정수 $[x]$의 값을 구한 다음, x의 값의 범위를 구하면 된다.

모범답안 (1) $2[x] - 3 > 0$으로부터 $[x] > \dfrac{3}{2}$

     그런데 $[x]$는 정수이므로 $[x] = 2, 3, 4, 5, \cdots$

       따라서 $2 \leq x < 3$ 또는 $3 \leq x < 4$ 또는 $\cdots$이므로 $\boldsymbol{x \geq 2}$ ⟵ 답

(2) $4[x]^2 - 36[x] + 45 < 0$으로부터

$$(2[x] - 3)(2[x] - 15) < 0 \quad \therefore \ \frac{3}{2} < [x] < \frac{15}{2}$$

     그런데 $[x]$는 정수이므로 $[x] = 2, 3, 4, 5, 6, 7$

       따라서 $2 \leq x < 3$ 또는 $3 \leq x < 4$ 또는 $\cdots$ 또는 $7 \leq x < 8$이므로

$$\boldsymbol{2 \leq x < 8} \ \text{⟵} \ \boxed{\text{답}}$$

유제 **15**-5. $[a]$는 a보다 크지 않은 최대 정수를 나타낸다. 이때,
$$[x]^2 - 4[x] + 3 < 0, \quad [y]^2 - 7[y] + 12 \leq 0$$
을 만족시키는 두 실수 x, y에 대하여 $x + y$의 값의 범위를 구하시오.

                                           답 $5 \leq x + y < 8$

유제 **15**-6. 실수 x에 대하여 $m \leq x < m+1$을 만족시키는 정수 m을 $[x]$로 나타내고, 정수 n에 대하여 $n = 4q + r\,(q$는 정수, $0 \leq r < 4)$을 만족시키는 r을 $\{n\}$으로 나타낼 때, $\{[\sqrt{20}]\} + \{[\sqrt[3]{5}]\}$의 값을 구하시오.   답 $\boldsymbol{1}$

유제 **15**-7. 실수 x에 대하여 $n - 0.5 \leq x < n + 0.5$를 만족시키는 정수 n을 $\{x\}$로 나타낼 때, 부등식 $\{x\}^2 - 4\{x\} + 3 \leq 0$을 만족시키는 x의 값의 범위를 구하시오.

                                           답 $\boldsymbol{0.5 \leq x < 3.5}$

필수 예제 **15**-4　오른쪽 그림은 두 이차함수
$$y=ax^2+bx+c\ (a,\ b,\ c는\ 상수)\ \cdots\cdots①$$
$$y=px^2+qx+r\ (p,\ q,\ r은\ 상수)\ \cdots\cdots②$$
의 그래프이다. 다음 물음에 답하시오.

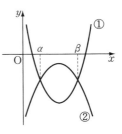

(1) b^2-4ac, q^2-4pr의 부호를 조사하시오.

(2) ap^2+bp+c의 부호를 조사하시오.

(3) 부등식 $(a-p)x^2+(b-q)x+c-r<0$을 푸시오.

(4) $\alpha+\beta$, $\alpha\beta$를 $a,\ b,\ c,\ p,\ q,\ r$로 나타내시오.

─────────────────────────────────

[정석연구] 무엇보다 식의 의미를 그래프에서 찾을 수 있어야 하고, 또한 그래프의 의미를 식으로 나타낼 수 있어야 한다.

　　[정석] 식이 가지는 의미를 그래프에서 찾아낼 수 있어야 한다.

[모범답안] (1) ①의 그래프가 x축과 두 점에서 만나므로　$b^2-4ac>0$ ← [답]

　　②의 그래프가 x축과 만나지 않으므로　$q^2-4pr<0$ ← [답]

(2) ap^2+bp+c는 $y=ax^2+bx+c$에서 $x=p$일 때의 y의 값이다.

　　그런데 $p<0$이고, $x<0$일 때 ①의 그래프는 x축의 위쪽에 존재하므로
$$ap^2+bp+c>0 ← [답]$$

(3) $(a-p)x^2+(b-q)x+c-r<0$에서　$ax^2+bx+c<px^2+qx+r$

　　$y=px^2+qx+r$의 그래프가 $y=ax^2+bx+c$의 그래프보다 위쪽에 있는 x의 값의 범위는　$\alpha<x<\beta$ ← [답]

(4) $ax^2+bx+c=px^2+qx+r$, 곧 $(a-p)x^2+(b-q)x+c-r=0$의 두 근이 $\alpha,\ \beta$이므로　$\alpha+\beta=-\dfrac{b-q}{a-p}$, $\alpha\beta=\dfrac{c-r}{a-p}$ ← [답]

Note $a>0$, $p<0$이므로 $a-p>0$, 곧 $a-p\neq0$이다.

[유제] **15**-8. 오른쪽 그림은 두 함수
$$y=ax^2+bx+c,\quad y=mx+n$$
의 그래프이다. 단, $a,\ b,\ c,\ m,\ n$은 상수이다.

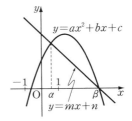

(1) 다음 부호를 조사하시오.

　① $a+b+c$　② $a-b+c$　③ $m+n$

　④ $m-n$　　⑤ b^2-4ac

(2) 부등식 $ax^2+(b-m)x+c-n<0$을 푸시오.

　　　　　　[답] (1) ① 양 ② 음 ③ 양 ④ 음 ⑤ 양　(2) $x<\alpha,\ x>\beta$

필수 예제 **15**-5   다음 식의 값이 모든 실수 x에 대하여 양수가 되도록 실
수 a의 값의 범위를 정하시오.
$$(a-3)x^2-2(a-3)x+3$$

[정석연구] 주어진 식이 x에 관한 이차식이라고 하면
$$a-3>0, \quad D/4=(a-3)^2-3(a-3)<0$$
을 만족시키는 a의 값의 범위만 구하면 된다.

그러나 이 문제와 같이 주어진 식이 이차식이라는 조건이 없는 경우 이차항
의 계수 $a-3$이 0일 때를 따로 생각해야 한다.

정석 계수에 문자가 있는 식에서는
$\implies$ 최고차항의 계수가 0인 경우를 항상 따로 생각한다.

곧, $y=ax^2+bx+c$에서 $a=0$이면 $y=bx+c$이고, 이 식이 모든 실수 x에
대하여 양수이기 위한 조건은 아래 오른쪽 그림에서 $b=0$, $c>0$이다.

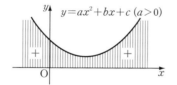 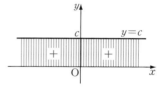

정석 모든 실수 x에 대하여 $ax^2+bx+c>0$일 조건은
$\implies$ $(a>0,\ b^2-4ac<0)$ 또는 $(a=0,\ b=0,\ c>0)$

[모범답안] $y=(a-3)x^2-2(a-3)x+3$으로 놓으면
(i) $a=3$일 때, $y=3$이므로 모든 실수 x에 대하여 $y>0$이다.
(ii) $a\neq3$일 때, 모든 실수 x에 대하여 $y>0$이려면
$$a-3>0, \quad D/4=(a-3)^2-3(a-3)<0 \quad \therefore \ 3<a<6$$
(i), (ii)에서 구하는 a의 값의 범위는 $3\leq a<6$ $\longleftarrow$ [답]

[유제] **15**-9. mx^2-mx+1의 값이 모든 실수 x에 대하여 양수가 되도록 실수
m의 값의 범위를 정하시오.   [답] $0\leq m<4$

[유제] **15**-10. 부등식 $(a+3)x^2-4x+a>0$이 모든 실수 x에 대하여 성립하도
록 실수 a의 값의 범위를 정하시오.   [답] $a>1$

[유제] **15**-11. 모든 실수 x에 대하여 $x^2-4ax+3a^2+7a$의 값이 6보다 크도록
실수 a의 값의 범위를 정하시오.   [답] $1<a<6$

§2. 연립이차부등식의 해법

연립이차부등식

　연립부등식에서 차수가 가장 큰 부등식이 이차부등식일 때, 이 연립부등식을 연립이차부등식이라고 한다.

　연립이차부등식의 해는 연립일차부등식과 같이 각 부등식의 해의 공통 범위이다. 이때, 수직선을 이용하면 공통 범위를 쉽게 찾을 수 있다.

정석 연립부등식의 해 ⟹ 수직선에서 생각한다.

Advice | 수직선 위에서 각 부등식의 해의 공통 범위를 찾을 때에는 경계의 점이 포함되는지 여부를 항상 주의 깊게 따져 보도록 한다.

보기 1 다음 연립부등식을 푸시오.

(1) $\begin{cases} x-1>2x-3 \\ x^2 \le x+2 \end{cases}$　　(2) $\begin{cases} x^2+2>3x \\ x+12>x^2 \end{cases}$　　(3) $\begin{cases} |x-1| \le 2 \\ x^2-8x+15>0 \\ x^2+2x+1>0 \end{cases}$

연구 각 부등식의 해를 구하고, 수직선 위에서 이들의 공통 범위를 찾는다.

(1) $x-1>2x-3$에서　$x<2$　……①

　$x^2-x-2 \le 0$에서　$(x+1)(x-2) \le 0$

　　∴ $-1 \le x \le 2$　　……②

　①, ②의 공통 범위는　$\boldsymbol{-1 \le x < 2}$

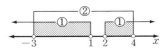

(2) $x^2-3x+2>0$에서　$(x-1)(x-2)>0$

　　∴ $x<1,\ x>2$　　……①

　$x^2-x-12<0$에서　$(x+3)(x-4)<0$

　　∴ $-3<x<4$　　……②

　①, ②의 공통 범위는　$\boldsymbol{-3<x<1,\ 2<x<4}$

(3) $|x-1| \le 2$에서　$-2 \le x-1 \le 2$　∴ $-1 \le x \le 3$　……①

　$x^2-8x+15>0$에서　$(x-3)(x-5)>0$

　　∴ $x<3,\ x>5$　　……②

　$x^2+2x+1>0$에서　$(x+1)^2>0$

　　∴ $x \ne -1$인 모든 실수 ……③

　①, ②, ③의 공통 범위는　$\boldsymbol{-1<x<3}$

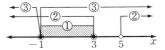

필수 예제 **15**-6   다음 물음에 답하시오.

(1) 부등식 $|x^2-3x-4| \leq x+1$을 푸시오.

(2) 연립부등식 $\begin{cases} x^2-2x-3>0 \\ x^2+ax+b \leq 0 \end{cases}$ 의 해가 $-2 \leq x < -1$ 또는 $3 < x \leq 4$일

때, 상수 a, b의 값을 구하시오.

[정석연구] (1) $x^2-3x-4 \geq 0$일 때와 $x^2-3x-4<0$일 때로 나누어 푼다.

(2) 수직선에서 생각하면 알기 쉽다.

정석 연립부등식의 해 $\Longrightarrow$ 수직선에서 생각한다.

[모범답안] (1) $x^2-3x-4 \geq 0$일 때, 곧 $x \leq -1$, $x \geq 4$일 때 ······①

$\qquad x^2-3x-4 \leq x+1$ $\therefore$ $x^2-4x-5 \leq 0$ $\therefore$ $-1 \leq x \leq 5$ ······②

①, ②의 공통 범위는 $x=-1$, $4 \leq x \leq 5$ ······③

$\qquad x^2-3x-4<0$일 때, 곧 $-1<x<4$일 때 ······④

$-(x^2-3x-4) \leq x+1$ $\therefore$ $x^2-2x-3 \geq 0$ $\therefore$ $x \leq -1$, $x \geq 3$ ······⑤

④, ⑤의 공통 범위는 $3 \leq x < 4$ ······⑥

주어진 부등식의 해는 ③ 또는 ⑥이므로 $\boldsymbol{x=-1, \ 3 \leq x \leq 5}$ ← [답]

(2) $x^2-2x-3>0$에서 $(x+1)(x-3)>0$ $\therefore$ $x<-1$ 또는 $x>3$ ···①

여기에서 $x^2+ax+b \leq 0$의 해는 $\alpha \leq x \leq \beta \ (\alpha < \beta)$ ······②

꼴이어야 하고, ①, ②의 공통 범위가

$\qquad -2 \leq x < -1$ 또는 $3 < x \leq 4$

이려면 오른쪽 그림에서 $\alpha=-2$, $\beta=4$

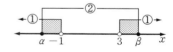

$\qquad \therefore$ $x^2+ax+b=(x+2)(x-4)$ $\therefore$ $\boldsymbol{a=-2, \ b=-8}$ ← [답]

*$Note$ (1) '$|A| \leq B (B \geq 0) \Longleftrightarrow -B \leq A \leq B$'임을 이용하여 연립부등식

$$-(x+1) \leq x^2-3x-4 \leq x+1$$

을 풀어도 된다. 이때, $x+1 \geq 0$이어야 한다. $x+1<0$이면 $|A| \leq B<0$ 꼴이므로 주어진 부등식을 만족시키는 x는 없다.

[유제] **15**-12. 다음 부등식을 푸시오.

(1) $|x^2-x-6|<6$ $\qquad\qquad$ (2) $|x^2-4|<3x$

$\qquad\qquad\qquad\qquad$ [답] (1) $-3<x<0$, $1<x<4$ (2) $1<x<4$

[유제] **15**-13. 연립부등식 $\begin{cases} x^2-10x+21<0 \\ x^2-ax+3x-3a<0 \end{cases}$ 의 해가 $b<x<5$일 때, 상수

a, b의 값을 구하시오. $\qquad\qquad\qquad\qquad$ [답] $a=5$, $b=3$

필수 예제 **15**-7 부등식 $x^2-3ax+2a^2\le0$을 만족시키는 모든 실수 x가

연립부등식 $\begin{cases} x^3-2x-4\le0 \\ x^2+2x>0 \end{cases}$ 을 만족시킬 때, 실수 a의 값의 범위를 구하

시오.

───────────────────────────────

정석연구 부등식 $f(x)<0$을 만족시키는 모든
실수 x가 부등식 $g(x)<0$을 만족시킨다는
것은 이를테면 오른쪽 그림과 같이 $f(x)<0$
의 해는 모두 $g(x)<0$의 해가 된다는 뜻이다.

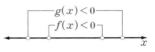

정석 부등식의 해의 비교는 ⟹ 수직선에서 생각한다.

모범답안 $x^3-2x-4\le0$에서 $(x-2)(x^2+2x+2)\le0$

그런데 $x^2+2x+2=(x+1)^2+1>0$이므로 $x-2\le0$ $\therefore$ $x\le2$ ……①

$x^2+2x>0$에서 $x(x+2)>0$ $\therefore$ $x<-2,\ x>0$ ……②

따라서 연립부등식의 해는 ①, ②의 공통 범위이므로

$$x<-2 \text{ 또는 } 0<x\le2$$

한편 $x^2-3ax+2a^2\le0$에서 $(x-a)(x-2a)\le0$ ……③

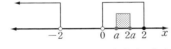 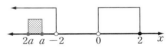

주어진 조건을 만족시키려면 위의 그림에서

$a\ge0$일 때, ③의 해가 $a\le x\le2a$이므로 $0<a$이고 $2a\le2$

$\therefore$ $0<a\le1$ ⇐ 경계의 값이 포함되는지에 주의한다.

$a<0$일 때, ③의 해가 $2a\le x\le a$이므로 $a<-2$

이상에서 $a<-2,\ 0<a\le1$ ← 답

유제 **15**-14. 부등식 $x^2-6x+8<0$을 만족시키는 모든 실수 x가 부등식
$x^2-5ax+4a^2<0$을 만족시킬 때, 실수 a의 값의 범위를 구하시오.

답 $1\le a\le2$

유제 **15**-15. $f(x)=(x-a)(3x-a)$, $g(x)=x^4-9$, $h(x)=9x^2-a^2$에 대하여
다음을 만족시키는 양수 a의 값의 범위를 구하시오.

(1) 두 부등식 $f(x)<0$, $g(x)<0$을 동시에 만족시키는 실수 x가 존재한다.

(2) 부등식 $g(x)<0$을 만족시키는 모든 실수 x가 부등식 $h(x)<0$을 만족시
킨다. 답 (1) $0<a<3\sqrt3$ (2) $a\ge3\sqrt3$

필수 예제 **15**-8 부등식 $x(x-2)\leq0$을 만족시키는 모든 실수 x가 부등식
$$x(x-2)(x^2-ax+a^2-4)\geq0$$
을 만족시킬 때, 실수 a의 값의 범위를 구하시오.

[정석연구] 부등식의 성질

정석 $AB\geq0 \iff (A\geq0$이고 $B\geq0)$ 또는 $(A\leq0$이고 $B\leq0)$

에서 $x(x-2)(x^2-ax+a^2-4)\geq0$은 다음과 같이 나눌 수 있다.
$$x(x-2)\geq0$$이고 $x^2-ax+a^2-4\geq0$
또는 $x(x-2)\leq0$이고 $x^2-ax+a^2-4\leq0$

그런데 이 문제에서는 $x(x-2)\leq0$일 때만 생각하면 되므로
$$x(x-2)\leq0$$이고 $x^2-ax+a^2-4\leq0$

인 경우만 생각하면 된다.

이때, $x^2-ax+a^2-4\leq0$의 해를 구하기 어려우므로 $y=x^2-ax+a^2-4$의
그래프를 이용하여 $x(x-2)\leq0$일 때 $y\leq0$일 조건을 찾는다.

정석 부등식의 해의 범위에 관한 조건은 $\implies$ 그래프에서 찾는다.

[모범답안] $x(x-2)\leq0$일 때 $x(x-2)(x^2-ax+a^2-4)\geq0$이려면
$x(x-2)\leq0$, 곧 $0\leq x\leq2$일 때, $x^2-ax+a^2-4\leq0$이어야 한다.

그런데 $f(x)=x^2-ax+a^2-4=0$이 서로 다른
두 실근을 가지지 않으면 $f(x)\geq0$이 되므로
$f(x)=0$은 서로 다른 두 실근을 가져야 한다.

그 두 실근을 $\alpha,\beta(\alpha<\beta)$라고 하면 오른쪽 그
림에서 $\alpha\leq0,\beta\geq2$이어야 한다. 따라서
$$f(0)=a^2-4\leq0 \quad\therefore\ -2\leq a\leq2 \quad\cdots①$$
$$f(2)=4-2a+a^2-4\leq0 \quad\therefore\ 0\leq a\leq2 \cdots②$$
①, ②의 공통 범위는 **$0\leq a\leq2$** ← [답]

[유제] **15**-16. 연립부등식 $\begin{cases} x^2+2x-3<0 \\ x^2-x-6<0 \end{cases}$ 을 만족시키는 모든 실수 x가 이차
부등식 $2x^2+7x+a<0$을 만족시킬 때, 실수 a의 값의 범위를 구하시오.
[답] $a\leq-9$

[유제] **15**-17. 연립부등식 $\begin{cases} x^2-x<0 \\ x^2-3\leq(a-1)x \end{cases}$ 의 해가 $0<x<1$일 때, 실수 a의
값의 범위를 구하시오.
[답] $a\geq-1$

필수 예제 **15**-9　$\overline{AB}=10, \overline{BC}=15, \angle B=90°$ 인 $\triangle ABC$의 세 변 BC, CA, AB 위에 각각 점 D, E, F가 있다. $\square$BDEF가 직사각형이고 넓이가 24 이상 30 미만일 때, 선분 BF의 길이의 범위를 구하시오.

[정석연구] 조건에 맞는 그림을 그리면 오른쪽과 같고, $\triangle AFE \backsim \triangle ABC$ 이므로
$$\overline{AF}:\overline{FE}=\overline{AB}:\overline{BC}=10:15$$
이다.

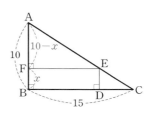

따라서 $\overline{BF}=x$로 놓고 $\overline{AF}, \overline{FE}$의 길이를 차례로 x로 나타내면 $\square$BDEF의 넓이를 x에 관한 식으로 나타낼 수 있다.

정 석　도형에 관한 문제 $\Longrightarrow$ 그림을 그려 본다.

[모범답안] $\overline{BF}=x$로 놓으면 $0<x<10$이고 $\overline{AF}=10-x$이다.

또, $\triangle AFE \backsim \triangle ABC$이므로　$\overline{AF}:\overline{FE}=\overline{AB}:\overline{BC}$

$$\therefore (10-x):\overline{FE}=10:15 \quad \therefore \overline{FE}=\frac{3}{2}(10-x)$$

$$\therefore \square BDEF=\frac{3}{2}(10-x)\times x=15x-\frac{3}{2}x^2$$

따라서 문제의 조건에서

$$24 \le 15x-\frac{3}{2}x^2<30 \quad \therefore 48\le 30x-3x^2<60$$

$48\le 30x-3x^2$에서　$x^2-10x+16\le 0$

$$\therefore (x-2)(x-8)\le 0 \quad \therefore 2\le x\le 8 \qquad \cdots\cdots ①$$

$30x-3x^2<60$에서　$x^2-10x+20>0$

$x^2-10x+20=0$에서 $x=5\pm\sqrt{5}$이므로

$$x<5-\sqrt{5}, \ x>5+\sqrt{5} \quad \cdots\cdots ②$$

①, ②의 공통 범위는

$$2\le x<5-\sqrt{5}, \ 5+\sqrt{5}<x\le 8$$

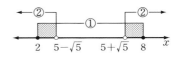

답 $2\le\overline{BF}<5-\sqrt{5}, \ 5+\sqrt{5}<\overline{BF}\le 8$

Note $\overline{AB}:\overline{BC}=10:15$에 착안하여 $\overline{AF}=2x, \overline{FE}=3x$로 놓고 식을 세울 수도 있다. 이때에는 $10-2x$의 값의 범위를 구해야 한다.

[유제] **15**-18. 둘레의 길이가 40 cm이고 넓이가 36 cm^2 이상 75 cm^2 이하인 직사각형을 만들려고 한다. 이때, 길지 않은 변의 길이를 얼마로 하면 되는가?
답 **2 cm** 이상 **5 cm** 이하

연습문제 15

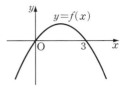

기본 **15**-1   원점과 점 $(3, 0)$을 지나는 이차함수 $y=f(x)$의 그래프가 오른쪽 그림과 같다.

부등식 $f\left(\dfrac{x-k}{2}\right)>0$의 해가 $-4<x<l$ 일 때, 상수 k, l 의 값을 구하시오.

15-2   실수 a, b, m에 대하여 x에 관한 이차방정식
$$x^2-2(m+a)x+2m^2+4m+b=0$$
이 실근을 가질 조건이 $-2 \le m \le 6$일 때, a, b의 값을 구하시오.

15-3   포물선 $y=ax^2+2x+1$이 직선 $y=-\dfrac{2}{3}x+3$보다 위쪽에 있는 x의 값의 범위가 $1<x<b$일 때, 상수 a, b의 값을 구하시오.

15-4 $-1<x<1$에서 $ax+a^2+k$의 값이 실수 a의 값에 관계없이 양수일 때, 실수 k의 값의 범위를 구하시오.

15-5   다음 두 조건을 만족시키는 이차식 $f(x)$에 대하여 $f(-1)$의 최댓값과 최솟값을 구하시오.

(가) 부등식 $f\left(\dfrac{7-x}{2}\right)>0$의 해가 $5<x<13$이다.

(나) 모든 실수 x에 대하여 부등식 $f(1-x) \le 2x+1$이 성립한다.

15-6   연립부등식 $\begin{cases} ax^2+bx+c<0 \\ ax+b<0 \end{cases}$ 의 해가 $\alpha<x<\beta$ 또는 $x>-3$일 때, $\beta-\alpha$ 의 값을 구하시오. 단, a, b, c는 상수이고, $\alpha<\beta<-3$이다.

15-7 x에 관한 연립부등식 $\begin{cases} x^2<(2n+1)x \\ x^2-(n+2)x+2n \ge 0 \end{cases}$ 을 만족시키는 정수 x의 개수가 100일 때, 자연수 n의 값을 구하시오.

15-8   세 변의 길이가 $x, x+1, x+2$인 삼각형이 있다. 이 삼각형이 둔각삼각형이 되도록 정수 x의 값을 정하시오.

실력 **15**-9   사차식 $P(x)$를 삼차식 $Q(x)$로 나눌 때, 나머지 $R(x)$가 다음 두 조건을 만족시킨다. 이때, $R(x)$를 구하시오.

(가) 부등식 $R(x) \ge 2x-3$의 해는 $-1 \le x \le 2$이다.

(나) 곡선 $y=R(x)$와 직선 $y=-4x+9$는 접한다.

15-10 다음 x에 관한 부등식을 푸시오. 단, a는 실수이다.

(1) $(x^2+4x-5)(x^2+4x+3)<105$ (2) $x^2-(a+a^2)x+a^3>0$

15-11 모든 실수 x에 대하여 부등식

$$\frac{(a+1)x^2+(a-2)x+a+1}{x^2+x+1}>b$$

가 성립할 때, 두 실수 a, b 사이의 관계를 구하시오.

15-12 모든 실수 x, y, z에 대하여 부등식 $x^2+y^2+z^2\geq ax(y-z)$가 성립하도록 실수 a의 값의 범위를 정하시오.

15-13 연립부등식 $\begin{cases} x^2-4|x|+3\geq0 \\ |x-2|<\dfrac{2}{3}|x|+1 \end{cases}$ 을 푸시오.

15-14 x에 관한 연립부등식 $\begin{cases} x^2-10x-24>0 \\ x^2-(a^2-a-1)x-a^2+a<0 \end{cases}$ 의 해가 없을 때, 실수 a의 값의 범위를 구하시오.

15-15 x에 관한 연립부등식 $\begin{cases} x^2-x-2>0 \\ 2x^2+(5+2a)x+5a<0 \end{cases}$ 을 만족시키는 정수 x 가 2개일 때, 실수 a의 값의 범위를 구하시오.

15-16 연립부등식 $\begin{cases} x^2-ax-8\geq0 \\ x^2-2ax-b<0 \end{cases}$ 의 해가 $4\leq x<5$일 때, 상수 a, b의 값을 구하시오.

15-17 $-1\leq x\leq1$에서 부등식 $x+a\leq x^2\leq2x+b$가 성립하도록 하는 실수 a, b의 값의 범위를 구하시오.

15-18 포물선 $y=x^2-ax$와 직선 $y=x-2a+1$이 서로 다른 두 점에서 만날 때, 다음 물음에 답하시오.

(1) 실수 a의 값의 범위를 구하시오.

(2) 두 교점이 모두 x축의 위쪽에 있을 때, 실수 a의 값의 범위를 구하시오.

15-19 a, b, c가 양수일 때, x에 관한 연립부등식 $\begin{cases} ax^2-bx+c<0 \\ cx^2-bx+a<0 \end{cases}$ 의 해가 있으면 $a-b+c<0$임을 보이시오.

15-20 다음 두 조건을 만족시키는 실수 a, b가 존재하도록 하는 자연수 n의 값을 구하시오.

(가) $na-a^2=nb-b^2=100$ (나) $0<b-a\leq\dfrac{n}{2}$

🄑🄑. 경우의 수

§1. 경우의 수

기본정석

1 합의 법칙

사건 A가 일어나는 경우의 수를 m, 사건 B가 일어나는 경우의 수를 n이라고 하자.

(1) 두 사건 A, B가 동시에 일어나지 않을 때,

사건 A 또는 사건 B가 일어나는 경우의 수는 $m+n$이다.

(2) 두 사건 A, B가 동시에 일어나는 경우의 수가 l 일 때,

사건 A 또는 사건 B가 일어나는 경우의 수는 $m+n-l$이다.

2 곱의 법칙

사건 A가 일어나는 경우의 수가 m이고, 이 각각에 대하여 사건 B가 일어나는 경우의 수가 n일 때,

두 사건 A, B가 잇달아 일어나는 경우의 수는 $m \times n$이다.

𝒜𝒹𝓋𝒾𝒸𝑒 1° 합의 법칙

▶ 동시에 일어나는 사건이 없을 때의 합의 법칙

이를테면 두 지점 P, Q 사이에

버스 노선이 a, b, c의 세 가지,

지하철 노선이 x, y의 두 가지

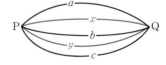

가 있다고 하자.

어떤 사람이

버스(a, b, c) 또는 지하철(x, y)을 타고 P에서 Q로 간다

고 할 때, 그 경우의 수는

$$a, b, c, x, y \implies 3+2=5$$

이다. 이때, 특히 주의할 것은 버스를 타면 지하철을 탈 수 없고, 지하철을 타면 버스를 탈 수 없으므로

이 두 사건은 동시에 일어날 수 없다

는 것이다.

이와 같은 합의 법칙은 어느 두 사건도 동시에 일어나지 않는 세 개 이상의 사건에 대해서도 성립한다.

보기 1 유성펜 4종류, 수성펜 5종류, 중성펜 2종류 중에서 한 종류를 선택하는 경우의 수를 구하시오.

[연구] 합의 법칙에 의하여 　$4+5+2=\mathbf{11}$

보기 2 자연수 x, y에 대하여 $x+y \leq 5$를 만족시키는 순서쌍 (x, y)의 개수를 구하시오.

[연구] x, y가 자연수이므로 $x+y \leq 5$를 만족시키는 $x+y$의 값은 2, 3, 4, 5이다.
 (i) $x+y=2$일 때 　$(x, y)=(1, 1)$의 1개
 (ii) $x+y=3$일 때 　$(x, y)=(1, 2), (2, 1)$의 2개
 (iii) $x+y=4$일 때 　$(x, y)=(1, 3), (2, 2), (3, 1)$의 3개
 (iv) $x+y=5$일 때 　$(x, y)=(1, 4), (2, 3), (3, 2), (4, 1)$의 4개
　따라서 순서쌍 (x, y)의 개수는 합의 법칙에 의하여
$$1+2+3+4=\mathbf{10}$$

▶ 동시에 일어나는 사건이 있을 때의 합의 법칙

　이를테면 한 개의 주사위를 던져서 나오는 눈의 수가 소수인 사건을 A, 6의 약수인 사건을 B라고 하자.

　사건 A가 일어나는 경우는 나오는 눈의 수가 2, 3, 5일 때이므로 경우의 수는 3이다. 또, 사건 B가 일어나는 경우는 나오는 눈의 수가 1, 2, 3, 6일 때이므로 경우의 수는 4이다.

　이때, 사건 A 또는 사건 B가 일어나는 경우는 나오는 눈의 수가 1, 2, 3, 5, 6일 때이므로 경우의 수는 5이다.

　여기서 사건 A와 사건 B가 동시에 일어나는 경우는 나오는 눈의 수가 2, 3일 때이므로 경우의 수는 2이다. 곧, $5=3+4-2$로 생각할 수 있다.

　이와 같이 사건 A 또는 사건 B가 일어나는 경우의 수는 사건 A가 일어나는 경우의 수와 사건 B가 일어나는 경우의 수의 합에서 두 사건 A, B가 동시에 일어나는 경우의 수를 **뺀** 것과 같다.

　곧, 사건 A가 일어나는 경우의 수를 m, 사건 B가 일어나는 경우의 수를 n, 두 사건 A, B가 동시에 일어나는 경우의 수를 l이라고 하면
　　사건 A 또는 사건 B가 일어나는 경우의 수는 $\Longrightarrow m+n-l$

　이때, 두 사건 A, B가 동시에 일어나지 않으면 $l=0$이므로 위의 식은 동시에 일어나지 않는 두 사건에 대해서도 성립한다.

보기 3 1부터 20까지의 정수 중에서 다음 수의 개수를 구하시오.

(1) 4 또는 7의 배수   (2) 2 또는 3의 배수

연구 1부터 20까지의 정수 중에서

(1) 4의 배수는   4, 8, 12, 16, 20의 5개

7의 배수는   7, 14의 2개

4와 7의 공배수인 28의 배수는 없다.

따라서 4 또는 7의 배수의 개수는 $5+2=\mathbf{7}$

(2) 2의 배수는   2, 4, 6, 8, 10, 12, 14, 16, 18, 20의 10개

3의 배수는   3, 6, 9, 12, 15, 18의 6개

2와 3의 공배수인 6의 배수는   6, 12, 18의 3개

따라서 2 또는 3의 배수의 개수는 $10+6-3=\mathbf{13}$

𝒜𝒹𝓋𝒾𝒸𝑒 2° 곱의 법칙

p. 216의 예에서 어떤 사람이 P에서 Q를 다녀오려고 하는데

갈 때는 버스(a, b, c)를, 올 때는 지하철(x, y)을 탄다

고 하면 이 경우의 수는

$$a{<}{x \atop y} \qquad b{<}{x \atop y} \qquad c{<}{x \atop y} \implies 3\times2=6$$

이다. 곧, 버스 노선이 세 가지(a, b, c)가 있고, 이 각각에 대하여 돌아오는 길은 지하철 노선이 두 가지(x, y)가 있으므로 (3×2)가지이다.

이와 같은 곱의 법칙은 잇달아 일어나는 세 개 이상의 사건에 대해서도 성립한다.

보기 4   학급 문고에 소설책 6권, 시집 3권, 잡지 4권이 있다. 다음을 구하시오.

(1) 소설책 중에서 1권, 시집 중에서 1권을 택하는 경우의 수

(2) 소설책, 시집, 잡지 중에서 각각 1권씩 택하는 경우의 수

연구 (1) 소설책 중에서 1권을 택하는 경우는 6가지이고, 이 각각에 대하여 시집 중에서 1권을 택하는 경우가 3가지씩 있다.

따라서 구하는 경우의 수는 곱의 법칙에 의하여 $6\times3=\mathbf{18}$

(2) 같은 방법으로 생각하면 구하는 경우의 수는 $6\times3\times4=\mathbf{72}$

*Note (1) 소설책을 a, b, c, d, e, f라 하고, 시집을 x, y, z라고 하면

$$a{\Big\langle}{x \atop {y \atop z}} \quad b{\Big\langle}{x \atop {y \atop z}} \quad c{\Big\langle}{x \atop {y \atop z}} \quad d{\Big\langle}{x \atop {y \atop z}} \quad e{\Big\langle}{x \atop {y \atop z}} \quad f{\Big\langle}{x \atop {y \atop z}}$$

와 같이 나타낼 수 있다.

필수 예제 **16**-1 P지점과 Q지점 사이의 길 중에는 중간의 A, B, C지점을 경유하는 길이 몇 개씩 있다.

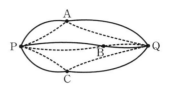

P, Q 사이를 한 번 왕복하는데 P에서 A 또는 B 또는 C를 경유하여 Q로 갔다가 돌아올 때는 A 또는 B를 경유하는 경우, B 또는 C를 경유하는 경우, C 또는 A를 경유하는 경우의 수가 각각 72, 63, 27이다.

갈 때는 A 또는 C를 경유하고, 돌아올 때는 B를 경유하는 경우의 수를 구하시오. 단, 중간의 A, B, C지점 사이에는 길이 없다.

[정석연구] 이를테면 P와 Q 사이에 오른쪽 그림과 같은 도로망이 있다고 할 때, P에서 Q로 가는 경우를 생각하면

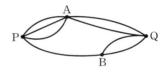

  P → A → Q의 경우 : $3 \times 2 = 6$(가지),
  P → B → Q의 경우 : $1 \times 2 = 2$(가지)
이므로 경우의 수는 $6 + 2 = 8$이다.

  정석 경우의 수 ⟹ 합의 법칙, 곱의 법칙을 이용한다.

[모범답안] P에서 A 또는 B 또는 C를 경유하여 Q로 가는 경우의 수를 x라 하고, 그중에서 A, B, C를 경유하는 경우의 수를 각각 a, b, c라고 하자.
  문제의 조건으로부터
$$x(a+b)=72 \quad \cdots① \qquad x(b+c)=63 \quad \cdots② \qquad x(c+a)=27 \quad \cdots③$$
  ①+②+③하면 $x(2a+2b+2c)=162$
$a+b+c=x$이므로 $2x^2=162$ $\therefore x=9 \ (\because \ x>0)$
  이 값을 ①, ②, ③에 대입하고 연립하여 풀면 $a=2, \ b=6, \ c=1$
  따라서 구하는 경우의 수는 $(2+1) \times 6 = 18$ ⟵ 답

[유제] **16**-1. A, B, C, D의 네 지점 사이에 오른쪽 그림과 같은 도로망이 있다.

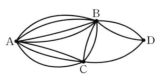

  같은 지점은 많아야 한 번 지난다고 할 때, 다음 물음에 답하시오.
  (1) A에서 D로 가는 경우의 수를 구하시오.
  (2) A에서 D를 다녀오는 경우의 수를 구하시오.   답 (1) **31** (2) **48**

필수 예제 **16**-2 100원, 50원, 10원의 세 종류의 동전이 있다.
   이들을 적어도 1개씩 사용하여 420원을 지불하려면 각 동전을 몇 개씩 사용해야 하는가? 단, 사용하는 동전은 총 15개 이하로 한다.

[모범답안] 100원짜리 동전은 3개까지 사용할 수 있다.

(i) **100원짜리 동전이 1개일 때**

   50원, 10원짜리 동전으로 320원을 지불해야 하므로 50원, 10원짜리 동전의 개수를 순서쌍으로 나타내면

$$(1, 27), \ (2, 22), \ (3, 17), \ (4, 12), \ (5, 7), \ (6, 2)$$

   그런데 문제의 조건으로부터 두 동전의 개수의 합은 14를 넘을 수 없으므로 가능한 순서쌍은 위의 붉은색으로 나타낸 두 경우이다.

(ii) **100원짜리 동전이 2개일 때**   (iii) **100원짜리 동전이 3개일 때**

에도 같은 방법으로 조사하면 오른쪽 표의 검은 숫자가 가능한 개수이다.

100원	1	0	1	0	2	1	2	1	3	2	3	2
50원	5	4	6	5	3	2	4	3	1	0	2	1
10원	7	6	2	1	7	6	2	1	7	6	2	1

Advice 1° 세 종류의 동전을 각각 적어도 한 개는 사용해야 하므로

$$잔액 : 420 - (100 + 50 + 10) = 260(원)$$

을 12개 이하의 100원, 50원, 10원짜리로 지불하는 방법을 생각해도 된다. 이는 위의 표에서 초록 숫자 부분이다. 여기에 각각 1을 더한 값(검은 숫자 부분)이 420원을 지불할 때 사용해야 하는 동전의 개수이다.

2° 경우의 수를 다루는 데 있어서는 **빠짐없이**, 중복되지 않게 가능한 모든 경우를 생각하는 방법을 익혀 두어야 한다.

   이를테면 우리가 사용하는 영한사전과 같이

   a가 다 끝나면 b가 나오고, b가 다 끝나면 c가 나오고,
   c가 다 끝나면 d가 나오고, … 하는

                          사전식 나열법

을 이용하여 단계별로 **빠짐없이** 구하는 것이 기본이다.

   [정석] 경우의 수를 구할 때에는 ⟹ 빠짐없이, 중복되지 않게!

[유제] **16**-2. 100원, 50원, 10원의 세 종류의 동전을 모두 사용하여 280원을 지불하려면 각각 몇 개씩 사용해야 하는가? 단, 사용하는 동전은 총 10개 이하로 한다.   [답] 1개, 3개, 3개 또는 2개, 1개, 3개 (100원, 50원, 10원 순)

필수 예제 **16**-3 오른쪽 그림의 A, B, C, D, E에 주
어진 다섯 가지 색의 전부 또는 일부를 사용하여 칠
하려고 한다. 같은 색을 여러 번 사용해도 좋으나 이
웃한 부분에는 서로 다른 색을 칠하는 경우의 수를
구하시오.

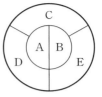

정석연구 단순히 A에는 5가지, B에는 4가지, C에는 3가지, D에는 A, C에 칠
한 색을 빼고 3가지, E에는 B, C, D에 칠한 색을 빼고 2가지라고 하면 안 된
다. 왜냐하면 B와 D의 색이 같은 경우 E에는 3가지 색이 가능하고, B와 D의
색이 다른 경우 E에는 2가지 색이 가능하기 때문이다. 따라서

　　　B와 D의 색이 같은 경우와 다른 경우로 나누어 생각해야 한다

는 것을 알 수 있다.

　　　정석 경우의 수를 구할 때에는 ⟹ 빠짐없이, 중복되지 않게!

모범답안 (i) B와 D의 색이 같은 경우 : A에는 5가지, B에는 4가지, C에는 3
가지, E에는 3가지 색이 가능하므로 곱의 법칙에 의하여

$$5 \times 4 \times 3 \times 3 = 180 \,(가지)$$

(ii) B와 D의 색이 다른 경우 : A에는 5가지, B에는 4가지, C에는 3가지, D
에는 2가지, E에는 2가지 색이 가능하므로 곱의 법칙에 의하여

$$5 \times 4 \times 3 \times 2 \times 2 = 240 \,(가지)$$

따라서 구하는 경우의 수는 합의 법칙에 의하여　 $180 + 240 = \mathbf{420}$ ← 답

*Note 다음 단원에서 공부하는 순열의 수로 생각할 수도 있다.

(i) 3가지 색을 사용하는 경우 : A와 E가 같은 색, B와 D가 또 다른 같은 색이
고, C는 제3의 색을 칠하여 구별하는 방법은 $_5P_3 = 60 \,(가지)$

(ii) 4가지 색을 사용하는 경우 : A와 E, B와 D 중 한 쌍만 같은 색이고, 다른 3
개의 부분에는 다른 색을 칠하여 구별하는 방법은 $_5P_4 \times 2 = 240 \,(가지)$

(iii) 5가지 색을 사용하는 경우 : $5! = 120 \,(가지)$

따라서 합의 법칙에 의하여 $60 + 240 + 120 = \mathbf{420}$

유제 **16**-3. 오른쪽 그림의 A, B, C, D에 주어진 네
가지 색의 전부 또는 일부를 사용하여 칠하려고 한
다. 같은 색을 여러 번 사용해도 좋으나 한 변을 공
유하는 부분에는 서로 다른 색을 칠하는 경우의 수
를 구하시오.　　　　　　　　　　　　 답 84

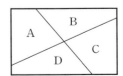

필수 예제 **16**-4   다음 물음에 답하시오.

(1) 540의 양의 약수의 개수와 이들 약수의 총합을 구하시오.

(2) 양의 정수 a의 양의 약수의 개수를 $n(a)$로 나타낼 때,
$$n(108) \times n(32) \times n(x) = 5400$$
을 만족시키는 양의 정수 x의 최솟값을 구하시오.

[정석연구] 이를테면 18을 소인수분해하면 $18 = 2^1 \times 3^2$이다.

따라서 2^1의 양의 약수인 1, 2^1 중 하나를 뽑고, 3^2의 양의 약수인 1, 3^1, 3^2 중 하나를 뽑아 곱한 것은 모두 18의 양의 약수이다.

$\times$	1	3^1	3^2
1	1×1	1×3^1	1×3^2
2^1	$2^1 \times 1$	$2^1 \times 3^1$	$2^1 \times 3^2$

그 개수는 오른쪽 표에서와 같이
$$2 \times 3 = 6$$
이고, 이때의 6은 $2^1 \times 3^2$의 소인수의 지수인 1, 2에 각각 1을 더한 수인 $1+1$과 $2+1$의 곱과 같다.

한편 위의 6개의 약수는 $(1+2^1)(1+3^1+3^2)$을 전개할 때 나오는 각 항과 같다.

따라서 18의 양의 약수의 총합은 $(1+2^1)(1+3^1+3^2) = 3 \times 13 = 39$이다.

정석 자연수 N이 $N = a^\alpha b^\beta$과 같이 소인수분해될 때,

　　N의 양의 약수의 개수 $\Longrightarrow (\alpha+1)(\beta+1)$

　　N의 양의 약수의 총합 $\Longrightarrow (1+a^1+\cdots+a^\alpha)(1+b^1+\cdots+b^\beta)$

[모범답안] (1) $540 = 2^2 \times 3^3 \times 5^1$이므로

약수의 개수 : $(2+1)(3+1)(1+1) = \mathbf{24}$ ← [답]

약수의 총합 : $(1+2^1+2^2)(1+3^1+3^2+3^3)(1+5^1) = \mathbf{1680}$ ← [답]

(2) $n(108) = n(2^2 \times 3^3) = (2+1)(3+1) = 12$, $n(32) = n(2^5) = 5+1 = 6$

이므로 조건식에 대입하면 $12 \times 6 \times n(x) = 5400$ ∴ $n(x) = 75$

그런데 $75 = 75 \times 1 = 25 \times 3 = 15 \times 5 = 5 \times 5 \times 3$이므로 각각의 경우에 최소인 수는 2^{74}, $2^{24} \times 3^2$, $2^{14} \times 3^4$, $2^4 \times 3^4 \times 5^2$

이 네 수 중에서 최솟값은 $2^4 \times 3^4 \times 5^2 = \mathbf{32400}$ ← [답]

[유제] **16**-4. 126의 양의 약수의 개수와 이들 약수의 총합을 구하시오.

　　　　　　　　　　　　[답] 약수의 개수 : **12**, 약수의 총합 : **312**

[유제] **16**-5. 양의 약수의 개수가 다음과 같은 최소의 자연수를 구하시오.

(1) 6　　　　　(2) 14　　　　　(3) 30　　　　[답] (1) **12**　(2) **192**　(3) **720**

필수 예제 **16**-5 둘레의 길이가 60이고, 세 변의 길이가 모두 자연수인 삼각형 중에서 합동이 아닌 것의 개수를 구하시오.

정석연구 세 변의 길이를 a, b, c라고 할 때, $a \geq b \geq c$라고 가정하고 풀어도 된다. 또,

  정석 a, b, $c(a \geq b \geq c > 0)$가 삼각형의 세 변의 길이 $\implies b+c > a$

이므로 문제의 조건으로부터
$$a+b+c=60, \quad b+c>a, \quad a \geq b \geq c$$
를 만족시키는 자연수 a, b, c의 순서쌍의 개수를 구하면 된다.

  먼저 가능한 a의 값을 구한 다음, 각 경우 가능한 b, c의 개수를 구한다.

  정석 경우의 수는 $\implies$ 사전식 나열법을 이용!

모범답안 세 변의 길이를 a, b, $c(a, b, c$는 자연수, $a \geq b \geq c)$라고 하면
$$a+b+c=60 \qquad \cdots\cdots① \qquad\qquad b+c>a \qquad \cdots\cdots②$$
$c \leq a$, $b \leq a$이고, ②에 의하여 $a+b+c > 2a$이므로
$$2a < a+b+c \leq 3a \qquad \therefore 2a < 60 \leq 3a \qquad\qquad \Leftarrow ①$$
$$\therefore 20 \leq a < 30$$
a는 자연수이므로 $a=20, 21, 22, \cdots, 29$ $\qquad\qquad\qquad \cdots\cdots③$

  또, $a \geq b \geq c \geq 1$이고 $b+c=60-a$이므로 $\qquad\qquad\qquad\qquad \Leftarrow ①$
$$2b \geq 60-a \quad \therefore \frac{60-a}{2} \leq b \leq a \qquad\qquad\qquad \cdots\cdots④$$

③의 a의 값에 대하여 ④를 만족시키는 b의 개수를 조사하면

a의 값	20	21	22	23	24	25	26	27	28	29
b의 개수	1	2	4	5	7	8	10	11	13	14

이고, 각 경우에 대하여 c의 값은 하나로 정해진다.

  따라서 구하는 개수는 합의 법칙에 의하여
$$1+2+4+5+7+8+10+11+13+14=\mathbf{75} \longleftarrow \boxed{답}$$

유제 **16**-6. a, b, $c(a \geq b \geq c)$는 삼각형의 세 변의 길이가 될 수 있는 세 자연수이다. $a+b+c=24$일 때, 다음 물음에 답하시오.
(1) a, b, c를 세 변의 길이로 하는 삼각형의 개수를 구하시오.
(2) a, b, c를 세 변의 길이로 하는 이등변삼각형의 개수를 구하시오.

$\boxed{답}$ (1) **12** (2) **5**

연습문제 16

기본 **16**-1   두 종류의 주사위 A, B를 동시에 던질 때, 나오는 눈의 수의 합이 3의 배수가 되는 경우의 수를 구하시오.

16-2   1부터 800까지의 정수 중에서 800과 서로소인 수의 개수를 구하시오.

16-3   4개의 숫자 1, 2, 3, 4가 하나씩 적힌 상자 4개와 1, 2, 3, 4가 하나씩 적힌 공 4개가 있다. 이 4개의 상자에 공 4개를 남김없이 넣을 때, 상자에 적힌 숫자 a와 공에 적힌 숫자 b에 대하여 $a \geq b$가 항상 성립하는 경우의 수를 구하시오. 단, 한 상자에 여러 개의 공을 넣을 수 있다.

16-4   네 자리 자연수의 천의 자리 숫자를 a, 백의 자리 숫자를 b, 십의 자리 숫자를 c, 일의 자리 숫자를 d라고 할 때, a, b, c, d가 서로 다른 수이고 어느 두 수의 합도 9가 아닌 네 자리 자연수의 개수를 구하시오.

16-5   한 개의 주사위를 세 번 던져서 나오는 눈의 수를 차례로 a, b, c라고 할 때, 다음 물음에 답하시오.
  (1) a, b, c의 최솟값이 2인 경우의 수를 구하시오.
  (2) a, b, c의 최솟값이 2이고 최댓값이 5인 경우의 수를 구하시오.

16-6   오른쪽 정육면체 ABCD-EFGH에서
  (1) 임의로 세 꼭짓점을 택하여 만들 수 있는 직각삼각형의 개수를 구하시오.
  (2) 점 A에서 출발하여 모서리를 따라 점 B까지 가는 경우의 수를 구하시오.
    단, 모서리 AB를 지나는 길은 제외하고, 같은 꼭짓점은 많아야 한 번 지난다.

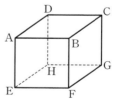

16-7   오른쪽 그림의 A, B, C, D, E에 주어진 세 가지 색의 전부 또는 일부를 사용하여 칠하려고 한다. 이웃한 부분에는 서로 다른 색을 칠하고, A와 D에도 서로 다른 색을 칠할 때, 5개의 부분에 색을 칠하는 경우의 수를 구하시오.
    단, B와 D, C와 E는 이웃하지 않는 것으로 본다.

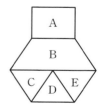

실력 **16**-8   5개의 숫자 1, 2, 3, 4, 5를 일렬로 나열한 것을 a_1, a_2, a_3, a_4, a_5라고 할 때, $a_1 \neq 1$, $a_2 \neq 2$, $a_3 \neq 3$, $a_4 \neq 4$, $a_5 \neq 5$를 모두 만족시키는 경우의 수를 구하시오.

16-9　a, b, c, d, e를 모두 사용하여 만든 다섯 자리 문자열 중에서 다음 세 조건을 만족시키는 문자열의 개수를 구하시오.

(가) 첫째 자리에는 b가 올 수 없다.

(나) 셋째 자리에는 a도 올 수 없고 b도 올 수 없다.

(다) 다섯째 자리에는 b도 올 수 없고 c도 올 수 없다.

16-10　A, B, C, D의 네 학교에서 각각 2명의 테니스 선수가 나와 오른쪽 그림과 같이 X, Y 두 조로 나누어 토너먼트로 시합을 한다. 같은 학교에서 나온 선수는 같은 조가 될 수 없도록 할 때, 만들어질 수 있는 대진표는 몇 가지인가?

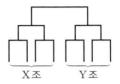

16-11　오른쪽 그림과 같은 길이 있다. A에서 출발하여 B에 도달하는 경우의 수를 다음 각각에 대하여 구하시오.

(1) 오른쪽과 위로만 간다.

(2) 오른쪽, 위, 오른쪽 위(사선 방향)로만 간다.

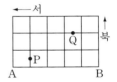

16-12　오른쪽 그림과 같은 길을 따라 A에서 B까지 가는 방법 중 다음을 만족시키는 경우의 수를 구하시오.

(1) 먼 거리로 가도 되지만 서쪽으로 가서는 안 되고, 한 번 지나온 길을 다시 지나갈 수는 없다.

(2) (1)의 조건을 만족시키고, P와 Q를 지나지 않는다.

16-13　정$6n$각형의 서로 다른 세 꼭짓점을 연결하여 삼각형을 만든다. 이때, 다음 삼각형의 개수를 구하시오. 단, n은 자연수이다.

(1) 정삼각형　　　　　(2) 직각삼각형　　　　　(3) 이등변삼각형

16-14　오른쪽 그림과 같이 직사각형을 6개의 삼각형으로 나눈 다음, 빨강, 파랑, 노랑의 세 가지 색을 사용하여 다음 세 조건을 만족시키도록 칠하는 경우의 수를 구하시오.

(가) 각각의 삼각형을 빨강, 파랑, 노랑 중 한 가지 색만으로 칠한다.

(나) 한 변을 공유하는 두 삼각형을 서로 다른 색으로 칠한다.

(다) 빨강, 파랑, 노랑 중에서 사용하지 않는 색은 없다.

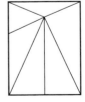

17. 순열과 조합

§1. 순 열

기 본 정 석

1 순열의 수와 $_n\mathrm{P}_r$

서로 다른 n개에서 $r(n \geq r)$개를 택하여 일렬로 나열하는 것을 서로 다른 n개에서 r개를 택하는 순열이라 하고, 이 순열의 수를 기호로 $_n\mathrm{P}_r$과 같이 나타내며, 다음과 같이 계산한다.

$$\underbrace{_n\mathrm{P}_r = n(n-1)(n-2) \times \cdots \times (n-r+1)}_{r개}$$

2 $_n\mathrm{P}_r$의 변형식과 기호의 정의

(1) $_n\mathrm{P}_n = n!$

(2) $_n\mathrm{P}_r = \dfrac{n!}{(n-r)!}$ $(0 \leq r \leq n)$

(3) $0! = 1$

(4) $_n\mathrm{P}_0 = 1$

* *Note* $_n\mathrm{P}_r$에서 P는 Permutation(순열)의 첫 글자이다.

Advice 1° 순열의 수와 $_n\mathrm{P}_r$

이를테면 1, 2, 3, 4를 사용하여 만들 수 있는 세 자리 자연수(각 자리의 숫자가 모두 다른 것)는 몇 개인가를 알아보자.

사전식 나열법

을 이용하여 수형도를 만들면

$$1 \begin{cases} 2 \begin{cases} 3 & (123) \\ 4 & (124) \end{cases} \\ 3 \begin{cases} 2 & (132) \\ 4 & (134) \end{cases} \\ 4 \begin{cases} 2 & (142) \\ 3 & (143) \end{cases} \end{cases} \quad 2 \begin{cases} 1 \begin{cases} 3 & (213) \\ 4 & (214) \end{cases} \\ 3 \begin{cases} 1 & (231) \\ 4 & (234) \end{cases} \\ 4 \begin{cases} 1 & (241) \\ 3 & (243) \end{cases} \end{cases} \quad 3 \begin{cases} 1 \begin{cases} 2 & (312) \\ 4 & (314) \end{cases} \\ 2 \begin{cases} 1 & (321) \\ 4 & (324) \end{cases} \\ 4 \begin{cases} 1 & (341) \\ 2 & (342) \end{cases} \end{cases} \quad 4 \begin{cases} 1 \begin{cases} 2 & (412) \\ 3 & (413) \end{cases} \\ 2 \begin{cases} 1 & (421) \\ 3 & (423) \end{cases} \\ 3 \begin{cases} 1 & (431) \\ 2 & (432) \end{cases} \end{cases}$$

이고, 이들 세 자리 자연수는 24개임을 알 수 있다.

여기에서 백의 자리, 십의 자리, 일의 자리에 올 수 있는 숫자의 개수를 살펴보면 다음을 알 수 있다.

(ⅰ) 백의 자리에는 1, 2, 3, 4의 어느 숫자라도 올 수 있으므로 4개

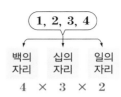

(ⅱ) 십의 자리에는 백의 자리에 쓴 숫자를 제외한 나머지 3개의 숫자 중 어느 숫자라도 올 수 있으므로 3개

(ⅲ) 일의 자리에는 백, 십의 자리에 쓴 숫자를 제외한 나머지 2개의 숫자 중 어느 숫자라도 올 수 있으므로 2개

따라서 세 자리 자연수의 개수는 곱의 법칙에 의하여

$$4 \times 3 \times 2 = 24$$

이다.

이와 같은 나열의 개수를 바꾸어 말하면 '1, 2, 3, 4의 4개의 숫자에서 3개의 숫자를 택하여 이것을 일렬로 나열하는 경우의 수'와 같고, 이것을 수학에서는

서로 다른 4개에서 3개를 택하는 순열의 수

라고 하며, $_4\mathrm{P}_3$이라는 기호로 나타낸다. 곧,

$$_4\mathrm{P}_3 = 4 \times 3 \times 2 = 24$$

여기에서 $_4\mathrm{P}_3$은 4부터 시작하여 하나씩 작은 수를 3개 곱한 것이다.

보기 1 다음을 계산하시오.

(1) $_4\mathrm{P}_2$ (2) $_5\mathrm{P}_4$ (3) $_6\mathrm{P}_3$

연구 (1) $_4\mathrm{P}_2 = 4 \times 3 = \mathbf{12}$ ⇦ 서로 다른 4개에서 2개를 택하는 순열의 수

(2) $_5\mathrm{P}_4 = 5 \times 4 \times 3 \times 2 = \mathbf{120}$ ⇦ 서로 다른 5개에서 4개를 택하는 순열의 수

(3) $_6\mathrm{P}_3 = 6 \times 5 \times 4 = \mathbf{120}$ ⇦ 서로 다른 6개에서 3개를 택하는 순열의 수

* *Note* $_5\mathrm{P}_4 = 120$, $_6\mathrm{P}_3 = 120$에서 알 수 있듯이 일반적으로 $_N\mathrm{P}_R = _n\mathrm{P}_r$이라고 해서 반드시 $N = n$, $R = r$인 것은 아니다.

보기 2 1, 2, 3, 4, 5, 6을 사용하여 만들 수 있는 네 자리 자연수(각 자리의 숫자가 모두 다른 것)의 개수를 구하시오.

연구 서로 다른 6개에서 4개를 택하는 순열의 수이므로

$$_6\mathrm{P}_4 = 6 \times 5 \times 4 \times 3 = \mathbf{360}$$

보기 3 학생이 25명인 학급에서 회장, 부회장, 봉사부장을 각각 한 사람씩 선출하는 경우의 수를 구하시오.

연구 서로 다른 25개에서 3개를 택하는 순열의 수이므로

$$_{25}\mathrm{P}_3 = 25 \times 24 \times 23 = \mathbf{13800}$$

$\mathscr{Advice}$ 2° $_n\mathrm{P}_r$의 변형식과 $n!$, $0!$, $_n\mathrm{P}_0$의 정의

(ⅰ) 서로 다른 n개에서 n개 모두를 택하는 순열의 수는

$$_n\mathrm{P}_n = n(n-1)(n-2) \times \cdots \times 3 \times 2 \times 1$$

이고, 이것은 1부터 n까지의 자연수를 모두 곱한 것이다.

이것을 간단히 $n!$로 나타내고, n 팩토리얼(factorial) 또는 n의 계승이라고 읽는다.

> **정의** $n! = n(n-1)(n-2) \times \cdots \times 3 \times 2 \times 1$

(ⅱ) $_n\mathrm{P}_r$을 변형하면 $0 < r < n$일 때

$$\begin{aligned}
_n\mathrm{P}_r &= n(n-1)(n-2) \times \cdots \times (n-r+1) \\
&= \frac{n(n-1)(n-2) \times \cdots \times (n-r+1) \times (n-r)(n-r-1) \times \cdots \times 2 \times 1}{(n-r)(n-r-1) \times \cdots \times 2 \times 1} \\
&= \frac{n!}{(n-r)!}
\end{aligned}$$

이다. 곧,

> **정석** $_n\mathrm{P}_r = \dfrac{n!}{(n-r)!}$

이 식에 $r=n$, $r=0$을 각각 대입하면

$$_n\mathrm{P}_n = \frac{n!}{(n-n)!} = \frac{n!}{0!}, \quad _n\mathrm{P}_0 = \frac{n!}{(n-0)!} = \frac{n!}{n!}$$

따라서 $0! = 1$, $_n\mathrm{P}_0 = 1$로 정의하면 위의 **정석**은 $r=n$, $r=0$일 때에도 성립한다.

> **정의** $0! = 1$, $\quad _n\mathrm{P}_0 = 1$

보기 4 다음을 간단히 하시오.

(1) $3!$ (2) $5!$ (3) $\dfrac{n!}{n^2-n}$ (4) $\dfrac{_n\mathrm{P}_2}{n!}$

연구 (1) $3! = 3 \times 2 \times 1 = \mathbf{6}$ (2) $5! = 5 \times 4 \times 3 \times 2 \times 1 = \mathbf{120}$

(3) $\dfrac{n!}{n^2-n} = \dfrac{n!}{n(n-1)} = \mathbf{(n-2)!}$ (4) $\dfrac{_n\mathrm{P}_2}{n!} = \dfrac{n!}{(n-2)!} \times \dfrac{1}{n!} = \dfrac{\mathbf{1}}{\mathbf{(n-2)!}}$

보기 5 다섯 사람을 일렬로 나열하는 경우의 수를 구하시오.

연구 다섯 사람을 일렬로 나열하는 경우의 수

    $\iff$ 서로 다른 5개에서 5개를 택하여 일렬로 나열하는 경우의 수

    $\iff$ 서로 다른 5개에서 5개를 택하는 순열의 수

    $\iff$ $_5\mathrm{P}_5$

    $\iff$ $5! = 5 \times 4 \times 3 \times 2 \times 1 = \mathbf{120}$

필수 예제 **17**-1 다음 물음에 답하시오.

(1) 다음 식을 만족시키는 자연수 n의 값을 구하시오.
$$5({}_n\mathrm{P}_3 + {}_{n+1}\mathrm{P}_4) = 12{}_{n+1}\mathrm{P}_3$$

(2) n, r이 자연수이고 $1 \le r < n$일 때, 다음 등식이 성립함을 보이시오.
$${}_n\mathrm{P}_r = {}_{n-1}\mathrm{P}_r + r \times {}_{n-1}\mathrm{P}_{r-1}$$

[정석연구] (1) ${}_n\mathrm{P}_r$의 계산은

$\boxed{\text{정 의}}$ ${}_n\mathrm{P}_r = n(n-1)(n-2) \times \cdots \times (n-r+1)$

을 이용한다. 이때, $n \ge r$에 주의한다.

(2) ${}_n\mathrm{P}_r$의 변형식인

$\boxed{\text{정 석}}$ ${}_n\mathrm{P}_r = \dfrac{n!}{(n-r)!}$ $(0 \le r \le n)$

을 이용한다.

[모범답안] (1) 주어진 식의 좌변, 우변을 각각 풀어 쓰면
$$5\{n(n-1)(n-2) + (n+1)n(n-1)(n-2)\} = 12(n+1)n(n-1)$$
그런데 $n \ge 3$에서 $n(n-1) \ne 0$이므로 양변을 $n(n-1)$로 나누면
$$5\{(n-2) + (n+1)(n-2)\} = 12(n+1)$$
$$\therefore 5n^2 - 12n - 32 = 0 \quad \therefore (5n+8)(n-4) = 0$$
$n \ge 3$이므로 $5n+8 \ne 0$ $\therefore$ $\boldsymbol{n=4}$ ← $\boxed{\text{답}}$

(2) (우변) $= \dfrac{(n-1)!}{(n-1-r)!} + r \times \dfrac{(n-1)!}{\{(n-1)-(r-1)\}!}$

$= \dfrac{(n-1)!}{(n-r-1)!} + r \times \dfrac{(n-1)!}{(n-r)!} = \dfrac{(n-1)!}{(n-r-1)!} \times \left(1 + \dfrac{r}{n-r}\right)$

$= \dfrac{(n-1)!}{(n-r-1)!} \times \dfrac{n}{n-r} = \dfrac{n!}{(n-r)!} = {}_n\mathrm{P}_r =$ (좌변)

[유제] **17**-1. 다음 식을 만족시키는 자연수 n 또는 r의 값을 구하시오.

(1) ${}_n\mathrm{P}_2 = 72$ (2) ${}_5\mathrm{P}_r \times 4! = 1440$ (3) ${}_n\mathrm{P}_2 + 4{}_n\mathrm{P}_1 = 54$

(4) ${}_n\mathrm{P}_6 = 20{}_n\mathrm{P}_4$ (5) ${}_{3n}\mathrm{P}_5 = 98{}_{3n}\mathrm{P}_4$

$\boxed{\text{답}}$ (1) $\boldsymbol{n=9}$ (2) $\boldsymbol{r=3}$ (3) $\boldsymbol{n=6}$ (4) $\boldsymbol{n=9}$ (5) $\boldsymbol{n=34}$

[유제] **17**-2. 다음 등식이 성립함을 보이시오.

(1) ${}_n\mathrm{P}_r = n \times {}_{n-1}\mathrm{P}_{r-1}$ (n, r은 $1 \le r \le n$인 자연수)

(2) ${}_n\mathrm{P}_{r+1} + (r+1){}_n\mathrm{P}_r = {}_{n+1}\mathrm{P}_{r+1}$ (n, r은 $0 \le r < n$인 정수)

(3) ${}_n\mathrm{P}_l \times {}_{n-l}\mathrm{P}_{r-l} = {}_n\mathrm{P}_r$ (l, n, r은 $0 \le l \le r \le n$인 정수)

필수 예제 **17**-2   다음 물음에 답하시오.

(1) 30개의 역이 있는 철도 노선이 있다. 출발역과 도착역을 표시한 차표의 종류는 몇 가지인가?

단, 왕복표와 일반실, 특실의 구별은 없다.

(2) 서로 다른 지역에 사는 다섯 명의 친구 집을 한 번씩 모두 방문하는 경우는 몇 가지인가?

[정석연구] (1) 30개의 역을 각각 $A_1, A_2, \cdots, A_{30}$이라고 할 때, 이 중에서 2개를 택하는 순열의 수와 같다.

(2) 거꾸로 다섯 명의 친구가 자기 집에 방문하는 순서의 수와 같다. 그리고 이것은 다섯 명의 친구를 일렬로 나열하는 경우의 수와 같다.

정석 경우의 수 문제 $\Longrightarrow$ 때로는 주객을 바꾸어 본다.

[모범답안] (1) 30개의 역에서 출발역과 도착역을 정하는 경우의 수는 30개에서 2개를 택하는 순열의 수와 같으므로

$$_{30}P_2 = 30 \times 29 = 870\,(가지) \longleftarrow \boxed{답}$$

(2) 다섯 명의 친구를 일렬로 나열하는 경우의 수와 같으므로

$$_5P_5 = 5! = 5 \times 4 \times 3 \times 2 \times 1 = 120\,(가지) \longleftarrow \boxed{답}$$

[유제] **17**-3. A, B, C, D, E의 다섯 사람 중에서 위원장, 부위원장, 총무를 한 사람씩 뽑으려고 한다.

(1) 몇 가지 경우가 있는가?

(2) 위원장으로 A가 뽑히는 경우는 몇 가지인가?

(3) 위원장으로 A가 뽑히고 총무로 C가 뽑히는 경우는 몇 가지인가?

$\boxed{답}$ (1) **60가지**   (2) **12가지**   (3) **3가지**

[유제] **17**-4. 야구 선수 9명의 타순을 정하려고 한다.

(1) 몇 가지 경우가 있는가?

(2) 3루수를 3번 타자로 정하는 경우는 몇 가지인가?

$\boxed{답}$ (1) **362880가지**   (2) **40320가지**

[유제] **17**-5. 10명의 학생이 있다.

(1) 이 10명을 일렬로 세우는 경우의 수를 구하시오.

(2) 이 10명 중에서 3명을 뽑아 일렬로 세우는 경우의 수를 구하시오.

(3) 이 10명 중에서 n명을 뽑아 일렬로 세우는 경우의 수가 90일 때, n의 값을 구하시오.

$\boxed{답}$ (1) **3628800**   (2) **720**   (3) $n=2$

필수 예제 17-3　다섯 개의 숫자 0, 1, 2, 3, 4로 만들 수 있는 자연수 중에서 다음과 같은 수의 개수를 구하시오.

　　　단, 같은 숫자는 두 번 이상 사용하지 않기로 한다.

　(1) 다섯 자리 수　　　　　　　　　(2) 네 자리 수 중 짝수

　(3) 네 자리 수 중 3의 배수

정석연구 (1) 0, 1, 2, 3, 4에서 5개를 택하는 순열 중에서, 이를테면 01234, 02134, …와 같이 맨 앞자리의 숫자가 0인 것은 다섯 자리 수가 아니다.

　　　정석 자연수를 만드는 문제 ⟹ 맨 앞자리의 0에 주의한다.

　(2) 역시 맨 앞자리의 숫자가 0인 것은 제외하고 ×××0, ×××2, ×××4인 경우의 순열의 수를 생각한다.

　(3) 각 자리의 숫자의 합이 3의 배수이면 이 수는 3의 배수임을 이용한다.

모범답안 (1) 만의 자리에는 0이 올 수 없으므로 만의 자리에 올 수 있는 숫자는 1, 2, 3, 4의 4개이다.

　　　이 각각에 대하여 천, 백, 십, 일의 자리에는 만의 자리에 온 숫자를 제외한 나머지 4개의 숫자가 올 수 있으므로 $_4P_4=4!$(개)이다.

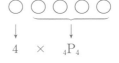

　　　따라서 구하는 개수는　$4 \times 4! = 4 \times 24 = 96$ ⟵ 답

　(2) 일의 자리에 0, 2, 4가 오면 짝수이다.

　　　따라서 구하는 개수는

$$_4P_3 + 3 \times {}_3P_2 \times 2 = 24 + 3 \times 6 \times 2$$
$$= 60 \; ⟵ \; 답$$

$$×××0 \longrightarrow {}_4P_3$$
$$×××2 \longrightarrow 3 \times {}_3P_2$$
$$×××4 \longrightarrow 3 \times {}_3P_2$$

　(3) 각 자리의 숫자의 합이 3의 배수이면 이 수는 3의 배수이므로

　　　(0, 1, 2, 3), (0, 2, 3, 4)로 만들 수 있는 네 자리 수의 개수와 같다.

　　　따라서 구하는 개수는　$3 \times 3! + 3 \times 3! = 3 \times 6 + 3 \times 6 = 36$ ⟵ 답

Advice │ 0을 포함한 순열의 수에서 맨 앞자리에 0이 오는 순열의 수를 빼면 되므로 다음과 같이 구해도 된다.

　(1) $5! - 4!$　　　(2) $_4P_3 + 2 \times ({}_4P_3 - {}_3P_2)$　　　(3) $2 \times (4! - 3!)$

유제 **17**-6. 일곱 개의 숫자 0, 1, 2, 3, 4, 5, 6에서 서로 다른 숫자를 네 개 뽑아 네 자리 자연수를 만들 때, 다음 물음에 답하시오.

　(1) 네 자리 자연수는 몇 개인가?

　(2) 짝수는 몇 개인가?　　　　　　　　　　　　답 (1) **720**개　(2) **420**개

필수 예제 **17**-4 서로 다른 5개의 문자 a, b, c, d, e를 모두 사용하여 만들 수 있는 120개의 순열을 사전식으로 $abcde$부터 시작하여 $edcba$까지 나열할 때, 다음 물음에 답하시오.

(1) 순열 $bdcea$는 몇 번째에 오는가?

(2) 60번째에 오는 순열은 무엇인가?

[정석연구] (1) $bdcea$보다 앞에 오는 것은

$$ⓐ○○○○, \quad ⓑⓐ○○○, \quad ⓑⓒ○○○, \quad \cdots$$

의 꼴이다. 각각의 개수를 구한 다음 더하면 된다.

(2) $ⓐ○○○○, ⓑ○○○○, ⓒ○○○○$의 꼴이 각각 $4!(=24)$개씩 있으므로 60번째는 $ⓒ○○○○$의 꼴이다. $\Leftarrow 2 \times 24 < 60 < 3 \times 24$

같은 방법으로 $ⓒ$ 다음에 오는 문자를 차례로 구하면 된다.

정석 사전식 나열법을 익혀 두자.

[모범답안] (1) $bdcea$보다 앞에 오는 경우는

$\left.\begin{array}{l}ⓐ○○○○의\ 경우 : 4! = 24(개) \\ ⓑⓐ○○○의\ 경우 : 3! = 6(개) \\ ⓑⓒ○○○의\ 경우 : 3! = 6(개) \\ ⓑⓓⓐ○○의\ 경우 : 2! = 2(개) \\ ⓑⓓⓒⓐⓔ의\ 경우 : 1개\end{array}\right\}$ 39개

$bdcae$ 다음에 $bdcea$가 오므로 40번째이다. [답] **40번째**

(2) 60번째가 나올 때까지 $ⓐ○○○○$의 꼴부터 순열의 수를 조사한다.

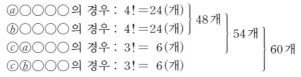

$\left.\begin{array}{l}ⓐ○○○○의\ 경우 : 4! = 24(개) \\ ⓑ○○○○의\ 경우 : 4! = 24(개)\end{array}\right\}48개\left.\right\}\left.\begin{array}{l}\\\\54개\end{array}\right\}60개$

$\left.\begin{array}{l}ⓒⓐ○○○의\ 경우 : 3! = 6(개) \\ ⓒⓑ○○○의\ 경우 : 3! = 6(개)\end{array}\right.$

따라서 $ⓒⓑ○○○$의 꼴 중에서 마지막 순열이다. [답] $\boldsymbol{cbeda}$

[유제] **17**-7. 5개의 숫자 1, 2, 3, 4, 5를 모두 나열하여 만들 수 있는 다섯 자리 자연수에 대하여 다음 물음에 답하시오.

(1) 32000보다 큰 것은 몇 개인가?

(2) 32000보다 작은 5의 배수는 몇 개인가? [답] (1) **66개** (2) **14개**

[유제] **17**-8. 6개의 숫자 0, 1, 2, 3, 4, 5를 모두 사용하여 만들 수 있는 여섯 자리 자연수를 작은 순서로 나열할 때, 122번째 수를 구하시오. [답] **201354**

필수 예제 **17**-5   여학생 3명, 남학생 4명이 일렬로 설 때,

(1) 여학생끼리 이웃하여 서는 경우의 수를 구하시오.

(2) 여학생끼리는 서로 이웃하지 않게 서는 경우의 수를 구하시오.

[정석연구] 이를테면 A, B, C, D의 네 사람이 일렬로 설 때, A, B가 서로 이웃하여 서는 경우를 나열하면

$$(AB)CD, \quad C(AB)D, \quad CD(AB), \quad (AB)DC, \quad \cdots,$$
$$(BA)CD, \quad C(BA)D, \quad CD(BA), \quad (BA)DC, \quad \cdots$$

이다.

따라서 이와 같은 경우의 수는 다음과 같은 방법으로 구한다.

(i) (AB)와 C, D의 세 사람이 일렬로 서는 경우를 생각하고,

(ii) (AB)의 A, B가 AB, BA인 경우를 생각하면 된다.

> **정석** A, B가 서로 이웃하여 선다고 하면
>
> (i) A, B를 묶어 하나로 생각하고,
>
> (ii) A, B끼리 바꾸어 서는 경우를 생각한다.

[모범답안] (1) 여학생 3명을 묶어 한 사람으로 보면 모두 5명이므로 이 5명이 일렬로 서는 경우는 5!가지이고, 이 각각에 대하여 묶음 속의 여학생 3명이 일렬로 서는 경우는 3!가지이다.

따라서 구하는 경우의 수는 $5! \times 3! = 120 \times 6 = \textbf{720}$ ← [답]

(2) 남학생 4명이 일렬로 서는 경우는 4!가지이고, 이 각각에 대하여 양 끝과 남학생 사이의 5개의 자리 중에서 3개의 자리에 여학생 3명이 서는 경우는 $_5P_3$가지이다.

따라서 구하는 경우의 수는

$$4! \times {}_5P_3 = 24 \times 60 = \textbf{1440} \leftarrow \boxed{답}$$

[유제] **17**-9. 서로 다른 국어책 4권, 서로 다른 수학책 3권, 서로 다른 영어책 2권을 일렬로 나열할 때, 다음을 구하시오.

(1) 수학책끼리 이웃하는 경우의 수

(2) 국어책은 국어책끼리, 수학책은 수학책끼리 이웃하는 경우의 수

(3) 수학책끼리는 서로 이웃하지 않는 경우의 수

[답] (1) **30240**   (2) **3456**   (3) **151200**

필수 예제 **17**-6   triangle의 문자를 모두 사용하여 만든 순열에 대하여
다음 물음에 답하시오.
(1) t와 a 사이에 두 개의 문자가 들어 있는 경우의 수를 구하시오.
(2) 적어도 한쪽 끝에 자음이 오는 경우의 수를 구하시오.

정석연구 (1) t와 a 사이에 두 개의 문자를 넣어 ⓣ○○ⓐ를 묶어 하나로 생각
한다.
(2) 양 끝에 자음 또는 모음이 오는 것은 다음 네 경우가 있다.

따라서 적어도 한쪽 끝에 자음이 오는 경우의 수는
(전체 순열의 수)−(양 끝에 모음이 오는 순열의 수)
를 계산하는 것이 능률적이다.

정석 「적어도 …」 ⟹ 일단 모두 성립하지 않는 경우를 생각한다.

모범답안 (1) (i) t와 a 사이에 두 개의 문자가
들어가는 순열의 수는 $_6P_2$
○ ⓣ ○ ○ ⓐ ○ ○ ○
(ii) t와 a를 서로 바꾸는 순열의 수는   2!
(iii) ⓣ○○ⓐ를 한 묶음으로 보면 전체 순열의 수는   5!
따라서 구하는 경우의 수는
$_6P_2 \times 2! \times 5! = 30 \times 2 \times 120 = \mathbf{7200}$ ⟵ 답
(2) 전체 순열의 수는 8!이고, 양 끝에 모두 모음이 오는 순열의 수는 모음 i,
a, e 중에서 두 개를 택하여 양 끝에 나열한 후 나머지 6개를 나열하는 경우
의 수이므로 $_3P_2 \times 6!$이다.
따라서 구하는 경우의 수는
$8! - {_3P_2} \times 6! = 6! \times (8 \times 7 - {_3P_2}) = 720 \times (56 - 6) = \mathbf{36000}$ ⟵ 답

유제 **17**-10. equations의 문자를 모두 사용하여 만든 순열 중에서
(1) q와 t 사이에 3개의 문자가 들어 있는 것은 몇 가지인가?
(2) 한쪽 끝에 자음이 오고 다른 쪽 끝에는 모음이 오는 것은 몇 가지인가?
(3) 적어도 한쪽 끝에 자음이 오는 것은 몇 가지인가?
답 (1) **50400**가지   (2) **201600**가지   (3) **262080**가지

§2. 조   합

1 조합의 수와 $_nC_r$

서로 다른 n개에서 순서를 생각하지 않고 $r(n \geq r)$개를 택하는 것을 서로 다른 n개에서 r개를 택하는 조합이라 하고, 이 조합의 수를 기호로 $_nC_r$과 같이 나타낸다.

2 $_nC_r$을 계산하는 방법과 기호의 정의

(1) $_nC_r = \dfrac{_nP_r}{r!} = \dfrac{n!}{r!(n-r)!}$ $(0 \leq r \leq n)$

(2) $_nC_r = {}_nC_{n-r}$ $(0 \leq r \leq n)$　　　　(3) $_nC_0 = 1$

Note $_nC_r$에서 C는 Combination(조합)의 첫 글자이다.

Advice 1° 순열과 조합의 차이점

이를테면 A, B, C의 3명 중에서

　　　반장, 부반장을 각각 **1명**씩 뽑을 때,　　대표 **2명**을 뽑을 때

의 경우의 수는 어떻게 다른지 알아보자.

(i) 반장, 부반장을 각각 1명씩 뽑을 때

이를테면 A, B의 2명을 뽑는다면

　　① A ⟶ 반장, B ⟶ 부반장

　　② B ⟶ 반장, A ⟶ 부반장

일 때는 서로 다른 경우이다.

따라서 오른쪽과 같이 여섯 가지 경우가 있다.

	반장	부반장
①	A	B
②	B	A
③	B	C
④	C	B
⑤	C	A
⑥	A	C

(ii) 대표 2명을 뽑을 때

이때에는 ①, ②의 경우는 구별되지 않고 같은 경우이다. 곧, 대표 2명이 A, B이든 B, A이든 순서에는 관계없다. ③과 ④의 경우, ⑤와 ⑥의 경우 역시 같은 경우이다.

따라서 세 가지 경우가 있다.

위의 (i)의 경우는 3명 중에서 2명을 뽑아서 그것을 나열하는 순서까지 생각한 것으로 경우의 수는 $_3P_2$이다.

그러나 (ii)의 경우는 3명 중에서 순서를 생각하지 않고 2명을 뽑는 경우만을 생각한 것이므로 (i)의 경우와는 다르다.

이와 같이 순서를 생각하지 않고 뽑는 것을 3명 중에서 2명을 택하는 조합이라 하고, 이 조합의 수를 기호로 $_3\mathrm{C}_2$와 같이 나타낸다.

Advice 2° $_n\mathrm{C}_r$을 계산하는 방법

이제 $_3\mathrm{P}_2$와 $_3\mathrm{C}_2$의 관계를 알아보자.

3명 중에서 대표 2명을 뽑는 조합의 수 $_3\mathrm{C}_2$에 2!(뽑은 2명에서 반장, 부반장의 순서를 생각하는 경우의 수)을 곱한 $_3\mathrm{C}_2 \times 2!$은 3명 중에서 반장, 부반장 각각 1명씩 2명을 뽑는 순열의 수인 $_3\mathrm{P}_2$와 같으므로

$$_3\mathrm{C}_2 \times 2! = {}_3\mathrm{P}_2 \quad \text{곧,} \quad _3\mathrm{C}_2 = \frac{_3\mathrm{P}_2}{2!}$$

일반적으로 조합의 수 $_n\mathrm{C}_r$과 순열의 수 $_n\mathrm{P}_r$ 사이에는 다음이 성립한다.

$$_n\mathrm{C}_r \times r! = {}_n\mathrm{P}_r \quad \text{곧,} \quad _n\mathrm{C}_r = \frac{_n\mathrm{P}_r}{r!} \qquad \cdots\cdots ①$$

한편 $_n\mathrm{P}_r = \dfrac{n!}{(n-r)!}$이므로 $_n\mathrm{C}_r = \dfrac{_n\mathrm{P}_r}{r!} = \dfrac{n!}{r!(n-r)!}$ $\qquad \cdots\cdots ②$

그리고 ②의 공식을 이용하면

$$_n\mathrm{C}_{n-r} = \frac{n!}{(n-r)!\{n-(n-r)\}!} = \frac{n!}{(n-r)!\,r!} = \frac{n!}{r!(n-r)!}$$

이므로

정석 $_n\mathrm{C}_r = {}_n\mathrm{C}_{n-r}$

이 성립한다. 이 공식은 $_{100}\mathrm{C}_{98}$, $_{10}\mathrm{C}_7$, $_6\mathrm{C}_4$와 같이 $_n\mathrm{C}_r$에서 r이 $\dfrac{n}{2}$보다 클 때 이용하면 훨씬 간편하게 계산할 수 있다.

또한 $0! = 1$, $_n\mathrm{P}_0 = 1$이므로 ①이 $r = 0$일 때에도 성립하도록 $_n\mathrm{C}_0 = 1$로 정의한다.

보기 1 한국지리 탐구, 동아시아 역사 기행, 정치, 법과 사회, 경제의 다섯 과목 중에서 두 과목을 선택하는 경우의 수를 구하시오.

연구 서로 다른 5개에서 2개를 택하는 조합의 수와 같으므로 $_5\mathrm{C}_2$이다.

$_5\mathrm{C}_2$는 다음 두 가지 방법 중 어느 한 방법으로 계산한다.

$$_5\mathrm{C}_2 = \frac{_5\mathrm{P}_2}{2!} = \frac{5 \times 4}{2 \times 1} = \mathbf{10}, \qquad _5\mathrm{C}_2 = \frac{5!}{2!(5-2)!} = \frac{5!}{2!\,3!} = \mathbf{10}$$

보기 2 $_{100}\mathrm{C}_{98}$, $_{10}\mathrm{C}_7$을 계산하시오.

연구 $_{100}\mathrm{C}_{98} = {}_{100}\mathrm{C}_{100-98} = {}_{100}\mathrm{C}_2 = \dfrac{_{100}\mathrm{P}_2}{2!} = \dfrac{100 \times 99}{2 \times 1} = \mathbf{4950}$

$\qquad _{10}\mathrm{C}_7 = {}_{10}\mathrm{C}_{10-7} = {}_{10}\mathrm{C}_3 = \dfrac{_{10}\mathrm{P}_3}{3!} = \dfrac{10 \times 9 \times 8}{3 \times 2 \times 1} = \mathbf{120}$

필수 예제 **17**-7   다음 물음에 답하시오.

(1) $12 \times {}_n\mathrm{C}_4 - 9 \times {}_n\mathrm{P}_2 = {}_n\mathrm{P}_3$을 만족시키는 자연수 n의 값을 구하시오.

(2) ${}_{15}\mathrm{C}_{2r^2+1} = {}_{15}\mathrm{C}_{r+4}$를 만족시키는 자연수 r의 값을 구하시오.

(3) ${}_{n+1}\mathrm{C}_{n-2} + {}_{n+1}\mathrm{C}_{n-1} = 35$를 만족시키는 자연수 n의 값을 구하시오.

[정석연구] 다음을 이용한다.

> **정석** ${}_n\mathrm{P}_r = n(n-1)(n-2) \times \cdots \times (n-r+1)$
>
> ${}_n\mathrm{C}_r = \dfrac{{}_n\mathrm{P}_r}{r!} = \dfrac{n!}{r!(n-r)!} \quad (0 \le r \le n)$
>
> ${}_n\mathrm{C}_r = {}_n\mathrm{C}_{n-r}$

[모범답안] (1) $12 \times \dfrac{n(n-1)(n-2)(n-3)}{4 \times 3 \times 2 \times 1} - 9n(n-1) = n(n-1)(n-2)$

$n \ge 4$에서 $n(n-1) \ne 0$이므로 양변을 $n(n-1)$로 나누고 정리하면

$$n^2 - 7n - 8 = 0 \quad \therefore \ (n-8)(n+1) = 0$$

그런데 n은 $n \ge 4$인 자연수이므로 $\boldsymbol{n=8}$ ← [답]

(2) $2r^2 + 1 = r + 4$일 때 $2r^2 - r - 3 = 0$ $\therefore \ (2r-3)(r+1) = 0$

$2r^2 + 1 = 15 - (r+4)$일 때 $2r^2 + r - 10 = 0$ $\therefore \ (2r+5)(r-2) = 0$

그런데 r은 $0 \le 2r^2 + 1 \le 15$, $0 \le r + 4 \le 15$를 만족시키는 자연수이므로

$$\boldsymbol{r=2} \ \leftarrow \ \boxed{\text{답}}$$

(3) ${}_{n+1}\mathrm{C}_{n-2} = {}_{n+1}\mathrm{C}_{(n+1)-(n-2)} = {}_{n+1}\mathrm{C}_3$, ${}_{n+1}\mathrm{C}_{n-1} = {}_{n+1}\mathrm{C}_{(n+1)-(n-1)} = {}_{n+1}\mathrm{C}_2$

이므로 주어진 식은 ${}_{n+1}\mathrm{C}_3 + {}_{n+1}\mathrm{C}_2 = 35$

$$\therefore \ \frac{(n+1)n(n-1)}{3 \times 2 \times 1} + \frac{(n+1)n}{2 \times 1} = 35 \qquad \cdots\cdots①$$

$$\therefore \ n^3 + 3n^2 + 2n - 210 = 0 \quad \therefore \ (n-5)(n^2 + 8n + 42) = 0$$

그런데 n은 $n \ge 2$인 자연수이므로 $\boldsymbol{n=5}$ ← [답]

  Note ①에서 $n(n+1)(n+2) = 5 \times 6 \times 7$이고, n은 자연수이므로 $\boldsymbol{n=5}$

[유제] **17**-11. 다음 물음에 답하시오.

(1) ${}_n\mathrm{P}_4 = 1680$일 때, ${}_n\mathrm{C}_4$의 값을 구하시오.

(2) ${}_n\mathrm{C}_5 = 56$일 때, ${}_n\mathrm{P}_5$의 값을 구하시오.   [답] (1) **70**   (2) **6720**

[유제] **17**-12. 다음 등식을 만족시키는 자연수 n의 값을 구하시오.

(1) ${}_{n+2}\mathrm{C}_n = 21$ (2) ${}_8\mathrm{C}_{n-2} = {}_8\mathrm{C}_{2n+1}$

(3) ${}_n\mathrm{P}_3 - 2 \times {}_n\mathrm{C}_2 = {}_n\mathrm{P}_2$ (4) ${}_n\mathrm{C}_2 + {}_n\mathrm{C}_3 = 2 \times {}_{2n}\mathrm{C}_1$

[답] (1) $\boldsymbol{n=5}$ (2) $\boldsymbol{n=3}$ (3) $\boldsymbol{n=4}$ (4) $\boldsymbol{n=5}$

필수 예제 17-8   자연수 n, r에 대하여 다음 물음에 답하시오.

  (1) $_{n-1}\mathrm{P}_r : {}_n\mathrm{P}_r = 3 : 11$, $_n\mathrm{C}_r : {}_{n+1}\mathrm{C}_r = 1 : 3$을 동시에 만족시키는 n, r의 값을 구하시오.

  (2) $1 \leq r < n$일 때, $_n\mathrm{C}_r = {}_{n-1}\mathrm{C}_{r-1} + {}_{n-1}\mathrm{C}_r$이 성립함을 보이시오.

[정석연구] 다음을 이용한다.

> **정석** $0 \leq r \leq n$일 때 $_n\mathrm{P}_r = \dfrac{n!}{(n-r)!}$, $_n\mathrm{C}_r = \dfrac{n!}{r!(n-r)!}$

[모범답안] (1) $\dfrac{{}_{n-1}\mathrm{P}_r}{{}_n\mathrm{P}_r} = \dfrac{(n-1)!}{(n-1-r)!} \times \dfrac{(n-r)!}{n!} = \dfrac{n-r}{n} = \dfrac{3}{11}$,

$\qquad \dfrac{{}_n\mathrm{C}_r}{{}_{n+1}\mathrm{C}_r} = \dfrac{n!}{r!(n-r)!} \times \dfrac{r!(n+1-r)!}{(n+1)!} = \dfrac{n-r+1}{n+1} = \dfrac{1}{3}$

각각 정리하면 $8n - 11r = 0$, $2n - 3r + 2 = 0$

연립하여 풀면 $\boldsymbol{n = 11, \ r = 8}$ ← [답]

(2) (우변) $= \dfrac{(n-1)!}{(r-1)!\{(n-1)-(r-1)\}!} + \dfrac{(n-1)!}{r!\{(n-1)-r\}!}$

$\qquad = \dfrac{(n-1)!}{(r-1)!(n-r)!} + \dfrac{(n-1)!}{r!(n-r-1)!}$

$\qquad = \dfrac{(n-1)!}{(r-1)!(n-r-1)!} \times \left(\dfrac{1}{n-r} + \dfrac{1}{r} \right)$

$\qquad = \dfrac{(n-1)!}{(r-1)!(n-r-1)!} \times \dfrac{n}{r(n-r)} = \dfrac{n!}{r!(n-r)!} = {}_n\mathrm{C}_r = $ (좌변)

Advice | 조합의 수 $_n\mathrm{C}_r$은 $1, 2, 3, \cdots, n-1, n$에서 r개를 택하는 경우의 수와 같으므로 조합의 뜻과 연결 지어 (2)가 성립함을 다음과 같이 보일 수 있다.

(i) r개 중에 n이 포함되는 경우 : n을 제외한 나머지 $(n-1)$개의 수 $1, 2, 3, \cdots, n-1$에서 $(r-1)$개를 택하는 경우이므로 $_{n-1}\mathrm{C}_{r-1}$

(ii) r개 중에 n이 포함되지 않는 경우 : n을 제외한 나머지 $(n-1)$개의 수 $1, 2, 3, \cdots, n-1$에서 r개를 택하는 경우이므로 $_{n-1}\mathrm{C}_r$

  (i), (ii)는 동시에 일어나지 않으므로 $_n\mathrm{C}_r = {}_{n-1}\mathrm{C}_{r-1} + {}_{n-1}\mathrm{C}_r$

*Note   **필수 예제 17**-1의 (2)도 이와 같은 방법으로 설명할 수 있다.

[유제] **17**-13. 다음 등식을 만족시키는 자연수 n, r의 값을 구하시오.

$$_n\mathrm{C}_{r-1} : {}_n\mathrm{C}_r : {}_n\mathrm{C}_{r+1} = 3 : 4 : 5 \qquad \boxed{\text{답}} \ n = 62, \ r = 27$$

[유제] **17**-14. $1 \leq r \leq n$인 자연수 n, r에 대하여 $r \times {}_n\mathrm{C}_r = n \times {}_{n-1}\mathrm{C}_{r-1}$이 성립함을 보이시오.

필수 예제 **17**-9　야구 선수 9명, 농구 선수 5명이 있다.
(1) 이 중에서 3명의 야구 선수와 2명의 농구 선수를 뽑는 경우는 몇 가지
인가?
(2) 이 중에서 5명을 뽑을 때, 야구 선수 대표인 A와 농구 선수 대표인 B
가 포함되는 경우는 몇 가지인가?
(3) 이 중에서 3명을 뽑을 때, 야구 선수와 농구 선수 중에서 각각 적어도
1명의 선수가 포함되는 경우는 몇 가지인가?

[정석연구] (3) 전체 경우의 수에서 야구 선수만 뽑는 경우의 수와 농구 선수만 뽑
는 경우의 수를 **빼면** 된다.

　　[정석] 「적어도 …」 ⟹ 일단 모두 성립하지 않는 경우를 생각한다.

[모범답안] (1) 야구 선수 9명 중 3명을 뽑는 경우는 $_9C_3$가지이고, 농구 선수 5명
중 2명을 뽑는 경우는 $_5C_2$가지이므로 구하는 경우는
$$_9C_3 \times _5C_2 = 84 \times 10 = \textbf{840}(가지) \longleftarrow \boxed{답}$$
(2) A와 B는 미리 뽑아 놓고, 나머지 12명 중 3명의 선수를 뽑는 경우를 생
각하면 되므로 구하는 경우는
$$_{12}C_3 = \textbf{220}(가지) \longleftarrow \boxed{답}$$
(3) 전체 선수 14명 중 3명을 뽑는 경우는 $_{14}C_3$가지이고, 야구 선수 9명 중 3
명을 뽑는 경우는 $_9C_3$가지이며, 농구 선수 5명 중 3명을 뽑는 경우는 $_5C_3$가
지이므로 구하는 경우는
$$_{14}C_3 - (_9C_3 + _5C_3) = 364 - (84 + 10) = \textbf{270}(가지) \longleftarrow \boxed{답}$$
$* Note$　$_9C_2 \times _5C_1 + _9C_1 \times _5C_2 = \textbf{270}(가지)$

[유제] **17**-15. 12명 중에서 5명의 위원을 뽑을 때, 다음을 구하시오.
(1) 특정한 2명이 포함되는 경우의 수
(2) 특정한 2명이 포함되지 않는 경우의 수　　　　[답] (1) **120** (2) **252**

[유제] **17**-16. 남학생 5명, 여학생 7명 중에서 4명의 대표를 뽑을 때,
(1) 적어도 여학생 1명이 포함되는 경우의 수를 구하시오.
(2) 남학생과 여학생이 적어도 1명씩 포함되는 경우의 수를 구하시오.
　　　　　　　　　　　　　　　　　　　　　　[답] (1) **490** (2) **455**

[유제] **17**-17. 남녀 합하여 20명인 모임에서 2명의 대표를 뽑을 때, 적어도 여
자 1명이 포함되는 경우의 수가 124이다. 이 모임에서 남자는 몇 명인가?
　　　　　　　　　　　　　　　　　　　　　　　　　　[답] **12명**

필수 예제 **17**-10   A, B를 포함한 8명 중에서 4명을 뽑아 일렬로 세운다.
  (1) A, B를 모두 포함하는 경우의 수를 구하시오.
  (2) A는 포함하고 B는 포함하지 않는 경우의 수를 구하시오.
  (3) A, B를 모두 포함하지 않는 경우의 수를 구하시오.
  (4) A, B를 모두 포함하고, A, B가 이웃하는 경우의 수를 구하시오.

───

[정석연구] 먼저 4명을 뽑는 경우를, 다음에 일렬로 세우는 경우를 생각한다.

정석 먼저 조합의 수를 생각한다.

[모범답안] (1) 우선 4명을 뽑는 경우는 A, B를
  미리 뽑아 놓고, 나머지 6명 중 2명을 뽑는
  경우만 생각하면 되므로 $_6C_2$가지이다.
     또, 이들 4명을 일렬로 세우는 경우는 4!
  가지이다.
     ∴ $_6C_2 \times 4! = 15 \times 24 = \mathbf{360}$ ← [답]

(2) 우선 4명을 뽑는 경우는 A를 미리 뽑아 놓
  고 B는 없는 것으로 생각하고, 나머지 6명
  중 3명을 뽑는 경우만 생각하면 되므로 $_6C_3$
  가지이다.
     또, 이들 4명을 일렬로 세우는 경우는 4!가지이다.
     ∴ $_6C_3 \times 4! = 20 \times 24 = \mathbf{480}$ ← [답]

(3) 우선 4명을 뽑는 경우는 A, B는 없는 것
  으로 생각하고, 나머지 6명 중 4명을 뽑는
  경우만 생각하면 되므로 $_6C_4$가지이다.
     또, 이들 4명을 일렬로 세우는 경우는 4!
  가지이다.
     ∴ $_6C_4 \times 4! = 15 \times 24 = \mathbf{360}$ ← [답]

(4) A, B를 포함하여 4명을 뽑는 경우는 위의 (1)과 같이 하면 $_6C_2$가지이고,
  이 각각에 대하여 A, B가 이웃하는 경우는 $(3! \times 2!)$가지이다.
     ∴ $_6C_2 \times 3! \times 2! = 15 \times 6 \times 2 = \mathbf{180}$ ← [답]

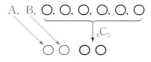

[유제] **17**-18. 9개의 숫자 1, 2, 3, 4, 5, 6, 7, 8, 9를 사용하여 만들 수 있는 다
섯 자리 자연수 중에서 각 자리의 숫자가 서로 다른 3개의 홀수와 서로 다른 2
개의 짝수로 이루어진 수의 개수를 구하시오.   [답] **7200**

필수 예제 17-11 10개의 숫자 0, 1, 2, 3, 4, 5, 6, 7, 8, 9 중에서 세 개를 뽑아 만든 세 자리 자연수의 백의 자리 숫자를 a, 십의 자리 숫자를 b, 일의 자리 숫자를 c 라고 하자. 이때, 다음 물음에 답하시오.

단, 같은 숫자를 여러 번 뽑아도 된다.

(1) 이 세 자리 자연수는 몇 개인가?

(2) $a>b>c$를 만족시키는 자연수는 몇 개인가?

(3) $a \geq b \geq c$를 만족시키는 자연수는 몇 개인가?

[정석연구] (1) 백의 자리에는 0을 제외한 9개가 올 수 있고, 같은 숫자를 여러 번 뽑을 수 있으므로 십의 자리와 일의 자리에는 각각 10개씩 올 수 있다.

(2) 이를테면 1, 2, 3의 세 숫자를 모두 사용하여 만들 수 있는 세 자리 자연수는 $_3P_3 = 3 \times 2 \times 1 = 6$(개)이지만, 이 중에서 $a>b>c$를 만족시키는 경우는 321의 한 가지뿐이다.

곧, 서로 다른 세 수를 뽑은 다음 이것을 크기순으로 나열해야 하므로 순서를 생각하지 않고 세 수를 뽑는 것과 같다.

정석 순서가 정해진 경우의 수는 $\Longrightarrow$ 조합을 생각한다.

(3) $a>b>c$, $a>b=c$, $a=b>c$, $a=b=c$인 경우로 나누어 생각한다.

[모범답안] (1) $9 \times 10 \times 10 = \mathbf{900}$(개) ← [답]

(2) 서로 다른 10개의 숫자 중에서 서로 다른 3개를 뽑는 경우의 수와 같다.

따라서 조건을 만족시키는 자연수는 $_{10}C_3 = \mathbf{120}$(개) ← [답]

(3) (i) $a>b>c$인 경우 : (2)에서 120개

(ii) $a>b=c$인 경우 : 서로 다른 10개의 숫자 중에서 서로 다른 2개를 뽑는 경우와 같으므로 $_{10}C_2 = 45$(개)

(iii) $a=b>c$인 경우 : $_{10}C_2 = 45$(개)

(iv) $a=b=c$인 경우 : 9개

따라서 조건을 만족시키는 자연수는
$$120 + 45 + 45 + 9 = \mathbf{219}(\text{개}) \leftarrow [\text{답}]$$

[유제] **17**-19. 4개의 숫자 1, 2, 3, 4 중에서 두 개를 뽑고, 3개의 숫자 3, 4, 5 중에서 한 개를 뽑아 세 자리 자연수를 만든다. 이 세 자리 자연수의 백의 자리 숫자를 a, 십의 자리 숫자를 b, 일의 자리 숫자를 c 라고 할 때, $a>b \geq c$를 만족시키는 자연수의 개수를 구하시오.

단, 같은 숫자를 여러 번 뽑아도 된다. [답] 19

필수 예제 **17**-12   다음 그림과 같이 가로줄 네 개와 세로줄 다섯 개가 같은 간격으로 수직으로 만나도록 그어져 있다.

(1) 직사각형의 개수를 구하시오.

(2) 정사각형이 아닌 직사각형의 개수를 구하시오.

(3) 20개의 교점에서 세 점을 택하여 만들 수 있는 삼각형의 개수를 구하시오.

[모범답안] (1) 가로줄 4개 중 2개와 세로줄 5개 중 2개에 의하여 하나의 직사각형이 결정되므로 직사각형의 개수는

$$_4C_2 \times {}_5C_2 = \mathbf{60} \longleftarrow \boxed{\text{답}}$$

(2) 정사각형의 개수는 $4 \times 3 + 3 \times 2 + 2 \times 1 = 20$

     따라서 정사각형이 아닌 직사각형의 개수는 $60 - 20 = \mathbf{40} \longleftarrow \boxed{\text{답}}$

(3) 20개의 점 중에서 3개의 점을 택하는 경우의 수는 $_{20}C_3$이다.

     이 중에서 3개의 점이 한 직선 위에 있어서 삼각형이 만들어지지 않는 것은 다음 네 경우이다.

  (i) 직선의 기울기가 0일 때(직선이 가로줄일 때) $_5C_3 \times 4 = 40$

  (ii) 직선의 기울기가 $\pm\dfrac{1}{2}$일 때 $2 \times 2 = 4$

  (iii) 직선의 기울기가 ± 1일 때 $2 \times ({}_4C_3 \times 2 + 2) = 20$

  (iv) 직선이 세로줄일 때 $_4C_3 \times 5 = 20$

     따라서 삼각형의 개수는 $_{20}C_3 - (40 + 4 + 20 + 20) = \mathbf{1056} \longleftarrow \boxed{\text{답}}$

[유제] **17**-20. 다음 도형 위의 점을 꼭짓점으로 하는 삼각형의 개수를 구하시오.

(1)

(2)

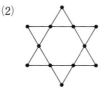

$\boxed{\text{답}}$ (1) **76**

(2) **196**

[유제] **17**-21. 평면에서 세 개의 평행선이 이것과 평행하지 않은 다른 네 개의 평행선과 서로 같은 간격으로 만나고 있다.

(1) 이들로 이루어지는 평행사변형의 개수를 구하시오.

(2) 마름모가 아닌 평행사변형의 개수를 구하시오.

(3) 이들 평행선이 만나는 점을 꼭짓점으로 하는 삼각형의 개수를 구하시오.

$\boxed{\text{답}}$ (1) **18**   (2) **10**   (3) **200**

필수 예제 **17**-13 10명의 학생을 3명, 3명, 4명의 세 조로 나누기로 하였다. 10명 중 2명은 여학생이고, 여학생은 같은 조에 넣기로 할 때, 나누는 경우의 수를 구하시오.

[정석연구] 이를테면 서로 다른 문자 a, b, c, d를 1개, 3개의 두 묶음으로 나누는 경우와 2개, 2개의 두 묶음으로 나누는 경우를 생각해 보자.

(ⅰ) 1개, 3개로 나누는 경우

a, b, c, d에서 1개를 뽑고, 나머지 3개에서 3개를 뽑으면 되므로 곱의 법칙에 의하여

$$_4C_1 \times _3C_3 (가지)$$

(ⅱ) 2개, 2개로 나누는 경우

a, b, c, d에서 2개를 뽑고, 나머지 2개에서 2개를 뽑으면

$$_4C_2 \times _2C_2 (가지)$$

이 중에서 같은 것이 2가지씩(엄밀하게는 2!가지씩) 생기므로 2!로 나누어

$$_4C_2 \times _2C_2 \times \frac{1}{2!} (가지)$$

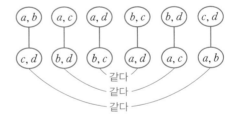

이와 같이 두 묶음으로 나누는 경우 각 묶음에 속한 것의 개수가 같은 경우와 같지 않은 경우는 서로 다르다는 것을 알 수 있다.

일반적으로

정 석 같은 수의 묶음이 m개일 때에는 $m!$로 나눈다.

이를테면 서로 다른 12개를

① 3개, 4개, 5개의 세 묶음으로 나누는 경우는 $\longrightarrow _{12}C_3 \times _9C_4 \times _5C_5$

② 5개, 5개, 2개의 세 묶음으로 나누는 경우는 $\longrightarrow _{12}C_5 \times _7C_5 \times _2C_2 \times \frac{1}{2!}$

③ 4개, 4개, 4개의 세 묶음으로 나누는 경우는 $\longrightarrow _{12}C_4 \times _8C_4 \times _4C_4 \times \frac{1}{3!}$

가지이다.

한편 이것은 세 묶음으로 나누는 경우의 수만 생각한 것이고, 이것을 각각 세 사람에게 나누어 주는 경우까지 생각해야 할 때에는 ①, ②, ③의 결과에 각각 3!을 곱해 주어야 한다.

이상을 정리하면 다음과 같다.

정석 서로 다른 n개를 p개, q개, r개 $(p+q+r=n)$의
세 묶음으로 나누는 경우의 수는
p, q, r이 서로 다르면 $\Longrightarrow$ $_nC_p \times _{n-p}C_q \times _rC_r$
p, q, r 중 어느 2개만 같으면 $\Longrightarrow$ $_nC_p \times _{n-p}C_q \times _rC_r \times \dfrac{1}{2!}$
$p=q=r$이면 $\Longrightarrow$ $_nC_p \times _{n-p}C_q \times _rC_r \times \dfrac{1}{3!}$

[모범답안] (ⅰ) 여학생 2명을 3명의 조에 넣는
경우의 수는 남학생 8명을 1명, 3명, 4명
의 세 조로 나누는 경우의 수와 같으므로
$$_8C_1 \times _7C_3 \times _4C_4 = 8 \times 35 \times 1 = 280$$

(ⅱ) 여학생 2명을 4명의 조에 넣는 경우의
수는 남학생 8명을 3명, 3명, 2명의 세
조로 나누는 경우의 수와 같으므로

$$_8C_3 \times _5C_3 \times _2C_2 \times \dfrac{1}{2!} = 56 \times 10 \times 1 \times \dfrac{1}{2} = 280$$

따라서 구하는 경우의 수는
$$280 + 280 = \mathbf{560} \longleftarrow \boxed{답}$$

[유제] **17**-22. 13명의 학생이 있다.
(1) 6명, 7명의 두 조로 나누는 경우의 수를 구하시오.
(2) 3명, 5명, 5명의 세 조로 나누는 경우의 수를 구하시오.
(3) 3명, 3명, 3명, 4명의 네 조로 나누는 경우의 수를 구하시오.
  $\boxed{답}$ (1) **1716** (2) **36036** (3) **200200**

[유제] **17**-23. 서로 다른 꽃 15송이가 있다.
(1) 5송이씩 세 묶음으로 나누는 경우의 수를 구하시오.
(2) 5송이씩 세 사람에게 나누어 주는 경우의 수를 구하시오.
  $\boxed{답}$ (1) **126126** (2) **756756**

[유제] **17**-24. 10명의 여행객이 3명, 3명, 4명으로 나누어 세 개의 호텔에 투숙
하려고 한다. 이때, 특정한 3명이 같은 호텔에 투숙하는 경우의 수를 구하시오.
  $\boxed{답}$ **630**

[유제] **17**-25. 8명을 2명씩 네 조로 나눈 다음, 두 조는 시합을 하고 한 조는 심
판을 보는 경우의 수를 구하시오. $\boxed{답}$ **1260**

연습문제 17

[기본] **17**-1 다음 두 식을 동시에 만족시키는 자연수 n, r의 값을 구하시오.
$$_n\mathrm{P}_r=60, \quad {}_n\mathrm{C}_r=10$$

17-2 네 개의 숫자 1, 2, 3, 4를 일렬로 나열할 때, 이웃한 두 숫자의 차가 2인 쌍이 있는 경우의 수를 구하시오.

17-3 여섯 국가의 대표 A, B, C, D, E, F가 오른쪽 그림과 같이 직사각형 모양의 탁자를 사이에 두고 숫자 1, 2, 3, 4, 5, 6이 각각 적힌 자리에 앉으려고 한다. 이때, A와 B는 마주 보는 자리에 앉고, C와 D는 이웃하지 않는 자리에 앉는 경우의 수를 구하시오. 단, 마주 보는 자리는 이웃한 자리가 아니다.

1	2	3
4	5	6

17-4 일렬로 놓여 있는 7개의 의자에 여학생 4명과 남학생 2명이 앉을 때, 다음 물음에 답하시오. 단, 두 학생 사이에 빈 의자가 있으면 두 학생은 이웃하지 않는 것으로 본다.
(1) 여학생 4명이 모두 이웃하는 경우의 수를 구하시오.
(2) 여학생이 3명만 이웃하는 경우의 수를 구하시오.
(3) 여학생끼리는 서로 이웃하지 않는 경우의 수를 구하시오.

17-5 1, 2학년 학생으로만 구성된 어느 동아리의 1학년 학생 수와 2학년 학생 수는 같다. 이 동아리에서 학년 구분 없이 3명의 대표를 선출하는 경우의 수와 1학년 중 1명, 2학년 중 2명의 대표를 선출하는 경우의 수의 비가 5 : 2일 때, 이 동아리의 학생 수를 구하시오.

17-6 7개의 숫자 1, 2, 3, 4, 5, 6, 7에서 서로 다른 5개의 숫자를 뽑아 다섯 자리 자연수를 만든다. 1과 2를 모두 포함한 것 중에서
(1) 맨 앞자리의 숫자가 1인 것은 몇 개인가?
(2) 양 끝자리의 숫자가 1이 아닌 것은 몇 개인가?

17-7 20개의 자연수 1, 2, 3, …, 20에서 서로 다른 세 수를 뽑을 때, 다음 물음에 답하시오.
(1) 뽑은 세 수의 곱이 짝수인 경우의 수를 구하시오.
(2) 뽑은 세 수의 곱이 4의 배수인 경우의 수를 구하시오.

17-8 10단의 계단이 있다. 이 곳을 올라가는데 한 번에 한 계단씩 또는 두 계단씩 올라가도 되고, 한 계단과 두 계단을 섞어서 올라가도 된다면 올라가는 방법은 몇 가지인가?

17-9 사면체의 여섯 개의 모서리 가운데 몇 개의 모서리를 골라 푸른색으로 칠하는 경우 중에서 푸른색의 모서리를 따라 네 꼭짓점이 모두 연결되는 경우의 수를 구하시오.

[실력] **17**-10 다음 두 식을 동시에 만족시키는 자연수 m, n의 값을 구하시오.
$$m \times {}_n\mathrm{P}_5 = 72 \times {}_n\mathrm{P}_3, \quad {}_n\mathrm{P}_6 = m \times {}_n\mathrm{P}_4$$

17-11 6개의 숫자 1, 2, 3, 4, 5, 6에서 서로 다른 4개의 숫자를 뽑아 만든 네 자리 자연수 중에서 다음 두 조건을 만족시키는 짝수의 개수를 구하시오.
  (가) 백의 자리 숫자가 3이면 일의 자리 숫자는 2가 아니다.
  (나) 일의 자리 숫자가 2가 아니면 십의 자리 숫자는 4이다.

17-12 5개의 숫자 0, 1, 3, 5, 7에서 서로 다른 세 수를 택하여 a, b, c라고 할 때, $ax^2 + bx + c = 0$이 이차방정식이 되는 경우의 수를 구하시오. 또, 이 중에서 실근을 가지는 이차방정식이 되는 경우의 수를 구하시오.

17-13 문자 A, B, C, D, E, F를 모두 사용하여 만든 여섯 자리 문자열 중에서 다음 세 조건을 만족시키는 문자열의 개수를 구하시오.
  (가) A의 바로 다음 자리에 B가 올 수 없다.
  (나) B의 바로 다음 자리에 C가 올 수 없다.
  (다) C의 바로 다음 자리에 A가 올 수 없다.

17-14 어느 연구소에서는 외부인의 출입을 통제하기 위하여 각 자리의 숫자가 0 또는 1로 이루어진 여섯 자리 숫자열의 보안 카드를 사용하고 있다. 숫자열에 포함된 숫자 중에서 0이 3개이거나 숫자열에 숫자 1이 연속하여 3개 이상 나오면 이 연구소의 출입문을 통과할 수 있다. 출입문을 통과할 수 있는 서로 다른 보안 카드의 개수를 구하시오.

17-15 두 학생 A, B가 다음 두 조건을 만족시키며 5종류의 김밥과 3종류의 음료수 중에서 총 3종류를 각각 택한다.
  (가) 각 학생은 김밥 1종류와 음료수 1종류를 반드시 택한다.
  (나) 나머지 1종류는 자신이 선택하지 않은 김밥과 음료수 중에서 택한다.
  이때, 두 학생 A, B가 택한 것 중에 같은 종류가 있는 경우의 수를 구하시오.

17-16 1부터 100까지의 자연수 중에서 서로 다른 세 수를 뽑을 때, 다음 물음에 답하시오.
  (1) 세 수의 합이 짝수가 되는 경우의 수를 구하시오.
  (2) 세 수의 합이 3의 배수가 되는 경우의 수를 구하시오.

18. 행렬의 뜻

§1. 행렬의 뜻

1 **행렬의 뜻과 성분**

(1) 수나 수를 나타내는 문자를 괄호 ( ) 안에 직사각형 꼴로 배열한 것을 행렬(matrix)이라고 한다.

(2) 행렬을 이루는 각각의 수나 문자를 행렬의 성분 또는 원소라고 한다.

2 **행과 열, 행렬의 꼴**

(1) 행렬의 가로줄을 행이라 하고, 위에서부터 차례로

제1행, 제2행, ⋯, 제 m 행

이라고 한다.

또, 행렬의 세로줄을 열이라 하고, 왼쪽에서부터 차례로

제1열, 제2열, ⋯, 제 n 열

이라고 한다.

(예)
$$\begin{matrix} \text{제1행} \\ \text{제2행} \end{matrix} \begin{pmatrix} 2 & 1 & 5 \\ 4 & 3 & 7 \end{pmatrix}$$
제1열 제2열 제3열

(2) m 개의 행과 n 개의 열로 이루어진 행렬을 $m \times n$ 행렬이라고 한다.

3 **정사각행렬, n 차 정사각행렬**

행의 개수와 열의 개수가 같은 행렬을 정사각행렬이라 하고, $n \times n$ 행렬을 n 차 정사각행렬이라고 하며, n 을 이 행렬의 차수라고 한다.

4 **(i, j) 성분과 a_{ij}**

행렬의 제 i 행과 제 j 열이 교차하는 위치에 있는 성분을 이 행렬의 (i, j) 성분이라 하고, a_{ij} 로 나타낸다.

Advice 1° 행렬의 뜻과 성분

▶ 행렬 : 이를테면 어떤 회사의 두 공장에서 1년에 생산하는 A, B, C 세 제품의 생산량이 오른쪽 표와 같을 때, 이 표에서 생산량만을 생각하여

30 40 32
45 35 43

(단위 : 톤)

	A	B	C
제1공장	30	40	32
제2공장	45	35	43

과 같이 여섯 개의 수를 직사각형 꼴로 나타낼 수 있다.

　이와 같은 수의 배열을 한 묶음으로 생각하면 여러 가지로 편리할 때가 많다. 그래서 이를 한 묶음으로 나타내기 위하여 양쪽을 괄호로 묶어서

$$\begin{matrix} 30 & 40 & 32 \\ 45 & 35 & 43 \end{matrix} \implies \begin{pmatrix} 30 & 40 & 32 \\ 45 & 35 & 43 \end{pmatrix}$$

과 같이 나타내기로 할 때, 이를 행렬이라고 한다.

　또, 앞의 표에서 두 공장의 제품 A, B의 생산량, 제품 A의 생산량, 제 1 공장의 제품 A, B, C의 생산량을 각각 묶음으로 생각하면

A, B 생산량	A 생산량	제 1 공장 생산량
$\begin{pmatrix} 30 & 40 \\ 45 & 35 \end{pmatrix}$	$\begin{pmatrix} 30 \\ 45 \end{pmatrix}$	$(30 \quad 40 \quad 32)$

와 같은 행렬로 나타내어진다.

▶ 행렬의 성분 : 앞의 표에서의 생산량 30, 40, …과 같이 행렬을 이루는 각각의 수나 문자를 이 행렬의 성분 또는 원소라고 한다.

　행렬의 성분은 경우에 따라 점수, 개수, 방정식의 계수, 경우의 수, 확률 등여러 가지 수학적인 양을 나타낸다.

　고등학교 과정에서는 위와 같이 실수 또는 실수를 나타내는 문자를 성분으로 하는 행렬을 다루지만, 대학 수학에서는 복소수, 함수 등을 성분으로 하는행렬을 다루기도 한다.

Advice 2° **$m \times n$ 행렬**

　m개의 행과 n개의 열로 이루어진 행렬을 **$m \times n$ 행렬**이라고 한다.

[보기] 1 다음 행렬의 꼴을 말하시오.

(1) $\begin{pmatrix} 1 & 0 \\ 2 & 4 \end{pmatrix}$　　(2) $\begin{pmatrix} 1 & 3 & 5 & 7 \\ 4 & 3 & 6 & 2 \end{pmatrix}$　　(3) $(1 \quad 2 \quad 4)$　　(4) $\begin{pmatrix} 5 \\ 2 \end{pmatrix}$

[연구] (1) **2×2 행렬**　　(2) **2×4 행렬**　　(3) **1×3 행렬**　　(4) **2×1 행렬**

Advice 3° **정사각행렬, n차 정사각행렬**

　이를테면

$$\begin{pmatrix} 2 & 5 \\ 4 & 1 \end{pmatrix} \quad \cdots\cdots ① \qquad\qquad \begin{pmatrix} 2 & 4 & 6 \\ 4 & 7 & 1 \\ 5 & 3 & 4 \end{pmatrix} \quad \cdots\cdots ②$$

와 같이 행의 개수와 열의 개수가 같은 행렬을 **정사각행렬**이라 하고, ①과 같이 그 개수가 2인 행렬을 **이차 정사각행렬**, ②와 같이 그 개수가 3인 행렬을

삼차 정사각행렬이라고 한다.

일반적으로 $n \times n$ 행렬을 **n차** 정사각행렬이라 하고, n을 이 행렬의 차수라고 한다.

특히 1×1 행렬 (a)는 괄호를 생략하고 a로 쓰기도 한다. 이와 같이 하면 실수를 행렬의 특수한 경우로 생각할 수 있다.

*$Note$ $1 \times n$ 행렬을 **n**차원 행벡터, $m \times 1$ 행렬을 **m**차원 열벡터라고도 한다.

Advice 4° **(i, j) 성분과 a_{ij}**

행렬을 나타낼 때에는 흔히 대문자 A, B, C, …를 쓰고, 행렬의 성분을 문자로 나타낼 때에는 흔히 소문자 a, b, c, …를 쓴다.

또, 행렬의 제i행과 제j열이 교차하는 위치에 있는 성분을 이 행렬의 **(i, j)** 성분이라고 한다.

$$A = \begin{pmatrix} a & b & c \\ d & e & f \end{pmatrix}$$

이를테면 오른쪽 행렬 A에서

$\quad (1, 1)$ 성분은 a, $(1, 2)$ 성분은 b, $(1, 3)$ 성분은 c,
$\quad (2, 1)$ 성분은 d, $(2, 2)$ 성분은 e, $(2, 3)$ 성분은 f

이다.

한편 (i, j) 성분을 a_{ij}와 같이 두 개의 첨자 i, j를 써서 각각 행과 열의 위치를 밝혀 나타내기도 한다.

이를테면 위의 2×3 행렬 A는 오른쪽과 같이 나타낼 수 있고, 이를

$$A = \begin{pmatrix} a_{11} & a_{12} & a_{13} \\ a_{21} & a_{22} & a_{23} \end{pmatrix}$$

$$A = (a_{ij}), \quad i = 1, 2, \ j = 1, 2, 3$$

이라고 쓰기도 한다. 또, 굳이 행렬의 꼴을 밝힐 필요가 없을 때에는 간단히 **$A = (a_{ij})$**라고 쓰기도 한다.

일반적으로 $m \times n$ 행렬은 다음과 같이 나타낼 수 있다.

$$\begin{pmatrix} a_{11} & a_{12} & a_{13} & \cdots & a_{1j} & \cdots & a_{1n} \\ a_{21} & a_{22} & a_{23} & \cdots & a_{2j} & \cdots & a_{2n} \\ a_{31} & a_{32} & a_{33} & \cdots & a_{3j} & \cdots & a_{3n} \\ \vdots & & & & & & \vdots \\ a_{i1} & a_{i2} & a_{i3} & \cdots & a_{ij} & \cdots & a_{in} \\ \vdots & & & & & & \vdots \\ a_{m1} & a_{m2} & a_{m3} & \cdots & a_{mj} & \cdots & a_{mn} \end{pmatrix}$$

← 제**1**행
← 제**2**행
← 제**3**행
← 제**i**행
← 제**m**행

↑ 제**1**열 ↑ 제**2**열 ↑ 제**3**열 ↑ 제**j**열 ↑ 제**n**열

보기 2 행렬 $A=(a_{ij})$에서 a_{ij}가 다음과 같을 때, 행렬 A를 구하시오.

(1) $i=j$일 때 $a_{ij}=1$, $i \neq j$일 때 $a_{ij}=0$ ($i=1, 2, 3$, $j=1, 2, 3$)

(2) $a_{ij}=i+3j-4$ ($i=1, 2$, $j=1, 2, 3$)

(3) $a_{ij}=(-1)^{i+j}+i^2+j$ ($i=1, 2$, $j=1, 2$)

[연구] 먼저 구하는 행렬의 꼴을 확인하고,

$$대응 관계 \ (i, j) \longrightarrow a_{ij}$$

에 의하여 각각의 a_{ij}의 값을 구한다.

a_{ij}와 같이 첨자를 이용하여 나타내면 '제 i행 제 j열의 성분'과 같은 말을 쓰지 않고도 간단히 표현할 수 있다. 이와 같은 표현에 익숙해지도록 연습해 두기를 바란다.

(1) $i=1, 2, 3$이고 $j=1, 2, 3$이므로 구하는 행렬은 3×3 행렬이다.

$$\begin{pmatrix} a_{11} & a_{12} & a_{13} \\ a_{21} & a_{22} & a_{23} \\ a_{31} & a_{32} & a_{33} \end{pmatrix}$$

이 행렬은 삼차 정사각행렬로서 오른쪽과 같이 행렬의 대각선을 따라 $i=j$인 성분 a_{ij}가 나타나고, 대각선을 기준으로 하여 윗부분과 아랫부분에 $i \neq j$인 성분 a_{ij}가 나타난다.

$i=j$일 때 $a_{ij}=1$, $i \neq j$일 때 $a_{ij}=0$이므로

$$\begin{aligned} &a_{11}=a_{22}=a_{33}=1, \\ &a_{12}=a_{13}=a_{23}=0, \\ &a_{21}=a_{31}=a_{32}=0 \end{aligned} \qquad \therefore \ A=\begin{pmatrix} 1 & 0 & 0 \\ 0 & 1 & 0 \\ 0 & 0 & 1 \end{pmatrix}$$

(2) $i=1, 2$이고 $j=1, 2, 3$이므로 구하는 행렬은 2×3 행렬이다.

$$\begin{pmatrix} a_{11} & a_{12} & a_{13} \\ a_{21} & a_{22} & a_{23} \end{pmatrix}$$

$a_{ij}=i+3j-4$이므로

$a_{11}=1+3 \times 1-4=0$, $a_{12}=1+3 \times 2-4=3$, $a_{13}=1+3 \times 3-4=6$,

$a_{21}=2+3 \times 1-4=1$, $a_{22}=2+3 \times 2-4=4$, $a_{23}=2+3 \times 3-4=7$

$$\therefore \ A=\begin{pmatrix} 0 & 3 & 6 \\ 1 & 4 & 7 \end{pmatrix}$$

(3) $i=1, 2$이고 $j=1, 2$이므로 구하는 행렬은 2×2 행렬이다.

$$\begin{pmatrix} a_{11} & a_{12} \\ a_{21} & a_{22} \end{pmatrix}$$

$a_{ij}=(-1)^{i+j}+i^2+j$이므로

$a_{11}=(-1)^{1+1}+1^2+1=3$, $a_{12}=(-1)^{1+2}+1^2+2=2$,

$a_{21}=(-1)^{2+1}+2^2+1=4$, $a_{22}=(-1)^{2+2}+2^2+2=7$

$$\therefore \ A=\begin{pmatrix} 3 & 2 \\ 4 & 7 \end{pmatrix}$$

필수 예제 **18**-1　A, B 두 사람이 가위바 위보를 하여 가위로 이기면 a점을, 바위로 이기면 b점을, 보로 이기면 c점을 상대로 부터 받고, 비기면 0점으로 하는 게임을 한다. 이 게임의 결과를 오른쪽과 같이 행

A＼B	가위	바위	보
가위	$\Big($ ☐	-2	1
바위	2	0	☐
보	☐ $\Big)$	3	☐

렬로 나타낼 때, 다음 물음에 답하시오. 단, a, b, c는 양수이다.

(1) a, b, c의 값을 구하시오.　　(2) 행렬을 완성하시오.

[정석연구] (1) A가 가위, B가 바위를 낼 때 성분이 -2이므로 바위를 내어 이기 면 상대로부터 2점을 받는다는 것을 알 수 있다.

(2) 이기면 점수를 받으므로 양수로, 지면 점수를 주므로 음수로 나타낸다.

그런데 이 행렬은 (가위, 바위)의 성분이 음수, (가위, 보)의 성분이 양수이 므로 A의 입장에서 나타낸 것임을 알 수 있다.

정석 문제의 규칙을 정확하게 이해한다.

[모범답안] (1) (가위, 보), (가위, 바위), (보, 바위)의 성분이 차례로 1, -2, 3이므 로　$a=1$, $b=2$, $c=3$ ←── 답

(2) (1)의 결과에서　$\begin{pmatrix} 0 & -2 & 1 \\ 2 & 0 & -3 \\ -1 & 3 & 0 \end{pmatrix}$ ←── 답

Note 1° B의 입장에서 행렬을 구하면 각 성분의 부호가 바뀐다.

2° B가 무엇을 낼지 모른다고 할 때, A의 경우 보를 내는 것이 가장 유리하다. 이 경우는 위의 행렬에서 각 행을 비교한 결과와 같다. 또, B의 입장에서도 보 를 내는 것이 가장 유리한데, 이때에는 각 열을 비교한 결과와 같다.

한편 B가 보를 낸다고 생각하면 A는 가위를 내는 것이 유리한데, 이는 제3열 에서 A에게 가장 유리한 제1행의 값을 택하는 것과 같다.

이와 같이 게임 이론에서도 행렬이 유용하게 쓰인다.

[유제] **18**-1. 두 학생 A, B가 각각 주사위를 한 개씩 던져서 나오는 눈의 수가 둘 다 홀수이면 A가 10점 을, 둘 다 짝수이면 B가 10점을 상대로부터 받는다. 나머지 경우에는 나오는 눈의 수가 홀수인 학생이 상

A＼B	홀수	짝수
	$\Big(a$	5
홀수 짝수	b	$c \Big)$

대로부터 5점을 받는다. 이 게임의 결과를 오른쪽과 같이 행렬로 나타낼 때, a, b, c의 값을 구하시오.　　　　　답 $a=10$, $b=-5$, $c=-10$

§2. 서로 같은 행렬

1 행렬의 같은 꼴

　　두 행렬 A, B가 모두 $m \times n$ 행렬일 때, 곧 행렬 A와 행렬 B의 행의 개수와 열의 개수가 각각 같을 때, A와 B는 같은 꼴이라고 한다.

2 행렬이 서로 같을 조건

　(1) 두 행렬 A, B가

　　　　(i) 같은 꼴이고　　(ii) 대응하는 성분끼리 서로 같을 때

　　행렬 A와 B는 서로 같다고 하고, $A = B$로 나타낸다.

　　　정의　$\begin{pmatrix} a_{11} & a_{12} \\ a_{21} & a_{22} \end{pmatrix} = \begin{pmatrix} b_{11} & b_{12} \\ b_{21} & b_{22} \end{pmatrix} \iff \begin{matrix} a_{11} = b_{11}, \ a_{12} = b_{12}, \\ a_{21} = b_{21}, \ a_{22} = b_{22} \end{matrix}$

　(2) 행렬 A, B, C에 대하여 다음 성질이 있다.

　　(i) $A = A$　　(ii) $A = B$이면 $B = A$　　(iii) $A = B$, $B = C$이면 $A = C$

Advice ┃ 이를테면 세 행렬 A, B, C가

$$A = \begin{pmatrix} 1 & 3 & 2 \\ 4 & 5 & 6 \end{pmatrix}, \quad B = \begin{pmatrix} 1 & 3 & 2 \\ 4 & 5 & 6 \end{pmatrix}, \quad C = \begin{pmatrix} 1 & 2 & 3 \\ 6 & 5 & 4 \end{pmatrix}$$

일 때, A, B, C는 모두 2×3 행렬로서 행의 개수와 열의 개수가 각각 같다. 이때, 이들 행렬은 같은 꼴이라고 한다.

　　또, 행렬 A, B는 같은 꼴이면서 대응하는 성분끼리 서로 같다. 이때, 행렬 A와 B는 서로 같다고 하고, $A = B$로 나타낸다.

　　그러나 행렬 A, C는 A, C를 이루는 데 쓰인 수 1, 2, 3, 4, 5, 6은 같지만 이 6개의 수를 배열하는 방법이 다르므로 $A \neq C$이다.

보기 1 다음 등식을 만족시키는 x, y, a, b의 값을 구하시오.

(1) $\begin{pmatrix} x+y \\ x-y \end{pmatrix} = \begin{pmatrix} 4 \\ 2 \end{pmatrix}$ 　　　　　　(2) $\begin{pmatrix} x-1 & 0 \\ y+1 & y \end{pmatrix} = \begin{pmatrix} 2 & a-2 \\ 1 & b+2 \end{pmatrix}$

연구 (1) 행렬이 서로 같을 조건으로부터　$x+y=4$, $x-y=2$

　　　　　　　　∴ $x=3$, $y=1$

　(2) 행렬이 서로 같을 조건으로부터　$x-1=2$, $0=a-2$, $y+1=1$, $y=b+2$

　　　　　　　∴ $x=3$, $y=0$, $a=2$, $b=-2$

필수 예제 **18**-2 두 행렬 A, B가 다음과 같을 때, $A=B$가 성립하도록 x, y, z의 값을 정하시오.

$$A=\begin{pmatrix} x+y & 2x+y \\ y+z & y+2z \end{pmatrix}, \quad B=\begin{pmatrix} 3 & 4 \\ 5 & 8 \end{pmatrix}$$

[정석연구] 행렬이 서로 같을 조건을 이용한다.

정의 $\begin{pmatrix} a_{11} & a_{12} \\ a_{21} & a_{22} \end{pmatrix}=\begin{pmatrix} b_{11} & b_{12} \\ b_{21} & b_{22} \end{pmatrix} \iff a_{11}=b_{11},\ a_{12}=b_{12},$
$\qquad\qquad\qquad\qquad\qquad\qquad\qquad a_{21}=b_{21},\ a_{22}=b_{22}$

[모범답안] 행렬이 서로 같을 조건으로부터

$x+y=3$ ⋯⋯① $\qquad\qquad$ $2x+y=4$ ⋯⋯②

$y+z=5$ ⋯⋯③ $\qquad\qquad$ $y+2z=8$ ⋯⋯④

①, ②를 연립하여 풀면 $x=1$, $y=2$

$y=2$를 ③에 대입하면 $z=3$

이때, $y=2$, $z=3$은 ④를 만족시킨다. 답 $x=1$, $y=2$, $z=3$

Advice 1° 위에서 네 개의 방정식이 얻어지는데, 이때

(미지수의 개수)<(방정식의 개수)

이므로 해가 없을 수도 있다는 것에 주의해야 한다.

2° 연립방정식을 행렬로 나타낼 수 있다. 이를테면 연립방정식 $\begin{cases} x+y=3 \\ x-2y=-3 \end{cases}$

은 행렬이 서로 같을 조건을 이용하여 다음과 같이 나타낼 수 있다.

$$\begin{pmatrix} x+y \\ x-2y \end{pmatrix}=\begin{pmatrix} 3 \\ -3 \end{pmatrix} \quad \text{또는} \quad (x+y \quad x-2y)=(3 \ -3)$$

[유제] **18**-2. 다음 등식을 만족시키는 x, y, z의 값을 구하시오.

$$\begin{pmatrix} x-y+z \\ 3x+2y-z \\ 2x+y-3z \end{pmatrix}=\begin{pmatrix} 2 \\ 4 \\ -5 \end{pmatrix}$$
답 $x=1$, $y=2$, $z=3$

[유제] **18**-3. 다음 등식을 만족시키는 x, y, a, b의 값을 구하시오.

$$\begin{pmatrix} x+y & x-y \\ -4 & 1 \end{pmatrix}=\begin{pmatrix} 5 & -1 \\ 2a & a-b \end{pmatrix}$$
답 $x=2$, $y=3$, $a=-2$, $b=-3$

[유제] **18**-4. 다음 등식을 만족시키는 x, y, z의 값을 구하시오.

$$\begin{pmatrix} 3x+y & x+2y \\ y-2z & y-8 \end{pmatrix}=\begin{pmatrix} x+3 & y+4 \\ z-4 & -z \end{pmatrix}$$
답 $x=-1$, $y=5$, $z=3$

연습문제 18

[기본] **18**-1 다음과 같은 두 행렬 P, Q가 있다. 단, $xyz \neq 0$이다.

$$P = \begin{pmatrix} 1 & 2 & 3 \\ 4 & 5 & 6 \\ 7 & 8 & 9 \end{pmatrix}, \quad Q = \begin{pmatrix} 1 & x & x^2 \\ 1 & y & y^2 \\ 1 & z & z^2 \end{pmatrix}$$

⑴ 행렬 P, Q의 $(2, j)$ 성분 $a_{2j}(j=1, 2, 3)$를 각각 j로 나타내시오.

⑵ 행렬 Q의 성분을 $a_{ij}(i=1, 2, 3, \ j=1, 2, 3)$로 나타낼 때, $a_{ij}=a_{ji}$일 조건을 구하시오.

18-2 오른쪽 그림에서 점 V_i가 선 e_j의 한 끝 점이면 $a_{ij}=1$로, 점 V_i가 선 e_j의 끝 점이 아니면 $a_{ij}=0$으로 나타낼 때, a_{ij}를 (i, j) 성분으로 하는 행렬 $A=(a_{ij})$를 구하시오.

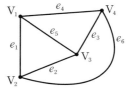

　　　단, $i=1, 2, 3, 4, \ j=1, 2, 3, 4, 5, 6$이다.

18-3 다음 등식을 만족시키는 a, b, x, y의 값을 구하시오.

⑴ $\begin{pmatrix} a^3-5a+1 & 3 \\ a-b^2 & 3a+b \end{pmatrix} = \begin{pmatrix} 2a+7 & a^2-2a \\ 2 & 8 \end{pmatrix}$

⑵ $\begin{pmatrix} 2x & -10 \\ 2b-y & a-b \end{pmatrix} = \begin{pmatrix} 2a-b & 2b-a \\ 3x-4a & 6 \end{pmatrix}$

[실력] **18**-4 1부터 9까지의 자연수를 한 번씩만 써서 나타낸 3×3 행렬 A가 다음 두 조건을 만족시킬 때, 행렬 A를 구하시오.

　　　㈎ 제1행, 제2행의 성분의 곱이 각각 24, 90이다.

　　　㈏ 제1열, 제3열의 성분의 곱이 각각 105, 64이다.

18-5 $i \leq j$일 때 $a_{ij}=i$이고, $i>j$일 때 $a_{ij}=-a_{ji}(i=1, 2, 3, \ j=1, 2, 3)$인 행렬 $A=(a_{ij})$가 있다. 또, 행렬 B가

$$B = \begin{pmatrix} y-x & 1 & x-z \\ -1 & y-z & 2 \\ x-y & -2 & x+z \end{pmatrix}$$

일 때, $A=B$를 만족시키는 x, y, z의 값을 구하시오.

18-6 다음 등식을 만족시키는 x, y, a, b, c의 값을 구하시오.

$$\begin{pmatrix} x^2-y^2 & 4b & ax-by \\ x-y & ax+by & a^2+b^2+5 \end{pmatrix} = \begin{pmatrix} 5 & c & -7 \\ -5 & 1 & 2a+c \end{pmatrix}$$

19. 행렬의 연산

§1. 행렬의 덧셈, 뺄셈, 실수배

1 행렬의 합, 차, 실수배의 정의

(1) **행렬의 합**: A, B가 같은 꼴의 행렬일 때, A와 B의 대응하는 성분의 합을 성분으로 하는 행렬을 A와 B의 합이라 하고, $A+B$로 나타낸다.

$$A=\begin{pmatrix} a_{11} & a_{12} \\ a_{21} & a_{22} \end{pmatrix},\ B=\begin{pmatrix} b_{11} & b_{12} \\ b_{21} & b_{22} \end{pmatrix} \Longrightarrow A+B=\begin{pmatrix} a_{11}+b_{11} & a_{12}+b_{12} \\ a_{21}+b_{21} & a_{22}+b_{22} \end{pmatrix}$$

(2) **행렬의 차**: A, B가 같은 꼴의 행렬일 때,

$$B+X=A$$

를 만족시키는 행렬 X를 A에서 B를 뺀 차라 하고, $A-B$로 나타낸다.

이때, $A-B$는 A의 성분에서 이에 대응하는 B의 성분을 뺀 것을 성분으로 하는 행렬이 된다.

$$A=\begin{pmatrix} a_{11} & a_{12} \\ a_{21} & a_{22} \end{pmatrix},\ B=\begin{pmatrix} b_{11} & b_{12} \\ b_{21} & b_{22} \end{pmatrix} \Longrightarrow A-B=\begin{pmatrix} a_{11}-b_{11} & a_{12}-b_{12} \\ a_{21}-b_{21} & a_{22}-b_{22} \end{pmatrix}$$

(3) **행렬의 실수배**: k가 실수일 때, 행렬 A의 각 성분에 k를 곱한 것을 성분으로 하는 행렬을 A의 k배라 하고, kA로 나타낸다.

$$A=\begin{pmatrix} a_{11} & a_{12} \\ a_{21} & a_{22} \end{pmatrix} \Longrightarrow kA=\begin{pmatrix} ka_{11} & ka_{12} \\ ka_{21} & ka_{22} \end{pmatrix}\ (k\text{는 실수})$$

***Note** $A-B$는 $A+(-B)$로 나타낼 수 있다.　　⇦ p. 258 *Advice* 2° 참조

2 행렬의 덧셈에 대한 기본 법칙

A, B, C, O가 같은 꼴의 행렬일 때, 다음 기본 법칙이 성립한다.

단, O는 모든 성분이 0인 행렬, 곧 영행렬이다.

(1) $A+B=B+A$　　　　　　　　　　　　⇦ 교환법칙
(2) $(A+B)+C=A+(B+C)$　　　　　　　⇦ 결합법칙
(3) 영행렬 O와 행렬 A에 대하여
$$A+O=O+A=A$$
(4) 두 행렬 A, $-A$와 영행렬 O에 대하여
$$A+(-A)=(-A)+A=O$$

3 행렬의 실수배에 대한 기본 법칙

A, B, O가 같은 꼴의 행렬이고, k, l이 실수일 때, 다음 기본 법칙이 성립한다.

(1) $k(lA)=(kl)A$ ⇐ 결합법칙

(2) $(k+l)A=kA+lA$, $k(A+B)=kA+kB$ ⇐ 분배법칙

(3) $1A=A$, $(-1)A=-A$

(4) $kO=O$, $0A=O$ 단, O는 모든 성분이 0인 행렬이다.

Advice 1° 행렬의 덧셈, 뺄셈, 실수배

이를테면 어떤 회사의 두 개의 공장에서 생산하는 제품 P, Q에 대한 1월, 2월의 생산량이 다음 표와 같다고 하자.

1월	P	Q
제1공장	28	32
제2공장	52	40

2월	P	Q
제1공장	26	30
제2공장	42	50

이들 생산량을 각각 행렬 A, B로 나타내면 다음과 같다.

$$A=\begin{pmatrix} 28 & 32 \\ 52 & 40 \end{pmatrix}, \quad B=\begin{pmatrix} 26 & 30 \\ 42 & 50 \end{pmatrix}$$

이때, 1월과 2월의 생산량의 합을 하나의 행렬로 만들면 오른쪽과 같다.

$$\begin{pmatrix} 28+26 & 32+30 \\ 52+42 & 40+50 \end{pmatrix}$$

이것을

$$A+B=\begin{pmatrix} 28 & 32 \\ 52 & 40 \end{pmatrix}+\begin{pmatrix} 26 & 30 \\ 42 & 50 \end{pmatrix}=\begin{pmatrix} 28+26 & 32+30 \\ 52+42 & 40+50 \end{pmatrix}$$

과 같이 나타내어 구하는 방법을 생각할 수 있다.

또, 1월의 생산량이 2월의 생산량에 비해서 얼마나 더 많은가를 알아보는 데에는

$$A-B=\begin{pmatrix} 28 & 32 \\ 52 & 40 \end{pmatrix}-\begin{pmatrix} 26 & 30 \\ 42 & 50 \end{pmatrix}=\begin{pmatrix} 28-26 & 32-30 \\ 52-42 & 40-50 \end{pmatrix}$$

과 같이 나타내어 구하는 방법을 생각할 수 있다.

또, 1월과 2월의 생산량의 평균은

$$\frac{1}{2}(A+B)=\begin{pmatrix} \frac{1}{2}(28+26) & \frac{1}{2}(32+30) \\ \frac{1}{2}(52+42) & \frac{1}{2}(40+50) \end{pmatrix}=\begin{pmatrix} 27 & 31 \\ 47 & 45 \end{pmatrix}$$

와 같이 나타내어 구하는 방법을 생각할 수 있다.

　실수의 덧셈, 뺄셈과 마찬가지로 행렬에 있어서도 두 행렬의 덧셈, 뺄셈과 같은 연산을 정의할 수 있는가를 생각해 볼 수 있다.

　이러한 연산은 우리가 하나의 약속으로 정하는 것이지만 마음대로 정하는 것보다는 가능하면 행렬이 이용되는 구체적인 예에서 자연스럽게 뜻이 통하도록 정하는 것이 바람직하다.

보기 1 다음을 계산하시오.

(1) $\begin{pmatrix} 1 & 3 \\ 2 & 4 \end{pmatrix} + \begin{pmatrix} 5 & 6 \\ 7 & 8 \end{pmatrix}$
(2) $\begin{pmatrix} -1 & 3 & 5 \\ -2 & 4 & 6 \end{pmatrix} + \begin{pmatrix} 1 & 0 & -3 \\ 2 & 4 & -2 \end{pmatrix}$

연구 (1) (준 식)$= \begin{pmatrix} 1+5 & 3+6 \\ 2+7 & 4+8 \end{pmatrix} = \begin{pmatrix} \mathbf{6} & \mathbf{9} \\ \mathbf{9} & \mathbf{12} \end{pmatrix}$

(2) (준 식)$= \begin{pmatrix} -1+1 & 3+0 & 5+(-3) \\ -2+2 & 4+4 & 6+(-2) \end{pmatrix} = \begin{pmatrix} \mathbf{0} & \mathbf{3} & \mathbf{2} \\ \mathbf{0} & \mathbf{8} & \mathbf{4} \end{pmatrix}$

보기 2 $A = \begin{pmatrix} a_{11} & a_{12} \\ a_{21} & a_{22} \end{pmatrix}$, $B = \begin{pmatrix} b_{11} & b_{12} \\ b_{21} & b_{22} \end{pmatrix}$ 일 때, $B+X=A$ 를 만족시키는

2×2 행렬 X 를 구하시오.

연구 $X = \begin{pmatrix} x_{11} & x_{12} \\ x_{21} & x_{22} \end{pmatrix}$ 라고 하면 $\begin{pmatrix} b_{11} & b_{12} \\ b_{21} & b_{22} \end{pmatrix} + \begin{pmatrix} x_{11} & x_{12} \\ x_{21} & x_{22} \end{pmatrix} = \begin{pmatrix} a_{11} & a_{12} \\ a_{21} & a_{22} \end{pmatrix}$

$\therefore \begin{pmatrix} b_{11}+x_{11} & b_{12}+x_{12} \\ b_{21}+x_{21} & b_{22}+x_{22} \end{pmatrix} = \begin{pmatrix} a_{11} & a_{12} \\ a_{21} & a_{22} \end{pmatrix}$

$\therefore b_{11}+x_{11}=a_{11}, \ b_{12}+x_{12}=a_{12}, \ b_{21}+x_{21}=a_{21}, \ b_{22}+x_{22}=a_{22}$

$\therefore x_{11}=a_{11}-b_{11}, \ x_{12}=a_{12}-b_{12}, \ x_{21}=a_{21}-b_{21}, \ x_{22}=a_{22}-b_{22}$

$$\therefore X = \begin{pmatrix} \mathbf{a_{11}-b_{11}} & \mathbf{a_{12}-b_{12}} \\ \mathbf{a_{21}-b_{21}} & \mathbf{a_{22}-b_{22}} \end{pmatrix} \qquad \Leftrightarrow A-B$$

보기 3 다음을 계산하시오.

(1) $\begin{pmatrix} 1 & 2 \\ 3 & 4 \end{pmatrix} - \begin{pmatrix} 5 & 6 \\ 7 & 8 \end{pmatrix}$
(2) $\begin{pmatrix} 1 & 3 & -5 \\ 2 & 4 & -6 \end{pmatrix} - \begin{pmatrix} 4 & 2 & 6 \\ 5 & 3 & 1 \end{pmatrix}$

연구 (1) (준 식)$= \begin{pmatrix} 1-5 & 2-6 \\ 3-7 & 4-8 \end{pmatrix} = \begin{pmatrix} \mathbf{-4} & \mathbf{-4} \\ \mathbf{-4} & \mathbf{-4} \end{pmatrix}$

(2) (준 식)$= \begin{pmatrix} 1-4 & 3-2 & -5-6 \\ 2-5 & 4-3 & -6-1 \end{pmatrix} = \begin{pmatrix} \mathbf{-3} & \mathbf{1} & \mathbf{-11} \\ \mathbf{-3} & \mathbf{1} & \mathbf{-7} \end{pmatrix}$

****Note*** 두 행렬의 꼴이 다르면 두 행렬의 성분을 대응시킬 수 없으므로 같은 꼴의 행렬에 대해서만 행렬의 덧셈과 뺄셈을 정의한다.

보기 4 다음을 계산하시오.

(1) $2\begin{pmatrix} 4 & -3 \\ 2 & 1 \end{pmatrix} + 3\begin{pmatrix} -1 & 3 \\ -2 & 1 \end{pmatrix}$ (2) $\dfrac{1}{3}\begin{pmatrix} -9 & 6 \\ -3 & 12 \end{pmatrix} - 2\begin{pmatrix} -6 & 2 \\ 4 & 3 \end{pmatrix}$

연구 (1) (준 식) $= \begin{pmatrix} 8 & -6 \\ 4 & 2 \end{pmatrix} + \begin{pmatrix} -3 & 9 \\ -6 & 3 \end{pmatrix} = \begin{pmatrix} \mathbf{5} & \mathbf{3} \\ \mathbf{-2} & \mathbf{5} \end{pmatrix}$

(2) (준 식) $= \begin{pmatrix} -3 & 2 \\ -1 & 4 \end{pmatrix} - \begin{pmatrix} -12 & 4 \\ 8 & 6 \end{pmatrix} = \begin{pmatrix} \mathbf{9} & \mathbf{-2} \\ \mathbf{-9} & \mathbf{-2} \end{pmatrix}$

Advice 2° 영행렬

▶ 영행렬 : 이를테면

$$\begin{pmatrix} 0 \\ 0 \end{pmatrix}, \quad (0 \quad 0), \quad \begin{pmatrix} 0 & 0 \\ 0 & 0 \end{pmatrix}, \quad \begin{pmatrix} 0 & 0 & 0 \\ 0 & 0 & 0 \end{pmatrix}$$

과 같이 행렬의 모든 성분이 0인 행렬을 영행렬이라고 한다.

행렬의 꼴에 따라 영행렬은 하나씩 있으나, 혼동할 염려가 없을 때에는 간단히 대문자 O로 나타낸다.

일반적으로 A, O가 같은 꼴의 행렬일 때,

정석 $A+O=O+A=A$ $\Leftrightarrow \begin{pmatrix} a & b \\ c & d \end{pmatrix} + \begin{pmatrix} 0 & 0 \\ 0 & 0 \end{pmatrix} = \begin{pmatrix} a & b \\ c & d \end{pmatrix}$

가 성립한다.

또, 행렬 A에서 A의 모든 성분의 부호를 바꾼 것을 성분으로 하는 행렬을 $-A$와 같이 나타낸다.

이와 같이 정의하면 두 행렬 $A, -A$에 대하여 다음이 성립한다.

정석 $A+(-A)=(-A)+A=O$

▶ 행렬의 차 : 두 행렬 A, B가 같은 꼴일 때, 행렬의 차 $A-B$를 다음과 같이 $A+(-B)$로 나타낼 수도 있다.

$A=\begin{pmatrix} a & b \\ c & d \end{pmatrix}, B=\begin{pmatrix} p & q \\ r & s \end{pmatrix}$일 때,

$A-B=\begin{pmatrix} a-p & b-q \\ c-r & d-s \end{pmatrix} = \begin{pmatrix} a+(-p) & b+(-q) \\ c+(-r) & d+(-s) \end{pmatrix}$

$=\begin{pmatrix} a & b \\ c & d \end{pmatrix} + \begin{pmatrix} -p & -q \\ -r & -s \end{pmatrix} = A+(-B)$

따라서 같은 꼴의 세 행렬 A, B, X가 $X+B=A$를 만족시키면 $X+B+(-B)=A+(-B)$에서 $X+O=A-B$이므로 $X=A-B$이다. 마찬가지로 $B+X=A$이면 $X=-B+A$, 곧 $X=A-B$이다.

Advice 3° 행렬의 덧셈에 대한 기본 법칙

a, b, c가 실수일 때, 덧셈에 대하여 다음과 같은 기본 법칙이 성립한다.

(1) $a+b=b+a$ ⇐ 교환법칙

(2) $(a+b)+c=a+(b+c)$ ⇐ 결합법칙

(3) 실수 a에 대하여 $a+0=0+a=a$이다.

(4) 두 실수 $a, -a$에 대하여 $a+(-a)=(-a)+a=0$이다.

마찬가지로 $m \times n$ 행렬에 대해서도 앞의 **기본정석** ②에 소개한 행렬의 덧셈에 대한 기본 법칙이 성립한다.

여기에서는 2×2 행렬을 예를 들어 교환법칙과 결합법칙이 성립함을 증명해 보자.

보기 5 $A=\begin{pmatrix} a_{11} & a_{12} \\ a_{21} & a_{22} \end{pmatrix}, B=\begin{pmatrix} b_{11} & b_{12} \\ b_{21} & b_{22} \end{pmatrix}, C=\begin{pmatrix} c_{11} & c_{12} \\ c_{21} & c_{22} \end{pmatrix}$일 때, 다음 물음에 답하시오.

(1) $A+B=B+A$임을 보이시오.

(2) $(A+B)+C=A+(B+C)$임을 보이시오.

연구 (1) $A+B=\begin{pmatrix} a_{11}+b_{11} & a_{12}+b_{12} \\ a_{21}+b_{21} & a_{22}+b_{22} \end{pmatrix}, \quad B+A=\begin{pmatrix} b_{11}+a_{11} & b_{12}+a_{12} \\ b_{21}+a_{21} & b_{22}+a_{22} \end{pmatrix}$

그런데 실수에서는 덧셈에 대한 교환법칙이 성립하므로

$$a_{ij}+b_{ij}=b_{ij}+a_{ij} \ (i=1, 2, \ j=1, 2)$$

따라서 대응하는 성분이 모두 같으므로

$$A+B=B+A$$

(2) $(A+B)+C=\begin{pmatrix} a_{11}+b_{11} & a_{12}+b_{12} \\ a_{21}+b_{21} & a_{22}+b_{22} \end{pmatrix}+\begin{pmatrix} c_{11} & c_{12} \\ c_{21} & c_{22} \end{pmatrix}$

$$=\begin{pmatrix} (a_{11}+b_{11})+c_{11} & (a_{12}+b_{12})+c_{12} \\ (a_{21}+b_{21})+c_{21} & (a_{22}+b_{22})+c_{22} \end{pmatrix},$$

$A+(B+C)=\begin{pmatrix} a_{11} & a_{12} \\ a_{21} & a_{22} \end{pmatrix}+\begin{pmatrix} b_{11}+c_{11} & b_{12}+c_{12} \\ b_{21}+c_{21} & b_{22}+c_{22} \end{pmatrix}$

$$=\begin{pmatrix} a_{11}+(b_{11}+c_{11}) & a_{12}+(b_{12}+c_{12}) \\ a_{21}+(b_{21}+c_{21}) & a_{22}+(b_{22}+c_{22}) \end{pmatrix}$$

그런데 실수에서는 덧셈에 대한 결합법칙이 성립하므로

$$(a_{ij}+b_{ij})+c_{ij}=a_{ij}+(b_{ij}+c_{ij}) \ (i=1, 2, \ j=1, 2)$$

따라서 대응하는 성분이 모두 같으므로

$$(A+B)+C=A+(B+C)$$

Advice 4° **행렬의 실수배에 대한 기본 법칙**

　앞의 **기본정석** ③의 행렬의 실수배에 대한 기본 법칙 중에서

　　　정석 $1A=A, \quad (-1)A=-A, \quad kO=O, \quad 0A=O$

는 실수배의 정의로부터 쉽게 이해할 수 있다.

　이제 분배법칙에 관하여 2×2 행렬을 예를 들어 증명해 보자.

보기 6　k, l 이 실수일 때, 임의의 2×2 행렬 A 에 대하여

　　　　　　　$(k+l)A=kA+lA$

가 성립함을 보이시오.

[연구] $A=\begin{pmatrix} a_{11} & a_{12} \\ a_{21} & a_{22} \end{pmatrix}$ 라고 하여

　　　　　　　　　양변의 두 행렬에서 대응하는 성분이 일치

함을 보인다. 곧,

$$(k+l)A=\begin{pmatrix} (k+l)a_{11} & (k+l)a_{12} \\ (k+l)a_{21} & (k+l)a_{22} \end{pmatrix}=\begin{pmatrix} ka_{11}+la_{11} & ka_{12}+la_{12} \\ ka_{21}+la_{21} & ka_{22}+la_{22} \end{pmatrix},$$

$$kA+lA=\begin{pmatrix} ka_{11} & ka_{12} \\ ka_{21} & ka_{22} \end{pmatrix}+\begin{pmatrix} la_{11} & la_{12} \\ la_{21} & la_{22} \end{pmatrix}=\begin{pmatrix} ka_{11}+la_{11} & ka_{12}+la_{12} \\ ka_{21}+la_{21} & ka_{22}+la_{22} \end{pmatrix}$$

　따라서 대응하는 성분이 모두 같으므로　$(k+l)A=kA+lA$

Note 같은 방법으로 하면 다음 기본 법칙이 성립함을 확인할 수 있다.

　　　$k(lA)=(kl)A, \quad k(A+B)=kA+kB$

보기 7　$A=\begin{pmatrix} 1 & 2 \\ 2 & -1 \end{pmatrix}, B=\begin{pmatrix} 2 & 1 \\ -1 & 1 \end{pmatrix}, C=\begin{pmatrix} 2 & 0 \\ 1 & 3 \end{pmatrix}$ 일 때, 다음을 계산하시오.

(1) $6A-3(B-2C)$　　　　　　　　(2) $(A+3B-C)+(2A-3B+C)$

[연구] 지금까지 공부한 행렬의 연산에 대한 성질로부터

　　　정석 행렬의 덧셈, 뺄셈, 실수배는 $\implies$ 수, 식의 계산과 동일

하게 해도 됨을 알 수 있다.

　먼저 (1), (2)를 간단히 하고, 주어진 행렬을 대입한다.

(1) (준 식)$=6A-3B+6C=6\begin{pmatrix} 1 & 2 \\ 2 & -1 \end{pmatrix}-3\begin{pmatrix} 2 & 1 \\ -1 & 1 \end{pmatrix}+6\begin{pmatrix} 2 & 0 \\ 1 & 3 \end{pmatrix}$

　　　$=\begin{pmatrix} 6 & 12 \\ 12 & -6 \end{pmatrix}-\begin{pmatrix} 6 & 3 \\ -3 & 3 \end{pmatrix}+\begin{pmatrix} 12 & 0 \\ 6 & 18 \end{pmatrix}=\begin{pmatrix} \mathbf{12} & \mathbf{9} \\ \mathbf{21} & \mathbf{9} \end{pmatrix}$

(2) (준 식)$=A+3B-C+2A-3B+C=3A=3\begin{pmatrix} 1 & 2 \\ 2 & -1 \end{pmatrix}=\begin{pmatrix} \mathbf{3} & \mathbf{6} \\ \mathbf{6} & \mathbf{-3} \end{pmatrix}$

필수 예제 **19**-1 $A = \begin{pmatrix} 1 & -4 & 5 \\ 4 & 2 & 0 \end{pmatrix}$, $B = \begin{pmatrix} -1 & 2 & 3 \\ 2 & 4 & -6 \end{pmatrix}$일 때, 다음 등식

을 만족시키는 행렬 X, Y를 구하시오.

(1) $5X - 2A = 3X + A + B$ (2) $\begin{cases} X + Y = 2A \\ X - 3Y = 2B \end{cases}$

[정석연구] A, B, X, Y는 행렬을 나타내는 문자이지만 이것을 수를 나타내는 문자와 똑같이 생각하여 다루면 된다. 곧,

    정석 행렬의 덧셈, 뺄셈, 실수배는 $\Longrightarrow$ 수, 식의 계산과 동일

하다. 먼저 X, Y를 A, B로 나타낸다.

[모범답안] (1) $5X - 2A = 3X + A + B$에서 $2X = 3A + B$

$$\therefore \; X = \frac{1}{2}(3A + B) = \frac{1}{2} \left\{ 3 \begin{pmatrix} 1 & -4 & 5 \\ 4 & 2 & 0 \end{pmatrix} + \begin{pmatrix} -1 & 2 & 3 \\ 2 & 4 & -6 \end{pmatrix} \right\}$$

$$= \frac{1}{2} \left\{ \begin{pmatrix} 3 & -12 & 15 \\ 12 & 6 & 0 \end{pmatrix} + \begin{pmatrix} -1 & 2 & 3 \\ 2 & 4 & -6 \end{pmatrix} \right\}$$

$$= \begin{pmatrix} \mathbf{1} & \mathbf{-5} & \mathbf{9} \\ \mathbf{7} & \mathbf{5} & \mathbf{-3} \end{pmatrix} \longleftarrow \boxed{\text{답}}$$

(2) $X + Y = 2A$ $\cdots\cdots$① $X - 3Y = 2B$ $\cdots\cdots$②

①$\times 3 +$②하면 $4X = 6A + 2B$

$$\therefore \; X = \frac{1}{2}(3A + B) = \begin{pmatrix} 1 & -5 & 9 \\ 7 & 5 & -3 \end{pmatrix} \qquad \Leftarrow \text{(1)}$$

①에서 $Y = 2A - X$이므로

$$Y = 2 \begin{pmatrix} 1 & -4 & 5 \\ 4 & 2 & 0 \end{pmatrix} - \begin{pmatrix} 1 & -5 & 9 \\ 7 & 5 & -3 \end{pmatrix} = \begin{pmatrix} 1 & -3 & 1 \\ 1 & -1 & 3 \end{pmatrix}$$

$$\boxed{\text{답}} \; X = \begin{pmatrix} \mathbf{1} & \mathbf{-5} & \mathbf{9} \\ \mathbf{7} & \mathbf{5} & \mathbf{-3} \end{pmatrix}, \; Y = \begin{pmatrix} \mathbf{1} & \mathbf{-3} & \mathbf{1} \\ \mathbf{1} & \mathbf{-1} & \mathbf{3} \end{pmatrix}$$

[유제] **19**-1. $A = \begin{pmatrix} 1 & 3 \\ 2 & 4 \end{pmatrix}$, $B = \begin{pmatrix} 2 & 0 \\ 1 & -2 \end{pmatrix}$일 때, 다음 등식을 만족시키는 행렬

X, Y를 구하시오.

(1) $A + X = B$ (2) $3X - 2A = X + 4B$ (3) $\begin{cases} 2X + 3Y = 2A \\ X + 2Y = 3B \end{cases}$

$\boxed{\text{답}}$ (1) $\begin{pmatrix} \mathbf{1} & \mathbf{-3} \\ \mathbf{-1} & \mathbf{-6} \end{pmatrix}$ (2) $\begin{pmatrix} \mathbf{5} & \mathbf{3} \\ \mathbf{4} & \mathbf{0} \end{pmatrix}$ (3) $X = \begin{pmatrix} \mathbf{-14} & \mathbf{12} \\ \mathbf{-1} & \mathbf{34} \end{pmatrix}$, $Y = \begin{pmatrix} \mathbf{10} & \mathbf{-6} \\ \mathbf{2} & \mathbf{-20} \end{pmatrix}$

필수 예제 **19**-2 　$P=\begin{pmatrix} 1 & 2 \\ 1 & 1 \end{pmatrix}$, $Q=\begin{pmatrix} 0 & 2 \\ 2 & 0 \end{pmatrix}$일 때, 행렬 $\begin{pmatrix} 2 & 6 \\ 4 & 2 \end{pmatrix}$를 실수 x,

y를 써서 $xP+yQ$의 꼴로 나타내시오.

[정석연구] 문제의 뜻에 따라

$$\begin{pmatrix} 2 & 6 \\ 4 & 2 \end{pmatrix}=xP+yQ \quad 곧, \quad \begin{pmatrix} 2 & 6 \\ 4 & 2 \end{pmatrix}=x\begin{pmatrix} 1 & 2 \\ 1 & 1 \end{pmatrix}+y\begin{pmatrix} 0 & 2 \\ 2 & 0 \end{pmatrix}$$

으로 놓고 이 식을 만족시키는 x, y의 값을 구한다. 이때,

정 의 　$\begin{pmatrix} a_{11} & a_{12} \\ a_{21} & a_{22} \end{pmatrix}=\begin{pmatrix} b_{11} & b_{12} \\ b_{21} & b_{22} \end{pmatrix} \Longleftrightarrow$ 　$a_{11}=b_{11},\ a_{12}=b_{12},$ 　$a_{21}=b_{21},\ a_{22}=b_{22}$

가 이용된다.

[모범답안] $\begin{pmatrix} 2 & 6 \\ 4 & 2 \end{pmatrix}=x\begin{pmatrix} 1 & 2 \\ 1 & 1 \end{pmatrix}+y\begin{pmatrix} 0 & 2 \\ 2 & 0 \end{pmatrix}$으로 놓고 우변을 정리하면

$$\begin{pmatrix} 2 & 6 \\ 4 & 2 \end{pmatrix}=\begin{pmatrix} x & 2x+2y \\ x+2y & x \end{pmatrix}$$

행렬이 서로 같을 조건으로부터

$$x=2,\ 2x+2y=6,\ x+2y=4$$

이 세 식을 동시에 만족시키는 x, y의 값은 　$x=2$, $y=1$

$$\therefore \begin{pmatrix} 2 & 6 \\ 4 & 2 \end{pmatrix}=2\begin{pmatrix} 1 & 2 \\ 1 & 1 \end{pmatrix}+\begin{pmatrix} 0 & 2 \\ 2 & 0 \end{pmatrix}=2P+Q \longleftarrow \boxed{답}$$

[유제] **19**-2. 다음 등식을 만족시키는 x, y, z의 값을 구하시오.

$$\begin{pmatrix} y & 0 \\ -1 & x \end{pmatrix}-2\begin{pmatrix} -z & z \\ -y & 2y \end{pmatrix}=\begin{pmatrix} 0 & y \\ x & z-2y \end{pmatrix}$$

$\boxed{답}$ $\boldsymbol{x=3,\ y=2,\ z=-1}$

[유제] **19**-3. $A=\begin{pmatrix} 1 & 2 \\ 0 & 1 \end{pmatrix}$, $B=\begin{pmatrix} 4 & 6 \\ 1 & 3 \end{pmatrix}$, $C=\begin{pmatrix} 1 & 0 \\ 1 & 0 \end{pmatrix}$일 때, $xA+yB=C$를 만

족시키는 실수 x, y의 값을 구하시오. 　　　　　$\boxed{답}$ $\boldsymbol{x=-3,\ y=1}$

[유제] **19**-4. $P=\begin{pmatrix} 1 \\ -1 \end{pmatrix}$, $Q=\begin{pmatrix} -2 \\ 3 \end{pmatrix}$일 때, 실수 x, y를 써서 $\begin{pmatrix} 1 \\ 0 \end{pmatrix}$, $\begin{pmatrix} -3 \\ 2 \end{pmatrix}$를 각

각 $xP+yQ$의 꼴로 나타내시오. 　　　　　$\boxed{답}$ $\boldsymbol{3P+Q,\ -5P-Q}$

§2. 행렬의 곱셈

1 **행렬의 곱의 정의**

행렬 A의 열의 개수와 행렬 B의 행의 개수가 같을 때, A의 제 i행과 B의 제 j열의 대응하는 위치에 있는 성분을 차례로 곱하여 더한 것을 (i, j) 성분으로 하는 행렬을 A와 B의 곱이라 하고, $\boldsymbol{AB}$로 나타낸다.

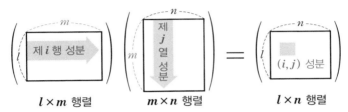

여기에서 A가 $l \times m$ 행렬, B가 $m \times n$ 행렬이면 AB는 $l \times n$ 행렬이다. 곧, $l \times m$, $m \times n$에서 m이 없어지고 $l \times n$ 행렬이 된다.

2 **행렬의 곱의 성질**

A, B, O가 아래의 곱이 정의되는 행렬일 때,

(1) $AO = O$, $OA = O$

(2) 「$AB = O$」가 「$A = O$ 또는 $B = O$」를 뜻하지는 않는다.

3 **행렬의 곱셈에 대한 기본 법칙**

A, B, C가 아래의 합과 곱이 정의되는 행렬일 때,

(1) $AB \neq BA$ ⇐ 교환법칙이 성립하지 않는다.

(2) $(AB)C = A(BC)$ ⇐ 결합법칙

(3) $A(B+C) = AB + AC$, $(A+B)C = AC + BC$ ⇐ 분배법칙

(4) $(kA)B = A(kB) = k(AB)$ (k는 실수)   ⇐ 실수배

4 **행렬의 거듭제곱**

(1) A가 정사각행렬일 때, 행렬의 거듭제곱을 다음과 같이 정의한다.

정의 $A^1 = A$, $A^2 = AA$, $A^3 = A^2 A$, $\cdots$, $A^{m+1} = A^m A$

(2) A가 정사각행렬이고 m, n이 자연수일 때,

정석 $A^m A^n = A^{m+n}$, $(A^m)^n = A^{mn}$

5 단위행렬

(1) 임의의 n차 정사각행렬 A에 대하여
$$AE = EA = A$$
를 만족시키는 n차 정사각행렬 E를 n차 단위행렬이라고 한다.

이차 단위행렬
$$\begin{pmatrix} 1 & 0 \\ 0 & 1 \end{pmatrix}$$

삼차 단위행렬
$$\begin{pmatrix} 1 & 0 & 0 \\ 0 & 1 & 0 \\ 0 & 0 & 1 \end{pmatrix}$$

(2) 단위행렬 E에 대하여 다음이 성립한다.
$$E^2 = E, \ E^3 = E, \ \cdots, \ E^n = E$$

Advice 1° 행렬의 곱의 정의

이를테면 P, Q 두 상점에서 판매하는 공책 1권과 연필 1자루의 단가는 아래 [표 1]과 같고, 갑과 을이 사려는 공책과 연필의 수량은 아래 [표 2]와 같다고 하자.

[표 1]   (단가)

	공책	연필
P 상점	950	300
Q 상점	900	350

[표 2]   (수량)

	갑	을
공책	5	6
연필	4	2

갑과 을이 각각 P, Q 중 한 상점에서 공책과 연필을 살 경우에

   (i) 갑이 P 상점에서 사는 경우   (ii) 을이 P 상점에서 사는 경우

   (iii) 갑이 Q 상점에서 사는 경우   (iv) 을이 Q 상점에서 사는 경우

에 대한 지불 금액을 계산하여 표를 만들면 아래 [표 3]과 같다.

[표 3]   (지불 금액)

	갑	을
P 상점	(i) $950 \times 5 + 300 \times 4$	(ii) $950 \times 6 + 300 \times 2$
Q 상점	(iii) $900 \times 5 + 350 \times 4$	(iv) $900 \times 6 + 350 \times 2$

이때, 단가, 수량, 지불 금액의 관계를 행렬을 이용하여
$$\begin{pmatrix} 950 & 300 \\ 900 & 350 \end{pmatrix} \begin{pmatrix} 5 & 6 \\ 4 & 2 \end{pmatrix} = \begin{pmatrix} 950 \times 5 + 300 \times 4 & 950 \times 6 + 300 \times 2 \\ 900 \times 5 + 350 \times 4 & 900 \times 6 + 350 \times 2 \end{pmatrix}$$
와 같이 나타내면 여러 가지 계산이 함께 처리되어 편리하다.

이와 같은 생각에서 2×2 행렬과 2×2 행렬의 곱을 다음과 같이 정의한다.

정의 $\begin{pmatrix} a & b \\ c & d \end{pmatrix} \begin{pmatrix} x & u \\ y & v \end{pmatrix} = \begin{pmatrix} ax+by & au+bv \\ cx+dy & cu+dv \end{pmatrix}$

이와 같은 행렬의 곱은 아래 그림과 같은 규칙으로 이루어진다.

$$\begin{pmatrix} ① \Rightarrow \\ ② \Rightarrow \end{pmatrix} \begin{pmatrix} ① & ② \\ \Downarrow & \Downarrow \end{pmatrix} = \begin{pmatrix} ①×① & ①×② \\ ②×① & ②×② \end{pmatrix}$$

이와 같이

정석 행렬의 곱셈 $\Longrightarrow (\longrightarrow)(\ \downarrow\ )$ 이 기본

임에 유의하면 다음과 같은 여러 가지 행렬의 꼴에 대한 곱의 정의를 쉽게 이해할 수 있다.

곧, 두 행렬의 곱은 아래 붉은 점선과 같이 앞의 행렬은 행과 행 사이를 가르고, 뒤의 행렬은 열과 열 사이를 갈라서 행과 열의 곱의 계산을 하면 된다.

① $(a \quad b)\begin{pmatrix} x \\ y \end{pmatrix} = (ax+by)$ $\qquad\qquad (\longrightarrow)(\ \downarrow\ )$

② $(a \quad b)\begin{pmatrix} x & u \\ y & v \end{pmatrix} = (ax+by \quad au+bv)$ $\qquad (\longrightarrow)(\downarrow\downarrow)$

③ $\begin{pmatrix} a \\ b \end{pmatrix}(x \ \vdots \ y) = \begin{pmatrix} ax & ay \\ bx & by \end{pmatrix}$ $\qquad\qquad (\rightrightarrows)(\downarrow\downarrow)$

④ $\begin{pmatrix} a & b \\ c & d \end{pmatrix}\begin{pmatrix} x \\ y \end{pmatrix} = \begin{pmatrix} ax+by \\ cx+dy \end{pmatrix}$ $\qquad\qquad (\rightrightarrows)(\ \downarrow\ )$

⑤ $\begin{pmatrix} a & b \\ c & d \end{pmatrix}\begin{pmatrix} x & u \\ y & v \end{pmatrix} = \begin{pmatrix} ax+by & au+bv \\ cx+dy & cu+dv \end{pmatrix}$ $\quad (\rightrightarrows)(\downarrow\downarrow)$

⑥ $\begin{pmatrix} a & b \\ c & d \\ e & f \end{pmatrix}\begin{pmatrix} x & u \\ y & v \end{pmatrix} = \begin{pmatrix} ax+by & au+bv \\ cx+dy & cu+dv \\ ex+fy & eu+fv \end{pmatrix}$ $\ \begin{pmatrix} \rightrightarrows \\ \rightarrow \end{pmatrix}(\downarrow\downarrow)$

여기에서 특히 행렬 A와 행렬 B의 곱 AB는 A의 열의 개수와 B의 행의 개수가 같을 때에만 정의된다는 것에 주의해야 한다.

이를테면 오른쪽과 같은 두 행렬의 곱은 c에 대응하는 성분이 없으므로 곱을 정의할 수 없다. 곧, 앞의 행렬의 가로의 길이와 뒤의 행렬의 세로의 길이가 다를 때에는 곱을 정의하지 않는다.

$$(a \quad b \quad c)\begin{pmatrix} x \\ y \end{pmatrix}$$

정석 행렬 A, B의 곱 AB가 정의되려면

A의 열의 개수 (가로의 길이) $(\longleftrightarrow)$ $=$ B의 행의 개수 (세로의 길이) $(\updownarrow)$

보기 1 다음을 계산하시오.

(1) $(5 \quad 7)\begin{pmatrix} 3 \\ 2 \end{pmatrix}$　　　　(2) $(3 \quad 0)\begin{pmatrix} 2 & 1 \\ 1 & 2 \end{pmatrix}$　　　(3) $\begin{pmatrix} 3 \\ -2 \end{pmatrix}(-5 \quad 4)$

(4) $\begin{pmatrix} -2 & 2 \\ 4 & 5 \end{pmatrix}\begin{pmatrix} 3 \\ -1 \end{pmatrix}$　　　　　　(5) $\begin{pmatrix} 8 & -1 \\ 3 & 5 \end{pmatrix}\begin{pmatrix} 2 & 0 \\ 4 & -3 \end{pmatrix}$

(6) $\begin{pmatrix} 1 & 4 \\ -2 & 5 \\ -3 & 6 \end{pmatrix}\begin{pmatrix} 1 & -2 \\ 3 & 1 \end{pmatrix}$　　　(7) $\begin{pmatrix} 1 & 2 & 3 \\ -1 & 0 & 1 \\ 3 & -2 & 4 \end{pmatrix}\begin{pmatrix} -2 & 0 & 4 \\ 1 & -1 & 2 \\ 2 & 1 & -3 \end{pmatrix}$

연구 일반적으로 행렬의 곱의 꼴에 대하여

　　정석 A가 $l \times m$ 행렬, B가 $k \times n$ 행렬이면
　　　　$m = k$일 때 AB가 정의되고, 이때 AB는 $l \times n$ 행렬이 된다

는 것에 주의해야 한다.

　　이를테면 (6)은 3×2 행렬과 2×2 행렬의 곱이므로 그 결과는 3×2 행렬이 된다.

(1) $(5 \quad 7)\begin{pmatrix} 3 \\ 2 \end{pmatrix} = (5 \times 3 + 7 \times 2) = (29) = \mathbf{29}$　　　⇐ 괄호를 없애도 된다.

(2) $(3 \quad 0)\begin{pmatrix} 2 & 1 \\ 1 & 2 \end{pmatrix} = (3 \times 2 + 0 \times 1 \quad 3 \times 1 + 0 \times 2) = \mathbf{(6 \quad 3)}$

(3) $\begin{pmatrix} 3 \\ -2 \end{pmatrix}(-5 \quad 4) = \begin{pmatrix} 3 \times (-5) & 3 \times 4 \\ -2 \times (-5) & -2 \times 4 \end{pmatrix} = \begin{pmatrix} \mathbf{-15} & \mathbf{12} \\ \mathbf{10} & \mathbf{-8} \end{pmatrix}$

(4) $\begin{pmatrix} -2 & 2 \\ 4 & 5 \end{pmatrix}\begin{pmatrix} 3 \\ -1 \end{pmatrix} = \begin{pmatrix} -2 \times 3 + 2 \times (-1) \\ 4 \times 3 + 5 \times (-1) \end{pmatrix} = \begin{pmatrix} \mathbf{-8} \\ \mathbf{7} \end{pmatrix}$

(5) $\begin{pmatrix} 8 & -1 \\ 3 & 5 \end{pmatrix}\begin{pmatrix} 2 & 0 \\ 4 & -3 \end{pmatrix} = \begin{pmatrix} 16-4 & 0+3 \\ 6+20 & 0-15 \end{pmatrix} = \begin{pmatrix} \mathbf{12} & \mathbf{3} \\ \mathbf{26} & \mathbf{-15} \end{pmatrix}$

(6) $\begin{pmatrix} 1 & 4 \\ -2 & 5 \\ -3 & 6 \end{pmatrix}\begin{pmatrix} 1 & -2 \\ 3 & 1 \end{pmatrix} = \begin{pmatrix} 1+12 & -2+4 \\ -2+15 & 4+5 \\ -3+18 & 6+6 \end{pmatrix} = \begin{pmatrix} \mathbf{13} & \mathbf{2} \\ \mathbf{13} & \mathbf{9} \\ \mathbf{15} & \mathbf{12} \end{pmatrix}$

(7) $\begin{pmatrix} 1 & 2 & 3 \\ -1 & 0 & 1 \\ 3 & -2 & 4 \end{pmatrix}\begin{pmatrix} -2 & 0 & 4 \\ 1 & -1 & 2 \\ 2 & 1 & -3 \end{pmatrix} = \begin{pmatrix} -2+2+6 & 0-2+3 & 4+4-9 \\ 2+0+2 & 0+0+1 & -4+0-3 \\ -6-2+8 & 0+2+4 & 12-4-12 \end{pmatrix}$

$$= \begin{pmatrix} \mathbf{6} & \mathbf{1} & \mathbf{-1} \\ \mathbf{4} & \mathbf{1} & \mathbf{-7} \\ \mathbf{0} & \mathbf{6} & \mathbf{-4} \end{pmatrix}$$

Advice 2° 행렬의 곱의 성질

이를테면 행렬 $A,\ B,\ O$가

$$A=\begin{pmatrix} 3 & 0 \\ 5 & 0 \end{pmatrix},\quad B=\begin{pmatrix} 0 & 0 \\ 4 & 7 \end{pmatrix},\quad O=\begin{pmatrix} 0 & 0 \\ 0 & 0 \end{pmatrix}$$

일 때, $AB,\ BA,\ AO,\ OA$를 계산해 보면 다음과 같다.

$$AB=\begin{pmatrix} 3 & 0 \\ 5 & 0 \end{pmatrix}\begin{pmatrix} 0 & 0 \\ 4 & 7 \end{pmatrix}=\begin{pmatrix} 3\times0+0\times4 & 3\times0+0\times7 \\ 5\times0+0\times4 & 5\times0+0\times7 \end{pmatrix}=\begin{pmatrix} 0 & 0 \\ 0 & 0 \end{pmatrix}$$

$$BA=\begin{pmatrix} 0 & 0 \\ 4 & 7 \end{pmatrix}\begin{pmatrix} 3 & 0 \\ 5 & 0 \end{pmatrix}=\begin{pmatrix} 0\times3+0\times5 & 0\times0+0\times0 \\ 4\times3+7\times5 & 4\times0+7\times0 \end{pmatrix}=\begin{pmatrix} 0 & 0 \\ 47 & 0 \end{pmatrix}$$

$$AO=\begin{pmatrix} 3 & 0 \\ 5 & 0 \end{pmatrix}\begin{pmatrix} 0 & 0 \\ 0 & 0 \end{pmatrix}=\begin{pmatrix} 3\times0+0\times0 & 3\times0+0\times0 \\ 5\times0+0\times0 & 5\times0+0\times0 \end{pmatrix}=\begin{pmatrix} 0 & 0 \\ 0 & 0 \end{pmatrix}$$

$$OA=\begin{pmatrix} 0 & 0 \\ 0 & 0 \end{pmatrix}\begin{pmatrix} 3 & 0 \\ 5 & 0 \end{pmatrix}=\begin{pmatrix} 0\times3+0\times5 & 0\times0+0\times0 \\ 0\times3+0\times5 & 0\times0+0\times0 \end{pmatrix}=\begin{pmatrix} 0 & 0 \\ 0 & 0 \end{pmatrix}$$

이 곱셈의 결과로부터 다음 사실을 알 수 있다.

(i) 행렬의 곱에서는 교환법칙이 성립하지 않는다. 곧,

$$AB \neq BA$$

(ii) $A \neq O$, $B \neq O$임에도 $AB = O$인 행렬 $A,\ B$가 있을 수 있다.

곧, 수의 곱셈과는 달리 행렬의 곱셈에서는

「$AB=O$」가「$A=O$ 또는 $B=O$」를 뜻하지는 않는다.

(iii) 같은 차수의 정사각행렬 $A,\ O$에 대하여 다음이 성립한다.

$$AO = OA = O$$

*Note $AB=O$를 만족시키는 O가 아닌 행렬 $A,\ B$를 영인자라고 한다.

Advice 3° 행렬의 곱셈에 대한 기본 법칙

실수에서는 곱셈에 대한 교환법칙, 결합법칙, 분배법칙이 모두 성립한다. 그러나 행렬에서는 곱셈에 대한 결합법칙, 분배법칙은 성립하지만, 교환법칙은 성립하지 않는다는 것에 특히 주의해야 한다. 곧,

정석 $A,\ B,\ C$가 아래의 합과 곱이 정의되는 행렬일 때,

$$AB \neq BA, \qquad\qquad (AB)C = A(BC),$$
$$A(B+C) = AB + AC, \quad (A+B)C = AC + BC$$

2×2 행렬에 대하여 위의 등식이 성립함을 보일 때에는

$$A=\begin{pmatrix} a & b \\ c & d \end{pmatrix},\quad B=\begin{pmatrix} p & q \\ r & s \end{pmatrix},\quad C=\begin{pmatrix} u & v \\ w & x \end{pmatrix}$$

로 놓고 좌변과 우변을 정리한 다음, 대응하는 성분이 같음을 보이면 된다.

Advice 4° 행렬의 거듭제곱

정사각행렬 A의 거듭제곱 A^m(m은 자연수)은 실수에서와 같이

$$A^1=A,\ A^2=AA,\ A^3=A^2A,\ A^4=A^3A,\ \cdots,\ A^{m+1}=A^mA$$

로 정의한다. 이때, 행렬의 곱셈에 대한 결합법칙으로부터

$$(AA)A=A(AA)\quad 곧,\ A^2A=AA^2$$

이므로 $A^3=AA^2,\ A^4=AA^3,\ \cdots$으로 정의해도 된다.

일반적으로 A^m은 순서에 관계없이 A를 m번 곱한 것을 뜻한다.

그리고 수의 경우와 같이 다음이 성립한다.

정석 A가 정사각행렬이고 $m,\ n$이 자연수일 때,
$$A^mA^n=A^{m+n},\quad (A^m)^n=A^{mn}$$

보기 2 $A=\begin{pmatrix}2&0\\0&2\end{pmatrix}$일 때, $A^2,\ A^3$을 구하시오.

연구 $A^2=AA=\begin{pmatrix}2&0\\0&2\end{pmatrix}\begin{pmatrix}2&0\\0&2\end{pmatrix}=\begin{pmatrix}\mathbf{4}&\mathbf{0}\\\mathbf{0}&\mathbf{4}\end{pmatrix}$

$A^3=A^2A=\begin{pmatrix}4&0\\0&4\end{pmatrix}\begin{pmatrix}2&0\\0&2\end{pmatrix}=\begin{pmatrix}\mathbf{8}&\mathbf{0}\\\mathbf{0}&\mathbf{8}\end{pmatrix}$

Advice 5° 단위행렬

오른쪽 행렬과 같이 정사각행렬 중에서 왼쪽 위에서 오른쪽 아래로의 대각선 위의 성분이 모두 1이고, 그 이외의 성분은 모두 0인 행렬을 단위행렬이라고 한다.

이차 단위행렬 $\begin{pmatrix}1&0\\0&1\end{pmatrix}$ 삼차 단위행렬 $\begin{pmatrix}1&0&0\\0&1&0\\0&0&1\end{pmatrix}$

단위행렬은 흔히 E 또는 I로 나타내지만, 이 책에서는 E로 나타내기로 한다. 또, 혼동할 염려가 없을 때에는 단위행렬의 꼴은 생략하기도 한다.

$A=\begin{pmatrix}a&b\\c&d\end{pmatrix},\ E=\begin{pmatrix}1&0\\0&1\end{pmatrix}$일 때,

$AE=\begin{pmatrix}a&b\\c&d\end{pmatrix}\begin{pmatrix}1&0\\0&1\end{pmatrix}=\begin{pmatrix}a&b\\c&d\end{pmatrix}=A,\ EA=\begin{pmatrix}1&0\\0&1\end{pmatrix}\begin{pmatrix}a&b\\c&d\end{pmatrix}=\begin{pmatrix}a&b\\c&d\end{pmatrix}=A,$

$E^2=\begin{pmatrix}1&0\\0&1\end{pmatrix}\begin{pmatrix}1&0\\0&1\end{pmatrix}=\begin{pmatrix}1&0\\0&1\end{pmatrix}=E,\ E^3=E^2E=\begin{pmatrix}1&0\\0&1\end{pmatrix}\begin{pmatrix}1&0\\0&1\end{pmatrix}=\begin{pmatrix}1&0\\0&1\end{pmatrix}=E$

에서 알 수 있는 바와 같이 단위행렬 E에는 다음 성질이 있다.

정석 $A,\ E$가 같은 차수의 정사각행렬일 때,
$$AE=EA=A,\quad E^2=E,\ E^3=E,\ \cdots,\ E^n=E$$

필수 예제 **19**-3 다음 물음에 답하시오.

(1) 다음 등식을 만족시키는 x, y의 값을 구하시오.

$$\begin{pmatrix} x & y \\ 2 & 1 \end{pmatrix}\begin{pmatrix} x & 0 \\ y & x \end{pmatrix}=2\begin{pmatrix} 10 & 6-x \\ 3 & 0 \end{pmatrix}+\begin{pmatrix} 5 & 2x \\ 4 & x \end{pmatrix}$$

(2) 모든 실수 x, y에 대하여 다음 등식을 만족시키는 상수 a, b, c의 값을 구하시오.

$$(x \quad y)\begin{pmatrix} a & b \\ 0 & c \end{pmatrix}\begin{pmatrix} x \\ y \end{pmatrix}=(x \quad y)\begin{pmatrix} 1 & 2 \\ 3 & 1 \end{pmatrix}\begin{pmatrix} x \\ y \end{pmatrix}$$

────────────────────

[정석연구] 행렬의 합, 곱, 실수배의 정의를 이용하여 주어진 등식의 좌변과 우변을 각각 하나의 행렬로 나타낸 다음,

　　　　[정석] 행렬이 서로 같을 조건을 이용한다.

[모범답안] (1) 주어진 식에서 $\begin{pmatrix} x^2+y^2 & xy \\ 2x+y & x \end{pmatrix}=\begin{pmatrix} 25 & 12 \\ 10 & x \end{pmatrix}$

행렬이 서로 같을 조건으로부터

　　$x^2+y^2=25$ ……① 　　 $xy=12$ ……② 　　　$2x+y=10$ ……③

①, ③을 연립하여 풀면

　　　　　　$x=3, \ y=4$ 또는 $x=5, \ y=0$

이 중에서 ②를 만족시키는 것은 $\boldsymbol{x=3, \ y=4}$ ← [답]

(2) 주어진 식에서 $(ax \quad bx+cy)\begin{pmatrix} x \\ y \end{pmatrix}=(x+3y \quad 2x+y)\begin{pmatrix} x \\ y \end{pmatrix}$

　　$\therefore \ (ax^2+(bx+cy)y)=((x+3y)x+(2x+y)y)$

　　$\therefore \ ax^2+bxy+cy^2=x^2+5xy+y^2$

모든 실수 x, y에 대하여 성립하려면 $\boldsymbol{a=1, \ b=5, \ c=1}$ ← [답]

[유제] **19**-5. 다음 등식을 만족시키는 x, y의 값을 구하시오.

(1) $\begin{pmatrix} x & 0 \\ 1 & y \end{pmatrix}\begin{pmatrix} -1 & 1 \\ x & y \end{pmatrix}=\begin{pmatrix} -1 & 1 \\ 2y & 2 \end{pmatrix}$

(2) $\begin{pmatrix} 2 & -2 \\ 3 & -1 \end{pmatrix}\begin{pmatrix} 1 & 2 \\ x & y \end{pmatrix}=\begin{pmatrix} 1 & 2 \\ x & y \end{pmatrix}\begin{pmatrix} 2 & -2 \\ 3 & -1 \end{pmatrix}$ 　　 [답] (1) $\boldsymbol{x=1, \ y=-1}$
　　　　　　　　　　　　　　　　　　　　　　　　　　　(2) $\boldsymbol{x=-3, \ y=4}$

[유제] **19**-6. $A=\begin{pmatrix} a & b \\ b & 1 \end{pmatrix}, B=\begin{pmatrix} 1 & a \\ a & b \end{pmatrix}, C=\begin{pmatrix} a-1 & x \\ ab & b-1 \end{pmatrix}$이 $AB=C$를 만족시킬 때, x의 값을 구하시오. 　　　　　　　　　 [답] $\boldsymbol{x=3}$

필수 예제 **19**-4   이차 정사각행렬 A, B에 대하여 다음을 보이시오.

(1) $AB=BA$이면 $(A+B)^2=A^2+2AB+B^2$이고,
$(A+B)^2=A^2+2AB+B^2$이면 $AB=BA$이다.

(2) $AB=BA$이면 $(AB)^2=A^2B^2$이다.

[정석연구] 행렬의 곱에서는 교환법칙이 성립하지 않으므로 일반적으로
$$(A+B)^2=A^2+2AB+B^2, \quad (AB)^2=A^2B^2$$
과 같은 계산이 성립하지 않는다.

따라서 $(A+B)^2$을 전개할 때에는 분배법칙을 이용하여
$$(\boldsymbol{A+B})(\boldsymbol{A+B})=\boldsymbol{A}(\boldsymbol{A+B})+\boldsymbol{B}(\boldsymbol{A+B})=\boldsymbol{A^2+AB+BA+B^2}$$
과 같이 전개해야 한다는 것에 주의한다.

     정석 행렬의 곱에서는 $\Longrightarrow$ 곱의 순서에 주의한다.

[모범답안] (1) $(A+B)^2=(A+B)(A+B)=A^2+AB+BA+B^2$이므로
$AB=BA$이면 $(A+B)^2=A^2+2AB+B^2$이다.

또, $(A+B)^2=A^2+2AB+B^2$이면
$$A^2+AB+BA+B^2=A^2+2AB+B^2$$
이므로 $AB=BA$이다.

(2) $(AB)^2=(AB)(AB)=A(BA)B$, $A^2B^2=(AA)(BB)=A(AB)B$
이므로 $AB=BA$이면 $(AB)^2=A^2B^2$이다.

Advice 1° (1)을 $AB=BA \Longleftrightarrow (A+B)^2=A^2+2AB+B^2$과 같이 나타낸다. 여기에서 다음 관계도 같이 기억해 두자.

     정석 $AB=BA \Longleftrightarrow (A-B)^2=A^2-2AB+B^2$
$$\Longleftrightarrow (A+B)(A-B)=A^2-B^2$$

2° (2)에서 $A=\begin{pmatrix} 1 & 0 \\ 1 & 0 \end{pmatrix}$, $B=\begin{pmatrix} 0 & 0 \\ 1 & 1 \end{pmatrix}$이면
$$(AB)^2=A^2B^2=O, \quad AB=\begin{pmatrix} 0 & 0 \\ 0 & 0 \end{pmatrix}, \quad BA=\begin{pmatrix} 0 & 0 \\ 2 & 0 \end{pmatrix}$$
이므로 $(AB)^2=A^2B^2$이라고 해서 $AB=BA$인 것은 아니다.

[유제] **19**-7. $A=\begin{pmatrix} 3 & x \\ -2 & y-1 \end{pmatrix}$, $B=\begin{pmatrix} x & y \\ 4 & 3 \end{pmatrix}$이 $(A+B)(A-B)=A^2-B^2$을 만족시킬 때, x, y의 값을 구하시오.   [답] $\boldsymbol{x=-1}$, $\boldsymbol{y=2}$

필수 예제 **19**-5　임의의 2×2 행렬 X에 대하여 $AX=XA$를 만족시키는 2×2 행렬 A를 구하시오.

───────────────────────

[정석연구] A, X를 각각 2×2 행렬로 나타낸 다음, 곱의 정의에 따라 AX, XA를 하나의 행렬로 나타낸다. 이때, 다음 **정의**를 이용한다.

정 의 $\begin{pmatrix} a_{11} & a_{12} \\ a_{21} & a_{22} \end{pmatrix}=\begin{pmatrix} b_{11} & b_{12} \\ b_{21} & b_{22} \end{pmatrix} \iff \begin{matrix} a_{11}=b_{11},\ a_{12}=b_{12}, \\ a_{21}=b_{21},\ a_{22}=b_{22} \end{matrix}$

[모범답안] $A=\begin{pmatrix} a & b \\ c & d \end{pmatrix}$, $X=\begin{pmatrix} x & y \\ u & v \end{pmatrix}$ (x, y, u, v는 임의의 실수)라고 하면

$$AX=XA \iff \begin{pmatrix} a & b \\ c & d \end{pmatrix}\begin{pmatrix} x & y \\ u & v \end{pmatrix}=\begin{pmatrix} x & y \\ u & v \end{pmatrix}\begin{pmatrix} a & b \\ c & d \end{pmatrix}$$

$$\iff \begin{pmatrix} ax+bu & ay+bv \\ cx+du & cy+dv \end{pmatrix}=\begin{pmatrix} ax+cy & bx+dy \\ au+cv & bu+dv \end{pmatrix}$$

행렬이 서로 같을 조건으로부터
$$ax+bu=ax+cy,\quad ay+bv=bx+dy,$$
$$cx+du=au+cv,\quad cy+dv=bu+dv$$
각 식을 x, y, u, v에 관하여 정리하면(첫째 식과 넷째 식은 동일)
$$cy-bu=0,\quad bx+(d-a)y-bv=0,\quad cx+(d-a)u-cv=0$$
x, y, u, v에 관한 항등식이므로 $c=0$, $b=0$, $d-a=0$
$$\therefore\ A=\begin{pmatrix} a & 0 \\ 0 & a \end{pmatrix}=a\begin{pmatrix} \mathbf{1} & \mathbf{0} \\ \mathbf{0} & \mathbf{1} \end{pmatrix}\ (\mathbf{a}\text{는 실수}) \longleftarrow \boxed{\text{답}}$$

Advice | X는 임의의 행렬이므로

$A=\begin{pmatrix} a & b \\ c & d \end{pmatrix}$ 라 하고 $X=\begin{pmatrix} 1 & 0 \\ 0 & 0 \end{pmatrix}, \begin{pmatrix} 0 & 1 \\ 0 & 0 \end{pmatrix}$에 대하여 $AX=XA$가 성립하는 조건을 구해도 $b=0$, $c=0$, $d=a$를 얻는다.

　그리고 이렇게 구한 행렬이 임의의 행렬 X에 대하여 $AX=XA$를 만족시킴을 보여도 된다.

[유제] **19**-8. 임의의 2×2 행렬 A에 대하여 $AB=3A$를 만족시키는 2×2 행렬 B를 구하시오.　　답 $\begin{pmatrix} \mathbf{3} & \mathbf{0} \\ \mathbf{0} & \mathbf{3} \end{pmatrix}$

[유제] **19**-9. 임의의 2×2 행렬 A에 대하여 $AX=XA=A$를 만족시키는 2×2 행렬 X는 단위행렬 E임을 보이시오.

필수 예제 **19**-6 다음에서 실수 $x,\ y$의 값을 구하시오.

(1) $A=\begin{pmatrix} 4 & -1 \\ 2 & 1 \end{pmatrix}$, $E=\begin{pmatrix} 1 & 0 \\ 0 & 1 \end{pmatrix}$이 $A^2=xA+yE$를 만족시킨다.

(2) $A=\begin{pmatrix} 0 & 1 \\ -1 & 0 \end{pmatrix}$, $E=\begin{pmatrix} 1 & 0 \\ 0 & 1 \end{pmatrix}$일 때, $P=xE+yA$가

$P^2-4P+11E=O$를 만족시킨다.

[정석연구] 조건식을 성분으로 나타내어 행렬이 서로 같을 조건을 이용한다.

정의 $\begin{pmatrix} a_{11} & a_{12} \\ a_{21} & a_{22} \end{pmatrix}=\begin{pmatrix} b_{11} & b_{12} \\ b_{21} & b_{22} \end{pmatrix}$ $\Longleftrightarrow$ $a_{11}=b_{11},\ a_{12}=b_{12},$ $a_{21}=b_{21},\ a_{22}=b_{22}$

[모범답안] (1) $A^2=AA=\begin{pmatrix} 4 & -1 \\ 2 & 1 \end{pmatrix}\begin{pmatrix} 4 & -1 \\ 2 & 1 \end{pmatrix}=\begin{pmatrix} 14 & -5 \\ 10 & -1 \end{pmatrix}$이므로 조건식은

$$\begin{pmatrix} 14 & -5 \\ 10 & -1 \end{pmatrix}=\begin{pmatrix} 4x & -x \\ 2x & x \end{pmatrix}+\begin{pmatrix} y & 0 \\ 0 & y \end{pmatrix}$$

$\therefore\ 4x+y=14,\ -x=-5,\ 2x=10,\ x+y=-1$

이 네 식을 동시에 만족시키는 $x,\ y$의 값은 $\boldsymbol{x=5,\ y=-6}$ ← [답]

(2) $P=x\begin{pmatrix} 1 & 0 \\ 0 & 1 \end{pmatrix}+y\begin{pmatrix} 0 & 1 \\ -1 & 0 \end{pmatrix}=\begin{pmatrix} x & 0 \\ 0 & x \end{pmatrix}+\begin{pmatrix} 0 & y \\ -y & 0 \end{pmatrix}=\begin{pmatrix} x & y \\ -y & x \end{pmatrix}$이므로

$$P^2-4P+11E=\begin{pmatrix} x & y \\ -y & x \end{pmatrix}\begin{pmatrix} x & y \\ -y & x \end{pmatrix}-4\begin{pmatrix} x & y \\ -y & x \end{pmatrix}+11\begin{pmatrix} 1 & 0 \\ 0 & 1 \end{pmatrix}$$

$$=\begin{pmatrix} x^2-y^2-4x+11 & 2xy-4y \\ -2xy+4y & x^2-y^2-4x+11 \end{pmatrix}=\begin{pmatrix} 0 & 0 \\ 0 & 0 \end{pmatrix}$$

$\therefore\ x^2-y^2-4x+11=0$ ······① $2xy-4y=0$ ······②

②에서 $y(x-2)=0$ $\therefore\ y=0$ 또는 $x=2$

$y=0$일 때, ①에서 x는 실수가 아니다.

$x=2$일 때, ①에서 $y^2=7$ $\therefore\ y=\pm\sqrt{7}$

[답] $\boldsymbol{x=2,\ y=\sqrt{7}}$ 또는 $\boldsymbol{x=2,\ y=-\sqrt{7}}$

[유제] **19**-10. $A=\begin{pmatrix} 1 & 2 \\ 3 & 4 \end{pmatrix}$, $E=\begin{pmatrix} 1 & 0 \\ 0 & 1 \end{pmatrix}$이 $A^2-kA=2E$를 만족시킬 때, 실수

k의 값을 구하시오.   [답] $k=5$

[유제] **19**-11. $A=\begin{pmatrix} a & b \\ b & a \end{pmatrix}$, $E=\begin{pmatrix} 1 & 0 \\ 0 & 1 \end{pmatrix}$이 $A^2-10A+16E=O$를 만족시킬

때, $a,\ b$의 값을 구하시오. 단, $b>0$이다.   [답] $a=5,\ b=3$

필수 예제 **19**-7 행렬 $A=\begin{pmatrix} 0 & 1 \\ -1 & 1 \end{pmatrix}$에 대하여 다음 물음에 답하시오.

(1) A^n이 단위행렬이 되도록 하는 자연수 n의 최솟값을 구하시오.

(2) A^{50}을 구하시오.

(3) $A^{13}\begin{pmatrix} x & y \\ u & v \end{pmatrix}=\begin{pmatrix} 1 & 2 \\ 3 & 4 \end{pmatrix}$일 때, $x,\ y,\ u,\ v$의 값을 구하시오.

─────────────────────────────────

정석연구 (1) 행렬의 거듭제곱의 정의를 써서 A^2, A^3, $\cdots$ 을 차례로 구해 본다.

정의 $A^1=A$, $A^2=AA$, $A^3=A^2A$, $\cdots$, $A^{m+1}=A^m A$

(2) 이를테면 $A^3=E$라고 하면 A^{50}은
$$A^{50}=(A^3)^{16}A^2=E^{16}A^2=EA^2=A^2$$
과 같이 간단히 된다. 여기에서 E에 관한 다음 성질을 이용하였다.

정석 $E^2=E$, $E^3=E$, $\cdots$, $E^n=E$, $AE=EA=A$

모범답안 (1) $A^2=AA=\begin{pmatrix} 0 & 1 \\ -1 & 1 \end{pmatrix}\begin{pmatrix} 0 & 1 \\ -1 & 1 \end{pmatrix}=\begin{pmatrix} -1 & 1 \\ -1 & 0 \end{pmatrix}$,

$A^3=A^2A=\begin{pmatrix} -1 & 1 \\ -1 & 0 \end{pmatrix}\begin{pmatrix} 0 & 1 \\ -1 & 1 \end{pmatrix}=\begin{pmatrix} -1 & 0 \\ 0 & -1 \end{pmatrix}=-\begin{pmatrix} 1 & 0 \\ 0 & 1 \end{pmatrix}=-E$

$\therefore\ A^4=A^3A=-EA=-A$, $A^5=A^4A=-AA=-A^2$,

$A^6=A^5A=-A^2A=-A^3=-(-E)=E$ $\therefore$ **$n=6$** ← 답

*Note $A^3=-E$에서 $A^6=(A^3)^2=(-E)^2=E^2=E$라고 해도 된다.

(2) $A^{50}=(A^6)^8A^2=E^8A^2=EA^2=A^2=\begin{pmatrix} -1 & 1 \\ -1 & 0 \end{pmatrix}$ ← 답

(3) $A^{13}=(A^6)^2A=E^2A=EA=A$이므로 주어진 등식은
$$A\begin{pmatrix} x & y \\ u & v \end{pmatrix}=\begin{pmatrix} 1 & 2 \\ 3 & 4 \end{pmatrix}\quad 곧,\quad \begin{pmatrix} 0 & 1 \\ -1 & 1 \end{pmatrix}\begin{pmatrix} x & y \\ u & v \end{pmatrix}=\begin{pmatrix} 1 & 2 \\ 3 & 4 \end{pmatrix}$$
$\therefore\ u=1,\ v=2,\ -x+u=3,\ -y+v=4$
$\therefore\ \boldsymbol{x=-2,\ y=-2,\ u=1,\ v=2}$ ← 답

유제 **19**-12. 행렬 $A=\begin{pmatrix} -2 & -1 \\ 3 & 1 \end{pmatrix}$에 대하여 다음 물음에 답하시오.

(1) A^{102}을 구하시오.

(2) $A^{10}\begin{pmatrix} x \\ y \end{pmatrix}=\begin{pmatrix} -4 \\ 5 \end{pmatrix}$일 때, $\begin{pmatrix} x \\ y \end{pmatrix}$를 구하시오.   답 (1) $\begin{pmatrix} 1 & 0 \\ 0 & 1 \end{pmatrix}$ (2) $\begin{pmatrix} 1 \\ 2 \end{pmatrix}$

필수 예제 **19**-8 $A=\begin{pmatrix} a & b \\ c & d \end{pmatrix}$, $E=\begin{pmatrix} 1 & 0 \\ 0 & 1 \end{pmatrix}$일 때, 다음 물음에 답하시오.

(1) $A^2-(a+d)A+(ad-bc)E=O$임을 보이시오.

(2) $a+d=1$, $ad-bc=1$일 때, $A^6=E$임을 보이시오.

[정석연구] (1) A^2을 계산하여 좌변을 성분으로 나타낸다.

(2) (1)의 식에 $a+d=1$, $ad-bc=1$을 대입하여 얻은 식을 이용한다.

[모범답안] (1) $A^2-(a+d)A+(ad-bc)E$

$$=\begin{pmatrix} a & b \\ c & d \end{pmatrix}\begin{pmatrix} a & b \\ c & d \end{pmatrix}-(a+d)\begin{pmatrix} a & b \\ c & d \end{pmatrix}+(ad-bc)\begin{pmatrix} 1 & 0 \\ 0 & 1 \end{pmatrix}$$

$$=\begin{pmatrix} a^2+bc & ab+bd \\ ac+cd & bc+d^2 \end{pmatrix}-\begin{pmatrix} a^2+ad & ab+bd \\ ac+cd & ad+d^2 \end{pmatrix}+\begin{pmatrix} ad-bc & 0 \\ 0 & ad-bc \end{pmatrix}$$

$$=\begin{pmatrix} 0 & 0 \\ 0 & 0 \end{pmatrix}=O \quad 곧, \ A^2-(a+d)A+(ad-bc)E=O$$

(2) $A^2-(a+d)A+(ad-bc)E=O$에 $a+d=1$, $ad-bc=1$을 대입하면

$$A^2-A+E=O \quad \therefore \ A^2=A-E$$

$$\therefore \ A^3=A^2A=(A-E)A=A^2-A=(A-E)-A=-E$$

$$\therefore \ A^6=(A^3)^2=(-E)^2=E^2=E$$

Advice | (1)의 결과를 정리하면

정석 $A=\begin{pmatrix} a & b \\ c & d \end{pmatrix}$일 때 $A^2-(a+d)A+(ad-bc)E=O$

이다. 이것을 케일리-해밀턴의 정리라고 한다.

그러나 $A=\begin{pmatrix} a & b \\ c & d \end{pmatrix}$일 때, $A^2-pA+qE=O$라고 해서 $a+d=p$,

$ad-bc=q$인 것은 아니다.

이를테면 $A=\begin{pmatrix} 1 & 0 \\ 0 & 1 \end{pmatrix}$은 $A^2-3A+2E=O$를 만족시키지만 $a+d\neq3$,

$ad-bc\neq2$이다. 이와 같은 행렬은 모두 kE (k는 실수)의 꼴이다.

[유제] **19**-13. $A=\begin{pmatrix} -2 & 1 \\ -3 & 1 \end{pmatrix}$, $E=\begin{pmatrix} 1 & 0 \\ 0 & 1 \end{pmatrix}$일 때, 다음 물음에 답하시오.

(1) $A^2+A+E=O$임을 보이시오.

(2) $A^3=E$임을 보이시오. (3) A^{25}을 구하시오. 답 (3) $\begin{pmatrix} -2 & 1 \\ -3 & 1 \end{pmatrix}$

필수 예제 **19**-9　$A=\begin{pmatrix} 3 & 1 \\ -4 & -2 \end{pmatrix}$, $E=\begin{pmatrix} 1 & 0 \\ 0 & 1 \end{pmatrix}$일 때,

(1) $A^2+pA+qE=O$를 만족시키는 실수 p, q의 값을 구하시오.

(2) A^4-A^3-3E를 구하시오.

[정석연구] E가 단위행렬이므로

정석 $AE=EA=A$

따라서 이를테면 등식

$$(x^2-x+1)(x^2+x+1)+3x-4=x^4+x^2+3x-3$$

의 x에 행렬 A를 대입하고 1, -4, -3 대신 E, $-4E$, $-3E$를 대입한

$$(A^2-A+E)(A^2+A+E)+3A-4E=A^4+A^2+3A-3E$$

도 성립한다. 따라서 (2)에서는 x^4-x^3-3을 x^2+px+q로 나눈 몫과 나머지로 나타낸 다음, 위의 성질을 이용하여 A^4-A^3-3E를 구할 수 있다.

[모범답안] (1) $A^2=AA=\begin{pmatrix} 3 & 1 \\ -4 & -2 \end{pmatrix}\begin{pmatrix} 3 & 1 \\ -4 & -2 \end{pmatrix}=\begin{pmatrix} 5 & 1 \\ -4 & 0 \end{pmatrix}$이므로 조건식은

$$\begin{pmatrix} 5 & 1 \\ -4 & 0 \end{pmatrix}+\begin{pmatrix} 3p & p \\ -4p & -2p \end{pmatrix}+\begin{pmatrix} q & 0 \\ 0 & q \end{pmatrix}=\begin{pmatrix} 0 & 0 \\ 0 & 0 \end{pmatrix}$$

$$\therefore \begin{pmatrix} 5+3p+q & 1+p \\ -4-4p & -2p+q \end{pmatrix}=\begin{pmatrix} 0 & 0 \\ 0 & 0 \end{pmatrix}$$

$$\therefore 5+3p+q=0,\ 1+p=0,\ -4-4p=0,\ -2p+q=0$$

이 네 식을 동시에 만족시키는 p, q의 값은 　$\boldsymbol{p=-1}$, $\boldsymbol{q=-2}$ ← [답]

*Note 앞서 공부한 케일리-해밀턴의 정리를 써서 p, q의 값을 구할 수도 있다.

(2) x^4-x^3-3을 x^2-x-2로 나누면 몫이 x^2+2, 나머지가 $2x+1$이므로

$$x^4-x^3-3=(x^2-x-2)(x^2+2)+2x+1$$

$$\therefore A^4-A^3-3E=(A^2-A-2E)(A^2+2E)+2A+E$$

(1)에서 $A^2-A-2E=O$이므로

$$(준\ 식)=2A+E=2\begin{pmatrix} 3 & 1 \\ -4 & -2 \end{pmatrix}+\begin{pmatrix} 1 & 0 \\ 0 & 1 \end{pmatrix}=\begin{pmatrix} \mathbf{7} & \mathbf{2} \\ \mathbf{-8} & \mathbf{-3} \end{pmatrix} ← [답]$$

[유제] **19**-14.　$A=\begin{pmatrix} 4 & -7 \\ 2 & -5 \end{pmatrix}$, $E=\begin{pmatrix} 1 & 0 \\ 0 & 1 \end{pmatrix}$일 때, 다음 물음에 답하시오.

(1) $A^2+pA+qE=O$를 만족시키는 실수 p, q의 값을 구하시오.

(2) A^4+2A^3-A-9E를 구하시오.　　　[답] (1) $\boldsymbol{p=1}$, $\boldsymbol{q=-6}$　(2) $\boldsymbol{21E}$

필수 예제 **19**-10 $A = \begin{pmatrix} x & z \\ z & y \end{pmatrix}$, $E = \begin{pmatrix} 1 & 0 \\ 0 & 1 \end{pmatrix}$이 $A^2 - 4A + 3E = O$를 만족

시킬 때, 점 (x, y)가 존재하는 부분을 좌표평면 위에 나타내시오.
단, x, y, z는 실수이다.

[정석연구] 조건식의 좌변을 성분으로 나타내어 행렬이 서로 같을 조건을 이용해
도 되지만, 케일리-해밀턴의 정리를 기억해 두고서 이용해도 좋다.

정석 $A = \begin{pmatrix} a & b \\ c & d \end{pmatrix}$일 때 $A^2 - (a+d)A + (ad-bc)E = O$

[모범답안] $A^2 - 4A + 3E = O$ ……①
    주어진 행렬 A에서 $A^2 - (x+y)A + (xy - z^2)E = O$ ……②
    ①−②하면 $(x+y-4)A = (xy - z^2 - 3)E$ ……③

(i) $x + y \neq 4$일 때, ③에서

$$A = \frac{xy - z^2 - 3}{x+y-4}E \qquad \Leftarrow A = \frac{xy - z^2 - 3}{x+y-4}\begin{pmatrix} 1 & 0 \\ 0 & 1 \end{pmatrix}$$

이때, 주어진 행렬 A의 $(1, 1)$ 성분이 x이므로

$$A = xE \ (x=y, \ z=0) \qquad \Leftarrow A = x\begin{pmatrix} 1 & 0 \\ 0 & 1 \end{pmatrix}$$

이것을 ①에 대입하면 $(x^2 - 4x + 3)E = O$

$$\therefore \ x^2 - 4x + 3 = 0 \quad \therefore \ x = 1, \ 3$$

$$\therefore \ (x, y) = (1, 1), \ (3, 3)$$

(ii) $x + y = 4$일 때, ③에서 $xy - z^2 - 3 = 0$

$z^2 = xy - 3$에 $y = 4 - x$를 대입하면

$$z^2 = x(4-x) - 3 \geq 0 \quad \therefore \ 1 \leq x \leq 3$$

$$\therefore \ x + y = 4 \ (1 \leq x \leq 3)$$

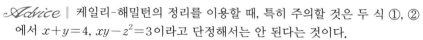

(i), (ii)에서 오른쪽 그림의 초록 선과 초록 점이다.

Advice | 케일리-해밀턴의 정리를 이용할 때, 특히 주의할 것은 두 식 ①, ②
에서 $x + y = 4$, $xy - z^2 = 3$이라고 단정해서는 안 된다는 것이다.

이때에는 확실히 ①이 성립하지만 그 이외의 경우, 이를테면 $A = E$(이때에
는 $x + y = 2$, $xy - z^2 = 1$)인 경우에도 ①이 성립하기 때문이다.

[유제] **19**-15. $A = \begin{pmatrix} a & b \\ c & d \end{pmatrix}$, $E = \begin{pmatrix} 1 & 0 \\ 0 & 1 \end{pmatrix}$이 $A^2 + A + E = O$를 만족시킬 때, 이
차방정식 $x^2 - (a+d)x + ad - bc = 0$의 해의 세제곱은 1이 됨을 증명하시오.
단, a, b, c, d는 실수이다.

Advice | 역행렬 (고등학교 교육과정 밖의 내용)

▶ 역행렬 : 실수 a에 대하여
$$ax = xa = 1$$
을 만족시키는 실수 x가 존재할 때, x를 $\dfrac{1}{a}(=a^{-1})$로 나타낸다.

이와 마찬가지로 정사각행렬 A에 대하여
$$AX = XA = E$$
를 만족시키는 행렬 X가 존재할 때, X를 A의 역행렬이라 하고, $\boldsymbol{A^{-1}}$로 나타낸다.

이를테면 $A = \begin{pmatrix} 3 & -4 \\ -2 & 3 \end{pmatrix}$, $X = \begin{pmatrix} 3 & 4 \\ 2 & 3 \end{pmatrix}$일 때,

$$AX = \begin{pmatrix} 3 & -4 \\ -2 & 3 \end{pmatrix}\begin{pmatrix} 3 & 4 \\ 2 & 3 \end{pmatrix} = \begin{pmatrix} 1 & 0 \\ 0 & 1 \end{pmatrix} = E,$$

$$XA = \begin{pmatrix} 3 & 4 \\ 2 & 3 \end{pmatrix}\begin{pmatrix} 3 & -4 \\ -2 & 3 \end{pmatrix} = \begin{pmatrix} 1 & 0 \\ 0 & 1 \end{pmatrix} = E$$

와 같이 A, X는 $\boldsymbol{AX = XA = E}$를 만족시키므로 X는 A의 역행렬이다. 또한 A는 X의 역행렬이라고도 할 수 있으므로 A와 X는 서로의 역행렬임을 알 수 있다. 곧,

정석 $X = A^{-1} \iff A = X^{-1}$

또, $AX = XA = E$를 만족시키는 X를 $X = A^{-1}$로 나타내므로
$$AA^{-1} = A^{-1}A = E$$
가 성립한다.

Note 1° A^{-1}을 A의 역행렬(inverse of A)이라고 읽는다.
2° 역행렬이 존재하면 오직 하나뿐이다.

▶ 역행렬을 구하는 방법 : 이차 정사각행렬 $A = \begin{pmatrix} a & b \\ c & d \end{pmatrix}$의 역행렬이 존재할 조건과 이때 역행렬의 꼴에 대하여 알아보자.

$X = \begin{pmatrix} x & y \\ z & u \end{pmatrix}$로 놓고 $AX = E$라고 하면

$$\begin{pmatrix} a & b \\ c & d \end{pmatrix}\begin{pmatrix} x & y \\ z & u \end{pmatrix} = \begin{pmatrix} 1 & 0 \\ 0 & 1 \end{pmatrix} \quad \therefore \quad \begin{pmatrix} ax+bz & ay+bu \\ cx+dz & cy+du \end{pmatrix} = \begin{pmatrix} 1 & 0 \\ 0 & 1 \end{pmatrix}$$

따라서 행렬이 서로 같을 조건으로부터

$ax + bz = 1$ ······① $ay + bu = 0$ ······②

$cx + dz = 0$ ······③ $cy + du = 1$ ······④

①×d−③×b에서 $(ad-bc)x=d$ ······⑤
②×d−④×b에서 $(ad-bc)y=-b$ ······⑥
③×a−①×c에서 $(ad-bc)z=-c$ ······⑦
④×a−②×c에서 $(ad-bc)u=a$ ······⑧

(i) $ad-bc \neq 0$일 때

　　⑤, ⑥, ⑦, ⑧에서

$$x=\frac{d}{ad-bc}, \ y=\frac{-b}{ad-bc}, \ z=\frac{-c}{ad-bc}, \ u=\frac{a}{ad-bc}$$

$$\therefore \ X=\begin{pmatrix} x & y \\ z & u \end{pmatrix} = \frac{1}{ad-bc}\begin{pmatrix} d & -b \\ -c & a \end{pmatrix}$$

　　이 X가 $XA=E$도 만족시키므로 X는 A의 역행렬이다.

(ii) $ad-bc=0$일 때

　　⑤, ⑥, ⑦, ⑧에서 $d=0$, $b=0$, $c=0$, $a=0$이 되어 ①과 ④에 모순이므로 $AX=E$를 만족시키는 X가 존재하지 않는다.

　　곧, A의 역행렬이 존재하지 않는다.

　　이상에서 A의 역행렬이 존재할 조건은 $ad-bc \neq 0$이다. 곧,

정석 $A=\begin{pmatrix} a & b \\ c & d \end{pmatrix}$의 역행렬이 존재한다 $\iff ad-bc \neq 0$

또, $ad-bc \neq 0$일 때,

정석 $A=\begin{pmatrix} a & b \\ c & d \end{pmatrix} \implies A^{-1}=\frac{1}{ad-bc}\begin{pmatrix} d & -b \\ -c & a \end{pmatrix}$

로 나타낼 수 있다.

보기 1 다음 행렬 A의 역행렬이 존재하면 이를 구하시오.

(1) $A=\begin{pmatrix} 3 & 7 \\ 2 & 5 \end{pmatrix}$ (2) $A=\begin{pmatrix} 2 & 3 \\ 4 & 6 \end{pmatrix}$

연구 (1) $3\times5-7\times2=1 \neq 0$이므로 역행렬이 존재하고,

$$A^{-1}=\frac{1}{1}\begin{pmatrix} 5 & -7 \\ -2 & 3 \end{pmatrix} = \begin{pmatrix} \mathbf{5} & \mathbf{-7} \\ \mathbf{-2} & \mathbf{3} \end{pmatrix}$$

(2) $2\times6-3\times4=0$이므로 역행렬이 존재하지 않는다.

보기 2 $\begin{pmatrix} x & -4 \\ -x+1 & x \end{pmatrix}$의 역행렬이 존재하지 않도록 x의 값을 정하시오.

연구 $x \times x-(-4)(-x+1)=0$에서 $(x-2)^2=0$ $\therefore \ \mathbf{x=2}$

연습문제 19

[기본] 19-1 다음 두 식을 동시에 만족시키는 행렬 A, B를 구하시오.

$$A+B=\begin{pmatrix} -4 & 1 \\ 3 & 5 \end{pmatrix}, \quad A-B=\begin{pmatrix} -2 & 3 \\ -5 & 7 \end{pmatrix}$$

19-2 $A=\begin{pmatrix} 1 & 0 & 1 \\ -1 & 17 & 52 \end{pmatrix}, B=\begin{pmatrix} 1 & 0 & 1 \\ 0 & -1 & 1 \\ -1 & 1 & 0 \end{pmatrix}, C=\begin{pmatrix} -1 & -1 \\ 2 & 2 \\ 1 & 1 \end{pmatrix}$ 일 때, 다음

행렬을 구하시오.
(1) AB (2) AC (3) CA (4) CAB

19-3 이차 정사각행렬 A에 대하여 $A\begin{pmatrix} a \\ b \end{pmatrix}=\begin{pmatrix} 2 \\ 3 \end{pmatrix}, A\begin{pmatrix} c \\ d \end{pmatrix}=\begin{pmatrix} 4 \\ 5 \end{pmatrix}$ 일 때,

$A\begin{pmatrix} 3a & 4c \\ 3b & 4d \end{pmatrix}$ 를 구하시오.

19-4 $A=\begin{pmatrix} 1 & -3 & 5 \\ 2 & 4 & -7 \end{pmatrix}, B=\begin{pmatrix} 0 & 2 \\ 3 & 0 \end{pmatrix}, X=\begin{pmatrix} 1 & 1 \\ x & u \\ y & v \end{pmatrix}$ 일 때, $AX=B$가 성립

하도록 x, y, u, v의 값을 정하시오.

19-5 $A=\begin{pmatrix} 0 & -1 \\ 1 & 0 \end{pmatrix}, E=\begin{pmatrix} 1 & 0 \\ 0 & 1 \end{pmatrix}$ 에 대하여 $(aE+bA)(bE+aA)=5A$ 일 때,

a^2+b^2의 값을 구하시오. 단, a, b는 실수이다.

19-6 $A=\begin{pmatrix} x & y \\ z & w \end{pmatrix}, J=\begin{pmatrix} 0 & 1 \\ -1 & 0 \end{pmatrix}$ 이 $AJ=JA$와 $A^2=\begin{pmatrix} 8 & 6 \\ -6 & 8 \end{pmatrix}$ 을 만족시킬

때, 실수 x, y, z, w의 값을 구하시오. 단, $x>0$이다.

19-7 $A=\begin{pmatrix} 1+x & 1+y \\ 2+x & 1 \end{pmatrix}$ 일 때, $A^2=A$가 성립하도록 x, y의 값을 정하시오.

19-8 이차 정사각행렬 A, B와 이차 단위행렬 E에 대하여 다음 중 옳은 것은
성립함을 보이고, 옳지 않은 것은 성립하지 않는 예를 드시오.
(1) $A^2=O$이면 $A=O$이다.
(2) $A^2=E$이면 $A=E$ 또는 $A=-E$이다.
(3) $AB=O$이면 $BA=O$이다.
(4) $A^2B=BA^2$이면 $AB=BA$이다.
(5) $AB=-BA$이면 $(AB)^3=-A^3B^3$이다.

19-9   이차 정사각행렬 A, B와 이차 단위행렬 E에 대하여 다음을 보이시오.
(1) $AB=A$, $BA=B$이면 $A^2=A$, $B^2=B$이다.
(2) $A^2-2B=E$이면 $AB=BA$이다.

19-10   이차 정사각행렬 A, B와 이차 단위행렬 E에 대하여 다음 물음에 답하시오.
(1) $A+B=E$, $AB=O$일 때, A^2+B^2을 구하시오.
(2) $A+B=O$, $AB=E$일 때, A^3+B^3과 A^4+B^4을 구하시오.
(3) $A^2+2A=3E$, $AB=-3E$일 때, B^2을 A와 E로 나타내시오.

19-11   영행렬이 아닌 두 이차 정사각행렬 A, B가 $A^2-2A+4E=O$, $2B^2+B=O$를 만족시킬 때, $A^{100}B^{100}=kAB$가 성립하도록 하는 실수 k의 값을 구하시오. 단, E는 이차 단위행렬이다.

19-12 $A=\begin{pmatrix} 0 & 1 \\ 2 & 0 \end{pmatrix}$일 때, $A+A^2+A^3+\cdots+A^{10}$을 구하시오.

19-13 $P=\begin{pmatrix} 2 & 3 \\ -1 & -2 \end{pmatrix}$, $A=\begin{pmatrix} 1 & 0 \\ 1 & 1 \end{pmatrix}$일 때, $(PAP)^{10}$을 구하시오.

[실력] **19**-14   모든 실수 x, y에 대하여 행렬의 곱 $(x \ \ y)\begin{pmatrix} a & b \\ b & a \end{pmatrix}\begin{pmatrix} x \\ y \end{pmatrix}$가 음이 아닐 때, $a^2+(b-2)^2$의 최솟값을 구하시오. 단, a, b는 실수이다.

19-15 $A=\begin{pmatrix} a & b \\ 1 & c \end{pmatrix}$가 $A\begin{pmatrix} x \\ 1 \end{pmatrix}=\begin{pmatrix} x \\ 1 \end{pmatrix}$, $A\begin{pmatrix} y \\ 1 \end{pmatrix}=2\begin{pmatrix} y \\ 1 \end{pmatrix}$을 만족시킬 때, b의 최댓값과 이때 x, y의 값을 구하시오. 단, a, b, c는 실수이다.

19-16   다음 두 조건을 만족시키는 이차 정사각행렬 A에 대하여 $A\begin{pmatrix} -2 \\ 6 \end{pmatrix}$을 구하시오. 단, E는 이차 단위행렬이다.

(가) $(A-2E)(A+3E)=-E$ (나) $(A+3E)\begin{pmatrix} -3 \\ 2 \end{pmatrix}=\begin{pmatrix} 1 \\ 4 \end{pmatrix}$

19-17 $A=\begin{pmatrix} 1 & b \\ 0 & a \end{pmatrix}$, $E=\begin{pmatrix} 1 & 0 \\ 0 & 1 \end{pmatrix}$에 대하여 $x^2A^2+xA-2E=O$를 만족시키는 실수 x가 존재할 때, a, b의 값을 구하시오. 단, $a>0$이다.

19-18 $A^2=\begin{pmatrix} 1 & 0 \\ 0 & 1 \end{pmatrix}$을 만족시키는 이차 정사각행렬 A를 구하시오.
단, A의 모든 성분은 음이 아닌 정수이다.

19-19 $A=\begin{pmatrix} x & y \\ 1 & z \end{pmatrix}, E=\begin{pmatrix} 1 & 0 \\ 0 & 1 \end{pmatrix}$ 에 대하여 $A+B=2E$, $AB=O$를 만족시키는 행렬 B가 존재할 때, $x^2+y^2+z^2$의 최솟값을 구하시오.
단, x, y, z는 실수이다.

19-20 이차 정사각행렬 A, B가 $A^2-2AB+B^2=O$를 만족시킬 때, $A^3-3A^2B+3AB^2-B^3=O$임을 보이시오.

19-21 이차 정사각행렬 A, B와 이차 단위행렬 E가
$$AB+BA=E, \quad A^2=B^2=O$$
를 만족시킬 때, 다음을 증명하시오.
(1) $(A+B)^2=E$ (2) $(AB)^2=AB$
(3) 이차 정사각행렬 C에 대하여 $ABC=O$이면 $BC=O$이다.

19-22 $A=\begin{pmatrix} 1 & a \\ b & ab \end{pmatrix}$ 가 $A^2\begin{pmatrix} 1 \\ -1 \end{pmatrix}=\begin{pmatrix} 0 \\ 0 \end{pmatrix}$ 을 만족시킬 때,

(1) $A\begin{pmatrix} 1 \\ -1 \end{pmatrix}\neq\begin{pmatrix} 0 \\ 0 \end{pmatrix}$ 이면 $A^2=O$임을 보이시오.

(2) $A\begin{pmatrix} 1 \\ -1 \end{pmatrix}=\begin{pmatrix} 0 \\ 0 \end{pmatrix}$ 이고 $A^3-4A=O$일 때, A와 A^2을 구하시오.

19-23 $A=\begin{pmatrix} 1 & 1 \\ 0 & 1 \end{pmatrix}$ 일 때, 2 이상의 모든 자연수 n에 대하여
$$A^n=\begin{pmatrix} a & b \\ b & a \end{pmatrix}A^{n-1}+\begin{pmatrix} c & d \\ e & f \end{pmatrix}$$
가 성립하도록 상수 a, b, c, d, e, f의 값을 정하시오.

19-24 이차 정사각행렬 A와 이차 단위행렬 E에 대하여 다음을 보이시오.
(1) $A^2-A+E=O$이면 A의 역행렬은 $E-A$이다.
(2) $A^2-A=O$이고 $A\neq E$이면 A의 역행렬이 존재하지 않는다.

19-25 $A=\begin{pmatrix} 1 & 0 \\ 1 & 1 \end{pmatrix}, B=\begin{pmatrix} 1 & 1 \\ 0 & -1 \end{pmatrix}, E=\begin{pmatrix} 1 & 0 \\ 0 & 1 \end{pmatrix}$ 일 때, 다음을 구하시오.
(1) $A^{-1}+AB$ (2) $A(A^{-1}+B^{-1}-E)B$

19-26 $A=\begin{pmatrix} 2 & x \\ 3 & y \end{pmatrix}$ 에 대하여 $A=A^{-1}$이 성립할 때, 다음 물음에 답하시오.
(1) A를 구하시오.   (2) A^{101}의 역행렬을 구하시오.

연습문제
풀이 및 정답

연습문제 풀이 및 정답

1-1. $f(x)=(ax+b)g(x)+R$
$$=a\left(x+\frac{b}{a}\right)g(x)+R$$
$$=\left(x+\frac{b}{a}\right)\times ag(x)+R$$
따라서 몫 : $\boldsymbol{ag(x)}$, 나머지 : $\boldsymbol{R}$

1-2. (1) (준 식)$=\{(a-b)-(c+d)\}$
$$\times\{(a-b)+(c+d)\}$$
$$=(a-b)^2-(c+d)^2$$
$$=\boldsymbol{a^2+b^2-c^2-d^2-2ab-2cd}$$

(2) (준 식)$=(x-1)(x-2)(x-3)(x-4)$
$$=\{(x-1)(x-4)\}\{(x-2)(x-3)\}$$
$$=(x^2-5x+4)(x^2-5x+6)$$
$$=(x^2-5x)^2+10(x^2-5x)+24$$
$$=\boldsymbol{x^4-10x^3+35x^2-50x+24}$$

(3) (준 식)$=\{(a+2b)(a-2b)\}^3$
$$=(a^2-4b^2)^3$$
$$=\boldsymbol{a^6-12a^4b^2+48a^2b^4-64b^6}$$

(4) (준 식)$=\{a+(-b)+(-1)\}$
$$\times(a^2+b^2+1+ab-b+a)$$
$$=a^3+(-b)^3+(-1)^3$$
$$-3\times a\times(-b)\times(-1)$$
$$=\boldsymbol{a^3-b^3-3ab-1}$$

1-3. 곱셈 공식
$$(a^2+ab+b^2)(a^2-ab+b^2)$$
$$=a^4+a^2b^2+b^4$$
을 이용한다.
$$P=(1+x^2+x^4)(1-x^2+x^4)$$
$$\times(1-x^4+x^8)(1-x^8+x^{16})$$
$$=(1+x^4+x^8)(1-x^4+x^8)(1-x^8+x^{16})$$
$$=(1+x^8+x^{16})(1-x^8+x^{16})$$
$$=\boldsymbol{1+x^{16}+x^{32}}$$

1-4. (1) $(2a-3)(2b-3)=5$에서
$$4ab-6(a+b)+4=0$$
$ab=-2$를 대입하고 정리하면
$$a+b=-\frac{2}{3}$$
$$\therefore\ a^2+ab+b^2=(a+b)^2-ab$$
$$=\left(-\frac{2}{3}\right)^2-(-2)=\boldsymbol{\frac{22}{9}}$$

(2) $(2x+3y)^2=4x^2+12xy+9y^2$,
$(2x-3y)^2=4x^2-12xy+9y^2$
이므로
$$(2x-3y)^2=(2x+3y)^2-24xy$$
$$=7^2-24\times1=25$$
$$\therefore\ 2x-3y=\boldsymbol{\pm5}$$

1-5. 직육면체의 가로의 길이, 세로의 길이, 높이를 각각 x cm, y cm, z cm라고 하면 조건으로부터
$$2xy+2yz+2zx=22,$$
$$4x+4y+4z=24$$
곧, $xy+yz+zx=11$,
$$x+y+z=6$$
이때, 대각선의 길이를 d cm라고 하면
$$d^2=x^2+y^2+z^2$$
$$=(x+y+z)^2-2(xy+yz+zx)$$
$$=6^2-2\times11=14$$
$d>0$이므로 $d=\boldsymbol{\sqrt{14}\ (cm)}$

1-6. 직접 나누면
몫 : $3x^2+5x+42-3n$
나머지 : $(136-8n)x+m-n(42-3n)$
따라서 나누어떨어지려면
$$136-8n=0,\ m-n(42-3n)=0$$
$$\therefore\ \boldsymbol{m=-153,\ n=17}$$

*Note 다음과 같이 풀 수도 있다.

몫을 ax^2+bx+c 로 놓으면

$$3x^4+2x^3+37x^2+94x+m$$
$$=(x^2-x+n)(ax^2+bx+c)$$

양변의 x^4 의 계수를 비교하면 $a=3$
이므로 이를 대입하고 정리하면

$$3x^4+2x^3+37x^2+94x+m$$
$$=3x^4+(b-3)x^3+(3n+c-b)x^2$$
$$+(bn-c)x+cn$$

$$\therefore\ b-3=2,\ 3n+c-b=37,$$
$$bn-c=94,\ cn=m$$

$$\therefore\ \boldsymbol{m=-153,\ n=17}$$

1-7. $(1+x+x^2+\cdots+x^5)^2$
$$=a_0+a_1x+a_2x^2+\cdots+a_{10}x^{10}$$
$$\cdots\cdots①$$

이라고 하면

$$(1+x+x^2+\cdots+x^5)^2(1+x+x^2+\cdots+x^9)$$
$$=(a_0+a_1x+a_2x^2+\cdots+a_{10}x^{10})$$
$$\times(1+x+x^2+\cdots+x^9)$$

x^{10} 항이 나오는 경우는

$$a_1x\times x^9,\ a_2x^2\times x^8,\ \cdots,\ a_{10}x^{10}\times1$$

이므로 x^{10} 의 계수는

$$a_1+a_2+\cdots+a_{10}$$

①에 $x=1$ 을 대입하면

$$6^2=a_0+a_1+a_2+\cdots+a_{10}$$

또, ①에 $x=0$ 을 대입하면 $a_0=1$ 이므
로 $a_1+a_2+\cdots+a_{10}=6^2-1=\boldsymbol{35}$

1-8. $x+y=a,\ xy=b$ 로 놓으면

$$a>0,\ b>0$$

이때, $x^2+y^2=6$ 에서

$$(x+y)^2-2xy=6$$
$$\therefore\ a^2-2b=6\qquad\cdots\cdots①$$

$x^4+y^4=34$ 에서

$$(x^2+y^2)^2-2x^2y^2=34$$
$$\therefore\ 6^2-2b^2=34\quad\therefore\ b^2=1$$

$b>0$ 이므로　$b=1$

이 값을 ①에 대입하면　$a^2=8$

$a>0$ 이므로　$a=2\sqrt{2}$

(1) $x+y=\boldsymbol{2\sqrt{2}}$

(2) $xy=\boldsymbol{1}$

(3) $x^3+y^3=(x+y)^3-3xy(x+y)$
$$=(2\sqrt{2})^3-3\times1\times2\sqrt{2}$$
$$=\boldsymbol{10\sqrt{2}}$$

(4) $x^5+y^5=(x^2+y^2)(x^3+y^3)$
$$-x^2y^2(x+y)$$
$$=6\times10\sqrt{2}-1^2\times2\sqrt{2}$$
$$=\boldsymbol{58\sqrt{2}}$$

1-9. (1) $(x+y+z)^2=x^2+y^2+z^2$
$$+2(xy+yz+zx)$$

에 대입하면

$$a^2=x^2+y^2+z^2+2b$$
$$\therefore\ x^2+y^2+z^2=\boldsymbol{a^2-2b}$$

(2) $(xy+yz+zx)^2=x^2y^2+y^2z^2+z^2x^2$
$$+2xyz(x+y+z)$$

에 대입하면

$$b^2=x^2y^2+y^2z^2+z^2x^2+2ca$$
$$\therefore\ x^2y^2+y^2z^2+z^2x^2=\boldsymbol{b^2-2ac}$$

(3) $x+y+z=a$ 에서

$$x+y=a-z,\ y+z=a-x,$$
$$z+x=a-y$$

이므로

$$(x+y)(y+z)(z+x)$$
$$=(a-z)(a-x)(a-y)$$
$$=a^3-(x+y+z)a^2$$
$$+(xy+yz+zx)a-xyz$$
$$=a^3-a\times a^2+ba-c$$
$$=\boldsymbol{ab-c}$$

(4) $x^2+y^2+z^2=t$ 로 놓으면

$$x^2+y^2=t-z^2,\ y^2+z^2=t-x^2,$$
$$z^2+x^2=t-y^2$$

$\therefore$ (준 식) $=(t-z^2)(t-x^2)(t-y^2)$
$$=t^3-(x^2+y^2+z^2)t^2$$
$$+(x^2y^2+y^2z^2+z^2x^2)t-x^2y^2z^2$$
$$=t^3-t\times t^2+(b^2-2ac)t-c^2$$

$$=(b^2-2ac)(a^2-2b)-c^2$$
$$\boldsymbol{=a^2b^2-2a^3c-2b^3+4abc-c^2}$$

1-10. ㄱ. $x^4+y^4=(x^2+y^2)^2-2x^2y^2$에서
$$x^2y^2=\frac{(x^2+y^2)^2-(x^4+y^4)}{2}$$

이때, x^2+y^2, x^4+y^4이 유리수이므로 x^2y^2은 유리수이다.

ㄴ. $x^6+y^6=(x^2+y^2)^3-3x^2y^2(x^2+y^2)$

이때, x^2+y^2, x^2y^2이 유리수이므로 x^6+y^6은 유리수이다.

ㄷ. $x^6+y^6=(x^3+y^3)^2-2x^3y^3$에서
$$x^3y^3=\frac{(x^3+y^3)^2-(x^6+y^6)}{2}$$

이때, x^3+y^3, x^6+y^6이 유리수이므로 x^3y^3은 유리수이다.

또, $xy=\dfrac{x^3y^3}{x^2y^2}$이므로 xy는 유리수이다.

따라서 $(x+y)^2=x^2+y^2+2xy$에서 x^2+y^2, xy가 유리수이므로 $(x+y)^2$은 유리수이다.

이상에서 옳은 것은 ㄱ, ㄴ

__Note__ p. 23의 인수분해 공식을 이용하면 $x+y$가 유리수임도 알 수 있다.

곧, $x^3+y^3=(x+y)(x^2-xy+y^2)$에서 $x\neq0,\ y\neq0$이므로
$$x^2-xy+y^2=\left(x-\frac{y}{2}\right)^2+\frac{3}{4}y^2\neq0$$
$$\therefore\ x+y=\frac{x^3+y^3}{x^2-xy+y^2}$$

이때, x^3+y^3, x^2+y^2, xy가 유리수이므로 $x+y$는 유리수이다.

1-11. 오른쪽 그림에서 피타고라스 정리에 의하여

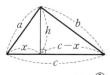

$$a^2=x^2+h^2 \qquad\cdots\cdots①$$
$$b^2=h^2+(c-x)^2$$
$$\quad=h^2+c^2-2cx+x^2 \qquad\cdots\cdots②$$

①, ②에서 $\quad b^2=c^2-2cx+a^2$
$$\therefore\ x=\frac{a^2+c^2-b^2}{2c}$$

따라서 ①에서
$$h^2=a^2-x^2=a^2-\left(\frac{a^2+c^2-b^2}{2c}\right)^2$$
$$=\frac{-(a^4+b^4+c^4)+2(a^2b^2+b^2c^2+c^2a^2)}{4c^2}$$

한편
$$(a^2+b^2+c^2)^2=a^4+b^4+c^4$$
$$\qquad\qquad+2(a^2b^2+b^2c^2+c^2a^2)$$

이므로
$$2(a^2b^2+b^2c^2+c^2a^2)$$
$$\quad=(a^2+b^2+c^2)^2-(a^4+b^4+c^4)$$
$$\quad=6^2-14=22$$

따라서 삼각형의 넓이를 S라고 하면
$$S^2=\left(\frac{1}{2}ch\right)^2=\frac{1}{4}c^2h^2$$
$$=\frac{-(a^4+b^4+c^4)+2(a^2b^2+b^2c^2+c^2a^2)}{16}$$
$$=\frac{-14+22}{16}=\frac{1}{2}$$

$S>0$이므로 $\quad S=\dfrac{\sqrt2}{2}$

__Note__ 둔각삼각형인 경우에는 둔각의 꼭짓점과 이 점에서 대변에 내린 수선의 발 사이의 거리를 h라 하고 위와 같이 풀면 된다.

2-1. (1)~(3)은 A^2-B^2의 꼴로 변형한다.

(1) (준 식)$=1-(4a^2-4ab+b^2)$
$$=1-(2a-b)^2$$
$$\boldsymbol{=(1+2a-b)(1-2a+b)}$$

(2) (준 식)$=1-a^2-b^2+a^2b^2-4ab$
$$=(1-2ab+a^2b^2)-(a^2+2ab+b^2)$$
$$=(1-ab)^2-(a+b)^2$$
$$\boldsymbol{=(1-ab+a+b)(1-ab-a-b)}$$

(3) (준 식)$=(x^4+2x^2+1)$
$$\qquad\qquad-(x^2+2ax+a^2)$$
$$=(x^2+1)^2-(x+a)^2$$
$$\boldsymbol{=(x^2+x+1+a)(x^2-x+1-a)}$$

(4) (준 식)$=(x+y)^2-8(x+y)z+16z^2$
$$=(x+y-4z)^2$$

(5) (준 식)$=(a+b)^2-2(x^2+y^2)(a+b)$
$$+(x+y)^2(x-y)^2$$
$$=\{a+b-(x+y)^2\}\{a+b-(x-y)^2\}$$
$$=(a+b-x^2-2xy-y^2)$$
$$\times(a+b-x^2+2xy-y^2)$$

(6) (준 식)$=a^3+(2b)^3+(-c)^3$
$$-3\times a\times 2b\times(-c)$$
$$=(a+2b-c)\{a^2+(2b)^2+(-c)^2$$
$$-a\times 2b-2b\times(-c)-(-c)\times a\}$$
$$=(a+2b-c)$$
$$\times(a^2+4b^2+c^2-2ab+2bc+ca)$$

2-2. (1) c에 관하여 정리하면
$$(b-a)c+(a+b)(a-b)=0$$
$$\therefore\ (b-a)(c-a-b)=0$$
$a+b\neq c$이므로 $b-a=0$
$$\therefore\ \boldsymbol{a=b}\text{인 이등변삼각형}$$

(2) 이항하여 a에 관하여 정리하면
$$(b^2-c^2)a^2-(b^2+c^2)(b^2-c^2)=0$$
$$\therefore\ (b^2-c^2)(a^2-b^2-c^2)=0$$
$$\therefore\ (b+c)(b-c)(a^2-b^2-c^2)=0$$
$b+c\neq 0$이므로
$$b=c\ \text{또는}\ a^2=b^2+c^2$$
$$\therefore\ \boldsymbol{b=c}\text{인 이등변삼각형 또는}$$
빗변의 길이가 $\boldsymbol{a}$인 직각삼각형

2-3. n^4-80n^2+100
$$=n^4+20n^2+100-100n^2$$
$$=(n^2+10)^2-(10n)^2$$
$$=(n^2+10n+10)(n^2-10n+10)$$
$n^2-10n+10<n^2+10n+10$이므로
n^4-80n^2+100이 소수이려면
$n^2-10n+10=1$이어야 한다.
$$\therefore\ (n-1)(n-9)=0$$
$$\therefore\ n=1,\ 9$$
$n=1$일 때, $n^2+10n+10=21$은 소수
가 아니다.

$n=9$일 때, $n^2+10n+10=181$은 소
수이다. $\therefore\ \boldsymbol{n=9}$

2-4. (1) (준 식)
$$=(xy+1)(xy+x+y+1)+xy$$
$$=(xy+1)^2+(x+y)(xy+1)+xy$$
$$=(xy+1+x)(xy+1+y)$$
$$=(xy+x+1)(xy+y+1)$$

(2) $a-x=X,\ b-x=Y$로 놓으면
(준 식)$=X^3+Y^3-(X+Y)^3$
$$=-3X^2Y-3XY^2$$
$$=-3XY(X+Y)$$
$$=-3(a-x)(b-x)(a+b-2x)$$
$$=3(x-a)(x-b)(2x-a-b)$$

(3) (준 식)$=\{(x+y+z)^3-x^3\}-(y^3+z^3)$
$$=(y+z)\{(x+y+z)^2+(x+y+z)x+x^2\}$$
$$-(y+z)(y^2-yz+z^2)$$
$$=(y+z)(3x^2+3xy+3yz+3zx)$$
$$=3(y+z)\{y(z+x)+x(z+x)\}$$
$$=3(y+z)(z+x)(x+y)$$
$$=3(x+y)(y+z)(z+x)$$

(4) $a+b=X,\ a-b=Y$로 놓으면
(준 식)$=X^4+X^2Y^2+Y^4$
$$=(X^2+XY+Y^2)(X^2-XY+Y^2)$$
여기에 $X=a+b,\ Y=a-b$를 대입
하여 정리하면
(준 식)$=(3a^2+b^2)(a^2+3b^2)$

(5) a에 관하여 정리하면
(준 식)$=a^4-2a^2(b^2+c^2)$
$$+b^4-2b^2c^2+c^4$$
$$=a^4-2a^2(b^2+c^2)+(b^2-c^2)^2$$
$$=a^4-2a^2(b^2+c^2)+(b+c)^2(b-c)^2$$
$$=\{a^2-(b+c)^2\}\{a^2-(b-c)^2\}$$
$$=(a+b+c)(a-b-c)$$
$$\times(a+b-c)(a-b+c)$$

(6) a에 관하여 정리하면
(준 식)$=-(b^2-c^2)a^3+(b^3-c^3)a^2$
$$-b^2c^2(b-c)$$

$$= -(b-c)\{(b+c)a^3$$
$$\qquad -(b^2+bc+c^2)a^2+b^2c^2\}$$

$\{\ \}$ 안을 b에 관하여 정리하면

$$(준\ 식)=-(b-c)\{(c^2-a^2)b^2$$
$$\qquad -a^2(c-a)b-ca^2(c-a)\}$$
$$= -(b-c)(c-a)$$
$$\qquad \times\{(c+a)b^2-a^2b-ca^2\}$$

다시 $\{\ \}$ 안을 c에 관하여 정리하면

$$(준\ 식)=-(b-c)(c-a)$$
$$\qquad \times\{-(a^2-b^2)c-ab(a-b)\}$$
$$= (b-c)(c-a)(a-b)$$
$$\qquad \times\{(a+b)c+ab\}$$
$$\boldsymbol{= (a-b)(b-c)(c-a)}$$
$$\boldsymbol{\qquad \times(ab+bc+ca)}$$

2-5. $2030=n$으로 놓으면

$$2029\times2030\times2031\times2032+1$$
$$= (n-1)n(n+1)(n+2)+1$$
$$= (n-1)(n+2)n(n+1)+1$$
$$= (n^2+n-2)(n^2+n)+1$$
$$= (n^2+n)^2-2(n^2+n)+1$$
$$= (n^2+n-1)^2$$
$$\therefore\ (준\ 식)=n^2+n-1$$
$$\qquad = 2030^2+2030-1$$
$$\qquad = 2030^2+2025+4$$

여기에서 2030^2, 2025는 5의 배수이므로 주어진 수를 5로 나눈 나머지는 **4**

***Note** 정수를 자연수로 나눈 나머지는 항상 음이 아닌 정수임에 유의한다. 이 문제의 경우 5로 나눈 나머지는 -1이 아닌 4이다.

2-6. $(x+y+z)(xy+yz+zx)=xyz$

에서 좌변을 전개하고, 우변의 xyz를 이항하여 x에 관하여 정리하면

$$(y+z)x^2+(y^2+2yz+z^2)x$$
$$\qquad +yz(y+z)=0$$
$$\therefore\ (y+z)\{x^2+(y+z)x+yz\}=0$$
$$\therefore\ (y+z)(x+y)(x+z)=0$$

$$\therefore\ y+z=0\ \text{또는}\ x+y=0$$
$$\text{또는}\ x+z=0$$

$x+y=0$일 때 $y=-x$이므로

$$x^5+y^5+z^5=x^5+(-x)^5+z^5=z^5,$$
$$(x+y+z)^5=z^5$$
$$\therefore\ x^5+y^5+z^5=(x+y+z)^5$$

$y+z=0$, $z+x=0$일 때에도 마찬가지로 성립하므로

$$x^5+y^5+z^5=(x+y+z)^5$$

2-7. $a^2+b^2+c^2=1$ $\qquad \cdots\cdots$①
$\qquad a+b+c=\sqrt{3}$ $\qquad \cdots\cdots$②

①$\times3-$②^{2}하면

$$3(a^2+b^2+c^2)-(a+b+c)^2=0$$
$$\therefore\ 2a^2+2b^2+2c^2-2ab-2bc-2ca=0$$
$$\therefore\ (a-b)^2+(b-c)^2+(c-a)^2=0$$

a, b, c는 실수이므로

$$a-b=0,\ b-c=0,\ c-a=0$$
$$\therefore\ \boldsymbol{a=b=c=\frac{\sqrt{3}}{3}}$$

2-8. $\dfrac{n^3+10}{n+10}=\dfrac{n^3+10^3-10^3+10}{n+10}$

$$= \frac{(n+10)(n^2-10n+10^2)-10(10^2-1)}{n+10}$$
$$= n^2-10n+10^2-\frac{990}{n+10}$$

따라서 $\dfrac{n^3+10}{n+10}$이 자연수가 되려면 $n+10$이 990의 양의 약수이어야 한다.

$990=2\times3^2\times5\times11$이므로 양의 약수의 개수는

$$(1+1)(2+1)(1+1)(1+1)=24$$

그런데 $n+10\geq11$이므로 $n+10$이 990의 양의 약수 중 1, 2, 3, 5, 6, 9, 10 이 되는 경우는 제외해야 한다.

따라서 n의 개수는 $24-7=$**17**

2-9. (1) $(x+y+z)^2=x^2+y^2+z^2$
$$\qquad +2(xy+yz+zx)$$

에 대입하면

$$1^2=3+2(xy+yz+zx)$$

$$\therefore \ xy+yz+zx=-1$$

이 값과 조건에서 주어진 값을

$$x^3+y^3+z^3-3xyz$$
$$=(x+y+z)(x^2+y^2+z^2$$
$$-xy-yz-zx)$$

에 대입하면

$$1-3xyz=1\times(3+1)$$
$$\therefore \ xyz=-1$$

(2) $\dfrac{1}{x^2}+\dfrac{1}{y^2}+\dfrac{1}{z^2}=\left(\dfrac{1}{x}+\dfrac{1}{y}+\dfrac{1}{z}\right)^2$
$$-2\left(\dfrac{1}{xy}+\dfrac{1}{yz}+\dfrac{1}{zx}\right)$$
$$=\left(\dfrac{yz+zx+xy}{xyz}\right)^2-2\times\dfrac{z+x+y}{xyz}$$
$$=\left(\dfrac{-1}{-1}\right)^2-2\times\dfrac{1}{-1}=3$$

또,

$$\dfrac{1}{x^4}+\dfrac{1}{y^4}+\dfrac{1}{z^4}=\left(\dfrac{1}{x^2}+\dfrac{1}{y^2}+\dfrac{1}{z^2}\right)^2$$
$$-2\left(\dfrac{1}{x^2y^2}+\dfrac{1}{y^2z^2}+\dfrac{1}{z^2x^2}\right)$$
$$=\left(\dfrac{1}{x^2}+\dfrac{1}{y^2}+\dfrac{1}{z^2}\right)^2-2\times\dfrac{z^2+x^2+y^2}{(xyz)^2}$$
$$=3^2-2\times\dfrac{3}{(-1)^2}=3$$

2-10. A를 B로 나눈 몫을 Q라고 하면
$$A=BQ+R$$

이 식에서 A와 B가 $x-1$로 나누어떨어지므로 R도 $x-1$로 나누어떨어진다.

조립제법을 이용하여 B와 R을 $x-1$로 나누면 나머지가 각각
$$-2a+4, \ a+b+2$$

이므로

$$-2a+4=0, \ a+b+2=0$$
$$\therefore \ \pmb{a=2, \ b=-4}$$

*__Note__ B와 R을 $x-1$로 나눈 나머지는 뒤에 공부하는 나머지 정리(p. 50)를 이용하면 좀 더 쉽게 구할 수 있다.

3-1. k에 관하여 정리하면

$$(x-z)k^2+(2y-z)k-2y+2z-1=0$$

k에 관한 항등식이므로

$$x-z=0, \ 2y-z=0, \ -2y+2z-1=0$$
$$\therefore \ \pmb{x=1, \ y=\dfrac{1}{2}, \ z=1}$$

3-2. $P(x)=ax^2+bx+c$로 놓으면
$P(0)=1$이므로　$c=1$
$$\therefore \ P(x)=ax^2+bx+1$$

이때, 조건식으로부터

$$\{(ax^2+bx+1)-1\}^2=(ax^4+bx^2+1)-1$$

곧, $(ax^2+bx)^2=ax^4+bx^2$

좌변을 전개하면

$$a^2x^4+2abx^3+b^2x^2=ax^4+bx^2$$

x에 관한 항등식이므로

$$a^2=a, \ 2ab=0, \ b^2=b$$

연립하여 풀면

$$\begin{cases}a=0\\b=0\end{cases}, \begin{cases}a=0\\b=1\end{cases}, \begin{cases}a=1\\b=0\end{cases}$$
$$\therefore \ \pmb{P(x)=1, \ x+1, \ x^2+1}$$

3-3. $(1-x)^5=(1-x)(1-x)(1-x)$
$$\times(1-x)(1-x)$$

이므로

$$a_0=1, \ a_1<0, \ a_2>0, \ a_3<0,$$
$$a_4>0, \ a_5=-1$$
$$\therefore \ |a_1|+|a_2|+|a_3|+|a_4|$$
$$=-a_1+a_2-a_3+a_4$$

이때,

$$(1-x)^5=a_0+a_1x+a_2x^2$$
$$+a_3x^3+a_4x^4+a_5x^5$$

에 $x=-1$을 대입하면

$$2^5=a_0-a_1+a_2-a_3+a_4-a_5$$
$$\therefore \ -a_1+a_2-a_3+a_4=32-a_0+a_5$$
$$=32-1-1=\pmb{30}$$

3-4. (1) $(1-x+x^2)^{10}=a_0+a_1x+a_2x^2$
$$+\cdots+a_{20}x^{20}$$

x에 관한 항등식이므로 양변에
$x=1, \ -1$을 대입하면

$$1^{10} = a_0 + a_1 + a_2 + \cdots + a_{20} \quad \cdots ①$$
$$3^{10} = a_0 - a_1 + a_2 - \cdots + a_{20} \quad \cdots ②$$

①+②하면

$$1 + 3^{10} = 2(a_0 + a_2 + \cdots + a_{20})$$
$$\therefore \ a_0 + a_2 + \cdots + a_{20} = \frac{1}{2}(3^{10} + 1)$$

(2) $(1 - x + x^2)^{10} = b_0 + b_1(x-1) + b_2(x-1)^2$
$$\qquad\qquad\qquad + \cdots + b_{20}(x-1)^{20}$$

x에 관한 항등식이므로 양변에 $x=2,\ 0$을 대입하면

$$3^{10} = b_0 + b_1 + b_2 + \cdots + b_{20} \quad \cdots ③$$
$$1^{10} = b_0 - b_1 + b_2 - \cdots + b_{20} \quad \cdots ④$$

③−④하면

$$3^{10} - 1 = 2(b_1 + b_3 + \cdots + b_{19})$$
$$\therefore \ b_1 + b_3 + \cdots + b_{19} = \frac{1}{2}(3^{10} - 1)$$

3-5. (1) 몫을 $Q(x)$, 나머지를 $ax^2 + bx + c$ 라고 하면

$$x^{49} + x^{25} + x^9 + x$$
$$= (x^3 - x)Q(x) + ax^2 + bx + c$$
$$= x(x+1)(x-1)Q(x) + ax^2 + bx + c$$

양변에 $x = 0,\ 1,\ -1$을 대입하면

$$0 = c, \quad 4 = a + b + c,$$
$$-4 = a - b + c$$

연립하여 풀면 $\ a = 0,\ b = 4,\ c = 0$

따라서 구하는 나머지는 $\quad \boldsymbol{4x}$

(2) $x^{100} - 1 = x^{100} - x + x - 1$
$$= x(x^{99} - 1) + x - 1$$

여기서

$$x^{99} - 1 = (x^3)^{33} - 1$$
$$= (x^3 - 1)\{(x^3)^{32} + (x^3)^{31}$$
$$+ \cdots + x^3 + 1\}$$

이므로 $x(x^{99} - 1)$은 $x^3 - 1$로 나누어 떨어진다.

따라서 구하는 나머지는 $\quad \boldsymbol{x-1}$

*__Note__ n이 2 이상인 자연수일 때,

$$x^n - 1$$
$$= (x-1)(x^{n-1} + x^{n-2} + \cdots + x + 1)$$

3-6. $4x^4 - ax^3 + bx^2 - 40x + 16$
$$= (2x^2 + px + q)^2$$

으로 놓고, 우변을 전개하면

$$4x^4 - ax^3 + bx^2 - 40x + 16$$
$$= 4x^4 + 4px^3 + (p^2 + 4q)x^2 + 2pqx + q^2$$

x에 관한 항등식이므로

$$-a = 4p, \quad b = p^2 + 4q,$$
$$-40 = 2pq, \quad 16 = q^2$$

$16 = q^2$에서 $\quad q = \pm 4$

$q = 4$일 때, $p = -5,\ \boldsymbol{a = 20},\ \boldsymbol{b = 41}$

$q = -4$일 때, $p = 5,\ \boldsymbol{a = -20},\ \boldsymbol{b = 9}$

3-7. $f(x+1) - f(x) = 2^x x^2$에서
$$2^{x+1}\{a(x+1)^2 + b(x+1) + c\}$$
$$\qquad - 2^x(ax^2 + bx + c) = 2^x x^2$$

$2^x > 0$이므로

$$2\{a(x+1)^2 + b(x+1) + c\}$$
$$\qquad - (ax^2 + bx + c) = x^2$$
$$\therefore \ ax^2 + (4a+b)x + (2a+2b+c) = x^2$$

x에 관한 항등식이므로

$$\boldsymbol{a = 1},\ 4a + b = 0,\ 2a + 2b + c = 0$$
$$\therefore \ \boldsymbol{b = -4},\ \boldsymbol{c = 6}$$

*__Note__ 모든 실수 x에 대하여 $2^x > 0$이다. 실수 범위의 지수에 대해서는 대수에서 자세히 공부한다.

3-8. $x + y = k + 1 \qquad \cdots\cdots①$
$$y + z = 3k \qquad\qquad \cdots\cdots②$$
$$z + x = 3 \qquad\qquad\ \cdots\cdots③$$

①+②+③하면

$$2(x + y + z) = 4k + 4$$
$$\therefore \ x + y + z = 2k + 2$$

이 식에 ①, ②, ③을 각각 대입하여 정리하면

$$x = -k + 2,\ y = 2k - 1,\ z = k + 1$$

이것을 $ax^2 + by^2 + cz^2 = 1$에 대입하면

$$a(-k+2)^2 + b(2k-1)^2 + c(k+1)^2 = 1$$
$$\therefore \ (a + 4b + c)k^2 + (-4a - 4b + 2c)k$$
$$+ (4a + b + c) = 1$$

k에 관한 항등식이므로
$$a+4b+c=0, \quad -4a-4b+2c=0,$$
$$4a+b+c=1$$
세 식을 연립하여 풀면
$$a=\frac{2}{9}, \ b=-\frac{1}{9}, \ c=\frac{2}{9}$$

3-9. $f(x)$의 삼차항의 계수를 $a(a\neq0)$라
고 하면
$$f(x)-1=(x-1)^2(ax+b),$$
$$f(x)+1=(x+1)^2(ax+c)$$
로 놓을 수 있다.
　두 식으로부터
$$f(x)=(x-1)^2(ax+b)+1$$
$$=(x+1)^2(ax+c)-1 \ \cdots①$$
전개하여 정리하면
$$ax^3+(-2a+b)x^2+(a-2b)x+b+1$$
$$=ax^3+(2a+c)x^2+(a+2c)x+c-1$$
x에 관한 항등식이므로
$$-2a+b=2a+c, \ a-2b=a+2c,$$
$$b+1=c-1$$
세 식을 연립하여 풀면
$$a=-\frac{1}{2}, \ b=-1, \ c=1$$
이 값을 ①에 대입하여 정리하면
$$f(x)=-\frac{1}{2}x^3+\frac{3}{2}x$$

3-10. 몫을 $Q(x)$라고 하면
$$x^3-ax^2-(b+1)x+b^2-2$$
$$=(x-a)^2Q(x)-x-2$$
$-x-2$를 이항하면
$$x^3-ax^2-bx+b^2=(x-a)^2Q(x)$$
$$\cdots\cdots①$$
양변에 $x=a$를 대입하면
$$-ab+b^2=0 \quad\cdots\cdots②$$
$b^2=ab$를 ①에 대입하면
$$x^2(x-a)-b(x-a)=(x-a)^2Q(x)$$
이 등식은 x에 관한 항등식이므로
$$x^2-b=(x-a)Q(x)$$

도 x에 관한 항등식이다.
　양변에 $x=a$를 대입하면
$$a^2-b=0 \quad\cdots\cdots③$$
　②, ③을 연립하여 풀면
$$a=0, \ b=0, \ 몫: \ x \quad 또는$$
$$a=1, \ b=1, \ 몫: \ x+1$$
*Note 1° ①에서 조립제법을 두 번 이
용하여 구할 수도 있다. 곧,

$$\begin{array}{c|cccc}
a & 1 & -a & -b & b^2 \\
  &   & a & 0 & -ab \\
\hline
a & 1 & 0 & -b & \boxed{b^2-ab} \\
  &   & a & a^2 & \\
\hline
  & 1 & a & \boxed{a^2-b} &
\end{array}$$

$$\therefore \ b^2-ab=0, \ a^2-b=0$$
2° 몫을 $x+p$라고 하면
$$x^3-ax^2-(b+1)x+b^2-2$$
$$=(x-a)^2(x+p)-x-2$$
이 등식이 x에 관한 항등식임을
이용하여 풀어도 된다.

3-11. $f(x)$를 x^2+1로 나눈 몫을 $Q(x)$,
나머지를 $ax+b$라고 하면
$$f(x)=(x^2+1)Q(x)+ax+b$$
$$\therefore \ \{f(x)\}^2=(x^2+1)^2\{Q(x)\}^2$$
$$+2(x^2+1)Q(x)(ax+b)$$
$$+(ax+b)^2$$
$$=(x^2+1)Q(x)\{(x^2+1)Q(x)$$
$$+2(ax+b)\}+(ax+b)^2$$
　그런데 $\{f(x)\}^2$이 x^2+1로 나누어떨
어지므로 $(ax+b)^2$도 x^2+1로 나누어떨
어진다.
　따라서 $(ax+b)^2=a^2(x^2+1)$로 놓을
수 있다.
　전개하여 동류항의 계수를 비교하면
$$2ab=0, \ b^2=a^2$$
　연립하여 풀면　$a=0, \ b=0$
$$\therefore \ f(x)=(x^2+1)Q(x)$$
따라서 x^2+1은 $f(x)$의 인수이다.

4-1. $3x^5+2x^3+x^2+p$ 를 x^3+2x 로 직접 나누면 나머지가 x^2+8x+p 이다.

이것이 $x-3$ 으로 나누어떨어지려면

$$3^2+8\times 3+p=0 \qquad \therefore \; \boldsymbol{p=-33}$$

4-2. $f(x)$ 를 $x-1$ 로 나눈 몫을 $P(x)$ 라고 하면

$$f(x)=(x-1)P(x)+4$$

$P(-2)=-1$ 이므로

$$f(-2)=-3P(-2)+4=7$$

$f(x)$ 를 $(x-1)(x+2)$ 로 나눈 몫을 $Q(x)$, 나머지를 $ax+b$ 라고 하면

$$f(x)=(x-1)(x+2)Q(x)+ax+b$$

$f(1)=4, f(-2)=7$ 이므로

$$a+b=4, \quad -2a+b=7$$

연립하여 풀면 $a=-1, \; b=5$

따라서 구하는 나머지는 $\boldsymbol{-x+5}$

*__*Note*__ $f(x)$ 를 $x-1$ 로 나눈 몫을 $P(x)$ 라고 하면

$$f(x)=(x-1)P(x)+4 \quad \cdots ①$$

이때, $P(x)$ 를 $x+2$ 로 나눈 몫을 $Q(x)$ 라고 하면

$$P(x)=(x+2)Q(x)-1 \quad \cdots ②$$

②를 ①에 대입하면

$$f(x)=(x-1)\{(x+2)Q(x)-1\}+4$$
$$=(x-1)(x+2)Q(x)-x+5$$

따라서 $f(x)$ 를 $(x-1)(x+2)$ 로 나눈 나머지는 $\boldsymbol{-x+5}$

4-3. $(x^2-2x+3)f(x)$ 를 x^2-1 로 나눈 몫을 $Q(x)$, 나머지를 $ax+b$ 라고 하면

$$(x^2-2x+3)f(x)=(x^2-1)Q(x)+ax+b$$
$$\therefore \; (x^2-2x+3)f(x)$$
$$=(x+1)(x-1)Q(x)+ax+b$$

양변에 $x=1, -1$ 을 대입하면

$$2f(1)=a+b, \quad 6f(-1)=-a+b$$

$f(1)=1, f(-1)=-1$ 이므로

$$2\times 1=a+b, \quad 6\times(-1)=-a+b$$
$$\therefore \; a=4, \; b=-2$$

따라서 구하는 나머지는 $\boldsymbol{4x-2}$

4-4. $f(x)$ 를 x^2-4 로 나눈 몫을 $P(x)$ 라고 하고, $g(x)$ 를 x^2-5x+6 으로 나눈 몫을 $Q(x)$ 라고 하면

$$f(x)=(x^2-4)P(x)+2x+1$$
$$=(x+2)(x-2)P(x)+2x+1$$
$$\cdots\cdots①$$
$$g(x)=(x^2-5x+6)Q(x)+x-4$$
$$=(x-2)(x-3)Q(x)+x-4$$
$$\cdots\cdots②$$

(1) $2f(x)+3g(x)$ 를 $x-2$ 로 나눈 나머지는 $2f(2)+3g(2)$

①, ②에서 $f(2)=5, g(2)=-2$ 이므로

$$2f(2)+3g(2)=2\times 5+3\times(-2)=\boldsymbol{4}$$

(2) $f(x-4)g(x+1)$ 을 $x-2$ 로 나눈 나머지는

$$f(2-4)g(2+1)=f(-2)g(3)$$

①, ②에서 $f(-2)=-3, g(3)=-1$ 이므로

$$f(-2)g(3)=(-3)\times(-1)=\boldsymbol{3}$$

4-5. 나머지 정리에서 $f(-2)=3$

조건식 $f(1+x)=f(1-x)$ 에 $x=3$ 을 대입하면

$$f(4)=f(-2)=3$$

따라서 $(x^2+1)f(2x)$ 를 $x-2$ 로 나눈 나머지는

$$(2^2+1)f(2\times 2)=5f(4)=\boldsymbol{15}$$

4-6. $f(x)$ 를 $(x-\alpha)(x-\beta)$ 로 나눈 몫을 $Q(x)$, 나머지를 $ax+b$ 라고 하면

$$f(x)=(x-\alpha)(x-\beta)Q(x)+ax+b$$

$f(\alpha)=0, f(\beta)=0$ 이므로

$$a\alpha+b=0 \;\cdots① \qquad a\beta+b=0 \;\cdots②$$

①$-$②하면 $a(\alpha-\beta)=0$

$\alpha\neq\beta$ 이므로 $a=0$

이 값을 ①에 대입하면 $b=0$

$$\therefore \; f(x)=(x-\alpha)(x-\beta)Q(x)$$

따라서 $f(x)$는 $(x-\alpha)(x-\beta)$로 나누어떨어진다.

4-7. $f(x)=ax^4+bx^3+1$에서 $f(x)$는 $x-1$로 나누어떨어지므로

$$f(1)=a+b+1=0$$
$$\therefore \ b=-(a+1)$$
$$\therefore \ f(x)=ax^4-(a+1)x^3+1$$
$$=x^3(x-1)a-(x^3-1)$$
$$=(x-1)(ax^3-x^2-x-1)$$

$g(x)=ax^3-x^2-x-1$로 놓으면 $g(x)$도 $x-1$로 나누어떨어지므로

$$g(1)=a-1-1-1=0 \quad \therefore \ \boldsymbol{a=3}$$
$$\therefore \ \boldsymbol{b=-4}$$
$$\therefore \ f(x)=(x-1)(3x^3-x^2-x-1)$$
$$=\boldsymbol{(x-1)^2(3x^2+2x+1)}$$

***Note** 조립제법을 이용하여 $f(x)$를 $x-1$로 나눈 나머지와 이때의 몫을 다시 $x-1$로 나눈 나머지가 모두 0일 조건을 구해도 된다.

4-8. (1) $\boldsymbol{(x+3)(x^2-2x+2)}$
(2) $\boldsymbol{(x+2)(x-2)(x^2+x+1)}$
(3) $\boldsymbol{(2x+3)(4x^2+x+1)}$
(4) $\boldsymbol{(x-1)(2x+1)(x^2+2x+5)}$

4-9. $\sqrt{2}=x$라고 하면 A, B, C, D 블록 1개의 부피는 각각 $x^3, x^2, x, 1$이다.

A 블록 1개, B 블록 4개, C 블록 5개, D 블록 2개를 모두 사용하여 만든 직육면체의 부피는

$$x^3+4x^2+5x+2$$
$$f(x)=x^3+4x^2+5x+2$$로 놓으면
$f(-1)=0, f(-2)=0$이므로
$$f(x)=(x+1)^2(x+2)$$

직육면체가 A 블록을 포함하므로 직육면체의 한 모서리의 길이는 $x=\sqrt{2}$ 이상이어야 한다. 따라서 세 모서리의 길이는 각각 $x+1, x+1, x+2$, 곧 $\sqrt{2}+1$,

$\sqrt{2}+1, \sqrt{2}+2$이므로 구하는 모든 모서리의 길이의 합은

$$4\{(\sqrt{2}+1)+(\sqrt{2}+1)+(\sqrt{2}+2)\}$$
$$=\boldsymbol{12\sqrt{2}+16}$$

4-10. 문제의 조건으로부터
$$f(x)=(x-1)(x-2)g(x)$$
$$+8x-4 \quad \cdots\cdots①$$
$$f(x)=(x-2)(x-3)h(x)$$
$$+14x-16 \quad \cdots\cdots②$$
로 놓을 수 있다.

$f(x)$를 $(x-1)(x-2)(x-3)$으로 나눈 몫을 $Q(x)$, 나머지를 ax^2+bx+c라고 하면
$$f(x)=(x-1)(x-2)(x-3)Q(x)$$
$$+ax^2+bx+c \quad \cdots③$$

①, ②에서 $f(1)=4, f(2)=12$, $f(3)=26$이므로
$$a+b+c=4, \ 4a+2b+c=12,$$
$$9a+3b+c=26$$
연립하여 풀면 $a=3, b=-1, c=2$
따라서 구하는 나머지는 $\boldsymbol{3x^2-x+2}$

***Note** ③에서 $f(x)$를 $(x-1)(x-2)$로 나눈 나머지는 ax^2+bx+c를 $(x-1)(x-2)$로 나눈 나머지와 같음을 알 수 있다.
$$\therefore \ f(x)=(x-1)(x-2)(x-3)Q(x)$$
$$+a(x-1)(x-2)+8x-4$$
$$\cdots\cdots④$$

②에서 $f(3)=26$이므로 ④에 $x=3$을 대입하면
$$f(3)=2a+20=26 \quad \therefore \ a=3$$
따라서 구하는 나머지는
$$3(x-1)(x-2)+8x-4=\boldsymbol{3x^2-x+2}$$

4-11. $f(x)=x^3-3b^2x+2c^3$으로 놓으면 $f(x)$는 $x-a, x-b$로 나누어떨어지므로
$$f(a)=a^3-3b^2a+2c^3=0 \quad \cdots\cdots①$$
$$f(b)=b^3-3b^3+2c^3=0 \quad \cdots\cdots②$$

②에서 $b^3 - c^3 = 0$

$\quad\therefore (b-c)(b^2+bc+c^2)=0$

그런데 $b>0$, $c>0$이므로

$\quad b^2+bc+c^2>0$　$\therefore b=c$　…③

③을 ①에 대입하면

$\quad\quad a^3-3ab^2+2b^3=0$

$\quad\therefore (a-b)^2(a+2b)=0$

그런데 $a+2b>0$이므로

$\quad\quad\quad a=b$　　　　……④

③, ④로부터　$a=b=c$

따라서 주어진 삼각형은　정삼각형

4-12. 구하는 다항식을 $f(x)$라고 하자.

$f(x)$를 $(x+3)(x+2)(x-3)$으로 나눈 몫을 $Q(x)$, 나머지를 ax^2+bx+c라고 하면

$\quad\quad f(x)=(x+3)(x+2)(x-3)Q(x)$

$\quad\quad\quad\quad\quad\quad +ax^2+bx+c$

문제의 조건에 의하여

$\quad f(-3)=0,\ f(-2)=-4,\ f(3)=6$

이므로

$\quad 9a-3b+c=0,\ 4a-2b+c=-4,$

$\quad 9a+3b+c=6$

$\quad\therefore a=1,\ b=1,\ c=-6$

$Q(x)=0$일 때, $f(x)$의 차수가 가장 작으므로　$f(x)=\boldsymbol{x^2+x-6}$

4-13. 문제의 조건으로부터

$\quad f(x)=(x-1)^3A(x)+x^2+x+1$

$\quad\quad\quad\quad\quad\quad\quad\quad ……①$

$\quad f(x)=(x-2)^2B(x)+3x+2$ …②

로 놓을 수 있다.

$f(x)$를 $(x-1)^2(x-2)$로 나눈 몫을 $Q(x)$, 나머지를 ax^2+bx+c라고 하면

$\quad\quad f(x)=(x-1)^2(x-2)Q(x)$

$\quad\quad\quad\quad\quad +ax^2+bx+c$ …③

①을 변형하면

$f(x)=(x-1)^2\{(x-1)A(x)+1\}+3x$

이므로 $f(x)$를 $(x-1)^2$으로 나눈 나머

지는 $3x$이다.

따라서 ③에서 나머지 ax^2+bx+c는 $a(x-1)^2+3x$의 꼴이다.

$\quad\therefore f(x)=(x-1)^2(x-2)Q(x)$

$\quad\quad\quad\quad\quad +a(x-1)^2+3x$

②에서 $f(2)=8$이므로

$\quad 8=a\times1^2+3\times2$　$\therefore a=2$

따라서 구하는 나머지는

$\quad 2(x-1)^2+3x=\boldsymbol{2x^2-x+2}$

4-14. 문제의 조건으로부터

$\quad f(x)=(x^2-4x+5)P(x)$

$\quad\quad\quad\quad\quad +ax+b$　……①

$\quad f(x)=(x-1)(x^2-4x+5)Q(x)$

$\quad\quad\quad\quad\quad +(x-c)^2$　……②

로 놓을 수 있다.

$f(1)=4$이므로 ②에서

$\quad (1-c)^2=4$　$\therefore 1-c=\pm2$

$c>0$이므로　$\boldsymbol{c=3}$

또, ①, ②를 비교하면 $(x-c)^2$을 x^2-4x+5로 나눈 나머지가 $ax+b$이므로　$(x-c)^2=(x^2-4x+5)+ax+b$

그런데 $c=3$이므로

$\quad x^2-6x+9=x^2+(a-4)x+b+5$

$\quad\therefore -6=a-4,\ 9=b+5$

$\quad\quad\therefore \boldsymbol{a=-2,\ b=4}$

4-15. 조건 ㈎에 $x=2$를 대입하면

$\quad 9P(2)=0\times P(5)$　$\therefore P(2)=0$

조건 ㈎에 $x=-7$을 대입하면

$\quad 0\times P(-7)=-9P(-4)$　$\therefore P(-4)=0$

$P(x-1)$을 x^2+3x+1로 나눈 몫을 $ax+b$라고 하면

$P(x-1)=(x^2+3x+1)(ax+b)-x+3$

$\quad\quad\quad\quad\quad\quad\quad\quad ……①$

①에 $x=3$을 대입하면

$\quad P(2)=(9+9+1)(3a+b)-3+3$

$\quad P(2)=0$이므로

$\quad\quad 19(3a+b)=0$　　　　……②

①에 $x=-3$을 대입하면
$$P(-4)=(9-9+1)(-3a+b)+3+3$$
$P(-4)=0$이므로
$$-3a+b+6=0 \qquad \cdots\cdots ③$$
②, ③을 연립하여 풀면
$$a=1, \ b=-3$$
①에서
$$P(x-1)=(x^2+3x+1)(x-3)-x+3$$
이 식에 $x=-1$을 대입하면
$$P(-2)=(1-3+1)(-1-3)+1+3$$
$$=8$$

4-16. (1) y를 상수로 생각하고
$$f(x)=x^3-3yx^2+ay^2x-3y^3$$이라고 하
면 $f(x)$가 $x-y$로 나누어떨어지므로
$$f(y)=y^3-3yy^2+ay^2y-3y^3=0$$
$$\therefore \ (a-5)y^3=0$$
y의 값에 관계없이 성립하므로
$$a-5=0 \qquad \therefore \ \boldsymbol{a=5}$$

$$\begin{array}{r|rrrr}
y & 1 & -3y & 5y^2 & -3y^3 \\
 &   & y   & -2y^2 & 3y^3 \\
\hline
 & 1 & -2y & 3y^2 & 0
\end{array}$$

$$\therefore \ \text{몫: } \boldsymbol{x^2-2xy+3y^2}$$

Note 조립제법을 이용하여 몫과 나
머지를 구하면

$$\begin{array}{r|rrrr}
y & 1 & -3y & ay^2 & -3y^3 \\
 &   & y   & -2y^2 & (a-2)y^3 \\
\hline
 & 1 & -2y & (a-2)y^2 & (a-5)y^3
\end{array}$$

　　몫: $x^2-2yx+(a-2)y^2$
　　나머지: $(a-5)y^3$
이때, 나머지는 y의 값에 관계없
이 0이므로 $\boldsymbol{a=5}$
$$\therefore \ \text{몫: } \boldsymbol{x^2-2xy+3y^2}$$

(2) $x=2y$, $x=\dfrac{1}{2}y$일 때 주어진 식의 값
이 0이므로 주어진 식은
$$(x-2y)(2x-y)$$를 인수로 가진다.
　조립제법을 두 번 이용하여 몫을 구

하면

$$\begin{array}{r|rrrrr}
2y & 2 & -3y & y^2 & -8y^3 & 4y^4 \\
 &   & 4y & 2y^2 & 6y^3 & -4y^4 \\
\hline
\frac{1}{2}y & 2 & y & 3y^2 & -2y^3 & 0 \\
 &   & y & y^2 & 2y^3 & \\
\hline
 & 2 & 2y & 4y^2 & 0
\end{array}$$

$$\therefore \ \boldsymbol{(x-2y)(2x-y)(x^2+xy+2y^2)}$$

4-17. 문제의 조건으로부터
$$f(0)=0, \ 2f(1)-1=0,$$
$$3f(2)-2=0, \ 4f(3)-3=0$$
이므로 $g(x)=(x+1)f(x)-x$라고 하면
$g(x)$는 사차식이고
$$g(0)=g(1)=g(2)=g(3)=0$$
따라서
$$g(x)=ax(x-1)(x-2)(x-3) \ (a\ne 0)$$
으로 놓을 수 있다. 곧,
$$(x+1)f(x)-x=ax(x-1)(x-2)(x-3)$$
이므로 $x=-1$을 대입하면
$$1=a\times(-1)\times(-2)\times(-3)\times(-4)$$
$$\therefore \ a=\frac{1}{24}$$
$$(x+1)f(x)-x=\frac{1}{24}x(x-1)(x-2)(x-3)$$
이므로 $x=5$를 대입하면
$$6f(5)-5=\frac{1}{24}\times 5\times 4\times 3\times 2$$
$$\therefore \ f(5)=\frac{5}{3}$$

4-18. $f(x)$를 $x-n$으로 나눈 나머지는
$$f(n)=2n^3-3n^2+1$$
$$=(n-1)^2(2n+1)$$
　따라서 $(n-1)^2(2n+1)$이 자연수의
제곱이 되는 1000 이하의 자연수 n을 찾
으면 된다.
(i) $n=1$일 때, $(n-1)^2(2n+1)=0$이므
로 조건을 만족시키지 않는다.
(ii) $n>1$일 때, $(n-1)^2(2n+1)$이 자연
수의 제곱이 되려면 $2n+1$이 자연수의
제곱이어야 한다.

2n+1은 3보다 큰 홀수이므로 자연수 k에 대하여
$$2n+1=(2k+1)^2$$
$$\therefore \ n=2k^2+2k=2k(k+1)$$
$n\leq 1000$이므로 $\ 2k(k+1)\leq 1000$
$$\therefore \ k(k+1)\leq 500$$
$k=21$일 때, $\ 21\times 22=462<500$
$k=22$일 때, $\ 22\times 23=506>500$
따라서 조건을 만족시키는 k는
$k=1,\ 2,\ 3,\ \cdots,\ 21$의 21개이다.
(i), (ii)에서 구하는 n의 개수는 **21**

4-19. (1) $f(x)=x^n-a^n$으로 놓으면
$f(a)=0$이므로 $\quad$나머지 : **0**
또, 조립제법을 써서 몫을 구하면

$$a \left|\begin{array}{cccccc} 1 & 0 & 0 & \cdots & 0 & -a^n \\ & a & a^2 & \cdots & a^{n-1} & a^n \\ \hline & 1 & a & a^2 & \cdots & a^{n-1} & \boxed{0} \end{array}\right.$$

몫 : $\boldsymbol{x^{n-1}+ax^{n-2}+\cdots+a^{n-2}x+a^{n-1}}$

(2) $f(x)=x^n+a^n$으로 놓으면
$f(-a)=0$이므로 $\quad$나머지 : **0**
또, 조립제법을 써서 몫을 구하면

$$-a \left|\begin{array}{cccccc} 1 & 0 & 0 & \cdots & 0 & a^n \\ & -a & a^2 & \cdots & a^{n-1} & -a^n \\ \hline & 1 & -a & a^2 & \cdots & a^{n-1} & \boxed{0} \end{array}\right.$$

몫 : $\boldsymbol{x^{n-1}-ax^{n-2}+\cdots-a^{n-2}x+a^{n-1}}$

*__Note__ 다음과 같이 기억해 두자.
$\boldsymbol{n}$이 2 이상인 자연수일 때,
$$\boldsymbol{x^n-a^n=(x-a)(x^{n-1}+ax^{n-2}}$$
$$\boldsymbol{+\cdots+a^{n-2}x+a^{n-1})}$$
$\boldsymbol{n}$이 2보다 큰 홀수일 때,
$$\boldsymbol{x^n+a^n=(x+a)(x^{n-1}-ax^{n-2}}$$
$$\boldsymbol{+\cdots-a^{n-2}x+a^{n-1})}$$

4-20. x^7을 $x-\dfrac{1}{2}$로 나눈 나머지는 $\left(\dfrac{1}{2}\right)^7$
이므로
$$x^7=\left(x-\frac{1}{2}\right)Q(x)+\left(\frac{1}{2}\right)^7$$

$$\therefore \ x^7-\left(\frac{1}{2}\right)^7=\left(x-\frac{1}{2}\right)Q(x)$$
$\dfrac{1}{2}=a$로 놓으면
$$x^7-a^7=(x-a)Q(x)$$
$$\therefore \ (x-a)(x^6+ax^5+\cdots+a^5x+a^6)$$
$$=(x-a)Q(x)$$
$$\therefore \ Q(x)=x^6+ax^5+\cdots+a^5x+a^6$$
따라서 $Q(x)$를 $x-a$로 나눈 나머지는
$$Q(a)=a^6+a^6+\cdots+a^6$$
$$=7a^6=7\times\left(\frac{1}{2}\right)^6=\boldsymbol{\frac{7}{64}}$$

4-21. $P(x)=x^5+x^4+x^3+x^2+x+1$
이므로
$$P(x^6)=x^{30}+x^{24}+x^{18}+x^{12}+x^6+1$$
$$=\{(x^{30}-1)+(x^{24}-1)+(x^{18}-1)$$
$$+(x^{12}-1)+(x^6-1)\}+6$$
여기에서 { } 안은 x^6-1로 나누어떨어진다. 또,
$$x^6-1=(x-1)(x^5+x^4+x^3+x^2+x+1)$$
$$=(x-1)P(x)$$
이므로 x^6-1은 $P(x)$로 나누어떨어진다.
따라서 { } 안은 $P(x)$로 나누어떨어지므로 $P(x^6)$을 $P(x)$로 나눈 나머지는 6이다. $\qquad$ 답 **6**

4-22. (i) $P=(5^n-3^n)-2^n$에서 5^n-3^n
은 $5-3(=2)$의 배수이다.
$$\therefore \ P는 2의 배수이다.$$
(ii) $P=(5^n-2^n)-3^n$에서 5^n-2^n은
$5-2(=3)$의 배수이다.
$$\therefore \ P는 3의 배수이다.$$
(iii) $P=5^n-(3^n+2^n)$에서 3^n+2^n은
$3+2(=5)$의 배수이다.
$$\therefore \ P는 5의 배수이다.$$
(i), (ii), (iii)에서 P는 30의 배수이다.

*__Note__ 연습문제 **4**-19를 참조한다.

5-1. $a\geq 0$일 때
$$P=|a+a|-|a-a|=|2a|=2a$$

$a<0$일 때
$$P=|a-a|-|a-(-a)|$$
$$=-|2a|=-(-2a)=2a$$
따라서 a의 부호에 관계없이　$P=2a$

5-2. (i) n이 100의 약수일 때
$\dfrac{100}{n}=k(k$는 자연수)라고 하면
$-\dfrac{100}{n}=-k$이므로
$\left[\dfrac{100}{n}\right]+\left[-\dfrac{100}{n}\right]=k+(-k)=0$
100의 양의 약수는 1, 2, 4, 5, 10,
20, 25, 50, 100의 9개이므로　$a=9$

(ii) n이 100의 약수가 아닐 때
$k<\dfrac{100}{n}<k+1(k$는 자연수)이라고
하면 $-(k+1)<-\dfrac{100}{n}<-k$이므로
$\left[\dfrac{100}{n}\right]=k,\ \left[-\dfrac{100}{n}\right]=-k-1$
$\therefore \left[\dfrac{100}{n}\right]+\left[-\dfrac{100}{n}\right]+1=0$
$\therefore b=100-9=91$
(i), (ii)에서　$b-a=91-9=\boldsymbol{82}$

5-3. $n\equiv2$이면 $n=3m+2(m$은 음이 아
닌 정수)로 놓을 수 있다.
이때,
$n^2=3(3m^2+4m+1)+1,$
$n^3=nn^2=3n(3m^2+4m+1)+n$
$\therefore n^2\equiv\boldsymbol{1},\ n^3\equiv n\equiv\boldsymbol{2}$　……①
또한 ①에서
$n^{2k}\equiv1,\ n^{2k-1}\equiv2$ (k는 양의 정수)
$\therefore 1+n+n^2+\cdots+n^{10}$
$\equiv1+2+1+\cdots+2+1=16$
$\equiv\boldsymbol{1}$

5-4. (1) (준 식)
$=\dfrac{(1-\sqrt2-\sqrt3)(1+\sqrt2-\sqrt3)}{(1+\sqrt2+\sqrt3)(1+\sqrt2-\sqrt3)}$
$=\dfrac{(1-\sqrt3)^2-2}{(1+\sqrt2)^2-3}=\boldsymbol{\dfrac{\sqrt2-\sqrt6}{2}}$

(2) 통분하여 분모, 분자를 간단히 하면
(분모)$=(1+\sqrt2-\sqrt3)(1-\sqrt2+\sqrt3)$
$=1^2-(\sqrt2-\sqrt3)^2=2\sqrt6-4$
(분자)$=(1+\sqrt3+\sqrt2)(1+\sqrt3-\sqrt2)$
$+(1-\sqrt3+\sqrt2)(1-\sqrt3-\sqrt2)$
$=(1+\sqrt3)^2-(\sqrt2)^2$
$+(1-\sqrt3)^2-(\sqrt2)^2$
$=4$
$\therefore$ (준 식)$=\dfrac{4}{2\sqrt6-4}=\boldsymbol{\sqrt6+2}$

5-5. (1) $\sqrt[3]{-8}=\sqrt[3]{(-2)^3}=-2,$
$\sqrt[3]{(-8)^2}=\sqrt[3]{64}=\sqrt[3]{4^3}=4,$
$\sqrt[3]{-8^2}=\sqrt[3]{-64}=\sqrt[3]{(-4)^3}=-4,$
$(\sqrt[3]{-8})^2=\{\sqrt[3]{(-2)^3}\}^2=(-2)^2=4$
$\therefore$ (준 식)$=-2+4-(-4)-4=\boldsymbol{2}$

(2) 세 번째 항의 분모, 분자에 각각
$\sqrt[3]{5^2}+\sqrt[3]5+1$을 곱하면
(준 식)$=\sqrt[3]5+\sqrt[3]{25}$
$-\dfrac{2\times2\sqrt[3]5(\sqrt[3]{25}+\sqrt[3]5+1)}{5-1}$
$=-\sqrt[3]{5^3}=\boldsymbol{-5}$

5-6. 각 식의 양변을 각각 제곱하면
$a^2+2ab+b^2=3\sqrt3-\sqrt2$　……①
$a^2-2ab+b^2=3\sqrt2-\sqrt3$　……②
(1) ①$-$②에서 $ab=\boldsymbol{\sqrt3-\sqrt2}$
(2) ①$+$②에서　$a^2+b^2=\boldsymbol{\sqrt3+\sqrt2}$
(3) $a^4+a^2b^2+b^4=(a^2+b^2)^2-a^2b^2$
$=(a^2+b^2+ab)$
$\times(a^2+b^2-ab)$
$=2\sqrt3\times2\sqrt2=\boldsymbol{4\sqrt6}$

5-7. $x=\dfrac{1+\sqrt5}{2}$에서　$2x-1=\sqrt5$
양변을 제곱하여 정리하면
$x^2=x+1$
$\therefore \dfrac{x^3+x+1}{x^5}=\dfrac{x^3+x^2}{x^5}=\dfrac{x+1}{x^3}=\dfrac{x^2}{x^3}$
$=\dfrac1x=\dfrac{2}{1+\sqrt5}=\boldsymbol{\dfrac{\sqrt5-1}{2}}$

5-8. (1) 조건식의 양변을 x로 나누면

$$x-5+\frac{1}{x}=0 \quad \therefore \ x+\frac{1}{x}=5$$

$$\therefore \ \left(\sqrt{x}+\frac{1}{\sqrt{x}}\right)^2=x+2+\frac{1}{x}$$

$$=5+2=7$$

그런데 $\sqrt{x}+\dfrac{1}{\sqrt{x}}>0$이므로

$$\sqrt{x}+\frac{1}{\sqrt{x}}=\sqrt{7}$$

(2) 조건식의 양변을 x^2으로 나누면

$$x^2-5+\frac{1}{x^2}=0 \quad \therefore \ x^2+\frac{1}{x^2}=5$$

$$\therefore \ \left(x+\frac{1}{x}\right)^2=x^2+\frac{1}{x^2}+2$$

$$=5+2=7$$

$x>0$이므로　$x+\dfrac{1}{x}=\sqrt{7}$

$$\therefore \ \left(\sqrt{x}+\frac{1}{\sqrt{x}}\right)^2=x+\frac{1}{x}+2$$

$$=\sqrt{7}+2$$

그런데 $\sqrt{x}+\dfrac{1}{\sqrt{x}}>0$이므로

$$\sqrt{x}+\frac{1}{\sqrt{x}}=\sqrt{\sqrt{7}+2}$$

5-9. (1) (준 식)$=\sqrt{\dfrac{7}{6}-2\sqrt{\dfrac{1}{3}}}$

$$=\sqrt{\left(\frac{2}{3}+\frac{1}{2}\right)-2\sqrt{\frac{2}{3}\times\frac{1}{2}}}$$

$$=\sqrt{\frac{2}{3}}-\sqrt{\frac{1}{2}}=\frac{\sqrt{6}}{3}-\frac{\sqrt{2}}{2}$$

$$=\frac{2\sqrt{6}-3\sqrt{2}}{6}$$

***Note** $a+b=\dfrac{7}{6}$, $ab=\dfrac{1}{3}$인 두 수 a, b는 $x^2-\dfrac{7}{6}x+\dfrac{1}{3}=0$의 두 근이다.

⇦ p. 115 참조

(2) (분모)$=\sqrt{9+4\sqrt{4+2\sqrt{3}}}$

$$=\sqrt{9+4(\sqrt{3}+1)}$$

$$=\sqrt{13+2\sqrt{12}}$$

$$=\sqrt{12}+1=2\sqrt{3}+1$$

이므로

(준 식)$=\dfrac{1}{2\sqrt{3}+1}$

$$=\frac{2\sqrt{3}-1}{(2\sqrt{3}+1)(2\sqrt{3}-1)}$$

$$=\frac{2\sqrt{3}-1}{11}$$

(3) 주어진 식을 제곱하면

$$\frac{\sqrt{5}+2+2\sqrt{(\sqrt{5})^2-2^2}+\sqrt{5}-2}{\sqrt{5}+1}$$

$$=\frac{2(\sqrt{5}+1)}{\sqrt{5}+1}=2$$

$\dfrac{\sqrt{\sqrt{5}+2}+\sqrt{\sqrt{5}-2}}{\sqrt{\sqrt{5}+1}}>0$이므로

$$\frac{\sqrt{\sqrt{5}+2}+\sqrt{\sqrt{5}-2}}{\sqrt{\sqrt{5}+1}}=\sqrt{2}$$

5-10. $x=\dfrac{\sqrt{2}+1}{\sqrt{2}-1}=3+2\sqrt{2},$

$$y=\frac{\sqrt{2}-1}{\sqrt{2}+1}=3-2\sqrt{2}$$

$$\therefore \ x+y=6, \ xy=1, \ x-y=4\sqrt{2}$$

(1) (준 식)$=\dfrac{6}{4\sqrt{2}}-\dfrac{4\sqrt{2}}{6}=\dfrac{\sqrt{2}}{12}$

(2) (준 식)$=\dfrac{x^3+y^3}{xy}$

$$=\frac{(x+y)^3-3xy(x+y)}{xy}$$

$$=\frac{6^3-3\times1\times6}{1}=198$$

(3) (준 식)$=\sqrt{\dfrac{3+2\sqrt{2}}{3-2\sqrt{2}}}=\sqrt{\dfrac{(3+2\sqrt{2})^2}{9-8}}$

$$=3+2\sqrt{2}$$

***Note** $xy=1$이므로 $x=\dfrac{1}{y}$이다.

$$\therefore \ \sqrt{\frac{x}{y}}=\sqrt{x\times\frac{1}{y}}=\sqrt{x\times x}$$

$$=x=3+2\sqrt{2}$$

5-11. (1) $x=\sqrt{4+\sqrt{12}}=\sqrt{4+2\sqrt{3}}$

$$=\sqrt{3}+1$$

$2<\sqrt{3}+1<3$이므로　$[x]=2$

(2) $\dfrac{[x]}{x-[x]}+\dfrac{x-[x]}{[x]}$

$=\dfrac{2}{(\sqrt3+1)-2}+\dfrac{(\sqrt3+1)-2}{2}$

$=\dfrac{2}{\sqrt3-1}+\dfrac{\sqrt3-1}{2}$

$=\sqrt3+1+\dfrac{\sqrt3-1}{2}=\dfrac{1}{2}+\dfrac{3\sqrt3}{2}$

5-12. (1) 조건식의 양변을 제곱하면

$a-2\sqrt6=x+y-2\sqrt{xy}$

$a,\ x,\ y$는 유리수이므로

$x+y=a,\ xy=6$

그런데 $x>y,\ xy=6$이고, x와 y는 자연수이므로

$x=6,\ y=1$ 또는 $x=3,\ y=2$

$\therefore\ \boldsymbol{a=7,\ 5}$

(2) $\sqrt{29-12\sqrt5}=\sqrt{29-2\sqrt{5\times6^2}}$

$=\sqrt{29-2\sqrt{20\times9}}$

$=\sqrt{20}-\sqrt9=-3+2\sqrt5$

$\therefore\ -3+2\sqrt5=a+b\sqrt5$

$a,\ b$는 유리수이므로

$\boldsymbol{a=-3,\ b=2}$

5-13. $n^9-n^3=n^3(n^3-1)(n^3+1)$

(i) n을 $2k,\ 2k+1$(k는 정수)로 분류하면

$n=2k$일 때 $n^3=(2k)^3=8k^3\ \cdots①$

$n=2k+1$일 때

$n^3-1=(2k+1)^3-1$
$=2(4k^3+6k^2+3k),$

$n^3+1=(2k+1)^3+1$
$=2(4k^3+6k^2+3k+1)$

$\therefore\ (n^3-1)(n^3+1)$
$=4(4k^3+6k^2+3k)(4k^3+6k^2+3k+1)$

그런데 $4k^3+6k^2+3k,$

$4k^3+6k^2+3k+1$은 연속하는 정수이므로 이 두 정수의 곱은 2로 나누어떨어진다.

따라서 $(n^3-1)(n^3+1)$은 8로 나누어떨어진다. ......②

①, ②에서 모든 정수 n에 대하여 $n^3(n^3-1)(n^3+1)$은 8로 나누어떨어진다.

(ii) n을 $3m,\ 3m+1,\ 3m-1$(m은 정수)로 분류하면

$n=3m$일 때 $n^3=(3m)^3=27m^3$

$n=3m+1$일 때
$n^3-1=(3m+1)^3-1$
$=9(3m^3+3m^2+m)$

$n=3m-1$일 때
$n^3+1=(3m-1)^3+1$
$=9(3m^3-3m^2+m)$

따라서 모든 정수 n에 대하여 $n^3(n^3-1)(n^3+1)$은 9로 나누어떨어진다.

(i), (ii)에서 n^9-n^3은 72로 나누어떨어진다.

5-14. (1) $a\circ5=0$이면 $a-5\left[\dfrac{a}{5}\right]=0$

곧, $\dfrac{a}{5}=\left[\dfrac{a}{5}\right]$이고, $\left[\dfrac{a}{5}\right]$는 정수이므로 $\dfrac{a}{5}$는 정수이다.

따라서 a는 5의 배수이다.

(2) a를 b로 나눈 몫을 q, 나머지를 r $(0\le r<b)$이라고 하면

$a=bq+r$에서 $\dfrac{a}{b}=q+\dfrac{r}{b}$

$0\le\dfrac{r}{b}<1$이므로 $\left[\dfrac{a}{b}\right]=q$

$\therefore\ a\circ b=a-b\left[\dfrac{a}{b}\right]=a-bq=r$

곧, $a\circ b$는 a를 b로 나눈 나머지이다.

5-15. $\dfrac{1}{\sqrt[3]2-1}=\dfrac{(\sqrt[3]2)^2+\sqrt[3]2+1}{(\sqrt[3]2)^3-1}$

$=(\sqrt[3]2)^2+\sqrt[3]2+1$

$\therefore\ \sqrt{\dfrac{1}{\sqrt[3]2-1}+\sqrt[3]2}$

$=\sqrt{(\sqrt[3]2)^2+2\sqrt[3]2+1}=\sqrt[3]2+1$

그런데
$$1<\sqrt[3]{2}<\frac{3}{2}\left(\because\ 1^3<2<\left(\frac{3}{2}\right)^3\right)$$
이므로 $2<\sqrt[3]{2}+1<\frac{5}{2}$ 이다.

따라서 주어진 수에 가장 가까운 정수는 2이다. $\therefore\ x=2$
$$\therefore\ \frac{\sqrt{3-2\sqrt{x}}}{\sqrt{3+2\sqrt{x}}}=\frac{\sqrt{3-2\sqrt{2}}}{\sqrt{3+2\sqrt{2}}}$$
$$=\frac{\sqrt{2}-1}{\sqrt{2}+1}=3-2\sqrt{2}$$

5-16. $\sqrt{n}=a+b$ 에서
$$b=\sqrt{n}-a\ (0\le b<1)$$
이것을 $a^3-9ab+b^3=0$ 에 대입하면
$$a^3-9a(\sqrt{n}-a)+(\sqrt{n}-a)^3=0$$
$$\therefore\ 9a^2-3na+(3a^2-9a+n)\sqrt{n}=0$$
$a,\ n$은 정수이므로 $9a^2-3na$,
$3a^2-9a+n$도 정수이고, $\sqrt{n}$ 은 무리수이므로
$$9a^2-3na=0 \qquad \cdots\cdots ①$$
$$3a^2-9a+n=0 \qquad \cdots\cdots ②$$
①에서 $3a(3a-n)=0$
$$\therefore\ a=0\ \ 또는\ \ n=3a$$
$a=0$일 때, ②에서 $n=0$이므로 n이 자연수라는 것에 모순이다.

$n=3a$일 때, ②에 대입하면
$$3a^2-6a=0 \quad \therefore\ a=2$$
$$\therefore\ n=3a=\boldsymbol{6}$$

5-17. a는 유리수이고 $b\ne 0$이므로
$(a+b\sqrt{5})^n\ne 0$이다.

양변을 $(a+b\sqrt{5})^n$으로 나누면
$$(a+b\sqrt{5})^2=a+b\sqrt{5}+1$$
$$\therefore\ (a^2+5b^2-a-1)+(2ab-b)\sqrt{5}=0$$
$a,\ b$는 유리수이므로 a^2+5b^2-a-1,
$2ab-b$도 유리수이다.
$$\therefore\ a^2+5b^2-a-1=0 \qquad \cdots\cdots ①$$
$$2ab-b=0 \qquad \cdots\cdots ②$$
②에서 $b\ne 0$이므로 $\boldsymbol{a=\dfrac{1}{2}}$

①에 대입하여 정리하면
$$b^2=\frac{1}{4} \qquad \therefore\ \boldsymbol{b=\pm\frac{1}{2}}$$

5-18. 원의 반지름의 길이를 r이라고 하면 호 AB의 길이는 πr이다.

두 점 P와 Q가 만난다고 하면 만나는 점은 A 또는 B이고, 그때까지 점 P는 πrm만큼, 점 Q는 $2rn(m,\ n$은 자연수) 만큼 움직인다.

두 점 P와 Q가 t초 후 만났다고 하면 속력이 같으므로
$$\frac{\pi rm}{t}=\frac{2rn}{t} \qquad \therefore\ \frac{2n}{m}=\pi$$
이 식의 좌변은 유리수, 우변은 무리수이므로 모순이다.

따라서 두 점 P와 Q는 만나지 않는다.

Note 이와 같이 결론을 부정하여 모순을 이끌어 내는 증명법을 귀류법이라고 한다. 이에 대해서는 실력 공통수학2의 p. 136에서 자세히 공부한다.

5-19. (1) $\sqrt{n+1}=a$, $\sqrt{n}=b$라고 하자.

$a,\ b$가 모두 유리수라고 하면 n은 자연수이므로 $a,\ b$는 모두 자연수이다.

$n+1=a^2$, $n=b^2$에서 $a^2-b^2=1$
$$\therefore\ (a+b)(a-b)=1$$
$a+b$, $a-b$는 정수이고 $a>b$이므로
$$a+b=1,\ a-b=1$$
$$\therefore\ a=1,\ b=0$$
이것은 $a,\ b$가 모두 자연수라는 것에 모순이다.

따라서 $\sqrt{n+1}$과 $\sqrt{n}$은 동시에 유리수일 수 없다.

(2) $\sqrt{n+1}-\sqrt{n}=c \qquad \cdots\cdots ①$
이라고 하자. 이때,
$$\frac{1}{c}=\frac{1}{\sqrt{n+1}-\sqrt{n}}=\sqrt{n+1}+\sqrt{n}$$
곧, $\sqrt{n+1}+\sqrt{n}=\dfrac{1}{c} \qquad \cdots\cdots ②$

(①+②)÷2에서
$$\sqrt{n+1}=\frac{1}{2}\left(c+\frac{1}{c}\right)$$

(②−①)÷2에서
$$\sqrt{n}=\frac{1}{2}\left(\frac{1}{c}-c\right)$$

c가 유리수라고 하면 $\frac{1}{2}\left(c+\frac{1}{c}\right)$, $\frac{1}{2}\left(\frac{1}{c}-c\right)$도 모두 유리수이다.

그런데 $\sqrt{n+1}$과 $\sqrt{n}$은 동시에 유리수일 수 없으므로 이것은 모순이다.

따라서 $c=\sqrt{n+1}-\sqrt{n}$은 유리수가 아닌 실수이므로 무리수이다.

6-1. (1) (준 식)$=\sqrt{8}i+3\sqrt{50}i-\sqrt{18}i$
$=2\sqrt{2}i+15\sqrt{2}i-3\sqrt{2}i$
$=\boldsymbol{14\sqrt{2}i}$

(2) (준 식)$=1+\frac{1}{i}+\frac{1}{-1}+\frac{1}{-i}=\boldsymbol{0}$

(3) (준 식)$=\dfrac{-\sqrt{3}+\sqrt{6}i}{\sqrt{3}+\sqrt{6}i}$
$=\dfrac{(-\sqrt{3}+\sqrt{6}i)(\sqrt{3}-\sqrt{6}i)}{(\sqrt{3}+\sqrt{6}i)(\sqrt{3}-\sqrt{6}i)}$
$=\dfrac{-3+\sqrt{3}\sqrt{6}i+\sqrt{6}\sqrt{3}i-6i^2}{3-6i^2}$
$=\dfrac{1}{3}+\dfrac{2\sqrt{2}}{3}i$

(4) (준 식)$=\dfrac{(\sqrt{3}+3i)(1+\sqrt{3}i)}{(1-\sqrt{3}i)(1+\sqrt{3}i)}$
$=\dfrac{-2\sqrt{3}+6i}{1-3i^2}=-\dfrac{\sqrt{3}}{2}+\dfrac{3}{2}i$

(5) (준 식)
$=\dfrac{(2+3i)(3+2i)+(2-3i)(3-2i)}{(3-2i)(3+2i)}$
$=\dfrac{13i-13i}{9-4i^2}=\boldsymbol{0}$

6-2. $\sqrt{a}\sqrt{b}\neq\sqrt{ab}$이므로 $a<0$, $b<0$이다.
따라서 $-a=x$, $-b=y$라고 하면
$$x>0,\ y>0$$
∴ (준 식)$=\dfrac{\sqrt{x}-\sqrt{-y}}{\sqrt{x}+\sqrt{-y}}=\dfrac{\sqrt{x}-\sqrt{y}i}{\sqrt{x}+\sqrt{y}i}$

$=\dfrac{(\sqrt{x}-\sqrt{y}i)^2}{(\sqrt{x}+\sqrt{y}i)(\sqrt{x}-\sqrt{y}i)}$
$=\dfrac{x-2\sqrt{xy}i-y}{x+y}$
$=\dfrac{x-y}{x+y}-\dfrac{2\sqrt{xy}}{x+y}i$

따라서 실수부분은
$$\dfrac{x-y}{x+y}=\dfrac{-a+b}{-a-b}=\boldsymbol{\dfrac{a-b}{a+b}}$$

6-3. $f(n)=\left\{\left(\dfrac{1+i}{\sqrt{2}}\right)^2\right\}^n+\left\{\left(\dfrac{1-i}{\sqrt{2}}\right)^2\right\}^n$
이고
$$\left(\dfrac{1\pm i}{\sqrt{2}}\right)^2=\dfrac{1\pm 2i+i^2}{2}=\pm i\ (\text{복부호동순})$$
이므로
$$f(n)=i^n+(-i)^n\quad\cdots\cdots①$$
$n=1,\ 2,\ 3,\ \cdots$을 대입하면
$f(1)=i-i=0,\quad f(2)=i^2+i^2=-2,$
$f(3)=i^3-i^3=0,\quad f(4)=i^4+i^4=2,$
$f(5)=i^5-i^5=0,\quad f(6)=i^6+i^6=-2,$
$\cdots$
∴ $\{f(1)\}^2=\{f(3)\}^2=\{f(5)\}^2=\cdots=0,$
$\{f(2)\}^2=\{f(4)\}^2=\{f(6)\}^2=\cdots=4$
∴ (준 식)$=4\times 25=\boldsymbol{100}$

*$\boldsymbol{Note}$ ①에서
n이 홀수이면 $f(n)=i^n-i^n=0$
n이 짝수이면 $f(n)=i^n+i^n=2i^n$

6-4. (1) $(\alpha\beta)^2=\alpha^2\beta^2=3i\times(-3i)=9$
∴ $\alpha\beta=\boldsymbol{\pm 3}$

(2) $(\alpha+\beta)^2=\alpha^2+2\alpha\beta+\beta^2$이고, (1)에서
$\alpha\beta=\pm 3$이므로
$(\alpha+\beta)^2=\pm 6$
$(\alpha+\beta)^2=6$일 때 $\alpha+\beta=\boldsymbol{\pm\sqrt{6}}$
$(\alpha+\beta)^2=-6$일 때 $\alpha+\beta=\boldsymbol{\pm\sqrt{6}i}$

(3) $\dfrac{\alpha-\beta}{\alpha+\beta}=\dfrac{(\alpha-\beta)^2}{(\alpha+\beta)(\alpha-\beta)}$
$=\dfrac{\alpha^2-2\alpha\beta+\beta^2}{\alpha^2-\beta^2}$
$=\dfrac{-2\alpha\beta}{6i}=\dfrac{1}{3}\alpha\beta i$

(1)에서 $\alpha\beta=\pm3$이므로

$$\frac{\alpha-\beta}{\alpha+\beta}=\pm i$$

* ***Note*** $\alpha^2=3i,\ \beta^2=-3i$를 만족시키는 복소수 $\alpha,\ \beta$는

$$\alpha=\pm\frac{\sqrt{3}}{\sqrt{2}}(1+i),\ \beta=\pm\frac{\sqrt{3}}{\sqrt{2}}(1-i)$$

6-**5**. $\alpha=a+bi,\ \beta=c+di$

($a,\ b,\ c,\ d$는 실수)로 놓자.

(1) $\overline{\alpha+\beta}=\overline{(a+bi)+(c+di)}$

$\qquad\quad =\overline{(a+c)+(b+d)i}$

$\qquad\quad =(a+c)-(b+d)i$

$\overline{\alpha}+\overline{\beta}=(a-bi)+(c-di)$

$\qquad\quad =(a+c)-(b+d)i$

$\therefore\ \overline{\alpha+\beta}=\overline{\alpha}+\overline{\beta}$

(2) $\overline{\alpha\beta}=\overline{(a+bi)(c+di)}$

$\qquad =\overline{(ac-bd)+(ad+bc)i}$

$\qquad =(ac-bd)-(ad+bc)i$

$\overline{\alpha}\,\overline{\beta}=(a-bi)(c-di)$

$\qquad =(ac-bd)-(ad+bc)i$

$\therefore\ \overline{\alpha\beta}=\overline{\alpha}\,\overline{\beta}$

(3) $\dfrac{\alpha}{\beta}=\dfrac{a+bi}{c+di}=\dfrac{ac+bd}{c^2+d^2}+\dfrac{bc-ad}{c^2+d^2}i$

$\therefore\ \overline{\left(\dfrac{\alpha}{\beta}\right)}=\dfrac{ac+bd}{c^2+d^2}-\dfrac{bc-ad}{c^2+d^2}i$

또,

$\dfrac{\overline{\alpha}}{\overline{\beta}}=\dfrac{a-bi}{c-di}=\dfrac{ac+bd}{c^2+d^2}-\dfrac{bc-ad}{c^2+d^2}i$

$\therefore\ \overline{\left(\dfrac{\alpha}{\beta}\right)}=\dfrac{\overline{\alpha}}{\overline{\beta}}$

6-**6**. ㄱ. $z_1*z_2=z_1\overline{z_2}+\overline{z_1}z_2=z_2\overline{z_1}+\overline{z_2}z_1$

$\qquad\qquad =z_2*z_1$

ㄴ. $z_1*\overline{z_2}=z_1\overline{(\overline{z_2})}+\overline{z_1}\,\overline{z_2}=z_1z_2+\overline{z_1}\,\overline{z_2}$

$\qquad =\overline{z_1}\,\overline{z_2}+\overline{(\overline{z_1})}z_2=\overline{z_1}*z_2$

ㄷ. $(z_1+z_2)*z_3$

$\qquad =(z_1+z_2)\overline{z_3}+\overline{(z_1+z_2)}z_3$

$\qquad =z_1\overline{z_3}+z_2\overline{z_3}+\overline{z_1}z_3+\overline{z_2}z_3$

$\qquad =(z_1\overline{z_3}+\overline{z_1}z_3)+(z_2\overline{z_3}+\overline{z_2}z_3)$

$\qquad =(z_1*z_3)+(z_2*z_3)$

ㄹ. $(z_1*z_2)*z_3=(z_1\overline{z_2}+\overline{z_1}z_2)*z_3$

$\qquad =(z_1\overline{z_2}+\overline{z_1}z_2)\overline{z_3}+\overline{(z_1\overline{z_2}+\overline{z_1}z_2)}z_3$

$\qquad =z_1\overline{z_2}\,\overline{z_3}+\overline{z_1}z_2\overline{z_3}+\overline{z_1}z_2z_3+z_1\overline{z_2}z_3$

$z_1*(z_2*z_3)=z_1*(z_2\overline{z_3}+\overline{z_2}z_3)$

$\qquad =z_1\overline{(z_2\overline{z_3}+\overline{z_2}z_3)}+\overline{z_1}(z_2\overline{z_3}+\overline{z_2}z_3)$

$\qquad =z_1\overline{z_2}z_3+z_1z_2\overline{z_3}+\overline{z_1}z_2\overline{z_3}+\overline{z_1}\,\overline{z_2}z_3$

$\therefore\ (z_1*z_2)*z_3\neq z_1*(z_2*z_3)$

이상에서 옳은 것은 ㄱ, ㄴ, ㄷ

* ***Note*** 이를테면 $z_1=1+i,\ z_2=i,$
$z_3=2-i$로 놓고 ㄹ의 좌변과 우변을 계산해 보면 등식이 성립하지 않는다.

6-**7**. (1) $\alpha=a+bi$($a,\ b$는 실수)라고 하면

$\alpha\overline{\alpha}=(a+bi)(a-bi)$

$\qquad =a^2+b^2\geq 0$

단, 등호는 $a=b=0$, 곧 $\alpha=0$일 때 성립한다. $\quad\therefore\ \alpha\overline{\alpha}\geq 0$

(2) $\alpha^2\overline{\alpha}^2=(5-12i)(5+12i)=169$

$\therefore\ (\alpha\overline{\alpha})^2=169$

$\alpha\overline{\alpha}\geq 0$이므로 $\quad\alpha\overline{\alpha}=\mathbf{13}$

* ***Note*** $\alpha=a+bi$를 $\alpha^2=5-12i$에 대입한 다음 실수 $a,\ b$의 값을 구하여 풀어도 된다.

6-**8**. (1) 주어진 식의 양변에

$13(2+3i)(2-3i)$를 곱하면

$13a(2-3i)+13b(2+3i)$

$\qquad\qquad =8(2+3i)(2-3i)$

전개하여 정리하면

$(2a+2b)+(3b-3a)i=8$

$a,\ b$는 실수이므로

$2a+2b=8,\ 3b-3a=0$

$\therefore\ \boldsymbol{a=2,\ b=2}$

(2) $\dfrac{20}{3-i}=\dfrac{20(3+i)}{9-i^2}=2(3+i),$

$\dfrac{101}{10+i}=\dfrac{101(10-i)}{100-i^2}=10-i$

이므로 주어진 식에서

$$\frac{25}{a+bi}=(10-i)-2(3+i)=4-3i$$

$$\therefore\ a+bi=\frac{25}{4-3i}=\frac{25(4+3i)}{16-9i^2}$$
$$=4+3i$$

a, b는 실수이므로 $\boldsymbol{a=4,\ b=3}$

6-9. $z=x+yi(x,\ y$는 실수$)$로 놓으면
$\bar{z}=x-yi$이다.

(1) $(1+i)(x+yi)+3i(x-yi)=2+i$

$\therefore\ x+2y+(4x+y)i=2+i$

$x,\ y$는 실수이므로

$x+2y=2,\ 4x+y=1$

$\therefore\ x=0,\ y=1 \quad\therefore\ \boldsymbol{z=i}$

(2) $(x+yi)(x-yi)$
$$+3(x+yi-x+yi)=5-6i$$

$\therefore\ x^2+y^2+6yi=5-6i$

$x,\ y$는 실수이므로

$x^2+y^2=5,\ 6y=-6$

$\therefore\ x=\pm2,\ y=-1$

$\therefore\ \boldsymbol{z=\pm2-i}$

6-10. z^2-z가 실수이므로

$z^2-z=\overline{z^2-z}=\bar{z}^2-\bar{z}$

$\therefore\ z^2-\bar{z}^2-z+\bar{z}=0$

$\therefore\ (z-\bar{z})(z+\bar{z})-(z-\bar{z})=0$

$\therefore\ (z-\bar{z})(z+\bar{z}-1)=0$

$z\neq\bar{z}$이므로 $z+\bar{z}=\boldsymbol{1}$

*__Note__ 1° z가 실수이면 $\bar{z}=z$

z가 순허수이면 $\bar{z}=-z$

2° $z\neq\bar{z}$에서 z는 실수가 아니므로

$z=a+bi\ (a,\ b$는 실수, $b\neq0)$

로 놓고 풀어도 된다.

6-11. $\sqrt{x}=\sqrt{-2+\sqrt{3}}=\sqrt{2-\sqrt{3}}\,i$
$$=\sqrt{\frac{4-2\sqrt{3}}{2}}\,i=\frac{\sqrt{3}-1}{\sqrt{2}}\,i$$
$\sqrt{y}=\sqrt{-2-\sqrt{3}}=\sqrt{2+\sqrt{3}}\,i$
$$=\sqrt{\frac{4+2\sqrt{3}}{2}}\,i=\frac{\sqrt{3}+1}{\sqrt{2}}\,i$$

$\therefore\ x\sqrt{y}+y\sqrt{x}=(-2+\sqrt{3})\times\frac{\sqrt{3}+1}{\sqrt{2}}i$
$$+(-2-\sqrt{3})\times\frac{\sqrt{3}-1}{\sqrt{2}}i$$
$$=\boldsymbol{-\sqrt{6}\,i}$$

6-12. $\dfrac{1}{i}=\dfrac{1}{i^5}=\dfrac{1}{i^9}=\cdots=-i,$

$\dfrac{1}{i^2}=\dfrac{1}{i^6}=\dfrac{1}{i^{10}}=\cdots=-1,$

$\dfrac{1}{i^3}=\dfrac{1}{i^7}=\dfrac{1}{i^{11}}=\cdots=i,$

$\dfrac{1}{i^4}=\dfrac{1}{i^8}=\dfrac{1}{i^{12}}=\cdots=1$

이므로

(준 식)$=-i+1+i-1+\cdots+\dfrac{(-1)^{n+1}}{i^n}$
$$=\begin{cases}-i & (n=4k-3\text{일 때})\\ 1-i & (n=4k-2\text{일 때})\\ 1 & (n=4k-1\text{일 때})\\ 0 & (n=4k\text{일 때})\end{cases}$$
(단, k는 자연수)

따라서 주어진 조건을 만족시키는 n은
$$n=4k-2\ (k\text{는 자연수})$$
의 꼴로 나타낼 수 있다.

그런데 n은 100보다 작은 자연수이므로 $0<4k-2<100$

이 부등식을 만족시키는 자연수 k는 1, 2, 3, $\cdots$, 25이므로 n의 개수는 **25**

6-13. $z=a+bi(a,\ b$는 실수$)$라고 하면
$$z^2=a^2-b^2+2abi$$
따라서 z^2이 양의 실수이면
$$ab=0,\ a^2-b^2>0 \quad\therefore\ a\neq0,\ b=0$$
또, z^2이 음의 실수이면
$$ab=0,\ a^2-b^2<0 \quad\therefore\ a=0,\ b\neq0$$

(1) $z=(2x^2-2)-(x^2-2x-3)i$
$$=2(x+1)(x-1)-(x+1)(x-3)i$$
z^2이 양의 실수이면
$$2(x+1)(x-1)\neq0,$$
$$(x+1)(x-3)=0$$

이므로 $x=3$

(2) z^2이 음의 실수이면
$$2(x+1)(x-1)=0,$$
$$(x+1)(x-3)\neq0$$
이므로 $x=1$

6-14. (1) 거짓 $a=0$, $b=0$, $c=1$이지만
$ab=bc=ca=0$이다.

(2) 참 $a+b$, $b+c$, $c+a$가 모두 실수이
면 $(a+b)+(b+c)+(c+a)$, 곧
$2a+2(b+c)$도 실수이다.

그런데 조건에서 $b+c$가 실수이므
로 $2a$는 실수이고, a는 실수이다.

같은 방법으로 하면 b, c도 실수이다.

(3) 거짓 $a=0$, $b=i$, $c=1$이지만
$a^2+b^2+c^2=0$이다.

(4) 참 $a+b+c=0$ ······①
$ab+bc+ca=0$ ······②

①에서의 $b+c=-a$를 ②에 대입
하면 $a^2=bc$ ∴ $a^3=abc$

같은 방법으로 하면
$$b^3=abc, \ c^3=abc$$
$$\therefore \ a^3=b^3=c^3$$

6-15. $\alpha\bar{\alpha}+\alpha\bar{\beta}+\bar{\alpha}\beta+\beta\bar{\beta}$
$$=\alpha(\bar{\alpha}+\bar{\beta})+\beta(\bar{\alpha}+\bar{\beta})$$
$$=(\alpha+\beta)(\bar{\alpha}+\bar{\beta})=(\alpha+\beta)(\overline{\alpha+\beta})$$
$$\therefore \ (\alpha+\beta)(\overline{\alpha+\beta})=25$$

그런데
$$\alpha+\beta=a+1+(3-b)i,$$
$$\overline{\alpha+\beta}=a+1-(3-b)i$$
이므로 대입하여 정리하면
$$(a+1)^2+(3-b)^2=25$$
a, b가 자연수이므로 $a+1\geq2$,
$3-b\leq2$이다. 따라서
$$(a+1, \ 3-b)=(3, \ -4), \ (4, \ -3),$$
$$(5, \ 0)$$
∴ **$a=2$, $b=7$** 또는 **$a=3$, $b=6$**
                        또는 **$a=4$, $b=3$**

6-16. (1) $\bar{\alpha}=\dfrac{2}{\alpha}$, $\bar{\beta}=\dfrac{2}{\beta}$이므로
$$\overline{\alpha+\beta}=\bar{\alpha}+\bar{\beta}=\dfrac{2}{\alpha}+\dfrac{2}{\beta}$$
$(\alpha+\beta)(\overline{\alpha+\beta})=1$에서
$$(\alpha+\beta)\left(\dfrac{2}{\alpha}+\dfrac{2}{\beta}\right)=1$$
$$\therefore \ 2+\dfrac{2\alpha}{\beta}+\dfrac{2\beta}{\alpha}+2=1$$
$$\therefore \ \dfrac{\alpha}{\beta}+\dfrac{\beta}{\alpha}=-\dfrac{3}{2} \quad \cdots\cdots①$$

(2) $\dfrac{\alpha}{\beta}=t$라 하면 $\dfrac{\beta}{\alpha}=\dfrac{1}{t}$이므로 ①에서
$$t+\dfrac{1}{t}=-\dfrac{3}{2} \quad \therefore \ 2t^2+3t+2=0$$
근의 공식에 대입하면   ⇦ p. 100
$$t=\dfrac{-3\pm\sqrt{-7}}{4}=\dfrac{-3\pm\sqrt{7}i}{4}$$

6-17. (i) $1\leq b\leq5$일 때
$5-b\geq0$이므로 $\sqrt{5-b}-\sqrt{|a-b|}\,i$
가 실수이려면
$$-\sqrt{|a-b|}=0 \quad \therefore \ |a-b|=0$$
$$\therefore \ a=b$$
$1\leq b\leq5$이므로 조건을 만족시키는
순서쌍 (a, b)는
$$(1, 1), \ (2, 2), \ (3, 3), \ (4, 4), \ (5, 5)$$

(ii) $5<b\leq9$일 때
$5-b<0$이므로
$$\sqrt{5-b}-\sqrt{|a-b|}\,i$$
$$=\sqrt{b-5}i-\sqrt{|a-b|}\,i$$
$$=(\sqrt{b-5}-\sqrt{|a-b|}\,)i$$
이것이 실수이려면
$$\sqrt{b-5}-\sqrt{|a-b|}=0$$
$$\therefore \ \sqrt{b-5}=\sqrt{|a-b|}$$
$$\therefore \ b-5=|a-b|$$
$a\geq b$이면 $b-5=a-b$에서
$$a=2b-5$$
$5<b\leq9$이므로 조건을 만족시키는
순서쌍 (a, b)는 $(7, 6)$, $(9, 7)$
$a<b$이면 $b-5=-a+b$에서

$a=5$

$5<b\leq9$이므로 조건을 만족시키는 순서쌍 (a, b)는

$(5, 6),\ (5, 7),\ (5, 8),\ (5, 9)$

(i), (ii)에서 구하는 순서쌍 (a, b)의 개수는 $5+2+4=\mathbf{11}$

6-18. (1) $z=x+yi(x, y$는 실수, $y\neq0)$,

$a=a+bi(a, b$는 실수)

로 놓자.

$z+a=(x+a)+(y+b)i$가 실수이므로 $y+b=0$ $\therefore\ b=-y$

$za=(x+yi)(a+bi)$

$\quad=(x+yi)(a-yi)$

$\quad=(xa+y^2)+y(a-x)i$

가 실수이므로 $y(a-x)=0$

그런데 z는 실수가 아니므로 $y\neq0$이다. $\therefore\ a=x$

$\therefore\ a=a+bi=x-yi=\bar{z}$

***Note** $z+\alpha$, $z\alpha$가 모두 실수이므로

$\overline{z+\alpha}=\overline{z}+\overline{\alpha}=z+\alpha$ $\cdots\cdots$①

$\overline{z\alpha}=\overline{z}\overline{\alpha}=z\alpha$ $\cdots\cdots$②

$z\neq0$이므로 $\overline{z}\neq0$이고 ②에서

$\overline{\alpha}=\dfrac{z\alpha}{z}$

①에 대입하면 $\overline{z}+\dfrac{z\alpha}{z}=z+\alpha$

$\therefore\ \overline{z}^2+z\alpha=z\overline{z}+\alpha\overline{z}$

$\therefore\ \alpha(z-\overline{z})=\overline{z}(z-\overline{z})$

그런데 z는 실수가 아니므로 $z\neq\overline{z}$이다. $\therefore\ \alpha=\overline{z}$

(2) $z+\dfrac{1}{z}$이 실수이므로

$z+\dfrac{1}{z}=\overline{z+\dfrac{1}{z}}=\overline{z}+\dfrac{1}{\overline{z}}$

이항하여 정리하면

$z-\overline{z}+\dfrac{1}{z}-\dfrac{1}{\overline{z}}=z-\overline{z}+\dfrac{\overline{z}-z}{z\overline{z}}$

$\qquad\qquad\qquad=(z-\overline{z})\Big(1-\dfrac{1}{z\overline{z}}\Big)=0$

그런데 z는 실수가 아니므로 $z\neq\overline{z}$이다. $\therefore\ z\overline{z}=\mathbf{1}$

***Note** $z=x+yi(x, y$는 실수, $y\neq0)$로 놓고 $z+\dfrac{1}{z}$에 대입하여 x, y의 조건을 찾아도 된다.

6-19. $\dfrac{z}{\overline{z}}+\dfrac{\overline{z}}{z}=-2$의 양변에 $z\overline{z}$를 곱하고 정리하면

$z^2+2z\overline{z}+\overline{z}^2=0$

$\therefore\ (z+\overline{z})^2=0$ $\therefore\ z+\overline{z}=0$

$z=x+yi(x, y$는 실수)로 놓고 대입하면 $x+yi+x-yi=0$ $\therefore\ x=0$

따라서 $z=yi$이고, $z+i\overline{z}=a+4i$에 대입하면

$yi+i\times(-yi)=a+4i$

$\therefore\ (y-a)+(y-4)i=0$

$y-a, y-4$는 실수이므로

$y-a=0,\ y-4=0$ $\therefore\ y=a=4$

$\therefore\ \mathbf{a=4,\ z=4i}$

6-20. (1) $\overline{A}=\overline{z\overline{\omega}+\overline{z}\omega}=\overline{z}\omega+z\overline{\omega}=A$,

$\overline{B}=\overline{z\overline{z}+\omega\overline{\omega}}=z\overline{z}+\omega\overline{\omega}=B$

$\overline{A}=A,\ \overline{B}=B$이므로 A, B는 실수이다.

***Note** z가 실수 $\Longleftrightarrow z=\overline{z}$

(2) $A-B=(z\overline{\omega}+\overline{z}\omega)-(z\overline{z}+\omega\overline{\omega})$

$\qquad=z(\overline{\omega}-\overline{z})+\omega(\overline{z}-\overline{\omega})$

$\qquad=(z-\omega)(\overline{\omega}-\overline{z})$

$\qquad=-(z-\omega)(\overline{z}-\overline{\omega})$

$\qquad=-(z-\omega)(\overline{z-\omega})$ $\cdots\cdots$①

a, b가 실수일 때, $z-\omega=a+bi$이면 $\overline{z-\omega}=a-bi$이므로

$-(z-\omega)(\overline{z-\omega})=-(a+bi)(a-bi)$

$\qquad\qquad\qquad\qquad=-(a^2+b^2)\leq0$

곧, $A-B\leq0$

***Note** z가 복소수일 때

$z\overline{z}\geq0$ $\Leftarrow$ 연습문제 **6**-7의 (1)

따라서 ①에서 $(z-\omega)(\overline{z-\omega}) \geq 0$
이므로 $A - B \leq 0$

6-21. (1) $z = a + bi$ (a, b는 실수)라고 하
면 문제의 조건으로부터
$$z^2 = (a+bi)^2 = 8 + 6i$$
곧, $a^2 - b^2 + 2abi = 8 + 6i$
a, b는 실수이므로
$$a^2 - b^2 = 8, \quad 2ab = 6$$
$b = \dfrac{3}{a}$을 $a^2 - b^2 = 8$에 대입하면
$$a^2 - \frac{9}{a^2} = 8 \quad \therefore a^4 - 8a^2 - 9 = 0$$
$$\therefore (a^2 - 9)(a^2 + 1) = 0$$
a는 실수이므로 $a^2 = 9$
$$\therefore a = \pm 3, \ b = \pm 1 \text{ (복부호동순)}$$
$$\therefore \boldsymbol{z = \pm(3+i)}$$
(2) $z^2 = 8 + 6i$에서 $z^2 - 8 = 6i$
양변을 제곱하면
$$z^4 - 16z^2 + 64 = 36i^2$$
$$\therefore z^4 - 16z^2 = -100$$
$$\therefore z^3 - 16z - \frac{100}{z} = \frac{z^4 - 16z^2 - 100}{z}$$
$$= \frac{-200}{\pm(3+i)} = \mp 20(3-i)$$
(복부호동순)

7-1. (1) $|x+1| + 2|1-2x| = 5 - 3x$에서
(i) $x < -1$일 때
$$-(x+1) + 2(1-2x) = 5 - 3x$$
$$\therefore x = -2$$
이것은 $x < -1$에 적합하다.
(ii) $-1 \leq x < \dfrac{1}{2}$일 때
$$(x+1) + 2(1-2x) = 5 - 3x$$
곧, $0 \times x = 2$가 되어 해가 없다.
(iii) $x \geq \dfrac{1}{2}$일 때
$$(x+1) - 2(1-2x) = 5 - 3x$$
$$\therefore x = \frac{3}{4}$$
이것은 $x \geq \dfrac{1}{2}$에 적합하다.

(i), (ii), (iii)에서 $x = -2, \dfrac{3}{4}$
(2) $x[x] = 5 \,(-1 < x < 3)$에서
(i) $-1 < x < 0$일 때, $[x] = -1$이므로
주어진 방정식은
$$-x = 5 \quad \therefore x = -5$$
이것은 $-1 < x < 0$에 적합하지
않다.
(ii) $0 \leq x < 1$일 때, $[x] = 0$이므로 주어
진 방정식은 $x \times 0 = 5$가 되어 해가
없다.
(iii) $1 \leq x < 2$일 때, $[x] = 1$이므로 주어
진 방정식은 $x = 5$
이것은 $1 \leq x < 2$에 적합하지 않다.
(iv) $2 \leq x < 3$일 때, $[x] = 2$이므로 주어
진 방정식은
$$2x = 5 \quad \therefore x = \frac{5}{2}$$
이것은 $2 \leq x < 3$에 적합하다.
(i)~(iv)에서 $x = \dfrac{5}{2}$
(3) 좌변을 인수분해하면
$$(x-1)\{a(b-c)x - c(a-b)\} = 0$$
$$\therefore x - 1 = 0 \text{ 또는}$$
$$a(b-c)x - c(a-b) = 0$$
$a(b-c) \neq 0$이므로
$$x = 1, \ \frac{c(a-b)}{a(b-c)}$$
*Note $x = 1$일 때 좌변이 0이므로 인
수 정리에 의하여 좌변은 $x-1$을 인
수로 가진다.

7-2. $f(n+2) + pf(n+1) + qf(n)$
$$= \alpha^{n+2} + \beta^{n+2} + p(\alpha^{n+1} + \beta^{n+1})$$
$$+ q(\alpha^n + \beta^n)$$
$$= \alpha^n(\alpha^2 + p\alpha + q) + \beta^n(\beta^2 + p\beta + q)$$
α, β는 $x^2 + px + q = 0$의 근이므로
$$\alpha^2 + p\alpha + q = 0, \ \beta^2 + p\beta + q = 0$$
$$\therefore f(n+2) + pf(n+1) + qf(n)$$
$$= \alpha^n \times 0 + \beta^n \times 0 = 0$$

7-3. ω가 $x^2+x+1=0$의 근이므로

$$\omega^2+\omega+1=0$$

양변에 $\omega-1$을 곱하면

$$(\omega-1)(\omega^2+\omega+1)=0 \quad \therefore \ \omega^3=1$$

(1) $2\omega^3+3\omega^2+4\omega=2+3(-1-\omega)+4\omega$
$$=\omega-1$$

따라서 주어진 식의 양변에 $\omega-1$을 곱하면

$$1=(a\omega+b)(\omega-1)$$
$$\therefore \ a\omega^2+(b-a)\omega-b-1=0$$
$$\therefore \ a(-1-\omega)+(b-a)\omega-b-1=0$$
$$\therefore \ (b-2a)\omega-a-b-1=0$$

$a,\ b$는 실수이고, ω는 허수이므로

$$b-2a=0,\ -a-b-1=0$$

연립하여 풀면

$$\boldsymbol{a=-\frac{1}{3},\ b=-\frac{2}{3}}$$

*__Note__ $\omega=p+qi$($p,\ q$는 실수, $q\neq0$) 이고, $a,\ b$가 실수일 때

$$a\omega+b=0 \iff a(p+qi)+b=0$$
$$\iff (ap+b)+aqi=0$$

여기에서 $a,\ b,\ p,\ q$는 실수이므로

$$ap+b=0,\ aq=0$$

$q\neq0$이므로 　$a=0,\ b=0$

따라서 다음과 같이 정리할 수 있다.

$\boldsymbol{a,\ b}$가 실수, $\boldsymbol{\omega}$가 허수일 때
$$\boldsymbol{a\omega+b=0 \iff a=0,\ b=0}$$

$\boldsymbol{a,\ b,\ c,\ d}$가 실수, $\boldsymbol{\omega}$가 허수일 때
$$\boldsymbol{a\omega+b=c\omega+d \iff a=c,\ b=d}$$

(2) $\omega^2=-1-\omega$,

$$\frac{\omega}{\omega+1}=\frac{\omega}{-\omega^2}=-\frac{\omega^2}{\omega^3}=-\omega^2$$
$$=-(-1-\omega)=1+\omega,$$
$$\frac{\omega^2}{\omega^2+1}=\frac{\omega^2}{-\omega}=-\omega$$

이므로 주어진 식은

$$a\omega+2(-1-\omega)+a(1+\omega)-b\omega=2$$

$$\therefore \ (2a-b-2)\omega+a-2=2$$

$a,\ b$는 실수이고, ω는 허수이므로

$$2a-b-2=0,\ a-2=2$$

$$\therefore \ \boldsymbol{a=4,\ b=6}$$

7-4. $x^2-x+1=0$의 한 근을 ω라고 하면

$$\omega^2-\omega+1=0$$

양변에 $\omega+1$을 곱하면

$$(\omega+1)(\omega^2-\omega+1)=0 \quad \therefore \ \omega^3=-1$$

한편 $f(x)$를 x^2-x+1로 나눈 몫을 $Q(x)$라고 하면

$$x^{20}+ax^{10}+b$$
$$=(x^2-x+1)Q(x)+x+1$$

양변에 $x=\omega$를 대입하면

$$\omega^{20}+a\omega^{10}+b=\omega+1$$

여기에서

$$\omega^{20}=(\omega^3)^6\omega^2=\omega^2=\omega-1,$$
$$\omega^{10}=(\omega^3)^3\omega=-\omega$$

이므로

$$\omega-1+a(-\omega)+b=\omega+1$$
$$\therefore \ -a\omega+b-2=0$$

$a,\ b$는 실수이고, ω는 허수이므로

$$\boldsymbol{a=0,\ b=2}$$

7-5. $\triangle\mathrm{ABC}$는 한 변 의 길이가 2인 정삼 각형이고, 점 M, N 은 각각 $\overline{\mathrm{AB}}$, $\overline{\mathrm{AC}}$ 의 중점이므로

$$\overline{\mathrm{MN}}=\frac{1}{2}\overline{\mathrm{BC}}=1$$

반직선 NM과 $\triangle\mathrm{ABC}$의 외접원의 교 점을 Q라 하고, $\overline{\mathrm{NP}}=x$라고 하면

$$\overline{\mathrm{MQ}}=\overline{\mathrm{NP}}=x$$

원의 성질에 의하여 $\triangle\mathrm{ANP}\backsim\triangle\mathrm{QNC}$ 이므로

$$\overline{\mathrm{AN}}:\overline{\mathrm{QN}}=\overline{\mathrm{NP}}:\overline{\mathrm{NC}}$$
$$\therefore \ 1:(x+1)=x:1$$
$$\therefore \ x(x+1)=1 \quad \therefore \ x^2+x-1=0$$

$$\therefore x = \frac{-1 \pm \sqrt{5}}{2}$$

$x > 0$이므로 $x = \dfrac{-1+\sqrt{5}}{2}$

*__Note__ △ANP와 △QNC에서
  ∠PAC=∠PQC ($\widehat{\text{PC}}$의 원주각),
  ∠APQ=∠ACQ ($\widehat{\text{AQ}}$의 원주각)
  $\therefore$ △ANP∽△QNC (AA 닮음)

7-6. (1) $x^2 = |x|^2$이므로 주어진 방정식은
$$|x|^2 - 3|x| + 1 = \pm 1$$
(i) $|x|^2 - 3|x| + 1 = 1$일 때
$$|x|^2 - 3|x| = 0$$
$$\therefore |x|(|x| - 3) = 0$$
$$\therefore |x| = 0, 3 \quad \therefore x = 0, \pm 3$$
(ii) $|x|^2 - 3|x| + 1 = -1$일 때
$$|x|^2 - 3|x| + 2 = 0$$
$$\therefore (|x| - 1)(|x| - 2) = 0$$
$$\therefore |x| = 1, 2 \quad \therefore x = \pm 1, \pm 2$$
(i), (ii)에서 $\boldsymbol{x = 0, \pm 1, \pm 2, \pm 3}$

(2) $[x^2] = x^2 - \alpha\,(0 \le \alpha < 1)$로 놓으면
$$2x^2 - (x^2 - \alpha) = 2 \quad \therefore \alpha = 2 - x^2$$
$$\therefore 0 \le 2 - x^2 < 1$$
따라서 $1 < x^2 \le 2$이다.
(i) $1 < x^2 < 2$일 때, $[x^2] = 1$이므로 주어진 방정식은 $2x^2 - 1 = 2$
$$\therefore x^2 = \frac{3}{2} \quad \therefore x = \pm\frac{\sqrt{6}}{2}$$
(ii) $x^2 = 2$일 때, $[x^2] = 2$이므로 $2x^2 - [x^2] = 2$를 만족시킨다.
$$\therefore x = \pm\sqrt{2}$$
(i), (ii)에서 $\boldsymbol{x = \pm\dfrac{\sqrt{6}}{2}, \pm\sqrt{2}}$

7-7. $x^2 + ax + b = 0$을 근의 공식을 이용하여 풀면
$$x = \frac{-a \pm \sqrt{a^2 - 4b}}{2}$$
허근을 가지므로 $a^2 - 4b < 0$이고,
$$x = \frac{-a \pm \sqrt{4b - a^2}\,i}{2}$$

이 근의 실수부분 $-\dfrac{a}{2}$와 허수부분 $\pm\dfrac{\sqrt{4b - a^2}}{2}$이 모두 정수이므로 $\dfrac{a}{2}$와 $\dfrac{\sqrt{4b - a^2}}{2}$은 모두 자연수이다.

$\dfrac{a}{2} = k\,(k$는 자연수)로 놓으면 $a = 2k$이고,
$$\frac{\sqrt{4b - a^2}}{2} = \frac{\sqrt{4b - (2k)^2}}{2} = \sqrt{b - k^2}$$
$\sqrt{b - k^2} = m\,(m$은 자연수)으로 놓으면
$$b = k^2 + m^2$$
b가 10 이하의 자연수가 되도록 하는 자연수 k, m의 순서쌍 (k, m)은
$$(1, 1), (1, 2), (1, 3),$$
$$(2, 1), (2, 2), (3, 1)$$
이때, 조건을 만족시키는 a, b의 순서쌍 (a, b)는
$$(2, 2), (2, 5), (2, 10),$$
$$(4, 5), (4, 8), (6, 10)$$
이므로 그 개수는 **6**

7-8. ω가 $x^2 + x + 1 = 0$의 근이므로
$$\omega^2 + \omega + 1 = 0$$
양변에 $\omega - 1$을 곱하면
$$(\omega - 1)(\omega^2 + \omega + 1) = 0 \quad \therefore \omega^3 = 1$$
(i) $n = 3k\,(k$는 양의 정수)일 때
$$f(n) = \frac{\omega^{6k}}{\omega^{3k} + 1} = \frac{(\omega^3)^{2k}}{(\omega^3)^k + 1} = \frac{1}{2}$$
(ii) $n = 3k + 1\,(k$는 음이 아닌 정수)일 때
$$f(n) = \frac{\omega^{6k+2}}{\omega^{3k+1} + 1} = \frac{(\omega^3)^{2k}\omega^2}{(\omega^3)^k\omega + 1}$$
$$= \frac{\omega^2}{\omega + 1} = -1$$
(iii) $n = 3k + 2\,(k$는 음이 아닌 정수)일 때
$$f(n) = \frac{\omega^{6k+4}}{\omega^{3k+2} + 1} = \frac{\omega}{\omega^2 + 1} = -1$$
$$\therefore f(1) + f(2) + f(3) + \cdots + f(20)$$
$$= \{f(1) + f(2) + \cdots + f(18)\}$$
$$+ f(19) + f(20)$$

$$= 6\left\{(-1)+(-1)+\frac{1}{2}\right\}+(-1)+(-1)$$
$$= -11$$

7-9. $\alpha+\beta+\gamma=0$에서 $\gamma=-(\alpha+\beta)$

이것을 $\alpha^2+\beta^2+\gamma^2=0$에 대입하면
$$\alpha^2+\beta^2+(\alpha+\beta)^2=0$$
$$\therefore \alpha^2+\alpha\beta+\beta^2=0$$

$\alpha\neq0$이므로 양변을 α^2으로 나누면
$$1+\frac{\beta}{\alpha}+\left(\frac{\beta}{\alpha}\right)^2=0$$

근의 공식을 이용하면
$$\frac{\beta}{\alpha}=\frac{-1\pm\sqrt{3}i}{2}$$

한편
$$\overline{\left(\frac{\gamma}{\beta}\right)}=\overline{\left\{\frac{-(\alpha+\beta)}{\beta}\right\}}$$
$$=-\overline{\left(\frac{\alpha}{\beta}\right)}-1 \qquad \cdots\cdots①$$

(i) $\dfrac{\beta}{\alpha}=\dfrac{-1+\sqrt{3}i}{2}$일 때
$$\overline{\left(\frac{\alpha}{\beta}\right)}=\overline{\left(\frac{2}{-1+\sqrt{3}i}\right)}=\frac{2}{-1-\sqrt{3}i}$$
$$=\frac{-1+\sqrt{3}i}{2}=\frac{\beta}{\alpha}$$

(ii) $\dfrac{\beta}{\alpha}=\dfrac{-1-\sqrt{3}i}{2}$일 때

같은 방법으로 하면 $\overline{\left(\dfrac{\alpha}{\beta}\right)}=\dfrac{\beta}{\alpha}$

$$\therefore \frac{\beta}{\alpha}+\overline{\left(\frac{\gamma}{\beta}\right)}=\frac{\beta}{\alpha}-\overline{\left(\frac{\alpha}{\beta}\right)}-1 \Leftarrow ①$$
$$=\frac{\beta}{\alpha}-\frac{\beta}{\alpha}-1=-1$$

7-10. 주어진 방정식에서
$$x^2-(4+i)x+\left(\frac{4+i}{2}\right)^2$$
$$=-5-5i+\left(\frac{4+i}{2}\right)^2$$
$$\therefore \left(x-\frac{4+i}{2}\right)^2=\frac{-5-12i}{4}$$
$$\therefore (2x-4-i)^2=-5-12i$$

$2x-4-i=a+bi(a, b$는 실수$)$로 놓
으면

$$(a+bi)^2=-5-12i$$
$$\therefore a^2+2abi-b^2=-5-12i$$

a, b는 실수이므로
$$a^2-b^2=-5, \ 2ab=-12$$

$2ab=-12$에서 $b=-\dfrac{6}{a}$이고, 이것을

$a^2-b^2=-5$에 대입하면
$$a^2-\frac{36}{a^2}=-5 \quad \therefore a^4+5a^2-36=0$$
$$\therefore (a^2-4)(a^2+9)=0$$

a는 실수이므로 $a^2=4$ $\therefore a=\pm2$

$b=-\dfrac{6}{a}$이므로

$\quad a=2, b=-3$ 또는 $a=-2, b=3$

(i) $a=2, b=-3$일 때
$$2x-4-i=2-3i \quad \therefore x=3-i$$

(ii) $a=-2, b=3$일 때
$$2x-4-i=-2+3i$$
$$\therefore x=1+2i$$

(i), (ii)에서 $x=3-i, \ 1+2i$

8-1. 주어진 식을 x에 관하여 정리하면
$$(4k+1)x^2+2kx+k=0$$

이차방정식이므로
$$4k+1\neq0 \quad \therefore k\neq-\frac{1}{4} \quad \cdots\cdots①$$

또, 실근을 가지므로
$$D/4=k^2-k(4k+1)\geq0$$
$$\therefore k(3k+1)\leq0$$
$$\therefore -\frac{1}{3}\leq k\leq0 \qquad \cdots\cdots②$$

①, ②로부터
$$-\frac{1}{3}\leq k<-\frac{1}{4}, \ -\frac{1}{4}<k\leq0$$

8-2. $D/4=a^2-(2a^2+ab-3)>0$
$$\therefore a(a+b)<3 \qquad \cdots\cdots①$$

a, b는 자연수이므로 $a\geq1, b\geq1$
$$\therefore a(a+b)\geq2 \qquad \cdots\cdots②$$

①, ②에서 $a(a+b)=2$
$$\therefore a=1, \ b=1$$

8-3. 주어진 식을 x에 관하여 정리하면
$$-b^2x^2+(a^2-b^2-c^2)x-c^2=0$$
$$\therefore\ b^2x^2+(b^2+c^2-a^2)x+c^2=0$$
이때,
$$D=(b^2+c^2-a^2)^2-4b^2c^2$$
$$=(b^2+c^2-a^2+2bc)$$
$$\times(b^2+c^2-a^2-2bc)$$
$$=\{(b+c)^2-a^2\}\{(b-c)^2-a^2\}$$
$$=(b+c+a)(b+c-a)$$
$$\times(b-c+a)(b-c-a)$$
여기에서 a, b, c는 삼각형의 세 변의 길이이므로
$$b+c+a>0,\ b+c-a>0,$$
$$b-c+a>0,\ b-c-a<0$$
$$\therefore\ D<0$$
따라서 서로 다른 두 허근

8-4. $f(x-1)+g(x-1)$
$$=\{(x-1)^2+a(x-1)+b\}+\{(x-1)+c\}$$
$$=(x-1)\{(x-1)+a+1\}+b+c$$
$$=(x-1)(x+a)+b+c$$
조건 ㈎에 의하여
$$x+a=x+c,\ b+c=0$$
$$\therefore\ a=c,\ b=-c\qquad\cdots\cdots①$$
한편
$$f(x+2)-cg(x)$$
$$=\{(x+2)^2+a(x+2)+b\}-c(x+c)$$
$$=x^2+(4+a-c)x+4+2a+b-c^2$$
①을 대입하면
$$f(x+2)-cg(x)=x^2+4x+4+c-c^2$$
조건 ㈏에 의하여
$$D/4=2^2-(4+c-c^2)=0$$
$$\therefore\ c^2-c=0\qquad\therefore\ c=0,\ 1$$
그런데 $abc\neq0$이므로 $c=1$
①에서 $a=1,\ b=-1$

8-5. $2x^2+(a+p)x+b+q=0$에서
$$D=(a+p)^2-8(b+q)\qquad\cdots\cdots①$$
한편

$$x^2+ax+b=0,\ x^2+px+q=0$$
이 각각 서로 다른 두 허근을 가지므로
$$a^2-4b<0,\ p^2-4q<0$$
$$\therefore\ a^2+p^2<4b+4q$$
곧, $-8(b+q)<-2(a^2+p^2)$이므로
①에서
$$D=(a+p)^2-8(b+q)$$
$$<(a+p)^2-2(a^2+p^2)$$
$$=-(a-p)^2\leq0$$
곧, $D<0$이므로 서로 다른 두 허근

8-6. 주어진 식을 x에 관하여 정리하면
$$x^2-2px+y^2-2qy+2p+4q-5=0$$
x에 관한 이 이차방정식이 중근을 가지므로 판별식을 D_1이라고 하면
$$D_1/4=p^2-(y^2-2qy+2p+4q-5)=0$$
$$\therefore\ y^2-2qy-p^2+2p+4q-5=0$$
y에 관한 이 이차방정식이 중근을 가지므로 판별식을 D_2라고 하면
$$D_2/4=q^2-(-p^2+2p+4q-5)=0$$
$$\therefore\ (p-1)^2+(q-2)^2=0$$
p, q는 실수이므로 $p=1,\ q=2$
이때, 주어진 식은
$$(x-1)^2+(y-2)^2=0$$
x, y는 실수이므로 $x=1,\ y=2$

8-7. 허근을 가지므로
$$D/4=(p+1)^2-4<0$$
$$\therefore\ (p+3)(p-1)<0\qquad\therefore\ -3<p<1$$
한 허근을 α라고 하면
$$\alpha^2-2(p+1)\alpha+4=0$$
$$\therefore\ \alpha^2=2(p+1)\alpha-4$$
$$\therefore\ \alpha^3=\alpha\alpha^2$$
$$=\alpha\{2(p+1)\alpha-4\}$$
$$=2(p+1)\alpha^2-4\alpha$$
$$=2(p+1)\{2(p+1)\alpha-4\}-4\alpha$$
$$=\{4(p+1)^2-4\}\alpha-8(p+1)$$
α는 허수, $4(p+1)^2-4$, $-8(p+1)$은 실수이므로 α^3이 실수이려면

$4(p+1)^2-4=0 \quad \therefore \ \boldsymbol{p=-2, \ 0}$

***Note** $p=-2$일 때, 주어진 방정식은

$$x^2+2x+4=0$$

양변에 $x-2$를 곱하면

$$(x-2)(x^2+2x+4)=0$$

$$\therefore \ x^3-2^3=0 \quad \therefore \ x^3=8$$

곧, 허근의 세제곱은 8이다.

같은 방법으로 하면 $p=0$일 때, 허근의 세제곱은 -8이다.

8-8. $D/4=(1-a-b)^2-2\{1+(a+b)^2\}\geq 0$

$$\therefore \ (a+b)^2+2(a+b)+1\leq 0$$

$$\therefore \ (a+b+1)^2\leq 0$$

a, b는 실수이므로 $a+b+1=0$

$$\therefore \ a+b=-1$$

$$\therefore \ a^3+b^3-3ab$$

$$=(a+b)^3-3ab(a+b)-3ab$$

$$=(-1)^3-3ab\times(-1)-3ab$$

$$=-1$$

***Note** 주어진 식을 변형하면

$$(x-1)^2+\{(a+b)x+1\}^2=0$$

a, b, x는 실수이므로

$$x-1=0, \ (a+b)x+1=0$$

$$\therefore \ x=1, \ a+b=-1$$

8-9. (1) 거짓 $f(x)=ix^2-2ix-3i$일 때,

$$f(x)=i(x+1)(x-3)=0$$

은 실근 $x=-1, 3$을 가진다.

(2) 거짓 $f(x)=-x^2$일 때,

$f(x)=-x^2=0$은 실근 $x=0$을 가지지만 $f(x)=1$, 곧 $x^2+1=0$은 실근을 가지지 않는다.

(3) 거짓 $f(x)=ix^2-2ix+i$일 때,

$$D/4=(-i)^2-i^2=0$$

이고 $f(x)=i(x-1)^2=0$은 실근 $x=1$을 가진다.

(4) 참 $D=0$이면 $f(x)$는 완전제곱식이므로 $f(x)=a(x+p)^2$으로 놓을 수 있다. 이때,

$$f(x+k)=a\{(x+k)+p\}^2=0$$

에서 $x+k+p=0$

$$\therefore \ x=-p-k \ (중근)$$

***Note** $f(x+k)=0$의 좌변을 전개하여 판별식을 이용해도 된다.

8-10. a, b, c는 정수이고, $|abc|$는 홀수이므로

$$a=2p+1, \ b=2q+1, \ c=2r+1$$

$$(p, q, r은 \ 정수)$$

로 놓을 수 있다.

$ax^2+bx+c=0$에 대입하면

$$(2p+1)x^2+(2q+1)x+2r+1=0$$

이 방정식이 유리수근을 가진다고 하면 계수가 모두 정수이므로 판별식이 제곱수이다.

곧, 정수 k가 있어서

$$D=(2q+1)^2-4(2p+1)(2r+1)=k^2$$

$$\therefore \ 4\{q(q+1)-(2p+1)(2r+1)\}+1=k^2$$

좌변이 $4\times(정수)+1$ 꼴로 2의 배수가 아니므로

$$k=2m+1 \ (m은 \ 정수)$$

로 놓을 수 있다.

$$\therefore \ 4\{q(q+1)-(2p+1)(2r+1)\}+1$$

$$=(2m+1)^2$$

$$\therefore \ q(q+1)-m(m+1)=(2p+1)(2r+1)$$

m, q는 정수이므로 $m(m+1)$, $q(q+1)$은 모두 2의 배수이다. 그런데 우변은 $2(2pr+p+r)+1$이므로 2의 배수가 아니다.

판별식이 제곱수일 때 이와 같은 모순이 생긴다. 따라서 주어진 방정식은 유리수근을 가지지 않는다.

9-1. (두 근의 곱)$=-18<0$

이므로 두 근의 부호는 서로 다르다.

따라서 한 근을 α라고 하면 다른 한 근은 -2α이다.

$$\therefore \ \alpha+(-2\alpha)=-(m-5) \quad \cdots\cdots①$$

$\alpha \times (-2\alpha) = -18$ ……②

②에서 $\alpha = \pm 3$ 이고, ①에 대입하면

$$m = 2,\ 8$$

9-2. $a,\ b$ 가 유리수이고, 한 근이 $2-\sqrt{3}$ 이므로 다른 한 근은 $2+\sqrt{3}$ 이다.

근과 계수의 관계로부터

$(2-\sqrt{3})+(2+\sqrt{3})=-a$ ∴ $a=-4$

$(2-\sqrt{3})(2+\sqrt{3})=b$ ∴ $b=1$

따라서 $x^2+bx+a=0$ 은

$$x^2+x-4=0$$

이 방정식의 두 근을 $\alpha,\ \beta$ 라고 하면

$\alpha+\beta=-1,\ \alpha\beta=-4$

∴ $\alpha^2+\beta^2=(\alpha+\beta)^2-2\alpha\beta$

$$=(-1)^2-2\times(-4)=\mathbf{9}$$

9-3. $a,\ b$ 가 실수이고, 한 근이 $1+2i$ 이므로 다른 한 근은 $1-2i$ 이다.

근과 계수의 관계로부터

$(1+2i)+(1-2i)=a$ ∴ $a=2$

$(1+2i)(1-2i)=b$ ∴ $b=5$

$x^2+5x+2=0$ 의 두 근이 $\alpha,\ \beta$ 이므로

$\alpha^2+5\alpha+2=0,\ \beta^2+5\beta+2=0,$

$\alpha+\beta=-5,\ \alpha\beta=2$

(1) (준 식) $=\{(\alpha^2+5\alpha+2)+2\alpha\}$

$$\times\{(\beta^2+5\beta+2)-7\beta\}$$

$$=2\alpha\times(-7\beta)=-14\alpha\beta$$

$$=-14\times2=\mathbf{-28}$$

(2) $\beta^2-3\beta+2=(\beta^2+5\beta+2)-8\beta$

$$=-8\beta,$$

$\alpha^2-3\alpha+2=(\alpha^2+5\alpha+2)-8\alpha$

$$=-8\alpha$$

이므로

(준 식) $=\dfrac{-8\beta}{\alpha}+\dfrac{-8\alpha}{\beta}$

$$=\dfrac{-8(\alpha^2+\beta^2)}{\alpha\beta}$$

$$=\dfrac{-8\{(\alpha+\beta)^2-2\alpha\beta\}}{\alpha\beta}$$

$$=\dfrac{-8\{(-5)^2-2\times2\}}{2}=\mathbf{-84}$$

9-4. $\alpha+\beta=ab,\ \alpha\beta=a-b$ 를 조건식에 대입하면 $ab+a-b=0$

∴ $a(b+1)-(b+1)=-1$

∴ $(a-1)(b+1)=-1$

$a,\ b$ 는 정수이므로

$a-1=1,\ b+1=-1$ 또는

$a-1=-1,\ b+1=1$

∴ $\boldsymbol{a=2,\ b=-2}$ 또는 $\boldsymbol{a=0,\ b=0}$

9-5. $4a^2b+4ab+8a^2+8a+b+2$

$$=(4a^2+4a+1)b+2(4a^2+4a+1)$$

$$=(2a+1)^2(b+2)=539=7^2\times11$$

$a,\ b$ 는 자연수이므로

$2a+1=7,\ b+2=11$

∴ $a=3,\ b=9$

따라서 $f(x)=x^2+3x+9$ 이고,

$f(x)=0$ 의 두 근이 $\alpha,\ \beta$ 이므로

$\alpha^2+3\alpha+9=0,\ \beta^2+3\beta+9=0,$

$\alpha+\beta=-3,\ \alpha\beta=9$

∴ $\alpha f(\beta+1)+\beta f(\alpha+1)$

$$=\alpha\{(\beta+1)^2+3(\beta+1)+9\}$$

$$+\beta\{(\alpha+1)^2+3(\alpha+1)+9\}$$

$$=\alpha(\beta^2+3\beta+9+2\beta+4)$$

$$+\beta(\alpha^2+3\alpha+9+2\alpha+4)$$

$$=\alpha(2\beta+4)+\beta(2\alpha+4)$$

$$=4\alpha\beta+4(\alpha+\beta)$$

$$=4\times9+4\times(-3)=\mathbf{24}$$

9-6. $a,\ b$ 가 실수이고, 허수 α 가 $x^2+ax+b=0$ 의 근이므로 다른 한 근은 $\bar{\alpha}$ 이다. 따라서

$\alpha+\bar{\alpha}=-a$ …① $\alpha\bar{\alpha}=b$ …②

또, $a,\ b$ 가 실수이고, 허수 $\alpha+1$ 이 $x^2-bx+a=0$ 의 근이므로 다른 한 근은 $\overline{\alpha+1}=\bar{\alpha}+1$ 이다.

∴ $(\alpha+1)+(\bar{\alpha}+1)=b$ ……③

$(\alpha+1)(\bar{\alpha}+1)=a$ ……④

③, ④에 ①, ②를 각각 대입하면

$-a+2=b,\ b-a+1=a$

$$\therefore \ a=1, \ b=1$$

*__Note__ $\quad \alpha^2+a\alpha+b=0 \qquad \cdots\cdots ⑤$

$\quad (\alpha+1)^2-b(\alpha+1)+a=0 \qquad \cdots\cdots ⑥$

⑤－⑥하여 정리하면

$$(a+b-2)\alpha+(-a+2b-1)=0$$

a, b는 실수이고, α는 허수이므로

$$a+b-2=0, \ -a+2b-1=0$$

$$\therefore \ a=1, \ b=1$$

9-7. $f(3x-2)=0$의 두 근을 α, β라고 하면 $f(3\alpha-2)=0, f(3\beta-2)=0$

따라서 $3\alpha-2, 3\beta-2$는 $f(t)=0$의 두 근이다.

한편 $f(x)=0$의 두 근의 합이 5이므로

$$(3\alpha-2)+(3\beta-2)=5$$

$$\therefore \ \alpha+\beta=3$$

*__Note__ $f(x)=0$의 두 근을 α, β라고 하면 $\alpha+\beta=5$

$3x-2=t$로 놓으면

$f(3x-2)=0$에서 $f(t)=0$

$$\therefore \ t=\alpha, \beta \quad \therefore \ 3x-2=\alpha, \beta$$

$$\therefore \ x=\frac{\alpha+2}{3}, \frac{\beta+2}{3}$$

따라서 $f(3x-2)=0$의 두 근의 합은

$$\frac{\alpha+2}{3}+\frac{\beta+2}{3}=\frac{\alpha+\beta+4}{3}=\frac{5+4}{3}=3$$

9-8. $\overline{AP}=\overline{AQ}$이므로 $\triangle APQ$는 정삼각형이고, $\overline{CQ}=\overline{CR}$이므로 $\triangle CQR$도 정삼각형이다.

따라서 $\overline{PQ}/\!/\overline{BC}, \overline{QR}/\!/\overline{AB}$이므로 $\square PBRQ$는 평행사변형이다.

$\overline{PQ}=\alpha, \overline{QR}=\beta$라고 하면 $\overline{PQ}=\overline{BR}$, $\overline{QR}=\overline{RC}$이므로

$$\alpha+\beta=6 \qquad \cdots\cdots ①$$

$\square PBRQ=\dfrac{1}{3}\triangle ABC$이므로

$$\frac{1}{2}\alpha\beta\sin 60°\times 2=\frac{1}{3}\times\frac{\sqrt{3}}{4}\times 6^2$$

$$\therefore \ \alpha\beta=6 \qquad \cdots\cdots ②$$

①, ②에서 구하는 이차방정식은

$$x^2-6x+6=0$$

9-9. $\alpha=3a, \ \beta=3b$

$(a, b$는 서로소, $a>b)$

로 놓으면 근과 계수의 관계로부터

$$3a+3b=36, \ 3a\times 3b=5p$$

$$\therefore \ a+b=12 \quad \cdots① \quad 9ab=5p \quad \cdots②$$

②에서 ab는 5의 배수이고, a, b는 서로소이므로 ①에서 $\quad a=7, \ b=5$

$$\therefore \ \alpha=21, \ \beta=15, \ p=63$$

9-10. $D=(2m-1)^2-4(m^2-m-2)$

$$=9>0$$

이므로 서로 다른 두 실근을 가진다.

두 근을 $\alpha, 2\alpha(\alpha>0)$라고 하면

$$\alpha+2\alpha=-(2m-1)>0 \qquad \cdots\cdots ①$$

$$\alpha\times 2\alpha=m^2-m-2>0 \qquad \cdots\cdots ②$$

①, ②의 공통 범위를 구하면

$$m<-1 \qquad \cdots\cdots ③$$

또, ①에서의 $\alpha=\dfrac{1-2m}{3}$을 ②에 대입하면

$$2\left(\frac{1-2m}{3}\right)^2=m^2-m-2$$

$$\therefore \ (m+4)(m-5)=0$$

③에서 $m<-1$이므로 $\quad m=-4$

9-11. 서로 다른 두 실근을 가지므로

$$D=(-a)^2-4\times(-2a)>0$$

$$\therefore \ a<-8, \ a>0$$

이때, 두 근을 α, β라고 하면

$$\alpha+\beta=a, \ \alpha\beta=-2a$$

또, 조건에서 $\quad |\alpha|+|\beta|=4$

양변을 제곱하여 정리하면

$$\alpha^2+2|\alpha\beta|+\beta^2=16$$

$$\therefore \ (\alpha+\beta)^2-2\alpha\beta+2|\alpha\beta|=16$$

$\alpha+\beta=a, \ \alpha\beta=-2a$를 대입하면

$$a^2+4a+2|-2a|=16 \qquad \cdots\cdots ①$$

(i) $a<-8$일 때, ①은

$$a^2+4a+2\times(-2a)=16$$

$$\therefore \ a^2 = 16 \quad \therefore \ a = \pm 4$$

이것은 $a < -8$을 만족시키지 않는다.

(ii) $a > 0$일 때, ①은

$$a^2 + 4a + 2 \times 2a = 16$$
$$\therefore \ a^2 + 8a - 16 = 0$$
$$\therefore \ a = -4 \pm 4\sqrt{2}$$

그런데 $a > 0$이므로 $a = -4 + 4\sqrt{2}$

(i), (ii)에서 $\boldsymbol{a = -4 + 4\sqrt{2}}$

9-12. $x^2 + x + 1 = 0$의 두 근이 α, β이므로

$$\alpha + \beta = -1, \ \alpha\beta = 1 \qquad \cdots\cdots ①$$

또, $f(\alpha) = \alpha^2 + \alpha + 1 = 0$에서

$$\alpha^2 = -(\alpha + 1) = \beta \qquad \Leftarrow ①$$

$f(\beta) = \beta^2 + \beta + 1 = 0$에서

$$\beta^2 = -(\beta + 1) = \alpha \qquad \Leftarrow ①$$

$\alpha^2 = \beta$, $\beta^2 = \alpha$를 $g(\alpha^2) = 3\alpha$, $g(\beta^2) = 3\beta$에 각각 대입하면

$$g(\beta) = 3\alpha = -3(\beta + 1),$$
$$g(\alpha) = 3\beta = -3(\alpha + 1)$$

따라서 α, β는 $g(x) = -3(x+1)$의 두 근이다.

$g(x) = ax^2 + bx + 2$를 대입하여 정리하면

$$ax^2 + (b+3)x + 5 = 0$$

α, β가 이 방정식의 근이므로

$$\alpha + \beta = -\frac{b+3}{a}, \ \alpha\beta = \frac{5}{a}$$

①에서 $-\dfrac{b+3}{a} = -1$, $\dfrac{5}{a} = 1$

$$\therefore \ \boldsymbol{a = 5, \ b = 2}$$

9-13. p, q는 양의 실수이고 $\beta_1 \neq 0$이므로 $\alpha_1 + \beta_1 i$가 방정식 $x^2 + px + q = 0$의 근이면 $\alpha_1 - \beta_1 i$도 근이다.

$$\therefore \ \alpha_2 = \alpha_1, \ \beta_2 = -\beta_1$$

또, 근과 계수의 관계로부터

$$(\alpha_1 + \beta_1 i) + (\alpha_1 - \beta_1 i) = -p,$$
$$(\alpha_1 + \beta_1 i)(\alpha_1 - \beta_1 i) = q$$
$$\therefore \ p = -2\alpha_1, \ q = \alpha_1^2 + \beta_1^2$$

한편 $x^2 + ax - a - 1 = 0$에서

$$(x-1)(x+a+1) = 0$$
$$\therefore \ x = 1, \ -a-1$$

$\alpha_1 = 1$, $\beta_1 = -a-1$이면

$$p = -2\alpha_1 = -2 < 0$$

이 되어 조건을 만족시키지 않는다.

$\alpha_1 = -a-1$, $\beta_1 = 1$이면

$$\alpha_2 = -a-1, \ \beta_2 = -1$$

이때, $x^2 - 3ax + b = 0$에서

$\alpha_2 + \beta_2 = 3a$이므로

$$-a - 2 = 3a \quad \therefore \ a = -\frac{1}{2}$$

$\alpha_1 = -a-1 = -\dfrac{1}{2}$이므로

$$p = -2\alpha_1 = -2 \times \left(-\frac{1}{2}\right) = 1,$$
$$q = \alpha_1^2 + \beta_1^2 = \left(-\frac{1}{2}\right)^2 + 1^2 = \frac{5}{4}$$

이것은 조건을 만족시킨다.

$$\therefore \ \boldsymbol{p = 1, \ q = \frac{5}{4}}$$

9-14. 조건 (다)에서 c, d는

$$c = p^2, \ d = q^2 \ (p, \ q는 \ 서로 \ 다른 \ 소수)$$

꼴이고, 100 이하의 소수의 제곱은

$$2^2 = 4, \ 3^2 = 9, \ 5^2 = 25, \ 7^2 = 49$$

의 4개이다.

$c < d$라고 해도 일반성을 잃지 않으므로 c, d의 값을 다음과 같이 생각할 수 있다.

c	4	4	4	9	9	25
d	9	25	49	25	49	49

조건 (가)에서 c, d는 방정식 $f(x) = 0$의 근이므로

$$c + d = a, \ cd = b$$

조건 (나)에서 a, b는 100 이하의 자연수이므로 표에서 조건을 만족시키는 경우는

$$c = 4, \ d = 9 \ 또는 \ c = 4, \ d = 25$$

일 때이다. 이때,

$$a = 13, \ b = 36 \ 또는 \ a = 29, \ b = 100$$

$$\therefore \; \boldsymbol{a+b+c+d=62,\;158}$$

9-15. 정수근을 α 라고 하면
$$\alpha^2-(3+\sqrt{2})\alpha+m\sqrt{2}-4=0$$
$\sqrt{2}$ 에 관하여 정리하면
$$(\alpha^2-3\alpha-4)+(m-\alpha)\sqrt{2}=0$$
여기에서 m 과 α 는 정수이므로
$$\alpha^2-3\alpha-4=0,\; m-\alpha=0$$
$m>0$ 이므로 $\;\;\alpha=4,\; \boldsymbol{m=4}$
나머지 한 근을 β 라고 하면
$$\alpha+\beta=3+\sqrt{2}$$
$$\therefore\; \beta=(3+\sqrt{2})-\alpha=\sqrt{2}-1$$
따라서 두 근은 $\;\;\boldsymbol{4,\;\sqrt{2}-1}$

9-16. $\omega^2+\omega+1=0,\; \omega^3=1$ 이므로
$$(a+b\omega)+(a+b\omega^2)=2a+b(\omega+\omega^2)$$
$$=2a-b,$$
$$(a+b\omega)(a+b\omega^2)$$
$$=a^2+ab\omega^2+ab\omega+b^2\omega^3$$
$$=a^2+ab(\omega^2+\omega)+b^2$$
$$=a^2-ab+b^2$$
따라서 근과 계수의 관계로부터
$$2a-b=3 \qquad \cdots\cdots①$$
$$a^2-ab+b^2=3 \qquad \cdots\cdots②$$
①에서의 $b=2a-3$ 을 ②에 대입하여
정리하면
$$a^2-3a+2=0 \quad \therefore\; a=1,\,2$$
이때, $b=-1,\,1$
곧, $\boldsymbol{a=1,\;b=-1}$ 또는 $\boldsymbol{a=2,\;b=1}$

9-17. $D/4=p^2-q>0$
$$\therefore\; q<p^2 \qquad \cdots\cdots①$$
또, $\alpha+\beta=-2p,\; \alpha\beta=q$ 이므로
$$\alpha^2+\beta^2=(\alpha+\beta)^2-2\alpha\beta$$
$$=4p^2-2q<8$$
$$\therefore\; 2p^2-4<q \qquad \cdots\cdots②$$
①, ②에서 $\;\;2p^2-4<q<p^2 \quad \cdots\cdots③$
$$\therefore\; 2p^2-4<p^2 \quad \therefore\; -2<p<2$$
p 는 정수이므로 $\;\;p=\pm1,\,0$
$p=\pm1$ 일 때, ③에서 $\;\;-2<q<1$

q 는 정수이므로 $\;\;q=-1,\,0$
$p=0$ 일 때, ③에서 $\;\;-4<q<0$
q 는 정수이므로 $\;\;q=-3,\,-2,\,-1$
$$\therefore\; (\boldsymbol{p,\,q})=(\boldsymbol{1,\,-1}),\,(\boldsymbol{1,\,0}),$$
$$(\boldsymbol{-1,\,-1}),\,(\boldsymbol{-1,\,0}),$$
$$(\boldsymbol{0,\,-3}),\,(\boldsymbol{0,\,-2}),\,(\boldsymbol{0,\,-1})$$

9-18. $\alpha+\beta=p,\; \alpha\beta=q$ 로 놓고, 조건식에
대입하면
$$q-p=1 \qquad \cdots①$$
$$2(p^3-3pq)=5(p^2-2q+1) \cdots②$$
①에서의 $q=p+1$ 을 ②에 대입하여
정리하면
$$2p^3-11p^2+4p+5=0$$
좌변을 인수분해하면
$$(p-1)(p-5)(2p+1)=0$$
$p>0$ 이므로 $\;\;p=1$ (이때, $q=2$),
$$p=5\;\text{(이때, }q=6)$$
$\alpha+\beta=1,\; \alpha\beta=2$ 일 때 방정식은
$x^2-x+2=0$ 이고, 두 허근을 가진다.
$\alpha+\beta=5,\; \alpha\beta=6$ 일 때 방정식은
$x^2-5x+6=0$ 이고, 두 양의 실근을 가
진다.
따라서 구하는 이차방정식은
$$\boldsymbol{x^2-5x+6=0}$$

9-19. 두 정수근을 $\alpha,\; \beta(\alpha\leq\beta)$ 라고 하면
$$\alpha+\beta=4a,\; \alpha\beta=\frac{ab}{3} \qquad \cdots\cdots①$$
$\alpha\beta$ 는 정수이고, $a,\,b$ 는 소수이므로
$$a=3 \;\text{또는}\; b=3$$
(i) $a=3$ 일 때, ①에서
$$\alpha+\beta=12,\; \alpha\beta=b$$
b 가 소수이므로 $\alpha\beta=b$ 에서
$$\alpha=1,\; \beta=b$$
$$\therefore\; 1+b=12 \quad \therefore\; b=11$$
(ii) $b=3$ 일 때, ①에서
$$\alpha+\beta=4a,\; \alpha\beta=a$$
a 가 소수이므로 $\alpha\beta=a$ 에서

$\alpha=1$, $\beta=a$

$\therefore$ $1+a=4a$ $\quad$ $\therefore$ $a=\dfrac{1}{3}$ (부적합)

(i), (ii)에서 $\quad$ **$a=3$, $b=11$**

이때, $\alpha=1$, $\beta=b=11$이므로 두 정수
근은 $\quad$ **1, 11**

9-20. $(a\omega+b)(a\omega^2+b)=1$에서

$a^2\omega^3+ab(\omega+\omega^2)+b^2=1$

이때, $\omega^2+\omega+1=0$, $\omega^3=1$이므로

$a^2-ba+b^2-1=0$

$\therefore$ $a=\dfrac{-(-b)\pm\sqrt{(-b)^2-4(b^2-1)}}{2}$

$=\dfrac{b\pm\sqrt{4-3b^2}}{2}$ $\quad$ ......①

a가 정수이려면 $4-3b^2\geq0$이어야 한
다. b는 정수이므로 $\quad$ $b^2=0$, 1

$\therefore$ $b=0$, ±1

이 값을 ①에 대입하면

$b=0$일 때 $\quad$ $a=\pm1$,

$b=1$일 때 $\quad$ $a=1$, 0,

$b=-1$일 때 $\quad$ $a=0$, -1

$\therefore$ **$(a, b)=(1, 0)$, $(-1, 0)$,**

$(1, 1)$, $(0, 1)$,

$(0, -1)$, $(-1, -1)$

9-21. 문제의 조건에서 $f(0)=c$,
$f(1)=a+b+c$가 홀수이다.

$f(x)=0$이 정수근 α를 가진다고 하자.

(i) $\alpha=2n$ (n은 정수)일 때

$f(\alpha)=a(2n)^2+b\times2n+c$

$=2(2an^2+bn)+c$

에서 c가 홀수이므로 $f(\alpha)\neq0$이다.

(ii) $\alpha=2n+1$ (n은 정수)일 때

$f(\alpha)=a(2n+1)^2+b(2n+1)+c$

$=2(2an^2+2an+bn)+a+b+c$

에서 $a+b+c$가 홀수이므로 $f(\alpha)\neq0$
이다.

(i), (ii)에서 α가 정수이면 $f(\alpha)\neq0$이므
로 $f(x)=0$은 정수근을 가지지 않는다.

9-22. 두 근을 α, β라고 하자.

(i) 두 근이 모두 양수일 때

$D/4=(k-1)^2-2(k^2-1)\geq0$,

$\alpha+\beta=-2(k-1)>0$,

$\alpha\beta=2(k^2-1)>0$

이들의 공통 범위를 구하면

$-3\leq k<-1$ $\quad$ ......①

(ii) 한 근이 양수, 한 근이 음수일 때

$\alpha\beta=2(k^2-1)<0$

$\therefore$ $-1<k<1$ $\quad$ ......②

(iii) 한 근이 양수, 한 근이 0일 때

$\alpha+\beta=-2(k-1)>0$,

$\alpha\beta=2(k^2-1)=0$

$\therefore$ $k=-1$ $\quad$ ......③

① 또는 ② 또는 ③이므로

$-3\leq k<1$

*Note 주어진 방정식이 실근을 가지기
위한 k의 값의 범위($D\geq0$)에서 두 근
이 모두 음수 또는 0인 k의 값의 범위
($D\geq0$, $\alpha+\beta\leq0$, $\alpha\beta\geq0$)를 제외해도
된다.

10-1. (i) $D=m^2-4m>0$일 때 $f(m)=2$
곧, $m<0$, $m>4$일 때 $y=2$

(ii) $D=m^2-4m=0$일 때 $f(m)=1$
곧, $m=0$, 4일 때 $y=1$

(iii) $D=m^2-4m<0$일 때 $f(m)=0$
곧, $0<m<4$일 때 $y=0$

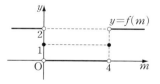

10-2. $\dfrac{3}{4}x^2-(2a-1)x+a^2+2=0$의 판
별식을 D_1이라고 하면

$D_1=(2a-1)^2-4\times\dfrac{3}{4}(a^2+2)$

$=(a+1)(a-5)$ $\quad$ ......①

$ax^2+2(a-3)x+2(a-3)=0$에서
$a \neq 0$이고, 판별식을 D_2라고 하면
$$D_2/4 = (a-3)^2 - 2a(a-3)$$
$$= -(a+3)(a-3) \quad \cdots\cdots ②$$
(i) x축과의 교점의 개수가 2로 같을 때
　　$D_1 > 0$이고 $D_2/4 > 0$이므로
　　①에서　$a < -1,\ a > 5$
　　②에서　$-3 < a < 3\ (a \neq 0)$
　　　　$\therefore\ -3 < a < -1$
(ii) x축과의 교점의 개수가 1로 같을 때
　　$D_1 = 0$이고 $D_2/4 = 0$이므로
　　①에서　$a = -1,\ 5$
　　②에서　$a = -3,\ 3$
　　동시에 만족시키는 a는 없다.
(iii) x축과의 교점의 개수가 0으로 같을 때
　　$D_1 < 0$이고 $D_2/4 < 0$이므로
　　①에서　$-1 < a < 5$
　　②에서　$a < -3,\ a > 3$
　　　　$\therefore\ 3 < a < 5$
　　(i), (ii), (iii)에서
　　　$-3 < a < -1,\ 3 < a < 5$

10-3. $x^2 + ax - 1 = ax^2 - x + 1$에서
　　$(a-1)x^2 - (a+1)x + 2 = 0$
(i) $a = 1$일 때, $-2x + 2 = 0$이므로 한 점
　　에서 만난다.
(ii) $a \neq 1$일 때
　　$D = (a+1)^2 - 4(a-1) \times 2 = 0$
　　　　$\therefore\ a = 3$
　　(i), (ii)에서　**$a = 1,\ 3$**

10-4. 교점의 x좌표는 방정식
　　$x^2 - (a^2 - 4a + 3)x + a^2 - 9 = x$
　　곧, $x^2 - (a^2 - 4a + 4)x + a^2 - 9 = 0$
의 두 근이다.
　　두 교점의 x좌표가 절댓값이 같고 부
호가 서로 다르므로 위의 방정식의 두 근
의 합은 0이고, 곱은 음수이다.
　　근과 계수의 관계로부터

$a^2 - 4a + 4 = 0,\ a^2 - 9 < 0$
　　　$\therefore\ \boldsymbol{a = 2}$

10-5.

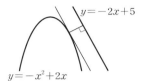

　　직선 $y = -2x + 5$에 평행한 직선의 방
정식은 $y = -2x + k$이고, 이것이 포물선
과 접할 때의 접점이 구하는 점이다.
　　접할 때의 k의 값은
　　　$-x^2 + 2x = -2x + k$
　　곧, $x^2 - 4x + k = 0$　　$\cdots\cdots ①$
에서
　　$D/4 = (-2)^2 - k = 0$　　$\therefore\ k = 4$
　　이 값을 ①에 대입하면
　　　$x = 2$　　$\therefore\ y = 0$
　　따라서 구하는 점의 좌표는　**(2, 0)**

10-6. 직선 $y = f(x)$와 이차함수 $y = g(x)$
의 그래프가 두 점 A, B에서 만나므로
선분 AB의 중점은 직선 $y = f(x)$ 위에
있다.
　　따라서 직선 $y = f(x)$는 두 점 $(0, 1)$,
$\left(\dfrac{1}{2}, 0\right)$을 지나므로
　　　$f(x) = -2x + 1$
　　이때, 이차함수 $y = g(x)$의 그래프의 꼭
짓점 $(1, -1)$이 직선 $y = f(x)$ 위의 점이
므로 $x = 1$은 방정식 $f(x) = g(x)$의 한
근이다.
　　$f(x) = g(x)$의 다른 한 근을 p라고 하
면 선분 AB의 중점이 점 $\left(\dfrac{1}{2}, 0\right)$이므로
　　$\dfrac{p+1}{2} = \dfrac{1}{2}$　　$\therefore\ p = 0$
　　따라서 $y = g(x)$의 그래프는 점 $(0, 1)$
을 지난다.
　　$g(x) = a(x-1)^2 - 1$로 놓으면

$g(0)=1$이므로

$$a-1=1 \quad \therefore \quad a=2$$
$$\therefore \quad g(x)=2(x-1)^2-1$$

곧, $\boldsymbol{g(x)=2x^2-4x+1}$

10-7. $x^2+x-3=-x$에서

$$(x+3)(x-1)=0 \quad \therefore \quad x=-3,\ 1$$

따라서 두 점 A, B를

$$A(-3,\ 3),\ B(1,\ -1)$$

로 놓을 수 있다.

또, $x^2+x-3=-x+k$에서

$$x^2+2x-k-3=0 \qquad \cdots\cdots ①$$

접하므로 $D/4=1^2-(-k-3)=0$

$$\therefore \quad k=-4$$

①에 대입하면 $x^2+2x+1=0$에서 $x=-1$이므로 점 C의 좌표는

$$C(-1,\ -3)$$

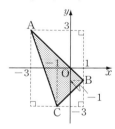

$$\therefore \quad \triangle ACB=4\times 6-\frac{1}{2}\times 2\times 6$$
$$-\frac{1}{2}\times 2\times 2-\frac{1}{2}\times 4\times 4$$
$$=8$$

10-8. $A(a,\ 2a+k),\ B(b,\ 2b+k)$라고 하면

$$P(a,\ 0),\ Q(b,\ 0),\ R\left(-\frac{k}{2},\ 0\right)$$

$$\therefore \quad \triangle APR+\triangle BQR$$
$$=\frac{1}{2}\left(-\frac{k}{2}-a\right)(-2a-k)$$
$$+\frac{1}{2}\left(b+\frac{k}{2}\right)(2b+k)$$
$$=\frac{1}{4}(2a+k)^2+\frac{1}{4}(2b+k)^2$$

$$=\frac{1}{4}\{4(a^2+b^2)+4k(a+b)+2k^2\}$$
$$=4 \qquad \cdots\cdots ①$$

이때, $a,\ b$는 방정식

$$-x^2+3=2x+k,\ 곧$$
$$x^2+2x+k-3=0 \qquad \cdots\cdots ②$$

의 두 근이므로

$$a+b=-2,\ ab=k-3$$
$$\therefore \quad a^2+b^2=(a+b)^2-2ab$$
$$=-2k+10$$

①에 대입하여 정리하면

$$k^2-8k+12=0$$
$$\therefore \quad k=2,\ 6 \qquad \cdots\cdots ③$$

②가 서로 다른 두 실근을 가질 조건에서 $D/4=1^2-(k-3)>0$

$$\therefore \quad k<4 \qquad \cdots\cdots ④$$

③, ④를 동시에 만족시키는 k의 값은

$$\boldsymbol{k=2}$$

10-9. 주어진 조건에서 $y=|f(x)|$의 그 래프와 직선 $y=1$이 만나는 점의 x좌표 가 $x=-1,\ 1,\ 3,\ 5$이므로 $y=|f(x)|$의 그래프의 개형은 아래 그림과 같다.

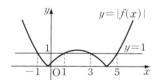

$f(x)$는 이차함수이므로 $f(-1)=f(5)$, $f(1)=f(3)$이고, 이 두 값의 부호는 서로 다르다.

또, $y=f(x)$의 그래프의 축의 방정식은 $x=\dfrac{1+3}{2}$에서 $x=2$이다.

따라서 $f(x)=a(x-2)^2+b$로 놓을 수 있다.

이때, $f(-1)=9a+b,\ f(1)=a+b$이 므로

$$9a+b=-(a+b) \quad \therefore \quad b=-5a$$

$$\therefore f(x)=a(x-2)^2-5a$$

따라서 $y=f(x)$의 그래프와 x축이 만나는 점의 x좌표는 $a(x-2)^2-5a=0$에서 $a\neq0$이므로

$$(x-2)^2=5 \quad \therefore \boldsymbol{x=2\pm\sqrt{5}}$$

*__Note__ 절댓값 기호가 있는 식의 그래프는 절댓값의 정의와 성질을 이용하여 절댓값 기호를 없앤 다음 그리면 된다.

특히 $y=|f(x)|$ 꼴의 그래프는 $y=f(x)$의 그래프에서 x축 윗부분은 그대로 두고, 아랫부분은 x축 위로 꺾어 올려 그린다.

이에 대해서는 실력 공통수학2의 p. 193에서 자세히 공부한다.

10-**10**. 주어진 방정식의 실근은 $y=|x^2+2x+a|=|(x+1)^2+a-1|$과 $y=2$의 그래프의 교점의 x좌표와 같다.

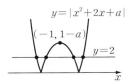

위의 그림에서 두 그래프의 교점이 4개일 조건은

$$1-a>2 \quad \therefore \boldsymbol{a<-1}$$

10-**11**. $f(x)=x^2+2(a-2)x-2$라고 하면 y절편이 -2이므로 $y=|f(x)|$의 그래프는 아래 그림의 굵은 곡선이다.

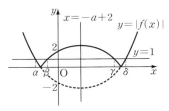

따라서 $y=|f(x)|$와 $y=1$의 그래프는 서로 다른 네 점에서 만난다.

교점의 x좌표를 작은 수부터 차례로 α, β, γ, δ라고 하면 α와 δ, β와 γ는 각각 직선 $x=-a+2$에 대하여 대칭이므로

$$\frac{\alpha+\delta}{2}=-a+2, \quad \frac{\beta+\gamma}{2}=-a+2$$
$$\therefore \alpha+\delta+\beta+\gamma=-4a+8$$

한편 조건에서 $\alpha+\beta+\gamma+\delta=0$이므로

$$-4a+8=0 \quad \therefore \boldsymbol{a=2}$$

*__Note__ 주어진 방정식은

$$x^2+2(a-2)x-2=1 \qquad \cdots ①$$
$$x^2+2(a-2)x-2=-1 \qquad \cdots ②$$

로 쓸 수 있다.

그런데 ①의 근의 합은 $-2(a-2)$이고, ②의 근의 합도 $-2(a-2)$이므로 주어진 방정식의 모든 근의 합은

$$-2(a-2)-2(a-2)=-4(a-2)$$

이 값이 0이므로

$$-4(a-2)=0 \quad \therefore \boldsymbol{a=2}$$

10-**12**. 교점의 x좌표는 방정식

$$x^2+2ax+2a=x+2$$

곧, $x^2+(2a-1)x+2a-2=0 \ \cdots①$

의 두 근이므로, 이 방정식의 두 근이 $-2\leq x\leq2$인 범위에 있도록 a의 값의 범위를 정하면 된다.

$f(x)=x^2+(2a-1)x+2a-2$로 놓으면

$$f(-2)=4-2(2a-1)+2a-2\geq0,$$
$$f(2)=4+2(2a-1)+2a-2\geq0,$$
$$축: -2<-\frac{2a-1}{2}<2,$$
$$D=(2a-1)^2-4(2a-2)$$
$$=(2a-3)^2>0$$
$$\therefore \boldsymbol{0\leq a<\frac{3}{2}}, \ \boldsymbol{\frac{3}{2}<a\leq2}$$

*__Note__ ①에서 $(x+1)(x+2a-2)=0$
$$\therefore x=-1, \ -2a+2$$

주어진 조건을 만족시키려면

$$-2a+2\neq-1, \ -2\leq-2a+2\leq2$$

$$\therefore\ 0\leq a<\frac{3}{2},\ \frac{3}{2}<a\leq 2$$

10-13. $f(x)=x^2-ax+b$로 놓자.

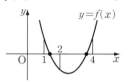

위의 그림에서
$$f(1)=1-a+b>0$$
$$\therefore\ b>a-1 \qquad \cdots\cdots①$$
$$f(2)=4-2a+b<0$$
$$\therefore\ b<2a-4 \qquad \cdots\cdots②$$
$$f(4)=16-4a+b>0$$
$$\therefore\ b>4a-16 \qquad \cdots\cdots③$$

①, ②, ③을 모두 만족시키는 b가 존재
하려면
$$a-1<2a-4$$이고 $$4a-16<2a-4$$
$$\therefore\ 3<a<6$$
a는 자연수이므로 $a=4,\ 5$

(ⅰ) $a=4$일 때, ①, ②, ③에 이 값을 각
각 대입하면
$$b>3,\ b<4,\ b>0$$
　이를 모두 만족시키는 자연수 b는
없다.

(ⅱ) $a=5$일 때, ①, ②, ③에 이 값을 각
각 대입하면
$$b>4,\ b<6,\ b>4 \quad \therefore\ b=5$$
(ⅰ), (ⅱ)에서 $\boldsymbol{a=5,\ b=5}$

10-14. $f(x)=ax^2+bx+c$ 라 하고, 직선
l의 방정식을 $y=g(x)$, 직선 m의 방정
식을 $y=h(x)$라고 하자.
　방정식 $f(x)-g(x)=0$의 해가 $-2,\ 2$
이므로
$$f(x)-g(x)=a(x+2)(x-2) \cdots①$$
　방정식 $f(x)-h(x)=0$의 해가 $1,\ 5$이
므로

$$f(x)-h(x)=a(x-1)(x-5) \cdots②$$
①$-$②하면
$$h(x)-g(x)=a(6x-9)$$
　그런데 직선 l과 m의 교점의 x좌표
는 방정식 $h(x)-g(x)=0$의 해이므로
$$\boldsymbol{x=\frac{3}{2}}$$

10-15. $f(x),\ g(x)$의 이차항의 계수를 각
각 $a,\ b$라 하고, $f(x),\ g(x)$를
$(x+1)(x-2)$로 나눈 나머지를 $px+q$
라고 하면
$$f(x)=a(x+1)(x-2)+px+q,$$
$$g(x)=b(x+1)(x-2)+px+q$$
$f(x)=g(x)$에서
$$(a-b)(x+1)(x-2)=0$$
$a\neq b$이므로 $x=-1,\ 2$
　이때, 조건 (나)에서 두 교점의 좌표는
$$(-1,\ -5),\ (2,\ 4)$$
　따라서 $f(-1)=-5,\ f(2)=4$이므로
$$-p+q=-5,\ 2p+q=4$$
$$\therefore\ p=3,\ q=-2$$
$$\therefore\ f(x)=a(x+1)(x-2)+3x-2$$
$$=ax^2-(a-3)x-2a-2$$
이차방정식 $ax^2-(a-3)x-2a-2=k$
곧, $ax^2-(a-3)x-2a-2-k=0$
이 중근을 가져야 하므로
$$D=(a-3)^2-4a(-2a-2-k)=0$$
$$\therefore\ 9a^2+2(2k+1)a+9=0$$
이 식을 만족시키는 0이 아닌 실수 a
가 존재해야 하므로 판별식을 D_1이라고
하면
$$D_1/4=(2k+1)^2-9\times 9\geq 0$$
$$\therefore\ (k+5)(k-4)\geq 0$$
$$\therefore\ \boldsymbol{k\leq -5,\ k\geq 4}$$

10-16. 두 식에서 y를 소거하면
$$x^2+2(1-a)x+2-a^2=0 \cdots①$$
따라서 $x\geq 0$에서 만나지 않으려면 이

방정식의 두 근이 허근이거나 두 근이 모
두 음수이면 된다.

(ⅰ) 두 근이 허근일 때

$$D/4=(1-a)^2-(2-a^2)<0$$

$$\therefore \ \frac{1-\sqrt{3}}{2}<a<\frac{1+\sqrt{3}}{2} \quad \cdots\cdots ②$$

(ⅱ) 두 근이 모두 음수일 때

①의 두 근을 $\alpha,\ \beta$라고 하면

$$D/4=(1-a)^2-(2-a^2)\geq 0,$$

$$\alpha+\beta=-2(1-a)<0,$$

$$\alpha\beta=2-a^2>0$$

$$\therefore \ -\sqrt{2}<a\leq \frac{1-\sqrt{3}}{2} \quad \cdots\cdots ③$$

②, ③에서　　$-\sqrt{2}<a<\dfrac{1+\sqrt{3}}{2}$

10-**17**. $(x+1)f(x)-g(x)$

$$=(x+1)(2x^2-2x+2)-(2x^3-x+3)$$

$$=x-1$$

이므로 조건에서　$x-1=ax^2+1$

$$\therefore \ ax^2-x+2=0$$

이 방정식이 1보다 큰 근 한 개와 1보
다 작은 근 한 개를 가져야 한다. 따라서
$a\neq 0$이다.

$h(x)=ax^2-x+2$라고 하면

(ⅰ) $a>0$일 때

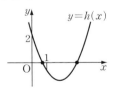

$h(1)=a-1+2<0 \quad \therefore \ a<-1$

　　이것은 $a>0$을 만족시키지 않는다.

(ⅱ) $a<0$일 때

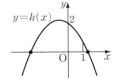

$h(1)=a-1+2>0 \quad \therefore \ a>-1$

$$\therefore \ -1<a<0$$

(ⅰ), (ⅱ)에서　$-1<a<0$

10-**18**. $f(x)=x^2-2ax+2-a^2$으로 놓자.

(ⅰ) 두 근이 모두 1보다 작을 때

$$f(1)=1-2a+2-a^2>0,$$

축 : $x=a<1,$

$$D/4=(-a)^2-(2-a^2)\geq 0$$

$$\therefore \ -3<a\leq -1$$

(ⅱ) 두 근 중 한 근은 1보다 크고, 다른
한 근은 1보다 작을 때

$$f(1)=1-2a+2-a^2<0$$

$$\therefore \ a<-3, \ a>1$$

(ⅲ) 두 근 중 한 근은 1이고, 다른 한 근
은 1보다 작을 때

$$f(1)=1-2a+2-a^2=0,$$

축 : $x=a<1$

$$\therefore \ a=-3$$

(ⅰ), (ⅱ), (ⅲ)에서　$a\leq -1, \ a>1$

***Note** $f(x)=0$이 실근을 가질 때,
$D/4\geq 0$에서

$$a\leq -1, \ a\geq 1 \quad \cdots\cdots ①$$

$f(x)=0$의 실근이 모두 1 이상일 때

$$f(1)\geq 0, \ 축 : x=a\geq 1, \ D/4\geq 0$$

에서　$a=1$　　　　　$\cdots\cdots ②$

구하는 범위는 ①에서 ②를 제외하
면 되므로　$a\leq -1, \ a>1$

10-**19**. $f(x)=x^2+ax+a+12$로 놓자.

(1) $f(x)=0$의 두 실근 $\alpha,\ \beta$의 정수부분
이 모두 4라고 하면

$$4\leq \alpha<5, \ 4\leq \beta<5$$

그런데 $\alpha\neq \beta$이므로

$$8<\alpha+\beta<10, \ 16<\alpha\beta<25$$

한편 $\alpha+\beta=-a, \ \alpha\beta=a+12$이므로

$$8<-a<10, \ 16<a+12<25$$

곧, $-10<a<-8, \ 4<a<13$

이 식을 동시에 만족시키는 a가 없

으므로 두 근의 정수부분이 모두 4일 수 없다. 따라서 적어도 한 근의 정수부분은 4가 아니다.

(2) 위의 (1)에서 한 근만의 정수부분이 4가 되는 것은 다른 근이 4보다 작거나 5 이상일 때이므로

$f(4) \leq 0$, $f(5) > 0$ 또는

$f(4) \geq 0$, $f(5) \leq 0$

여기에서

$f(4) = 4^2 + 4a + a + 12 \leq 0$,

$f(5) = 5^2 + 5a + a + 12 > 0$

을 만족시키는 정수 a는 $a = -6$이고,

$f(4) = 4^2 + 4a + a + 12 \geq 0$,

$f(5) = 5^2 + 5a + a + 12 \leq 0$

을 만족시키는 정수 a는 없다.

$$\therefore \boldsymbol{a = -6}$$

10-20. $x^2 + ax - 1 = 0$ ......①

$x^2 - x - a = 0$ ......②

①, ②의 판별식을 각각 D_1, D_2라고 하면 $a > 0$이므로

$D_1 = a^2 + 4 > 0$, $D_2 = 1 + 4a > 0$

따라서 ①, ②는 각각 서로 다른 두 실근을 가진다.

①의 두 근을 α, β라고 하면 근과 계수의 관계로부터

$\alpha + \beta = -a$, $\alpha\beta = -1$

또, $\alpha^2 + a\alpha - 1 = 0$, $\beta^2 + a\beta - 1 = 0$

$\therefore \alpha^2 = -a\alpha + 1$, $\beta^2 = -a\beta + 1$

②의 좌변을 $f(x)$로 놓으면

$f(\alpha)f(\beta) = (\alpha^2 - \alpha - a)(\beta^2 - \beta - a)$

$= \{1 - a - \alpha(a+1)\}\{1 - a - \beta(a+1)\}$

$= (1-a)^2 + (\alpha+\beta)(a^2-1) + \alpha\beta(a+1)^2$

$= (1-a)^2 - a(a^2-1) - (a+1)^2$

$= -a(a^2+3)$

$a > 0$이므로 $f(\alpha)f(\beta) < 0$

곧, $f(\alpha)$와 $f(\beta)$의 부호가 서로 다르므로 α, β 중에서 하나만 ②의 두 근 사이

에 있다.

10-21.

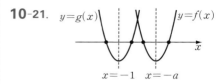

(i) $f(x) = 0$, $g(x) = 0$의 판별식을 각각 D_1, D_2라고 하면

$D_1/4 = a^2 - 1 > 0$, $D_2/4 = 1 - a > 0$

$\therefore a < -1$ ......①

(ii) 두 포물선 $y = f(x)$, $y = g(x)$의 축의 방정식이 각각 $x = -a$, $x = -1$이므로

$-a > 1$ $\therefore a < 1$ ......②

(iii) 두 포물선 $y = f(x)$, $y = g(x)$의 교점의 y좌표가 양수이어야 한다. 이때,

$x^2 + 2ax + 1 = x^2 + 2x + a$

곧, $2(a-1)x = a - 1$

에서 $a \neq 1$이므로 $x = \dfrac{1}{2}$

$\therefore f\left(\dfrac{1}{2}\right) = g\left(\dfrac{1}{2}\right) = a + \dfrac{5}{4} > 0$

$\therefore a > -\dfrac{5}{4}$ ......③

①, ②, ③에서 $-\dfrac{5}{4} < \boldsymbol{a} < -1$

*__Note__ $a = 1$이면 $f(x) = g(x)$가 되어 주어진 조건에 맞지 않는다.

따라서 $a \neq 1$이다.

11-1. (1) (준 식) $= (x-a)^2 + (y-2b)^2$

$\qquad\qquad - a^2 - 4b^2 + 2a - 4b + 1$

$\therefore \boldsymbol{P = -a^2 - 4b^2 + 2a - 4b + 1}$

(2) $P = -(a-1)^2 - (2b+1)^2 + 3$

이므로 P의 최댓값은 **3**

11-2. $y = |x(x-4)| - 2x + 1$에서

$3 \leq x < 4$일 때

$y = -x(x-4) - 2x + 1 = -(x-1)^2 + 2$

$4 \leq x \leq 5$일 때

$y = x(x-4) - 2x + 1 = (x-3)^2 - 8$

오른쪽 그래프
에서

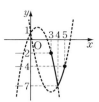

$x=3$일 때
　　최댓값 **-2**,
$x=4$일 때
　　최솟값 **-7**

11-3. 실근을 가지므로
$$D/4=(m-1)^2-(2m^2-4m-7)\geq 0$$
$$\therefore\ m^2-2m-8\leq 0$$
$$\therefore\ -2\leq m\leq 4 \quad\cdots\cdots ①$$
또, 근과 계수의 관계로부터
$$\alpha+\beta=2(m-1),$$
$$\alpha\beta=2m^2-4m-7$$
$$\therefore\ \alpha^2+\alpha\beta+\beta^2=(\alpha+\beta)^2-\alpha\beta$$
$$=4(m-1)^2-(2m^2-4m-7)$$
$$=2m^2-4m+11$$
$$=2(m-1)^2+9 \quad\cdots\cdots ②$$
①에서 ②의 최댓값, 최솟값은
$m=-2, 4$일 때　최댓값 **27**,
$m=1$일 때　최솟값 **9**

11-4. $x^2+x-1=0$의 두 근이 $\alpha,\ \beta$이므
로　$\alpha+\beta=-1,\ \alpha\beta=-1$
$f(\alpha^2)=3\alpha-2, f(\beta^2)=3\beta-2$이므로
$$\alpha^4+p\alpha^2+q=3\alpha-2 \quad\cdots\cdots ①$$
$$\beta^4+p\beta^2+q=3\beta-2 \quad\cdots\cdots ②$$
①$-$②에서
$$(\alpha-\beta)(\alpha+\beta)(\alpha^2+\beta^2)$$
$$+p(\alpha-\beta)(\alpha+\beta)=3(\alpha-\beta)$$
$\alpha\neq\beta$이므로 양변을 $\alpha-\beta$로 나누면
$$(\alpha+\beta)(\alpha^2+\beta^2)+p(\alpha+\beta)=3$$
이때,
$$\alpha^2+\beta^2=(\alpha+\beta)^2-2\alpha\beta$$
$$=(-1)^2-2\times(-1)=3$$
이므로 대입하면
$$-1\times 3+p\times(-1)=3 \quad\therefore\ p=-6$$
①$+$②에서
$$\alpha^4+\beta^4+p(\alpha^2+\beta^2)+2q=3(\alpha+\beta)-4$$

이때,
$$\alpha^4+\beta^4=(\alpha^2+\beta^2)^2-2\alpha^2\beta^2$$
$$=3^2-2\times 1=7$$
이므로 대입하면
$$7-6\times 3+2q=3\times(-1)-4$$
$$\therefore\ q=2$$
$$\therefore\ f(x)=x^2-6x+2=(x-3)^2-7$$
따라서 $-5\leq x\leq 5$일 때 $f(x)$의 최댓
값, 최솟값은
$x=-5$일 때　최댓값 **57**,
$x=3$일 때　최솟값 **-7**

11-5. $x^2+2x+4=t$로 놓으면
$$t=(x+1)^2+3\geq 3\quad 곧,\ t\geq 3$$
이때, $g(t)=at^2+3at+b$라고 하면
$$g(t)=a\left(t+\frac{3}{2}\right)^2+b-\frac{9}{4}a\ (t\geq 3)$$

(i) $a<0$일 때, $g(t)$는 $t\geq 3$에서 최솟값
을 가지지 않는다.

(ii) $a=0$일 때, $g(t)=b$이고 주어진 조
건에 의하여　$b=37$
그런데 $f(-2)=g(4)=b=57$이 되
어 모순이다.

(iii) $a>0$일 때, $g(t)$는 $t=3$에서 최솟값
을 가진다.

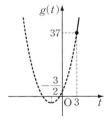

곧, $g(3)=37$이므로
$$9a+9a+b=37 \quad\cdots\cdots ①$$
또, $f(-2)=57$에서 $g(4)=57$이므
로　$16a+12a+b=57 \quad\cdots\cdots ②$
①, ②를 연립하여 풀면
$$\boldsymbol{a=2,\ b=1}$$

11-6. a, β는 방정식
$$x^2+ax+b=bx+a$$
곧, $x^2+(a-b)x-(a-b)=0$
의 두 근이므로
$$\alpha+\beta=-(a-b),\ \alpha\beta=-(a-b)$$
$(\alpha-\beta)^2=(\alpha+\beta)^2-4\alpha\beta$에서
$$(a-b)^2+4(a-b)=5$$
$$\therefore\ (a-b+5)(a-b-1)=0$$
$a>b$이므로 $a-b=1$
$$\therefore\ b=a-1 \qquad \cdots\cdots①$$
$$\therefore\ f(x)=x^2+ax+a-1$$
$$=\left(x+\frac{a}{2}\right)^2-\frac{a^2}{4}+a-1$$

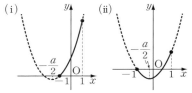

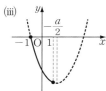

(i) $-\dfrac{a}{2}<-1$, 곧 $a>2$일 때

$x=-1$일 때 $f(x)$는 최소이고,
$f(-1)=0$이므로 조건에 부적합하다.

(ii) $-1\le-\dfrac{a}{2}<1$, 곧 $-2<a\le2$일 때

$x=-\dfrac{a}{2}$일 때 $f(x)$는 최소이므로
$$f\left(-\frac{a}{2}\right)=-\frac{a^2}{4}+a-1=-9$$
$$\therefore\ a^2-4a-32=0 \quad \therefore\ a=-4,\,8$$
이것은 $-2<a\le2$에 부적합하다.

(iii) $-\dfrac{a}{2}\ge1$, 곧 $a\le-2$일 때

$x=1$일 때 $f(x)$는 최소이므로

$$f(1)=2a=-9 \quad \therefore\ a=-\frac{9}{2}$$
①에서 $b=-\dfrac{11}{2}$

(i), (ii), (iii)에서 $\boldsymbol{a=-\dfrac{9}{2},\ b=-\dfrac{11}{2}}$

11-7. 조건 (가)에 의하여 함수 $y=f(x)$의 그래프는 직선 $x=1$을 축으로 하는 포물선임을 알 수 있다. 따라서
$$-\frac{b}{2a}=1 \quad \therefore\ b=-2a$$
또, 조건 (나)에서 $a<b<c$이므로
$$a<0<b<c$$

ㄱ. 조건 (가)에 $x=2$를 대입하면
$$f(-1)=f(3)=0$$

ㄴ. $a<0$이므로 $f(x)$는 $x=1$일 때 최댓값을 가진다.

곧, 모든 실수 x에 대하여
$$f(x)\le f(1)=a+b+c \quad \cdots\cdots①$$
$a<0<b<c$이므로
$$a+b+c<b+c<2c=2f(0) \quad \cdots\cdots②$$
①, ②에서 $f(x)<2f(0)$

ㄷ. $-3\le x\le3$일 때 $f(x)$의 최솟값은
$$f(-3)=9a-3b+c$$
$$=9a-3\times(-2a)+c$$
$$=15a+c$$

이상에서 옳은 것은 ㄱ, ㄴ, ㄷ

11-8.

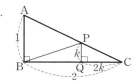

점 P에서 변 BC에 내린 수선의 발을 Q라고 하면
$$\triangle\mathrm{ABC}\backsim\triangle\mathrm{PQC}$$
$$\therefore\ \overline{\mathrm{PQ}}:\overline{\mathrm{QC}}=\overline{\mathrm{AB}}:\overline{\mathrm{BC}}=1:2$$
$\overline{\mathrm{PQ}}=k$, $\overline{\mathrm{QC}}=2k(0<k<1)$로 놓으면
$$\overline{\mathrm{PB}}^2+\overline{\mathrm{PC}}^2=\{(2-2k)^2+k^2\}$$
$$+\{k^2+(2k)^2\}$$

$$=10k^2-8k+4$$
$$=10\left(k-\frac{2}{5}\right)^2+\frac{12}{5}$$

따라서 $k=\dfrac{2}{5}$일 때 $\overline{\mathrm{PB}}^2+\overline{\mathrm{PC}}^2$이 최소
이므로

$$\triangle\mathrm{PBC}=\frac{1}{2}\times2\times\frac{2}{5}=\frac{2}{5}$$

11-9. $y_1=x,\ y_2=x^2-4x+4,$
　　　$y_3=-2x+12$

로 놓고 각각의 그래프를 그린 다음, 가
장 아래쪽의 것만 택하면 된다.

　　따라서
$x<1$일 때　　　$y=y_1=x$
$1\le x<4$일 때　$y=y_2=x^2-4x+4$
　　　　　　　　　$=(x-2)^2$
$x\ge4$일 때　　　$y=y_3=-2x+12$

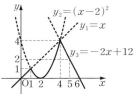

위의 그래프에서 $0\le x\le5$이므로
　$x=4$일 때　최댓값 **4**,
　$x=0,\,2$일 때　최솟값 **0**

11-10. $f(-3)=f(1)$이므로 $y=f(x)$의
그래프의 축의 방정식은 $x=\dfrac{-3+1}{2}$에
서　$x=-1$

　한편 $f(-2)+|f(2)|=0$에서 $f(2)\le0$
이면 $f(-2)=f(2)$가 되어 $y=f(x)$의 그
래프의 축의 방정식이 $x=-1$이라는 것
에 부적합하다.
　　　　∴　$f(2)>0$
　또, $f(-2)=-|f(2)|<0$
　　$f(x)=a(x+1)^2+b$로 놓으면
$f(2)=9a+b>0,\ f(-2)=a+b<0$
　$f(2)-f(-2)=8a>0$이므로　$a>0$

$f(-2)+|f(2)|=0$에서
$a+b+9a+b=0$　　∴　$b=-5a$
　　∴　$f(x)=a(x+1)^2-5a$
　$-4\le x\le4$에서 $f(x)$의 최솟값은
-15이므로
$f(-1)=-5a=-15$　　∴　$a=3$
　　∴　$f(x)=3(x+1)^2-15$
　　　　　$=3x^2+6x-12$
$y=3x^2+6x-12$와 $y=2x+k$에서 y
를 소거하면
　　$3x^2+6x-12=2x+k$
　곧, $3x^2+4x-k-12=0$
　두 그래프가 한 점에서 만나므로
　　$D/4=2^2-3(-k-12)=0$
　　∴　$\boldsymbol{k=-\dfrac{40}{3}}$

11-11. 다음과 같이 나누어 생각한다.

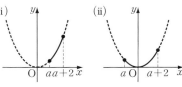

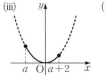

(i) $a\ge0$일 때
　　$x=a+2$일 때　최댓값 $(a+2)^2$
　　$x=a$일 때　최솟값 a^2
　　　∴　$(a+2)^2-a^2=4a+4=3$
　　　∴　$a=-\dfrac{1}{4}$ (부적합)

(ii) $-1\le a<0$일 때
　　$x=a+2$일 때　최댓값 $(a+2)^2$
　　$x=0$일 때　최솟값 0
　　　∴　$(a+2)^2-0=3$
　　　∴　$a=-2\pm\sqrt{3}$

$-1 \leq a < 0$이므로 $a = -2 + \sqrt{3}$

(iii) $-2 \leq a < -1$일 때

$x = a$일 때 최댓값 a^2

$x = 0$일 때 최솟값 0

$\therefore a^2 - 0 = 3$ $\therefore a = \pm\sqrt{3}$

$-2 \leq a < -1$이므로 $a = -\sqrt{3}$

(iv) $a < -2$일 때

$x = a$일 때 최댓값 a^2

$x = a + 2$일 때 최솟값 $(a+2)^2$

$\therefore a^2 - (a+2)^2 = 3$

$\therefore a = -\dfrac{7}{4}$ (부적합)

(i)~(iv)에서 $\boldsymbol{a = -2 + \sqrt{3},\ -\sqrt{3}}$

11-12. $x + y = a$, $xy = b$라고 하면

$x^2 + y^2 + xy = 3$에서

$a^2 - b = 3$ ......①

또, x, y는 이차방정식 $t^2 - at + b = 0$의

두 근이고, 실수이므로

$D = (-a)^2 - 4b \geq 0$

$\therefore a^2 - 4b \geq 0$ ......②

①, ②에서 b를 소거하면 $3a^2 \leq 12$

$\therefore -2 \leq a \leq 2$ ......③

$\therefore x + y - xy = a - b = a - (a^2 - 3)$

$= -\left(a - \dfrac{1}{2}\right)^2 + \dfrac{13}{4}$

③의 범위에서

$a = \dfrac{1}{2}$일 때 최댓값 $\dfrac{\boldsymbol{13}}{\boldsymbol{4}}$,

$a = -2$일 때 최솟값 $\boldsymbol{-3}$

11-13.

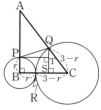

$\overline{BP} = r$로 놓고, 변 BC 위의 두 원이

외접하는 점을 R이라고 하면

$\overline{BP} = \overline{BR} = r$, $\overline{CR} = \overline{CQ} = 3 - r$

(1) $\overline{AP} = 4 - r$, $\overline{AQ} = 5 - (3 - r) = 2 + r$

$\therefore \triangle APQ = \dfrac{1}{2} \times \overline{AP} \times \overline{AQ} \times \sin A$

$= \dfrac{1}{2}(4-r)(2+r) \times \dfrac{3}{5}$

$= \dfrac{3}{10}(-r^2 + 2r + 8)$

$= \dfrac{3}{10}\{-(r-1)^2 + 9\}$

따라서 $r = 1$일 때 $\triangle APQ$의 넓이가

최대이므로 $\overline{BP} = 1$

(2) 점 Q에서 변 BC에 내린 수선의 발을

S, 점 P에서 선분 QS에 내린 수선의

발을 T라고 하면

$\overline{PQ}^2 = \overline{PT}^2 + \overline{QT}^2$ ......①

$\triangle CQS \backsim \triangle CAB$이므로

$\overline{CQ} : \overline{SC} = \overline{CA} : \overline{BC}$

$\therefore \overline{SC} = \dfrac{3}{5}(3 - r)$

$\therefore \overline{PT} = \overline{BS} = 3 - \dfrac{3}{5}(3 - r)$

$= \dfrac{6}{5} + \dfrac{3}{5}r$

또, $\overline{CQ} : \overline{QS} = \overline{CA} : \overline{AB}$이므로

$\overline{QS} = \dfrac{4}{5}(3 - r)$

$\therefore \overline{QT} = \dfrac{4}{5}(3 - r) - r = \dfrac{12}{5} - \dfrac{9}{5}r$

이때, ①에서

$\overline{PQ}^2 = \left(\dfrac{6}{5} + \dfrac{3}{5}r\right)^2 + \left(\dfrac{12}{5} - \dfrac{9}{5}r\right)^2$

$= \dfrac{18}{5}(r^2 - 2r + 2)$

$= \dfrac{18}{5}\{(r-1)^2 + 1\}$

따라서 $r = 1$일 때 $\overline{PQ}$의 길이가 최

소이므로 $\overline{BP} = 1$

11-14.

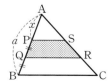

$\overline{AB}=a$, $\overline{AP}=x(0<x<a)$로 놓으면

$$\overline{AQ}=a-\frac{a-x}{2}=\frac{a+x}{2}$$

$\triangle ABC\infty\triangle APS$이므로

$$a^2:x^2=24:\triangle APS$$

$$\therefore \triangle APS=\frac{24x^2}{a^2}$$

$\triangle ABC\infty\triangle AQR$이므로

$$a^2:\left(\frac{a+x}{2}\right)^2=24:\triangle AQR$$

$$\therefore \triangle AQR=\frac{24}{a^2}\left(\frac{a+x}{2}\right)^2$$

□PQRS의 넓이를 y라고 하면

$$y=\triangle AQR-\triangle APS$$

$$=\frac{24}{a^2}\left\{\left(\frac{a+x}{2}\right)^2-x^2\right\}$$

$$=\frac{6}{a^2}\left\{-3\left(x-\frac{a}{3}\right)^2+\frac{4}{3}a^2\right\}$$

따라서 $x=\overline{AP}=\dfrac{a}{3}$일 때 최댓값은

$$\frac{6}{a^2}\times\frac{4}{3}a^2=8$$

11-15. $a+b=3-c$ ......①

$a^2+b^2=9-c^2$에서

$$(a+b)^2-2ab=9-c^2$$

①을 대입하고 정리하면

$$ab=c^2-3c \qquad ......②$$

①, ②에서 a, b는 이차방정식

$$x^2-(3-c)x+c^2-3c=0 \quad ......③$$

의 두 실근이다.

$$\therefore D=(3-c)^2-4(c^2-3c)\geq 0$$

$$\therefore c^2-2c-3\leq 0 \quad \therefore -1\leq c\leq 3$$

따라서 c의 최솟값은 -1이다.

$c=-1$을 ③에 대입하면

$$x^2-4x+4=0$$

a, b는 이 방정식의 두 근이므로

$a=2$, $b=2$

*Note $a+b=3-c$ ......④

$$a^2+b^2=9-c^2 \qquad ......⑤$$

그런데

$$2(a^2+b^2)-(a+b)^2=a^2-2ab+b^2$$

$$=(a-b)^2\geq 0$$

$$......⑥$$

이므로 ④, ⑤를 대입하면

$$2(9-c^2)-(3-c)^2\geq 0$$

$$\therefore c^2-2c-3\leq 0 \quad \therefore -1\leq c\leq 3$$

따라서 c의 최솟값은 -1이고,

$a=b$일 때 ⑥의 등호가 성립한다.

$c=-1$, $a=b$를 ④에 대입하면

$a=2$, $b=2$

11-16. 주어진 식을 k로 놓으면

$$(x^2+1)k=ax^2+8x+b$$

곧, $(k-a)x^2-8x+k-b=0$

$k=a$일 때, $x=\dfrac{a-b}{8}$ (실수)

그런데 k의 최댓값이 9, 최솟값이 1이

므로

$$1\leq a\leq 9 \qquad ......①$$

$k\neq a$일 때, x는 실수이므로

$$D/4=(-4)^2-(k-a)(k-b)\geq 0$$

$$\therefore k^2-(a+b)k+ab-16\leq 0 \quad ......②$$

한편 문제의 뜻으로부터 $1\leq k\leq 9$

$$\therefore (k-1)(k-9)\leq 0$$

$$\therefore k^2-10k+9\leq 0 \qquad ......③$$

②, ③은 같은 식이므로

$$a+b=10,\ ab-16=9 \qquad ......④$$

①, ④에서 **$a=5$, $b=5$**

11-17. $x=1$을 대입하면

$$k^2+k+1-2(a+k)^2+k^2+3ak+b=0$$

k에 관하여 정리하면

$$(1-a)k+1-2a^2+b=0$$

k의 값에 관계없이 성립해야 하므로

$$1-a=0,\ 1-2a^2+b=0$$

$$\therefore a=1,\ b=1$$

또, $x=1$, β는 주어진 방정식의 근이

므로

$$1\times\beta=\frac{k^2+3ak+b}{k^2+k+1}=\frac{k^2+3k+1}{k^2+k+1}$$

$$\therefore \ \beta k^2 + \beta k + \beta = k^2 + 3k + 1$$

k에 관하여 정리하면

$$(\beta - 1)k^2 + (\beta - 3)k + \beta - 1 = 0$$

$\beta \neq 1$일 때

$$D = (\beta - 3)^2 - 4(\beta - 1)^2 \geq 0$$

$$\therefore \ -1 \leq \beta \leq \frac{5}{3} \ (\beta \neq 1)$$

$\beta = 1$일 때 $k = 0$ (실수)

$$\therefore \ \boldsymbol{-1 \leq \beta \leq \frac{5}{3}}$$

11-18. $f(x, y)$

$$= 4x^2 - 4(y-3)x + 2y^2 - 2y + 7$$

$$= 4\left\{ x^2 - (y-3)x + \frac{(y-3)^2}{4} - \frac{(y-3)^2}{4} \right\}$$

$$+ 2y^2 - 2y + 7$$

$$= 4\left(x - \frac{y-3}{2} \right)^2 + y^2 + 4y - 2$$

$$= 4\left(x - \frac{y-3}{2} \right)^2 + (y+2)^2 - 6$$

(1) $x = \dfrac{y-3}{2}, \ y = -2$, 곧 $x = -\dfrac{5}{2}$,

$y = -2$일 때 최솟값은 $\boldsymbol{-6}$

(2) (i) $\dfrac{y-3}{2} \geq 0$일 때

$f(x, y)$는 최솟값 $(y+2)^2 - 6$을 가진다.

$y \geq 3$이므로 $y = 3, \ x = 0$일 때 최솟값은 19

(ii) $\dfrac{y-3}{2} < 0$일 때

$f(x, y)$의 최솟값은 $x = 0$일 때

$$2y^2 - 2y + 7 = 2\left(y - \frac{1}{2} \right)^2 + \frac{13}{2}$$

$0 \leq y < 3$이므로 $y = \dfrac{1}{2}$일 때 최솟값은 $\dfrac{13}{2}$

(i), (ii)에서 구하는 최솟값은 $\boldsymbol{\dfrac{13}{2}}$

(3) (i) $\dfrac{y-3}{2}$이 정수일 때

$f(x, y)$는 최솟값 $(y+2)^2 - 6$을 가진다.

x, y는 모두 정수이어야 하므로

$y = -1, \ x = -2$ 또는 $y = -3$,

$x = -3$일 때 최솟값은 -5

(ii) $\dfrac{y-3}{2}$이 정수가 아닐 때

$f(x, y)$는 $x = \dfrac{y-3}{2} + \dfrac{1}{2}$ 또는

$x = \dfrac{y-3}{2} - \dfrac{1}{2}$일 때 최솟값을 가진다. 이때,

$$f(x, y) = 4 \times \frac{1}{4} + (y+2)^2 - 6$$

$$= (y+2)^2 - 5$$

따라서 $y = -2, \ x = -2$ 또는

$y = -2, \ x = -3$일 때 최솟값은 -5

(i), (ii)에서 구하는 최솟값은 $\boldsymbol{-5}$

12-1. (1) $(x^2 + x + 4)(x^2 - 3x + 4)$

$$-12x^2 = 0$$

에서 $x^2 + 4 = t$로 놓으면

$$(t + x)(t - 3x) - 12x^2 = 0$$

$$\therefore \ t^2 - 2xt - 15x^2 = 0$$

$$\therefore \ (t - 5x)(t + 3x) = 0$$

$$\therefore \ t = 5x \ 또는 \ t = -3x$$

$$\therefore \ x^2 - 5x + 4 = 0 \ 또는 \ x^2 + 3x + 4 = 0$$

$$\therefore \ \boldsymbol{x = 1, \ 4, \ \frac{-3 \pm \sqrt{7}i}{2}}$$

(2) $(x^2 + 2x)^2 - (x^2 + 2x + 1) = 55$

$$\therefore \ (x^2 + 2x)^2 - (x^2 + 2x) - 56 = 0$$

$$\therefore \ (x^2 + 2x - 8)(x^2 + 2x + 7) = 0$$

$$\therefore \ x^2 + 2x - 8 = 0 \ 또는 \ x^2 + 2x + 7 = 0$$

$$\therefore \ \boldsymbol{x = 2, \ -4, \ -1 \pm \sqrt{6}i}$$

12-2. $P = (x-1)(x+2)(3x-2) = 0$

$$\therefore \ x = 1, \ -2, \ \frac{2}{3}$$

$$Q = (x-1)(x-2)(x+2)(x+3) = 0$$

$$\therefore \ x = 1, \ 2, \ -2, \ -3$$

(1) $PQ = 0 \iff P = 0 \ 또는 \ Q = 0$

$$\therefore \ \boldsymbol{x = 1, \ -2, \ \frac{2}{3}, \ 2, \ -3}$$

(2) x가 실수이므로 P, Q도 실수이다.
따라서
$$P^2+Q^2=0 \iff P=0 \text{이고 } Q=0$$
$$\therefore \boldsymbol{x=1, -2}$$

(3) $PQ=0$이고 $P+Q\ne 0 \iff$
$(P=0, Q\ne 0)$ 또는 $(P\ne 0, Q=0)$
$$\therefore \boldsymbol{x=\frac{2}{3}, 2, -3}$$

12-3. 문제의 조건으로부터
$$\alpha^3-3\alpha+1=0 \qquad \cdots\cdots\text{①}$$
$$\beta^2-\alpha\beta+1=0 \qquad \cdots\cdots\text{②}$$
②에서 $\beta=0$이면 모순이므로 $\beta\ne 0$
따라서 ②의 양변을 β로 나누면
$$\beta-\alpha+\frac{1}{\beta}=0 \quad \therefore \beta+\frac{1}{\beta}=\alpha$$
$$\therefore \beta^3+\frac{1}{\beta^3}=\left(\beta+\frac{1}{\beta}\right)^3-3\beta\times\frac{1}{\beta}\left(\beta+\frac{1}{\beta}\right)$$
$$=\alpha^3-3\alpha$$
그런데 ①에서 $\alpha^3-3\alpha=-1$이므로
$$\beta^3+\frac{1}{\beta^3}=\boldsymbol{-1}$$

12-4. 준 방정식의 좌변을 인수분해하면
$$(x+1)(x-1)(2x^2-mx+1)=0$$
이므로 이차방정식 $2x^2-mx+1=0$이
실근을 가지면 된다.
따라서 $D=(-m)^2-4\times 2\ge 0$에서
$$(m+2\sqrt{2})(m-2\sqrt{2})\ge 0$$
$$\therefore \boldsymbol{m\le -2\sqrt{2}, m\ge 2\sqrt{2}}$$

12-5. 준 방정식의 좌변을 인수분해하면
$$(x-1)(x^2-2ax+a+2)=0$$
$f(x)=x^2-2ax+a+2$로 놓으면
$f(x)=0$은 1이 아닌 서로 다른 두 양의
실근을 가져야 한다.
$f(x)=0$의 두 근을 α, β라고 하면
$f(1)=1-2a+a+2\ne 0$에서
$$a\ne 3 \qquad \cdots\cdots\text{①}$$
$D/4=(-a)^2-(a+2)>0$에서
$$(a+1)(a-2)>0$$

$$\therefore a<-1, a>2 \qquad \cdots\cdots\text{②}$$
$\alpha+\beta=2a>0$에서 $a>0 \qquad \cdots\cdots\text{③}$
$\alpha\beta=a+2>0$에서 $a>-2 \qquad \cdots\cdots\text{④}$
②, ③, ④의 공통 범위를 수직선 위에
나타내면

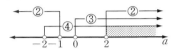

그런데 ①에서 $a\ne 3$이므로 구하는 a
의 값의 범위는
$$\boldsymbol{2<a<3, a>3}$$

12-6. 주어진 방정식에서
$$x^4-(3a-1)x^2+(a+4)(2a-5)=0$$
$$\therefore \{x^2-(a+4)\}\{x^2-(2a-5)\}=0$$
$$\therefore x^2=a+4, 2a-5$$
이때, $a+4<0$이면 $2a-5<0$이므로
조건을 만족시키지 않는다.
따라서 조건을 만족시키려면
$$a+4\ge 0, 2a-5<0$$
$$\therefore -4\le a<\frac{5}{2}$$
한편 $x^2=a+4$에서 $x=\pm\sqrt{a+4}$
$0\le a+4<\frac{13}{2}$이고 $\pm\sqrt{a+4}$가 정수
가 되려면 $a+4$가 정수의 제곱이어야 하
므로 $a+4=0, 1, 4$
$$\therefore \boldsymbol{a=-4, -3, 0}$$

12-7. $f(x)=x^3-4x^2+3x+1$로 놓으면
$\alpha+1$은 $f(x)=0$의 근이므로
$f(\alpha+1)=0$에서
$$(\alpha+1)^3-4(\alpha+1)^2+3(\alpha+1)+1=0$$
$$\therefore \alpha^3-\alpha^2-2\alpha+1=0$$
같은 방법으로 하면
$$\beta^3-\beta^2-2\beta+1=0,$$
$$\gamma^3-\gamma^2-2\gamma+1=0$$
따라서 α, β, γ는 삼차방정식
$$x^3-x^2-2x+1=0$$
의 세 근이다.

∴ $a=-1,\ b=-2,\ c=1$

Note 삼차방정식의 근과 계수의 관계를 이용하여 풀어도 된다.

12-8. α가 $x^3+1=0$의 근이므로
$$\alpha^3=-1$$
또, $(x+1)(x^2-x+1)=0$에서 α는 $x^2-x+1=0$의 근이므로
$$\alpha^2-\alpha+1=0$$
이 방정식의 계수가 실수이므로 $\bar{\alpha}$도 근이다. 따라서
$$\bar{\alpha}^3=-1,\ \bar{\alpha}^2-\bar{\alpha}+1=0$$
ㄱ. $\alpha,\ \bar{\alpha}$가 $x^2-x+1=0$의 근이므로 근과 계수의 관계로부터
$$\alpha+\bar{\alpha}=1,\ \alpha\bar{\alpha}=1$$
$$\therefore\ \alpha\bar{\alpha}+\alpha+\bar{\alpha}+1=3$$
ㄴ. $\alpha+\bar{\alpha}=1$에서
$$\alpha-1=-\bar{\alpha},\ \bar{\alpha}-1=-\alpha$$
이므로
$$(\alpha-1)^3+(\bar{\alpha}-1)^3=(-\bar{\alpha})^3+(-\alpha)^3$$
$$=-\bar{\alpha}^3-\alpha^3$$
$$=-(-1)-(-1)$$
$$=2$$
ㄷ. $\alpha+\bar{\alpha}=1$이므로
$$\frac{1-\alpha}{1-\bar{\alpha}}=\frac{\bar{\alpha}}{\alpha}=\bar{\alpha}\times\frac{1}{\alpha}\quad\Leftarrow\ \alpha\bar{\alpha}=1$$
$$=\frac{1}{\alpha^2}=\frac{-\alpha^3}{\alpha^2}=-\alpha$$
$$\therefore\ \frac{1-\alpha}{1-\bar{\alpha}}+\alpha=-\alpha+\alpha=0$$
ㄹ. $\alpha^3=-1$에서 $\alpha^6=1$이므로
$$\left.\begin{array}{l}\alpha=\alpha^7=\alpha^{13}=\cdots=\alpha^{97}\\ \alpha^3=\alpha^9=\alpha^{15}=\cdots=\alpha^{99}\\ \alpha^5=\alpha^{11}=\alpha^{17}=\cdots=\alpha^{101}\end{array}\right\}\cdots\cdots①$$
$$\therefore\ \frac{1}{1-\alpha}+\frac{1}{1-\alpha^3}+\frac{1}{1-\alpha^5}$$
$$+\cdots+\frac{1}{1-\alpha^{101}}$$
$$=17\left(\frac{1}{1-\alpha}+\frac{1}{1-\alpha^3}+\frac{1}{1-\alpha^5}\right)$$
$$=17\left\{\frac{1}{1-\alpha}+\frac{1}{1-(-1)}+\frac{1}{1+\alpha^2}\right\}$$
$$\Leftarrow\ \alpha^2-\alpha+1=0$$
$$=17\left(\frac{-\alpha^3}{-\alpha^2}+\frac{1}{2}+\frac{-\alpha^3}{\alpha}\right)$$
$$=17\left(\alpha-\alpha^2+\frac{1}{2}\right)$$
$$=17\left(1+\frac{1}{2}\right)=\frac{51}{2}$$
이상에서 옳은 것은 ㄴ, ㄷ

Note ㄴ. 주어진 식의 좌변을 전개하여 계산할 수도 있다.

ㄷ. $\dfrac{1-\alpha}{1-\bar{\alpha}}+\alpha=\dfrac{(1-\alpha)+\alpha(1-\bar{\alpha})}{1-\bar{\alpha}}$
$$=\frac{1-\alpha\bar{\alpha}}{1-\bar{\alpha}}=\frac{1-1}{1-\bar{\alpha}}=0$$

ㄹ. 주어진 식의 좌변의 항을 세 항씩 묶으면 ①에 의하여 각 묶음의 합은 모두 같음을 알 수 있다. 이때, 항은 모두 51개이므로 17묶음이 된다.

12-9. $a,\ b,\ c$가 실수이므로 다른 한 근은 $2-i$이다.

삼차방정식의 근과 계수의 관계로부터
$$3+(2+i)+(2-i)=-a$$
$$3(2+i)+(2+i)(2-i)+(2-i)\times3=b$$
$$3(2+i)(2-i)=-c$$
$$\therefore\ a=-7,\ b=17,\ c=-15$$
Note 필수 예제 **12**-4와 같은 방법으로 $a,\ b,\ c$의 값을 구할 수 있다.

12-10. 세 근을 $\alpha,\ \beta,\ \gamma$라고 하면 근과 계수의 관계로부터
$$\alpha+\beta+\gamma=-a,\ \alpha\beta+\beta\gamma+\gamma\alpha=b$$
이므로
$$a^2-3b=(\alpha+\beta+\gamma)^2-3(\alpha\beta+\beta\gamma+\gamma\alpha)$$
$$=\alpha^2+\beta^2+\gamma^2-\alpha\beta-\beta\gamma-\gamma\alpha$$
$$=\frac{1}{2}\{(\alpha-\beta)^2+(\beta-\gamma)^2$$
$$+(\gamma-\alpha)^2\}$$
이때, $\alpha,\ \beta,\ \gamma$가 모두 실근이면

$$a^2-3b=\frac{1}{2}\{(\alpha-\beta)^2+(\beta-\gamma)^2$$
$$+(\gamma-\alpha)^2\}\geq 0$$

이어야 한다.

그런데 문제의 조건에서 $a^2-3b<0$이므로 세 근 중에서 적어도 하나는 실근이 아니다.

12-**11.** 문제의 조건에서 △BCD와 △BED는 서로 합동이고, 직사각형의 성질에 따라 △BCD와 △DAB도 서로 합동이다. 따라서 △DAB와 △BED는 서로 합동이므로 △ABF와 △EDF도 서로 합동이다.

$$\therefore \overline{BF}=\overline{DF}$$

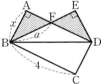

$\overline{BF}=a$라고 하면 $\overline{DF}=a$이므로
$$\overline{AF}=4-a$$
$$\therefore \triangle ABF=\frac{1}{2}\times x\times(4-a)=\frac{3}{2}$$
$$\therefore x(4-a)=3 \qquad \cdots\cdots①$$

△ABF는 직각삼각형이므로 피타고라스 정리에 의하여
$$a^2=x^2+(4-a)^2 \quad \therefore x^2-8a+16=0$$
$$\therefore a=\frac{x^2+16}{8}$$

이것을 ①에 대입하여 정리하면
$$x^3-16x+24=0$$
$$\therefore (x-2)(x^2+2x-12)=0$$

x는 자연수이므로 $\quad \boldsymbol{x=2}$

12-**12.** 삼차식 $f(x)$의 삼차항의 계수를 a라고 하면
$$f(x)-6x+5=(x-1)^2(ax+b),$$
$$f(x)+3x^2+4x=(x+1)^2(ax+c)$$

로 놓을 수 있다.
$$\therefore f(x)=(x-1)^2(ax+b)+6x-5$$
$$\cdots\cdots①$$
$$f(x)=(x+1)^2(ax+c)-3x^2-4x$$
$$\cdots\cdots②$$

①, ②에 $x=1$을 대입하면
$$f(1)=1=4(a+c)-7$$
$$\therefore c=2-a \qquad \cdots\cdots③$$

①, ②에 $x=-1$을 대입하면
$$f(-1)=4(-a+b)-11=1$$
$$\therefore b=a+3 \qquad \cdots\cdots④$$

①, ②의 상수항을 비교하면
$$b-5=c \qquad \cdots\cdots⑤$$

③, ④를 ⑤에 대입하여 풀면 $\quad a=2$
$$\therefore b=5, \ c=0$$

②에서
$$f(x)=(x+1)^2\times 2x-3x^2-4x$$
$$=2x^3+x^2-2x$$
$$=x(2x^2+x-2)$$

따라서 $f(x)=0$의 세 근은
$$\boldsymbol{x=0, \ \frac{-1\pm\sqrt{17}}{4}}$$

12-**13.** $x=-1, 1$을 각각 대입하면
$$1-a+b-c+1=0 \qquad \cdots\cdots①$$
$$1+a+b+c+1=0 \qquad \cdots\cdots②$$

①+②하면
$$2b+4=0 \quad \therefore b=-2$$

①에 대입하면 $\quad c=-a$

이때, 주어진 방정식은
$$x^4+ax^3-2x^2-ax+1=0$$
$$\therefore (x+1)(x-1)(x^2+ax-1)=0$$

$x^2+ax-1=0$은 $D=a^2+4>0$이므로 서로 다른 두 실근을 가진다.

그런데 조건에서 주어진 방정식의 실근은 $-1, 1$뿐이므로 $x^2+ax-1=0$의 근도 $-1, 1$이다.
$$\therefore 1\pm a-1=0$$
$$\therefore \boldsymbol{a=0, \ b=-2, \ c=0}$$

12-14. $x=0$은 주어진 방정식을 만족시키지 않으므로 $x\neq0$이다.

양변을 x^2으로 나누면

$$x^2-2x+a-\frac{2}{x}+\frac{1}{x^2}=0$$

$$\therefore \left(x+\frac{1}{x}\right)^2-2\left(x+\frac{1}{x}\right)+a-2=0$$

$x+\dfrac{1}{x}=t$로 놓으면

$$t^2-2t+a-2=0 \qquad \cdots\cdots ①$$

한편 $x+\dfrac{1}{x}=t$에서

$$x^2-tx+1=0 \qquad \cdots\cdots ②$$

주어진 사차방정식이 서로 다른 세 실근을 가지려면 ①은 서로 다른 두 실근을 가져야 한다.

①의 서로 다른 두 실근을 α, β라고 하면 ②에서

$$x^2-\alpha x+1=0 \qquad \cdots\cdots ③$$
$$x^2-\beta x+1=0 \qquad \cdots\cdots ④$$

이때, ③, ④ 중 하나는 중근을 가지고 나머지 하나는 서로 다른 두 실근을 가져야 한다.

③이 중근을 가진다고 하면

$$D=\alpha^2-4=0 \quad \therefore \alpha=\pm2$$

(i) $\alpha=2$일 때

①에서 $a=2$이고, 이때 $\beta=0$

그런데 $\beta=0$이면 ④는 $x^2+1=0$으로 서로 다른 두 실근을 가지지 않는다.

(ii) $\alpha=-2$일 때

①에서 $a=-6$이고, 이때 $\beta=4$

④에서 $x^2-4x+1=0$

$$\therefore x=2\pm\sqrt{3}$$

곧, 서로 다른 두 실근을 가진다.

(i), (ii)에서 **$a=-6$**

12-15. ω는 $x^3+3x-1=0$의 근이므로

$$\omega^3+3\omega-1=0 \quad \therefore \omega^3-1=-3\omega$$

$$\therefore (\omega-1)(\omega^2+\omega+1)=-3\omega$$

$(\omega^2+\omega+1)(\omega^2+a\omega+b)=3$의 양변

에 $\omega-1$을 곱하면

$$(\omega-1)(\omega^2+\omega+1)(\omega^2+a\omega+b)$$
$$=3(\omega-1)$$

$$\therefore -3\omega(\omega^2+a\omega+b)=3(\omega-1)$$

$$\therefore \omega^3+a\omega^2+b\omega=-\omega+1$$

$$\therefore a\omega^2+b\omega=-\omega^3-\omega+1$$
$$=-(-3\omega+1)-\omega+1$$
$$=2\omega$$

$\omega\neq0$이므로 양변을 ω로 나누면

$$a\omega+b=2 \quad \therefore a\omega+(b-2)=0$$

a, b는 실수이고, ω는 허수이므로

$a=0$, $b=2$

12-16. a, b가 실수이므로 α가 주어진 방정식의 근이면 $\overline{\alpha}$도 근이다. 따라서 $\alpha^2=\overline{\alpha}$이고, $\overline{\alpha}^2=\alpha$이다.

$$\therefore \alpha^2\overline{\alpha}^2=\overline{\alpha}\alpha$$

$\alpha\overline{\alpha}\neq0$이므로 양변을 $\alpha\overline{\alpha}$로 나누면

$$\alpha\overline{\alpha}=1$$

$\alpha^2=\overline{\alpha}$이므로

$$\alpha^3=\alpha\alpha^2=\alpha\overline{\alpha}=1$$

곧, α는 방정식 $x^3=1$의 한 허근이다. 이때,

$$x^3-1=(x-1)(x^2+x+1)=0$$

이므로 α, $\overline{\alpha}$는 $x^2+x+1=0$의 근이다.

$$\therefore \alpha+\overline{\alpha}=-1$$

주어진 방정식의 실근을 β라고 하면 근과 계수의 관계로부터

$$\alpha\overline{\alpha}\beta=-1 \quad \therefore \beta=-1$$

$\alpha+\overline{\alpha}+\beta=-a$이므로

$$-1-1=-a \quad \therefore a=2$$

$\alpha\overline{\alpha}+\alpha\beta+\overline{\alpha}\beta=b$이므로

$$\alpha\overline{\alpha}+(\alpha+\overline{\alpha})\beta=b$$

$$\therefore 1+(-1)\times(-1)=b \quad \therefore b=2$$

*__Note__ $\alpha=p+qi$(p, q는 실수, $q\neq0$)로 놓고 준 방정식에 대입하여 풀거나

$$x^3+ax^2+bx+1=(x^2+x+1)(x-\beta)$$

의 양변의 동류항의 계수를 비교하여

풀어도 된다.

12-17. 세 근을 α, β, $\gamma(\alpha \geq \beta \geq \gamma)$라고 하면 근과 계수의 관계로부터

$\alpha + \beta + \gamma = 0$ ……①

$\alpha\beta + \beta\gamma + \gamma\alpha = -m$ ……②

$\alpha\beta\gamma = 2$ ……③

α, β, γ는 정수이므로 ③에서

$(\alpha, \beta, \gamma) = (2, -1, -1)$,

$(1, -1, -2)$, $(2, 1, 1)$

이 중에서 ①을 만족시키는 것은

$(\alpha, \beta, \gamma) = (2, -1, -1)$

②에 대입하면

$-2+1-2=-m$ ∴ $m=3$

12-18. $x^3 + ax^2 + bx + c = 0$의 세 근이 α, β, γ이므로 근과 계수의 관계로부터

$\alpha + \beta + \gamma = -a$,

$\alpha\beta + \beta\gamma + \gamma\alpha = b$,

$\alpha\beta\gamma = -c$

$x^3 + bx^2 + ax + c = 0$의 세 근이 α^2, β^2, γ^2이므로 근과 계수의 관계로부터

$\alpha^2 + \beta^2 + \gamma^2 = -b$,

$\alpha^2\beta^2 + \beta^2\gamma^2 + \gamma^2\alpha^2 = a$,

$\alpha^2\beta^2\gamma^2 = -c$

$(\alpha + \beta + \gamma)^2 = \alpha^2 + \beta^2 + \gamma^2$
$\qquad\qquad + 2(\alpha\beta + \beta\gamma + \gamma\alpha)$

에서

$a^2 = -b + 2b$ 곧, $b = a^2$ …①

$(\alpha\beta + \beta\gamma + \gamma\alpha)^2 = \alpha^2\beta^2 + \beta^2\gamma^2 + \gamma^2\alpha^2$
$\qquad\qquad + 2\alpha\beta\gamma(\alpha + \beta + \gamma)$

에서

$b^2 = a + 2 \times (-c) \times (-a)$

∴ $b^2 = (2c+1)a$ ……②

$(\alpha\beta\gamma)^2 = \alpha^2\beta^2\gamma^2$에서 $c^2 = -c$

∴ $c = 0, -1$

(i) $c = 0$일 때

②에서 $b^2 = a$이고, 이 식에 ①을 대입하면 $a^4 = a$

∴ $a(a-1)(a^2 + a + 1) = 0$

a는 실수이므로 $a = 0, 1$

①에 대입하면 $b = 0, 1$

$a = 0$, $b = 0$이면

$x^3 + ax^2 + bx + c = 0$은 $x^3 = 0$이 되어 서로 다른 세 근을 가지지 않는다.

$a = 1$, $b = 1$이면

$x^3 + ax^2 + bx + c = 0$은

$x^3 + x^2 + x = 0$

∴ $x(x^2 + x + 1) = 0$

이 방정식은 서로 다른 세 근을 가진다.

(ii) $c = -1$일 때

②에서 $b^2 = -a$이고, 이 식에 ①을 대입하면 $a^4 = -a$

∴ $a(a+1)(a^2 - a + 1) = 0$

a는 실수이므로 $a = 0, -1$

①에 대입하면 $b = 0, 1$

$a = 0$, $b = 0$이면

$x^3 + ax^2 + bx + c = 0$은 $x^3 - 1 = 0$

∴ $(x-1)(x^2 + x + 1) = 0$

이 방정식은 서로 다른 세 근을 가진다.

$a = -1$, $b = 1$이면

$x^3 + ax^2 + bx + c = 0$은

$x^3 - x^2 + x - 1 = 0$

∴ $(x-1)(x^2 + 1) = 0$

이 방정식은 서로 다른 세 근을 가진다.

(i), (ii)에서

$a=1$, $b=1$, $c=0$

또는 $a=0$, $b=0$, $c=-1$

또는 $a=-1$, $b=1$, $c=-1$

12-19. 준 방정식의 좌변을 인수분해하면

$(x-1)(x^2 - 3x + k) = 0$

$x^2 - 3x + k = 0$이 실근을 가지므로

$D = (-3)^2 - 4k \geq 0$

$$\therefore \ k \leq \frac{9}{4} \qquad \cdots\cdots ①$$

이때, 실근을 $\alpha,\ \beta\,(\alpha \leq \beta)$라고 하면
$$\alpha + \beta = 3,\ \alpha\beta = k$$
이고, 1, α, β는 직각삼각형의 세 변의 길이이다.

(ⅰ) 1이 빗변의 길이일 때 $1 = \alpha^2 + \beta^2$
$$\therefore \ 1 = 3^2 - 2k \quad \therefore \ k = 4 \,(①에 \ 모순)$$

(ⅱ) β가 빗변의 길이일 때 $\beta^2 = 1 + \alpha^2$
$$\therefore \ (\beta + \alpha)(\beta - \alpha) = 1$$
$\alpha + \beta = 3$과 연립하여 풀면
$$\alpha = \frac{4}{3},\ \beta = \frac{5}{3} \quad \therefore \ k = \frac{20}{9}$$

(ⅰ), (ⅱ)에서 $\boldsymbol{k = \dfrac{20}{9}}$

12-20. 물이 가득 찼을 때 수조의 물의 양을 1이라고 하면 1시간 동안 급수하는 물의 양은 $\dfrac{1}{t}$, 1시간 동안 빼내는 물의 양은 $\dfrac{1}{t^2}$이다.

1시간 동안 급수하는 물의 양이 $\dfrac{1}{t}$이므로 빈 수조에 물을 급수하기 시작하여 수조의 물의 양이 수조 전체 용량의 t^2배가 될 때까지 걸린 시간은 t^3시간이다.

이때부터 수조의 물이 다 빠질 때까지 걸린 시간은
$$\frac{160}{3} \times \frac{1}{60} = \frac{8}{9}\,(시간)$$
에서 t^3시간을 뺀 값이므로
$$\left(\frac{1}{t^2} - \frac{1}{t}\right)\left(\frac{8}{9} - t^3\right) = t^2$$
$$\therefore \ 9t^3 + 8t - 8 = 0$$
$$\therefore \ (3t - 2)(3t^2 + 2t + 4) = 0$$
$0 < t < 1$이므로 $t = \dfrac{2}{3}$

따라서 구하는 시각은 오후 3시 $\dfrac{160}{3}$분에 $60 \times \dfrac{2}{3} = 40\,(분)$을 더한 오후 4시 $\dfrac{100}{3}$분이다.

$$\therefore \ \boldsymbol{a = 4,\ b = \frac{100}{3}}$$

13-1. (1) $\dfrac{x+y}{5} = \dfrac{y+z}{7} = \dfrac{z+x}{8} = k$
로 놓으면
$$x + y = 5k \qquad \cdots\cdots ①$$
$$y + z = 7k \qquad \cdots\cdots ②$$
$$z + x = 8k \qquad \cdots\cdots ③$$
①+②+③하면 $2(x+y+z) = 20k$
$$\therefore \ x + y + z = 10k \qquad \cdots\cdots ④$$
④−①하면 $z = 5k$
④−②하면 $x = 3k$
④−③하면 $y = 2k$
$x = 3k,\ y = 2k,\ z = 5k$를
$x + y + z = 10$에 대입하고 정리하면
$$k = 1$$
$$\therefore \ \boldsymbol{x = 3,\ y = 2,\ z = 5}$$

(2) $x^2 + y = 1 \qquad \cdots\cdots ①$
$y^2 + x = 1 \qquad \cdots\cdots ②$
①−②하면 $x^2 - y^2 + y - x = 0$
$$\therefore \ (x - y)(x + y - 1) = 0$$
$$\therefore \ y = x \ 또는 \ y = -x + 1$$
$y = x$일 때, ①에서 $x^2 + x = 1$
$$\therefore \ \boldsymbol{x = \frac{-1 \pm \sqrt{5}}{2},\ y = \frac{-1 \pm \sqrt{5}}{2}}$$
(복부호동순)

$y = -x + 1$일 때, ①에서
$$x^2 + (-x + 1) = 1$$
$$\therefore \ x = 0,\ 1 \qquad 이때,\ y = 1,\ 0$$
$$\therefore \ \boldsymbol{x = 0,\ y = 1 \ 또는 \ x = 1,\ y = 0}$$

13-2. A는 연립방정식 $\begin{cases} a'x - y = 7 \\ 2x + by = 9 \end{cases}$ 를 풀어 $x = -30,\ y = 23$을 얻었으므로 $2x + by = 9$에 대입하면
$$2 \times (-30) + 23b = 9 \quad \therefore \ b = 3$$
$$\therefore \ 2x + 3y = 9 \qquad \cdots\cdots ①$$
B는 연립방정식 $\begin{cases} ax - y = 7 \\ 2x + b'y = 9 \end{cases}$ 를 풀어

$x=12$, $y=5$를 얻었으므로 $ax-y=7$에 대입하면

$$12a-5=7 \quad \therefore \ a=1$$
$$\therefore \ x-y=7 \qquad \cdots\cdots②$$

①, ②를 연립하여 풀면

$$\boldsymbol{x=6, \ y=-1}$$

13-**3**. 주어진 방정식에서

$$(2-k)x+5y=0 \qquad \cdots\cdots①$$
$$3x+(4-k)y=0 \qquad \cdots\cdots②$$

①$\times(4-k)-②\times5$하면

$$\{(2-k)(4-k)-15\}x=0 \quad \cdots\cdots③$$

②$\times(2-k)-①\times3$하면

$$\{(2-k)(4-k)-15\}y=0 \quad \cdots\cdots④$$

$(2-k)(4-k)-15\neq0$일 때,

③, ④는 $x=0$, $y=0$만을 해로 가진다.

$(2-k)(4-k)-15=0$일 때,

③, ④는 모든 x, y에 대하여 성립한다.

$$\therefore \ \boldsymbol{k=-1, \ 7}$$

*Note 두 직선이 일치하는 경우이므로
①, ②에서

$$\frac{2-k}{3}=\frac{5}{4-k} \qquad \therefore \ \boldsymbol{k=-1, \ 7}$$

13-**4**. $y=[x]^2-2[x]-4 \qquad \cdots\cdots①$

$$[x+y]+[x-y]=6 \qquad \cdots\cdots②$$

①에서 y는 정수이므로

$$[x+y]=[x]+y, \ [x-y]=[x]-y$$

따라서 ②는 $\quad [x]+y+[x]-y=6$

$$\therefore \ [x]=3 \quad \therefore \ 3\leq x<4$$

$[x]=3$을 ①에 대입하면 $\quad y=-1$

$$\therefore \ -4<xy\leq-3$$
$$\therefore \ [xy]=\boldsymbol{-4, \ -3}$$

13-**5**. A 용기에 부은 소금물의 양을 x L 라고 하면 B 용기에 부은 소금물의 양은 $(1-x)$ L이다.

이때, A 용기에는 15% 소금물이 $(3+x)$ L 들어 있으므로 소금의 양을 생각하면

$$(3+x)\times\frac{15}{100}=3\times\frac{14}{100}+x\times\frac{p}{100}$$
$$\therefore \ 45+15x=42+px \qquad \cdots\cdots①$$

B 용기에는 15% 소금물이 $(3-x)$ L 들어 있으므로 소금의 양을 생각하면

$$(3-x)\times\frac{15}{100}=2\times\frac{12}{100}+(1-x)\times\frac{p}{100}$$
$$\therefore \ 45-15x=24+p(1-x) \ \cdots②$$

①+②하면 $\quad 90=66+p$

$$\therefore \ \boldsymbol{p=24}$$

또, 이 값을 ①에 대입하면 $\quad x=\dfrac{1}{3}$

따라서 A 용기에 부은 소금물의 양은

$$\frac{1}{3}\,\mathbf{L}$$

13-**6**. 연립방정식 $\begin{cases} x+y=3 & \cdots① \\ x^2+y^2=5 & \cdots② \end{cases}$

와 연립방정식 $\begin{cases} ax+2y=1 & \cdots③ \\ x+by=a & \cdots④ \end{cases}$

가 공통인 해를 가진다고 생각해도 된다.

①, ②를 연립하여 풀면

$$x=1, \ y=2 \ \text{또는} \ x=2, \ y=1$$

(i) $x=1$, $y=2$일 때

③, ④에 대입하여 풀면

$$a=-3, \ b=-2$$

(ii) $x=2$, $y=1$일 때

③, ④에 대입하여 풀면

$$a=-\frac{1}{2}, \ b=-\frac{5}{2}$$

a, b는 정수이므로 $\quad \boldsymbol{a=-3, \ b=-2}$

13-**7**. $x+y=u$, $xy=v$로 놓으면

$$\begin{cases} -2u+v=-4 \\ u+2v=k \end{cases}$$

연립하여 풀면

$$u=\frac{k+8}{5}, \ v=\frac{2k-4}{5}$$

곧, $x+y=\dfrac{k+8}{5}$, $xy=\dfrac{2k-4}{5}$

따라서 x, y는 이차방정식

$$t^2-\frac{k+8}{5}t+\frac{2k-4}{5}=0$$

곧, $5t^2-(k+8)t+2k-4=0$

의 1보다 큰 서로 다른 두 실근이다.

$f(t)=5t^2-(k+8)t+2k-4$로 놓으면

(i) $f(1)=5-(k+8)+2k-4>0$

$\therefore \ k>7$

(ii) 축: $t=\frac{k+8}{10}>1$ $\therefore \ k>2$

(iii) $D=(k+8)^2-4\times 5(2k-4)>0$

$\therefore \ (k-12)^2>0$ $\therefore \ k\neq 12$

(i), (ii), (iii)에서 $7<k<12, \ k>12$

따라서 조건을 만족시키는 50 이하의 자연수 k의 개수는 $50-7-1=\mathbf{42}$

13-**8.** 변 BC, AC의 중점을 각각 P, Q라 하고, 두 선분 AP, BQ의 교점을 G라고 하자.

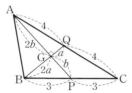

점 G는 $\triangle ABC$의 무게중심이므로

$\overline{AG}:\overline{GP}=2:1$

$\overline{BG}:\overline{GQ}=2:1$

$\overline{GQ}=a, \ \overline{GP}=b$라고 하면

$\triangle AGQ$에서 $a^2+4b^2=4^2$ ······①

$\triangle BGP$에서 $4a^2+b^2=3^2$ ······②

한편 $\overline{AB}^2=4a^2+4b^2$ ······③

①+②하면 $5(a^2+b^2)=25$

$\therefore \ a^2+b^2=5$

이것을 ③에 대입하면

$\overline{AB}^2=20$ $\therefore \ \overline{AB}=\mathbf{2\sqrt{5}}$

13-**9.** p는 양의 실수이므로 주어진 방정 식을 i에 관하여 정리하면

$(-3x^2-2px+p^2)+(x^2+2x-8)i=0$

이 식을 만족시키는 실수 x가 존재하

므로 두 이차방정식

$-3x^2-2px+p^2=0, \ x^2+2x-8=0$

은 실수인 공통근을 가진다.

공통근을 α라고 하면

$-3\alpha^2-2p\alpha+p^2=0$ ······①

$\alpha^2+2\alpha-8=0$ ······②

②에서 $(\alpha-2)(\alpha+4)=0$

$\therefore \ \alpha=2 \ \text{또는} \ \alpha=-4$

(i) $\alpha=2$일 때, ①에 대입하면

$p^2-4p-12=0$

$\therefore \ (p+2)(p-6)=0$

p는 양수이므로 $p=6$

(ii) $\alpha=-4$일 때, ①에 대입하면

$p^2+8p-48=0$

$\therefore \ (p-4)(p+12)=0$

p는 양수이므로 $p=4$

(i), (ii)에서

$\boldsymbol{p=6}$일 때 $\boldsymbol{x=2}$, $\boldsymbol{p=4}$일 때 $\boldsymbol{x=-4}$

13-**10.** ㄱ. q가 두 방정식

$x^2+ax+bc=0, \ x^2+bx+ac=0$

의 공통근이므로

$q^2+aq+bc=0$ ······①

$q^2+bq+ac=0$ ······②

①－②하면 $(a-b)q-(a-b)c=0$

$\therefore \ (a-b)(q-c)=0$

$ac\neq bc$에서 $a\neq b$이므로 $q=c$

ㄴ. $x^2+ax+bc=0$의 두 근이 $p, \ q$이므 로 근과 계수의 관계로부터

$p+q=-a$ ······③

$pq=bc$ ······④

$q=c$이므로 ④에 대입하여 정리하 면 $(p-b)c=0$

$ac\neq bc$에서 $c\neq 0$이므로 $p=b$

$p=b, \ q=c$를 ③에 대입하면

$b+c=-a$ $\therefore \ a+b+c=0$

****Note*** q는 $x^2+ax+bc=0$의 근이므 로 $x=q$를 대입하면

$$q^2+aq+bc=0$$
이때, $q=c$이므로
$$c^2+ac+bc=0$$
$$\therefore \ c(a+b+c)=0$$
$ac \neq bc$에서 $c \neq 0$이므로
$$a+b+c=0$$

ㄷ. 같은 방법으로 하면 $x^2+bx+ac=0$의 근과 계수의 관계로부터 $r=a$임을 알 수 있다.

따라서
$$p+r=b+a=-c, \ pr=ab$$
이므로 $p, \ r$은 $x^2+cx+ab=0$의 두 근이다.

이상에서 옳은 것은 　ㄱ, ㄴ, ㄷ

13-11. (1) 양변에 $21xy$를 곱하면
$$21x+21y=xy \qquad \cdots \cdots ①$$
$$\therefore \ (x-21)(y-21)=21^2=3^2 \times 7^2$$
그런데 ①에서 $21x=(x-21)y$이고, 조건에서 $y>x>0$이므로
$$y-21>x-21>0$$
$$\therefore \ (x-21, \ y-21)=(1, \ 441),$$
$$(3, \ 147), \ (7, \ 63), \ (9, \ 49)$$
$$\therefore \ (\boldsymbol{x}, \ \boldsymbol{y})=(\mathbf{22}, \ \mathbf{462}), \ (\mathbf{24}, \ \mathbf{168}),$$
$$(\mathbf{28}, \ \mathbf{84}), \ (\mathbf{30}, \ \mathbf{70})$$

(2) $3x=90-5y=5(18-y)$에서 x는 5의 배수이다.

$x=5k$(k는 자연수)로 놓으면
$$3 \times 5k=5(18-y)$$
$$\therefore \ 3k=18-y \quad \therefore \ y=18-3k$$
$k, \ y$가 모두 자연수이므로
$$k=1, \ 2, \ 3, \ 4, \ 5$$
$$\therefore \ (\boldsymbol{x}, \ \boldsymbol{y})=(\mathbf{5}, \ \mathbf{15}), \ (\mathbf{10}, \ \mathbf{12}), \ (\mathbf{15}, \ \mathbf{9}),$$
$$(\mathbf{20}, \ \mathbf{6}), \ (\mathbf{25}, \ \mathbf{3})$$

13-12. $\quad x+y+z=10 \qquad \cdots \cdots ①$
$$x-y+2z=8 \qquad \cdots \cdots ②$$
①$+$②하면 $z=6-\dfrac{2}{3}x$

z는 정수이므로 x는 3의 배수이고, $z>0$이므로 $\quad x=3, \ 6$
$$\therefore \ (\boldsymbol{x}, \ \boldsymbol{y}, \ \boldsymbol{z})=(\mathbf{3}, \ \mathbf{3}, \ \mathbf{4}), \ (\mathbf{6}, \ \mathbf{2}, \ \mathbf{2})$$

13-13. $x^2y^2+10xy+25+x^2+y^2+4$
$$\qquad\qquad +2xy-4x-4y=0$$
$$\therefore \ (xy+5)^2+(x+y-2)^2=0$$
$x, \ y$가 실수이므로 $xy+5, \ x+y-2$도 실수이다.
$$\therefore \ xy=-5, \ x+y=2$$
$x, \ y$는 이차방정식 $t^2-2t-5=0$의 두 근이고, $t=1 \pm \sqrt{6}$이므로
$$\boldsymbol{x=1 \pm \sqrt{6}, \ y=1 \mp \sqrt{6}} \ \text{(복부호동순)}$$

13-14. $\quad a^2+b^2+c^2=1 \qquad \cdots \cdots ①$
$$x^2+4y^2+9z^2=1 \qquad \cdots \cdots ②$$
$$ax+2by+3cz=1 \qquad \cdots \cdots ③$$
①$+$②$-$③$\times 2$하면
$$(a^2+b^2+c^2)+(x^2+4y^2+9z^2)$$
$$-(2ax+4by+6cz)=0$$
$$\therefore \ (a^2-2ax+x^2)+(b^2-4by+4y^2)$$
$$+(c^2-6cz+9z^2)=0$$
$$\therefore \ (a-x)^2+(b-2y)^2+(c-3z)^2=0$$
$a, \ b, \ c, \ x, \ y, \ z$는 0이 아닌 실수이므로
$$a-x=0, \ b-2y=0, \ c-3z=0$$
$$\therefore \ \frac{a}{x}=1, \ \frac{b}{y}=2, \ \frac{c}{z}=3$$
$$\therefore \ \frac{a}{x}+\frac{b}{y}+\frac{c}{z}=\boldsymbol{6}$$

13-15. $\quad kx+(k-1)y=k+1 \qquad \cdots \cdots ①$
$$akx+(k-2)y=b+3k \qquad \cdots \cdots ②$$
①을 k에 관하여 정리하면
$$(x+y-1)k+(-y-1)=0$$
k의 값에 관계없이 성립하려면
$$x+y-1=0, \ -y-1=0$$
이것을 풀면 $x=2, \ y=-1$이고, 이것이 일정한 해이다.

따라서 $x=2, \ y=-1$을 ②에 대입하고 k에 관하여 정리하면

$$2(a-2)k+2-b=0$$

k의 값에 관계없이 성립하므로

$$a-2=0, \ 2-b=0$$

$$\therefore \ \boldsymbol{a=2, \ b=2}$$

13-16. $x-2y+3z=-4$ ⋯⋯①

$\qquad -2x+3y-4z=a$ ⋯⋯②

$\qquad 3x-4y+bz=0$ ⋯⋯③

①, ②에서

$$x=z-2a+12 \qquad \cdots \cdots ④$$

$$y=2z-a+8 \qquad \cdots \cdots ⑤$$

④, ⑤를 ③에 대입하고 z에 관하여 정리하면

$$(b-5)z-2a+4=0$$

무수히 많은 z에 대하여 성립하므로

$$b-5=0, \ -2a+4=0$$

$$\therefore \ \boldsymbol{a=2, \ b=5}$$

13-17. 갑의 속력을 a km/h, 을의 속력을 b km/h라 하고, 둘이 C에서 만났다고 하면

$$\overline{\mathrm{CB}}=4.5a \ \mathrm{km}, \ \overline{\mathrm{AC}}=8b \ \mathrm{km}$$

또, 갑과 을이 만날 때까지 걸린 시간은 각각

$$\frac{\overline{\mathrm{AC}}}{a}=\frac{8b}{a}, \ \frac{\overline{\mathrm{CB}}}{b}=\frac{4.5a}{b}$$

이고, 걸린 시간이 같으므로

$$\frac{8b}{a}=\frac{4.5a}{b} \qquad \therefore \ 9a^2=16b^2$$

$a>0, \ b>0$이므로 $\quad 3a=4b$ ⋯⋯①

또, 문제의 조건으로부터

$\overline{\mathrm{AC}}-\overline{\mathrm{CB}}=6 \quad \therefore \ 8b-4.5a=6$ ⋯②

①, ②에서 $\quad a=4, \ b=3$

따라서 갑의 속력은 **4 km/h**

A와 B 사이의 거리는

$$8b+4.5a=8\times3+4.5\times4=\boldsymbol{42(\mathrm{km})}$$

13-18. (1) $ax+y+z=1$ ⋯⋯①

$\qquad x+ay+z=1$ ⋯⋯②

$\qquad x+y+az=1$ ⋯⋯③

①＋②＋③하면

$$(a+2)(x+y+z)=3$$

$a\neq-2$일 때

$$x+y+z=\frac{3}{a+2} \qquad \cdots \cdots ④$$

④－①하면 $\quad (1-a)x=\dfrac{1-a}{a+2}$

$a\neq1$일 때 $\quad x=\dfrac{1}{a+2}$

같은 방법으로 하면

$\boldsymbol{a\neq1, \ a\neq-2}$일 때,

$$\boldsymbol{x=y=z=\frac{1}{a+2}}$$

$\boldsymbol{a=1}$일 때, 해가 무수히 많다.

$\boldsymbol{a=-2}$일 때, 해가 없다.

(2) $x+4|y|=4$ ⋯⋯①

$\qquad |x|+y^2=9$ ⋯⋯②

(ⅰ) $x\geq0$일 때, ②에서

$$x+y^2=9 \qquad \cdots \cdots ③$$

③－①하면 $\quad y^2-4|y|-5=0$

$\quad \therefore \ (|y|-5)(|y|+1)=0$

$|y|\geq0$이므로 $\quad |y|=5$

이때, ①에서 $\quad x=-16$ (부적합)

(ⅱ) $x<0$일 때, ②에서

$$-x+y^2=9 \qquad \cdots \cdots ④$$

④＋①하면 $\quad y^2+4|y|-13=0$

$|y|\geq0$이므로 $\quad |y|=-2+\sqrt{17}$

①에 대입하면

$$x=4-4(-2+\sqrt{17})$$

$$=12-4\sqrt{17} \ (적합)$$

(ⅰ), (ⅱ)에서

$$\boldsymbol{x=12-4\sqrt{17}, \ y=\pm(2-\sqrt{17})}$$

(3) $x+yz=2$ ⋯⋯①

$\qquad y+zx=2$ ⋯⋯②

$\qquad z+xy=2$ ⋯⋯③

②－①하면 $\quad y-x+zx-yz=0$

$$\therefore\ (y-x)(1-z)=0$$

③$-$②하면 $z-y+xy-zx=0$

$$\therefore\ (z-y)(1-x)=0$$

따라서 다음 네 경우가 가능하다.

④ $\begin{cases} y-x=0 \\ z-y=0 \end{cases}$ ⑤ $\begin{cases} y-x=0 \\ 1-x=0 \end{cases}$

⑥ $\begin{cases} 1-z=0 \\ z-y=0 \end{cases}$ ⑦ $\begin{cases} 1-z=0 \\ 1-x=0 \end{cases}$

④에서 $x=y=z$

이때, ①에서 $x+x^2=2$

$$\therefore\ x=-2,\ 1$$

⑤에서 $x=y=1$

이때, ①에서 $z=1$

또한 ⑥, ⑦에서 $x=y=z=1$

$$\therefore\ \boldsymbol{x=y=z=-2}\ \text{또는}\ \boldsymbol{x=y=z=1}$$

13-**19**. $x=p,\ 2y=q,\ 4z=r$로 놓으면 주어진 식에서

$$p+q+r=12,$$
$$pq+qr+rp=44,$$
$$pqr=48$$

따라서 $p,\ q,\ r$은 삼차방정식 $t^3-12t^2+44t-48=0$의 세 근이다.

곧, $(t-2)(t-4)(t-6)=0$

에서 $t=2,\ 4,\ 6$이고, 이것이 $x,\ 2y,\ 4z$의 값이므로

$$(\boldsymbol{x,\ y,\ z})=\left(2,\ 2,\ \frac{3}{2}\right),\ (2,\ 3,\ 1),$$
$$\left(4,\ 1,\ \frac{3}{2}\right),\ \left(4,\ 3,\ \frac{1}{2}\right),$$
$$(6,\ 1,\ 1),\ \left(6,\ 2,\ \frac{1}{2}\right)$$

13-**20**. $x+y=a,\ xy=b$라고 하면

$x^2+y^2=7$에서 $(x+y)^2-2xy=7$

$$\therefore\ a^2-2b=7 \qquad \cdots\cdots①$$

$x^3+y^3=10$에서

$$(x+y)^3-3xy(x+y)=10$$

$$\therefore\ a^3-3ba=10 \qquad \cdots\cdots②$$

①$\times3a-$②$\times2$하면

$$a^3-21a+20=0$$

$$\therefore\ (a-1)(a-4)(a+5)=0$$

$$\therefore\ a=1,\ 4,\ -5$$

이 값을 ①에 대입하여 풀면

$$b=-3,\ \frac{9}{2},\ 9$$

$$\therefore\ (a,\ b)=(1,\ -3),\ \left(4,\ \frac{9}{2}\right),\ (-5,\ 9)$$

실수 $x,\ y$는 이차방정식 $t^2-at+b=0$의 두 근이고, 이 방정식이 실근을 가지는 경우는 $a=1,\ b=-3$일 때뿐이다.

따라서 $t^2-t-3=0$의 근은

$t=\dfrac{1\pm\sqrt{13}}{2}$이므로

$$\boldsymbol{x=\frac{1\pm\sqrt{13}}{2},\ y=\frac{1\mp\sqrt{13}}{2}}$$

(복부호동순)

13-**21**. (1) $x=3$일 때, 두 식에서

$$y+z=0,\ yz=-9$$

이므로 $y,\ z$는 이차방정식

$$t^2-0\times t-9=0 \qquad \text{곧,}\ t^2-9=0$$

의 두 근이다.

이때, $t=\pm3$이므로

$$(\boldsymbol{y,\ z})=(3,\ -3),\ (-3,\ 3)$$

(2) 두 식에서

$$y+z=3-x,$$
$$yz=-9-x(y+z)=x^2-3x-9$$

이므로 $y,\ z$는 이차방정식

$$t^2-(3-x)t+x^2-3x-9=0$$

의 두 근이다.

$y,\ z$가 실수이므로

$$D=(3-x)^2-4(x^2-3x-9)\geq0$$

$$\therefore\ (x-5)(x+3)\leq0$$

$$\therefore\ \boldsymbol{-3\leq x\leq5}$$

13-**22**. $x+y=u,\ xy=v$라고 하면 주어진 두 식은

$$u^2-2v=10,\ u^2-v=a$$

$$\therefore\ v=a-10\ \cdots① \qquad u^2=2a-10\ \cdots②$$

x, y가 실수이면 u, v도 실수이므로
②에서
$$u^2 = 2a - 10 \geq 0 \quad \therefore \ a \geq 5$$
또, x, y는 이차방정식 $t^2 - ut + v = 0$
의 두 근이므로 x, y가 실수이기 위한 조
건은
$$D = u^2 - 4v \geq 0$$
여기에 ①, ②를 대입하면
$$(2a - 10) - 4(a - 10) \geq 0 \quad \therefore \ a \leq 15$$
$$\therefore \ \mathbf{5 \leq a \leq 15}$$

13-23. $x^2 - 2x - a = 0$ ······①
$x^2 + ax + 2 = 0$ ······②
이차방정식 ①, ②가 각각 서로 다른
두 실근을 가지고, ①, ②의 공통근이 없
어야 한다.
이때, ①, ②의 판별식을 각각 D_1, D_2
라고 하면
$D_1/4 = 1 + a > 0$에서 $a > -1$
$D_2 = a^2 - 8 > 0$에서
$$a < -2\sqrt{2}, \ a > 2\sqrt{2}$$
따라서 공통 범위는
$$a > 2\sqrt{2} \qquad ······③$$
한편 ①, ②가 공통근 α를 가진다고 하
면 $\alpha^2 - 2\alpha - a = 0, \ \alpha^2 + a\alpha + 2 = 0$
두 식에서 α^2을 소거하면
$$(a + 2)\alpha + a + 2 = 0$$
$$\therefore \ (a + 2)(\alpha + 1) = 0$$
③에서 $a \neq -2$이므로 $\alpha = -1$
$\alpha = -1$을 $\alpha^2 - 2\alpha - a = 0$에 대입하면
$$1 + 2 - a = 0 \quad \therefore \ a = 3$$
따라서 ③에서 공통근을 가지는 경우
인 $a = 3$을 제외하면
$$\mathbf{2\sqrt{2} < a < 3, \ a > 3}$$

13-24. $5x^3 + px + q = 0$ ······①
$5x^3 + qx + p = 0$ ······②
①－②하면 $(p - q)(x - 1) = 0$
$p \neq q$이므로 $x = 1$

①에 대입하면
$$5 + p + q = 0 \qquad ······③$$
이때, ①은 $5x^3 + px - (5 + p) = 0$에서
$$(x - 1)(5x^2 + 5x + p + 5) = 0$$
②는 $5x^3 - (5 + p)x + p = 0$에서
$$(x - 1)(5x^2 + 5x - p) = 0$$
따라서
$$5x^2 + 5x + p + 5 = 0, \ 5x^2 + 5x - p = 0$$
이 모두 허근을 가지면 되므로
$$5^2 - 4 \times 5(p + 5) < 0,$$
$$5^2 - 4 \times 5 \times (-p) < 0$$
$$\therefore \ -\frac{15}{4} < p < -\frac{5}{4}$$
p는 정수이므로 $p = -3, -2$
③과 $p > q$에서 $\mathbf{p = -2, \ q = -3}$

13-25. $y^2 = x(x + 3)(x + 1)(x + 2)$
$$= (x^2 + 3x)(x^2 + 3x + 2)$$
$$= (x^2 + 3x)^2 + 2(x^2 + 3x)$$
$$\therefore \ y^2 + 1 = \{(x^2 + 3x) + 1\}^2$$
$$\therefore \ (x^2 + 3x + 1)^2 - y^2 = 1$$
$$\therefore \ (x^2 + 3x + 1 + y)(x^2 + 3x + 1 - y) = 1$$
x, y가 정수이므로 다음 두 경우가 가
능하다.

① $\begin{cases} x^2 + 3x + 1 + y = 1 \\ x^2 + 3x + 1 - y = 1 \end{cases}$

② $\begin{cases} x^2 + 3x + 1 + y = -1 \\ x^2 + 3x + 1 - y = -1 \end{cases}$

①의 두 식을 변끼리 빼면
$$2y = 0 \quad \therefore \ y = 0$$
이때, $x^2 + 3x = 0$에서 $x = 0, -3$
②의 두 식을 변끼리 빼면
$$2y = 0 \quad \therefore \ y = 0$$
이때, $x^2 + 3x + 2 = 0$에서 $x = -1, -2$
따라서 구하는 순서쌍 (x, y)는
$$\mathbf{(0, 0), \ (-1, 0), \ (-2, 0), \ (-3, 0)}$$

13-26. (1) 주어진 식에서
$$(x - 1)y = x^2 + 2x - 9$$

$x=1$은 이 식을 만족시키지 않으므로 $x \neq 1$이다.

$$\therefore \; y=\frac{x^2+2x-9}{x-1}=x+3-\frac{6}{x-1}$$

x, y가 양의 정수이므로 $x-1$은 6의 약수이어야 한다.

$$\therefore \; x-1=\pm 1, \pm 2, \pm 3, \pm 6$$

$x>0$이므로 $x=2, 3, 4, 7$

이때, $y=-1, 3, 5, 9$

$y>0$이므로

$$(x, y)=(3, 3), (4, 5), (7, 9)$$

*__Note__ 주어진 식에서

$$-(x-1)y+x^2+2x-9=0$$
$$\therefore \; -(x-1)y+(x-1)(x+3)-6=0$$
$$\therefore \; (x-1)(x-y+3)=6$$

$x-1 \geq 0$이므로

$$(x-1, \; x-y+3)$$
$$=(1, 6), (2, 3), (3, 2), (6, 1)$$

이 중 x, y가 양의 정수인 것은

$$(x, y)=(3, 3), (4, 5), (7, 9)$$

(2) $x^2=360-6y^2=6(60-y^2)$에서 x^2은 6의 배수이므로 x도 6의 배수이다.

$x=6k(k$는 자연수$)$로 놓으면

$36k^2=6(60-y^2)$에서

$$y^2=6(10-k^2)$$

마찬가지로 y도 6의 배수이므로 $y=6l(l$은 자연수$)$로 놓고 대입하면

$$36l^2=6(10-k^2)$$
$$\therefore \; 6l^2=10-k^2$$

$6l^2+k^2=10$을 만족시키는 자연수 l, k는　$l=1, k=2$

$$\therefore \; x=12, \; y=6$$

13-27. $(a \circ b) \circ c=(a+b-ab) \circ c$

$$=(a+b-ab)+c-(a+b-ab)c$$
$$=(a+b-ab)(1-c)-1+c+1$$
$$=(1-c)(a+b-ab-1)+1$$
$$=-(1-c)(1-a)(1-b)+1$$

$(a \circ b) \circ c=0$이므로

$$(1-a)(1-b)(1-c)=1$$

$1-a, 1-b, 1-c$가 정수이므로 모두 1이거나 하나는 1이고 나머지 둘은 -1이어야 한다.

모두 1일 때, $a=b=c=0$

하나만 1일 때, a, b, c 중 하나는 0이고 나머지 둘은 2이므로 $a+b+c$의 최댓값은　**4**

13-28. 조건 ㈎에서　$ab<0$

조건 ㈐에서

$$(a+b)(a^2-ab+b^2)=91 \quad \cdots ①$$

a, b는 정수이고 $ab<0$이므로 ①에서 a^2-ab+b^2은 양의 정수이고, $a+b$도 양의 정수이다.

또,

$$a^2-ab+b^2=(a+b)^2-3ab>a+b$$

이므로 ①에서

$$\begin{cases} a+b=1 \\ a^2-ab+b^2=91 \end{cases}, \begin{cases} a+b=7 \\ a^2-ab+b^2=13 \end{cases}$$

$$\therefore \begin{cases} a+b=1 \\ ab=-30 \end{cases}, \begin{cases} a+b=7 \\ ab=12 \end{cases}$$

그런데 $ab<0$이므로

$$a+b=1, \; ab=-30$$

따라서 a, b는 이차방정식

$t^2-t-30=0$의 두 근이고, $t=-5, 6$이므로　$a=-5, \; b=6$

13-29. 양의 정수근을 α라고 하면

$$\alpha^3+n\alpha^2-(5-n)\alpha+p=0$$
$$\therefore \; p=\alpha(-\alpha^2-n\alpha+5-n) \quad \cdots ①$$

α는 소수 p의 약수이고, 양수이므로

$$\alpha=1 \text{ 또는 } \alpha=p$$

(ⅰ) $\alpha=1$일 때, ①에서　$p=4-2n$

$p>0$이므로

$$4-2n>0 \quad \therefore \; n<2$$

n은 양의 정수이므로　$n=1$

$$\therefore \; p=2$$

이때, 주어진 방정식은

$$x^3+x^2-4x+2=0$$

$$\therefore (x-1)(x^2+2x-2)=0$$

$$\therefore x=1, \; -1\pm\sqrt{3}$$

(ii) $\alpha=p$일 때, $p\neq0$이므로 ①에서

$$-p^2-np+5-n=1$$

$$\therefore p(n+p)=4-n \quad \cdots\cdots②$$

$p\geq2, \; n\geq1$이므로

$$p(n+p)\geq6, \; 4-n\leq3$$

따라서 ②를 만족시키는 p, n은
없다.

(i), (ii)에서 $x=1, \; -1\pm\sqrt{3}$

13-30. 직선 PQ가 변 AB, CD와 만나는
점을 각각 R, S라고 하자.

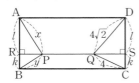

$\overline{PA}=x, \; \overline{PB}=y, \; \overline{AR}=l, \; \overline{RB}=k$라고
하면

$\triangle APR$에서 $\overline{PR}^2=x^2-l^2$

$\triangle BPR$에서 $\overline{PR}^2=y^2-k^2$

$$\therefore x^2-l^2=y^2-k^2 \quad \cdots\cdots①$$

$\triangle DQS$에서 $\overline{QS}^2=(4\sqrt{2})^2-l^2$

$\triangle CQS$에서 $\overline{QS}^2=4^2-k^2$

$$\therefore 32-l^2=16-k^2 \quad \cdots\cdots②$$

①$-$②하면 $x^2-32=y^2-16$

$$\therefore (x+y)(x-y)=16$$

x, y는 자연수이고, $x-y<x+y$이므로

$$\begin{cases} x-y=1 \\ x+y=16 \end{cases}, \begin{cases} x-y=2 \\ x+y=8 \end{cases}$$

이 중 x, y가 자연수인 경우는 두 번째
의 경우로서 $x=5, \; y=3$

$$\therefore \overline{PA}=5, \; \overline{PB}=3$$

*Note 일반적으로 다음 직사각형에서

$$a^2+c^2=b^2+d^2$$

이 성립한다.

증명은 위와 같은 방법으로 한다.

14-1. $[x]=2$에서 $2\leq x<3 \quad \cdots\cdots①$

$[2y]=-3$에서 $-3\leq2y<-2$

$$\therefore -\frac{3}{2}\leq y<-1$$

$$\therefore 1<-y\leq\frac{3}{2} \quad \cdots\cdots②$$

$[-3z]=4$에서 $4\leq-3z<5$

$$\therefore -\frac{5}{3}<z\leq-\frac{4}{3} \quad \cdots\cdots③$$

①, ②, ③에서 $\frac{4}{3}<x-y+z<\frac{19}{6}$

$$\therefore [x-y+z]=1, \; 2, \; 3$$

14-2. (1) $|x-2|-|2x+3|<0$

(i) $x<-\frac{3}{2}$일 때

$$-(x-2)+(2x+3)<0$$

$$\therefore x<-5$$

$x<-\frac{3}{2}$이므로 $x<-5 \quad \cdots①$

(ii) $-\frac{3}{2}\leq x<2$일 때

$$-(x-2)-(2x+3)<0$$

$$\therefore x>-\frac{1}{3}$$

$-\frac{3}{2}\leq x<2$이므로

$$-\frac{1}{3}<x<2 \quad \cdots\cdots②$$

(iii) $x\geq2$일 때

$$(x-2)-(2x+3)<0 \quad \therefore x>-5$$

$x\geq2$이므로 $x\geq2 \quad \cdots\cdots③$

① 또는 ② 또는 ③이므로

$$x<-5, \; x>-\frac{1}{3}$$

*Note $|x-2|\geq0, \; |2x+3|\geq0$이므

로 다음을 이용하여
$|x-2|^2 < |2x+3|^2$을 풀어도 된다.
$a \geq 0,\ b \geq 0$일 때
$$a < b \iff a^2 < b^2$$

(2) $-4 \leq |1+2x|-5 \leq 4$
∴ $1 \leq |1+2x| \leq 9$ ……①
∴ $-9 \leq 1+2x \leq -1$
또는 $1 \leq 1+2x \leq 9$
∴ $-5 \leq x \leq -1,\ 0 \leq x \leq 4$

Note ①에서 $x < -\dfrac{1}{2},\ x \geq -\dfrac{1}{2}$일
때로 나누어 풀어도 된다.

14-3. $|x-2| < a$에서 $-a < x-2 < a$
∴ $2-a < x < a+2$ ……①
$|2x-1| < 9$에서 $-9 < 2x-1 < 9$
∴ $-4 < x < 5$ ……②
주어진 조건을 만족시키도록 ①, ②를
수직선 위에 나타내면 아래와 같다.

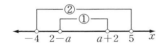

위의 그림에서
$-4 \leq 2-a$이고 $a+2 \leq 5$
∴ $a \leq 3$
$a > 0$이므로 $0 < a \leq 3$

14-4. $-2a \leq a-3x \leq 4a$에서
$-3a \leq -3x \leq 3a$
∴ $-a \leq x \leq a$ ……①
$|x-1| \leq b$에서 $-b \leq x-1 \leq b$
∴ $1-b \leq x \leq 1+b$ ……②
주어진 조건을 만족시키도록 ①, ②를
수직선 위에 나타내면 아래와 같다.

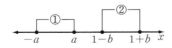

위와 같은 그림에서
$a < 1-b$ ∴ $a+b < 1$

$a > 0,\ b > 0$이므로 $0 < a+b < 1$

Note

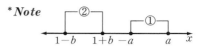

위와 같은 경우에도 해가 없지만
$1+b > 0,\ -a < 0$이므로 이런 경우는
없다.

14-5. (1) a가 최대라고 하면
$a+b \geq b+c,\ c+a \geq b+c$이므로
$\max\{a,\ b,\ c\} = a$,
$\min\{a+b,\ b+c,\ c+a\} = b+c$
∴ (준 식) $= a+(b+c) = a+b+c$
마찬가지로 b가 최대일 때, c가 최대
일 때에도 (준 식) $= a+b+c$
이상에서 (준 식) $= \boldsymbol{a+b+c}$

(2) a가 최소라고 하면
$a+b \leq b+c,\ c+a \leq b+c$이므로
$\min\{a,\ b,\ c\} = a$,
$\max\{a+b,\ b+c,\ c+a\} = b+c$
∴ (준 식) $= a+(b+c) = a+b+c$
마찬가지로 b가 최소일 때, c가 최소
일 때에도 (준 식) $= a+b+c$
이상에서 (준 식) $= \boldsymbol{a+b+c}$

14-6. $|x-a| < |x-b|$에서
$(x-a)^2 < (x-b)^2$
∴ $(x-a)^2 - (x-b)^2 < 0$
∴ $(2x-a-b)(b-a) < 0$
$b-a > 0$이므로 $x < \dfrac{a+b}{2}$ ……①
$|x-b| < |x-c|$에 대해서도 같은 방
법으로 하면 $x < \dfrac{b+c}{2}$ ……②
그런데 $\dfrac{a+b}{2} < \dfrac{b+c}{2}$이므로 ①, ②의
공통 범위는 $\boldsymbol{x < \dfrac{a+b}{2}}$

Note $y = |x-a|$ 꼴의 그래프를 이용
해 풀 수도 있다. ⇐ 공통수학2 참조

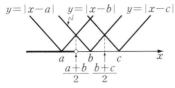

$$y=|x-a| \quad y=|x-b| \quad y=|x-c|$$

$$a \quad b \quad c \quad x$$
$$\frac{a+b}{2} \quad \frac{b+c}{2}$$

14-7. $|ax+1|<4$에서

$$-4<ax+1<4$$
$$\therefore \quad -5<ax<3 \quad \cdots\cdots①$$

$(a+2)x+3>2x+a$에서

$$ax>a-3 \quad \cdots\cdots②$$

①, ②에서 $a-3$의 값의 범위에 따라 ax의 값의 공통 범위를 구하면

(ⅰ) $a-3\leq-5$, 곧 $a\leq-2$일 때

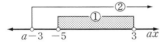

$$\therefore \quad -5<ax<3$$

(ⅱ) $-5<a-3<3$, 곧 $-2<a<6$일 때

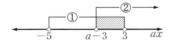

$$\therefore \quad a-3<ax<3$$

(ⅲ) $a-3\geq3$, 곧 $a\geq6$일 때

①, ②의 공통 범위는 없다.

(ⅰ), (ⅱ), (ⅲ)에 의하여

$a\leq-2$일 때 $\dfrac{3}{a}<x<-\dfrac{5}{a}$,

$-2<a<0$일 때 $\dfrac{3}{a}<x<\dfrac{a-3}{a}$,

$a=0$일 때 x는 모든 실수,

$0<a<6$일 때 $\dfrac{a-3}{a}<x<\dfrac{3}{a}$,

$a\geq6$일 때 해가 없다.

14-8. $\angle DAR_1=\theta$라고 하면

$$\angle DR_1R_2=\theta+8°,$$

$$\angle DR_2R_3=\theta+16°,$$
$$\cdots$$
$$\angle DR_nB=\theta+8°\times n$$

그런데 점 B에 수직으로 입사하는 경우는

$$\angle DR_nB=\angle DBR_n-8°=90°-8°=82°$$

이므로

$$\theta+8°\times n=82°$$

$$\theta=82°-8°\times n>0$$이므로

$$n<\frac{82}{8}=10.25$$

n은 자연수이므로 최댓값은 **10**

14-9. $n=10x+y(x,\ y$는 한 자리 자연수$)$로 놓으면 $m=10y+x$

$0<n^2-m^2\leq1000$에서

$$0<(10x+y)^2-(10y+x)^2\leq1000$$

$$\therefore \quad 0<99(x+y)(x-y)\leq1000$$

$$\therefore \quad 0<(x+y)(x-y)\leq\frac{1000}{99} \quad\cdots①$$

여기서 $x+y>x-y>0$이고, $x+y$와 $x-y$는 모두 홀수이거나 모두 짝수이다.

(ⅰ) $x-y=1$일 때, ①에서

$$0<x+y\leq\frac{1000}{99}=10.\times\times\times$$

$$\therefore \quad x+y=3,\ 5,\ 7,\ 9$$
$$\therefore \quad (x,\ y)=(2,\ 1),\ (3,\ 2),$$
$$(4,\ 3),\ (5,\ 4)$$
$$\therefore \quad n=21,\ 32,\ 43,\ 54$$

(ⅱ) $x-y=2$일 때, ①에서

$$0<x+y\leq\frac{500}{99}=5.\times\times\times$$

$$\therefore \quad x+y=4$$

$x-y=2$, $x+y=4$에서 $x=3$, $y=1$이므로 $n=31$

(ⅲ) $x-y\geq3$일 때, ①을 만족시키는 $x+y$의 값은 없다.

(ⅰ), (ⅱ), (ⅲ)에서 n의 개수는 **5**

15-1. 주어진 그래프에서 부등식 $f(x)>0$

의 해는 $0 < x < 3$ 이다.

따라서 $f\left(\dfrac{x-k}{2}\right) > 0$ 에서 $\dfrac{x-k}{2} = t$ 로

놓으면 $f(t) > 0$ 의 해가 $0 < t < 3$ 이므로

$$0 < \frac{x-k}{2} < 3 \quad \therefore \ k < x < k+6$$

$-4 < x < l$ 과 비교하면

$$\boldsymbol{k = -4, \ l = 2}$$

Note 주어진 그래프에서

$$f(x) = ax(x-3) \ (a < 0)$$

으로 놓으면 $f\left(\dfrac{x-k}{2}\right) > 0$ 에서

$$a \times \frac{x-k}{2}\left(\frac{x-k}{2} - 3\right) > 0$$

$$\therefore \ a(x-k)\{x - (k+6)\} > 0$$

$a < 0$ 이므로 $k < x < k+6$

$-4 < x < l$ 과 비교하면

$$\boldsymbol{k = -4, \ l = 2}$$

15-2. $D/4 = (m+a)^2 - (2m^2 + 4m + b)$
$$\geq 0$$

$$\therefore \ m^2 - 2(a-2)m - (a^2 - b) \leq 0 \cdots ①$$

한편 $-2 \leq m \leq 6$ 이므로

$$(m+2)(m-6) \leq 0$$

$$\therefore \ m^2 - 4m - 12 \leq 0 \qquad \cdots\cdots②$$

①과 ②는 일치하므로

$$2(a-2) = 4, \ a^2 - b = 12$$

$$\therefore \ \boldsymbol{a = 4, \ b = 4}$$

15-3. $ax^2 + 2x + 1 > -\dfrac{2}{3}x + 3$

곧, $3ax^2 + 8x - 6 > 0 \qquad \cdots\cdots①$

의 해가 $1 < x < b$ 이다.

$1 < x < b$ 에서 $(x-1)(x-b) < 0$

$$\therefore \ x^2 - (b+1)x + b < 0$$

①과 부등호의 방향을 비교하면 $3a < 0$

이고, 양변에 $3a$ 를 곱하면

$$3ax^2 - 3a(b+1)x + 3ab > 0$$

$$\therefore \ -3a(b+1) = 8, \ 3ab = -6$$

$$\therefore \ \boldsymbol{a = -\frac{2}{3}, \ b = 3}$$

15-4.

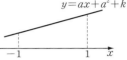

$y = ax + a^2 + k$ 로 놓을 때, $-1 < x < 1$

에서 y 가 항상 양수이면 위의 그림에서

$x = -1$ 일 때

$$y = -a + a^2 + k = a^2 - a + k \geq 0 \quad \cdots①$$

$x = 1$ 일 때

$$y = a + a^2 + k = a^2 + a + k \geq 0 \quad \cdots②$$

a 의 값에 관계없이 성립하려면

①에서 $D_1 = (-1)^2 - 4k \leq 0$

②에서 $D_2 = 1^2 - 4k \leq 0$

$$\therefore \ \boldsymbol{k \geq \frac{1}{4}}$$

15-5. 조건 ㈎에서 $\dfrac{7-x}{2} = t$ 로 놓으면

$x = 7 - 2t$ 이고, $5 < x < 13$ 에서

$$5 < 7 - 2t < 13 \quad \therefore \ -3 < t < 1$$

따라서 $f(t) > 0$ 의 해가 $-3 < t < 1$ 이

므로

$$f(t) = a(t+3)(t-1) \ (a < 0)$$

로 놓을 수 있다.

이때, $f(1-x) \leq 2x + 1$ 은

$$a(1-x+3)(1-x-1) \leq 2x + 1$$

$$\therefore \ ax^2 - 2(2a+1)x - 1 \leq 0$$

$a < 0$ 이고 모든 실수 x 에 대하여 성립

하므로

$$D/4 = (2a+1)^2 - a \times (-1) \leq 0$$

$$\therefore \ 4a^2 + 5a + 1 \leq 0$$

$$\therefore \ -1 \leq a \leq -\frac{1}{4}$$

$f(-1) = a \times 2 \times (-2) = -4a$ 이고

$1 \leq -4a \leq 4$ 이므로

최댓값 4, 최솟값 1

15-6. 주어진 조건을 만족시키려면 $a < 0$

이고, $ax^2 + bx + c < 0$ 의 해는

$$x < \beta, \ x > -3$$

$ax+b<0$의 해는 $x>\alpha$

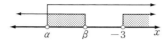

이때, 방정식 $ax^2+bx+c=0$의 해는 $x=\beta$, -3이므로 근과 계수의 관계로부터 $\beta-3=-\dfrac{b}{a}$ $\quad\therefore \beta=3-\dfrac{b}{a}$

또, 방정식 $ax+b=0$의 해는 $x=\alpha$이므로 $a\alpha+b=0$ $\quad\therefore \alpha=-\dfrac{b}{a}$

$\therefore \beta-\alpha=3-\dfrac{b}{a}-\left(-\dfrac{b}{a}\right)=\boldsymbol{3}$

15-7. $x^2<(2n+1)x$에서
$$x\{x-(2n+1)\}<0$$
$$\therefore 0<x<2n+1 \qquad\cdots\cdots① $$
이때, 연립부등식을 만족시키는 정수 x의 개수가 100이려면 $n\geq50$이어야 한다.
$x^2-(n+2)x+2n\geq0$에서
$$(x-2)(x-n)\geq0$$
$$\therefore x\leq2,\ x\geq n \qquad\cdots\cdots②$$
①, ②의 공통 범위는
$$0<x\leq2,\ n\leq x<2n+1$$
정수 x의 개수가 100이므로
$$2+(2n+1-n)=100 \quad\therefore \boldsymbol{n=97}$$

15-8. (i) 각 변의 길이는 양수이므로
$$x>0 \qquad\cdots\cdots①$$
(ii) 가장 긴 변의 길이는 다른 두 변의 길이의 합보다 작으므로
$$x+2<x+(x+1)$$
$$\therefore x>1 \qquad\cdots\cdots②$$
(iii) 둔각삼각형이려면
$$x^2+(x+1)^2<(x+2)^2$$
$$\therefore x^2-2x-3<0$$
$$\therefore -1<x<3 \qquad\cdots\cdots③$$
①, ②, ③의 공통 범위는 $1<x<3$
x는 정수이므로 $\boldsymbol{x=2}$

15-9. $R(x)$는 이차 이하의 식이다.

조건 ㈎에 의하여
$$R(x)-(2x-3)=a(x+1)(x-2)\ (a<0)$$
$$\therefore R(x)=ax^2-(a-2)x-2a-3$$
조건 ㈏에 의하여
$$R(x)=-4x+9$$
곧, $ax^2-(a-2)x-2a-3=-4x+9$
가 중근을 가지므로
$$ax^2-(a-6)x-2a-12=0$$
에서
$$D=(a-6)^2-4a(-2a-12)=0$$
$$\therefore (a+2)^2=0 \quad\therefore a=-2$$
$$\therefore \boldsymbol{R(x)=-2x^2+4x+1}$$

15-10. (1) $x^2+4x=A$라고 하면
$$(A-5)(A+3)<105$$
$$\therefore A^2-2A-120<0$$
$$\therefore -10<A<12$$
$$\therefore -10<x^2+4x<12$$
$-10<x^2+4x$에서 $x^2+4x+10>0$
$$\therefore (x+2)^2+6>0$$
$$\therefore x는 모든 실수 \qquad\cdots\cdots①$$
$x^2+4x<12$에서 $x^2+4x-12<0$
$$\therefore -6<x<2 \qquad\cdots\cdots②$$
①, ②의 공통 범위는 $\boldsymbol{-6<x<2}$

(2) $x^2-(a+a^2)x+a^3>0$에서
$$(x-a)(x-a^2)>0$$
$a>a^2$, 곧 $0<a<1$일 때
$$x<a^2 \text{ 또는 } x>a$$
$a<a^2$, 곧 $a<0$ 또는 $a>1$일 때
$$x<a \text{ 또는 } x>a^2$$
$a=a^2$, 곧 $a=0$ 또는 $a=1$일 때
$$a=0$이면 $x\neq0$인 모든 실수,$$
$$a=1$이면 $x\neq1$인 모든 실수$$
따라서
$\boldsymbol{0<a<1}$일 때 $\boldsymbol{x<a^2,\ x>a}$,
$\boldsymbol{a<0,\ a>1}$일 때 $\boldsymbol{x<a,\ x>a^2}$,
$\boldsymbol{a=0}$일 때 x는 $\boldsymbol{x\neq0}$인 모든 실수,
$\boldsymbol{a=1}$일 때 x는 $\boldsymbol{x\neq1}$인 모든 실수

15-11. $x^2+x+1=\left(x+\dfrac{1}{2}\right)^2+\dfrac{3}{4}>0$

이므로 주어진 식의 양변에 곱하면

$$(a+1)x^2+(a-2)x+a+1$$
$$>bx^2+bx+b$$
$$\therefore\ (a-b+1)x^2+(a-b-2)x$$
$$+a-b+1>0$$

모든 실수 x에 대하여 성립하려면

$$a-b+1>0 \qquad\cdots\cdots①$$

이고

$$D=(a-b-2)^2-4(a-b+1)^2$$
$$=\{(a-b-2)+2(a-b+1)\}$$
$$\times\{(a-b-2)-2(a-b+1)\}$$
$$=(3a-3b)(-a+b-4)<0$$
$$\therefore\ (a-b)(a-b+4)>0$$
$$\therefore\ a-b<-4\ 또는\ a-b>0\ \cdots②$$

①, ②에서 $a-b>0$ $\therefore$ $\boldsymbol{a>b}$

15-12. x에 관하여 정리하면

$$x^2+a(z-y)x+y^2+z^2\geq0$$

이 부등식이 모든 실수 x에 대하여 성립할 조건은

$$D_1=a^2(z-y)^2-4(y^2+z^2)\leq0$$

y에 관하여 정리하면

$$(a^2-4)y^2-2a^2zy+(a^2-4)z^2\leq0$$

이 부등식이 모든 실수 y에 대하여 성립할 조건은

$$a^2-4<0 \qquad\cdots\cdots①$$
$$D_2/4=a^4z^2-(a^2-4)^2z^2\leq0\ \cdots②$$

①에서 $-2<a<2$ $\qquad\cdots\cdots③$

②에서 $(a^2-2)z^2\leq0$

이 부등식이 모든 실수 z에 대하여 성립할 조건은 $a^2-2\leq0$

$$\therefore\ -\sqrt{2}\leq a\leq\sqrt{2} \qquad\cdots\cdots④$$

③, ④의 공통 범위는 $-\sqrt{2}\leq a\leq\sqrt{2}$

15-13. (i) $x^2-4|x|+3\geq0$에서

$x\geq0$일 때 $x^2-4x+3\geq0$

$$\therefore\ 0\leq x\leq1,\ x\geq3 \qquad\cdots\cdots①$$

$x<0$일 때 $x^2+4x+3\geq0$

$$\therefore\ x\leq-3,\ -1\leq x<0 \qquad\cdots\cdots②$$

① 또는 ②이므로

$$-1\leq x\leq1,\ x\leq-3,\ x\geq3 \qquad\cdots\cdots③$$

(ii) $|x-2|<\dfrac{2}{3}|x|+1$에서

$x<0$일 때 $-x+2<-\dfrac{2}{3}x+1$

동시에 만족시키는 x는 없다.

$0\leq x<2$일 때 $-x+2<\dfrac{2}{3}x+1$

$$\therefore\ \dfrac{3}{5}<x<2 \qquad\cdots\cdots④$$

$x\geq2$일 때 $x-2<\dfrac{2}{3}x+1$

$$\therefore\ 2\leq x<9 \qquad\cdots\cdots⑤$$

④ 또는 ⑤이므로

$$\dfrac{3}{5}<x<9 \qquad\cdots\cdots⑥$$

③, ⑥의 공통 범위는

$$\dfrac{3}{5}<x\leq1,\ 3\leq x<9$$

***Note** (i)에서 $x^2=|x|^2$이므로

$$|x|^2-4|x|+3\geq0$$
$$\therefore\ (|x|-1)(|x|-3)\geq0$$
$$\therefore\ |x|\leq1,\ |x|\geq3$$
$$\therefore\ -1\leq x\leq1,\ x\leq-3,\ x\geq3$$

15-14. $x^2-10x-24>0$에서

$$(x+2)(x-12)>0$$
$$\therefore\ x<-2,\ x>12 \qquad\cdots\cdots①$$

$x^2-(a^2-a-1)x-a^2+a<0$에서

$$(x+1)(x-a^2+a)<0$$

그런데

$$(a^2-a)-(-1)=a^2-a+1$$
$$=\left(a-\dfrac{1}{2}\right)^2+\dfrac{3}{4}>0$$

이므로 $a^2-a>-1$

$$\therefore\ -1<x<a^2-a \qquad\cdots\cdots②$$

연립부등식의 해가 없으려면

$a^2-a\leq12$ $\therefore$ $(a+3)(a-4)\leq0$

$\therefore$ $-3\leq a\leq4$

15-15. $x^2-x-2>0$에서

$x<-1,\ x>2$ ······①

$2x^2+(5+2a)x+5a<0$에서

$(2x+5)(x+a)<0$

$a>\dfrac{5}{2}$일 때 $-a<x<-\dfrac{5}{2}$ ······②

$a<\dfrac{5}{2}$일 때 $-\dfrac{5}{2}<x<-a$ ······③

$a=\dfrac{5}{2}$일 때, $(2x+5)^2<0$이 되어 해가

없으므로 조건을 만족시키지 않는다.

①, ②를 동시에 만족시키는 정수 x가
2개인 경우는 아래 그림에서

$-5\leq-a<-4$ $\therefore$ $4<a\leq5\cdots$④

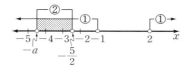

①, ③을 동시에 만족시키는 정수 x가
2개인 경우는 아래 그림에서

$3<-a\leq4$ $\therefore$ $-4\leq a<-3\cdots$⑤

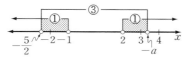

④ 또는 ⑤일 때 조건을 만족시키므로

$-4\leq a<-3,\ 4<a\leq5$

15-16. $x^2-ax-8\geq0$ ······①

$x^2-2ax-b<0$ ······②

①의 해를 $x\leq\alpha,\ x\geq\beta\ (\alpha<\beta)$,

②의 해를 $\gamma<x<\delta\ (\gamma<\delta)$

라고 하자.

연립부등식의 해가 $4\leq x<5$이므로 다
음 그림에서 ①, ②의 해의 공통 범위는
$\beta\leq x<\delta$이다. $\therefore$ $\beta=4,\ \delta=5$

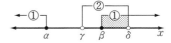

$\therefore$ $4^2-4a-8=0,\ 5^2-10a-b=0$

$\therefore$ $a=2,\ b=5$

이때, ①은 $(x+2)(x-4)\geq0$,
②는 $(x+1)(x-5)<0$이 되어 조건을
만족시킨다. $\therefore$ $a=2,\ b=5$

15-17. $-1\leq x\leq1$에서 $y=x^2$의 그래프
는 아래 그림의 굵은 곡선이다.

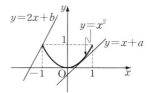

직선 $y=x+a$가 포물선 $y=x^2$에 접할

때, $x^2=x+a$, 곧 $x^2-x-a=0$에서

$D=(-1)^2-4\times(-a)=0$

$\therefore$ $a=-\dfrac{1}{4}$

따라서 $x+a\leq x^2$이려면 $a\leq-\dfrac{1}{4}$

또, 직선 $y=2x+b$가 점 $(-1,\ 1)$을 지
날 때 $1=-2+b$ $\therefore$ $b=3$

따라서 $x^2\leq2x+b$이려면 $b\geq3$

15-18. (1) 두 식에서 y를 소거하면

$x^2-(a+1)x+2a-1=0$ ···①

이고, 서로 다른 두 점에서 만나므로

$D=(a+1)^2-4(2a-1)>0$

$\therefore$ $a^2-6a+5>0$

$\therefore$ $a<1,\ a>5$ ······②

(2) ①의 두 실근을 $\alpha,\ \beta$라고 하면 근과
계수의 관계로부터

$\alpha+\beta=a+1,\ \alpha\beta=2a-1$

또, 교점이 x축의 위쪽에 있으려면
교점의 y좌표가 양수이어야 하므로

$\alpha-2a+1>0,\ \beta-2a+1>0$

따라서

$$(\alpha-2a+1)+(\beta-2a+1)$$
$$=a+1-4a+2>0$$
$$\therefore \ a<1 \qquad \cdots\cdots ③$$
$$(\alpha-2a+1)(\beta-2a+1)$$
$$=\alpha\beta-(2a-1)(\alpha+\beta)+(2a-1)^2$$
$$=(2a-1)-(2a-1)(a+1)$$
$$\qquad\qquad\qquad +(2a-1)^2$$
$$=(2a-1)(a-1)>0$$
$$\therefore \ a<\frac{1}{2}, \ a>1 \qquad \cdots\cdots ④$$

②, ③, ④의 공통 범위는 $\ a<\dfrac{1}{2}$

*$\boldsymbol{Note}$ $\ \boldsymbol{p, q}$가 실수일 때,

$\boldsymbol{p>0, q>0 \iff p+q>0, pq>0}$

15-**19.** 이차부등식 $ax^2-bx+c<0$의 해를 $\alpha<x<\beta$라고 하면 α, β는 이차방정식 $ax^2-bx+c=0$의 실근이므로 근과 계수의 관계로부터

$$\alpha+\beta=\frac{b}{a}, \ \alpha\beta=\frac{c}{a} \qquad \cdots\cdots ①$$

이때, a, b, c가 양수이므로

$$\alpha+\beta>0, \ \alpha\beta>0$$
$$\therefore \ \alpha>0, \ \beta>0$$

①에 의하여 $cx^2-bx+a<0$은
$$a\alpha\beta x^2-a(\alpha+\beta)x+a<0$$
$$\therefore \ a(\alpha x-1)(\beta x-1)<0$$

$0<\alpha<\beta$에서 $\dfrac{1}{\alpha}>\dfrac{1}{\beta}$이고 $a>0$이므로

$$\frac{1}{\beta}<x<\frac{1}{\alpha}$$

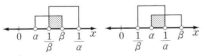

연립부등식의 해가 있는 경우는 위의 두 그림 중 하나이므로

$$\frac{1}{\beta}<\beta$$이고 $a<\frac{1}{\alpha}$

$$\therefore \ 0<\alpha<1$$이고 $\beta>1$

따라서 $x=1$이 $ax^2-bx+c<0$의 해이므로 $a-b+c<0$이다.

15-**20.** $f(x)=nx-x^2$(n은 자연수)이라고 하자.

$f(a)=f(b)=100$이므로 a, b는 이차방정식 $f(x)=100$의 두 근이다.

곧, $x^2-nx+100=0$의 두 근이 a, b이므로 근과 계수의 관계로부터

$$a+b=n, \ ab=100 \qquad \cdots\cdots ①$$

$0<b-a\leq\dfrac{n}{2}$에서 각 변을 제곱하면

$$0<(b-a)^2\leq\frac{n^2}{4}$$
$$\therefore \ 0<(a+b)^2-4ab\leq\frac{n^2}{4}$$

①을 대입하면

$$0<n^2-400\leq\frac{n^2}{4}$$

$0<n^2-400$에서 $\ n^2>400 \qquad \cdots\cdots ②$

$n^2-400\leq\dfrac{n^2}{4}$에서 $\ n^2\leq\dfrac{1600}{3} \ \cdots③$

②, ③에서

$$400<n^2\leq\frac{1600}{3}=533.\times\times\times$$

n은 자연수이므로 $\ \boldsymbol{n=21, 22, 23}$

*$\boldsymbol{Note}$ $\ na-a^2=nb-b^2$에서
$$n(a-b)=(a+b)(a-b)$$
$a-b\neq 0$이므로 $\ n=a+b$

$0<b-a\leq\dfrac{n}{2}$에 $b=n-a$를 대입하면 $\ 0<n-2a\leq\dfrac{n}{2} \quad \therefore \ \dfrac{n}{4}\leq a<\dfrac{n}{2}$

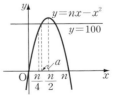

이차함수 $y=nx-x^2$에서

$\dfrac{n}{4}\leq x<\dfrac{n}{2}$일 때 y의 값의 범위는

$$n \times \frac{n}{4} - \left(\frac{n}{4}\right)^2 \leq y < n \times \frac{n}{2} - \left(\frac{n}{2}\right)^2$$

곧, $\dfrac{3}{16}n^2 \leq y < \dfrac{n^2}{4}$

이때, $\dfrac{n}{4} \leq a < \dfrac{n}{2}$ 인 a에 대하여

$na - a^2 = 100$이므로

$$\frac{3}{16}n^2 \leq 100 < \frac{n^2}{4}$$

$$\therefore \ 400 < n^2 \leq \frac{1600}{3} = 533.\times\times\times$$

n은 자연수이므로 $\boldsymbol{n = 21, 22, 23}$

16-1. 합이 3의 배수이므로 합이 3, 6, 9, 12인 경우이다.

합	3	6	9	12
A	1 2	1 2 3 4 5	3 4 5 6	6
B	2 1	5 4 3 2 1	6 5 4 3	6

따라서 구하는 경우의 수는
$$2 + 5 + 4 + 1 = \boldsymbol{12}$$

16-2. $800 = 2^5 \times 5^2$이므로 800과 서로소인 수는 2 또는 5를 소인수로 가지지 않는 수이다.

곧, 800과 서로소인 수는 2의 배수도 아니고 5의 배수도 아닌 수이다.

1부터 800까지의 정수 중에서 2의 배수의 개수는 400, 5의 배수의 개수는 160, 2와 5의 공배수인 10의 배수의 개수는 80이므로 2 또는 5의 배수의 개수는
$$400 + 160 - 80 = 480$$
따라서 구하는 수의 개수는
$$800 - 480 = \boldsymbol{320}$$

16-3. 1이 적힌 공은 1, 2, 3, 4가 적힌 상자에 넣을 수 있으므로   4가지

2가 적힌 공은 2, 3, 4가 적힌 상자에 넣을 수 있으므로   3가지

3이 적힌 공은 3, 4가 적힌 상자에 넣을 수 있으므로   2가지

4가 적힌 공은 4가 적힌 상자에 넣을 수 있으므로   1가지

따라서 구하는 경우의 수는
$$4 \times 3 \times 2 \times 1 = \boldsymbol{24}$$

16-4. a가 될 수 있는 수는 1, 2, 3, $\cdots$, 9의 9가지

b가 될 수 있는 수는 a와의 합이 9인 수와 a를 제외한 8가지

c가 될 수 있는 수는 a, b 각각과의 합이 9인 수와 a, b를 제외한 6가지

d가 될 수 있는 수는 a, b, c 각각과의 합이 9인 수와 a, b, c를 제외한 4가지

따라서 구하는 자연수의 개수는
$$9 \times 8 \times 6 \times 4 = \boldsymbol{1728}$$

16-5. (1) a, b, c를 2, 3, 4, 5, 6 중에서 정하는 경우에서 3, 4, 5, 6 중에서 정하는 경우를 제외하면 되므로
$$5 \times 5 \times 5 - 4 \times 4 \times 4 = \boldsymbol{61}$$

(2) a, b, c 중에

2가 2개이고 5가 1개인 경우 : 3가지

2가 1개이고 5가 2개인 경우 : 3가지

2가 1개이고 5가 1개인 경우
나머지 수는 3 또는 4이므로
$$2 \times (3 \times 2 \times 1) = 12(가지)$$
따라서 구하는 경우의 수는
$$3 + 3 + 12 = \boldsymbol{18}$$

16-6. (1) (i) 정육면체의 모서리 2개를 변으로 하는 경우

△ABC와 합동인 직각삼각형이 한 면에 4개씩 있으므로
$$6 \times 4 = 24(개)$$

(ii) 정육면체의 모서리를 1개만 변으로 하는 경우

선분 AB를 변으로 하는 직각삼각형은 △ABG, △ABH의 2개이고, 이와 같이 각 모서리를 변으로 하는

직각삼각형이 2개씩 있으므로
$$12 \times 2 = 24 (개)$$
따라서 구하는 직각삼각형의 개수는
$$24 + 24 = \mathbf{48}$$

****Note*** 정육면체의 모서리 3개를 변
으로 하는 직각삼각형과 정육면체의
모서리를 1개도 변으로 하지 않는 직
각삼각형은 없다.

⑵ 점 A에서 출발하여 점 D를 지나는
경우와 점 E를 지나는 경우가 있다.
점 D를 지나는 경우는

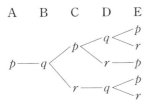

의 7가지이다.
점 E를 지나는 경우도 7가지이다.
따라서 점 B까지 가는 경우의 수는
$$7 + 7 = \mathbf{14}$$

16-7. 세 가지 색을 p, q, r이라고 하자.
A, B, C, D, E의 순서로 p, q, r을 칠
할 때, A에 p를, B에 q를 칠하는 경우를
수형도로 나타내면 다음과 같다.

A　　B　　C　　D　　E

$p - q$

그런데 A, B에 칠하는 경우는
$$(p, q), \ (p, r), \ (q, p),$$
$$(q, r), \ (r, p), \ (r, q)$$
의 6가지이고, 각각에 대하여 색을 칠하
는 경우는 위와 같이 5가지씩 있다.

따라서 구하는 경우의 수는
$$6 \times 5 = \mathbf{30}$$

****Note*** B와 D에 같은 색을 칠하는 경
우와 B와 D에 다른 색을 칠하는 경우
로 나누어 구할 수도 있다.

(ⅰ) B와 D에 같은 색을 칠하는 경우
$$3 \times 2 \times 2 \times 2 = 24 (가지)$$
(ⅱ) B와 D에 다른 색을 칠하는 경우
$$3 \times 2 \times 1 \times 1 \times 1 = 6 (가지)$$
(ⅰ), (ⅱ)에서 구하는 경우의 수는
$$24 + 6 = \mathbf{30}$$

16-8. $a_1 \neq 1$이므로 a_1의 자리에는 1이 올
수 없고 2, 3, 4, 5만 올 수 있다.
마찬가지로
$$a_2 \neq 2, \ a_3 \neq 3, \ a_4 \neq 4, \ a_5 \neq 5$$
이므로 a_2, a_3, a_4, a_5의 자리에는 각각 2,
3, 4, 5가 올 수 없다는 것에 주의하면서
수형도를 그려 본다.
$a_1 = 2$일 때, 조건에 맞는 것은 다음 수
형도에서와 같이 11가지가 있다.

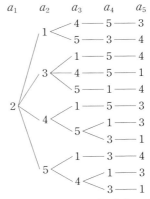

$a_1 = 3, \ a_1 = 4, \ a_1 = 5$일 때에도 각각 11
가지씩 있다.
따라서 구하는 경우의 수는
$$11 \times 4 = \mathbf{44}$$

16-9. a, b, c가 올 수 없는 자리는 다음에

서 ×표한 곳이다.

	①	②	③	④	⑤
a			×		
b	×		×		×
c					×

(i) b는 ②의 자리나 ④의 자리에만 올 수 있으므로 b를 나열하는 경우는
$$2가지$$

(ii) a는 ③의 자리와 b가 온 자리만 빼고 올 수 있다.
　그런데 b는 ② 또는 ④의 자리에 있으므로
　㈀ a가 ⑤의 자리에 올 때, c가 올 수 있는 자리는　3곳
　㈁ a가 ⑤가 아닌 자리에 올 때, a가 올 수 있는 자리는 2곳이고, 이 각각에 대하여 c가 올 수 있는 자리는 2곳이므로　$2 \times 2(곳)$
　따라서 a, c를 나열하는 경우는
$$3 + 2 \times 2 = 7(가지)$$

(iii) d와 e를 나열하는 경우는　2가지
따라서 구하는 개수는 (i), (ii), (iii)에서
$$2 \times 7 \times 2 = 28$$

16-10. A, B, C, D 네 학교의 선수 2명을 각각
$$(a, a'), \ (b, b'), \ (c, c'), \ (d, d')$$
이라고 하자.
　각 학교에서 1명씩 X조에 넣으면 나머지는 자연히 Y조가 된다.

(i) 각 학교에서 X조에 들어갈 선수를 정하는 경우는
$$2 \times 2 \times 2 \times 2 = 16(가지)$$

(ii) X조에 속한 4명의 선수가 a, b, c, d라고 하면 이 4명이 X조에서 시합하는 경우는
$$(a, b), \ (c, d) \ ; \ (a, c), \ (b, d) \ ;$$

$$(a, d), \ (b, c)$$
의 3가지이다.
　이 각각에 대하여 Y조에서도 마찬가지로 3가지가 있으므로 이 경우의 시합의 수는　$3 \times 3 = 9$
따라서 만들어질 수 있는 대진표는
$$16 \times 9 = \mathbf{144}(가지)$$
Note 'X조', 'Y조'와 같은 조 이름이 없는 경우 만들어질 수 있는 대진표는
$$144 \div 2 = \mathbf{72}(가지)$$

16-11.

(1) 오른쪽과 위로만 가므로 M에서 N으로 가는 경우의 수를 구하면 된다.
　M ⟶ P ⟶ N 의 경우 : 4×1
　M ⟶ Q ⟶ N 의 경우 : 3×2
　(단, P는 지나지 않는다.)
　M ⟶ R ⟶ N 의 경우 : 2×2
　(단, Q는 지나지 않는다.)
　따라서 구하는 경우의 수는
$$4 + 6 + 4 = \mathbf{14}$$

(2) A ⟶ P ⟶ B 의 경우 : 8×1
　A ⟶ Q ⟶ B 의 경우 : 6×5
　(단, P는 지나지 않는다.)
　A ⟶ R ⟶ B 의 경우 : 4×10
　(단, Q는 지나지 않는다.)
　A ⟶ S ⟶ B 의 경우 : 2×6
　(단, R은 지나지 않는다.)
　따라서 구하는 경우의 수는
$$8 + 30 + 40 + 12 = \mathbf{90}$$
Note (1) 오른쪽과 위로만 가므로 다음 그림에서 세 지점 C, D, E를 이용하여 구할 수도 있다.

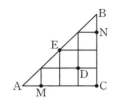

$A \longrightarrow M \longrightarrow C \longrightarrow N \longrightarrow B$의 경
우: $1 \times 1 \times 1 \times 1$

$A \longrightarrow M \longrightarrow D \longrightarrow N \longrightarrow B$의 경
우: $1 \times 3 \times 3 \times 1$

$A \longrightarrow M \longrightarrow E \longrightarrow N \longrightarrow B$의 경
우: $1 \times 2 \times 2 \times 1$

따라서 구하는 경우의 수는

$$1+9+4=\mathbf{14}$$

16-12.

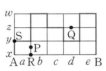

(1) 가로 방향의 길이 결정되면 전체의 길
도 결정된다.

　구간 $a \sim e$의 각각에 대하여 가로 방
향의 길을 택하는 경우가 x, y, z, w의
4가지씩 있으므로 구하는 경우의 수는

$$4 \times 4 \times 4 \times 4 \times 4 = \mathbf{1024}$$

(2) $A \longrightarrow R \longrightarrow B$의 경우

$$1 \times 1 \times 4 \times 3 \times 4 = 48$$

$A \longrightarrow S \longrightarrow B$의 경우

$$3 \times 3 \times 4 \times 3 \times 4 = 432$$

따라서 구하는 경우의 수는

$$48 + 432 = \mathbf{480}$$

***Note** (1) 아래 그림에서 A에서 B까지
가는 경우의 수를 구하는 것과 같고,
위의 그림의 초록 선을 따라 가는 경
우는 아래 그림에서 화살표 방향으
로 가는 경우와 같다.

16-13. 정$6n$각형의 꼭짓점을 차례로

$$A_1, \cdots, A_n, \quad B_1, \cdots, B_n,$$
$$C_1, \cdots, C_n, \quad D_1, \cdots, D_n,$$
$$E_1, \cdots, E_n, \quad F_1, \cdots, F_n$$

이라 하고, 외접원을 C라고 하자.

　다음 그림은 $n=2$인 경우, 곧 정12각
형의 예이다.

(1) 　(2)

(3)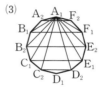

(1) 정삼각형이 되는 꼭짓점의 쌍은

$$(A_k, C_k, E_k), (B_k, D_k, F_k)$$
$$(k=1, 2, 3, \cdots, n)$$

따라서 정삼각형의 개수는　**$2n$**

(2) 원 C의 지름이 되는 꼭짓점의 쌍은

$$(A_k, D_k), (B_k, E_k), (C_k, F_k)$$
$$(k=1, 2, 3, \cdots, n)$$

인 $3n$개이고, 이 각각에 대하여 직각
삼각형이 되도록 세 번째 꼭짓점을 잡
는 경우는 $6n$개의 꼭짓점 중 지름의
양 끝 점인 두 점을 제외한 $(6n-2)$개
가 있다.

따라서 직각삼각형의 개수는

$$3n \times (6n-2) = \mathbf{6n(3n-1)}$$

(3) $\angle A_1$을 꼭지각으로 하는 이등변삼각
형은

$$\frac{1}{2}(6n-2) = 3n-1 \text{(개)}$$

모든 꼭짓점에 대하여 생각하면 정
$6n$각형이므로 $6n(3n-1)$개이다.

그런데 이 중에서 정삼각형은 3회 중복되므로 이등변삼각형의 개수는

$$6n(3n-1)-2\times 2n = \mathbf{2n(9n-5)}$$

⇦ (1)에서 정삼각형 $2n$개

16-14. 같은 색은 많아야 3개의 삼각형에 쓰인다.

6개의 삼각형에 오른쪽 그림과 같이 번호를 붙이면

(i) 빨강을 3회 사용하는 경우

빨강으로 칠하는 경우는

$$(1, 3, 5), (2, 4, 6)$$

의 2가지이고, 나머지 삼각형은 파랑, 노랑으로 칠하는데 모두 파랑으로 칠하거나 모두 노랑으로 칠하는 경우는 제외해야 하므로

$$2\times 2\times 2-2=6(가지)$$
$$\therefore 2\times 6=12(가지)$$

(ii) 빨강을 2회 사용하는 경우

빨강으로 칠하는 경우는 다음 9가지이다.

$$(1, 3), (1, 4), (1, 5),$$
$$(2, 4), (2, 5), (2, 6),$$
$$(3, 5), (3, 6), (4, 6)$$

이 중에서 (1, 3)에 빨강을 칠할 때 나머지 삼각형을 파랑, 노랑으로 칠하는 경우는 다음 4가지이다.

	2	4	5	6	
	△	△	×	△	파랑 △,
	×	×	△	×	노랑 ×
	△	×	△	×	
	×	△	△	△	

다른 경우도 마찬가지로 4가지씩 있으므로 $9\times 4=36(가지)$

(iii) 빨강을 1회 사용하는 경우

빨강을 칠하는 경우는 6가지이고, 각각의 경우 나머지 5개의 삼각형을

파랑, 노랑으로 칠하는 경우는 2가지이므로 $6\times 2=12(가지)$

(i), (ii), (iii)에서 구하는 경우의 수는

$$12+36+12=\mathbf{60}$$

***Note** 빨강, 파랑, 노랑을 각각 A, B, C로 놓고 수형도를 그려서 구할 수도 있다.

17-1. $_n\mathrm{P}_r=60$ ⋯① $_n\mathrm{C}_r=10$ ⋯②

②에서 $\dfrac{_n\mathrm{P}_r}{r!}=10$ ⇦ ①을 대입

$$\therefore r!=6=3\times 2\times 1 \quad \therefore \boldsymbol{r=3}$$

①에 대입하면 $_n\mathrm{P}_3=60=5\times 4\times 3$

$$\therefore \boldsymbol{n=5}$$

17-2. (i) 1, 3이 이웃하는 경우

1, 3을 하나로 보고 일렬로 나열하는 경우는 3!가지이고, 이 각각에 대하여 1, 3의 자리를 바꾸는 경우는 2!가지이므로 $3!\times 2!=12(가지)$

(ii) 2, 4가 이웃하는 경우

같은 방법으로 생각하면 12가지

(iii) 1, 3이 이웃하고 동시에 2, 4가 이웃하는 경우

같은 방법으로 생각하면

$$2!\times 2!\times 2!=8(가지)$$

(iii)은 (i), (ii)에 중복되므로 구하는 경우의 수는 $12+12-8=\mathbf{16}$

17-3. (i) A와 B가 1, 4가 적힌 자리에 앉는 경우

A, B가 자리를 정하는 경우의 수는

$$2!=2$$

C, D가 자리를 정하는 경우의 수는

$$4\times 2=8$$

E, F가 자리를 정하는 경우의 수는

$$2!=2$$
$$\therefore 2\times 8\times 2=32$$

(ii) A와 B가 2, 5가 적힌 자리에 앉는 경우

A, B가 자리를 정하는 경우의 수는
$$2!=2$$
C, D는 1, 3, 4, 6이 적힌 어느 자리에 앉아도 되므로 C, D, E, F가 자리를 정하는 경우의 수는 $4!=24$
$$\therefore\ 2\times24=48$$
(iii) A와 B가 3, 6이 적힌 자리에 앉는 경우

(i)과 마찬가지로 생각하면 되므로 경우의 수는   32

(i), (ii), (iii)에서 구하는 경우의 수는
$$32+48+32=\mathbf{112}$$

17-4. (1) 여학생 4명의 묶음과 남학생 2명, 빈 의자 1개를 나열하는 경우의 수는 $4!$

여학생 4명을 일렬로 나열하는 경우의 수는 $4!$

따라서 구하는 경우의 수는
$$4!\times4!=\mathbf{576}$$

(2) 이웃하는 여학생 3명을 뽑아 나열하는 경우의 수는 $_4\mathrm{P}_3$

남학생 2명과 빈 의자 1개를 나열하는 경우의 수는 $3!$

빈 의자를 남학생으로 생각하면 양 끝과 남학생 사이의 4개의 자리에 여학생 3명의 묶음과 나머지 1명을 앉히는 경우로 볼 수 있으므로 그 경우의 수는 $_4\mathrm{P}_2$

따라서 구하는 경우의 수는
$$_4\mathrm{P}_3\times3!\times_4\mathrm{P}_2=\mathbf{1728}$$

(3) 남학생 2명과 빈 의자 1개를 나열하는 경우의 수는 $3!$

빈 의자를 남학생으로 생각하면 양 끝과 남학생 사이의 4개의 자리에 여학생 4명을 앉히는 경우로 볼 수 있으므로 그 경우의 수는 $_4\mathrm{P}_4$

따라서 구하는 경우의 수는

$$3!\times_4\mathrm{P}_4=\mathbf{144}$$

17-5. 1학년, 2학년 학생 수를 각각 n이라고 하면
$$_{2n}\mathrm{C}_3:(_n\mathrm{C}_1\times_n\mathrm{C}_2)=5:2$$
$$\therefore\ 2\times_{2n}\mathrm{C}_3=5\times_n\mathrm{C}_1\times_n\mathrm{C}_2$$
$$\therefore\ 2\times\frac{2n(2n-1)(2n-2)}{3!}$$
$$=5\times n\times\frac{n(n-1)}{2!}$$
$n\ge2$이므로 양변을 $n(n-1)$로 나누면
$$\frac{4(2n-1)}{3}=\frac{5n}{2}\quad\therefore\ n=8$$
따라서 이 동아리의 학생 수는
$$8+8=\mathbf{16}$$

17-6. 1, 2를 제외한 5개의 숫자에서 3개를 뽑는 조합의 수는 $_5\mathrm{C}_3$이다.

(1) 각각에 대하여 맨 앞자리가 1인 경우의 수는 $4!$이므로
$$_5\mathrm{C}_3\times4!=\mathbf{240}(개)$$

(2) 1을 놓을 수 있는 곳은 □■■■□에서 ■표한 세 곳 중의 한 곳이며, 이 각각에 대하여 4개의 숫자를 4곳에 놓으면 되므로
$$_5\mathrm{C}_3\times_3\mathrm{C}_1\times4!=\mathbf{720}(개)$$

17-7. (1) 세 수 중에 짝수가 포함되면 곱은 짝수가 되므로, 전체 조합의 수에서 홀수만의 조합의 수를 빼면 된다.
$$\therefore\ _{20}\mathrm{C}_3-_{10}\mathrm{C}_3=\mathbf{1020}$$

(2) 곱이 짝수인 조합의 수에서 곱이 2의 배수이면서 4의 배수가 아닌 조합의 수를 빼면 된다.

곱이 2의 배수이면서 4의 배수가 아닌 경우는 2, 6, 10, 14, 18 중에서 한 개와 홀수 1, 3, 5, 7, 9, 11, 13, 15, 17, 19 중에서 두 개를 뽑는 경우이다.
$$\therefore\ 1020-_5\mathrm{C}_1\times_{10}\mathrm{C}_2=\mathbf{795}$$

***Note** (i) 짝수 3개를 뽑는 경우
$$_{10}\mathrm{C}_3=120$$

(ii) 홀수 1개, 짝수 2개를 뽑는 경우

$$_{10}C_1 \times {}_{10}C_2 = 450$$

(iii) 홀수 2개, 4의 배수 1개를 뽑는 경우 $_{10}C_2 \times {}_5C_1 = 225$

(i), (ii), (iii)에서 구하는 경우의 수는 $120 + 450 + 225 = \mathbf{795}$

17-8. 한 번에 두 계단을 올라가는 것이 0회일 때 : 1가지($_{10}C_0$가지)

한 번에 두 계단을 올라가는 것이 1회일 때 : 이때에는 9걸음으로 올라가게 되고, 이 중에서 두 계단을 올라가는 것 한 번을 택하는 경우는 $_9C_1$가지이다.

같은 방법으로 생각하면 두 계단씩 올라가는 것이

2회일 때 $_8C_2$가지,

3회일 때 $_7C_3$가지,

4회일 때 $_6C_4$가지,

5회일 때 $_5C_5$가지

$\therefore {}_{10}C_0 + {}_9C_1 + {}_8C_2 + {}_7C_3 + {}_6C_4 + {}_5C_5$
$= \mathbf{89}$(가지)

17-9. (i) 6개의 모서리 중에서 4개, 5개, 6개의 모서리에 푸른색을 칠하면 항상 연결 가능하므로

$_6C_4 + {}_6C_5 + {}_6C_6 = 22$(가지)

(ii) 3개의 모서리에 푸른색을 칠하면 세 모서리가 삼각형을 이루지 않아야 하므로 $_6C_3 - 4 = 16$(가지)

(iii) 2개 이하의 모서리에 색을 칠하여 네 꼭짓점을 연결하는 것은 불가능하다.

(i), (ii), (iii)에서 구하는 경우의 수는
$22 + 16 = \mathbf{38}$

17-10. $_nP_6$에서 $n \geq 6$

$m \times {}_nP_5 = 72 \times {}_nP_3$에서

$mn(n-1)(n-2)(n-3)(n-4)$
$= 72n(n-1)(n-2)$

$\therefore m(n-3)(n-4) = 72$ ······①

$_nP_6 = m \times {}_nP_4$에서

$n(n-1)(n-2)(n-3)(n-4)(n-5)$
$\quad = mn(n-1)(n-2)(n-3)$

$\therefore (n-4)(n-5) = m$ ······②

①, ②에서

$(n-3)(n-4)^2(n-5) = 72$ ······③

따라서

$n = 6$일 때 성립하지 않는다.

$n = 7$일 때 성립한다.

$n > 7$일 때 $(n-3)(n-4)^2(n-5) > 72$

$\therefore \mathbf{n=7} \quad \therefore \mathbf{m=6}$

*$\mathbf{Note}$ $72 = 2^3 \times 3^2 = 4 \times 3^2 \times 2$

따라서 ③에서

$n - 3 = 4 \quad \therefore \mathbf{n=7}$

17-11. (i) 백의 자리 숫자가 3인 경우

조건 (가)에 의하여 일의 자리 숫자는 2가 아니어야 하고, 일의 자리 숫자가 2가 아니면 조건 (나)에 의하여 십의 자리 숫자가 4이어야 하므로 조건을 만족시키는 짝수는

3	4	6

의 꼴이어야 한다.

이때, 빈칸에 들어갈 수는 1, 2, 5 중에서 1개를 택하면 되므로 경우의 수는

$_3P_1 = 3$

(ii) 백의 자리 숫자가 3이 아니고 일의 자리 숫자가 2가 아닌 경우

조건 (나)에 의하여 십의 자리 숫자가 4이어야 하므로 조건을 만족시키는 짝수는

	4	6

의 꼴이어야 한다.

이때, 백의 자리 숫자가 3이 아닌 수이므로 경우의 수는

$_4P_2 - {}_3P_1 = 9$

(iii) 백의 자리 숫자가 3이 아니고 일의 자리 숫자가 2인 경우

		2

꼴의 수 중에서 백의 자리 숫자가 3이 아닌 수이므로 경우의 수는

$$_5P_3 - {_4}P_2 = 48$$

(i), (ii), (iii)에서 구하는 짝수의 개수는

$$3 + 9 + 48 = \mathbf{60}$$

17-12. (i) $ax^2 + bx + c = 0$에서 $a \neq 0$이므로 a에 올 수 있는 수는 1, 3, 5, 7의 4개이고, b, c에 올 수 있는 수의 개수는 나머지 4개에서 2개를 택하는 순열의 수이므로 $_4P_2$이다.

따라서 이차방정식이 되는 경우의 수는　$4 \times {_4}P_2 = \mathbf{48}$

(ii) $D = b^2 - 4ac \geq 0$에서

㈀ $c = 0$일 때, a, b에는 1, 3, 5, 7 중 2개가 올 수 있으므로　$_4P_2 = 12$

㈁ $c \neq 0$일 때, b는 5 또는 7이다.

$b = 5$이면 a, c에는 1, 3이 올 수 있으므로　$2! = 2$

$b = 7$이면 a, c에는 1, 3 또는 1, 5가 올 수 있으므로

$$2! + 2! = 4$$

따라서 구하는 경우의 수는

$$12 + 2 + 4 = \mathbf{18}$$

17-13. ① A의 바로 다음 자리에 B가 온다.

② B의 바로 다음 자리에 C가 온다.

③ C의 바로 다음 자리에 A가 온다.

세 조건 ㈎, ㈏, ㈐를 만족시키는 문자열의 개수는 전체 문자열의 개수에서 ① 또는 ② 또는 ③을 만족시키는 문자열의 개수를 빼면 된다.

①을 만족시키는 문자열, ②를 만족시키는 문자열, ③을 만족시키는 문자열의 개수는 각각　5!

①과 ②를 만족시키는 문자열, ②와 ③을 만족시키는 문자열, ③과 ①을 만족시키는 문자열의 개수는 각각　4!

이때, ①, ②, ③을 모두 만족시키는 문자열은 없다.

따라서 ① 또는 ② 또는 ③을 만족시키는 문자열의 개수는

$$3 \times 5! - 3 \times 4! = 288$$

전체 문자열의 개수는 6!이므로 구하는 문자열의 개수는

$$6! - 288 = \mathbf{432}$$

17-14. (i) 여섯 자리 숫자열에 포함된 숫자 중에서 0이 3개인 경우는

$$_6C_3 = 20(개)$$

(ii) 여섯 자리 숫자열에서 1이 연속하여 3개 이상 나오는 경우는

㈀ 1이 연속하여 3개 나오는 경우

$1110\square\square$, $01110\square$,

$\square01110$, $\square\square0111$

의 $\square$에 0 또는 1이 올 때이므로

$$2^2 + 2 + 2 + 2^2 = 12(개)$$

그런데 이 중에서 $\square$에 모두 0이 오는 경우는 (i)의 경우와 중복되므로 이를 제외하면

$$12 - 4 = 8(개)$$

㈁ 1이 연속하여 4개 나오는 경우

$11110\square$, $\square01111$, 011110

의 $\square$에 0 또는 1이 올 때이므로

$$2 + 2 + 1 = 5(개)$$

㈂ 1이 연속하여 5개 나오는 경우

111110, 011111의 2개

㈃ 1이 연속하여 6개 나오는 경우

111111의 1개

(i), (ii)에서

$$20 + 8 + 5 + 2 + 1 = \mathbf{36}$$

17-15. A, B가 김밥을 1종류씩 택하는 경우를 각각 A_1, B_1, 김밥을 2종류씩 택하는 경우를 각각 A_2, B_2라고 하자.

전체 경우는 A_1과 B_1, A_1과 B_2, A_2와 B_1, A_2와 B_2이므로 전체 경우의 수는

$${}_5C_1 \times {}_3C_2 \times {}_5C_1 \times {}_3C_2$$
$$+{}_5C_1 \times {}_3C_2 \times {}_5C_2 \times {}_3C_1$$
$$+{}_5C_2 \times {}_3C_1 \times {}_5C_1 \times {}_3C_2$$
$$+{}_5C_2 \times {}_3C_1 \times {}_5C_2 \times {}_3C_1$$
$$=225+450+450+900=2025$$

이 중에서 A, B가 모두 다른 종류의 김밥과 음료수를 택하는 경우의 수는
$$0+{}_5C_1 \times {}_3C_2 \times {}_4C_2 \times {}_1C_1$$
$$+{}_5C_1 \times {}_3C_2 \times {}_3C_1 \times {}_2C_2$$
$$+{}_5C_2 \times {}_3C_1 \times {}_3C_2 \times {}_2C_1$$
$$=0+90+90+180=360$$

따라서 구하는 경우의 수는
$$2025-360=\mathbf{1665}$$

17-16. (1) 1부터 100까지의 자연수 중에서 짝수, 홀수는 각각 50개이다.

세 수 중에서 하나가 짝수이고 나머지 두 개가 홀수인 경우의 수는
$${}_{50}C_1 \times {}_{50}C_2=61250$$

세 수가 모두 짝수인 경우의 수는
$${}_{50}C_3=19600$$

따라서 구하는 경우의 수는
$$61250+19600=\mathbf{80850}$$

(2) 1부터 100까지의 자연수 중에서 3의 배수는
$$3,\ 6,\ 9,\ \cdots,\ 99 \qquad \cdots\cdots①$$
의 33개이다.

3으로 나눈 나머지가 1인 수는
$$1,\ 4,\ 7,\ \cdots,\ 100 \qquad \cdots\cdots②$$
의 34개이다.

3으로 나눈 나머지가 2인 수는
$$2,\ 5,\ 8,\ \cdots,\ 98 \qquad \cdots\cdots③$$
의 33개이다.

①에서 세 수를 뽑는 경우의 수는
$${}_{33}C_3=5456$$

②에서 세 수를 뽑는 경우의 수는
$${}_{34}C_3=5984$$

③에서 세 수를 뽑는 경우의 수는

$${}_{33}C_3=5456$$

①, ②, ③에서 각각 하나씩 뽑는 경우의 수는
$${}_{33}C_1 \times {}_{34}C_1 \times {}_{33}C_1=37026$$

따라서 구하는 경우의 수는
$$5456+5984+5456+37026=\mathbf{53922}$$

18-1. (1) 행렬 P에서 $a_{21}=4=3+1$, $a_{22}=5=3+2$, $a_{23}=6=3+3$이므로
$$\boldsymbol{a_{2j}=3+j\ (j=1,\ 2,\ 3)}$$

행렬 Q에서 $a_{21}=1=\dfrac{y^1}{y}$,

$a_{22}=y^1=\dfrac{y^2}{y}$, $a_{23}=y^2=\dfrac{y^3}{y}$이므로
$$\boldsymbol{a_{2j}=\dfrac{y^j}{y}\ (j=1,\ 2,\ 3)}$$

*Note 위의 답은 하나의 예시이다.

이를테면 행렬 P에서
$$a_{2j}=5+(j-2)^3,\ a_{2j}=5+(j-2)^j$$
도 답이 될 수 있다.

또, $y^0=1$ ⇦ 대수

이므로 행렬 Q에서
$$a_{2j}=y^{j-1}\ (j=1,\ 2,\ 3)$$
으로 나타내어도 된다.

(2) $a_{12}=a_{21}$, $a_{13}=a_{31}$, $a_{23}=a_{32}$일 조건을 구하면 된다.

$a_{12}=x$, $a_{21}=1$에서 $x=1$

또, 이때 $a_{13}=a_{31}=1$이다.

$a_{23}=y^2$, $a_{32}=z$에서 $y^2=z$
$$\therefore\ \boldsymbol{x=1,\ y^2=z}$$

18-2. 이를테면 점 V_1에 연결된 선은 e_1, e_4, e_5이므로
$$a_{11}=a_{14}=a_{15}=1,$$
$$a_{12}=a_{13}=a_{16}=0$$

이와 같이 하면
$$A=\begin{pmatrix} 1 & 0 & 0 & 1 & 1 & 0 \\ 1 & 1 & 0 & 0 & 0 & 1 \\ 0 & 1 & 1 & 0 & 1 & 0 \\ 0 & 0 & 1 & 1 & 0 & 1 \end{pmatrix}$$

18-3. (1) 행렬이 서로 같을 조건으로부터
$$a^3 - 5a + 1 = 2a + 7 \quad \cdots\cdots①$$
$$3 = a^2 - 2a \quad \cdots\cdots②$$
$$a - b^2 = 2 \quad \cdots\cdots③$$
$$3a + b = 8 \quad \cdots\cdots④$$
②에서 $a = -1, 3$
④에서 $a = -1$일 때 $b = 11$,
$a = 3$일 때 $b = -1$
이 중 ①, ③을 만족시키는 것은
$$a = 3, \ b = -1$$
(2) 행렬이 서로 같을 조건으로부터
$$2x = 2a - b \quad \cdots\cdots①$$
$$-10 = 2b - a \quad \cdots\cdots②$$
$$2b - y = 3x - 4a \quad \cdots\cdots③$$
$$a - b = 6 \quad \cdots\cdots④$$
②, ④를 연립하여 풀면
$$a = 2, \ b = -4$$
①에 대입하여 풀면 $x = 4$
③에 대입하여 풀면 $y = -12$

18-4. $A = (a_{ij})$라고 하면 각 성분은 1부터 9까지의 서로 다른 자연수이다.
제1열의 성분의 곱이 $105 = 3 \times 5 \times 7$이므로 제1열의 성분은 3, 5, 7이다.
제3열의 성분의 곱이
$64 = 2^6 = 2 \times 4 \times 8$이므로 제3열의 성분은 2, 4, 8이다.
따라서 제2열의 성분은 1, 6, 9이다.
한편 제2행의 성분의 곱 90은
$$90 = 2 \times 5 \times 9 \ \text{또는} \ 90 = 3 \times 5 \times 6$$
그런데 3과 5는 제1열의 성분이므로 3과 5가 둘 다 제2행의 성분이 될 수는 없다.
따라서 제2행의 성분은 2, 5, 9이므로
$$a_{21} = 5, \ a_{22} = 9, \ a_{23} = 2$$
남은 여섯 수에서 곱이 24인 세 수를 찾으면 이 세 수가 제1행의 성분이므로
$$a_{11} = 3, \ a_{12} = 1, \ a_{13} = 8$$

남은 세 수에서
$$a_{31} = 7, \ a_{32} = 6, \ a_{33} = 4$$
$$\therefore A = \begin{pmatrix} 3 & 1 & 8 \\ 5 & 9 & 2 \\ 7 & 6 & 4 \end{pmatrix}$$

18-5. 행렬 A는 3×3 행렬이고,
$i < j$일 때 $a_{12} = 1, \ a_{13} = 1, \ a_{23} = 2$
$i = j$일 때 $a_{11} = 1, \ a_{22} = 2, \ a_{33} = 3$
$i > j$일 때 $a_{21} = -a_{12} = -1$,
$$a_{31} = -a_{13} = -1,$$
$$a_{32} = -a_{23} = -2$$
$$\therefore A = \begin{pmatrix} 1 & 1 & 1 \\ -1 & 2 & 2 \\ -1 & -2 & 3 \end{pmatrix}$$
따라서 $A = B$를 만족시키려면
$$y - x = 1 \ \cdots① \quad x - z = 1 \ \cdots②$$
$$y - z = 2 \ \cdots③ \quad x - y = -1 \ \cdots④$$
$$x + z = 3 \quad \cdots\cdots⑤$$
②, ⑤에서 $x = 2, \ z = 1$
$z = 1$을 ③에 대입하면 $y = 3$
이때, $x = 2, \ y = 3$은 ①, ④를 만족시킨다.
$$\therefore x = 2, \ y = 3, \ z = 1$$

18-6. 행렬이 서로 같을 조건으로부터
$$x^2 - y^2 = 5 \quad \cdots\cdots①$$
$$4b = c \quad \cdots\cdots②$$
$$ax - by = -7 \quad \cdots\cdots③$$
$$x - y = -5 \quad \cdots\cdots④$$
$$ax + by = 1 \quad \cdots\cdots⑤$$
$$a^2 + b^2 + 5 = 2a + c \quad \cdots\cdots⑥$$
①, ④에서 $x = -3, \ y = 2$
이 값을 ③, ⑤에 대입하면
$$-3a - 2b = -7, \ -3a + 2b = 1$$
연립하여 풀면 $a = 1, \ b = 2$
②에서 $c = 8$
이때, $a = 1, \ b = 2, \ c = 8$은 ⑥을 만족시킨다.

$\therefore\ x=-3,\ y=2,\ a=1,\ b=2,\ c=8$

19-1. 변끼리 더하면 $2A=\begin{pmatrix} -6 & 4 \\ -2 & 12 \end{pmatrix}$

$$\therefore\ A=\begin{pmatrix} -3 & 2 \\ -1 & 6 \end{pmatrix}$$

변끼리 빼면 $2B=\begin{pmatrix} -2 & -2 \\ 8 & -2 \end{pmatrix}$

$$\therefore\ B=\begin{pmatrix} -1 & -1 \\ 4 & -1 \end{pmatrix}$$

19-2. 행과 행, 열과 열 사이를 점선으로 가른다.

(1) $AB=\begin{pmatrix} 1 & 0 & 1 \\ \hline -1 & 17 & 52 \end{pmatrix}\begin{pmatrix} 1 & 0 & 1 \\ 0 & -1 & 1 \\ -1 & 1 & 0 \end{pmatrix}$

$$=\begin{pmatrix} 0 & 1 & 1 \\ -53 & 35 & 16 \end{pmatrix}$$

(2) $AC=\begin{pmatrix} 1 & 0 & 1 \\ \hline -1 & 17 & 52 \end{pmatrix}\begin{pmatrix} -1 & -1 \\ 2 & 2 \\ 1 & 1 \end{pmatrix}$

$$=\begin{pmatrix} 0 & 0 \\ 87 & 87 \end{pmatrix}$$

(3) $CA=\begin{pmatrix} -1 & -1 \\ \hline 2 & 2 \\ \hline 1 & 1 \end{pmatrix}\begin{pmatrix} 1 & 0 & 1 \\ -1 & 17 & 52 \end{pmatrix}$

$$=\begin{pmatrix} 0 & -17 & -53 \\ 0 & 34 & 106 \\ 0 & 17 & 53 \end{pmatrix}$$

(4) $CAB=(CA)B$

$$=\begin{pmatrix} 0 & -17 & -53 \\ 0 & 34 & 106 \\ 0 & 17 & 53 \end{pmatrix}\begin{pmatrix} 1 & 0 & 1 \\ 0 & -1 & 1 \\ -1 & 1 & 0 \end{pmatrix}$$

$$=\begin{pmatrix} 53 & -36 & -17 \\ -106 & 72 & 34 \\ -53 & 36 & 17 \end{pmatrix}$$

19-3. $A\begin{pmatrix} 3a \\ 3b \end{pmatrix}=3A\begin{pmatrix} a \\ b \end{pmatrix}=3\begin{pmatrix} 2 \\ 3 \end{pmatrix}=\begin{pmatrix} 6 \\ 9 \end{pmatrix}$,

$A\begin{pmatrix} 4c \\ 4d \end{pmatrix}=4A\begin{pmatrix} c \\ d \end{pmatrix}=4\begin{pmatrix} 4 \\ 5 \end{pmatrix}=\begin{pmatrix} 16 \\ 20 \end{pmatrix}$

$$\therefore\ A\begin{pmatrix} 3a & 4c \\ 3b & 4d \end{pmatrix}=\begin{pmatrix} 6 & 16 \\ 9 & 20 \end{pmatrix}$$

*_**Note**_ A가 이차 정사각행렬일 때,

$$A\begin{pmatrix} a \\ b \end{pmatrix}=\begin{pmatrix} p \\ q \end{pmatrix},\ A\begin{pmatrix} c \\ d \end{pmatrix}=\begin{pmatrix} r \\ s \end{pmatrix}$$

$$\iff A\begin{pmatrix} a & c \\ b & d \end{pmatrix}=\begin{pmatrix} p & r \\ q & s \end{pmatrix}$$

19-4. $AX=\begin{pmatrix} 1-3x+5y & 1-3u+5v \\ 2+4x-7y & 2+4u-7v \end{pmatrix}$

이므로 $AX=B$에서

$\quad 1-3x+5y=0,\ 1-3u+5v=2,$

$\quad 2+4x-7y=3,\ 2+4u-7v=0$

$$\therefore\ x=2,\ y=1,\ u=3,\ v=2$$

19-5. (좌변)$=abE+(a^2+b^2)A+abA^2$

한편 $A^2=\begin{pmatrix} -1 & 0 \\ 0 & -1 \end{pmatrix}=-E$이므로

(좌변)$=abE+(a^2+b^2)A+ab(-E)$

$\qquad\quad =(a^2+b^2)A$

$$\therefore\ a^2+b^2=5$$

19-6. $AJ=JA$에서

$$\begin{pmatrix} -y & x \\ -w & z \end{pmatrix}=\begin{pmatrix} z & w \\ -x & -y \end{pmatrix}$$

이므로 $z=-y,\ w=x$

$$\therefore\ A=\begin{pmatrix} x & y \\ -y & x \end{pmatrix}$$

$$\therefore\ A^2=\begin{pmatrix} x^2-y^2 & 2xy \\ -2xy & x^2-y^2 \end{pmatrix}=\begin{pmatrix} 8 & 6 \\ -6 & 8 \end{pmatrix}$$

$$\therefore\ x^2-y^2=8,\ xy=3$$

연립하여 풀면

$\quad x=3,\ y=1$ 또는 $x=-3,\ y=-1$

$x>0$이므로 $\ \boldsymbol{x=3,\ y=1}$

$$\therefore\ z=-1,\ w=3$$

19-7. A^2을 계산하여 $A^2=A$의 양변의 성분을 비교하면

$(1+x)^2+(1+y)(2+x)=1+x$ ⋯①
$(1+x)(1+y)+(1+y)=1+y$ ⋯②
$(2+x)(1+x)+(2+x)=2+x$ ⋯③
$(2+x)(1+y)+1=1$ ⋯④

③에서 $(2+x)(1+x)=0$

$\therefore\ x=-2,\ -1$

(ⅰ) $x=-2$일 때, 이 값은 ①을 만족시키지 않는다.

(ⅱ) $x=-1$일 때, ④에서 $y=-1$이고, 이 값은 ①, ②를 만족시킨다.

(ⅰ), (ⅱ)에서 $\boldsymbol{x=-1,\ y=-1}$

19-8. 옳은 것은 ⑸이다.

⑴ $A=\begin{pmatrix}0&1\\0&0\end{pmatrix}$이면 $A^2=O$이지만 $A\neq O$이다.

⑵ $A=\begin{pmatrix}0&1\\1&0\end{pmatrix}$이면 $A^2=E$이지만 $A\neq E$이고 $A\neq -E$이다.

⑶ $A=\begin{pmatrix}0&1\\0&0\end{pmatrix}$, $B=\begin{pmatrix}1&0\\0&0\end{pmatrix}$이면

$AB=O$이지만 $BA=\begin{pmatrix}0&1\\0&0\end{pmatrix}\neq O$

⑷ $A=\begin{pmatrix}0&1\\1&0\end{pmatrix}$, $B=\begin{pmatrix}1&2\\3&4\end{pmatrix}$이면

$A^2=E$이므로 $A^2B=BA^2$이지만

$AB=\begin{pmatrix}3&4\\1&2\end{pmatrix}$, $BA=\begin{pmatrix}2&1\\4&3\end{pmatrix}$

곧, $AB\neq BA$

⑸ $(AB)^3=ABA(BA)B$
$=ABA(-AB)B$
$=-A(BA)AB^2$
$=-A(-AB)AB^2$
$=A^2(BA)B^2$
$=A^2(-AB)B^2$
$=-A^3B^3$

19-9. ⑴ $A^2=AA=(AB)A=A(BA)$
$=AB=A$

$B^2=BB=(BA)B=B(AB)$
$=BA=B$

⑵ $A^2-2B=E$에서 양변의 왼쪽에 A를 곱하면

$AA^2-2AB=A$

$\therefore\ AB=\dfrac{1}{2}A^3-\dfrac{1}{2}A$ ⋯⋯①

$A^2-2B=E$에서 양변의 오른쪽에 A를 곱하면

$A^2A-2BA=A$

$\therefore\ BA=\dfrac{1}{2}A^3-\dfrac{1}{2}A$ ⋯⋯②

①, ②에서 $AB=BA$

****Note*** $A^2-2B=E$에서

$B=\dfrac{1}{2}A^2-\dfrac{1}{2}E$

$\therefore\ AB=BA=\dfrac{1}{2}A^3-\dfrac{1}{2}A$

19-10. ⑴ $A+B=E$에서 양변의 왼쪽에 A를 곱하면 $A^2+AB=A$

$AB=O$이므로 $A^2=A$

$A+B=E$에서 양변의 오른쪽에 B를 곱하면 $AB+B^2=B$

$AB=O$이므로 $B^2=B$

$\therefore\ A^2+B^2=A+B=\boldsymbol{E}$

****Note*** $A+B=E$에서 $B=E-A$

$\therefore\ AB=A(E-A)=O$

$\therefore\ A^2=A$

⑵ $A+B=O$에서

$A^2+AB=O,\ AB+B^2=O$

$AB=E$를 대입하면

$A^2=-E,\ B^2=-E$

$\therefore\ A^3+B^3=A^2A+B^2B$
$=-EA-EB$
$=-(A+B)=\boldsymbol{O},$

$A^4+B^4=(A^2)^2+(B^2)^2$
$=(-E)^2+(-E)^2$
$=E+E=\boldsymbol{2E}$

(3) $A^2+2A=3E$에서 양변의 오른쪽에
B를 곱하면
$$A^2B+2AB=3B$$
곧, $A(AB)+2AB=3B$
$AB=-3E$를 대입하면
$$-3AE-6E=3B$$
$$\therefore\ B=-A-2E$$
$$\therefore\ B^2=(-A-2E)^2$$
$$=A^2+4A+4E$$
$$=(3E-2A)+4A+4E$$
$$=\boldsymbol{2A+7E}$$

19-11. $A^2-2A+4E=O$의 양변에
$A+2E$를 곱하면
$$(A+2E)(A^2-2A+4E)=O$$
$$\therefore\ A^3+8E=O\quad\therefore\ A^3=-2^3E$$
$$\therefore\ A^{100}=A^{99}A=(A^3)^{33}A$$
$$=(-2^3E)^{33}A=-2^{99}A$$
$2B^2+B=O$에서 $B^2=-\dfrac{1}{2}B$이므로
$$B^3=B^2B=-\frac{1}{2}BB$$
$$=-\frac{1}{2}\left(-\frac{1}{2}B\right)=\left(-\frac{1}{2}\right)^2B,$$
$$B^4=B^3B=\left(-\frac{1}{2}\right)^2BB$$
$$=\left(-\frac{1}{2}\right)^2\left(-\frac{1}{2}B\right)=\left(-\frac{1}{2}\right)^3B$$
같은 방법으로 계속하면
$$B^{100}=\left(-\frac{1}{2}\right)^{99}B=-\frac{1}{2^{99}}B$$
$$\therefore\ A^{100}B^{100}=(-2^{99}A)\left(-\frac{1}{2^{99}}B\right)=AB$$
$$\therefore\ \boldsymbol{k=1}$$

19-12. $A^2=\begin{pmatrix}2&0\\0&2\end{pmatrix}=2\begin{pmatrix}1&0\\0&1\end{pmatrix}=2E$
이므로
$$A^3=A^2A=2EA=2A,$$
$$A^4=A^3A=2AA=2(2E)=2^2E,$$
$$A^5=A^4A=2^2EA=2^2A,\cdots$$

$$\therefore\ (준\ 식)=(A+A^3+A^5+A^7+A^9)$$
$$+(A^2+A^4+A^6+A^8+A^{10})$$
$$=(A+2A+2^2A+2^3A+2^4A)$$
$$+(2E+2^2E+2^3E+2^4E+2^5E)$$
$$=(1+2+2^2+2^3+2^4)A$$
$$+(2+2^2+2^3+2^4+2^5)E$$
$$=31A+62E$$
$$=31\begin{pmatrix}0&1\\2&0\end{pmatrix}+62\begin{pmatrix}1&0\\0&1\end{pmatrix}$$
$$=\begin{pmatrix}\boldsymbol{62}&\boldsymbol{31}\\\boldsymbol{62}&\boldsymbol{62}\end{pmatrix}$$

19-13. $P^2=PP=\begin{pmatrix}1&0\\0&1\end{pmatrix}=E$이므로
$$(PAP)^{10}=(PAP)(PAP)(PAP)$$
$$\cdots(PAP)(PAP)$$
$$=PAP^2AP^2AP^2\cdots P^2AP$$
$$=PAEAEAE\cdots EAP$$
$$=PAAA\cdots AP$$
$$=PA^{10}P$$
한편 $A^2=AA=\begin{pmatrix}1&0\\2&1\end{pmatrix}$,
$$A^3=A^2A=\begin{pmatrix}1&0\\3&1\end{pmatrix},\cdots$$
$$\therefore\ A^{10}=\begin{pmatrix}1&0\\10&1\end{pmatrix}$$
따라서
$$(PAP)^{10}=\begin{pmatrix}2&3\\-1&-2\end{pmatrix}\begin{pmatrix}1&0\\10&1\end{pmatrix}\begin{pmatrix}2&3\\-1&-2\end{pmatrix}$$
$$=\begin{pmatrix}\boldsymbol{61}&\boldsymbol{90}\\\boldsymbol{-40}&\boldsymbol{-59}\end{pmatrix}$$

19-14. $(x\ \ y)\begin{pmatrix}a&b\\b&a\end{pmatrix}\begin{pmatrix}x\\y\end{pmatrix}$
$$=ax^2+2bxy+ay^2$$
이므로 모든 실수 $x,\ y$에 대하여
$$ax^2+2bxy+ay^2\ge0\qquad\cdots\cdots①$$
따라서 $a\ge0$이다.
(i) $a=0$일 때 $b=0$

$$\therefore \ a^2 + (b-2)^2 = 4$$

(ii) $a > 0$일 때, 모든 실수 x에 대하여 ①
이 성립하려면
$$D/4 = b^2 y^2 - a^2 y^2 \leq 0$$
$$\therefore \ (b^2 - a^2)y^2 \leq 0$$
모든 실수 y에 대하여 성립하려면
$$b^2 - a^2 \leq 0 \quad \therefore \ a^2 \geq b^2$$
$$\therefore \ a^2 + (b-2)^2 \geq b^2 + (b-2)^2$$
$$= 2(b-1)^2 + 2 \geq 2$$
(ⅰ), (ⅱ)에서 $a = 1$, $b = 1$일 때 최소이고,
최솟값은 **2**

19-15. $\begin{pmatrix} a & b \\ 1 & c \end{pmatrix}\begin{pmatrix} x \\ 1 \end{pmatrix} = \begin{pmatrix} x \\ 1 \end{pmatrix}$에서
$$ax + b = x, \ x + c = 1$$
x를 소거하면
$$(a-1)(1-c) + b = 0 \quad \cdots\cdots①$$
$\begin{pmatrix} a & b \\ 1 & c \end{pmatrix}\begin{pmatrix} y \\ 1 \end{pmatrix} = 2\begin{pmatrix} y \\ 1 \end{pmatrix}$에서
$$ay + b = 2y, \ y + c = 2$$
y를 소거하면
$$(a-2)(2-c) + b = 0 \quad \cdots\cdots②$$
①, ②에서 b를 소거하면 $c = 3 - a$
이것을 ①에 대입하면
$$b = (a-1)(2-a) = -\left(a - \frac{3}{2}\right)^2 + \frac{1}{4}$$
따라서 b의 최댓값 $\dfrac{1}{4}$
이때, $a = \dfrac{3}{2}$, $c = \dfrac{3}{2}$이므로
$$\boldsymbol{x = -\frac{1}{2}, \ y = \frac{1}{2}}$$

19-16. 조건 (가)에서 양변의 오른쪽에
$\begin{pmatrix} -3 \\ 2 \end{pmatrix}$를 곱하면
$$(A-2E)(A+3E)\begin{pmatrix} -3 \\ 2 \end{pmatrix} = -E\begin{pmatrix} -3 \\ 2 \end{pmatrix}$$
이때, 조건 (나)에 의하여
$$(A-2E)\begin{pmatrix} 1 \\ 4 \end{pmatrix} = \begin{pmatrix} 3 \\ -2 \end{pmatrix}$$

$$\therefore \ A\begin{pmatrix} 1 \\ 4 \end{pmatrix} - 2E\begin{pmatrix} 1 \\ 4 \end{pmatrix} = \begin{pmatrix} 3 \\ -2 \end{pmatrix}$$
$$\therefore \ A\begin{pmatrix} 1 \\ 4 \end{pmatrix} = \begin{pmatrix} 3 \\ -2 \end{pmatrix} + 2\begin{pmatrix} 1 \\ 4 \end{pmatrix} = \begin{pmatrix} 5 \\ 6 \end{pmatrix}$$
또, 조건 (나)에서
$$A\begin{pmatrix} -3 \\ 2 \end{pmatrix} + 3E\begin{pmatrix} -3 \\ 2 \end{pmatrix} = \begin{pmatrix} 1 \\ 4 \end{pmatrix}$$
$$\therefore \ A\begin{pmatrix} -3 \\ 2 \end{pmatrix} = \begin{pmatrix} 1 \\ 4 \end{pmatrix} - 3\begin{pmatrix} -3 \\ 2 \end{pmatrix} = \begin{pmatrix} 10 \\ -2 \end{pmatrix}$$
한편 $\begin{pmatrix} -2 \\ 6 \end{pmatrix} = \begin{pmatrix} 1 \\ 4 \end{pmatrix} + \begin{pmatrix} -3 \\ 2 \end{pmatrix}$이므로
$$A\begin{pmatrix} -2 \\ 6 \end{pmatrix} = A\begin{pmatrix} 1 \\ 4 \end{pmatrix} + A\begin{pmatrix} -3 \\ 2 \end{pmatrix}$$
$$= \begin{pmatrix} 5 \\ 6 \end{pmatrix} + \begin{pmatrix} 10 \\ -2 \end{pmatrix} = \begin{pmatrix} \boldsymbol{15} \\ \boldsymbol{4} \end{pmatrix}$$

19-17. $A^2 = AA = \begin{pmatrix} 1 & b+ab \\ 0 & a^2 \end{pmatrix}$
이므로 조건식은
$$x^2\begin{pmatrix} 1 & b+ab \\ 0 & a^2 \end{pmatrix} + x\begin{pmatrix} 1 & b \\ 0 & a \end{pmatrix}$$
$$-2\begin{pmatrix} 1 & 0 \\ 0 & 1 \end{pmatrix} = \begin{pmatrix} 0 & 0 \\ 0 & 0 \end{pmatrix}$$
$$\therefore \ x^2 + x - 2 = 0 \quad \cdots\cdots①$$
$$(b+ab)x^2 + bx = 0 \quad \cdots\cdots②$$
$$a^2 x^2 + ax - 2 = 0 \quad \cdots\cdots③$$
①에서 $x = -2, \ 1$
(ⅰ) $x = -2$일 때, ③에서
$$2a^2 - a - 1 = 0 \quad \therefore \ a = -\frac{1}{2}, \ 1$$
$a > 0$이므로 $a = 1$
$x = -2$, $a = 1$을 ②에 대입하여 풀면
$$b = 0$$
(ⅱ) $x = 1$일 때, ③에서
$$a^2 + a - 2 = 0 \quad \therefore \ a = -2, \ 1$$
$a > 0$이므로 $a = 1$
$x = 1$, $a = 1$을 ②에 대입하여 풀면
$$b = 0$$
(ⅰ), (ⅱ)에서 **$a = 1$, $b = 0$**

19-18. $A=\begin{pmatrix} a & b \\ c & d \end{pmatrix}$ (a, b, c, d는 음이 아

닌 정수)라고 하면

$A^2=\begin{pmatrix} a^2+bc & b(a+d) \\ c(a+d) & bc+d^2 \end{pmatrix}=\begin{pmatrix} 1 & 0 \\ 0 & 1 \end{pmatrix}$

$\therefore\ a^2+bc=1$ ······①

$b(a+d)=0$ ······②

$c(a+d)=0$ ······③

$bc+d^2=1$ ······④

②, ③에서 $a+d=0$ 또는 $b=c=0$

(i) $a+d=0$일 때, a, d가 음이 아닌 정

수이므로 $a=d=0$

이 값을 ①, ④에 대입하면 $bc=1$

$\therefore\ b=c=1$

(ii) $b=c=0$일 때, 이 값을 ①, ④에 대입

하면 $a^2=1,\ d^2=1$

$\therefore\ a=1,\ d=1$

(i), (ii)에서 $A=\begin{pmatrix} \mathbf{0} & \mathbf{1} \\ \mathbf{1} & \mathbf{0} \end{pmatrix},\ \begin{pmatrix} \mathbf{1} & \mathbf{0} \\ \mathbf{0} & \mathbf{1} \end{pmatrix}$

19-19. $A+B=2E$에서

$B=-A+2E$

$\therefore\ AB=A(-A+2E)=O$

$\therefore\ A^2-2A=O$

$\therefore\ \begin{pmatrix} x & y \\ 1 & z \end{pmatrix}\begin{pmatrix} x & y \\ 1 & z \end{pmatrix}-2\begin{pmatrix} x & y \\ 1 & z \end{pmatrix}=O$

$\therefore\ \begin{pmatrix} x^2+y-2x & xy+yz-2y \\ x+z-2 & y+z^2-2z \end{pmatrix}=\begin{pmatrix} 0 & 0 \\ 0 & 0 \end{pmatrix}$

$\therefore\ x^2+y-2x=0$ ······①

$xy+yz-2y=0$ ······②

$x+z-2=0$ ······③

$y+z^2-2z=0$ ······④

①, ③에서

$y=-x^2+2x,\ z=-x+2$

이때, ②, ④도 성립한다.

$\therefore\ x^2+y^2+z^2=x^2+(-x^2+2x)^2$
$+(-x+2)^2$

$=(x^2-2x)^2+2(x^2-2x)+4$

$=(x^2-2x+1)^2+3$

$=(x-1)^4+3\geq 3$

따라서 $x=1,\ y=1,\ z=1$일 때 최소이

고, 최솟값은 **3**

*__Note__ 위에서 $A^2-2A=O$이고,

$A\neq kE$이므로 케일리-해밀턴의 정리

에 의하여

$x+z=2,\ xz-y=0$

$\therefore\ x^2+y^2+z^2=y^2+(x+z)^2-2xz$

$=y^2+4-2y$

$=(y-1)^2+3\geq 3$

19-20. $A^2-2AB+B^2=O$ ······①

①의 양변의 왼쪽에 A를 곱하면

$A^3-2A^2B+AB^2=O$ ······②

①의 양변의 오른쪽에 B를 곱하면

$A^2B-2AB^2+B^3=O$ ······③

②－③하면

$A^3-3A^2B+3AB^2-B^3=O$

19-21. (1) $(A+B)^2=(A+B)(A+B)$

$=A^2+AB+BA+B^2$

$=O+E+O=E$

(2) $(AB)^2=(AB)(AB)=A(BA)B$

$=A(E-AB)B$

$=AB-A^2B^2$

$=AB-O=AB$

(3) $AB=E-BA$이므로

$ABC=(E-BA)C=C-BAC$

따라서 $ABC=O$이면

$C=BAC$

양변의 왼쪽에 B를 곱하면

$BC=B^2AC$

이때, $B^2=O$이므로 $B^2AC=O$

$\therefore\ BC=O$

19-22. 케일리-해밀턴의 정리에 의하여

$A^2-(1+ab)A+(1\times ab-a\times b)E=O$

$\therefore\ A^2=(1+ab)A$ ······①

따라서 조건식은

$$(1+ab)A\begin{pmatrix}1\\-1\end{pmatrix}=\begin{pmatrix}0\\0\end{pmatrix}$$

$$\therefore \ (1+ab)\begin{pmatrix}1-a\\b(1-a)\end{pmatrix}=\begin{pmatrix}0\\0\end{pmatrix}\cdots②$$

(1) $A\begin{pmatrix}1\\-1\end{pmatrix}=\begin{pmatrix}1-a\\b(1-a)\end{pmatrix}\neq\begin{pmatrix}0\\0\end{pmatrix}$

이므로 $1-a\neq0$

따라서 ②에서 $1+ab=0$

따라서 ①에서 $A^2=O$

(2) $A\begin{pmatrix}1\\-1\end{pmatrix}=\begin{pmatrix}1-a\\b(1-a)\end{pmatrix}=\begin{pmatrix}0\\0\end{pmatrix}$

이므로 $a=1$

따라서 ①에서 $A^2=(1+b)A$

$\therefore \ A^3=(1+b)A^2=(1+b)^2A$

이것을 $A^3-4A=O$에 대입하면

$$\{(1+b)^2-4\}A=O$$

$A\neq O$이므로 $(1+b)^2-4=0$

$$\therefore \ b=1,\ -3$$

$$\therefore \ A=\begin{pmatrix}1&1\\1&1\end{pmatrix},\ A^2=\begin{pmatrix}2&2\\2&2\end{pmatrix}\ 또는$$

$$A=\begin{pmatrix}1&1\\-3&-3\end{pmatrix},\ A^2=\begin{pmatrix}-2&-2\\6&6\end{pmatrix}$$

19-23. $A^2=AA=\begin{pmatrix}1&2\\0&1\end{pmatrix},$

$$A^3=A^2A=\begin{pmatrix}1&3\\0&1\end{pmatrix},\ \cdots$$

$$\therefore \ A^n=\begin{pmatrix}1&n\\0&1\end{pmatrix}$$

따라서 조건식은

$$\begin{pmatrix}1&n\\0&1\end{pmatrix}=\begin{pmatrix}a&b\\b&a\end{pmatrix}\begin{pmatrix}1&n-1\\0&1\end{pmatrix}+\begin{pmatrix}c&d\\e&f\end{pmatrix}$$

$$\therefore \ \begin{pmatrix}1-c&n-d\\-e&1-f\end{pmatrix}=\begin{pmatrix}a&an-(a-b)\\b&bn-(b-a)\end{pmatrix}$$

$$\therefore \ 1-c=a \quad \cdots\cdots①$$
$$n-d=an-(a-b) \quad \cdots\cdots②$$
$$-e=b \quad \cdots\cdots③$$

$$1-f=bn-(b-a) \quad \cdots\cdots④$$

②와 ④가 2 이상의 모든 자연수 n에 대하여 성립하므로

$$\left.\begin{array}{l}a=1,\ d=a-b\\b=0,\ 1-f=-(b-a)\end{array}\right\} \quad \cdots\cdots⑤$$

①, ③, ⑤에서

$$a=1,\ b=0,\ c=0,\ d=1,\ e=0,\ f=0$$

*__Note__ 추정한 A^n이 옳다는 것을 증명할 때에는 대수에서 공부하는 수학적 귀납법을 이용한다.

19-24. (1) $A-A^2=E$에서

$$A(E-A)=E,\ (E-A)A=E$$

따라서 A의 역행렬은 $E-A$이다.

(2) A의 역행렬이 존재한다고 하면 $A^2=A$에서

$$A^{-1}A^2=A^{-1}A \quad \therefore \ A=E$$

이것은 $A\neq E$에 모순이므로 A의 역행렬이 존재하지 않는다.

19-25. (1) $A^{-1}+AB$

$$=\begin{pmatrix}1&0\\1&1\end{pmatrix}^{-1}+\begin{pmatrix}1&0\\1&1\end{pmatrix}\begin{pmatrix}1&1\\0&-1\end{pmatrix}$$

$$=\begin{pmatrix}1&0\\-1&1\end{pmatrix}+\begin{pmatrix}1&1\\1&0\end{pmatrix}$$

$$=\begin{pmatrix}2&1\\0&1\end{pmatrix}$$

(2) $A(A^{-1}+B^{-1}-E)B$

$$=AA^{-1}B+AB^{-1}B-AEB$$
$$=B+A-AB$$

$$=\begin{pmatrix}1&1\\0&-1\end{pmatrix}+\begin{pmatrix}1&0\\1&1\end{pmatrix}$$

$$-\begin{pmatrix}1&0\\1&1\end{pmatrix}\begin{pmatrix}1&1\\0&-1\end{pmatrix}$$

$$=\begin{pmatrix}2&1\\1&0\end{pmatrix}-\begin{pmatrix}1&1\\1&0\end{pmatrix}=\begin{pmatrix}1&0\\0&0\end{pmatrix}$$

19-26. (1) $A=A^{-1}$에서 $AA=A^{-1}A$

$$\therefore \ A^2=E$$

$$\therefore \; A^2 = AA = \begin{pmatrix} 4+3x & 2x+xy \\ 6+3y & 3x+y^2 \end{pmatrix}$$

$$= \begin{pmatrix} 1 & 0 \\ 0 & 1 \end{pmatrix}$$

$$\therefore \; 4+3x=1, \; 2x+xy=0,$$
$$6+3y=0, \; 3x+y^2=1$$

연립하여 풀면 $x=-1, \; y=-2$

$$\therefore \; A = \begin{pmatrix} 2 & -1 \\ 3 & -2 \end{pmatrix}$$

(2) $A^{101} = (A^2)^{50}A = E^{50}A = A$

$$\therefore \; (A^{101})^{-1} = A^{-1} = A = \begin{pmatrix} 2 & -1 \\ 3 & -2 \end{pmatrix}$$

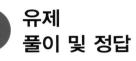

유제
풀이 및 정답

유제 풀이 및 정답

1-1. (1) (준 식)$=\left(-\dfrac{x^{15}}{y^5}\right)\times\dfrac{y^6}{x^{12}}\times\dfrac{4y^2}{x^4}$

$=(-1\times4)\times\dfrac{x^{15}y^8}{y^5x^{16}}$

$=-\dfrac{4y^3}{x}$

(2) (준 식)$=x^4y^6\times\left(-\dfrac{27}{8y^6}\right)\times\dfrac{16x^2y^2}{9}$

$=\left(-\dfrac{27}{8}\times\dfrac{16}{9}\right)\times\dfrac{x^4y^6\times x^2y^2}{y^6}$

$=-6x^6y^2$

1-2. 조립제법을 이용한다.

(1) $-1\begin{array}{|rrrrr} 1 & 0 & -3 & 2 & 4 \\ & -1 & 1 & 2 & -4 \\ \hline 1 & -1 & -2 & 4 & \boxed{0} \end{array}$

몫: x^3-x^2-2x+4

나머지: **0**

(2) 다항식 $6x^3-11x^2+6x+2$를 $x-\dfrac{1}{2}$
로 나누면

$\dfrac{1}{2}\begin{array}{|rrrr} 6 & -11 & 6 & 2 \\ & 3 & -4 & 1 \\ \hline 6 & -8 & 2 & \boxed{3} \end{array}$

에서 몫은 $6x^2-8x+2$이고 나머지는 3이다.

따라서 $6x^3-11x^2+6x+2$를 $2x-1$
로 나눈 몫과 나머지는

몫: $\dfrac{1}{2}(6x^2-8x+2)$

$=3x^2-4x+1$

나머지: **3**

1-3. $\begin{array}{r|rrrrr} -1 & 1 & -1 & -3 & -2 & -4 \\ & & -1 & 2 & 1 & 1 \\ \hline -1 & 1 & -2 & -1 & -1 & \boxed{-3} \\ & & -1 & 3 & -2 & \\ \hline -1 & 1 & -3 & 2 & \boxed{-3} & \\ & & -1 & 4 & & \\ \hline -1 & 1 & -4 & \boxed{6} & & \\ & & -1 & & & \\ \hline & 1 & \boxed{-5} & & & \end{array}$

위의 조립제법에서

$f(x)=(x+1)(x^3-2x^2-x-1)-3$

$=(x+1)\{(x+1)(x^2-3x+2)-3\}-3$

$=(x+1)[(x+1)\{(x+1)(x-4)+6\}$
$\qquad-3]-3$

$=(x+1)[(x+1)\{(x+1)(x+1-5)+6\}$
$\qquad-3]-3$

$=(x+1)^4-5(x+1)^3+6(x+1)^2$
$\qquad-3(x+1)-3$

$\therefore\ a=1,\ b=-5,\ c=6,$
$\qquad d=-3,\ e=-3$

1-4. $x^3-y^3=9$에서

$(x-y)^3+3xy(x-y)=9$

여기에 $x-y=3$을 대입하면

$3^3+3xy\times3=9\quad\therefore\ xy=-2$

$\therefore\ x^2+y^2=(x-y)^2+2xy$
$\qquad=3^2+2\times(-2)=5$

1-5. $A+B=(ac+bd)+(ad+bc)$

$=a(c+d)+b(c+d)$

$=(a+b)(c+d)$

$=5\times6=30$

$AB=(ac+bd)(ad+bc)$

$$=a^2cd+abc^2+abd^2+b^2cd$$
$$=(a^2+b^2)cd+(c^2+d^2)ab$$
$$=\{(a+b)^2-2ab\}cd$$
$$+\{(c+d)^2-2cd\}ab$$
$$=(5^2-2\times2)\times4+(6^2-2\times4)\times2$$
$$=\mathbf{140}$$

1-6. (1) $(x+y+z)^2=x^2+y^2+z^2$
$$+2(xy+yz+zx)$$
에 $x+y+z=6,\ xy+yz+zx=11$을
대입하면
$$6^2=x^2+y^2+z^2+2\times11$$
$$\therefore\ x^2+y^2+z^2=\mathbf{14}$$

(2) $(xy+yz+zx)^2=x^2y^2+y^2z^2+z^2x^2$
$$+2xy^2z+2xyz^2+2x^2yz$$
$$=x^2y^2+y^2z^2+z^2x^2$$
$$+2xyz(x+y+z)$$
에 $xy+yz+zx=11,\ xyz=6,$
$x+y+z=6$을 대입하면
$$11^2=x^2y^2+y^2z^2+z^2x^2+2\times6\times6$$
$$\therefore\ x^2y^2+y^2z^2+z^2x^2=\mathbf{49}$$

(3) $\dfrac{1}{x^2}+\dfrac{1}{y^2}+\dfrac{1}{z^2}=\dfrac{x^2y^2+y^2z^2+z^2x^2}{x^2y^2z^2}$
$$=\dfrac{49}{6^2}=\dfrac{\mathbf{49}}{\mathbf{36}}$$

(4) $(x^2+y^2+z^2)^2=x^4+y^4+z^4$
$$+2(x^2y^2+y^2z^2+z^2x^2)$$
에서 $x^2+y^2+z^2=14,$
$$x^2y^2+y^2z^2+z^2x^2=49$$
이므로 $14^2=x^4+y^4+z^4+2\times49$
$$\therefore\ x^4+y^4+z^4=\mathbf{98}$$

2-1. (1) $x^4-14x^2+45=(x^2-9)(x^2-5)$
$$=\mathbf{(x+3)(x-3)(x^2-5)}$$
(2) $x^4+4=x^4+4x^2+4-4x^2$
$$=(x^2+2)^2-(2x)^2$$
$$=(x^2+2+2x)(x^2+2-2x)$$
$$=\mathbf{(x^2+2x+2)(x^2-2x+2)}$$
(3) $x^4-23x^2y^2+y^4$

$$=x^4+2x^2y^2+y^4-25x^2y^2$$
$$=(x^2+y^2)^2-(5xy)^2$$
$$=(x^2+y^2+5xy)(x^2+y^2-5xy)$$
$$=\mathbf{(x^2+5xy+y^2)(x^2-5xy+y^2)}$$
(4) $a^4+2a^2b^2+9b^4$
$$=a^4+6a^2b^2+9b^4-4a^2b^2$$
$$=(a^2+3b^2)^2-(2ab)^2$$
$$=(a^2+3b^2+2ab)(a^2+3b^2-2ab)$$
$$=\mathbf{(a^2+2ab+3b^2)(a^2-2ab+3b^2)}$$

2-2. (1) $x^2+6=X$로 놓으면
(준 식)$=(X+5x)(X+7x)-3x^2$
$$=X^2+12xX+32x^2$$
$$=(X+8x)(X+4x)$$
X에 x^2+6을 대입하면
(준 식)$=(x^2+6+8x)(x^2+6+4x)$
$$=\mathbf{(x^2+8x+6)(x^2+4x+6)}$$
(2) $(x-1)(x+2)(x-3)(x+4)+24$
$$=\{(x-1)(x+2)\}\{(x-3)(x+4)\}+24$$
$$=(x^2+x-2)(x^2+x-12)+24$$
여기에서 $x^2+x=X$로 놓으면
(준 식)$=(X-2)(X-12)+24$
$$=X^2-14X+48$$
$$=(X-6)(X-8)$$
X에 x^2+x를 대입하면
(준 식)$=(x^2+x-6)(x^2+x-8)$
$$=\mathbf{(x+3)(x-2)(x^2+x-8)}$$

2-3. (1) 전개하여 q에 관하여 정리하면
(준 식)$=-(x+p)q^2+x^3+3px^2$
$$+3p^2x+p^3$$
$$=-(x+p)q^2+(x+p)^3$$
$$=(x+p)\{(x+p)^2-q^2\}$$
$$=\mathbf{(x+p)(x+p+q)(x+p-q)}$$
(2) x에 관하여 정리하면
(준 식)$=2x^2-(y+7)x-y^2+y+6$
$$=2x^2-(y+7)x-(y+2)(y-3)$$
$$=\{x-(y+2)\}\{2x+(y-3)\}$$
$$=\mathbf{(x-y-2)(2x+y-3)}$$

(3) 전개하여 a에 관하여 정리하면

$$(준 식)=(b-c)a^2-(b^2-c^2)a$$
$$+bc(b-c)$$
$$=(b-c)\{a^2-(b+c)a+bc\}$$
$$=(b-c)(a-b)(a-c)$$
$$=-(a-b)(b-c)(c-a)$$

*__Note__ 이런 경우 오른 쪽과 같이

$$a \to b \to c \to a$$

의 순서로 답을 정리하는 것이 보통이다.

2-4. 좌변을 인수분해하면

$$(좌변)=(a-b)\{c^4-2(a^2+ab+b^2)c^2$$
$$+(a^2+b^2)(a+b)^2\}$$
$$=(a-b)\{c^2-(a^2+b^2)\}\{c^2-(a+b)^2\}$$
$$=(a-b)(c^2-a^2-b^2)$$
$$\times(c+a+b)(c-a-b)=0$$

a, b, c는 삼각형의 세 변의 길이이므로

$$c+a+b\neq0,\ c-a-b\neq0$$
$$\therefore\ a-b=0\ \text{또는}\ c^2-a^2-b^2=0$$
곧, $a=b$ 또는 $c^2=a^2+b^2$

따라서 **$a=b$**인 이등변삼각형 또는 빗변의 길이가 **c**인 직각삼각형

2-5. $x^2+y^2+z^2+xy+yz+zx$

$$=\frac{1}{2}\{(x+y)^2+(y+z)^2+(z+x)^2\}$$

문제의 조건으로부터

$$x+y=2a,\ y+z=2c,\ z+x=2b$$
$$\therefore\ (준 식)=\frac{1}{2}\{(2a)^2+(2c)^2+(2b)^2\}$$
$$=2(a^2+b^2+c^2)$$

2-6. 세 수를 x, y, z라고 하면 주어진 조건으로부터

$$x+y+z=0 \qquad \cdots\cdots①$$
$$\frac{1}{x}+\frac{1}{y}+\frac{1}{z}=\frac{3}{2} \qquad \cdots\cdots②$$
$$x^2+y^2+z^2=1 \qquad \cdots\cdots③$$

그런데

$$(x+y+z)^2$$
$$=x^2+y^2+z^2+2(xy+yz+zx)$$

이므로 ①, ③에서

$$0^2=1+2(xy+yz+zx)$$
$$\therefore\ xy+yz+zx=-\frac{1}{2} \qquad \cdots\cdots④$$

②에서 $\dfrac{xy+yz+zx}{xyz}=\dfrac{3}{2}$이므로

$$3xyz=2(xy+yz+zx)$$
$$\therefore\ xyz=-\frac{1}{3} \qquad \Leftarrow ④$$

그런데 $x+y+z=0$이므로

$$x^3+y^3+z^3-3xyz=(x+y+z)$$
$$\times(x^2+y^2+z^2-xy-yz-zx)$$

에서

$$x^3+y^3+z^3-3\times\left(-\frac{1}{3}\right)=0$$
$$\therefore\ x^3+y^3+z^3=-1$$

2-7. 구하는 두 이차식을

$$a(x-7),\ b(x-7)$$
$$(a, b\text{는 서로소인 일차식})$$

로 놓으면 최소공배수가

$$x^3-10x^2+11x+70$$
$$=(x+2)(x-5)(x-7)$$

이므로

$$ab(x-7)=(x+2)(x-5)(x-7)$$
$$\therefore\ ab=(x+2)(x-5)$$

a, b는 서로소인 일차식이므로

$$a=x+2,\ b=x-5$$

따라서 구하는 두 이차식은

$$(x-7)(x+2),\ (x-7)(x-5)$$

2-8. 구하는 두 다항식을

$$a(x+p),\ b(x+p)$$
$$(a, b\text{는 서로소인 다항식})$$

로 놓으면 두 식의 곱이

$$x^3-3p^2x-2p^3=(x+p)^2(x-2p)$$

이므로

$$ab(x+p)^2=(x+p)^2(x-2p)$$
$$\therefore\ ab=x-2p \qquad \cdots\cdots①$$

a, b는 서로소인 다항식이므로

$$a=1,\ b=x-2p$$

따라서 구하는 두 다항식은

$$x+p,\ (x+p)(x-2p)$$

***Note** ①은 $x^3-3p^2x-2p^3$을 $(x+p)^2$, 곧 $x^2+2px+p^2$으로 직접 나누어 구하거나 $x^3-3p^2x-2p^3$을 $x+p$로 나눈 몫을 다시 $x+p$로 나누어 구할 수 있다.

2-9. $A=x^2-x-2k$, $B=2x^2+3x+k$로 놓자.

두 식에서 이차항을 소거하면

$$B-2A=(2x^2+3x+k)-2(x^2-x-2k)$$
$$=5(x+k)$$

그런데 A와 B의 최대공약수는 $B-2A$의 약수이고 일차식이므로 $x+k$는 A와 B의 최대공약수이다.

x^2-x-2k를 $x+k$로 나눈 나머지는 k^2-k이므로

$$k^2-k=0 \quad \therefore\ k(k-1)=0$$

$k\neq0$이므로 $k=1$

$$\therefore\ A=x^2-x-2=(x+1)(x-2),$$
$$B=2x^2+3x+1=(x+1)(2x+1)$$

따라서 A, B의 최소공배수는

$$(x+1)(x-2)(2x+1)$$

***Note** 두 다항식 A, B의 최대공약수를 G라고 하면

$$A=Ga,\ B=Gb$$
$$(a, b는\ 서로소인\ 다항식)$$

로 나타낼 수 있다.

이때, $B-2A=(b-2a)G$이므로 G는 $B-2A$의 약수이다.

3-1. (1) 주어진 식의 우변을 전개하여 정리하면

$$x^2-ax+4$$
$$=(b+c)x^2+(-2b+c)x-2c$$

양변의 동류항의 계수를 비교하면

$$1=b+c,\ -a=-2b+c,\ 4=-2c$$

연립하여 풀면

$$a=8,\ b=3,\ c=-2$$

(2) $x^4=ax(x-1)(x-2)(x-3)$
$$+bx(x-1)(x-2)$$
$$+cx(x-1)+dx+e$$

모든 x에 대하여 성립하므로

$x=0$을 대입하면 $0=e$

$x=1$을 대입하면 $1=d+e$

$x=2$를 대입하면 $16=2c+2d+e$

$x=3$을 대입하면

$$81=6b+6c+3d+e$$

또, 양변의 x^4의 계수를 비교하면

$$1=a$$

연립하여 풀면

$$a=1,\ b=6,\ c=7,\ d=1,\ e=0$$

3-2. x^3-x^2+x-1
$$=a(x-p)^3+b(x-p)^2+c(x-p)$$
$$\cdots\cdots①$$

은 x에 관한 항등식이므로 $x=p$를 대입해도 성립한다.

$$\therefore\ p^3-p^2+p-1=0$$

좌변을 인수분해하면

$$(p^2+1)(p-1)=0$$

p는 실수이므로 $p^2+1\neq0$ $\therefore\ p=1$

이 값을 ①에 대입하면

$$x^3-x^2+x-1$$
$$=a(x-1)^3+b(x-1)^2+c(x-1)$$

양변의 x^3의 계수를 비교하면

$$a=1$$

또, 양변에 $x=0$, 2를 대입하면

$$-1=-a+b-c,\ 5=a+b+c$$

$a=1$을 대입하고, 두 식을 연립하여 풀면 $b=2$, $c=2$

이상에서 $a=1,\ b=2,\ c=2,\ p=1$

3-3. 우변을 이항하여 정리하면

$$(a+b-c+2)x+(b-2c)y+c-2=0$$

이 식은 x, y에 관한 항등식이므로

$a+b-c+2=0,\ b-2c=0,\ c-2=0$

연립하여 풀면

$$a=-4,\ b=4,\ c=2$$

3-4. $x-y-z=1,\ x-2y-3z=0$을 연립하여 $y,\ z$를 x에 관한 식으로 나타내면

$$y=2x-3,\ z=2-x$$

이 식을 $axy+byz+czx=12$에 대입하고 x에 관하여 정리하면

$$ax(2x-3)+b(2x-3)(2-x)$$
$$+c(2-x)x=12$$
$$\therefore\ (2a-2b-c)x^2-(3a-7b-2c)x$$
$$-(6b+12)=0$$

이 식은 x에 관한 항등식이므로

$2a-2b-c=0,\ 3a-7b-2c=0,$
$6b+12=0$

연립하여 풀면

$$a=6,\ b=-2,\ c=16$$

3-5. $x+y=1$에서 $y=1-x$이고, 이 식을

$$ax^2+xy+by^2+x+cy-8=0$$

에 대입하면

$$ax^2+x(1-x)+b(1-x)^2+x$$
$$+c(1-x)-8=0$$
$$\therefore\ (a+b-1)x^2+(2-2b-c)x$$
$$+b+c-8=0$$

이 식은 x에 관한 항등식이므로

$a+b-1=0,\ 2-2b-c=0,$
$b+c-8=0$

연립하여 풀면

$$a=7,\ b=-6,\ c=14$$

3-6. 몫을 $x+p$라고 하면

$$x^3+ax^2-3x+b=(x^2+x-1)(x+p)$$
$$\therefore\ x^3+ax^2-3x+b=x^3+(p+1)x^2$$
$$+(p-1)x-p$$

이 등식은 x에 관한 항등식이므로 양변의 동류항의 계수를 비교하면

$a=p+1,\ -3=p-1,\ b=-p$
$$\therefore\ p=-2,\ a=-1,\ b=2$$

3-7. 몫을 $Q(x)$라고 하면

$$x^3+px^2+qx-2$$
$$=(x^2+2x-3)Q(x)+x+7$$
$$=(x-1)(x+3)Q(x)+x+7$$

이 등식은 x에 관한 항등식이므로

$x=1,\ -3$을 대입하면

$$1+p+q-2=8,$$
$$-27+9p-3q-2=4$$

연립하여 풀면 $p=5,\ q=4$

3-8. x^6+3을 $(x+1)^2$으로 나눈 몫을 $Q(x)$, 나머지를 $ax+b$라고 하면

$$x^6+3=(x+1)^2Q(x)+ax+b\quad\cdots\text{①}$$

이 등식은 x에 관한 항등식이므로

$x=-1$을 대입하면 $4=-a+b$

$$\therefore\ b=a+4\qquad\cdots\cdots\text{②}$$

②를 ①에 대입하면

$$x^6+3=(x+1)^2Q(x)+ax+a+4$$
$$\therefore\ x^6-1=(x+1)^2Q(x)+a(x+1)$$
$$\cdots\cdots\text{③}$$
$$x^6-1=(x^3+1)(x^3-1)$$
$$=(x+1)(x^2-x+1)(x^3-1)$$

이고, ③이 x에 관한 항등식이므로

$$(x^2-x+1)(x^3-1)=(x+1)Q(x)+a$$
$$\cdots\cdots\text{④}$$

도 x에 관한 항등식이다.

따라서 $x=-1$을 ④에 대입하여 계산하면 $a=-6$

이 값을 ②에 대입하면 $b=-2$

따라서 구하는 나머지는 $-6x-2$

*Note 다항식을 n차식으로 나누었을 때 나머지는 $(n-1)$차 이하의 식이다.

따라서 이차식으로 나눈 나머지는 $ax+b$, 삼차식으로 나눈 나머지는 ax^2+bx+c로 놓을 수 있다.

4-1. $f(x)=ax^3+bx^2-2ax+8$로 놓자.

(1) 문제의 조건으로부터

$$f(2)=8a+4b-4a+8=0,$$

$f(3)=27a+9b-6a+8=26$

연립하여 풀면 **$a=3,\ b=-5$**

(2) $f(x)=3x^3-5x^2-6x+8$이므로 $f(x)$를 $x+1$로 나눈 나머지는

$f(-1)=-3-5+6+8=\mathbf{6}$

4-2. $f(x)=x^3+px^2+5x-6$

으로 놓으면 $f(2)=f(1)$

$\therefore\ 8+4p+10-6=1+p+5-6$

$\therefore\ \boldsymbol{p=-4}$

$f(x)$를 $x-1$로 나눈 나머지는

$f(1)=1-4+5-6=\mathbf{-4}$

4-3. $f(x)=2x^3-m^2x^2+nx-3,$

$g(x)=2mx^2-3nx-36$

으로 놓으면

$f(1)=2-m^2+n-3=0 \quad \cdots①$

$g(-3)=18m+9n-36=0 \cdots②$

②에서 $n=-2m+4$를 ①에 대입하면

$2-m^2+(-2m+4)-3=0$

$\therefore\ (m-1)(m+3)=0$

$\therefore\ m=1$ 또는 $m=-3$

$n=-2m+4$에 대입하면 $n=2$ 또는 $n=10$이므로

$m=1,\ n=2$ 또는 $m=-3,\ n=10$

4-4. $f(x)=3x^3+mx^2-x+n$으로 놓자.

$f(x)$가 x^2-2x-3, 곧 $(x+1)(x-3)$으로 나누어떨어지므로 $f(x)$는 $x+1$과 $x-3$으로 나누어떨어진다.

$\therefore\ f(-1)=-3+m+1+n=0,$

$f(3)=81+9m-3+n=0$

연립하여 풀면 **$m=-10,\ n=12$**

4-5. $f(x)$를 $2x^2+x-1=(2x-1)(x+1)$로 나눈 몫을 $Q(x)$, 나머지를 $ax+b$라고 하면

$f(x)=(2x-1)(x+1)Q(x)+ax+b$

그런데 문제의 조건으로부터

$f(-1)=6,\ f\left(\dfrac{1}{2}\right)=3$

이므로

$-a+b=6,\ \dfrac{1}{2}a+b=3$

연립하여 풀면 $a=-2,\ b=4$

따라서 구하는 나머지는 **$-2x+4$**

4-6. $P(x)$를 $x(x-1)(x-2)$로 나눈 몫을 $Q(x)$, 나머지를 ax^2+bx+c라고 하면

$P(x)=x(x-1)(x-2)Q(x)$
$+ax^2+bx+c$

그런데 문제의 조건으로부터

$P(0)=3,\ P(1)=7,\ P(2)=13$

이므로

$c=3,\ a+b+c=7,$
$4a+2b+c=13$

연립하여 풀면 $a=1,\ b=3,\ c=3$

따라서 구하는 나머지는 **x^2+3x+3**

4-7. $f(x)$를 $(x^2+1)(x-1)$로 나눈 몫을 $Q(x)$, 나머지를 ax^2+bx+c라고 하면

$f(x)=(x^2+1)(x-1)Q(x)$
$+ax^2+bx+c \quad\cdots\cdots①$

이때, $f(x)$를 x^2+1로 나눈 나머지는 ax^2+bx+c를 x^2+1로 나눈 나머지와 같다.

$\therefore\ ax^2+bx+c$
$=a(x^2+1)+x+1 \quad\cdots\cdots②$

이 식을 ①에 대입하면

$f(x)=(x^2+1)(x-1)Q(x)$
$+a(x^2+1)+x+1$

문제의 조건에서 $f(1)=4$이므로

$4=2a+1+1 \quad\therefore\ a=1$

②에 대입하면 나머지는 **x^2+x+2**

4-8. (1) 문제의 조건으로부터

$f(x)=(x-5)g(x)+3 \quad\cdots\cdots①$

또, $g(x)$를 $x-3$으로 나눈 몫을 $h(x)$라고 하면

$g(x)=(x-3)h(x)+2$

①에 대입하면

$f(x)=(x-5)\{(x-3)h(x)+2\}+3$
$\quad=(x-5)(x-3)h(x)+2x-7$
따라서 $f(x)$를 $x-3$으로 나눈 나머지는 $f(3)=2\times3-7=-1$

(2) $f(x)=(x-5)(x-3)h(x)+2x-7$
$\quad=(x^2-8x+15)h(x)+2x-7$
이므로 나머지는 **$2x-7$**

Note (1) $f(x)=(x-5)g(x)+3$이고, $g(3)=2$이므로
$f(3)=-2g(3)+3=-1$

4-9. (1) $f(x)=x^3+x^2-5x+3$으로 놓으면 $f(1)=0$이므로 $f(x)$는 $x-1$을 인수로 가진다.
그런데 $f(x)$를 $x-1$로 나눈 몫은 x^2+2x-3이므로
$f(x)=(x-1)(x^2+2x-3)$
$\quad=(x-1)^2(x+3)$

(2) $f(x)=x^4+2x^3-31x^2-32x+60$으로 놓으면 $f(1)=0$, $f(-2)=0$이므로 $f(x)$는 $(x-1)(x+2)$를 인수로 가진다.
그런데 $f(x)$를 $(x-1)(x+2)$로 나눈 몫은 x^2+x-30이므로
$f(x)=(x-1)(x+2)(x^2+x-30)$
$\quad=(x-1)(x+2)(x-5)(x+6)$

(3) $f(x)=4x^3+x-1$로 놓으면 $f\left(\dfrac{1}{2}\right)=0$이므로 $f(x)$는 $x-\dfrac{1}{2}$을 인수로 가진다.
그런데 $f(x)$를 $x-\dfrac{1}{2}$로 나눈 몫은 $4x^2+2x+2$이므로
$f(x)=\left(x-\dfrac{1}{2}\right)(4x^2+2x+2)$
$\quad=(2x-1)(2x^2+x+1)$

(4) $f(x)=2x^4-5x^3-2x^2+7x+2$로 놓으면 $f(-1)=0$, $f(2)=0$이므로 $f(x)$는 $(x+1)(x-2)$를 인수로 가진다.

그런데 $f(x)$를 $(x+1)(x-2)$로 나눈 몫은 $2x^2-3x-1$이므로
$f(x)=(x+1)(x-2)(2x^2-3x-1)$

(5) $f(x)=3x^3+5x^2+7x-3$으로 놓으면 $f\left(\dfrac{1}{3}\right)=0$이므로 $f(x)$는 $x-\dfrac{1}{3}$을 인수로 가진다.
그런데 $f(x)$를 $x-\dfrac{1}{3}$로 나눈 몫은 $3x^2+6x+9$이므로
$f(x)=\left(x-\dfrac{1}{3}\right)(3x^2+6x+9)$
$\quad=(3x-1)(x^2+2x+3)$

(6) $f(x)=4x^4-2x^3-x-1$로 놓으면 $f(1)=0$, $f\left(-\dfrac{1}{2}\right)=0$이므로 $f(x)$는 $(x-1)\left(x+\dfrac{1}{2}\right)$을 인수로 가진다.
그런데 $f(x)$를 $(x-1)\left(x+\dfrac{1}{2}\right)$로 나눈 몫은 $4x^2+2$이므로
$f(x)=(x-1)\left(x+\dfrac{1}{2}\right)(4x^2+2)$
$\quad=(x-1)(2x+1)(2x^2+1)$

4-10. $f(x)=x^3+4x^2+x-6$,
$\quad g(x)=2x^3+(a-2)x^2+ax-2a$
로 놓으면
$f(1)=0$, $f(-2)=0$, $f(-3)=0$
이므로
$f(x)=(x-1)(x+2)(x+3)$

(i) $x-1$이 공약수가 될 조건은
$g(1)=2+(a-2)+a-2a=0$
따라서 a는 모든 실수이다.

(ii) $x+2$가 공약수가 될 조건은
$g(-2)=-16+4(a-2)-2a-2a=0$
그런데 이 식을 만족시키는 실수 a는 없다.

(iii) $x+3$이 공약수가 될 조건은
$g(-3)=-54+9(a-2)-3a-2a=0$
$\therefore a=18$

따라서 $a=18$일 때 $f(x), g(x)$가 이차식의 최대공약수를 가지며, 이때의 최대공약수는 $(x-1)(x+3)$이다.

$$\therefore \boldsymbol{a=18}$$

*__Note__ $g(1)=0$이므로

$$g(x)=(x-1)(2x^2+ax+2a)$$

따라서 $x-1$이 $f(x)$와 $g(x)$의 공약수이므로 $x+2$ 또는 $x+3$이 $2x^2+ax+2a$의 약수가 될 조건을 찾아도 된다.

4-11. $f(x)=x^3+3x^2-4,$
$\qquad g(x)=x^3+x^2-4ax-6a$
로 놓으면 $f(1)=0$이므로

$$f(x)=(x-1)(x^2+4x+4)$$
$$\qquad =(x-1)(x+2)^2$$

(ⅰ) $x-1$이 공약수일 조건은

$$g(1)=1+1-4a-6a=0$$
$$\therefore \ a=\frac{1}{5}$$

이때, $g(x)=(x-1)\left(x^2+2x+\frac{6}{5}\right)$

이므로 $x-1$이 최대공약수이다.

(ⅱ) $x+2$가 공약수일 조건은

$$g(-2)=-8+4+8a-6a=0$$
$$\therefore \ a=2$$

이때, $g(x)=(x+2)^2(x-3)$이므로 $(x+2)^2$이 최대공약수이다.

(ⅰ), (ⅱ)에서 (1) $\boldsymbol{a=\dfrac{1}{5}}$ (2) $\boldsymbol{a=2}$

5-1. (1) $a=1$일 때

$$P=|1-2|+3\times 1=|-1|+3$$
$$\qquad =-(-1)+3=\boldsymbol{4}$$

(2) $a \geq 2$일 때 $a-2 \geq 0$이므로

$$P=(a-2)+3a=\boldsymbol{4a-2}$$

$a<2$일 때 $a-2<0$이므로

$$P=-(a-2)+3a=\boldsymbol{2a+2}$$

5-2. (1) $a \geq 2$일 때

$$a-2 \geq 0, \ a+3>0$$이므로

$$P=(a-2)+(a+3)=\boldsymbol{2a+1}$$

(2) $-3 \leq a<2$일 때

$$a-2<0, \ a+3 \geq 0$$이므로

$$P=-(a-2)+(a+3)=\boldsymbol{5}$$

(3) $a<-3$일 때

$$a-2<0, \ a+3<0$$이므로

$$P=-(a-2)-(a+3)=\boldsymbol{-2a-1}$$

5-3. (1) $\left[\dfrac{x}{8}\right]=\dfrac{x}{8}$이면 $\dfrac{x}{8}$가 정수이므로 x는 8의 배수이다.

또, $\left[\dfrac{x}{12}\right]=\dfrac{x}{12}$이면 $\dfrac{x}{12}$가 정수이므로 x는 12의 배수이다.

곧, x는 8과 12의 최소공배수인 24의 배수이고, x는 100 이하의 자연수이므로

$$\boldsymbol{24, \ 48, \ 72, \ 96}$$

(2) $[4+x]=3x+2 \qquad \cdots\cdots$①

에서 좌변이 정수이므로 우변도 정수이다. 따라서 $3x$가 정수이고, $0 \leq x<1$에서 $0 \leq 3x<3$이므로

$$3x=0, 1, 2 \quad \therefore \ x=0, \frac{1}{3}, \frac{2}{3}$$

①의 양변에 대입하면

$$[4]=2, \ \left[4+\frac{1}{3}\right]=3, \ \left[4+\frac{2}{3}\right]=4$$

따라서 ①이 성립하는 경우는

$$\boldsymbol{x=\frac{2}{3}}$$

5-4. 5로 나눈 나머지가 4인 정수는 다음과 같이 나타낼 수 있다.

$$5k+4 \ (k는 \ 정수)$$

여기에서 k는 다음 중 어느 하나의 꼴로 나타낼 수 있다.

$$3m, \ 3m+1, \ 3m+2 \ (m은 \ 정수)$$

이것을 $5k+4$의 k에 대입하여 정리하면 $15m+4, \ 15m+9, \ 15m+14$

이 중에서 3으로 나눈 나머지가 2인 것은 $15m+14$이다.

또, 여기에서 m은 다음 중 어느 하나의 꼴로 나타낼 수 있다.

$$2n, \; 2n+1 \; (n은 정수)$$

이것을 $15m+14$의 m에 대입하여 정리하면 $30n+14, \; 30n+29$

이 중에서 2로 나눈 나머지가 1인 것은 $30n+29$이다.

$0 < 30n+29 \leq 100$을 만족시키는 정수 n은 $n=0, 1, 2$

따라서 구하는 자연수는 **29, 59, 89**

*__Note__ 조건을 만족시키는 자연수를 p라고 하면 $p+1$은 2, 3, 5로 나누어떨어진다. 따라서 $p+1$은 2, 3, 5의 최소공배수인 30의 배수이다.

5-5. (1) $R(a)=1, R(b)=5$이므로
$a=8m+1, \; b=8n+5 \; (m, n은 정수)$
로 놓으면
$$2a+3b=2(8m+1)+3(8n+5)$$
$$=8(2m+3n+2)+1$$
$$\therefore \; R(2a+3b)=\mathbf{1}$$

(2) $R(a)=3$이므로
$$R(b)=k \; (k=0, 1, 2, \cdots, 7)$$
라고 하면
$a=8m+3, \; b=8n+k \; (m, n은 정수)$
로 놓을 수 있다. 이때,
$$a+5b=(8m+3)+5(8n+k)$$
$$=8(m+5n)+5k+3$$
$R(a+5b)=2$이므로 $5k+3$을 8로 나눈 나머지가 2이다.

그런데 $k=0, 1, 2, \cdots, 7$이므로
$k=3$이다. $\therefore \; R(b)=\mathbf{3}$

(3) $a=8n+k(n은 정수, k=0, 1, \cdots, 7)$
로 놓으면
$$a^2=64n^2+16nk+k^2$$
$$=8(8n^2+2nk)+k^2$$
곧, a^2은 $a^2=8A+k^2(A는 정수)$의 꼴이다.

같은 방법으로 하면 $a^4=8B+k^4(B$는 정수)의 꼴이 되므로 $R(a^4)=0$이려면 k^4을 8로 나눈 나머지가 0이어야 한다. 곧, 가능한 k의 값은 0, 2, 4, 6이므로 $R(a)=\mathbf{0, 2, 4, 6}$

5-6. $x+y=\dfrac{4}{\sqrt{10}+\sqrt{2}}+\dfrac{4}{\sqrt{10}-\sqrt{2}}$
$$=\dfrac{4(\sqrt{10}-\sqrt{2})+4(\sqrt{10}+\sqrt{2})}{(\sqrt{10}+\sqrt{2})(\sqrt{10}-\sqrt{2})}$$
$$=\dfrac{8\sqrt{10}}{8}=\sqrt{10}$$
$$xy=\dfrac{4\times 4}{(\sqrt{10}+\sqrt{2})(\sqrt{10}-\sqrt{2})}$$
$$=\dfrac{16}{8}=2$$

(1) $\sqrt{x^2+xy+y^2+1}$
$$=\sqrt{(x+y)^2-xy+1}$$
$$=\sqrt{(\sqrt{10})^2-2+1}=\mathbf{3}$$

(2) $x^3+x^2y+xy^2+y^3$
$$=(x+y)^3-2xy(x+y)$$
$$=(\sqrt{10})^3-2\times 2\times \sqrt{10}=\mathbf{6\sqrt{10}}$$

(3) $\dfrac{x}{x^2+1}+\dfrac{y}{y^2+1}$
$$=\dfrac{x(y^2+1)+y(x^2+1)}{(x^2+1)(y^2+1)}$$
$$=\dfrac{xy(x+y)+(x+y)}{(xy)^2+(x+y)^2-2xy+1}$$
$$=\dfrac{2\sqrt{10}+\sqrt{10}}{2^2+(\sqrt{10})^2-2\times 2+1}$$
$$=\mathbf{\dfrac{3\sqrt{10}}{11}}$$

5-7. $x=\dfrac{(\sqrt{2}-1)^2}{(\sqrt{2}+1)(\sqrt{2}-1)}$
$$=\dfrac{2-2\sqrt{2}+1}{2-1}=3-2\sqrt{2}$$
$$\therefore \; x-3=-2\sqrt{2}$$
양변을 제곱하면 $x^2-6x+9=8$
$$\therefore \; x^2-6x+1=0$$
주어진 식을 x^2-6x+1로 나눈 몫은 x^2-6x-1, 나머지는 2이므로

(준 식)$=(x^2-6x+1)(x^2-6x-1)+2$
　　　　$=2$　　　$\Leftarrow x^2-6x+1=0$

5-8. $x=\sqrt[3]{4}-\sqrt[3]{2}$ 의 양변을 세제곱하면
$x^3=(\sqrt[3]{4})^3-3(\sqrt[3]{4})^2\times\sqrt[3]{2}$
　　　　　　　$+3\sqrt[3]{4}(\sqrt[3]{2})^2-(\sqrt[3]{2})^3$
곧, $x^3=2-6(\sqrt[3]{4}-\sqrt[3]{2})$
$\therefore x^3=2-6x$　$\therefore x^3+6x=\mathbf{2}$

5-9. $\sqrt{28-10\sqrt{3}}=\sqrt{28-2\sqrt{75}}$
　　　　　　　$=\sqrt{25}-\sqrt{3}=5-\sqrt{3}$
그런데 $1<\sqrt{3}<2$ 이므로
$3<5-\sqrt{3}<4$ 이다. 따라서
$a=3$, $b=(5-\sqrt{3})-3=2-\sqrt{3}$
$\therefore b+\dfrac{1}{b}=2-\sqrt{3}+\dfrac{1}{2-\sqrt{3}}$
　　　　$=2-\sqrt{3}+2+\sqrt{3}=4$
$\therefore$ (준 식)$=2a^3-\left\{\left(b+\dfrac{1}{b}\right)^3-3\left(b+\dfrac{1}{b}\right)\right\}$
　　　　$=2\times3^3-(4^3-3\times4)=\mathbf{2}$

5-10. $2\sqrt{5}=\sqrt{20}$ 이므로　$4<2\sqrt{5}<5$
$\therefore a=2\sqrt{5}-4$
$\dfrac{\sqrt{5}}{2}=\sqrt{\dfrac{5}{4}}$ 이므로　$1<\dfrac{\sqrt{5}}{2}<2$
$\therefore b=\dfrac{\sqrt{5}}{2}-1=\dfrac{\sqrt{5}-2}{2}$
$\therefore ab=(2\sqrt{5}-4)\times\dfrac{\sqrt{5}-2}{2}$
　　　$=(\sqrt{5}-2)^2=9-4\sqrt{5}$
$\therefore ab-\dfrac{1}{ab}=9-4\sqrt{5}-\dfrac{1}{9-4\sqrt{5}}$
　　　　$=9-4\sqrt{5}-(9+4\sqrt{5})$
　　　　$=\mathbf{-8\sqrt{5}}$

5-11. $\sqrt[3]{10+\sqrt{108}}=x$, $\sqrt[3]{10-\sqrt{108}}=y$
로 놓으면
$xy=\sqrt[3]{10+\sqrt{108}}\times\sqrt[3]{10-\sqrt{108}}$
　　$=\sqrt[3]{(10+\sqrt{108})(10-\sqrt{108})}$
　　$=\sqrt[3]{100-108}=\sqrt[3]{-8}=-2$
$x^3+y^3=(\sqrt[3]{10+\sqrt{108}})^3+(\sqrt[3]{10-\sqrt{108}})^3$
　　$=10+\sqrt{108}+10-\sqrt{108}=20$

또, $x^3+y^3=20$ 의 좌변을 변형하면
　$(x+y)^3-3xy(x+y)=20$
여기에서 $xy=-2$ 이므로 $x+y=t$ 로
놓으면　$t^3+6t-20=0$
　좌변을 인수분해하면
　　$(t-2)(t^2+2t+10)=0$
t 는 실수이므로
　　$t^2+2t+10=(t+1)^2+9>0$
　　$\therefore t=2$　곧, $x+y=2$
$\therefore \sqrt[3]{10+\sqrt{108}}+\sqrt[3]{10-\sqrt{108}}=\mathbf{2}$

5-12. $x^3+y^3=(2+\sqrt{5})+(2-\sqrt{5})=4$
$x^3y^3=(xy)^3=(2+\sqrt{5})(2-\sqrt{5})=-1$
　　$\therefore \mathbf{xy=-1}$
또, $x^3+y^3=4$ 의 좌변을 변형하면
　$(x+y)^3-3xy(x+y)=4$
여기에서 $xy=-1$ 이므로 $x+y=t$ 로
놓으면　$t^3+3t-4=0$
　좌변을 인수분해하면
　　$(t-1)(t^2+t+4)=0$
t 는 실수이므로
　　$t^2+t+4=\left(t+\dfrac{1}{2}\right)^2+\dfrac{15}{4}>0$
　　$\therefore t=1$　곧, $\mathbf{x+y=1}$

5-13. 주어진 식에서
　　$(3x-2y+1)+(2x+y-4)\sqrt{2}=0$
x, y 는 유리수이므로 $3x-2y+1$,
$2x+y-4$ 도 유리수이다.
　　$\therefore 3x-2y+1=0$, $2x+y-4=0$
연립하여 풀면　$\mathbf{x=1}$, $\mathbf{y=2}$

5-14. 주어진 식에서
　$\sqrt{2}x^2+\sqrt{3}x+\sqrt{2}y^2+\sqrt{3}y=4\sqrt{2}+2\sqrt{3}$
　$\therefore (x^2+y^2-4)\sqrt{2}+(x+y-2)\sqrt{3}=0$
　x, y 는 유리수이므로 x^2+y^2-4,
$x+y-2$ 도 유리수이다.
　　$\therefore x^2+y^2-4=0$, $x+y-2=0$
　　$\therefore x^2+y^2=4$, $x+y=2$
이 값을 $(x+y)^2=x^2+y^2+2xy$ 에 대

입하면
$$2^2=4+2xy \quad \therefore \ xy=0$$
$$\therefore \ x^3+y^3=(x+y)^3-3xy(x+y)$$
$$=2^3-3\times0\times2=8$$

5-15. $P(x)=x^3+ax+b$ 로 놓으면 $P(x)$ 가 $x+1-\sqrt{3}$ 으로 나누어떨어지므로
$$P(-1+\sqrt{3})=(-1+\sqrt{3})^3$$
$$+a(-1+\sqrt{3})+b=0$$
전개하여 정리하면
$$(-10-a+b)+(6+a)\sqrt{3}=0$$
a, b 는 유리수이므로 $-10-a+b$, $6+a$ 도 유리수이다.
$$\therefore \ -10-a+b=0, \ 6+a=0$$
$$\therefore \ \boldsymbol{a=-6, \ b=4}$$

5-16. $\sqrt{6-4\sqrt{2}}=\sqrt{6-2\sqrt{8}}$
$$=\sqrt{4}-\sqrt{2}=2-\sqrt{2}$$
이므로 $f(x)$ 는 $x-(2-\sqrt{2})$ 로 나누어떨어진다.
$$\therefore \ f(2-\sqrt{2})=(2-\sqrt{2})^2$$
$$+a(2-\sqrt{2})+b=0$$
전개하여 정리하면
$$(6+2a+b)+(-4-a)\sqrt{2}=0$$
a, b 는 유리수이므로 $6+2a+b$, $-4-a$ 도 유리수이다.
$$\therefore \ 6+2a+b=0, \ -4-a=0$$
$$\therefore \ a=-4, \ b=2$$
$$\therefore \ f(x)=x^2-4x+2$$
따라서 $f(x)$ 를 $x-1$ 로 나눈 나머지는
$$f(1)=\boldsymbol{-1}$$

5-17. $f(x)$ 를 $(x^2-2)(x+2)$ 로 나눈 몫을 $Q(x)$, 나머지를 ax^2+bx+c 라고 하면
$$f(x)=(x^2-2)(x+2)Q(x)+ax^2+bx+c$$
$f(x)$ 의 계수가 유리수이고, $(x^2-2)(x+2)$ 의 계수도 유리수이므로 $Q(x)$ 의 계수도 유리수이고, 나머지의 계수 a, b, c 도 유리수이다.
$f(x)$ 를 $x+2$ 로 나눈 나머지가 4이므로

$$f(-2)=4a-2b+c=4 \quad \cdots①$$
$f(x)$ 를 $x+\sqrt{2}$ 로 나눈 나머지가 $\sqrt{2}$ 이므로
$$f(-\sqrt{2})=2a-\sqrt{2}b+c=\sqrt{2}$$
$$\therefore \ (2a+c)+(-b-1)\sqrt{2}=0$$
$2a+c$ 와 $-b-1$ 은 유리수이므로
$$2a+c=0, \ -b-1=0 \quad \cdots\cdots②$$
①, ②에서
$$a=1, \ b=-1, \ c=-2$$
따라서 구하는 나머지는 $\boldsymbol{x^2-x-2}$

6-1. (1) $\sqrt{-32}\sqrt{-8}=\sqrt{32}i\sqrt{8}i$
$$=4\sqrt{2}\times2\sqrt{2}i^2$$
$$=\boldsymbol{-16}$$
(2) $\dfrac{\sqrt{-8}}{\sqrt{2}}=\dfrac{\sqrt{8}i}{\sqrt{2}}=\dfrac{2\sqrt{2}i}{\sqrt{2}}=\boldsymbol{2i}$
(3) $\dfrac{\sqrt{8}}{\sqrt{-2}}=\dfrac{\sqrt{8}}{\sqrt{2}i}=\dfrac{2\sqrt{2}}{\sqrt{2}i}=\dfrac{2}{i}=\dfrac{2i}{i^2}$
$$=\boldsymbol{-2i}$$

6-2. (1) $1+i+i^2+i^3+i^4$
$$=1+i+(-1)+(-i)+1$$
$$=\boldsymbol{1}$$
(2) $i^{999}\times i^{1001}=i^{999+1001}=(i^2)^{1000}$
$$=(-1)^{1000}=\boldsymbol{1}$$
(3) $\left(\dfrac{1+i}{\sqrt{2}}\right)^{2p}+\left(\dfrac{1-i}{\sqrt{2}}\right)^{2p}$
$$=\left\{\left(\dfrac{1+i}{\sqrt{2}}\right)^2\right\}^p+\left\{\left(\dfrac{1-i}{\sqrt{2}}\right)^2\right\}^p$$
$$=\left(\dfrac{2i}{2}\right)^p+\left(\dfrac{-2i}{2}\right)^p=i^p+(-i)^p$$
$$=i^p-i^p=\boldsymbol{0}$$
(4) $(1+\sqrt{3}i)^2=1+2\sqrt{3}i+(\sqrt{3}i)^2$
$$=-2(1-\sqrt{3}i)$$
$$(1+\sqrt{3}i)^3=-2(1-\sqrt{3}i)(1+\sqrt{3}i)$$
$$=-2(1-3i^2)=-8$$
$$\therefore \ (1+\sqrt{3}i)^{20}$$
$$=\{(1+\sqrt{3}i)^3\}^6(1+\sqrt{3}i)^2$$
$$=(-8)^6\{-2(1-\sqrt{3}i)\}$$
$$=-2^{19}(1-\sqrt{3}i)$$

$$=-2^{19}+2^{19}\sqrt{3}i$$

Note $\omega=1+\sqrt{3}i$라고 하면

$$\omega-1=\sqrt{3}i$$

양변을 제곱하여 정리하면

$$\omega^2-2\omega+4=0 \qquad \cdots\cdots① $$

양변에 $\omega+2$를 곱하면

$$(\omega+2)(\omega^2-2\omega+4)=0$$

$$\therefore \ \omega^3+2^3=0 \quad \therefore \ \omega^3=-8$$

$$\therefore \ \omega^{20}=(\omega^3)^6\times\omega^2$$

$$=(-8)^6\times(2\omega-4) \ \Leftarrow ①$$

$$=2^{19}(\omega-2)$$

$$=2^{19}(-1+\sqrt{3}i)$$

$$=-2^{19}+2^{19}\sqrt{3}i$$

6-3. $a+b=(3+\sqrt{3}i)+(3-\sqrt{3}i)=6$

$$ab=(3+\sqrt{3}i)(3-\sqrt{3}i)=12$$

(1) $\dfrac{b}{a-1}+\dfrac{a}{b-1}=\dfrac{b(b-1)+a(a-1)}{(a-1)(b-1)}$

$$=\dfrac{\{(a+b)^2-2ab\}-(a+b)}{ab-(a+b)+1}$$

$$=\dfrac{(6^2-2\times12)-6}{12-6+1}=\dfrac{\mathbf{6}}{\mathbf{7}}$$

(2) $a^3-a^2b-ab^2+b^3$

$$=(a+b)^3-4ab(a+b)$$

$$=6^3-4\times12\times6=\mathbf{-72}$$

Note 주어진 식을 인수분해하면

$$(a+b)(a-b)^2$$

이므로 $a+b$, $a-b$의 값을 각각 구하여 대입해도 된다.

6-4. $x=\dfrac{1+\sqrt{3}i}{2}$에서 $2x=1+\sqrt{3}i$

$$\therefore \ 2x-1=\sqrt{3}i$$

양변을 제곱하면 $4x^2-4x+1=-3$

$$\therefore \ x^2-x+1=0$$

x^4-x^3+3x-2를 x^2-x+1로 나누면 몫이 x^2-1, 나머지가 $2x-1$이므로

$$x^4-x^3+3x-2$$

$$=(x^2-x+1)(x^2-1)+2x-1$$

$$=2x-1=\sqrt{3}i$$

Note $x=\dfrac{1+\sqrt{3}i}{2}$에서 $x^3=-1$

$$\therefore \ x^4-x^3+3x-2=-x+1+3x-2$$

$$=2x-1=\sqrt{3}i$$

6-5. 주어진 식에서

$$(|x-y|-2y+7)+(y-x-3)i=0$$

여기에서 x, y는 실수이므로

$|x-y|-2y+7$, $y-x-3$도 실수이다.

$$\therefore \ |x-y|-2y+7=0 \qquad \cdots\cdots① $$

$$y-x-3=0 \qquad \cdots\cdots② $$

②에서 $y-x=3$이므로 ①에 대입하면

$$3-2y+7=0 \quad \therefore \ y=5$$

이 값을 ②에 대입하면 $x=2$

$$\therefore \ \mathbf{x=2, \ y=5}$$

6-6. 주어진 식을 만족시키는 실수 x를 α라고 하면

$$(2\alpha^2-3\alpha-2)+(-p\alpha^2+p^2\alpha)i=0$$

α, p는 실수이므로

$$2\alpha^2-3\alpha-2=0 \qquad \cdots\cdots① $$

$$-p\alpha^2+p^2\alpha=0 \qquad \cdots\cdots② $$

①에서 $(2\alpha+1)(\alpha-2)=0$

$$\therefore \ \alpha=-\dfrac{1}{2}, \ 2$$

이 값을 ②에 대입하면

$\alpha=-\dfrac{1}{2}$일 때, $-\dfrac{1}{4}p-\dfrac{1}{2}p^2=0$

$$\therefore \ p(2p+1)=0 \quad \therefore \ p=0, \ -\dfrac{1}{2}$$

$\alpha=2$일 때, $-4p+2p^2=0$

$$\therefore \ p(p-2)=0 \quad \therefore \ p=0, \ 2$$

그런데 p는 양수이므로 $p=2$

$$\therefore \ \mathbf{p=2, \ x=2}$$

6-7. $\alpha=a+bi$, $\beta=c+di$, $\gamma=x+yi$

$$(a, \ b, \ c, \ d, \ x, \ y는 \ 실수)$$

로 놓으면 $\alpha\beta\gamma=0$에서

$$(a+bi)(c+di)(x+yi)=0$$

양변에 $(a-bi)(c-di)(x-yi)$를 곱하면

$$(a+bi)(a-bi)(c+di)(c-di)$$
$$\times (x+yi)(x-yi)=0$$
$$\therefore \ (a^2+b^2)(c^2+d^2)(x^2+y^2)=0$$
a^2+b^2, c^2+d^2, x^2+y^2은 실수이므로
$$a^2+b^2=0 \ \text{또는} \ c^2+d^2=0$$
$$\text{또는} \ x^2+y^2=0$$
그런데 a, b, c, d, x, y는 실수이므로
$$(a=0, \ b=0) \ \text{또는} \ (c=0, \ d=0)$$
$$\text{또는} \ (x=0, \ y=0)$$
그러므로
$$a+bi=0 \ \text{또는} \ c+di=0$$
$$\text{또는} \ x+yi=0$$
$$\therefore \ \alpha=0 \ \text{또는} \ \beta=0 \ \text{또는} \ \gamma=0$$

*__*Note*__ 두 복소수 A, B에 대하여
__$AB=0$이면 $A=0$ 또는 $B=0$__
임(**필수 예제 6**-5)을 이용하여 다음과
같이 증명할 수도 있다.
$$\alpha\beta\gamma=0 \Longleftrightarrow (\alpha\beta)\gamma=0$$
에서 $\alpha\beta$, γ가 복소수이므로
$$\alpha\beta=0 \ \text{또는} \ \gamma=0$$
$$\therefore \ \alpha=0 \ \text{또는} \ \beta=0 \ \text{또는} \ \gamma=0$$

7-1. (1) $m^2x+1=m(x+1)$에서
$$m(m-1)x=m-1$$
$$\therefore \ \boldsymbol{m\neq 0, \ m\neq 1 \text{일 때} \ x=\dfrac{1}{m}},$$
$\boldsymbol{m=0}$**일 때 해가 없다**,
$\boldsymbol{m=1}$**일 때 해는 수 전체**

(2) $(a-4)(a-1)x=a-2(x+1)$에서
$$(a^2-5a+4)x+2x=a-2$$
$$\therefore \ (a^2-5a+6)x=a-2$$
$$\therefore \ (a-2)(a-3)x=a-2$$
$$\therefore \ \boldsymbol{a\neq 2, \ a\neq 3 \text{일 때} \ x=\dfrac{1}{a-3}},$$
$\boldsymbol{a=2}$**일 때 해는 수 전체**,
$\boldsymbol{a=3}$**일 때 해가 없다.**

7-2. (1) $2a^2x+3=3a+2x$에서
$$(2a^2-2)x=3a-3$$
$$\therefore \ 2(a-1)(a+1)x=3(a-1)$$

이 방정식의 해가 무수히 많으므로
해는 수 전체이다.
따라서
$$2(a-1)(a+1)=0, \ 3(a-1)=0$$
$$\therefore \ \boldsymbol{a=1}$$

(2) $a^2x+a=x+1$에서
$$(a-1)(a+1)x=-(a-1)$$
이 방정식의 해가 없으므로
$$(a-1)(a+1)=0, \ -(a-1)\neq 0$$
$$\therefore \ \boldsymbol{a=-1}$$

*__*Note*__ 일반적으로 방정식의 해가 무수
히 많다고 해서 그 해를 수 전체라고 할
수는 없다. 그러나 (1)의 방정식은
$Ax=B$의 꼴이므로 해가 무수히 많으
면 그 해는 수 전체이다.

7-3. (1) $|2x-4|=x$에서
(i) $x\geq 2$일 때 $2x-4=x$
$$\therefore \ x=4$$
이것은 $x\geq 2$에 적합하다.
(ii) $x<2$일 때 $-2x+4=x$
$$\therefore \ x=\dfrac{4}{3}$$
이것은 $x<2$에 적합하다.
(i), (ii)에서 $\boldsymbol{x=\dfrac{4}{3}, \ 4}$

(2) $|1-x|+|3-x|=x+3$에서
(i) $x<1$일 때 $1-x+3-x=x+3$
$$\therefore \ x=\dfrac{1}{3}$$
이것은 $x<1$에 적합하다.
(ii) $1\leq x<3$일 때
$$x-1+3-x=x+3$$
$$\therefore \ x=-1$$
이것은 $1\leq x<3$에 적합하지 않다.
(iii) $x\geq 3$일 때 $x-1+x-3=x+3$
$$\therefore \ x=7$$
이것은 $x\geq 3$에 적합하다.
(i), (ii), (iii)에서 $\boldsymbol{x=\dfrac{1}{3}, \ 7}$

Note 실수 a에 대하여 $|-a|=|a|$ 임을 이용하여
$$|1-x|+|3-x|=|x-1|+|x-3|$$
으로 놓고 풀어도 된다.

7-4. (1) 양변에 $\sqrt{2}$를 곱하고 정리하면
$$2x^2-(2\sqrt{2}-1)x-\sqrt{2}=0$$
$$\therefore\ x=\frac{2\sqrt{2}-1\pm\sqrt{(2\sqrt{2}-1)^2-4\times2\times(-\sqrt{2})}}{2\times2}$$
$$=\frac{2\sqrt{2}-1\pm\sqrt{(2\sqrt{2}+1)^2}}{4}$$
$$=\frac{2\sqrt{2}-1\pm(2\sqrt{2}+1)}{4}$$
$$\therefore\ \boldsymbol{x=\sqrt{2},\ -\frac{1}{2}}$$

(2) $x=\dfrac{1-2i\pm\sqrt{(1-2i)^2-4(-1-i)}}{2}$
$$=\frac{1-2i\pm1}{2}$$
$$\therefore\ \boldsymbol{x=1-i,\ -i}$$

Note 다음과 같이 인수분해하여 풀 수 도 있다.

(1) $2x^2-(2\sqrt{2}-1)x-\sqrt{2}=0$에서
$$(2x+1)(x-\sqrt{2})=0$$
$$\therefore\ \boldsymbol{x=-\frac{1}{2},\ \sqrt{2}}$$

(2) $x^2-(1-2i)x+i(i-1)=0$에서
$$(x+i)\{x+(i-1)\}=0$$
$$\therefore\ \boldsymbol{x=-i,\ 1-i}$$

7-5. (1) $x^2-3|x|+2=0$에서

(i) $x\geq0$일 때　$x^2-3x+2=0$
$$\therefore\ (x-1)(x-2)=0\quad\therefore\ x=1,\ 2$$
이것은 $x\geq0$에 적합하다.

(ii) $x<0$일 때　$x^2+3x+2=0$
$$\therefore\ (x+1)(x+2)=0$$
$$\therefore\ x=-1,\ -2$$
이것은 $x<0$에 적합하다.

(i), (ii)에서　$\boldsymbol{x=\pm1,\ \pm2}$

Note $x^2=|x|^2$이므로 주어진 방정 식은

$$|x|^2-3|x|+2=0$$
$$\therefore\ (|x|-1)(|x|-2)=0$$
$$\therefore\ |x|=1\ \text{또는}\ |x|=2$$
$$\therefore\ \boldsymbol{x=\pm1,\ \pm2}$$

(2) $x^2-[x]=2(1<x\leq2)$에서

(i) $1<x<2$일 때, $[x]=1$이므로
$$x^2-1=2\quad\therefore\ x=\pm\sqrt{3}$$
$x=\sqrt{3}$만 $1<x<2$에 적합하다.

(ii) $x=2$일 때, $[x]=2$이므로 주어진 방정식에 대입하면 $2^2-2=2$가 되 어 성립한다.

(i), (ii)에서　$\boldsymbol{x=\sqrt{3},\ 2}$

7-6. $\sqrt{2}+1$이 방정식 $px^2+qx+r=0$의 해이므로
$$p(\sqrt{2}+1)^2+q(\sqrt{2}+1)+r=0$$
전개하여 정리하면
$$(3p+q+r)+(2p+q)\sqrt{2}=0$$
$p,\ q,\ r$은 유리수이므로
$$3p+q+r=0,\ 2p+q=0\ \ \cdots\cdots①$$
한편 px^2+qx+r의 x에 $-\sqrt{2}+1$을 대입하면
$$p(-\sqrt{2}+1)^2+q(-\sqrt{2}+1)+r$$
$$=(3p+q+r)-(2p+q)\sqrt{2}$$
$$=0\qquad\qquad\Leftarrow①$$
따라서 $-\sqrt{2}+1$도 $px^2+qx+r=0$의 해이다.

7-7. ω가 $x^2-x+1=0$의 근이므로
$$\omega^2-\omega+1=0$$
양변에 $\omega+1$을 곱하면
$$(\omega+1)(\omega^2-\omega+1)=0$$
$$\therefore\ \omega^3=-1$$
$$\therefore\ \omega^{100}-\omega^{11}+1=(\omega^3)^{33}\omega-(\omega^3)^3\omega^2+1$$
$$=-\omega-(-\omega^2)+1$$
$$=\omega^2-\omega+1=\boldsymbol{0}$$
또, $1-\omega=-\omega^2$, $1+\omega^2=\omega$이므로
$$\frac{\omega^2}{1-\omega}-\frac{\omega}{1+\omega^2}=\frac{\omega^2}{-\omega^2}-\frac{\omega}{\omega}=\boldsymbol{-2}$$

7-8. ω가 $x^2+x+1=0$의 근이므로
$$\omega^2+\omega+1=0$$
양변에 $\omega-1$을 곱하면
$$(\omega-1)(\omega^2+\omega+1)=0 \quad \therefore\ \omega^3=1$$
$P=\omega^{4k}+(\omega+1)^{4k}+1$로 놓으면
$\omega^2+\omega+1=0$에서 $\omega+1=-\omega^2$
$$\begin{aligned}\therefore\ P&=\omega^{4k}+(-\omega^2)^{4k}+1\\&=\omega^{8k}+\omega^{4k}+1\\&=\{(\omega^3)^2\omega^2\}^k+(\omega^3\omega)^k+1\\&=\omega^{2k}+\omega^k+1\end{aligned}$$
(i) $k=3m(m$은 양의 정수)일 때
$$P=\omega^{6m}+\omega^{3m}+1=1+1+1=3$$
(ii) $k=3m+1(m$은 음이 아닌 정수)일 때
$$P=\omega^{6m+2}+\omega^{3m+1}+1=\omega^2+\omega+1=0$$
(iii) $k=3m+2(m$은 음이 아닌 정수)일 때
$$P=\omega^{6m+4}+\omega^{3m+2}+1=\omega+\omega^2+1=0$$
따라서 $P=0$을 만족시키는 k는 3의 배수가 아닌 자연수이다.

50 이하의 3의 배수인 자연수는 16개 이므로 구하는 k의 개수는
$$50-16=\mathbf{34}$$

8-1. 이차방정식이므로 $m\ne 0$ $\cdots\cdots$①
$$\begin{aligned}D/4&=(m-2)^2-m(2m-1)\\&=-(m+4)(m-1)\end{aligned}$$
(1) $D/4>0$으로부터
$$(m+4)(m-1)<0$$
$$\therefore\ -4<m<1 \qquad \cdots\cdots②$$
①, ②로부터
$$\mathbf{-4<m<0,\ 0<m<1}$$
(2) $D/4=0$으로부터 $\mathbf{m=-4,\ 1}$
(3) $D/4<0$으로부터
$$(m+4)(m-1)>0$$
$$\therefore\ \mathbf{m<-4,\ m>1}$$

8-2. $D/4=(k-a+b)^2-k(k-a+2)=0$
이 식을 k에 관하여 정리하면
$$(-a+2b-2)k+(a-b)^2=0$$
k의 값에 관계없이 성립하려면

$$-a+2b-2=0,\ a-b=0$$
$$\therefore\ \boldsymbol{a=2,\ b=2}$$

8-3. 세 방정식의 판별식을 각각 D_1, D_2, D_3이라고 하면
$$D_1/4=b^2-ac,\ D_2/4=c^2-ab,$$
$$D_3/4=a^2-bc$$
$$\begin{aligned}\therefore\ (&D_1+D_2+D_3)/4\\&=a^2+b^2+c^2-ab-bc-ca\\&=\frac{1}{2}\{(a-b)^2+(b-c)^2+(c-a)^2\}\ge 0\end{aligned}$$
곧, $D_1+D_2+D_3\ge 0$이므로 D_1, D_2, D_3이 모두 음수일 수는 없다.

따라서 세 방정식 중 적어도 하나는 실근을 가진다.

8-4. x에 관하여 정리하면
$$3x^2-2(2a-3)x+2a^2+9=0 \quad \cdots\cdots①$$
①은 계수가 실수인 x에 관한 이차방정식이고, 실근을 가지므로
$$D/4=(2a-3)^2-3(2a^2+9)\ge 0$$
$$\therefore\ (a+3)^2\le 0$$
a는 실수이므로 $a+3=0$
$$\therefore\ \boldsymbol{a=-3}$$

8-5. a에 관하여 정리하면
$$9a^2-3(2b+1)a+4b^2-2b+1=0$$
$$\cdots\cdots①$$
①은 계수가 실수인 a에 관한 이차방정식이고, a는 실수이므로
$$D=9(2b+1)^2-36(4b^2-2b+1)\ge 0$$
$$\therefore\ (2b-1)^2\le 0$$
b는 실수이므로
$$2b-1=0 \quad \therefore\ \boldsymbol{b=\frac{1}{2}}$$
①에 대입하고 정리하면
$$9a^2-6a+1=0 \quad \therefore\ (3a-1)^2=0$$
$$\therefore\ \boldsymbol{a=\frac{1}{3}}$$

****Note*** 우변을 좌변으로 이항하고 양변에 -2를 곱하여 정리하면

$18a^2-12ab+8b^2-6a-4b+2=0$

$\therefore\ (9a^2-12ab+4b^2)+(9a^2-6a+1)$
$\qquad\qquad +(4b^2-4b+1)=0$

$\therefore\ (3a-2b)^2+(3a-1)^2+(2b-1)^2=0$

$a,\ b$는 실수이므로

$3a-2b=0,\ 3a-1=0,\ 2b-1=0$

$\therefore\ \boldsymbol{a=\dfrac{1}{3},\ b=\dfrac{1}{2}}$

8-6. (1) 이차식이므로 $k+3\neq0$

또, 완전제곱식일 조건은

$D/4=(-2)^2-k(k+3)=0$

$\therefore\ (k+4)(k-1)=0$

$\therefore\ \boldsymbol{k=-4,\ 1}$

(2) x에 관하여 정리하면

$(k+2)x^2+(k-3)x+k-3$

이차식이므로 $k+2\neq0$

또, 완전제곱식일 조건은

$D=(k-3)^2-4(k+2)(k-3)=0$

$\therefore\ (k-3)(3k+11)=0$

$\therefore\ \boldsymbol{k=3,\ -\dfrac{11}{3}}$

8-7. 주어진 식을 x에 관하여 정리하면

$(a-c)x^2+2bx+a+c$

이차식이므로 $a-c\neq0$

또, 완전제곱식일 조건은

$D/4=b^2-(a-c)(a+c)=0$

$\therefore\ a^2=b^2+c^2$

따라서 빗변의 길이가 $\boldsymbol{a}$인 직각삼각형

9-1. $2x^2-4x-3=0$에서 근과 계수의 관계로부터

$\alpha+\beta=2,\ \alpha\beta=-\dfrac{3}{2}$

(1) $\dfrac{\beta}{\alpha+1}+\dfrac{\alpha}{\beta+1}$

$=\dfrac{(\alpha+\beta)^2-2\alpha\beta+(\alpha+\beta)}{\alpha\beta+(\alpha+\beta)+1}$

$=\dfrac{2^2-2\times\left(-\dfrac{3}{2}\right)+2}{\left(-\dfrac{3}{2}\right)+2+1}=\boldsymbol{6}$

(2) $\alpha\beta=-\dfrac{3}{2}$이므로

$\dfrac{3}{\alpha}=-2\beta,\ \dfrac{3}{\beta}=-2\alpha$

$\therefore\ \left(\alpha-\dfrac{3}{\alpha}\right)\left(\beta-\dfrac{3}{\beta}\right)$

$=(\alpha+2\beta)(\beta+2\alpha)$

$=\alpha\beta+2\alpha^2+2\beta^2+4\alpha\beta$

$=\alpha\beta+2(\alpha+\beta)^2$

$=\left(-\dfrac{3}{2}\right)+2\times2^2=\boldsymbol{\dfrac{13}{2}}$

(3) $\dfrac{\alpha^2}{\beta}-\dfrac{\beta^2}{\alpha}=\dfrac{\alpha^3-\beta^3}{\alpha\beta}$

$=\dfrac{(\alpha-\beta)^3+3\alpha\beta(\alpha-\beta)}{\alpha\beta}$

이때,

$(\alpha-\beta)^2=(\alpha+\beta)^2-4\alpha\beta$

$=2^2-4\times\left(-\dfrac{3}{2}\right)=10$

$\therefore\ \alpha-\beta=\pm\sqrt{10}$

$\therefore\ $(준 식)

$=\dfrac{(\pm\sqrt{10})^3+3\times\left(-\dfrac{3}{2}\right)\times(\pm\sqrt{10})}{-\dfrac{3}{2}}$

$=\boldsymbol{\mp\dfrac{11\sqrt{10}}{3}}$ (복부호동순)

(4) $\alpha+\beta=2$이므로

$\alpha=2-\beta,\ \beta=2-\alpha$

$\therefore\ (\alpha-3\beta+1)(\beta-3\alpha+1)$

$=(2-\beta-3\beta+1)(2-\alpha-3\alpha+1)$

$=(3-4\beta)(3-4\alpha)$

$=9-12(\alpha+\beta)+16\alpha\beta$

$=9-12\times2+16\times\left(-\dfrac{3}{2}\right)=\boldsymbol{-39}$

(5) $\alpha^3+\beta^3=(\alpha+\beta)^3-3\alpha\beta(\alpha+\beta)$

$=2^3-3\times\left(-\dfrac{3}{2}\right)\times2=\boldsymbol{17}$

(6) $\alpha^2+\beta^2=(\alpha+\beta)^2-2\alpha\beta$

$=2^2-2\times\left(-\dfrac{3}{2}\right)=7$

이므로

$$\alpha^5+\beta^5=(\alpha^2+\beta^2)(\alpha^3+\beta^3)$$
$$-\alpha^2\beta^2(\alpha+\beta)$$
$$=7\times17-\left(-\frac{3}{2}\right)^2\times2=\frac{\textbf{229}}{\textbf{2}}$$

9-2. $x^2-3x+1=0$에서
$$D=(-3)^2-4\times1\times1=5>0$$
이므로 $\alpha,\ \beta$는 서로 다른 실수이고, 근과
계수의 관계로부터
$$\alpha+\beta=3,\ \alpha\beta=1$$
$$\therefore\ \alpha>0,\ \beta>0$$
(1) $(\sqrt{\alpha}+\sqrt{\beta})^2=\alpha+\beta+2\sqrt{\alpha\beta}$
$$=3+2=5$$
$\sqrt{\alpha}+\sqrt{\beta}>0$이므로
$$\sqrt{\alpha}+\sqrt{\beta}=\sqrt{\textbf{5}}$$
(2) $\left|\dfrac{1}{\sqrt{\alpha}}-\dfrac{1}{\sqrt{\beta}}\right|^2=\dfrac{1}{\alpha}+\dfrac{1}{\beta}-\dfrac{2}{\sqrt{\alpha\beta}}$
$$=\dfrac{\alpha+\beta}{\alpha\beta}-\dfrac{2}{\sqrt{\alpha\beta}}$$
$$=3-2=1$$
$\left|\dfrac{1}{\sqrt{\alpha}}-\dfrac{1}{\sqrt{\beta}}\right|>0$이므로
$$\left|\dfrac{1}{\sqrt{\alpha}}-\dfrac{1}{\sqrt{\beta}}\right|=\textbf{1}$$

9-3. 다른 한 근을 α라고 하면 근과 계수
의 관계로부터
$$1+\sqrt{2}+\alpha=3m \qquad \cdots\cdots①$$
$$(1+\sqrt{2})\alpha=m+3 \qquad \cdots\cdots②$$
②에서 $m=(1+\sqrt{2})\alpha-3$
①에 대입하면
$$1+\sqrt{2}+\alpha=3(1+\sqrt{2})\alpha-9$$
$$\therefore\ \alpha=\frac{10+\sqrt{2}}{2+3\sqrt{2}}=2\sqrt{2}-1$$
이 값을 ①에 대입하면 $m=\sqrt{2}$
답 $m=\sqrt{\textbf{2}}$, 다른 한 근: $\textbf{2}\sqrt{\textbf{2}}-\textbf{1}$

9-4. 두 근을 $2\alpha,\ 3\alpha$라고 하면 근과 계수
의 관계로부터
$$2\alpha+3\alpha=m-1 \qquad \cdots\cdots①$$
$$2\alpha\times3\alpha=m \qquad \cdots\cdots②$$

①에서의 $m=5\alpha+1$을 ②에 대입하면
$$6\alpha^2=5\alpha+1 \quad \therefore\ (\alpha-1)(6\alpha+1)=0$$
$$\therefore\ \alpha=1,\ -\frac{1}{6} \quad \therefore\ \textbf{m=6},\ \frac{\textbf{1}}{\textbf{6}}$$

9-5. 작은 근을 α라고 하면 큰 근은 $\alpha+1$
이므로 근과 계수의 관계로부터
$$\alpha+(\alpha+1)=m-1 \qquad \cdots\cdots①$$
$$\alpha(\alpha+1)=m \qquad \cdots\cdots②$$
①에서의 $m=2\alpha+2$를 ②에 대입하면
$$\alpha(\alpha+1)=2\alpha+2$$
$$\therefore\ \alpha^2-\alpha-2=0 \quad \therefore\ \alpha=-1,\ 2$$
이 값을 ②에 대입하면 $\textbf{m=0},\ \textbf{6}$

9-6. $x^2-ax+b=0$의 두 근이 $\alpha,\ \beta$이므로
$$\alpha+\beta=a,\ \alpha\beta=b \qquad \cdots\cdots①$$
또, $x^2-3ax+4(b-1)=0$의 두 근이
$\alpha^2,\ \beta^2$이므로
$$\alpha^2+\beta^2=3a,\ \alpha^2\beta^2=4(b-1) \quad \cdots②$$
①에서 $\alpha\beta=b$를 ②에 대입하면
$$b^2=4(b-1) \quad \therefore\ (b-2)^2=0$$
$$\therefore\ b=2 \qquad \cdots\cdots③$$
또, $\alpha^2+\beta^2=(\alpha+\beta)^2-2\alpha\beta$에 ①, ②,
③을 대입하면
$$3a=a^2-4 \quad \therefore\ (a+1)(a-4)=0$$
$$\therefore\ a=-1,\ 4$$
$$\therefore\ \textbf{a=-1},\ \textbf{b=2}\ 또는\ \textbf{a=4},\ \textbf{b=2}$$

9-7. $x^2+ax+b=0$의 두 근을 $\alpha,\ \beta$라고
하면
$$\alpha+\beta=-a,\ \alpha\beta=b \qquad \cdots\cdots①$$
또, $x^2-a^2x+ab=0$의 두 근이 $\alpha+1$,
$\beta+1$이므로
$$\left.\begin{array}{l}(\alpha+1)+(\beta+1)=a^2\\(\alpha+1)(\beta+1)=ab\end{array}\right\} \cdots\cdots②$$
①을 ②에 대입하면
$$-a+2=a^2 \qquad \cdots\cdots③$$
$$-a+b+1=ab \qquad \cdots\cdots④$$
③에서 $a^2+a-2=0$
$a\neq1$이므로 $\textbf{a=-2}$

이 값을 ④에 대입하면

$$2+b+1=-2b \qquad \therefore \ \boldsymbol{b=-1}$$

9-8. 주어진 식을 x에 관하여 정리하면

$$2x^2-(3y+2)x-(2y^2+11y+12)$$

이것을 0으로 놓고, 근의 공식을 이용하여 x에 관한 이차방정식의 근을 구하면

$$x=\frac{1}{2\times2}\{(3y+2)$$
$$\pm\sqrt{(3y+2)^2+4\times2(2y^2+11y+12)}\}$$
$$=\frac{3y+2\pm\sqrt{25(y+2)^2}}{4}$$
$$=\frac{3y+2\pm5(y+2)}{4}$$

$$\therefore \ x=2y+3 \ \text{또는} \ x=\frac{-y-4}{2}$$

$$\therefore \ (준 \ 식)=2\{x-(2y+3)\}$$
$$\times\left(x-\frac{-y-4}{2}\right)$$
$$=\boldsymbol{(x-2y-3)(2x+y+4)}$$

9-9. 주어진 식을 x에 관하여 정리하면

$$2x^2+(3y-7)x+my^2+11y-15$$

이것을 0으로 놓고, 근의 공식을 이용하여 x에 관한 이차방정식의 근을 구하면

$$x=\frac{1}{2\times2}\{-(3y-7)$$
$$\pm\sqrt{(3y-7)^2-4\times2(my^2+11y-15)}\}$$

주어진 식이 x, y에 관한 두 일차식의 곱으로 나타내어지려면

$$D_1=(3y-7)^2-4\times2(my^2+11y-15)$$
$$=(9-8m)y^2-130y+169$$

가 완전제곱식이 되어야 한다. 따라서 $D_1=0$의 판별식을 D라고 하면

$$D/4=(-65)^2-169(9-8m)=0$$
$$\therefore \ \boldsymbol{m=-2}$$

9-10. 근과 계수의 관계로부터

$$\alpha+\beta=m-2, \ \alpha\beta=-m-3$$

(1) $\alpha+\beta=\alpha\beta$에서

$$m-2=-m-3 \qquad \therefore \ \boldsymbol{m=-\frac{1}{2}}$$

(2) $\alpha^2+\beta^2=(\alpha+\beta)^2-2\alpha\beta$에서

$$25=(m-2)^2+2(m+3)$$
$$\therefore \ m^2-2m-15=0$$
$$\therefore \ \boldsymbol{m=-3, \ 5}$$

9-11. 근과 계수의 관계로부터

$$\alpha+\beta=-3, \ \alpha\beta=1$$

(1) $2\alpha+1, 2\beta+1$을 두 근으로 가지고 x^2의 계수가 1인 이차방정식은

$$x^2-\{(2\alpha+1)+(2\beta+1)\}x$$
$$+(2\alpha+1)(2\beta+1)=0 \ \cdots\cdots①$$

그런데

$$(2\alpha+1)+(2\beta+1)=2(\alpha+\beta)+2$$
$$=-4,$$
$$(2\alpha+1)(2\beta+1)=4\alpha\beta+2(\alpha+\beta)+1$$
$$=-1$$

이 값을 ①에 대입하면

$$\boldsymbol{x^2+4x-1=0}$$

(2) $\alpha^2+\beta^2=(\alpha+\beta)^2-2\alpha\beta=7,$
$$\alpha^2\beta^2=(\alpha\beta)^2=1$$
$$\therefore \ \boldsymbol{x^2-7x+1=0}$$

(3) $\alpha^2+\beta^2=7$이므로

$$(\alpha^2+1)+(\beta^2+1)=9,$$
$$(\alpha^2+1)(\beta^2+1)=(\alpha\beta)^2+\alpha^2+\beta^2+1$$
$$=9$$
$$\therefore \ \boldsymbol{x^2-9x+9=0}$$

(4) $\dfrac{1}{\alpha}+\dfrac{1}{\beta}=\dfrac{\alpha+\beta}{\alpha\beta}=-3,$
$$\dfrac{1}{\alpha}\times\dfrac{1}{\beta}=\dfrac{1}{\alpha\beta}=1$$
$$\therefore \ \boldsymbol{x^2+3x+1=0}$$

(5) $\alpha^2+\beta^2=7$이므로

$$\dfrac{\beta}{\alpha}+\dfrac{\alpha}{\beta}=\dfrac{\alpha^2+\beta^2}{\alpha\beta}=7, \quad \dfrac{\beta}{\alpha}\times\dfrac{\alpha}{\beta}=1$$
$$\therefore \ \boldsymbol{x^2-7x+1=0}$$

(6) $\alpha^2+\beta^2=7, \ \dfrac{1}{\alpha}+\dfrac{1}{\beta}=-3$이므로

$$\left(\alpha^2+\dfrac{1}{\beta}\right)+\left(\beta^2+\dfrac{1}{\alpha}\right)$$
$$=\alpha^2+\beta^2+\dfrac{1}{\alpha}+\dfrac{1}{\beta}=4,$$

$$\left(\alpha^2+\frac{1}{\beta}\right)\left(\beta^2+\frac{1}{\alpha}\right)$$
$$=(\alpha\beta)^2+\frac{1}{\alpha\beta}+\alpha+\beta=-1$$
$$\therefore \ \boldsymbol{x^2-4x-1=0}$$

9-12. 근의 공식에 대입하면
$$x=\frac{-(-m)\pm\sqrt{(-m)^2-4(m^2-1)}}{2}$$
$$=\frac{m\pm\sqrt{-3m^2+4}}{2} \qquad \cdots\cdots①$$

x가 정수이려면 $-3m^2+4\geq0$이어야
한다. m은 정수이므로 $\ m^2=0,\ 1$
$$\therefore \ m=-1,\ 0,\ 1$$
이 값을 ①에 대입하면
$m=-1$일 때 $\ x=-1,\ 0$ (적합),
$m=0$일 때 $\ x=-1,\ 1$ (적합),
$m=1$일 때 $\ x=0,\ 1$ (적합)
$$\therefore \ \boldsymbol{m=-1,\ 0,\ 1}$$

9-13. 두 정수근을 $\alpha,\ \beta(\alpha\geq\beta)$라고 하면
근과 계수의 관계로부터
$$\alpha+\beta=2a \ \cdots① \qquad \alpha\beta=2a+4 \ \cdots②$$
②$-$①하여 a를 소거하면
$$\alpha\beta-(\alpha+\beta)=4$$
$$\therefore \ (\alpha-1)(\beta-1)=5$$
그런데 $\alpha-1,\ \beta-1$은 정수이고,
$\alpha-1\geq\beta-1$이므로
$$\alpha-1=5,\ \beta-1=1 \ \text{또는}$$
$$\alpha-1=-1,\ \beta-1=-5$$
$$\therefore \ \alpha=6,\ \beta=2 \ \text{또는} \ \alpha=0,\ \beta=-4$$
①에 대입하면 $\ \boldsymbol{a=4,\ -2}$

9-14. $(a-b)x^2+2(b-c)x+c-a=0$
의 두 근을 $\alpha,\ \beta$라고 하자.
(ⅰ) $D/4=(b-c)^2-(a-b)(c-a)$
$$=a^2+b^2+c^2-ab-bc-ca$$
$$=\frac{1}{2}\{(a-b)^2+(b-c)^2+(c-a)^2\}$$
$$>0 \ (\because \ c>a>b)$$
(ⅱ) $\alpha+\beta=-\dfrac{2(b-c)}{a-b}>0$

$$(\because \ a-b>0,\ b-c<0)$$
(ⅲ) $\alpha\beta=\dfrac{c-a}{a-b}>0$
$$(\because \ a-b>0,\ c-a>0)$$
(ⅰ), (ⅱ), (ⅲ)에 의하여 서로 다른 두 양
의 실근을 가진다.

9-15. 주어진 방정식의 두 근을 $\alpha,\ \beta$라고
하자.
(1) $D\geq0,\ \alpha+\beta>0,\ \alpha\beta>0$으로부터
$$D/4=(-k)^2-(k^2-2k-3)\geq0$$
$$\therefore \ 2k+3\geq0 \quad \therefore \ k\geq-\frac{3}{2} \ \cdots①$$
$$\alpha+\beta=2k>0 \quad \therefore \ k>0 \qquad \cdots\cdots②$$
$$\alpha\beta=k^2-2k-3>0$$
$$\therefore \ (k+1)(k-3)>0$$
$$\therefore \ k<-1,\ k>3 \qquad \cdots\cdots③$$
①, ②, ③의 공통 범위를 수직선 위
에 나타내면

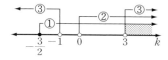

$$\therefore \ \boldsymbol{k>3}$$
(2) $D\geq0,\ \alpha+\beta<0,\ \alpha\beta>0$으로부터
$$D/4=(-k)^2-(k^2-2k-3)\geq0$$
$$\therefore \ k\geq-\frac{3}{2} \qquad \cdots\cdots④$$
$$\alpha+\beta=2k<0 \quad \therefore \ k<0 \qquad \cdots\cdots⑤$$
$$\alpha\beta=k^2-2k-3>0$$
$$\therefore \ k<-1,\ k>3 \qquad \cdots\cdots⑥$$
④, ⑤, ⑥의 공통 범위를 수직선 위
에 나타내면

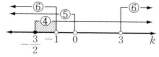

$$\therefore \ \boldsymbol{-\frac{3}{2}\leq k<-1}$$
(3) $\alpha\beta<0$으로부터 $\ k^2-2k-3<0$

$\therefore\ (k+1)(k-3)<0$

$\therefore\ \boldsymbol{-1<k<3}$

9-16. 주어진 방정식의 두 근을 α, β 라고 하자.

(1) $\alpha+\beta=-2(k-11)>0$ 에서

$$k<11 \qquad\qquad \cdots\cdots①$$

$\alpha\beta=-k+3<0$ 에서

$$k>3 \qquad\qquad \cdots\cdots②$$

①, ②의 공통 범위는

$$\boldsymbol{3<k<11}$$

(2) $\alpha+\beta=-2(k-11)=0$ 에서

$$k=11 \qquad\qquad \cdots\cdots③$$

$\alpha\beta=-k+3<0$ 에서

$$k>3 \qquad\qquad \cdots\cdots④$$

③, ④를 동시에 만족시키는 k의 값은 $\boldsymbol{k=11}$

10-1. $y=x^2+(k-3)x+k$ 에서

$$D_1=(k-3)^2-4k=(k-1)(k-9)$$

$y=-x^2+2kx-3k$ 에서

$$D_2/4=k^2-3k=k(k-3)$$

(1) (i) $D_1\geqq0$ 이고 $D_2/4<0$ 일 때

$D_1\geqq0$ 에서 $k\leqq1$, $k\geqq9$ $\cdots①$

$D_2/4<0$ 에서 $0<k<3$ $\cdots②$

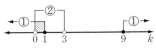

$$\therefore\ 0<k\leqq1$$

(ii) $D_1<0$ 이고 $D_2/4\geqq0$ 일 때

$D_1<0$ 에서 $1<k<9$ $\cdots\cdots③$

$D_2/4\geqq0$ 에서

$$k\leqq0,\ k\geqq3 \qquad\qquad \cdots\cdots④$$

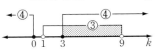

$$\therefore\ 3\leqq k<9$$

(i), (ii)에서 $\boldsymbol{0<k\leqq1,\ 3\leqq k<9}$

(2) (i) $D_1=0$ 이고 $D_2/4<0$ 일 때

$k=1$, 9이고 $0<k<3$ 에서 $k=1$

(ii) $D_2/4=0$ 이고 $D_1<0$ 일 때

$k=0$, 3이고 $1<k<9$ 에서 $k=3$

(i), (ii)에서 $\boldsymbol{k=1,\ 3}$

10-2. (1) 포물선 $y=f(x)$ 가 x축과 두 점 $(-3,0)$, $(2,0)$ 에서 만나므로 축의 방정식을 $x=p$ 로 놓으면

$$p=\frac{-3+2}{2}=-\frac{1}{2}$$

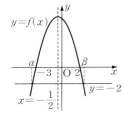

방정식 $f(x)=-2$ 의 두 근을 α, β 라고 하면

$$\frac{\alpha+\beta}{2}=-\frac{1}{2} \qquad \therefore\ \alpha+\beta=\boldsymbol{-1}$$

(2) $3x-1=t$ 로 놓으면 주어진 방정식은

$$f(t)=0$$

$f(t)=0$ 의 두 근이 $t=-3$, 2이므로

$$3x-1=-3,\ 2 \qquad \therefore\ x=-\frac{2}{3},\ 1$$

따라서 두 근의 절댓값의 합은 $\dfrac{5}{3}$

10-3. $y=-x^2+ax+b \qquad\qquad \cdots\cdots①$

$$y=x^2-4x+3 \qquad\qquad \cdots\cdots②$$

①과 x축의 교점은 ②와 x축의 교점과 같다.

그런데 ②와 x축의 교점의 x좌표는

$$x^2-4x+3=0 \qquad \therefore\ x=1,\ 3$$

따라서 교점의 좌표는 $(1,0)$, $(3,0)$이고, ①이 이 두 점을 지나므로

$$0=-1+a+b,\ 0=-9+3a+b$$

연립하여 풀면 $\boldsymbol{a=4,\ b=-3}$

*__Note__ x절편이 1, 3이고 x^2의 계수가

-1인 이차함수는
$$y=-(x-1)(x-3)=-x^2+4x-3$$

10-4. 직선 $y=x+4$에 평행한 접선의 방정식을 $y=x+k$라고 하자.

이 직선이 포물선 $y=-x^2+1$에 접할 조건은
$$-x^2+1=x+k, \ 곧 \ x^2+x+k-1=0$$
에서
$$D=1^2-4(k-1)=0 \quad \therefore \ k=\frac{5}{4}$$
$$\therefore \ \boldsymbol{y=x+\frac{5}{4}}$$

10-5. 접선의 방정식을 $y=ax+b$라고 하자. 이 직선이 포물선 $y=x^2$에 접할 조건은 $x^2=ax+b$, 곧 $x^2-ax-b=0$에서
$$D=(-a)^2-4\times(-b)=0$$
$$\therefore \ a^2+4b=0 \qquad \cdots\cdots①$$
또, 점 $(-1, 1)$이 이 직선 위의 점이므로
$$1=-a+b \quad \therefore \ b=a+1$$
이것을 ①에 대입하면
$$a^2+4(a+1)=0 \quad \therefore \ (a+2)^2=0$$
$$\therefore \ a=-2, \ b=-1$$
$$\therefore \ \boldsymbol{y=-2x-1}$$

10-6. $y=x^2+2x+3$ $\qquad\cdots\cdots①$
$\quad\quad y=-3x^2-2x-1 \qquad\cdots\cdots②$
공통접선의 방정식을
$$y=mx+n \qquad\cdots\cdots③$$
이라고 하자.

③이 ①에 접할 조건은
$$x^2+2x+3=mx+n$$
곧, $x^2+(2-m)x+3-n=0$에서
$$D_1=(2-m)^2-4(3-n)=0$$
$$\therefore \ m^2-4m+4n-8=0 \quad\cdots\cdots④$$
③이 ②에 접할 조건은
$$-3x^2-2x-1=mx+n$$
곧, $3x^2+(m+2)x+n+1=0$에서
$$D_2=(m+2)^2-4\times3(n+1)=0$$

$\therefore \ m^2+4m-12n-8=0 \ \cdots\cdots⑤$

④$\times3+$⑤에서 $m^2-2m-8=0$
$$\therefore \ m=-2, \ 4$$
이 값을 ④에 대입하면 $n=-1, \ 2$
$m, \ n$의 값을 ③에 대입하면
$$\boldsymbol{y=-2x-1, \ y=4x+2}$$

10-7. $y=-x^2+kx$와 $y=x+1$에서 y를 소거하면
$$x^2-(k-1)x+1=0$$
포물선과 직선이 서로 다른 두 점에서 만날 조건은
$$D=(k-1)^2-4>0$$
$$\therefore \ \boldsymbol{k<-1, \ k>3}$$

10-8. $y=mx-1$ $\qquad\qquad\cdots\cdots①$
$\quad\quad y=x^2+2x+3 \qquad\cdots\cdots②$
$\quad\quad y=x^2-2x \qquad\qquad\cdots\cdots③$
①, ②에서 y를 소거하여 정리하면
$$x^2-(m-2)x+4=0$$
①, ②가 접하므로
$$D_1=(m-2)^2-4\times4=0$$
$$\therefore \ m=-2, \ 6 \qquad\cdots\cdots④$$
①, ③에서 y를 소거하여 정리하면
$$x^2-(m+2)x+1=0$$
①, ③이 서로 다른 두 점에서 만나므로
$$D_2=(m+2)^2-4>0$$
$$\therefore \ m<-4, \ m>0 \qquad\cdots\cdots⑤$$
④, ⑤를 동시에 만족시키는 m의 값은
$$\boldsymbol{m=6}$$

10-9. $y=mx$ $\qquad\qquad\cdots\cdots①$
$\quad\quad y=x^2-x+1 \qquad\cdots\cdots②$
$\quad\quad y=x^2+x+1 \qquad\cdots\cdots③$
①, ②에서 y를 소거하여 정리하면
$$x^2-(m+1)x+1=0$$
①, ②가 서로 다른 두 점에서 만나므로
$$D_1=(m+1)^2-4>0$$
$$\therefore \ m<-3, \ m>1 \qquad\cdots\cdots④$$
①, ③에서 y를 소거하여 정리하면

$$x^2-(m-1)x+1=0$$

①, ③이 만나지 않으므로

$$D_2=(m-1)^2-4<0$$

$$\therefore \ -1<m<3 \qquad \cdots\cdots ⑤$$

④, ⑤의 공통 범위는 **$1<m<3$**

10-10. $|x^2-4|=2x+k$ $\qquad \cdots\cdots ①$

①의 양변을 y로 놓으면

$y=|x^2-4| \ \cdots ②$ $\qquad y=2x+k \ \cdots ③$

①의 실근은 ②, ③의 교점의 x좌표와 같다. 또, ②는 아래 그림에서 굵은 선이고, ③은 기울기가 2인 직선이다.

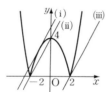

(i) ②와 ③이 $-2<x<2$에서 접할 때

$$-x^2+4=2x+k$$

곧, $x^2+2x+k-4=0$

이 중근을 가져야 한다.

$$\therefore \ D/4=1^2-(k-4)=0 \quad \therefore \ k=5$$

(ii) ③이 점 $(-2,\,0)$을 지날 때

$$0=2\times(-2)+k \quad \therefore \ k=4$$

(iii) ③이 점 $(2,\,0)$을 지날 때

$$0=2\times 2+k \quad \therefore \ k=-4$$

따라서 ②와 ③이 서로 다른 두 점에서 만날 조건은

$$-4<k<4,\ k>5$$

10-11. $f(x)=x^2-2ax+a+6$으로 놓자.

(1)

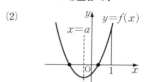

$f(1)=1-2a+a+6>0,$

축 : $x=a>1,$

$$D/4=(-a)^2-(a+6)\geq 0$$

$$\therefore \ 3\leq a<7$$

(2)

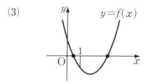

$f(1)=1-2a+a+6>0,$

축 : $x=a<1,$

$$D/4=(-a)^2-(a+6)\geq 0$$

$$\therefore \ a\leq -2$$

(3)

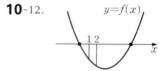

$f(1)=1-2a+a+6<0 \quad \therefore \ a>7$

10-12.

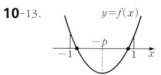

$f(x)=x^2-mx+3$으로 놓으면

$f(1)=1-m+3<0,$

$f(2)=4-2m+3<0$

$$\therefore \ m>4$$

10-13.

$f(x)=x^2+2px+p$로 놓으면

$f(-1)=1-2p+p\geq 0,$

$f(1)=1+2p+p\geq 0,$

축 : $-1<-p<1,$

$$D/4=p^2-p>0$$

$$\therefore \ -\frac{1}{3}\leq p<0$$

11-1. x, y에 관하여 연립하여 풀면

$$x=3a-2, \ y=-a+1$$

$$\therefore \ x^2+y^2=(3a-2)^2+(-a+1)^2$$
$$=10a^2-14a+5$$
$$=10\left(a-\frac{7}{10}\right)^2+\frac{1}{10}$$

여기에서 $\left|a-\dfrac{7}{10}\right|$ 이 최소가 되는 정수 a 의 값은 **1**

11-2. $x-1=\dfrac{y+1}{2}=\dfrac{z+2}{3}=k$

로 놓으면

$$x=k+1, \ y=2k-1, \ z=3k-2$$

$$\therefore \ x^2+y^2+z^2=(k+1)^2+(2k-1)^2$$
$$+(3k-2)^2$$
$$=14k^2-14k+6$$
$$=14\left(k-\frac{1}{2}\right)^2+\frac{5}{2}$$

그런데 $x=k+1$ 이 정수이므로 k 도 정수이다.

따라서 $\left|k-\dfrac{1}{2}\right|$ 이 최소가 되는 정수 k 는 0 또는 1이고, 이때 최솟값은 **6**

11-3. (1) $2x-4y-x^2-2y^2+2xy+1$

$$=-x^2+2(y+1)x-2y^2-4y+1$$
$$=-\{x-(y+1)\}^2+(y+1)^2$$
$$-2y^2-4y+1$$
$$=-(x-y-1)^2-(y+1)^2+3$$

x, y 는 실수이므로

$$-(x-y-1)^2\le 0, \ -(y+1)^2\le 0$$

따라서 $x=0, \ y=-1$ 일 때

최댓값 **3**

(2) $x^2+y^2+z^2+2x-6y-8z+10$

$$=(x^2+2x)+(y^2-6y)+(z^2-8z)+10$$
$$=(x+1)^2+(y-3)^2+(z-4)^2-16$$

x, y, z 는 실수이므로

$$(x+1)^2\ge 0, \ (y-3)^2\ge 0, \ (z-4)^2\ge 0$$

따라서 $x=-1, \ y=3, \ z=4$ 일 때

최솟값 **-16**

11-4. $y=x^2-ax+a^2=\left(x-\dfrac{a}{2}\right)^2+\dfrac{3}{4}a^2$

에서 꼭짓점은 점 $\left(\dfrac{a}{2}, \ \dfrac{3}{4}a^2\right)$ 이다.

(i) (ii)

(iii)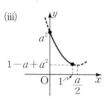

(i) $\dfrac{a}{2}\le 0$, 곧 $a\le 0$ 일 때

$x=0$ 일 때 y 는 최소이므로 　$a^2=7$

$a\le 0$ 이므로 　$a=-\sqrt{7}$

(ii) $0<\dfrac{a}{2}<1$, 곧 $0<a<2$ 일 때

$x=\dfrac{a}{2}$ 일 때 y 는 최소이므로

$$\frac{3}{4}a^2=7 \quad \therefore \ a=\pm\sqrt{\frac{28}{3}}$$

이것은 $0<a<2$ 에 부적합하다.

(iii) $\dfrac{a}{2}\ge 1$, 곧 $a\ge 2$ 일 때

$x=1$ 일 때 y 는 최소이므로

$$1-a+a^2=7 \quad \therefore \ a^2-a-6=0$$

$a\ge 2$ 이므로 　$a=3$

(i), (ii), (iii)에서 　$\boldsymbol{a=-\sqrt{7}, \ 3}$

11-5. $y=x^2-2ax+a=(x-a)^2-a^2+a$

에서 꼭짓점은 점 $(a, \ -a^2+a)$ 이다.

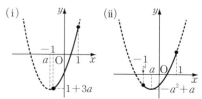

(iii)

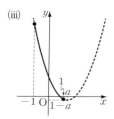

(i) $a \leq -1$일 때

$x=-1$일 때 y는 최소이므로

$1+3a=-2$ $\therefore$ $a=-1$

(ii) $-1 < a < 1$일 때

$x=a$일 때 y는 최소이므로

$-a^2+a=-2$ $\therefore$ $a=-1, 2$

이것은 $-1 < a < 1$에 부적합하다.

(iii) $a \geq 1$일 때

$x=1$일 때 y는 최소이므로

$1-a=-2$ $\therefore$ $a=3$

(i), (ii), (iii)에서 $\boldsymbol{a=-1, 3}$

11-6. $2x+y=3$에서 $y=3-2x$ ⋯①

$x^2+2y^2=t$로 놓고 ①을 대입하면

$t=x^2+2(3-2x)^2=9\left(x-\dfrac{4}{3}\right)^2+2$

$y \geq 0$이므로 ①에서

$x \leq \dfrac{3}{2}$

또, $x \geq 0$이므로

$0 \leq x \leq \dfrac{3}{2}$

오른쪽 그림에서

$x=0$일 때 최댓값 **18**,

$x=\dfrac{4}{3}$일 때 최솟값 **2**

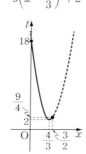

11-7. 직각삼각형
ABC의 빗변 AB
위에 점 P를 잡고,
$\overline{AP}=x$로 놓으면
$0 < x < 5$이고,
$\triangle ABC \backsim \triangle APE$

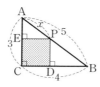

$\therefore$ $\overline{AB}:\overline{AP}=\overline{BC}:\overline{PE}=\overline{AC}:\overline{AE}$

곧, $5:x=4:\overline{PE}=3:\overline{AE}$이므로

$$\overline{PE}=\dfrac{4}{5}x, \quad \overline{AE}=\dfrac{3}{5}x$$

직사각형 PDCE의 넓이를 S라고 하면

$$S=\overline{PE}\times\overline{EC}=\dfrac{4}{5}x\times\left(3-\dfrac{3}{5}x\right)$$

$$=-\dfrac{12}{25}\left(x-\dfrac{5}{2}\right)^2+3$$

따라서 $x=\dfrac{5}{2}$일 때

S는 최대이다.

이때, $\overline{AP}=\dfrac{1}{2}\overline{AB}$

이므로 점 P가
변 AB의 중점
일 때 최대이다.

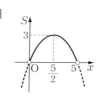

11-8. (1) $\dfrac{2-6x}{1+3x^2}=y$로 놓으면

$2-6x=y(1+3x^2)$

이 식을 x에 관하여 정리하면

$3yx^2+6x+y-2=0$ ⋯⋯①

(i) $y \neq 0$일 때, x는 실수이므로

$D/4=3^2-3y(y-2) \geq 0$

$\therefore$ $y^2-2y-3 \leq 0$

$\therefore$ $-1 \leq y \leq 3$ $(y \neq 0)$

(ii) $y=0$일 때, ①은 $6x-2=0$

$\therefore$ $x=\dfrac{1}{3}$ (실수)

(i), (ii)에서 $-1 \leq y \leq 3$

$\therefore$ **최댓값 3, 최솟값 -1**

(2) $\dfrac{3x}{x^2+x+1}=y$로 놓으면

$3x=y(x^2+x+1)$

이 식을 x에 관하여 정리하면

$yx^2+(y-3)x+y=0$ ⋯⋯①

(i) $y \neq 0$일 때, x는 실수이므로

$D=(y-3)^2-4y^2 \geq 0$

$\therefore$ $y^2+2y-3 \leq 0$

$\therefore$ $-3 \leq y \leq 1$ $(y \neq 0)$

(ii) $y=0$일 때, ①은 $-3x=0$

$\therefore x=0$ (실수)

(i), (ii)에서 $-3\leq y\leq 1$

$\therefore$ 최댓값 **1**, 최솟값 **-3**

11-9. $x+2y=k$로 놓으면 $x=k-2y$

이것을 $x^2+y^2=1$에 대입하면

$(k-2y)^2+y^2=1$

$\therefore 5y^2-4ky+k^2-1=0$

y는 실수이므로

$D/4=(-2k)^2-5(k^2-1)\geq 0$

$\therefore k^2-5\leq 0$ $\therefore -\sqrt{5}\leq k\leq\sqrt{5}$

$\therefore$ 최댓값 **$\sqrt{5}$**, 최솟값 **$-\sqrt{5}$**

11-10. $x-y=k$로 놓으면 $y=x-k$

이것을 주어진 식에 대입하면

$x^3-3x(x-k)-(x-k)^3=0$

$\therefore 3(k-1)x^2+3k(1-k)x+k^3=0$

$\cdots\cdots$①

(i) $k\neq 1$일 때, x는 실수이므로

$D=9k^2(1-k)^2-12k^3(k-1)\geq 0$

$\therefore 3k^2(1-k)\{3(1-k)+4k\}\geq 0$

$\therefore k^2(k+3)(k-1)\leq 0$

$k^2\geq 0$이므로

$k=0$ 또는 $(k+3)(k-1)\leq 0$

$\therefore -3\leq k\leq 1$

$k\neq 1$이므로 $-3\leq k<1$

(ii) $k=1$일 때, ①에서 $1=0$이 되어 성립하지 않는다.

(i), (ii)에서 $-3\leq k<1$

$\therefore \boldsymbol{-3\leq x-y<1}$

11-11. 주어진 식에서

$x^2-2(m-5)x+2m^2-4m-2=0$

$\cdots\cdots$①

①이 실근을 가지려면

$D/4=(m-5)^2-(2m^2-4m-2)\geq 0$

$\therefore m^2+6m-27\leq 0$

$\therefore \boldsymbol{-9\leq m\leq 3}$ $\cdots\cdots$②

①에서 두 실근을 α, β라고 하면

$\alpha\beta=2m^2-4m-2$

$=2(m-1)^2-4$ $\cdots\cdots$③

②에서 ③의 최댓값, 최솟값은

$m=-9$일 때 최댓값 **196**,

$m=1$일 때 최솟값 **-4**

11-12. 주어진 식에서

$x^2-8x+4y^2+16y-4=0$

x는 실수이므로

$D/4=(-4)^2-(4y^2+16y-4)\geq 0$

$\therefore y^2+4y-5\leq 0$ $\therefore -5\leq y\leq 1$

따라서 y의 최댓값 **1**, 최솟값 **-5**

*__Note__ 주어진 식에서

$(x-4)^2+(2y+4)^2=36$

$\therefore 36-(2y+4)^2=(x-4)^2\geq 0$

$\therefore -6\leq 2y+4\leq 6$ $\therefore -5\leq y\leq 1$

12-1. (1) $x^3=1$에서 $x^3-1=0$

$\therefore (x-1)(x^2+x+1)=0$

$\therefore x-1=0$ 또는 $x^2+x+1=0$

$\therefore \boldsymbol{x=1, \dfrac{-1\pm\sqrt{3}i}{2}}$

(2) $x^4=81$에서 $x^4-81=0$

$\therefore (x^2-9)(x^2+9)=0$

$\therefore x^2=9$ 또는 $x^2=-9$

$\therefore \boldsymbol{x=\pm 3, \pm 3i}$

(3) $x^4+1=0$에서

$x^4+2x^2+1-2x^2=0$

$\therefore (x^2+1)^2-(\sqrt{2}x)^2=0$

$\therefore (x^2+1+\sqrt{2}x)(x^2+1-\sqrt{2}x)=0$

$\therefore x^2+\sqrt{2}x+1=0$

또는 $x^2-\sqrt{2}x+1=0$

$\therefore \boldsymbol{x=\dfrac{\sqrt{2}(-1\pm i)}{2}, \dfrac{\sqrt{2}(1\pm i)}{2}}$

(4) $x^4-x^2-72=0$에서

$(x^2-9)(x^2+8)=0$

$\therefore x^2=9$ 또는 $x^2=-8$

$\therefore \boldsymbol{x=\pm 3, \pm 2\sqrt{2}i}$

(5) $4x^4 - 8x^2 + 1 = 0$에서

$$4x^4 - 4x^2 + 1 - 4x^2 = 0$$

$$\therefore (2x^2 - 1)^2 - (2x)^2 = 0$$

$$\therefore (2x^2 - 1 + 2x)(2x^2 - 1 - 2x) = 0$$

$$\therefore 2x^2 + 2x - 1 = 0$$

$$또는 \quad 2x^2 - 2x - 1 = 0$$

$$\therefore \boldsymbol{x = \frac{-1 \pm \sqrt{3}}{2}, \ \frac{1 \pm \sqrt{3}}{2}}$$

12-2. (1) 주어진 방정식에서

$$(x-1)(x-6)(x-3)(x-4) - 72 = 0$$

$$\therefore (x^2 - 7x + 6)(x^2 - 7x + 12) - 72 = 0$$

$x^2 - 7x = X$로 놓으면

$$(X+6)(X+12) - 72 = 0$$

$$\therefore X^2 + 18X = 0 \quad \therefore X = 0, \ -18$$

곧, $x^2 - 7x = 0, \ -18$

$x^2 - 7x = 0$에서 $\boldsymbol{x = 0, \ 7}$

$x^2 - 7x = -18$에서 $\boldsymbol{x = \dfrac{7 \pm \sqrt{23}i}{2}}$

(2) $f(x) = x^3 - 5x^2 + 3x + 9$로 놓으면

$f(-1) = 0$이므로 $f(x)$는 $x + 1$을 인수로 가진다.

조립제법으로 그 몫을 구하면

$$f(x) = (x+1)(x^2 - 6x + 9)$$

$$= (x+1)(x-3)^2$$

$f(x) = 0$에서 $\boldsymbol{x = -1, \ 3}$(중근)

(3) $f(x) = x^3 - 4x^2 + 3x + 2$로 놓으면

$f(2) = 0$이므로 $f(x)$는 $x - 2$를 인수로 가진다.

조립제법으로 그 몫을 구하면

$$f(x) = (x-2)(x^2 - 2x - 1)$$

$f(x) = 0$에서 $\boldsymbol{x = 2, \ 1 \pm \sqrt{2}}$

(4) $f(x) = x^4 + x^3 - 6x^2 - 2x + 4$로 놓으면 $f(-1) = 0, f(2) = 0$이므로 $f(x)$는 $x+1, \ x-2$를 인수로 가진다.

조립제법을 이용하여 $f(x)$를 $x+1$로 나누고, 그 몫을 다시 $x-2$로 나누면

$$f(x) = (x+1)(x-2)(x^2 + 2x - 2)$$

$f(x) = 0$에서 $\boldsymbol{x = -1, \ 2, \ -1 \pm \sqrt{3}}$

12-3. $x = 0$은 주어진 방정식을 만족시키지 않으므로 $x \neq 0$이다.

(1) $x \neq 0$이므로 양변을 x^2으로 나누면

$$4x^2 - 8x + 3 - \frac{8}{x} + \frac{4}{x^2} = 0$$

$$\therefore 4\left(x^2 + \frac{1}{x^2}\right) - 8\left(x + \frac{1}{x}\right) + 3 = 0$$

$$\cdots\cdots ①$$

$x + \dfrac{1}{x} = t$로 놓으면

$$x^2 + \frac{1}{x^2} = \left(x + \frac{1}{x}\right)^2 - 2 = t^2 - 2$$

따라서 ①은 $4(t^2 - 2) - 8t + 3 = 0$

$$\therefore 4t^2 - 8t - 5 = 0 \quad \therefore t = \frac{5}{2}, \ -\frac{1}{2}$$

(ⅰ) $t = \dfrac{5}{2}$일 때 $x + \dfrac{1}{x} = \dfrac{5}{2}$

$$\therefore 2x^2 - 5x + 2 = 0 \quad \therefore x = 2, \ \frac{1}{2}$$

(ⅱ) $t = -\dfrac{1}{2}$일 때 $x + \dfrac{1}{x} = -\dfrac{1}{2}$

$$\therefore 2x^2 + x + 2 = 0$$

$$\therefore x = \frac{-1 \pm \sqrt{15}i}{4}$$

(ⅰ), (ⅱ)에서

$$\boldsymbol{x = 2, \ \frac{1}{2}, \ \frac{-1 \pm \sqrt{15}i}{4}}$$

(2) $x \neq 0$이므로 양변을 x^2으로 나누면

$$2x^2 - 5x + 1 - \frac{5}{x} + \frac{2}{x^2} = 0$$

$$\therefore 2\left(x^2 + \frac{1}{x^2}\right) - 5\left(x + \frac{1}{x}\right) + 1 = 0$$

$x + \dfrac{1}{x} = t$로 놓으면

$$2(t^2 - 2) - 5t + 1 = 0$$

$$\therefore 2t^2 - 5t - 3 = 0 \quad \therefore t = 3, \ -\frac{1}{2}$$

(ⅰ) $t = 3$일 때 $x + \dfrac{1}{x} = 3$

$$\therefore x^2 - 3x + 1 = 0 \quad \therefore x = \frac{3 \pm \sqrt{5}}{2}$$

(ⅱ) $t = -\dfrac{1}{2}$일 때 $x + \dfrac{1}{x} = -\dfrac{1}{2}$

$$\therefore 2x^2 + x + 2 = 0$$

$$\therefore x = \frac{-1 \pm \sqrt{15}i}{4}$$

(i), (ii)에서
$$x=\frac{3\pm\sqrt{5}}{2}, \ \frac{-1\pm\sqrt{15}i}{4}$$

12-4. $\sqrt{3}-1$이 방정식 $x^3+px+q=0$의 근이므로
$$(\sqrt{3}-1)^3+p(\sqrt{3}-1)+q=0$$
전개하여 $\sqrt{3}$에 관하여 정리하면
$$(p+6)\sqrt{3}+(-p+q-10)=0$$
p, q는 유리수이므로
$$p+6=0, \ -p+q-10=0$$
$$\therefore \ \boldsymbol{p=-6, \ q=4}$$
이때,
$$x^3+px+q=x^3-6x+4$$
$$=(x-2)(x^2+2x-2)$$
이므로 $x^3-6x+4=0$에서
$$x=2, \ -1\pm\sqrt{3}$$
따라서 나머지 두 근은
$$\boldsymbol{x=2, \ -1-\sqrt{3}}$$

12-5. $1+i$가 주어진 방정식의 근이므로
$$2(1+i)^3+p(1+i)^2+q(1+i)-6=0$$
전개하여 i에 관하여 정리하면
$$(q-10)+(2p+q+4)i=0$$
p, q는 실수이므로
$$q-10=0, \ 2p+q+4=0$$
$$\therefore \ \boldsymbol{p=-7, \ q=10}$$

12-6. $P(x)$를 $x-1$로 나눈 나머지가 -8이므로
$$P(1)=1+a+b+c=-8$$
곧, $a+b+c=-9$ ······①
$1-\sqrt{2}$가 $P(x)=0$의 근이므로
$$(1-\sqrt{2})^3+a(1-\sqrt{2})^2$$
$$+b(1-\sqrt{2})+c=0$$
전개하여 $\sqrt{2}$에 관하여 정리하면
$$(3a+b+c+7)+(-2a-b-5)\sqrt{2}=0$$
a, b, c가 유리수이므로
$$3a+b+c+7=0 \qquad ······②$$
$$-2a-b-5=0 \qquad ······③$$

①, ②, ③을 연립하여 풀면
$$a=1, \ b=-7, \ c=-3$$
이때, $P(x)=x^3+x^2-7x-3$이므로 $P(x)$를 $x+1$로 나눈 나머지는
$$P(-1)=-1+1+7-3=\boldsymbol{4}$$
*__Note__ 다항식 $P(x)$의 계수가 모두 유리수이고 $1-\sqrt{2}$가 방정식 $P(x)=0$의 근이므로 $1+\sqrt{2}$도 근이다. 따라서
$$P(x)=\{x-(1-\sqrt{2})\}$$
$$\times\{x-(1+\sqrt{2})\}(x+p)$$
$$=(x^2-2x-1)(x+p)$$
로 놓을 수 있다.
$P(1)=-8$이므로
$$-2(1+p)=-8 \qquad \therefore \ p=3$$
$$\therefore \ P(x)=(x^2-2x-1)(x+3)$$
$$\therefore \ P(-1)=\boldsymbol{4}$$

12-7. (1) a에 관하여 정리하면
$$-(x+1)a+x^3-x^2-2x=0$$
$$\therefore \ -(x+1)a+x(x-2)(x+1)=0$$
$$······①$$
①이 a의 값에 관계없이 성립하려면
$$x+1=0, \ x(x-2)(x+1)=0$$
$$\therefore \ \boldsymbol{x=-1}$$
(2) ①의 좌변을 인수분해하면
$$(x+1)(x^2-2x-a)=0$$
$$\therefore \ x+1=0 \ \text{또는}$$
$$x^2-2x-a=0 \qquad ······②$$
(i) ②가 중근을 가질 때
$$D/4=1+a=0에서 \quad a=-1$$
이때, ②는
$$x^2-2x+1=(x-1)^2=0$$
이므로 주어진 방정식은 $x=1$을 중근으로 가진다.
(ii) ②가 -1을 근으로 가질 때
$x=-1$을 대입하면
$$1+2-a=0 \quad \therefore \ a=3$$
이때, ②는

$x^2-2x-3=(x+1)(x-3)=0$
이므로 주어진 방정식은 $x=-1$을 중근으로 가진다.

(i), (ii)에서　　**$a=-1, 3$**

12-8. ω는 $x^3+1=0$의 허근이므로
$$\omega^3=-1$$
또, $(x+1)(x^2-x+1)=0$에서 ω는 $x^2-x+1=0$의 근이므로
$$\omega^2-\omega+1=0$$
이차방정식 $x^2-x+1=0$의 계수가 실수이므로 $\overline{\omega}$도 이 방정식의 근이다.
$$\therefore \quad \overline{\omega}^3=-1, \quad \overline{\omega}^2-\overline{\omega}+1=0$$
한편 이차방정식의 근과 계수의 관계로부터 $\omega+\overline{\omega}=1, \ \omega\overline{\omega}=1$
$$\therefore \quad \omega-2\overline{\omega}^2+3\omega^3-4\overline{\omega}^4+\cdots-10\overline{\omega}^{10}$$
$$=(\omega+3\omega^3+5\omega^5+7\omega^7+9\omega^9)$$
$$\quad -2(\overline{\omega}^2+2\overline{\omega}^4+3\overline{\omega}^6+4\overline{\omega}^8+5\overline{\omega}^{10})$$
$$=(\omega-3-5\omega^2+7\omega-9)$$
$$\quad -2(\overline{\omega}^2-2\overline{\omega}+3+4\overline{\omega}^2-5\overline{\omega})$$
$$=-5(\omega-1)+8\omega-12$$
$$\quad -2\{5(\overline{\omega}-1)-7\overline{\omega}+3\}$$
$$=3\omega+4\overline{\omega}-3=3\omega+4(1-\omega)-3$$
$$=-\omega+1$$
$$\therefore \quad \textbf{\textit{a}=-1, \ \textbf{\textit{b}}=1}$$

12-9. 근과 계수의 관계로부터
$$\alpha+\beta+\gamma=3,$$
$$\alpha\beta+\beta\gamma+\gamma\alpha=0,$$
$$\alpha\beta\gamma=-1$$
(1) $\alpha^2+\beta^2+\gamma^2=(\alpha+\beta+\gamma)^2$
$$\quad\quad\quad -2(\alpha\beta+\beta\gamma+\gamma\alpha)$$
$$=3^2-2\times0=9$$
또,
$$\alpha^2\beta^2+\beta^2\gamma^2+\gamma^2\alpha^2$$
$$=(\alpha\beta+\beta\gamma+\gamma\alpha)^2-2\alpha\beta\gamma(\alpha+\beta+\gamma)$$
$$=0^2-2\times(-1)\times3=6$$
$$\therefore \quad \alpha^4+\beta^4+\gamma^4=(\alpha^2+\beta^2+\gamma^2)^2$$
$$\quad\quad -2(\alpha^2\beta^2+\beta^2\gamma^2+\gamma^2\alpha^2)$$

$$=9^2-2\times6=\textbf{69}$$
(2) 주어진 식을 통분하면
$$(분모)=(1+\alpha)(1+\beta)(1+\gamma)$$
$$=1+(\alpha+\beta+\gamma)$$
$$\quad +(\alpha\beta+\beta\gamma+\gamma\alpha)+\alpha\beta\gamma$$
$$=1+3+0+(-1)=3$$
$$(분자)=(1+\beta)(1+\gamma)+(1+\alpha)(1+\gamma)$$
$$\quad\quad +(1+\alpha)(1+\beta)$$
$$=3+2(\alpha+\beta+\gamma)$$
$$\quad\quad +(\alpha\beta+\beta\gamma+\gamma\alpha)$$
$$=3+2\times3+0=9$$
$$\therefore \quad \frac{1}{1+\alpha}+\frac{1}{1+\beta}+\frac{1}{1+\gamma}=\frac{9}{3}=\textbf{3}$$
(3) $\alpha^3+\beta^3+\gamma^3-3\alpha\beta\gamma=(\alpha+\beta+\gamma)$
$$\quad \times(\alpha^2+\beta^2+\gamma^2-\alpha\beta-\beta\gamma-\gamma\alpha)$$
이므로
$$\alpha^3+\beta^3+\gamma^3$$
$$=(\alpha+\beta+\gamma)\{\alpha^2+\beta^2+\gamma^2$$
$$\quad -(\alpha\beta+\beta\gamma+\gamma\alpha)\}+3\alpha\beta\gamma$$
$$=3\times(9-0)+3\times(-1)=24$$
$$\therefore \quad \frac{\alpha^2}{\beta\gamma}+\frac{\beta^2}{\gamma\alpha}+\frac{\gamma^2}{\alpha\beta}=\frac{\alpha^3+\beta^3+\gamma^3}{\alpha\beta\gamma}$$
$$=\frac{24}{-1}=\textbf{-24}$$

*__Note__ 다음과 같이 풀 수도 있다.
(1) α는 주어진 방정식의 근이므로
$$\alpha^3-3\alpha^2+1=0 \quad \therefore \ \alpha^3=3\alpha^2-1$$
$$\therefore \quad \alpha^4=\alpha\times\alpha^3=\alpha(3\alpha^2-1)$$
$$=3\alpha^3-\alpha=3(3\alpha^2-1)-\alpha$$
$$=9\alpha^2-\alpha-3$$
같은 방법으로 하면
$$\beta^4=9\beta^2-\beta-3,$$
$$\gamma^4=9\gamma^2-\gamma-3$$
$$\therefore \quad \alpha^4+\beta^4+\gamma^4=9(\alpha^2+\beta^2+\gamma^2)$$
$$\quad\quad -(\alpha+\beta+\gamma)-9$$
$$=9\times9-3-9=\textbf{69}$$
(2) $1+\alpha, \ 1+\beta, \ 1+\gamma$는 방정식
$$(x-1)^3-3(x-1)^2+1=0$$
곧, $x^3-6x^2+9x-3=0$

의 근이다.

$x \neq 0$이므로 양변을 x^3으로 나누고 $\dfrac{1}{x}=t$로 놓으면

$$3t^3-9t^2+6t-1=0$$

$\dfrac{1}{1+\alpha}$, $\dfrac{1}{1+\beta}$, $\dfrac{1}{1+\gamma}$은 이 방정식의 근이므로

$$\dfrac{1}{1+\alpha}+\dfrac{1}{1+\beta}+\dfrac{1}{1+\gamma}=-\dfrac{-9}{3}=\mathbf{3}$$

(3) $\alpha^3+\beta^3+\gamma^3=(3\alpha^2-1)+(3\beta^2-1)$
$$+(3\gamma^2-1)$$
$$=3(\alpha^2+\beta^2+\gamma^2-1)$$
$$=3\times(9-1)=24$$

$$\therefore \ \dfrac{\alpha^2}{\beta\gamma}+\dfrac{\beta^2}{\gamma\alpha}+\dfrac{\gamma^2}{\alpha\beta}=\dfrac{\alpha^3+\beta^3+\gamma^3}{\alpha\beta\gamma}$$
$$=\dfrac{24}{-1}=\mathbf{-24}$$

12-10. 근과 계수의 관계로부터
$$-3+a+4=-a,$$
$$-3a+4a-12=b,$$
$$-3\times a\times 4=-c$$

연립하여 풀면

$$a=-\dfrac{1}{2}, \ b=-\dfrac{25}{2}, \ c=-6$$

12-11. $x^3-3x+a=0$에서 세 근을 α, α, $\beta(\alpha\neq\beta)$로 놓으면 근과 계수의 관계로부터

$\alpha+\alpha+\beta=0$ $\quad\therefore\ \beta=-2\alpha\ \cdots$①
$\alpha\alpha+\alpha\beta+\beta\alpha=-3$
$\quad\therefore\ \alpha^2+2\alpha\beta=-3\quad\cdots\cdots$②
$\alpha\alpha\beta=-a$ $\quad\therefore\ a=-\alpha^2\beta\ \cdots$③

①을 ②에 대입하여 정리하면

$\alpha^2=1$ $\quad\therefore\ \alpha=\pm1$

이 값을 ①에 대입하면 $\beta=\mp2$
이 값을 ③에 대입하면

$$a=-(\pm1)^2\times(\mp2)=\pm2\ (\text{복부호동순})$$

12-12. $x^3-5x^2+2x-a=0$에서 세 근을 α, $\alpha+3$, β로 놓으면 근과 계수의 관계로

부터

$\alpha+(\alpha+3)+\beta=5$
$\quad\therefore\ \beta=2-2\alpha\qquad\cdots\cdots$①
$\alpha(\alpha+3)+(\alpha+3)\beta+\beta\alpha=2\cdots$②
$\alpha(\alpha+3)\beta=a\qquad\cdots\cdots$③

①을 ②에 대입하면

$\alpha^2+3\alpha+(\alpha+3)(2-2\alpha)+(2-2\alpha)\alpha=2$
$\therefore\ 3\alpha^2-\alpha-4=0$ $\quad\therefore\ \alpha=-1,\ \dfrac{4}{3}$

이 값을 ①, ③에 대입하면

$\alpha=-1$일 때 $\beta=4$
$\quad\therefore\ a=-1\times2\times4=-8$

$\alpha=\dfrac{4}{3}$일 때 $\beta=-\dfrac{2}{3}$이고, 이때 a는 정수가 아니므로 문제의 조건에 적합하지 않다.

$$\therefore\ \boldsymbol{a=-8,\ x=-1,\ 2,\ 4}$$

12-13. 근과 계수의 관계로부터

$$\alpha+\beta+\gamma=\dfrac{45}{18}=\dfrac{5}{2}\qquad\cdots\cdots①$$
$$\alpha\beta+\beta\gamma+\gamma\alpha=\dfrac{m}{18}\qquad\cdots\cdots②$$
$$\alpha\beta\gamma=\dfrac{10}{18}=\dfrac{5}{9}\qquad\cdots\cdots③$$

또, 문제의 조건에서

$$\alpha+\beta=2\gamma\qquad\cdots\cdots④$$

④를 ①에 대입하면

$$3\gamma=\dfrac{5}{2}\quad\therefore\ \gamma=\dfrac{5}{6}\qquad\cdots\cdots⑤$$

⑤를 ③, ④에 대입하면

$$\alpha\beta=\dfrac{2}{3},\ \alpha+\beta=\dfrac{5}{3}\qquad\cdots\cdots⑥$$

한편 ②에서

$$\alpha\beta+(\alpha+\beta)\gamma=\dfrac{m}{18}$$

이므로 여기에 ⑤, ⑥을 대입하면

$$\boldsymbol{m=37}$$

12-14. 근과 계수의 관계로부터
$$\alpha+\beta+\gamma=-3,$$
$$\alpha\beta+\beta\gamma+\gamma\alpha=-2,$$
$$\alpha\beta\gamma=1$$

이때, $\alpha\beta$, $\beta\gamma$, $\gamma\alpha$를 세 근으로 가지고 x^3의 계수가 1인 삼차방정식은

$x^3-(\alpha\beta+\beta\gamma+\gamma\alpha)x^2$
$\quad+(\alpha\beta^2\gamma+\beta\gamma^2\alpha+\gamma\alpha^2\beta)x-\alpha^2\beta^2\gamma^2=0$

곧,

$x^3-(\alpha\beta+\beta\gamma+\gamma\alpha)x^2$
$\quad+\alpha\beta\gamma(\alpha+\beta+\gamma)x-(\alpha\beta\gamma)^2=0$

따라서 구하는 방정식은

$$x^3+2x^2-3x-1=0$$

12-15. $(x+y+z)^2=x^2+y^2+z^2$
$\qquad\qquad\qquad+2(xy+yz+zx)$

에 주어진 조건을 대입하면

$0=6+2(xy+yz+zx)$
$\therefore\ xy+yz+zx=-3$

또,

$x^3+y^3+z^3-3xyz$
$=(x+y+z)(x^2+y^2+z^2-xy-yz-zx)$

에 위의 값과 주어진 조건을 대입하면

$6-3xyz=0\quad\therefore\ xyz=2$

곧, $x+y+z=0$, $xy+yz+zx=-3$, $xyz=2$이므로 x, y, z는 삼차방정식

$$t^3-3t-2=0\qquad\qquad\cdots\cdots①$$

의 근이다. 따라서 $t^3=3t+2$에서

$t^5=t^3\times t^2=(3t+2)t^2$
$\quad=3t^3+2t^2=3(3t+2)+2t^2$
$\quad=2t^2+9t+6$

$\therefore\ x^5+y^5+z^5=(2x^2+9x+6)$
$\qquad+(2y^2+9y+6)+(2z^2+9z+6)$
$=2(x^2+y^2+z^2)+9(x+y+z)+6\times3$
$=2\times6+9\times0+6\times3=30$

***Note**　①의 좌변을 인수분해하면

$(t-2)(t+1)^2=0$
$\therefore\ t=2,\ -1(중근)$

따라서

$(x,\,y,\,z)=(2,\,-1,\,-1),$
$\qquad(-1,\,2,\,-1),\,(-1,\,-1,\,2)$

이므로　$x^5+y^5+z^5=30$

13-1.　$3mx+4y+m=0\qquad\cdots\cdots①$
$\quad(2m-1)x+my+1=0\quad\cdots\cdots②$

①$\times m-$②$\times4$하면

$(3m^2-8m+4)x+m^2-4=0$

$\therefore\ (3m-2)(m-2)x=-(m+2)(m-2)$

(ⅰ) 해가 무수히 많을 때

$(3m-2)(m-2)=0$이고
$(m+2)(m-2)=0\quad\therefore\ m=2$

(ⅱ) 해가 없을 때

$(3m-2)(m-2)=0$이고
$(m+2)(m-2)\ne0\quad\therefore\ m=\dfrac{2}{3}$

***Note** (ⅰ) 해가 무수히 많을 때

$\dfrac{3m}{2m-1}=\dfrac{4}{m}=\dfrac{m}{1}$

$\therefore\ 3m^2=4(2m-1)\qquad\cdots\cdots①$
$\quad\ 4=m^2\qquad\qquad\qquad\cdots\cdots②$

①에서　$m=\dfrac{2}{3},\,2$

②에서　$m=-2,\,2$

①, ②를 동시에 만족시켜야 하므로

$$m=2$$

(ⅱ) 해가 없을 때

$\dfrac{3m}{2m-1}=\dfrac{4}{m}\ne\dfrac{m}{1}$

$\therefore\ 3m^2=4(2m-1)\qquad\cdots\cdots③$
$\quad\ 4\ne m^2\qquad\qquad\qquad\cdots\cdots④$

③에서　$m=\dfrac{2}{3},\,2$

④에서　$m\ne-2,\,2$

③, ④를 동시에 만족시켜야 하므로

$$m=\dfrac{2}{3}$$

13-2. (ⅰ) $x\ge0$, $y\ge0$일 때

$2x-y=5$, $x+y=2$
$\therefore\ x=\dfrac{7}{3},\ y=-\dfrac{1}{3}$ (부적합)

(ⅱ) $x\ge0$, $y<0$일 때

$2x+y=5$, $x+y=2$
$\therefore\ x=3,\ y=-1$ (적합)

(iii) $x < 0$, $y \geq 0$일 때

$$-2x - y = 5, \quad x + y = 2$$

$$\therefore x = -7, \ y = 9 \ (적합)$$

(iv) $x < 0$, $y < 0$일 때

$$-2x + y = 5, \quad x + y = 2$$

$$\therefore x = -1, \ y = 3 \ (부적합)$$

(i)~(iv)에서

$$\boldsymbol{x = 3, \ y = -1 \ 또는 \ x = -7, \ y = 9}$$

13-3. (1) $2x - y + z = 4$ ……①

$\quad\quad 5x + y + 2z = 1$ ……②

$\quad\quad 3x - 2y + 4z = 17$ ……③

①+②하면 $7x + 3z = 5$ ……④

①×2−③하면

$\quad\quad x - 2z = -9$ ……⑤

④−⑤×7하면

$\quad\quad 17z = 68 \quad \therefore z = 4$

이 값을 ⑤에 대입하면 $x = -1$

①에 대입하면 $y = -2$

$$\therefore \boldsymbol{x = -1, \ y = -2, \ z = 4}$$

(2) $4x - 3y = 15$ ……①

$\quad\quad 5y - 4z = 3$ ……②

$\quad\quad 5z - 3x = -19$ ……③

①에서 $x = \dfrac{3y + 15}{4}$ ……④

②에서 $z = \dfrac{5y - 3}{4}$ ……⑤

④, ⑤를 ③에 대입하면

$$5 \times \frac{5y - 3}{4} - 3 \times \frac{3y + 15}{4} = -19$$

양변에 4를 곱하여 정리하면

$$16y - 60 = -76 \quad \therefore y = -1$$

이 값을 ④, ⑤에 대입하면

$$x = 3, \ z = -2$$

$$\therefore \boldsymbol{x = 3, \ y = -1, \ z = -2}$$

(3) $x + 2y = 2$ ……①

$\quad\quad 2y + 3z = 5$ ……②

$\quad\quad x + 3z = 3$ ……③

①+②+③하면 $2(x + 2y + 3z) = 10$

$$\therefore x + 2y + 3z = 5 \quad\quad ……④$$

④−①하면 $3z = 3 \quad \therefore z = 1$

④−②하면 $x = 0$

④−③하면 $2y = 2 \quad \therefore y = 1$

$$\therefore \boldsymbol{x = 0, \ y = 1, \ z = 1}$$

13-4. $x - 2y = 1$에서 $x = 2y + 1$ …①

이 식을 두 번째 식에 대입하면

$$(2y + 1)^2 - 3(2y + 1)y + 5y^2 = 5$$

$$\therefore 3y^2 + y - 4 = 0$$

$$\therefore (y - 1)(3y + 4) = 0 \quad \therefore y = 1, \ -\frac{4}{3}$$

이 값을 ①에 대입하면 $x = 3, \ -\dfrac{5}{3}$

$$\therefore \boldsymbol{x = 3, \ y = 1 \ 또는 \ x = -\frac{5}{3}, \ y = -\frac{4}{3}}$$

13-5. (1) $3x^2 - 2xy - y^2 = 0$ ……①

$\quad\quad x^2 + y^2 = 10$ ……②

①에서 $(x - y)(3x + y) = 0$

$$\therefore y = x \ 또는 \ y = -3x$$

$y = x$일 때, ②에 대입하면

$$x^2 + x^2 = 10 \quad \therefore x^2 = 5$$

$$\therefore x = \pm\sqrt{5} \quad 이때, \ y = \pm\sqrt{5}$$

$y = -3x$일 때, ②에 대입하면

$$x^2 + 9x^2 = 10 \quad \therefore x^2 = 1$$

$$\therefore x = \pm 1 \quad 이때, \ y = \mp 3$$

$$\therefore \begin{cases} \boldsymbol{x = \sqrt{5}} \\ \boldsymbol{y = \sqrt{5}} \end{cases}, \begin{cases} \boldsymbol{x = -\sqrt{5}} \\ \boldsymbol{y = -\sqrt{5}} \end{cases},$$

$$\begin{cases} \boldsymbol{x = 1} \\ \boldsymbol{y = -3} \end{cases}, \begin{cases} \boldsymbol{x = -1} \\ \boldsymbol{y = 3} \end{cases}$$

(2) $2xy - y^2 = 0$ ……①

$\quad\quad x^2 - 3xy + 2y^2 - 3 = 0$ ……②

①에서 $y(2x - y) = 0$

$$\therefore y = 0 \ 또는 \ y = 2x$$

$y = 0$일 때, ②에 대입하면

$$x^2 = 3 \quad \therefore x = \pm\sqrt{3}$$

$y = 2x$일 때, ②에 대입하면

$$x^2 - 6x^2 + 8x^2 - 3 = 0 \quad \therefore x^2 = 1$$

$$\therefore x = \pm 1 \quad 이때, \ y = \pm 2$$

$$\therefore \begin{cases} x=\sqrt{3} \\ y=0 \end{cases}, \begin{cases} x=-\sqrt{3} \\ y=0 \end{cases},$$

$$\begin{cases} x=1 \\ y=2 \end{cases}, \begin{cases} x=-1 \\ y=-2 \end{cases}$$

13-6. (1) $2y^2-5x+3y=9$ ······①

$3y^2+2x-5y=4$ ······②

①×2+②×5하면 $y^2-y-2=0$

$\therefore y=-1, 2$

$y=-1$일 때, ①에서 $x=-2$

$y=2$일 때, ①에서 $x=1$

$\therefore x=-2, y=-1$ 또는

$x=1, y=2$

*$\boldsymbol{Note}$ 이차항을 소거하는 방법으로
도 풀 수 있다.

(2) $x^2-xy+y^2=7$ ······①

$x^2+3xy-y^2=1$ ······②

②×7−①하면

$3x^2+11xy-4y^2=0$

$\therefore (3x-y)(x+4y)=0$

$\therefore y=3x$ 또는 $x=-4y$

$y=3x$일 때, ①에서

$x^2-3x^2+9x^2=7 \quad \therefore x^2=1$

$\therefore x=\pm1$ 이때, $y=\pm3$

$x=-4y$일 때, ①에서

$16y^2+4y^2+y^2=7 \quad \therefore y^2=\dfrac{1}{3}$

$\therefore y=\pm\dfrac{1}{\sqrt{3}}=\pm\dfrac{\sqrt{3}}{3}$

이때, $x=\mp\dfrac{4\sqrt{3}}{3}$

$\therefore x=\pm1, y=\pm3$ 또는

$x=\pm\dfrac{4\sqrt{3}}{3}, y=\mp\dfrac{\sqrt{3}}{3}$

(복부호동순)

13-7. $x^2+y^2=20$ ······①

$x+y-xy+22=20$ ······②

$x+y=u, xy=v$로 놓으면

①은 $(x+y)^2-2xy=20$

$\therefore u^2-2v=20$ ······③

②는 $u-v+22=20$

$\therefore v=u+2$ ······④

④를 ③에 대입하면

$u^2-2(u+2)=20 \quad \therefore u=6, -4$

이때, ④에서 $v=8, -2$

$\therefore \begin{cases} x+y=6 \\ xy=8 \end{cases}$ ······⑤

$\begin{cases} x+y=-4 \\ xy=-2 \end{cases}$ ······⑥

⑤의 x, y는 $t^2-6t+8=0$의 두 근이
고, $t=2, 4$이므로

$x=2, y=4$ 또는 $x=4, y=2$

⑥의 x, y는 $t^2+4t-2=0$의 두 근이
고, $t=-2\pm\sqrt{6}$이므로

$x=-2\pm\sqrt{6}, y=-2\mp\sqrt{6}$

$\therefore \begin{cases} x=2 \\ y=4 \end{cases}, \begin{cases} x=4 \\ y=2 \end{cases}, \begin{cases} x=-2\pm\sqrt{6} \\ y=-2\mp\sqrt{6} \end{cases}$

(복부호동순)

13-8. (1) 두 방정식의 공통근을 α라 하면

$\alpha^3-2\alpha^2+k=0$ ······①

$\alpha^2-3\alpha+k+1=0$ ······②

①−②하면 $\alpha^3-3\alpha^2+3\alpha-1=0$

$\therefore (\alpha-1)^3=0 \quad \therefore \alpha=1$

이 값을 ①에 대입하면 $k=1$

$\therefore k=1, x=1$

(2) 두 방정식의 공통근을 α라고 하면

$\alpha^3-\alpha-k=0$ ······①

$\alpha^2-5\alpha+k=0$ ······②

①+②하면 $\alpha^3+\alpha^2-6\alpha=0$

$\therefore \alpha(\alpha+3)(\alpha-2)=0$

$\therefore \alpha=0, -3, 2$

$\alpha=-3$일 때, ①에 대입하면 $k=-24$

$\alpha=0$일 때, ①에 대입하면 $k=0$

$\alpha=2$일 때, ①에 대입하면 $k=6$

$\therefore k=-24, x=-3$ 또는

$k=0, x=0$ 또는 $k=6, x=2$

13-9. 두 방정식의 공통근을 α라고 하면
$$\alpha^2+4p\alpha-(2p-1)=0 \quad \cdots\cdots①$$
$$\alpha^2+p\alpha+p+1=0 \quad \cdots\cdots②$$
①$-$②하면 $3p\alpha-3p=0$
$\therefore p(\alpha-1)=0$ $\therefore p=0$ 또는 $\alpha=1$
그런데 $p=0$일 때는 두 방정식이 일치하여 두 개의 공통근을 가지므로 문제의 조건에 어긋난다.
따라서 $\alpha=1$이므로 ②에 대입하면
$$1+p+p+1=0 \quad \therefore p=-1$$
$\therefore \boldsymbol{p=-1}$일 때 공통근은 $\boldsymbol{x=1}$

13-10. 두 방정식의 공통근을 α라고 하면
$$a\alpha^2+b\alpha+c=0 \quad \cdots\cdots①$$
$$b\alpha^2+c\alpha+a=0 \quad \cdots\cdots②$$
①$\times\alpha-$②하면 $a(\alpha^3-1)=0$
$a\neq0$이므로
$$(\alpha-1)(\alpha^2+\alpha+1)=0 \quad \cdots\cdots③$$
(1) 공통근이 실수이면 ③에서 $\alpha=1$
이 값을 ①에 대입하면
$$\boldsymbol{a+b+c=0}$$
(2) 공통근이 허수이면 ③에서
$$\alpha^2+\alpha+1=0 \quad \therefore \alpha^2=-(\alpha+1)$$
이것을 ①에 대입하여 정리하면
$$(b-a)\alpha+c-a=0$$
그런데 a, b, c는 실수이고, α는 허수이므로
$$b-a=0, c-a=0 \quad \therefore \boldsymbol{a=b=c}$$
***Note** 공통근 α가 허수이면 a, b, c 가 실수이므로 $\bar{\alpha}$도 두 방정식의 공통근이다.
따라서 ③에서 $\alpha, \bar{\alpha}$는 방정식
$x^2+x+1=0$의 근이므로
$$ax^2+bx+c=0,$$
$$bx^2+cx+a=0,$$
$$x^2+x+1=0$$
은 모두 같은 방정식이다.
$$\therefore \boldsymbol{a=b=c}$$

13-11. $xy-2x-2y-13=0$에서
$$(x-2)(y-2)-4-13=0$$
$$\therefore (x-2)(y-2)=17$$
x, y는 양의 정수이므로 $x-2, y-2$는 정수이다.
$$\therefore (x-2, y-2)=(1, 17), (17, 1),$$
$$(-1, -17), (-17, -1)$$
이 중에서 x, y가 양의 정수인 것은
$$\boldsymbol{(x, y)=(3, 19), (19, 3)}$$

13-12. 주어진 식에서
$$(x-2y)(2x-y)=5$$
x, y는 양의 정수이므로 $x-2y$, $2x-y$는 정수이다.
$$\therefore (x-2y, 2x-y)=(-5, -1),$$
$$(-1, -5), (5, 1), (1, 5)$$
이 중에서 x, y가 양의 정수인 것은
$$\boldsymbol{(x, y)=(1, 3), (3, 1)}$$

13-13. 주어진 식에서
$$x^2-2(2y-1)x+5y^2-8y+5=0$$
$$\cdots\cdots①$$
$$\therefore \{x-(2y-1)\}^2-(2y-1)^2$$
$$+5y^2-8y+5=0$$
$$\therefore (x-2y+1)^2+(y-2)^2=0$$
x, y는 실수이므로 $x-2y+1, y-2$도 실수이다.
$$\therefore x-2y+1=0, y-2=0$$
$$\therefore \boldsymbol{x=3, y=2}$$
***Note** ①에서 판별식을 이용하여 풀어도 된다.
x, y가 실수이므로
$$D/4=(2y-1)^2-(5y^2-8y+5)\geq0$$
$$\therefore (y-2)^2\leq0 \quad \therefore \boldsymbol{y=2}$$
①에 대입하여 풀면 $\boldsymbol{x=3}$

14-1. (1) $ax+2>3x+2a$에서
$$(a-3)x>2a-2$$
$\therefore a>3$일 때 $x>\dfrac{2a-2}{a-3},$

$a < 3$일 때 $x < \dfrac{2a-2}{a-3}$,

$a = 3$일 때 해가 없다.

(2) $ax + 6 > 2x + a$에서

$(a-2)x > a - 6$

$\therefore$ $a > 2$일 때 $x > \dfrac{a-6}{a-2}$,

$a < 2$일 때 $x < \dfrac{a-6}{a-2}$,

$a = 2$일 때 x는 모든 실수

14-2. $(a+b)x + 2a - 3b < 0$에서

$(a+b)x < 3b - 2a$ ……①

이 부등식의 해가 $x > -\dfrac{3}{4}$이므로

$a + b < 0$ ……②

이고, ①은 $x > \dfrac{3b-2a}{a+b}$

$\therefore$ $\dfrac{3b-2a}{a+b} = -\dfrac{3}{4}$

$\therefore$ $4(3b-2a) = -3(a+b)$

$\therefore$ $a = 3b$ ……③

③을 $(a-2b)x + 3a - b > 0$에 대입하면 $bx > -8b$ ……④

그런데 ②와 ③에서

$3b + b < 0$ $\therefore$ $b < 0$

따라서 ④에서 $x < -8$

14-3. $-1 < a + 1 < 1$에서 $-2 < a < 0$

$-3 < b - 1 < 3$에서 $-2 < b < 4$

(i)
$$-4 < \quad 2a \quad < 0$$
$$+\underline{) -6 < \quad\ 3b \quad < 12}$$
$$-10 < 2a + 3b < 12$$

(ii)
$$-4 < \quad 2a \quad < 0$$
$$-\underline{) -6 < \quad\ 3b \quad < 12}$$
$$-16 < 2a - 3b < 6$$

14-4. $\begin{cases} 3x + a \ge (a+3)x & ……① \\ (a+3)x > ax - 3 & ……② \end{cases}$

①에서 $ax \le a$

$\therefore$ $a > 0$일 때 $x \le 1$,

$a < 0$일 때 $x \ge 1$,

$a = 0$일 때 x는 모든 실수

②에서 $3x > -3$ $\therefore$ $x > -1$

따라서 ①, ②의 해의 공통 범위는

$a > 0$일 때 $-1 < x \le 1$,

$a < 0$일 때 $x \ge 1$,

$a = 0$일 때 $x > -1$

14-5. $4x + 3(a - 2x) \ge a - x$에서

$-x \ge -2a$ $\therefore$ $x \le 2a$ ……①

$2a(1-x) > a - (2a+1)x$에서

$x > -a$ ……②

①, ②의 공통 범위가 존재하므로 $a > 0$이고, 조건을 만족시키도록 수직선 위에 나타내면 아래와 같다.

위의 그림에서

$-1 \le -a < 0$이고 $0 \le 2a < 1$

$\therefore$ $0 < a < \dfrac{1}{2}$

14-6. (1) $|3 - x| > 1$에서

$3 - x > 1$ 또는 $3 - x < -1$

$\therefore$ $x < 2$, $x > 4$

(2) $3 < |2x + 1| < 7$에서

(i) $2x + 1 \ge 0$, 곧 $x \ge -\dfrac{1}{2}$일 때

$3 < 2x + 1 < 7$

$\therefore$ $1 < x < 3$ ……①

(ii) $2x + 1 < 0$, 곧 $x < -\dfrac{1}{2}$일 때

$3 < -(2x+1) < 7$

$\therefore$ $-4 < x < -2$ ……②

① 또는 ②이므로

$-4 < x < -2$, $1 < x < 3$

Note $3 < |2x+1| < 7$에서

$3 < 2x + 1 < 7$ 또는

$-7 < 2x + 1 < -3$

$\therefore$ $1 < x < 3$, $-4 < x < -2$

(3) $|x+2|<5-2x$에서

(ⅰ) $x\geq -2$일 때

$x+2<5-2x$ ∴ $x<1$

$x\geq -2$이므로

$-2\leq x<1$ ……①

(ⅱ) $x<-2$일 때

$-(x+2)<5-2x$ ∴ $x<7$

$x<-2$이므로 $x<-2$ ……②

① 또는 ②이므로 $x<1$

(4) $|x-1|+|x+2|<5$에서

(ⅰ) $x<-2$일 때

$-(x-1)-(x+2)<5$

∴ $x>-3$

$x<-2$이므로

$-3<x<-2$ ……①

(ⅱ) $-2\leq x<1$일 때

$-(x-1)+(x+2)<5$

∴ $0\times x<2$

따라서 $-2\leq x<1$일 때 항상 성립

한다.   ……②

(ⅲ) $x\geq 1$일 때

$x-1+x+2<5$ ∴ $x<2$

$x\geq 1$이므로 $1\leq x<2$ ……③

① 또는 ② 또는 ③이므로

$-3<x<2$

(5) $3|x+2|-2|x-3|>5$에서

(ⅰ) $x<-2$일 때

$-3(x+2)+2(x-3)>5$

∴ $x<-17$

$x<-2$이므로 $x<-17$ …①

(ⅱ) $-2\leq x<3$일 때

$3(x+2)+2(x-3)>5$ ∴ $x>1$

$-2\leq x<3$이므로

$1<x<3$ ……②

(ⅲ) $x\geq 3$일 때

$3(x+2)-2(x-3)>5$

∴ $x>-7$

$x\geq 3$이므로 $x\geq 3$ ……③

① 또는 ② 또는 ③이므로

$x<-17,\ x>1$

14-7. 땅콩, 대추, 밤의 개수를 각각 a, b, c라고 하면 문제의 조건으로부터

$b\leq 3c$ ……①

$a\geq 5c$ ……②

$b+c\geq 101$ ……③

①과 ③에서

$101\leq b+c\leq 3c+c=4c$

∴ $c\geq \dfrac{101}{4}$

c는 자연수이므로 $c\geq 26$

②에서 $a\geq 5\times 26=130$

답 **130**개

14-8. 고화질 동영상의 개수를 x라고 하면 일반 화질 동영상의 개수는 $20-x$이므로 문제의 조건으로부터

$4x+1.5(20-x)\leq 64$ ……①

$x>20-x$ ……②

①에서 $2.5x\leq 34$ ∴ $x\leq 13.6$

②에서 $2x>20$ ∴ $x>10$

①, ②의 해의 공통 범위는

$10<x\leq 13.6$

x는 자연수이므로 $x=11, 12, 13$

따라서 고화질 동영상의

최대 개수 **13**, 최소 개수 **11**

14-9. (ⅰ) $a\geq b$일 때, $\max\{a, b\}=a$이므로

$\min\{\max\{a, b\}, b\}=\min\{a, b\}=b$

(ⅱ) $a<b$일 때, $\max\{a, b\}=b$이므로

$\min\{\max\{a, b\}, b\}=\min\{b, b\}=b$

(ⅰ), (ⅱ)에서   (준 식)$=\boldsymbol{b}$

14-10. (ⅰ) $x\geq y$일 때, $x\vee y=x$, $x\wedge y=y$이므로 조건식은

$x=2x+2y-1$ ……①

$y=-2x-y-6$ ……②

①에서의 $x=1-2y$를 ②에 대입하
면　$y=4$　∴　$x=-7$

이것은 $x\geq y$에 어긋난다.

(ii) $x<y$일 때, $x\vee y=y$, $x\wedge y=x$이므
로 조건식은

$$y=2x+2y-1 \quad\quad\cdots\cdots③$$
$$x=-2x-y-6 \quad\quad\cdots\cdots④$$

③에서의 $y=1-2x$를 ④에 대입하
면　$x=-7$　∴　$y=15$

이것은 $x<y$를 만족시키므로 문제
의 조건에 적합하다.

(i), (ii)에서　**$x=-7,\ y=15$**

14-11. $p<q<r$이라고 하자.

만일 $p\geq 3$이면

$$\frac{1}{p}+\frac{1}{q}+\frac{1}{r}<\frac{1}{3}+\frac{1}{3}+\frac{1}{3}=1$$

이므로 조건을 만족시키지 않는다.

그런데 $p\geq 2$이므로 $p=2$이다.

이때, $\dfrac{1}{2}+\dfrac{1}{q}+\dfrac{1}{r}>1$로부터

$$\frac{1}{q}+\frac{1}{r}>\frac{1}{2}$$

$$\therefore\ qr-2(q+r)<0$$

$$\therefore\ (q-2)(r-2)<4$$

한편 $3\leq q<r$이므로

$$\begin{cases}q-2=1\\r-2=2\end{cases}\text{또는}\begin{cases}q-2=1\\r-2=3\end{cases}$$

$$\therefore\begin{cases}q=3\\r=4\end{cases}\text{또는}\begin{cases}q=3\\r=5\end{cases}$$

∴ $(p,q,r)=(2,3,4)$ 또는 $(2,3,5)$

각 경우에 순서를 바꾸는 방법이 6개
씩 있으므로 구하는 순서쌍의 개수는

$$2\times 6=\mathbf{12}$$

15-1. (1) $x^2-(a+1)x+a<0$에서

$(x-1)(x-a)<0$

∴ **$a>1$일 때　$1<x<a$,**

　　$a<1$일 때　$a<x<1$,

　　$a=1$일 때　해가 없다.

(2) $x^2-4x+a<0$에서　$D/4=4-a$

(i) $D/4>0$, 곧 $a<4$일 때

$x^2-4x+a=0$에서　$x=2\pm\sqrt{4-a}$

따라서 주어진 부등식의 해는

$$2-\sqrt{4-a}<x<2+\sqrt{4-a}$$

(ii) $D/4=0$, 곧 $a=4$일 때

$x^2-4x+a=x^2-4x+4=(x-2)^2$

그런데 $(x-2)^2\geq 0$이므로 주어진
부등식의 해는 없다.

(iii) $D/4<0$, 곧 $a>4$일 때

$x^2-4x+a=(x-2)^2+a-4$

그런데 $(x-2)^2\geq 0$, $a-4>0$이므
로 주어진 부등식의 해는 없다.

(i), (ii), (iii)에서

$a<4$일 때

$$2-\sqrt{4-a}<x<2+\sqrt{4-a},$$

$a\geq 4$일 때　해가 없다.

15-2. $ax^2+5x+b>0$

$\Longleftrightarrow \dfrac{1}{3}<x<\dfrac{1}{2}$

$\Longleftrightarrow \left(x-\dfrac{1}{3}\right)\left(x-\dfrac{1}{2}\right)<0$

$\Longleftrightarrow (3x-1)(2x-1)<0$

$\Longleftrightarrow 6x^2-5x+1<0$

$\Longleftrightarrow -6x^2+5x-1>0$

∴ **$a=-6,\ b=-1$**

15-3. $ax^2-bx+c\geq 0$

$\Longleftrightarrow -1\leq x\leq 2$

$\Longleftrightarrow (x+1)(x-2)\leq 0$

$\Longleftrightarrow x^2-x-2\leq 0$

$\Longleftrightarrow ax^2-ax-2a\geq 0\ (a<0)$

∴ $b=a,\ c=-2a$

∴ $ax^2+bx+c\geq 0$

$\Longleftrightarrow ax^2+ax-2a\geq 0$

$a<0$이므로　$x^2+x-2\leq 0$

∴ **$-2\leq x\leq 1$**

15-4. $ax^2+bx+c<0$

$\iff x<-1$ 또는 $x>5$

$\iff (x+1)(x-5)>0$

$\iff x^2-4x-5>0$

$\iff ax^2-4ax-5a<0$ $(a<0)$

$\therefore b=-4a,\ c=-5a$

$\therefore a(x-2)^2-b(x-2)+c>0$

$\iff a(x-2)^2+4a(x-2)-5a>0$

$a<0$이므로

$(x-2)^2+4(x-2)-5<0$

$\therefore -5<x-2<1 \quad \therefore -3<x<3$

*Note 식의 특징을 살려 다음과 같이 해를 구할 수도 있다.

$a(x-2)^2-b(x-2)+c>0$에서

$-(x-2)=t$로 놓으면

$at^2+bt+c>0 \qquad \cdots\cdots①$

한편

$ax^2+bx+c>0 \iff -1<x<5$

이므로 ①의 해는 $-1<t<5$이다.

$\therefore -1<-(x-2)<5$

$\therefore -3<x<3$

15-5. $[x]^2-4[x]+3<0$으로부터

$([x]-1)([x]-3)<0$

$\therefore 1<[x]<3 \quad \therefore [x]=2$

$\therefore 2\leq x<3 \qquad \cdots\cdots①$

또, $[y]^2-7[y]+12\leq0$으로부터

$([y]-3)([y]-4)\leq0$

$\therefore 3\leq[y]\leq4 \quad \therefore [y]=3,\ 4$

$\therefore 3\leq y<5 \qquad \cdots\cdots②$

①, ②에서 $\boldsymbol{5\leq x+y<8}$

15-6. $16<20<25$이므로

$4<\sqrt{20}<5 \quad \therefore [\sqrt{20}]=4$

또, $\sqrt[3]{1}<\sqrt[3]{5}<\sqrt[3]{8}$이므로

$1<\sqrt[3]{5}<2 \quad \therefore [\sqrt[3]{5}]=1$

$\therefore \{[\sqrt{20}]\}+\{[\sqrt[3]{5}]\}=\{4\}+\{1\}$

$=0+1=\boldsymbol{1}$

15-7. $(\{x\}-1)(\{x\}-3)\leq0$

$\therefore 1\leq\{x\}\leq3$

$\{x\}$는 정수이므로 $\{x\}=1,\ 2,\ 3$

$\{x\}=1$일 때 $0.5\leq x<1.5$

$\{x\}=2$일 때 $1.5\leq x<2.5$

$\{x\}=3$일 때 $2.5\leq x<3.5$

$\therefore \boldsymbol{0.5\leq x<3.5}$

15-8. (1) $f(x)=ax^2+bx+c,$

$g(x)=mx+n$

으로 놓자.

① $x=1$일 때, $y=f(x)$의 값이 양수

이므로 $f(1)=\boldsymbol{a+b+c>0}$

② $x=-1$일 때, $y=f(x)$의 값이 음

수이므로 $f(-1)=\boldsymbol{a-b+c<0}$

③ $x=1$일 때, $y=g(x)$의 값이 양수

이므로 $g(1)=\boldsymbol{m+n>0}$

④ $x=-1$일 때, $y=g(x)$의 값이 양

수이므로 $g(-1)=\boldsymbol{-m+n>0}$

$\therefore \boldsymbol{m-n<0}$

⑤ $y=f(x)$의 그래프가 x축과 서로

다른 두 점에서 만나므로

$\boldsymbol{b^2-4ac>0}$

(2) $ax^2+(b-m)x+c-n<0$에서

$ax^2+bx+c<mx+n$

이 부등식의 해는 $y=ax^2+bx+c$의

그래프가 $y=mx+n$의 그래프보다 아

래쪽에 있는 x의 값의 범위이므로

$\boldsymbol{x<\alpha,\ x>\beta}$

15-9. $y=mx^2-mx+1$이라고 하자.

(i) $m=0$일 때, $y=1$이므로 모든 실수 x

에 대하여 $y>0$이다.

(ii) $m\neq0$일 때, 모든 실수 x에 대하여

$y>0$이려면

$m>0,\ D=(-m)^2-4m<0$

$\therefore 0<m<4$

(i), (ii)에서 $\boldsymbol{0\leq m<4}$

15-10. $y=(a+3)x^2-4x+a$라고 하자.

(i) $a=-3$일 때, $y=-4x-3$이므로 모

든 실수 x에 대하여 $y>0$이 성립하는

것은 아니다.

(ii) $a \neq -3$일 때, 모든 실수 x에 대하여
$y > 0$이려면

$$a + 3 > 0 \qquad \cdots\cdots ①$$
$$D/4 = (-2)^2 - (a+3)a < 0 \cdots ②$$

①에서 $a > -3$ $\qquad\cdots\cdots ③$

②에서 $a^2 + 3a - 4 > 0$

$\qquad \therefore a < -4, \ a > 1 \qquad \cdots\cdots ④$

③, ④의 공통 범위는 $a > 1$

(i), (ii)에서 $\boldsymbol{a > 1}$

15-11. $x^2 - 4ax + 3a^2 + 7a > 6$에서

$x^2 - 4ax + 3a^2 + 7a - 6 > 0$

모든 실수 x에 대하여 성립하려면

$D/4 = (-2a)^2 - (3a^2 + 7a - 6) < 0$

$\qquad \therefore a^2 - 7a + 6 < 0$

$\qquad\qquad \therefore \boldsymbol{1 < a < 6}$

15-12. (1) $|x^2 - x - 6| < 6$에서

$-6 < x^2 - x - 6 < 6$

$-6 < x^2 - x - 6$에서 $x^2 - x > 0$

$\qquad \therefore x(x-1) > 0$

$\qquad \therefore x < 0, \ x > 1 \qquad \cdots\cdots ①$

$x^2 - x - 6 < 6$에서 $x^2 - x - 12 < 0$

$\qquad \therefore (x+3)(x-4) < 0$

$\qquad \therefore -3 < x < 4 \qquad \cdots\cdots ②$

①, ②의 공통 범위는

$\qquad \boldsymbol{-3 < x < 0, \ 1 < x < 4}$

(2) $|x^2 - 4| < 3x$에서

$3x > 0 \qquad \therefore x > 0 \qquad \cdots\cdots ①$

이때, $-3x < x^2 - 4 < 3x$

$-3x < x^2 - 4$에서

$(x-1)(x+4) > 0$

$\qquad \therefore x < -4, \ x > 1 \qquad \cdots\cdots ②$

$x^2 - 4 < 3x$에서 $(x+1)(x-4) < 0$

$\qquad \therefore -1 < x < 4 \qquad \cdots\cdots ③$

①, ②, ③의 공통 범위는

$\qquad \boldsymbol{1 < x < 4}$

*__Note__ 필수 예제 **15**-6. (1)의 모범답안

과 같이 $x^2 - 4 \geq 0$일 때와 $x^2 - 4 < 0$
일 때로 나누어 풀어도 된다.

15-13. $x^2 - 10x + 21 < 0$에서

$(x-3)(x-7) < 0$

$\qquad \therefore 3 < x < 7 \qquad \cdots\cdots ①$

$x^2 - (a-3)x - 3a < 0$에서

$(x+3)(x-a) < 0$

$\qquad \therefore -3 < x < a \qquad \cdots\cdots ②$

①, ②의 공통 범위가 $b < x < 5$이므로

$\qquad \boldsymbol{a = 5, \ b = 3}$

*__Note__ ②에서 $a \leq -3$이면 주어진 조건
을 만족시키지 않는다.

15-14. $x^2 - 6x + 8 < 0$에서

$(x-2)(x-4) < 0 \qquad \therefore 2 < x < 4$

$x^2 - 5ax + 4a^2 < 0$에서

$(x-a)(x-4a) < 0 \qquad \cdots\cdots ①$

주어진 조건을 만족시키려면 $a > 0$이므
로 ①의 해는 $a < x < 4a$

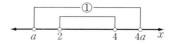

위의 그림에서 $a \leq 2$이고 $4 \leq 4a$

$\qquad \therefore \boldsymbol{1 \leq a \leq 2}$

15-15. $f(x) = (x-a)(3x-a) < 0$의 해는

$$\frac{a}{3} < x < a$$

$g(x) = x^4 - 9 < 0$의 해는

$(x^2 + 3)(x^2 - 3) < 0$

에서 $x^2 + 3 > 0$이므로 $x^2 - 3 < 0$

$\qquad \therefore -\sqrt{3} < x < \sqrt{3}$

$h(x) = 9x^2 - a^2 < 0$의 해는

$(3x + a)(3x - a) < 0$에서

$$-\frac{a}{3} < x < \frac{a}{3}$$

(1) $f(x) < 0$과 $g(x) < 0$의 해의 공통 범
위가 있어야 하므로 $\dfrac{a}{3} < \sqrt{3}$

$a > 0$이므로 $\boldsymbol{0 < a < 3\sqrt{3}}$

(2)

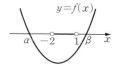

위의 그림에서

$$-\frac{a}{3}\leq-\sqrt{3}\text{이고 } \sqrt{3}\leq\frac{a}{3}$$

$$\therefore \ a\geq3\sqrt{3}$$

15-16. $x^2+2x-3<0$에서 $-3<x<1$

$x^2-x-6<0$에서 $-2<x<3$

연립부등식의 해가 $-2<x<1$이므로,

이때 $2x^2+7x+a<0$일 조건을 찾으면
된다.

$f(x)=2x^2+7x+a$로 놓고, $f(x)=0$
의 두 근을 $\alpha,\ \beta(\alpha<\beta)$라고 하면

$$\alpha\leq-2,\ \beta\geq1$$

이어야 하므로 아래 그림에서

$y=f(x)$

$f(-2)=-6+a\leq0$ $\therefore\ a\leq6$ $\cdots$①

$f(1)=9+a\leq0$ $\therefore\ a\leq-9$ $\cdots$②

①, ②의 공통 범위는 $\ a\leq-9$

15-17. $x^2-x<0$의 해가 $0<x<1$이고,
이 해는 연립부등식의 해와 같다.

따라서 $x^2-3\leq(a-1)x$의 해가
$0<x<1$을 포함해야 한다.

$f(x)=x^2-(a-1)x-3$으로 놓고,
$f(x)=0$의 두 근을 $\alpha,\ \beta(\alpha<\beta)$라 하면

$$\alpha\leq0,\ \beta\geq1$$

이어야 하므로 아래 그림에서

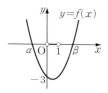

$f(0)=-3<0,$

$f(1)=1-a+1-3\leq0$

$$\therefore\ a\geq-1$$

15-18. 길지 않은 변의 길이를 x cm라고
하면 이웃한 변의 길이는 $(20-x)$ cm

여기에서 $x>0$이고 $x\leq20-x$이므로

$$0<x\leq10 \qquad \cdots\cdots①$$

이때, 직사각형의 넓이는

$x(20-x)$ cm^{2}이므로

$$36\leq x(20-x)\leq75$$

$36\leq x(20-x)$에서 $x^2-20x+36\leq0$

$$\therefore\ (x-2)(x-18)\leq0$$

$$\therefore\ 2\leq x\leq18 \qquad \cdots\cdots②$$

$x(20-x)\leq75$에서 $x^2-20x+75\geq0$

$$\therefore\ (x-5)(x-15)\geq0$$

$$\therefore\ x\leq5,\ x\geq15 \qquad \cdots\cdots③$$

②, ③의 공통 범위는

$$2\leq x\leq5,\ 15\leq x\leq18$$

이 중 ①을 만족시키는 것은 $\ 2\leq x\leq5$

答 **2 cm 이상 5 cm 이하**

16-1. (1) A $\longrightarrow$ B $\longrightarrow$ D의 경우

$$4\times2=8(가지)$$

A $\longrightarrow$ B $\longrightarrow$ C $\longrightarrow$ D의 경우

$$4\times2\times1=8(가지)$$

A $\longrightarrow$ C $\longrightarrow$ D의 경우

$$3\times1=3(가지)$$

A $\longrightarrow$ C $\longrightarrow$ B $\longrightarrow$ D의 경우

$$3\times2\times2=12(가지)$$

따라서 구하는 경우의 수는

$$8+8+3+12=31$$

(2) A $\longrightarrow$ B $\longrightarrow$ D $\longrightarrow$ C $\longrightarrow$ A의 경우

$$4\times2\times1\times3=24(가지)$$

A $\longrightarrow$ C $\longrightarrow$ D $\longrightarrow$ B $\longrightarrow$ A의 경우

$$3\times1\times2\times4=24(가지)$$

따라서 구하는 경우의 수는

$$24+24=48$$

16-2. 100원짜리 동전은 1개 또는 2개

사용할 수 있다. 각각의 경우 가능한 동전의 개수는 아래 표와 같다.

100원	1	(0)	2	(1)
50원	3	(2)	1	(0)
10원	3	(2)	3	(2)

따라서 100원, 50원, 10원 순으로

1개, 3개, 3개 또는 2개, 1개, 3개

*__Note__ 세 종류의 동전을 각각 적어도 1개 사용해야 하므로 잔액

$$280-(100+50+10)=120(원)$$

을 7개 이하의 100원, 50원, 10원짜리로 지불하는 방법은 위의 표에서 ( ) 안의 숫자 부분이다. 여기에 각각 1을 더하면 구하는 답이 된다.

16-3. (i) A와 C의 색이 같은 경우

A에는 4가지, B에는 3가지, D에는 3가지가 가능하므로

$$4\times3\times3=36(가지)$$

(ii) A와 C의 색이 다른 경우

A에는 4가지, B에는 3가지, C에는 2가지, D에는 2가지가 가능하므로

$$4\times3\times2\times2=48(가지)$$

(i), (ii)에서 구하는 경우의 수는

$$36+48=\mathbf{84}$$

16-4. $126=2^1\times3^2\times7^1$이므로

약수의 개수는

$$(1+1)(2+1)(1+1)=\mathbf{12}$$

약수의 총합은

$$(1+2^1)(1+3^1+3^2)(1+7^1)=3\times13\times8$$
$$=\mathbf{312}$$

16-5. (1) $6=6\times1=3\times2$이므로 각 경우의 최소의 수는 2^5, $2^2\times3^1$이다.

두 수 중에서 작은 수는

$$2^2\times3^1=\mathbf{12}$$

(2) $14=14\times1=7\times2$이므로 각 경우의 최소의 수는 2^{13}, $2^6\times3^1$이다.

두 수 중에서 작은 수는

$$2^6\times3^1=\mathbf{192}$$

(3) $30=30\times1=15\times2=10\times3$
$$=6\times5=5\times3\times2$$

이므로 각 경우의 최소의 수는

$$2^{29},\ 2^{14}\times3^1,\ 2^9\times3^2,$$
$$2^5\times3^4,\ 2^4\times3^2\times5^1$$

이 중에서 가장 작은 수는

$$2^4\times3^2\times5^1=\mathbf{720}$$

16-6. (1) 문제의 조건으로부터

$$a+b+c=24 \qquad\qquad \cdots\cdots①$$
$$a\geq b\geq c \qquad\qquad \cdots\cdots②$$
$$b+c>a \qquad\qquad \cdots\cdots③$$

②에서 $c\leq a$, $b\leq a$이고, ③에 의하여 $a+b+c>2a$이므로

$$2a<a+b+c\leq3a \qquad \Leftarrow ①$$

$$\therefore 2a<24\leq3a \quad \therefore 8\leq a<12$$

a는 자연수이므로

$$a=8,\ 9,\ 10,\ 11 \qquad \cdots\cdots④$$

또, $b\geq c$이고, ①에서 $b+c=24-a$이므로 $2b\geq24-a$

$$\therefore \frac{24-a}{2}\leq b\leq a \qquad \cdots\cdots⑤$$

따라서 ④의 a의 값에 대하여 ⑤를 만족시키는 b의 개수를 구하면

a의 값	8	9	10	11
b의 개수	1	2	4	5

각 경우에 대하여 c의 값은 하나로 정해진다.

따라서 구하는 삼각형의 개수는

$$1+2+4+5=\mathbf{12}$$

(2) 이등변삼각형이 되는 $(a,\ b,\ c)$는

$$(8,\ 8,\ 8),\ (9,\ 9,\ 6),\ (10,\ 10,\ 4),$$
$$(10,\ 7,\ 7),\ (11,\ 11,\ 2)$$

이므로 구하는 개수는 **5**

17-1. (1) $n(n-1)=72$

$\therefore\ (n+8)(n-9)=0$

$n\geq2$이므로 $\boldsymbol{n=9}$

(2) 양변을 4!로 나누면 $_5P_r=60$

$_5P_r=5\times4\times3$이므로 $\boldsymbol{r=3}$

(3) $n(n-1)+4n=54$

$\therefore\ (n-6)(n+9)=0$

$n\geq2$이므로 $\boldsymbol{n=6}$

(4) $n(n-1)(n-2)(n-3)(n-4)(n-5)$
$=20n(n-1)(n-2)(n-3)$

그런데 $n\geq6$이므로 양변을

$n(n-1)(n-2)(n-3)$으로 나누면

$(n-4)(n-5)=20$ $\therefore\ n(n-9)=0$

$n\geq6$이므로 $\boldsymbol{n=9}$

(5) $3n(3n-1)(3n-2)(3n-3)(3n-4)$
$=98\times3n(3n-1)(3n-2)(3n-3)$

그런데 $3n\geq5$이므로 양변을

$3n(3n-1)(3n-2)(3n-3)$으로 나누면 $3n-4=98$ $\therefore\ \boldsymbol{n=34}$

17-2. (1) (우변)$=n\times\dfrac{(n-1)!}{\{(n-1)-(r-1)\}!}$

$=\dfrac{n!}{(n-r)!}=\ _nP_r=$(좌변)

(2) (좌변)$=\dfrac{n!}{\{n-(r+1)\}!}$

$+(r+1)\times\dfrac{n!}{(n-r)!}$

$=\dfrac{n!}{(n-r-1)!}\Big(1+\dfrac{r+1}{n-r}\Big)$

$=\dfrac{n!\times(n+1)}{(n-r)!}=\dfrac{(n+1)!}{(n-r)!}$

$=\ _{n+1}P_{r+1}=$(우변)

(3) (좌변)$=\dfrac{n!}{(n-l)!}\times\dfrac{(n-l)!}{\{(n-l)-(r-l)\}!}$

$=\dfrac{n!}{(n-r)!}=\ _nP_r=$(우변)

17-3. (1) 5명에서 3명을 뽑는 순열의 수 이므로 $_5P_3=\boldsymbol{60}$(가지)

(2) A를 제외한 4명에서 2명을 뽑는 순 열의 수이므로 $_4P_2=\boldsymbol{12}$(가지)

(3) A, C를 제외한 3명에서 1명을 뽑는 순열의 수이므로 $_3P_1=\boldsymbol{3}$(가지)

17-4. (1) 9명에서 9명을 택하는 순열의 수이므로

$_9P_9=9!=\boldsymbol{362880}$(가지)

(2) 3루수를 제외한 8명을 일렬로 나열하 는 경우의 수와 같으므로

$_8P_8=8!=\boldsymbol{40320}$(가지)

17-5. (1) 10명에서 10명을 뽑는 순열의 수이므로

$_{10}P_{10}=10!=\boldsymbol{3628800}$

(2) 10명에서 3명을 뽑는 순열의 수이므 로 $_{10}P_3=\boldsymbol{720}$

(3) 10명에서 n명을 뽑는 순열의 수는 $_{10}P_n$이므로

$_{10}P_n=90=10\times9$ $\therefore\ \boldsymbol{n=2}$

17-6. (1) 천의 자리에는 0이 올 수 없으 므로 천의 자리에 올 수 있는 숫자는 6 개이다. 이 각각에 대하여 백, 십, 일의 자리에는 천의 자리에 온 숫자가 올 수 없으므로 $_6P_3$개이다.

$\therefore\ 6\times_6P_3=\boldsymbol{720}$(개)

(2) 일의 자리가 0, 2, 4, 6이어야 하므로

$\times\times\times0\longrightarrow_6P_3$(개)

$\times\times\times2\longrightarrow5\times_5P_2$(개)

$\times\times\times4\longrightarrow5\times_5P_2$(개)

$\times\times\times6\longrightarrow5\times_5P_2$(개)

$\therefore\ _6P_3+3\times5\times_5P_2=\boldsymbol{420}$(개)

*__Note__ (1) $_7P_4-_6P_3=\boldsymbol{720}$(개)

(2) $_6P_3+3\times(_6P_3-_5P_2)=\boldsymbol{420}$(개)

17-7. (1) 큰 수부터 나열하면

⑤○○○○ $\longrightarrow4!=24$(개)
④○○○○ $\longrightarrow4!=24$(개)
③⑤○○○ $\longrightarrow3!=\ 6$(개)
③④○○○ $\longrightarrow3!=\ 6$(개) }**66개**
③②○○○ $\longrightarrow3!=\ 6$(개)

(2) 일의 자리 숫자가 5이므로

①○○○⑤ → 3!=6(개)
②○○○⑤ → 3!=6(개) 14개
③①○○⑤ → 2!=2(개)

17-8. ①○○○○○ 꼴의 자연수는

$$5!=120(개)$$

따라서 122번째는 ②○○○○○ 꼴의 자연수 중에서 작은 순서로 나열하여 2번째의 것이다.

따라서 201345, 201354, …에서

201354

17-9. (1) 수학책 3권을 묶어 한 권으로 보면 모두 7권이므로 이 7권을 일렬로 나열하는 경우는 7!가지이고, 이 각각에 대하여 묶음 속의 수학책 3권을 일렬로 나열하는 경우는 3!가지이다.

$$∴ 7!×3!=30240$$

(2) 국어책은 국어책끼리, 수학책은 수학책끼리 묶어 각각 한 권으로 보면 영어책 두 권과 합하여 모두 4권이므로 이 4권을 일렬로 나열하는 경우는 4!가지이고, 이 각각에 대하여 묶음 속의 국어책 4권, 수학책 3권을 일렬로 나열하는 경우는 (4!×3!)가지이다.

$$∴ 4!×4!×3!=3456$$

(3) 국어책, 영어책을 일렬로 나열하는 경우는 6!가지이고, 이 각각에 대하여 양 끝과 국어책, 영어책 사이의 7개의 자리 중에서 3개의 자리에 수학책을 일렬로 나열하는 경우는 $_7P_3$가지이다.

$$∴ 6!×_7P_3=151200$$

17-10. (1) ○⑨○○○①○○○

(i) q와 t 사이에 3개의 문자가 들어가는 순열의 수는 $_7P_3$이다.

(ii) q와 t를 서로 바꾸는 순열의 수는 2!이다.

(iii) ⑨○○○①를 한 묶음으로 보면 전체 순열의 수는 5!이다.

$$∴ _7P_3×2!×5!=50400(가지)$$

(2) 왼쪽 끝에 자음(q, t, n, s)이 오고 오른쪽 끝에 모음(e, u, a, i, o)이 오는 경우의 수는 $_4P_1×_5P_1$, 왼쪽 끝에 모음이 오고 오른쪽 끝에 자음이 오는 경우의 수는 $_5P_1×_4P_1$이고, 나머지 7개의 문자를 일렬로 나열하는 경우의 수는 7!이다.

$$∴ _4P_1×_5P_1×2×7!=201600(가지)$$

(3) 전체 순열의 수는 9!이고, 양 끝에 모두 모음이 오는 순열의 수는 모음 e, u, a, i, o 중에서 두 개를 택하여 양 끝에 나열한 후 나머지 7개를 나열하는 경우의 수이므로 $_5P_2×7!$이다.

$$∴ 9!-_5P_2×7!=262080(가지)$$

17-11. (1) $_nC_4=\dfrac{_nP_4}{4!}=\dfrac{1680}{4!}=70$

(2) $_nC_5=\dfrac{_nP_5}{5!}$이므로

$$_nP_5=56×5!=6720$$

17-12. (1) $_{n+2}C_n=_{n+2}C_{n+2-n}=_{n+2}C_2$ 이므로 주어진 식은

$$\dfrac{(n+2)(n+1)}{2×1}=21$$

$$∴ n^2+3n-40=0$$

$$∴ (n+8)(n-5)=0$$

n은 자연수이므로 $n=5$

Note 주어진 식에서

$$\dfrac{(n+2)!}{n!(n+2-n)!}=21$$

$$∴ (n+2)(n+1)=42$$

(2) $_8C_{n-2}=_8C_{2n+1}$에서

$$n-2=2n+1$$

또는 $n-2=8-(2n+1)$

$n≥2$이므로 $n=3$

(3) $n(n-1)(n-2)-2×\dfrac{n(n-1)}{2×1}$

$$= n(n-1)$$

$n \geq 3$이므로 양변을 $n(n-1)$로 나누면

$$(n-2)-1=1 \qquad \therefore \boldsymbol{n=4}$$

(4) $\dfrac{n(n-1)}{2 \times 1}+\dfrac{n(n-1)(n-2)}{3 \times 2 \times 1}=2 \times 2n$

$n \geq 3$이므로 양변을 n으로 나누고 정리하면

$$3(n-1)+(n-1)(n-2)=24$$
$$\therefore n^2=25$$

$n \geq 3$이므로 $\boldsymbol{n=5}$

17-13. 주어진 식에서

$$\frac{{}_n C_{r-1}}{3}=\frac{{}_n C_r}{4}=\frac{{}_n C_{r+1}}{5}$$

$$\therefore \ 4 \times {}_n C_{r-1}=3 \times {}_n C_r \qquad \cdots\cdots \text{①}$$
$$5 \times {}_n C_r=4 \times {}_n C_{r+1} \qquad \cdots\cdots \text{②}$$

①에서

$$\frac{4 \times n!}{(r-1)!(n-r+1)!}=\frac{3 \times n!}{r!(n-r)!}$$

$$\therefore \ 4r=3(n-r+1) \qquad \cdots\cdots \text{③}$$

②에서

$$\frac{5 \times n!}{r!(n-r)!}=\frac{4 \times n!}{(r+1)!(n-r-1)!}$$

$$\therefore \ 5(r+1)=4(n-r) \qquad \cdots\cdots \text{④}$$

③, ④를 연립하여 풀면

$$\boldsymbol{n=62, \ r=27}$$

17-14. (우변)

$$=n \times \frac{(n-1)!}{(r-1)!\{(n-1)-(r-1)\}!}$$
$$=\frac{n!}{(r-1)!(n-r)!}$$
$$=r \times \frac{n!}{r!(n-r)!}$$
$$=r \times {}_n C_r=(\text{좌변})$$

17-15. (1) 특정한 2명은 미리 뽑아 놓고, 나머지 10명 중에서 3명을 뽑는 경우를 생각하면 되므로 ${}_{10} C_3 = \boldsymbol{120}$

(2) 특정한 2명을 제외하고, 나머지 10명 중에서 5명을 뽑는 경우를 생각하면 되

므로 ${}_{10} C_5 = \boldsymbol{252}$

17-16. (1) 남녀 합하여 12명 중 4명을 뽑는 경우는 ${}_{12} C_4$가지이고, 남학생 5명 중 4명을 뽑는 경우는 ${}_5 C_4$가지이므로

$${}_{12} C_4 - {}_5 C_4 = \boldsymbol{490}$$

(2) 남녀 합하여 12명 중 4명을 뽑는 경우 중에서 모두 남학생만 뽑는 경우와 모두 여학생만 뽑는 경우를 제외하면 되므로

$${}_{12} C_4 - ({}_5 C_4 + {}_7 C_4) = \boldsymbol{455}$$

17-17. 남자를 x명이라고 하면 20명 중 2명을 뽑는 경우는 ${}_{20} C_2$가지이고, 남자 x명 중 2명을 뽑는 경우는 ${}_x C_2$가지이므로

$${}_{20} C_2 - {}_x C_2 = 124 \qquad \therefore \ x(x-1)=132$$
$$\therefore \ (x-12)(x+11)=0$$

$x \geq 2$이므로 $x=\boldsymbol{12}$(명)

17-18. 5개의 홀수 중에서 3개를 뽑는 경우는 ${}_5 C_3$가지이고, 4개의 짝수 중에서 2개를 뽑는 경우는 ${}_4 C_2$가지이다.

또, 이들 5개의 숫자를 일렬로 나열하는 경우는 5!가지이다.

$$\therefore \ {}_5 C_3 \times {}_4 C_2 \times 5! = \boldsymbol{7200}$$

17-19. (i) $a > b > c$인 경우

$a=5$인 자연수의 개수는 1, 2, 3, 4의 네 숫자 중에서 서로 다른 2개를 뽑는 경우의 수와 같으므로 ${}_4 C_2 = 6$

$a=4$인 자연수의 개수는 ${}_3 C_2 = 3$

$a=3$인 자연수의 개수는 ${}_2 C_2 = 1$

$$\therefore \ 6+3+1=10$$

(ii) $a > b = c$인 경우

$a=5$인 자연수의 개수는 ${}_4 C_1 = 4$

$a=4$인 자연수의 개수는 ${}_3 C_1 = 3$

$a=3$인 자연수의 개수는 ${}_2 C_1 = 2$

$a=2$이면 $b=c=1$이 되어 조건을 만족시키지 않는다.

$$\therefore \ 4+3+2=9$$

(ⅰ), (ⅱ)에서 구하는 자연수의 개수는
$$10+9=\mathbf{19}$$

17-20. 한 직선 위에 있는 세 점은 삼각형을 만들 수 없으므로 이 경우를 제외한다.
(1) $_9C_3-_4C_3\times2=\mathbf{76}$
(2) $_{12}C_3-_4C_3\times6=\mathbf{196}$

17-21.

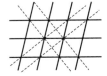

(1) 가로줄 3개 중 2개와 세로줄 4개 중 2개에 의하여 하나의 평행사변형이 결정되므로 평행사변형의 개수는
$$_3C_2\times_4C_2=\mathbf{18}$$
(2) 마름모의 개수는 $3\times2+2\times1=8$
   따라서 마름모가 아닌 평행사변형의 개수는 $18-8=\mathbf{10}$
(3) 12개의 점 중에서 3개의 점을 택하는 경우의 수는 $_{12}C_3$이다.
   이 중에서 3개의 점이 한 직선 위에 있어서 삼각형이 만들어지지 않는 것의 개수는 다음과 같다.
   (ⅰ) 평행한 가로줄 위의 4개의 점
$$_4C_3\times3=12$$
   (ⅱ) 평행한 세로줄 위의 3개의 점
$$_3C_3\times4=4$$
   (ⅲ) 위의 그림에서 점선 위의 3개의 점
$$_3C_3\times4=4$$
$$\therefore\ _{12}C_3-(12+4+4)=\mathbf{200}$$

17-22. (1) 13명을 6명, 7명의 두 조로 나누는 경우의 수는
$$_{13}C_6\times_7C_7=\mathbf{1716}$$
(2) 13명을 3명, 5명, 5명의 세 조로 나누는 경우의 수는
$$_{13}C_3\times_{10}C_5\times_5C_5\times\frac{1}{2!}=\mathbf{36036}$$

(3) 13명을 3명, 3명, 3명, 4명의 네 조로 나누는 경우의 수는
$$_{13}C_3\times_{10}C_3\times_7C_3\times_4C_4\times\frac{1}{3!}=\mathbf{200200}$$

17-23. (1) 15송이를 5송이씩 세 묶음으로 나누는 경우의 수는
$$_{15}C_5\times_{10}C_5\times_5C_5\times\frac{1}{3!}=\mathbf{126126}$$
(2) 15송이를 5송이씩 세 묶음으로 나누고, 다시 세 사람에게 나누어 주는 경우의 수이므로
$$_{15}C_5\times_{10}C_5\times_5C_5\times\frac{1}{3!}\times3!=\mathbf{756756}$$

Note 똑같이 5송이씩으로 나누지만 (2)의 경우는 각 묶음을 세 사람 중 누구에게 주는가에 의하여 구별되므로
$$_{15}C_5\times_{10}C_5\times_5C_5$$
와 같이 계산해도 된다.

17-24. (ⅰ) 특정한 3명을 3명의 조에 넣는 경우의 수는 나머지 7명을 3명, 4명의 두 조로 나누는 경우의 수와 같으므로 $_7C_3\times_4C_4=35$
(ⅱ) 특정한 3명을 4명의 조에 넣는 경우의 수는 나머지 7명을 3명, 3명, 1명의 세 조로 나누는 경우의 수와 같으므로
$$_7C_3\times_4C_3\times_1C_1\times\frac{1}{2!}=70$$
따라서 10명을 세 조로 나누는 경우의 수는 $35+70=105$이고, 이 세 조를 세 개의 호텔에 투숙시키는 경우의 수는 $3!$이므로 $105\times3!=\mathbf{630}$

17-25. 8명을 2명씩 네 조로 나누는 경우의 수는
$$_8C_2\times_6C_2\times_4C_2\times_2C_2\times\frac{1}{4!}=105$$
네 조에서 시합을 할 두 조를 고르는 경우의 수는 $_4C_2=6$이고, 나머지 두 조에서 심판을 보는 조를 고르는 경우의 수는

$_2C_1=2$이다.

$$\therefore\ 105\times6\times2=\mathbf{1260}$$

18-1. 주사위를 던져서 나오는 눈의 수가 A는 홀수, B는 짝수일 때, 문제의 조건에 의하여 A의 입장에서는 $+5$, B의 입장에서는 -5이다.

그런데 주어진 행렬에서 (홀수, 짝수)의 성분이 5이므로 이 행렬은 A의 입장에서 나타낸 것임을 알 수 있다.

따라서 (홀수, 홀수)의 성분은 10, (짝수, 홀수)의 성분은 -5, (짝수, 짝수)의 성분은 -10이다.

$$\therefore\ \mathbf{a=10,\ b=-5,\ c=-10}$$

18-2. 행렬이 서로 같을 조건으로부터
$$x-y+z=2,\ 3x+2y-z=4,$$
$$2x+y-3z=-5$$
연립하여 풀면 $\mathbf{x=1,\ y=2,\ z=3}$

18-3. 행렬이 서로 같을 조건으로부터

$x+y=5$ $\cdots$① $x-y=-1$ $\cdots$②

$-4=2a$ $\cdots$③ $1=a-b$ $\cdots$④

①, ②에서 $\mathbf{x=2,\ y=3}$

③, ④에서 $\mathbf{a=-2,\ b=-3}$

18-4. 행렬이 서로 같을 조건으로부터
$$3x+y=x+3 \qquad\qquad \cdots\cdots①$$
$$x+2y=y+4 \qquad\qquad \cdots\cdots②$$
$$y-2z=z-4 \qquad\qquad \cdots\cdots③$$
$$y-8=-z \qquad\qquad\quad \cdots\cdots④$$
①, ②에서 $x=-1,\ y=5$

$y=5$를 ③에 대입하면 $z=3$

이때, $y=5,\ z=3$은 ④를 만족시킨다.

$$\therefore\ \mathbf{x=-1,\ y=5,\ z=3}$$

19-1. (1) $X=B-A$
$$=\begin{pmatrix}2&0\\1&-2\end{pmatrix}-\begin{pmatrix}1&3\\2&4\end{pmatrix}$$
$$=\begin{pmatrix}\mathbf{1}&\mathbf{-3}\\\mathbf{-1}&\mathbf{-6}\end{pmatrix}$$

(2) $2X=2A+4B$
$$\therefore\ X=A+2B$$
$$=\begin{pmatrix}1&3\\2&4\end{pmatrix}+2\begin{pmatrix}2&0\\1&-2\end{pmatrix}$$
$$=\begin{pmatrix}\mathbf{5}&\mathbf{3}\\\mathbf{4}&\mathbf{0}\end{pmatrix}$$

(3) $2X+3Y=2A$ $\cdots\cdots$①

$X+2Y=3B$ $\cdots\cdots$②

①$\times2-$②$\times3$하면
$$X=4A-9B$$
$$=4\begin{pmatrix}1&3\\2&4\end{pmatrix}-9\begin{pmatrix}2&0\\1&-2\end{pmatrix}$$
$$=\begin{pmatrix}\mathbf{-14}&\mathbf{12}\\\mathbf{-1}&\mathbf{34}\end{pmatrix}$$

②$\times2-$①하면
$$Y=-2A+6B$$
$$=-2\begin{pmatrix}1&3\\2&4\end{pmatrix}+6\begin{pmatrix}2&0\\1&-2\end{pmatrix}$$
$$=\begin{pmatrix}\mathbf{10}&\mathbf{-6}\\\mathbf{2}&\mathbf{-20}\end{pmatrix}$$

19-2. 주어진 식의 좌변을 정리하면
$$\begin{pmatrix}y+2z&-2z\\-1+2y&x-4y\end{pmatrix}=\begin{pmatrix}0&y\\x&z-2y\end{pmatrix}$$
$$\therefore\ y+2z=0,\ -2z=y,$$
$$-1+2y=x,\ x-4y=z-2y$$
연립하여 풀면 $\mathbf{x=3,\ y=2,\ z=-1}$

19-3. $x\begin{pmatrix}1&2\\0&1\end{pmatrix}+y\begin{pmatrix}4&6\\1&3\end{pmatrix}=\begin{pmatrix}1&0\\1&0\end{pmatrix}$
$$\therefore\ \begin{pmatrix}x+4y&2x+6y\\y&x+3y\end{pmatrix}=\begin{pmatrix}1&0\\1&0\end{pmatrix}$$
$$\therefore\ x+4y=1,\ 2x+6y=0,$$
$$y=1,\ x+3y=0$$
연립하여 풀면 $\mathbf{x=-3,\ y=1}$

19-4. (i) $\begin{pmatrix}1\\0\end{pmatrix}=x\begin{pmatrix}1\\-1\end{pmatrix}+y\begin{pmatrix}-2\\3\end{pmatrix}$
$$\therefore\ \begin{pmatrix}1\\0\end{pmatrix}=\begin{pmatrix}x-2y\\-x+3y\end{pmatrix}$$

$$\therefore\ x-2y=1,\ -x+3y=0$$
연립하여 풀면　$x=3,\ y=1$

$$\therefore\ \binom{1}{0}=3P+Q$$

(ii)　$\binom{-3}{2}=x\binom{1}{-1}+y\binom{-2}{3}$

$$\therefore\ \binom{-3}{2}=\binom{x-2y}{-x+3y}$$

$$\therefore\ x-2y=-3,\ -x+3y=2$$
연립하여 풀면　$x=-5,\ y=-1$

$$\therefore\ \binom{-3}{2}=-5P-Q$$

19-5. (1) 주어진 식에서

$$\begin{pmatrix}-x & x \\ -1+xy & 1+y^2\end{pmatrix}=\begin{pmatrix}-1 & 1 \\ 2y & 2\end{pmatrix}$$

$\therefore\ x=1$ 　　……①
　　$-1+xy=2y$ 　　……②
　　$1+y^2=2$ 　　……③

①, ②에서　$x=1,\ y=-1$
이때, $y=-1$은 ③을 만족시킨다.

$$\therefore\ x=1,\ y=-1$$

(2) 주어진 식에서

$$\begin{pmatrix}2-2x & 4-2y \\ 3-x & 6-y\end{pmatrix}=\begin{pmatrix}8 & -4 \\ 2x+3y & -2x-y\end{pmatrix}$$

$\therefore\ 2-2x=8,\ 4-2y=-4,$
　　$3-x=2x+3y,\ 6-y=-2x-y$
연립하여 풀면　$x=-3,\ y=4$

19-6. $AB=C$에서

$$\begin{pmatrix}a+ab & a^2+b^2 \\ a+b & ab+b\end{pmatrix}=\begin{pmatrix}a-1 & x \\ ab & b-1\end{pmatrix}$$

$\therefore\ a+ab=a-1$ 　……①
　　$a^2+b^2=x$ 　……②
　　$a+b=ab$ 　……③
　　$ab+b=b-1$ 　……④

①, ④에서　$ab=-1$
이것을 ③에 대입하면　$a+b=-1$

②에서
$$x=(a+b)^2-2ab$$
$$=(-1)^2-2\times(-1)=3$$

19-7. $(A+B)(A-B)=A^2-B^2$
$$\Longleftrightarrow AB=BA$$

한편
$$AB=\begin{pmatrix}7x & 3x+3y \\ -2x+4y-4 & y-3\end{pmatrix},$$
$$BA=\begin{pmatrix}3x-2y & x^2+y^2-y \\ 6 & 4x+3y-3\end{pmatrix}$$

이므로 $AB=BA$에서
$7x=3x-2y,\ 3x+3y=x^2+y^2-y,$
$-2x+4y-4=6,\ y-3=4x+3y-3$
연립하여 풀면　$x=-1,\ y=2$

19-8. $A=\begin{pmatrix}a & b \\ c & d\end{pmatrix},\ B=\begin{pmatrix}x & y \\ u & v\end{pmatrix}$
　　(a, b, c, d는 임의의 실수)
라고 하면 $AB=3A$에서

$$\begin{pmatrix}ax+bu & ay+bv \\ cx+du & cy+dv\end{pmatrix}=\begin{pmatrix}3a & 3b \\ 3c & 3d\end{pmatrix}$$

$\therefore\ ax+bu=3a,\ ay+bv=3b,$
　　$cx+du=3c,\ cy+dv=3d$
a, b, c, d에 관하여 정리하면
$(x-3)a+ub=0,\ ya+(v-3)b=0,$
$(x-3)c+ud=0,\ yc+(v-3)d=0$
a, b, c, d에 관한 항등식이므로
　$x=3,\ y=0,\ u=0,\ v=3$

$$\therefore\ B=\begin{pmatrix}3 & 0 \\ 0 & 3\end{pmatrix}$$

19-9. $A=\begin{pmatrix}a & b \\ c & d\end{pmatrix},\ X=\begin{pmatrix}x & y \\ u & v\end{pmatrix}$
　　(a, b, c, d는 임의의 실수)
라고 하면 $AX=A$에서

$$\begin{pmatrix}ax+bu & ay+bv \\ cx+du & cy+dv\end{pmatrix}=\begin{pmatrix}a & b \\ c & d\end{pmatrix}$$

$\therefore\ ax+bu=a,\ ay+bv=b,$
　　$cx+du=c,\ cy+dv=d$

a, b, c, d 에 관하여 정리하면

$(x-1)a+ub=0$, $ya+(v-1)b=0$,

$(x-1)c+ud=0$, $yc+(v-1)d=0$

a, b, c, d 에 관한 항등식이므로

$x=1$, $y=0$, $u=0$, $v=1$

$$\therefore \ X=\begin{pmatrix} 1 & 0 \\ 0 & 1 \end{pmatrix}=E$$

또, $X=E$ 일 때 $\ AX=XA=A$

따라서 임의의 행렬 A 에 대하여

$AX=XA=A$ 인 행렬 X 는 E 이다.

19-10. $A^2=AA=\begin{pmatrix} 7 & 10 \\ 15 & 22 \end{pmatrix}$

이므로 조건식은

$$\begin{pmatrix} 7 & 10 \\ 15 & 22 \end{pmatrix}-k\begin{pmatrix} 1 & 2 \\ 3 & 4 \end{pmatrix}=2\begin{pmatrix} 1 & 0 \\ 0 & 1 \end{pmatrix}$$

$$\therefore \ \begin{pmatrix} 7-k & 10-2k \\ 15-3k & 22-4k \end{pmatrix}=\begin{pmatrix} 2 & 0 \\ 0 & 2 \end{pmatrix}$$

$$\therefore \ 7-k=2, \ 10-2k=0,$$

$$15-3k=0, \ 22-4k=2$$

$$\therefore \ \boldsymbol{k=5}$$

19-11. $A^2=AA=\begin{pmatrix} a^2+b^2 & 2ab \\ 2ab & a^2+b^2 \end{pmatrix}$

이므로 조건식은

$$\begin{pmatrix} a^2+b^2 & 2ab \\ 2ab & a^2+b^2 \end{pmatrix}-10\begin{pmatrix} a & b \\ b & a \end{pmatrix}$$

$$+16\begin{pmatrix} 1 & 0 \\ 0 & 1 \end{pmatrix}=\begin{pmatrix} 0 & 0 \\ 0 & 0 \end{pmatrix}$$

$$\therefore \ \begin{pmatrix} a^2+b^2-10a+16 & 2ab-10b \\ 2ab-10b & a^2+b^2-10a+16 \end{pmatrix}$$

$$=\begin{pmatrix} 0 & 0 \\ 0 & 0 \end{pmatrix}$$

$$\therefore \ a^2+b^2-10a+16=0 \quad \cdots\cdots①$$

$$2ab-10b=0 \quad\cdots\cdots②$$

②에서 $\ b(a-5)=0$

$b>0$ 이므로 $\ \boldsymbol{a=5}$

①에 대입하면 $\ b^2=9$

$b>0$ 이므로 $\ \boldsymbol{b=3}$

19-12. (1) $A^2=AA=\begin{pmatrix} 1 & 1 \\ -3 & -2 \end{pmatrix}$,

$$A^3=A^2A=\begin{pmatrix} 1 & 0 \\ 0 & 1 \end{pmatrix}=E$$

$$\therefore \ A^{102}=(A^3)^{34}=E^{34}=E=\begin{pmatrix} \mathbf{1} & \mathbf{0} \\ \mathbf{0} & \mathbf{1} \end{pmatrix}$$

(2) $A^{10}=(A^3)^3A=E^3A=EA=A$

이므로 주어진 식은

$$A\begin{pmatrix} x \\ y \end{pmatrix}=\begin{pmatrix} -4 \\ 5 \end{pmatrix}$$

$$\therefore \ \begin{pmatrix} -2 & -1 \\ 3 & 1 \end{pmatrix}\begin{pmatrix} x \\ y \end{pmatrix}=\begin{pmatrix} -4 \\ 5 \end{pmatrix}$$

$$\therefore \ -2x-y=-4, \ 3x+y=5$$

연립하여 풀면 $\ x=1$, $y=2$

$$\therefore \ \begin{pmatrix} \boldsymbol{x} \\ \boldsymbol{y} \end{pmatrix}=\begin{pmatrix} \mathbf{1} \\ \mathbf{2} \end{pmatrix}$$

19-13. (1) $A^2=AA=\begin{pmatrix} 1 & -1 \\ 3 & -2 \end{pmatrix}$ 이므로

A^2+A+E

$$=\begin{pmatrix} 1 & -1 \\ 3 & -2 \end{pmatrix}+\begin{pmatrix} -2 & 1 \\ -3 & 1 \end{pmatrix}+\begin{pmatrix} 1 & 0 \\ 0 & 1 \end{pmatrix}$$

$$=\begin{pmatrix} 0 & 0 \\ 0 & 0 \end{pmatrix}=O$$

곧, $A^2+A+E=O$

(2) $A^2+A+E=O$ 의 양변에 $A-E$ 를 곱하면

$$(A-E)(A^2+A+E)=O$$

$$\therefore \ A^3-E=O \quad \therefore \ A^3=E$$

__Note__ 다음과 같이 A^3 을 직접 계산해도 된다.

$$A^3=A^2A=\begin{pmatrix} 1 & -1 \\ 3 & -2 \end{pmatrix}\begin{pmatrix} -2 & 1 \\ -3 & 1 \end{pmatrix}$$

$$=\begin{pmatrix} 1 & 0 \\ 0 & 1 \end{pmatrix}=E$$

(3) $A^{25}=(A^3)^8A=E^8A=EA=A$

$$=\begin{pmatrix} \mathbf{-2} & \mathbf{1} \\ \mathbf{-3} & \mathbf{1} \end{pmatrix}$$

19-14. (1) $A^2 = AA = \begin{pmatrix} 2 & 7 \\ -2 & 11 \end{pmatrix}$

이므로 조건식은

$\begin{pmatrix} 2 & 7 \\ -2 & 11 \end{pmatrix} + p\begin{pmatrix} 4 & -7 \\ 2 & -5 \end{pmatrix} + q\begin{pmatrix} 1 & 0 \\ 0 & 1 \end{pmatrix} = O$

$\therefore \begin{pmatrix} 2+4p+q & 7-7p \\ -2+2p & 11-5p+q \end{pmatrix} = \begin{pmatrix} 0 & 0 \\ 0 & 0 \end{pmatrix}$

$\therefore 2+4p+q=0, \ 7-7p=0,$
$\quad -2+2p=0, \ 11-5p+q=0$

연립하여 풀면 $\boldsymbol{p=1, \ q=-6}$

(2) x^4+2x^3-x-9를 x^2+x-6으로 나누면 몫이 x^2+x+5, 나머지가 21이므로

x^4+2x^3-x-9
$= (x^2+x-6)(x^2+x+5)+21$

$\therefore A^4+2A^3-A-9E$
$= (A^2+A-6E)(A^2+A+5E)$
$\qquad\qquad\qquad +21E$

(1)에서 $A^2+A-6E=O$이므로
$A^4+2A^3-A-9E = \boldsymbol{21E}$

19-15. $A^2+A+E=O \qquad \cdots\cdots ①$

행렬 A에서 케일리-해밀턴의 정리에 의하여

$A^2 - (a+d)A + (ad-bc)E = O \cdots ②$

①$-$②하면

$(a+d+1)A = (ad-bc-1)E \quad \cdots ③$

(i) $a+d \neq -1$일 때, ③에서

$$A = \frac{ad-bc-1}{a+d+1}E$$

이때, 주어진 행렬 A의 $(1,1)$ 성분이 a이므로

$A = aE \qquad \Leftrightarrow a=d, \ b=c=0$

①에 대입하면 $(a^2+a+1)E = O$

그런데 a가 실수일 때 $a^2+a+1 \neq 0$이므로 모순이다.

(ii) $a+d = -1$일 때, ③에서 $ad-bc=1$이므로

$x^2 - (a+d)x + ad-bc = 0$

은 $x^2+x+1=0$이고, 이 식의 양변에 $x-1$을 곱하면

$(x-1)(x^2+x+1) = 0 \quad \therefore x^3 = 1$

(i), (ii)에서 주어진 이차방정식의 해의 세제곱은 1이다.

찾아보기

그리스 문자

대문자	소문자	명 칭	대문자	소문자	명 칭
A	α	alpha	N	ν	nu
B	β	beta	Ξ	ξ	xi
Γ	γ	gamma	O	o	omicron
Δ	δ	delta	Π	π	pi
E	ϵ, ε	epsilon	P	ρ	rho
Z	ζ	zeta	Σ	σ, ς	sigma
H	η	eta	T	τ	tau
Θ	θ, ϑ	theta	Υ	υ	upsilon
I	ι	iota	Φ	ϕ, φ	phi
K	κ	kappa	X	χ	chi
Λ	λ	lambda	Ψ	ψ	psi
M	μ	mu	Ω	ω	omega

실력 수학의 정석

공통수학 1

1966년 초판 발행
총개정 제13판 발행

지 은 이 홍 성 대 (洪性大)

도 운 이 남 진 영
　　　　박 재 희
　　　　박 지 영

발 행 인 홍 상 욱

발 행 소 **성지출판(주)**

06743 서울특별시 서초구 강남대로 202
등록 1997.6.2. 제22-1152호
전화 02-574-6700(영업부), 6400(편집부)
Fax 02-574-1400, 1358

인쇄 : 동화인쇄공사 · 제본 : 광성문화사

ISBN 979-11-5620-042-0 53410

수학의 정석 시리즈

홍성대 지음

개정 교육과정에 따른
수학의 정석 시리즈 안내

기본 수학의 정석 공통수학1
기본 수학의 정석 공통수학2
기본 수학의 정석 대수
기본 수학의 정석 미적분 I
기본 수학의 정석 확률과 통계
기본 수학의 정석 미적분 II
기본 수학의 정석 기하

실력 수학의 정석 공통수학1
실력 수학의 정석 공통수학2
실력 수학의 정석 대수
실력 수학의 정석 미적분 I
실력 수학의 정석 확률과 통계
실력 수학의 정석 미적분 II
실력 수학의 정석 기하